Grundriss

der

Technischen Elektrochemie

auf theoretischer Grundlage.

Von

Dr. F. Haber

Privatdozent für technische Chemie an der technischen Hochschule
Karlsruhe i. B.

München und **Leipzig.**

Druck und Verlag von R. Oldenbourg

1898.

Herrn Hofrath Prof. Dr. H. Bunte

in herzlicher Verehrung und Dankbarkeit

gewidmet

vom Verfasser.

Vorwort.

Die theoretische und die technische Elektrochemie haben im letzten Decennium unabhängig von einander einen raschen Aufschwung genommen und das Interesse weiter Kreise durch ihre schnellen Erfolge geweckt.

Der Entwicklungsgang war in beiden Zweigen ein verschiedener. Die theoretische Forschung fusste auf mathematisch-physicalischem Boden, die Technik auf dem chemischen Experiment.

Eine Verschmelzung scheint heute möglich und für die Fortbildung der technischen Elektrochemie werthvoll und gewinnbringend. In der Anschauungswelt, welche Helmholtz, van t'Hoff, Ostwald, Arrhenius und Nernst geschaffen haben, liegt eine Fülle technisch productiver Gedanken noch ungenützt und ungewürdigt. Die Ordnung und Uebersichtlichkeit der Ideen, die jedes technische Fach aus dem Untergrund der theoretischen Forschung zieht, ist eben nur angebahnt und die grosse Zahl derer, die in praktischer Thätigkeit mit der Elektrochemie berufliche Fühlung haben, sieht zu ihrem Nachtheil in der Theorie einen Gegenstand, der zu schwierig zugänglich und ihrem Arbeitsgebiet zu fernliegend ist, als dass sie eine Vertrautheit damit erwerben möchten.

Die Verschmelzung von Theorie und Technik hat in der organischen Chemie blendende Erfolge gezeitigt. Ich bin der Ueberzeugung, dass der elektrochemischen Technik gleiche Fortschritte beschieden sein werden, sobald das Rüstzeug der Theorie dem praktischen Elektrochemiker ebenso handlich und vertraut geworden ist, wie die Benzoltheorie dem Farbstoffchemiker der Praxis.

Von diesem Standpunkte aus habe ich seit einigen Semestern versucht, die technische Elektrochemie zu lehren. Der Mangel eines Werkes, welches vom gleichen Boden aus dieses Gebiet darstellt, veranlasst mich, meine Vorlesungen mit einigen Erweiterungen herauszugeben.

Der vorliegende Grundriss ist kein Nachschlagebuch, sondern auf zusammenhängende Lectüre berechnet. Um diese zu erleichtern, habe ich alles weggelassen, was mir minder wichtig oder verfehlt erschien und solches Material, das in guten und verbreiteten Specialwerken eingehend abgehandelt ist, unter Verweisung auf diese zur möglichsten Kürze zusammengedrängt. Die Lehrbuchlitteratur der einzelnen Abschnitte ist am Kopf der Capitel aufgeführt, die periodische ist in Textnoten soweit citirt, als das mögliche Bedürfniss des Lesers nach specielleren Informationen zu erfordern schien. Dabei sind wesentlich nur neuere Erscheinungen aufgeführt, einmal weil diese selbst die ältere Litteratur angeben, auf die sie sich gründen, andererseits weil die Lehrbücher, die an der Spitze der Abschnitte genannt sind, die Angaben aus früheren Jahren zusammengestellt enthalten.

Durch Nachträge während des Druckes ist nach Möglichkeit den Publicationen, die bis zum Schlusse des Vorjahres erschienen sind, Rechnung getragen.

In denjenigen Zweigen des Faches, die eine zusammenfassende litterarische Darstellung noch nicht erfahren haben, bin ich bemüht gewesen, durch Einholung von Informationen und

Besichtigung von Anlagen das Material zu sammeln, in anderen Zweigen habe ich auf dem gleichen Wege die Ergänzung und Berichtigung des Bekannten angestrebt. Bei dieser Bemühung bin ich von staatlichen Behörden, Fachgenossen, technischen Instituten, Industriellen und Kaufleuten auf das Werthvollste unterstützt worden. Mehrere eigene Untersuchungen, die zum Zweck der Aufhellung unklarer Punkte unternommen waren, sind in die Darstellung mit hineinverwebt. Zur Erleichterung für den Leser habe ich in dem dritten und vierten Capitel, welche der theoretischen Elektrochemie gewidmet sind, mich an die vortreffliche Darstellung in Le Blanc's weit verbreitetem Lehrbuche nach Möglichkeit angelehnt.

Zum Schlusse möchte ich nicht versäumen, meinem Freunde und Collegen Hans Luggin meinen herzlichsten Dank zu sagen. Im persönlichen Verkehr mit ihm habe ich oft Gelegenheit gehabt, meine theoretischen Gesichtspunkte zu befestigen und zu berichtigen.

Karlsruhe i. B., März 1898.

Haber.

Inhalt.

1. Capitel.

Die elektrischen und elektrochemischen Maasse.

Literatur: OSTWALD: Handbuch physiko-chemischer Messungen. Leipzig 1893. — GRUNMACH: Lehrbuch der magnetischen und elektrischen Maasseinheiten. Stuttgart 1895. — KOHLRAUSCH: Leitfaden der praktischen Physik. Leipzig 1896. — KITTLER: Handbuch der Elektrotechnik, Bd. I. Stuttgart 1892. — BENISCHKE: Elektricität und Magnetismus. Berlin und München 1896. — GRAETZ: Die Elektricität. Stuttgart 1897.

Die Elektricität ist eine besondere Energieform, gleich der Wärme, der chemischen und mechanischen Energie und besitzt gleich diesen ihr besonderes Maasssystem.

Die Maasseinheiten der verschiedenen Energien sind nicht incommensurabel, sondern lassen sich sämmtlich auf Centimeter, Gramme und Secunden, die drei Einheiten des absoluten Maasssystems, zurückführen.

Die Maassgrössen der elektrischen Energie sind Elektricitätsmenge und elektrische Spannung oder Potential. Die Einheit der Elektricitätsmenge ist das Coulomb, die der Spannung oder des Potentials das Volt. Die elektrische Energie selbst ist ein Product aus einer Spannung in eine Elektricitätsmenge. Die Einheit der elektrischen Energie = 1 Volt $\times$ 1 Coulomb heisst Voltcoulomb oder Youle.

Die Elektricitätsmenge ist, wie schon der Name ausdrückt, eine Quantität, die Spannung ist ihrem Wesen nach eine Intensität. Vergleicht man die elektrischen Grössen mit den mechanischen, elektrische Energie etwa mit der potentiellen Energie eines gehobenen Gewichts, so entspricht die Elektricitätsmenge der Masse des Gewichtes, die Spannung der Höhe, auf welche es gehoben worden ist. Vergleicht man elektrische und thermische Grössen, so entspricht der Spannung die Temperatur, der Elektricitätsmenge die Wärmecapacität (bezw. die Entropie), und der elektrischen Energie die thermische, d. h. die Wärme, die in Calorien gemessen wird.

Wie Wärme stets von Orten höherer Temperatur zu solchen niederer Temperatur, so geht Elektricität stets von Punkten mit höherem Potential zu solchen mit niederem Potential. Wie die Intensität des Wärmestromes zwischen zwei Punkten nur von der Differenz, aber nicht von der absoluten Höhe der Temperatur an beiden abhängt, so ist für den elektrischen Strom zwischen zwei Punkten ungleichen Potentials nur die Potentialdifferenz beider bestimmend.

Aehnlich wie Wärme und Kälte unterscheidet man positive und negative Elektricität. Geht Wärme von höherer zu niederer Temperatur, so geht gleichviel Kälte gleichzeitig von niederer zu höherer. Geht positive Elektricität von höherer zu niederer Spannung, so geht gleichzeitig gleichviel negative den entgegengesetzten Weg. Während aber die Kälte nichts Wesensverschiedenes von der Wärme, sondern nur die sprachliche Bezeichnung für Wärme mit negativem Vorzeichen ist, besitzt negative von positiver Elektricität einzelne Wesensverschiedenheiten, die soweit sie für die Elektrochemie von Wichtigkeit sind, in späteren Capiteln Besprechung finden.

Wärme und mechanische Energie lassen sich leicht in grossem Maassstabe aufspeichern. Ein grosser glühender Metallklumpen, ein schweres Gewicht, das hochgehoben ist, stellen Energiereservoire von grossem disponiblem Inhalt dar. Elektrische Energie lässt sich nur in sehr kleinem Umfange aufsammeln. Die Vorrichtungen, mittels deren Aufspeicherung möglich ist, heissen Condensatoren. Der bekannteste Condensator ist die Leydener Flasche, ein Glas, welches auf beiden Seiten mit Metall belegt ist. Verbindet man die eine Belegung mit der Erde, welche stets das Potential Null besitzt und behält, die andere mit einer Elektricitätsquelle, so geht eine grössere oder kleinere Elektricitätsmenge auf diese Belegung über, während sich eine Spannungsdifferenz zwischen beiden Platten einstellt. Die Aufnahmefähigkeit des Condensators, seine Capacität, wird gemessen durch die Elektricitätsmenge, deren Zuführung die Spannungsdifferenz zwischen seinen Belegungen von Null Volt auf 1 Volt steigen macht. Die Capacität ist abhängig von der Gestalt und Grösse der Belegungen, von dem Abstande derselben und von dem Material der Schicht zwischen beiden Belegungen. Sind die Belegungen kreisrunde Platten von der Oberfläche S und dem Abstande e, so ist die Capacität ($\pi = 3{,}14159$)

$$C = \frac{S}{e \cdot 4\pi},$$

wenn die Platten in Luft einander gegenüberstehen. Sind sie durch Glas, Glimmer, Papier oder irgend ein anderes isolirendes Material geschieden, so ist der Werth

$$C = \frac{S \cdot D}{e \cdot 4\pi},$$

worin D eine für das Material der Trennungsschicht charakteristische Constante, die Dielektricitätsconstante, vorstellt. Die Dielektricitätsconstante der Luft ist $= 1$, die der Gase sehr nahezu auch $= 1$. Für einige feste und flüssige Körper sind die folgenden Zahlen gefunden worden:[1])

Paraffin	2,3	Kautschuk . . .	2,9
Ebonit	2,6	Schwefel	3,9
Glimmer	8,0	Glas	6 bis 10.

Toluol	2,35	Terpentin ($C_{10}H_{16}$) .	2,16
Aethyläther	4,26	Chloroform	5,1
Benzol	2,25	Anilin	7,2
Essigester	6,16	Amylalkohol . . .	15,8
Tetrachlorkohlenstoff .	2,24	Aethylalkohol . . .	25,8
Benzoesäureäthylester .	4,85	Methylalkohol . . .	32,5
Schwefelkohlenstoff .	2,58	Wasser	80,9

[1]) Aeltere Messungen siehe Wiedemann, Die Elektricität Bd. II, S. 1 ff. Die neuere Litteratur findet sich bei Drude, Z. f. physic. Chem. 23, S. 298.

Man sieht, dass unter allen Substanzen Wasser als Zwischenschicht zwischen zwei Belegungen dem Condensator die grösste Capacität verleiht, die Ansammlung merklicher Elektricitätsmengen also unter der geringsten Spannungssteigerung gestattet.

Ein Condensator, bei welchem die Aufnahme von 1 Coulomb die Spannungsdifferenz zwischen den Belegungen von Null auf 1 Volt bringt, besitzt die Capacität = 1. Die Capacität rechnet man in Farad. Er hat also die Capacität 1 Farad.

Da die Ansammlung erheblicher Elektricitätsmengen in Condensatoren nicht angeht, so kann auch ein dauernder Strom von einem Condensator nicht geliefert werden.

Um zwischen zwei Punkten einen dauernden, kräftigen elektrischen Strom herzustellen, muss Elektricität beständig aus mechanischer oder chemischer Energie oder aus Wärme neu erzeugt werden. An der Erzeugungsstelle tritt dann eine Spannungsdifferenz zwischen zwei überaus nahegelegenen Punkten auf, welche bestrebt ist, durch jede Verbindung, welche den Elektricitätsübergang zwischen ihnen ermöglicht, sich auszugleichen. Stellt ein elektrischer Leiter diese Verbindung her, so strömt Elektricität von der Erzeugungsstelle in einem Kreislaufe durch den Leiter zum Ursprungspunkte zurück, solange die Spannungsdifferenz durch Bethätigung des chemischen, mechanischen oder thermischen Vorganges, welcher sich abspielt, dort aufrecht erhalten wird. Schliesst man zwei Elektricitätsquellen mit einander durch Leiter in einen Kreis, so addiren sie sich in ihren Wirkungen, wenn sie Strom in gleicher Richtung zu treiben bestrebt sind, subtrahiren sich im entgegengesetzten Falle. In dem speciellen Falle, dass sie gleich gross und entgegengesetzt gerichtet sind, compensiren sie sich und es findet keine Elektricitätsbewegung statt.

Eine Spannungsdifferenz, welche durch einen chemischen, thermischen oder mechanischen Vorgang bedingt ist und ihrer Grösse nach nur von der Natur dieses Vorganges abhängt, nennt man die elektromotorische Kraft des Vorganges oder die elektromotorische Kraft des Apparates, mit welchem der Vorgang verwirklicht wird. Ein solcher Apparat ist z. B. die Volta'sche Zelle, bestehend aus einer Kupfer- und einer Zinkplatte, welche von einander getrennt in Schwefelsäure tauchen. Verbindet man beide Platten durch einen Metalldraht, so geht Zink in Lösung, während Wasserstoff als Gas am Kupfer entweicht. Gleichzeitig strömt positive Elektricität vom Kupfer durch den Draht zum Zink und vom Zink durch die Flüssigkeit zum Kupfer zurück. Es treten zwei Spannungsdifferenzen auf Grund chemischer Veränderung auf, die eine an der Grenzfläche Zink/Flüssigkeit, die andere an der Grenzfläche Flüssigkeit/Kupfer. An beiden Stellen besteht also je eine elektromotorische Kraft. Die algebraische Summe beider heisst die elektromotorische Kraft des Volta'schen Elements.

Die Elektricitätsbewegung im Leiter kann auf zweierlei Weise geschehen: durch Transport geladener Theilchen, welche ihre Lage ändern, oder ohne Verschiebung materieller Theile. Findet im Leiter Elektricitätsbewegung durch Verschiebung materieller Theilchen statt, so spricht man von elektrolytischer Leitung, und der Leiter heisst ein Leiter zweiter Classe; geschieht sie ohne solche Verschiebung, so spricht man von metallischer Leitung und nennt den Leiter einen solchen erster Classe. Bei der Volta'schen Säule findet in der Flüssigkeit elektrolytische, im Draht metallische Leitung statt.

Es gibt gute und schlechte Leiter in ausserordentlich weiter Abstufung. Gute Leiter setzen der Elektricitätsbewegung einen geringen, schlechte einen grossen Widerstand entgegen. Wie die Wassermasse, welche pro Secunde durch ein geneigtes Rohr läuft, vom Druckunterschied an den Enden und vom Widerstand des Rohres, so hängt die Elektricitätsmenge, welche pro Zeiteinheit jeden Leiterquerschnitt passirt, von dem Spannungsunterschied an den Enden des Leiters und seinem elektrischen Widerstand ab. Der Widerstand wird in Ohm gemessen. Beträgt der Widerstand 1 Ohm, die Spannungsdifferenz 1 Volt, so ist die Elektricitätsmenge, welche pro Zeiteinheit durch jeden Leiterquerschnitt geht, 1 Coulomb. Wird die Spannungsdifferenz dauernd aufrecht erhalten, so strömt durch jeden Querschnitt in jeder Secunde 1 Coulomb, es herrscht alsdann die Stromstärke 1 Ampère. Der reciproke Werth des Widerstandes, d. h. die Grösse $\frac{1}{\text{Ohm}}$ heisst die Leitfähigkeit. Es ist also $\frac{\text{Volt}}{\text{Ohm}} = \text{Ampère}$, oder Volt $\times$ Leitfähigkeit $=$ Ampère; Volt $= \text{Ampère} \times \text{Ohm}$ oder $\text{Volt} = \frac{\text{Ampère}}{\text{Leitfähigkeit.}}$

Die Stromstärke ist in allen aufeinanderfolgenden Leiterquerschnitten dieselbe, gleichviel ob diese Querschnitte gleiche oder verschiedene Grösse haben. Die Stromstärke, welche durch die Flächeneinheit des Leiterquerschnittes geht, heisst die Stromdichte. Je nachdem dabei die Fläche in qm, qdm oder qcm gemessen wird, hat man die Stromdichte pro Quadratmeter, pro Quadratdecimeter oder pro Quadratcentimeter. Die Stromdichte wechselt nach dem Gesagten mit wechselndem Querschnitt an den verschiedenen Punkten des Leiters, während das Product aus Stromdichte mal Querschnitt, die Stromstärke, überall die gleiche ist. Ist ein Leiter gegabelt, so ist sie im ungegabelten Stück gleich der Summe der Stromstärken in den Zweigen hinter der Gabelung. Die Spannung hingegen fällt längs des Leiters von Punkt zu Punkt ab. Das Product Elektricitätsmenge × Spannung wird desshalb ebenfalls von Punkt zu Punkt kleiner. Es wird elektrische Energie verbraucht und dafür der äquivalente Betrag an Wärme erzeugt. Besteht eine constante Spannungsdifferenz von 1 Volt zwischen zwei Punkten und geht die Elektricitätsmenge 1 Coulomb zwischen ihnen über, so verschwindet 1 Voltcoulomb elektrische und 0,236 gr. cal. thermische Energie entstehen. Geht jener Coulomb in ausserordentlich langer Zeit über, so wird es schwer halten, die Erwärmung nachzuweisen, geht er sehr rasch über, so entsteht jene Wärmemenge sehr plötzlich, und man wird die Temperaturänderung des Leiters leicht erkennen. Für den Effect der Energieverwandlung kommt es also nicht auf die verbrauchten Voltcoulombs schlechthin, sondern auf die pro Secunde verbrauchten, d. h. auf die Voltampères an. Für dieses Product, welches in der Praxis äusserst wichtig ist, hat man eine besondere Bezeichnung:

$$1 \text{ Volt} \times 1 \text{ Ampère} = 1 \text{ Watt}.$$

Das Watt ist für die Verhältnisse der Praxis oft unbequem klein. Man hat deshalb für 1000 Watt die Benennung Kilowatt analog der Bezeichnung Kilogramm für 1000 Gramm eingeführt. In derselben Weise wird auch seltener für 1000 Ampère Kiloampère gesetzt. Auf der anderen Seite ist das Volt nicht selten unbequem gross. Durch die Vorsilbe Mikro schafft man deshalb eine Bezeichnung für die eine Million mal kleinere Spannung — 1 Mikrovolt = $^1/_{1000000}$ Volt — durch die Vorsilbe Milli für die tausendmal kleinere Grösse — 1 Millivolt = $^1/_{1000}$ Volt —.

In derselben Weise nennt man $^1/_{1000000}$ Ampère = 1 Mikroampère, $^1/_{1000}$ Ampère = 1 Milliampère. Bei den Widerstandsgrössen endlich kommt man öfters in den Fall, den millionenfachen Werth eines Ohm zu benutzen. Man hat deshalb durch die Vorsilbe Mega eine eigene Bezeichnung für diesen grossen Widerstand geschaffen. 1 Megohm = 1000000 Ohm.

In der Praxis ist die secundlich durch einen Leiterquerschnitt gehende Elektricitätsmenge und der secundliche Energieverbrauch von so ausschliesslicher Wichtigkeit, dass neben dem Ampère und Watt Coulomb und Voltcoulomb im technischen Sprachgebrauch ganz verschwinden. Die Anwendung dieser Bezeichnungen ist so ausser Gebrauch gekommen, dass man für das Product Ampère × Zeit und Watt × Zeit in den Ausdrücken Ampèrestunde und Wattstunde neue Bezeichnungen geschaffen hat. Eine Ampèrestunde durch einen Leiter schicken, besagt, dass die Elektricitätsmenge 1 Coulomb 3600 mal, dass also 3600 Coulomb durch ihn hindurchgehen; eine Wattstunde aufwenden heisst 3600 Voltcoulomb in andere Energieformen, z. B. in Wärme überführen. Die erläuterten elektrischen und thermischen Grössen stehen nach dem Gesagten in folgendem Zusammenhange:

1 Volt × 1 Coulomb = 1 Voltcoulomb oder 1 Youle.

$$\frac{1 \text{ Coulomb}}{1 \text{ Secunde}} = 1 \text{ Ampère.}$$

1 Volt = 1 Ampère × 1 Ohm.

1 Volt × 1 Ampère = 1 Watt.

1000 Watt = 1 Kilowatt.

1000 Ampère = 1 Kiloampère.

1 Wattstunde = 1 Watt × 3600 Secunden = 3600 Voltcoulomb.

1 Kilowattstunde = 1000 Wattstunden.

Wie in Wärme kann elektrische Energie auch in mechanische verwandelt werden. Die Einheit der mechanischen Energie in technischem Maasse ist das Kilogrammmeter · 1 Voltcoulomb ist gleich 0,102 Kilogrammmeter. Die Leistungsfähigkeit eines Motors, welcher mechanische Energie aus zugeführter elektrischer erzeugt, ist definirt durch die Anzahl Kilogrammmeter, welche er secundlich erarbeitet. Da 1 Voltcoulomb gleich 0,102 kgm, so ist 1 Watt = 0,102 kgm pro Sec. 75 kgm pro Sec. nennt man eine Pferdekraft (P. S.); 736 Watt sind gleich 1 P. S.

Auch in chemische Energie kann elektrische übergeführt werden. Schaltet man in einen stromdurchflossenen Leiter ein Gefäss mit verdünnter Schwefelsäure und taucht zwei Platinplatten so darin ein, dass der elektrische Strom seinen Weg von der einen Platte durch die Säure zur andern nimmt, so wird Wasser zersetzt. An der Eintrittsstelle der positiven Elektricität, welche der positive Pol oder die Anode genannt wird, entsteht Sauerstoff, an der Austrittsstelle, dem negativen Pol, Kathode genannt, Wasserstoff. Die Gase stehen im Volum-Verhältniss $O : H = 1 : 2$, in welchem sie zu Wasser zusammentreten.

Für je 96540 Coulomb, welche durch die Flüssigkeit hindurchgehen, wird ein Grammäquivalent Wasserstoff an der Kathode, ein Grammäquivalent Sauerstoff an der Anode abgeschieden. Nimmt man an Stelle verdünnter Schwefelsäure ein Schwermetallsalz, wie Kupfervitriol oder Silbernitrat, so wird an der Kathode Kupfer bezw. Silber, an der Anode Sauerstoff in Freiheit gesetzt. Auch hier beträgt für jede 96540 Coulomb die an jeder Elektrode abgeschiedene Menge 1 Grammäquivalent. Für gelöste wie geschmolzene Substanzen, welche den elektrischen Strom elektrolytisch leiten — Leiter zweiter Classe — besteht zwischen Abscheidung an den Elektroden und durchgehender Elektricitätsmenge derselbe zahlenmässige Zusammenhang. Die Elektricitätsmenge = 96540 Coulomb bezeichnet man als **1 F**, die bestehende Beziehung als Faraday'sches Gesetz. Der Zusammenhang zwischen chemischer und elektrischer Energie ist viel difficiler als der zwischen chemischer Quantität und Elektricitätsmenge. Für die chemische Energie besteht kein unmittelbares Maass, in dem sie gemessen werden kann. Die Wärme, die bei der chemischen Verbindung zweier Substanzen frei oder absorbirt wird, entspricht nicht direct dem Unterschiede der chemischen Energie, welche in den reagirenden Substanzen vor, in den Reactionsproducten nach der Umsetzung vorhanden ist. Sie ist indessen ein Näherungswerth, der praktisch sehr häufig als Maass der Aenderung der chemischen Energie benutzt wird. Ist die Wärmetönung einer chemischen Reaction bekannt, z. B.

$$H + O_2 = H_2O + 68400 \text{ cal.},$$

so lässt sich mit Hilfe der Beziehung

$$1 \text{ Voltcoulomb} = 0{,}236 \text{ cal.}$$

die elektrische Energie berechnen, welche aufgewandt werden muss, um die Reaction in umgekehrtem Sinne verlaufen zu machen. Die Zersetzung eines Grammmolecüls Wasser würde danach erfordern

$$\frac{68\,400}{0{,}236} = 290016 \text{ Voltcoulomb.}$$

Da man nach dem Faraday'schen Gesetz die Anzahl Coulombs, welche für die Zerlegung nothwendig sind, kennt, so lässt sich weiter die erforderliche Spannung berechnen.

H_2O liefert 2 Grammäquivalente H an der Kathode,
und 2 » O » » Anode,

folglich erforderlich $2\,F = 2 \times 96\,540$ Coulomb;
Anzahl der Volts $\times$ 193080 = 290016;
Anzahl der Volts $= \pi = 1{,}5$.

Bezeichnet man die Wärmetönung einer Reaction, ausgedrückt in Grammcalorien mit W, die Anzahl der Gramm-Aequivalente, welche bei Zerlegung eines Grammmoleküls entstehen, mit n, so ist die Spannung, welche aufgewandt werden muss, in Volts

$$\pi = \frac{W}{0{,}236 \cdot n \cdot F}$$

Diese Beziehung heisst die Thomson'sche Regel. Es sei nochmals betont, dass dieselbe nur den practischen Werth einer approximativen Information über den Spannungsverbrauch besitzt.

Von den elektrischen Einheiten sind Volt, Ohm und Ampère leicht darstellbar. Das Ohm ist gleich dem Widerstaud einer Quecksilbersäule von 1063 mm Länge und 1 qmm Querschnitt bei 0°. Das Verhältniss dieser Widerstandsnormale zu dem Widerstand gleich dimensionirter Cylinder aus anderen Metallen ist seit langem genau bekannt. Da der Widerstand eines Leiters seinem Querschnitt direct seiner Länge umgekehrt proportional ist, so lassen sich Widerstandsétalons leicht herstellen. Man benutzt dazu Drähte aus Constantan (40% Ni, 60% Cu) oder Manganin (84% Cu, 12% Mn und 4% Ni), deren elektrischer Widerstand mit der Temperatur äusserst wenig sich ändert. Zur Sicherheit vergleicht man sie mit der Quecksilbernormale oder mit anderen Widerständen, die nach jener geaicht sind. Diese Vergleichung geschieht mittels der **Wheatstone'schen Brücke.**

Man schaltet in die durch Fig. 1 dargestellte Combination von Leitern den zu prüfenden Widerstand bei *a*, bekannte Widerstände bei *b*, *c* und *d* ein und variirt *c* oder *d* durch Hinzufügen weiterer bekannter Widerstände oder durch Ausschaltung eines Theiles so lange, bis ein Messinstrument im Zweige I/II keinen Stromdurchgang anzeigt. In diesem Falle ist kein Spannungsunterschied zwischen I und II vorhanden; die Spannung ist also auf dem Wege von III über II nach IV bis II um denselben Betrag gefallen, um welchen sie auf dem anderen Wege von III über I nach IV bis I gefallen ist. Es verhalten sich alsdann die Widerstände $a : b = d : c$ und da drei dieser Widerstände bekannt sind, ist der vierte leicht auszurechnen.

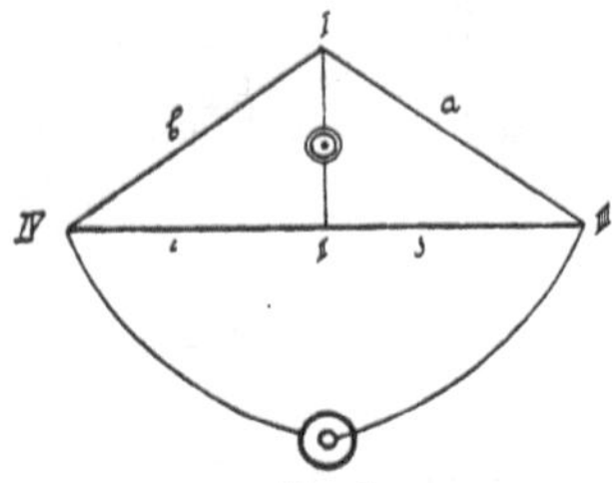

Fig. 1.

Die Beziehung, welche zwischen Elektricitätsmenge und Abscheidung chemischer Substanzen beim Stromdurchgang durch Elektrolyte besteht, erlaubt die Stromstärke in Ampère durch Waage und Gewicht oder durch Volumenbestimmung festzustellen. Die Vorrichtungen dazu nennt man **Voltameter.** Das Voltameter kann in einem Glasgefässe bestehen, welches mit Schwefelsäure gefüllt ist, in die zwei mit Zuleitungen versehene Platinbleche tauchen. Das Glasgefäss geht in ein Rohr aus, das mit Theilung versehen ist und oben einen Hahn trägt. Ein Niveaugefäss mit Kautschukschlauch ermöglicht, den Gasinhalt bei Atmosphärendruck abzulesen. Beim Stromdurchgang entsteht Wasserstoff und Sauerstoff an den Elektroden, die sich im getheilten Rohr ansammeln. Man beobachtet die Zeitdauer des Stromdurchganges, die entbundene Gasmenge, die Temperatur und den Barometerstand.

Nach dem Faraday'schen Gesetz entspricht der Elektricitätsmenge 1 *F* eine Gasausscheidung von 1 g H + 8 g O in Sa. = 16,74 Liter bei 0° und 760 mm trocken gemessen. 1 Ampèrestunde = 3600 Coulomb entspricht = 626 ccm, eine Ampèresecunde = 1 Coulomb = 0,174 ccm. Ist das erzeugte Gasvolum (reducirt auf 0° und 760 mm trocken) = G ccm, die Zeit, während welcher der Strom wirkte, t Secunden, so ist die Stromstärke in Ampères = $Amp. = \frac{G}{t \cdot 0,174}$.

Das beschriebene Knallgasvoltameter[1]) ist ungenau. Es entsteht leicht zu wenig Sauerstoff, indem Ueberschwefelsäure oder Ozon und Wasserstoffsuperoxyd sich bilden. Beschickung des Voltameters mit Kalilauge (1 KOH : $7 H_2O$) beseitigt diese Fehlerquelle. Die Platinelektroden können dann durch Nickelelektroden ersetzt werden. Oft empfiehlt es sich, die Vereinigung von Zersetzungsgefäss und Gassammelraum aufzugeben, die Nickelplatten sammt der Kalilauge in einem mit Gasabführungsrohr versehenen Standglas unterzubzingen und die Gase während einer gemessenen Zeit in einem Eudiometerrohr aufzufangen, welches zu dem Zwecke über die Mündung des Gasentbindungsrohres geschoben wird. Für viele Laboratoriumszwecke bequem ist die Construction Fig. 2, welche aus einem Knallgasentwickler nach Bunsen und einer Gasbürette nach Hempel sich zusammensetzt, die durch einen Kautschukschlauch Glas an Glas verbunden werden.

Das Knallgasvoltameter[2]) ist unbequem wegen der nothwendigen Temperatur und Druckreduction und niemals als Präcisionsapparat brauchbar. Man kann die Volumablesung durch Gewichtsbestimmung ersetzen, wenn man bei der zu zweit beschriebenen Anordnung das Gasentbindungsrohr durch ein Chlorcalciumrohr ersetzt, durch welches die Gase getrocknet entweichen, und die Entwicklungsgefässe sammt dem Trockenrohr vor und nach dem Stromdurchgang wiegt[3]). Die Genauigkeit ist aber auch dann gering, weil das entweichende Gasgewicht pro 1 F nur 9 g beträgt. Zweckmässiger benutzt man deshalb als Gewichtsvoltameter Kupferplatten, welche in Kupfersulfatlösung hängen (Fig. 3). Man verwendet gerne drei

[1]) Für starke Ströme hat Kohlrausch eine modificirte Form angegeben, die bis 50 Am. aufnimmt. (E. T. Z. 6, S. 190, 1885.)

[2]) siehe auch Brüggemann, Z. f. Instrumentenkunde 13, S. 417, Wasserstoffvoltameter.

[3]) Ledingham, E. T. Z. 1884, S. 276. Bunsen, Pogg. Ann. 91 S. 620, 1854.

ebene parallele Platten, von denen die beiden äusseren aus starkem Kupferblech bestehen, durch einen Draht mit einander verbunden sind und als gemeinsame Anode in den Stromkreis geschaltet werden, während die dritte dünne Platte als Kathode dient. Es wird dann Kupfer von den äusseren Platten gelöst und auf der mittleren niedergeschlagen. Für 1 *F* nimmt das Gewicht der mittleren Platte um 31,7 g Cu, pro Ampèrestunde um 1,181 g,

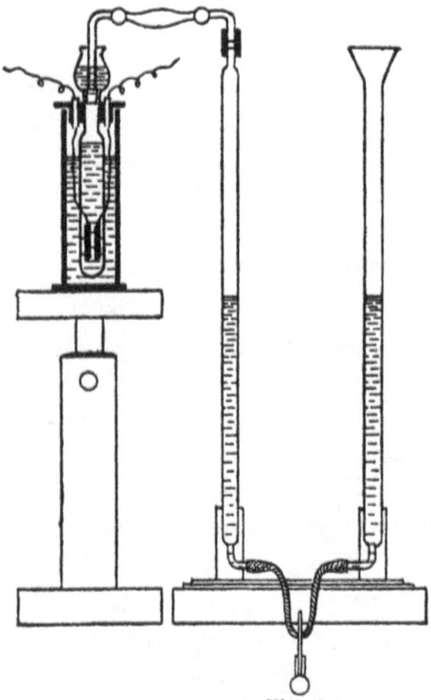

Fig. 2.

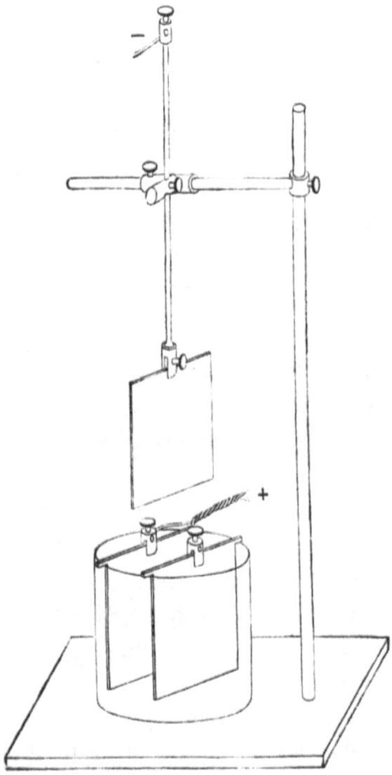

Fig. 3.

zu. Verhältnisse, die im Abschnitt Kupfergalvanoplastik näher erörtert werden, machen einige Vorsichtsmaassregeln nöthig, wenn diese Kupfermenge nicht durch secundäre Störungen ein wenig von der theoretischen Zahl abweichen soll. Mit einer Lösung von 150 g kryst. Kupfervitriol, 50 g Schwefelsäure und 50 g Alkohol in 1000 g Wasser beschickt, gibt das Voltameter exakte Zahlen, wenn die Platten ganz in die Lösung tauchen und die Stromdichte an der Niederschlagsplatte 0,4 Amp./qdm oder darüber beträgt. Für sehr kleine Stromstärken, welche zu unbequem kleinen Elektroden nöthigen würden, nimmt man eine Lösung von 6 1/4 bis 12 1/2 g kryst. Kupfervitriol und 50 g Schwefelsäure auf 1000 g Wasser, schliesst das Voltametergefäss gasdicht ab und leitet einen langsamen Wasserstoffstrom durch den Elektrolyten hindurch. Bei Stromdichten von einigen Hundertstel Ampère pro qdm Kathodenfläche entspricht alsdann das ausgeschiedene Kupfergewicht noch genau der Anzahl Coulombs, die hindurchgegangen sind[1]).

Freier von möglichen geringen Fehlern und für Präcisionsmessungen vortheilhafter sind das Silber- und Quecksilbervoltameter. Als Silbervoltameter[2]) dient ein Platintiegel von etwa 30 ccm Inhalt, welcher mit Silbernitratlösung von 20—30 % Gehalt beschickt wird. Als Anode wird ein Silberstab oder Silberblech benutzt. Damit nicht Silbersuperoxyd Ag_2O_2, welches in geringer Menge an der Anode sich bildet, oder auch Stücke des Anodenmetalls beim Abbröckeln auf die Kathode fallen, wird die Anode entweder mit einem Zeugbeutel eingehüllt oder ein Glasschälchen in der Lösung darunter so eingesetzt, dass abfallende Theilchen darin sich sammeln. Dieses Schälchen stützt sich mit drei angeschmolzenen Glasfäden auf die Tiegelwand. Das Instrument, das man meist mit Stromdichten von 0,4 bis 2,7 Amp. pro qdm Niederschlagsfläche benutzt, gibt für je 1 Coulomb, d. h. für 1 Ampèresecunde, eine Gewichtsvermehrung von 1,118 mg an der Kathode durch Silbermetall. In der Minute scheidet demnach 1 Amp. 67,09 mg Ag ab. Vollständig von allen Fehlern ist auch dieses genaueste aller Voltameter nicht frei. Die Abscheidung ist in lufthaltiger Lösung um 1/10 % kleiner als im Vacuum. In mit Sauerstoff gesättigter Lösung ist sie noch um 0,04 %, in Kohlensäure gesättigter Lösung um 0,055 % kleiner als in Luft[3]) Die in Luft gemessenen Zahlen

[1]) Oettel, Chem. Ztg. 17, S. 543 u. 577. Foerster, Z. f. Elektrochem. 3, S. 493, von anderen Arbeiten siehe auch Beach, E. T. Z. 1894, S. 170. Gannon, Proc. Roy. Soc. 55, S. 66. Schuster, ebenda, S. 84. Chassy, C. R. 119, S. 271.

[2]) F. u. W. Kohlrausch, Wied. Ann. 27, S. 1, 1886. Lord Rayleigh u. Sidgwick, Phil. Trans. 1884, 2 S. 411.

[3]) Schuster u. Crossley, Proc. Roy. Soc. 50, S. 344. Myers. Wied., Ann. 55, S 289.

gelten vorderhand als die normalen. Unbequem ist die Abscheidung des Silbers in schlechthaftenden Krystallgebilden an dem Platintiegel; bei Stromdichten zwischen 0,5 Amp. und 1,5 Amp. pro qdm ist diese Erscheinung relativ am wenigsten störend.

Statt des Silbers das Quecksilber im Voltameter zu benutzen, dessen Aequivalent entsprechend seinem Atomgewicht (199.8) um ein erhebliches (85.7 %) in seinen Oxydulsalzen grösser ist, bei dem also Wägefehler noch weniger wie beim Silber austragen, galt bis vor Kurzem als wenig empfehlenswerth, weil die abgeschiedene Quecksilbermenge leicht um 1 bis 2 % zu klein gegenüber dem Quantum ausfiel, welches dem elektrochemischen Aequivalent des Stromes bei oxydfreier Oxydulsalzlösung entsprach. Lenz[1]) hat eine Form dieses Voltameters beschrieben, bei welcher nicht das Gewicht, sondern das Volumen des abgeschiedenen Metalls durch eine feine Messvorrichtung bestimmt wird. Das Instrument ist complicirt und nicht gebräuchlich. Bolton[2]) hat neuerdings ein nach Ostwald's Angabe mit 1/10 n. Mercuronitratlösung beschicktes Quecksilbergewichtsvoltameter auf 0,1 % fehlerfrei und sehr handlich gefunden. In dieser Verdünnung ist das Quecksilber in seinem elektrochemischen Verhalten ein absolut einwerthiges Metall (sofern man nur das Nitrat betrachtet) und die zuvor erwähnten Unsicherheiten durch Oxydbildung entfallen. Das Instrument ist in Fig. 4 abgebildet. Man erkennt zwei kleine Tassen mit Quecksilber, deren obere mit dem positiven Pol verbunden wird. Durch einen punktirt angedeuteten Platindraht, der in dem capillaren Lumen des Glasröhren liegt, welche in die Tassen auslaufen, wird dieses

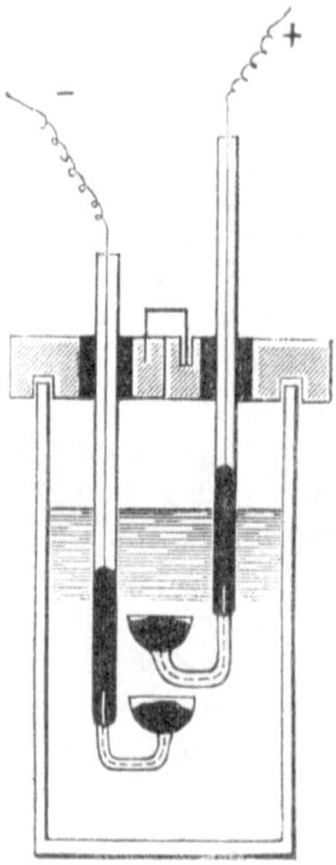

Fig. 4.

[1]) Lenz, Beibl. 1, S. 299.

[2]) Z. f. Elektrochemie 2, S. 75.

Quecksilber mit einer anderen Quecksilberschicht, die im weiteren Rohrstück sich befindet, leitend verbunden. In letzteres taucht jeweils der stromzuführende Draht vom äusseren Stromkreis. Die Mercuronitratlösung ist durch mehrthätiges Digeriren einer gewogenen Menge des festen Salzes mit reinem Quecksilber und mit Wasser, das durch Salpetersäure angesäuert ist, in der Wärme zu bereiten. Zur Wägung wird beliebig eine der Elektroden nach Abheben des Deckels herausgenommen, abgespült, mit Fliesspapier abgetupft und durch die rüsselförmig gebogene, mit Filtrirpapier ausgelegte Röhre (Fig. 5) in das Wägeglas umgegossen.

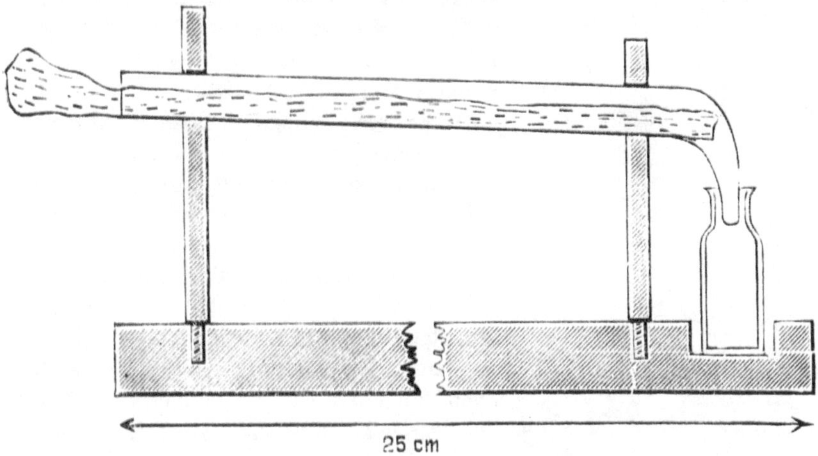

Fig. 5.

Durch Abklopfen der Röhre bringt man das gesammte Quecksilber leicht in die Vorlage. Nach Sanford[1]) ist das Quecksilbervoltameter nur mit frisch bereiteter Oxydulnitratlösung zu verwenden, da beim Stehen derselben Mercurisalz sich bildet und und die Abscheidung kleiner ausfällt, als das Stromäquivalent bei einwerthigem Quecksilber verlangt.

Danneel[2]) hat das Quecksilbervoltameter in sinnreicher Weise mit der Mohr'schen Waage verbunden (Fig. 6), indem er die $^1/_{10}$ n. Quecksilberoxydulnitratlösung in ein Glasgefäss

[1]) Z. f. Elektrochemie 4, S. 263.

[2]) Danneel, Z. f. Elektrochemie 4, S. 155.

G bringt, in welches ein Glasring *B* eingeschmolzen ist, der einige Gramm Quecksilber fasst und durch den Platindraht *A* den positiven Strom zugeführt erhält. Der Platindraht ist, so weit er in der Lösung läuft, durch ein übergezogenes Glasrohr umhüllt. Ein dünner Platindraht, welcher in ein T förmiges Stück ausläuft und am freien Arm der Mohr'schen Waage hängt, bildet die andere Elektrode. An ihm hängt mittels einer Einschnürung ein kleines Glasgefäss, in welchem das abgeschiedene Quecksilber sich ansammelt. Der Draht ist platinirt und dann ausgeglüht, wodurch die Capillarkräfte, denen er an der Oberfläche der Flüssigkeit unterliegt, in ihrer Wirkung verkleinert werden. Die Waage hat Stahllager, so dass die negative Stromzuführung am Waagenfuss geschehen kann.

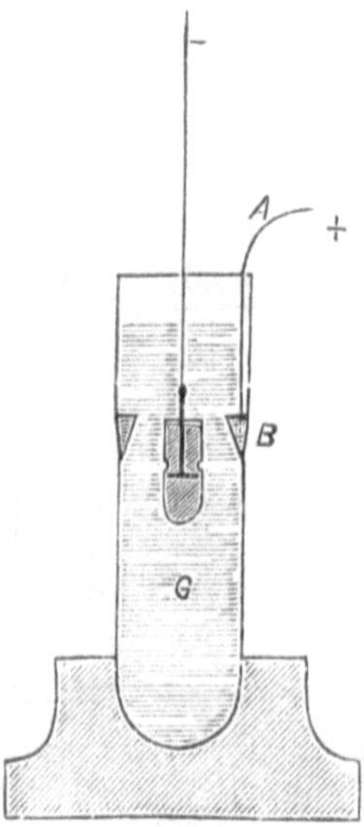

Fig. 6.

Für geringe Strommengen und -stärken hat Herroun[1]) ein Jodvoltameter beschrieben, bestehend aus einem Gefäss mit 10—15%iger Jodzinklösung, in welches unten eine Platinplatte: oben ein Zinkstab, der mit Leinwand oder Filtrirpapier zur Rückhaltung abfallender Theilchen umgeben ist, eingetaucht werden. Der Zinkstab, welcher amalgamirt ist, wird mit dem negativen Pol verbunden, die Platinplatte mit dem positiven. Es scheidet sich dann Jod am Platin ab, das in der Flüssigkeit in der Nähe der Platinplatte sich löst und nur äusserst langsam nach der eingehüllten Zinkplatte hinaufdiffundirt. Ist die Dauer des Stromdurchgangs eine sehr lange, so muss freilich, damit das Jod nicht durch Diffusion bis dorthin vordringt, eine andere Anordnung des Apparats gewählt werden. Bei einer Stromdichte von 0,25 Amp. pro qdm Anodenfläche fand Herroun die abgeschiedene Jodmenge, welche nach Herausheben der Zinkelektrode und Umrühren sofort mit Thiosulfatlösung titrirt wurde, in Uebereinstimmung bis auf 1% mit den Angaben

[1]) Herroun, Phil. Mag. 40 S. 91.

des Silbervoltameters. 1 Ampèresecunde, gleich 1 Coulomb, entspricht 0,1036 ccm $^1/_{10}$ n. Thiosulfat.

Edison[1]) hat als Controlapparat in elektrischen Central-Lichtanlagen Zinkvoltameter mit 25 %iger Zinksulfatlösung als Elektrolyt angewandt, welche eine kathodische Maximalstromdichte von 6 Amp. pro qdm vertragen. In der Elektrochemie benützt man diesen Apparat nicht.

Die Voltameter messen sämmtlich unmittelbar Coulombs, Ampère nur mittelbar, indem aus Beobachtungen des Niederschlagsgewichts und der Niederschlagszeit die Niederschlagsmenge pro Zeiteinheit berechnet wird.

Unmittelbare Beobachtung der Stromstärke wird möglich durch Instrumente, welche durch mechanische Signale (Zeiger-

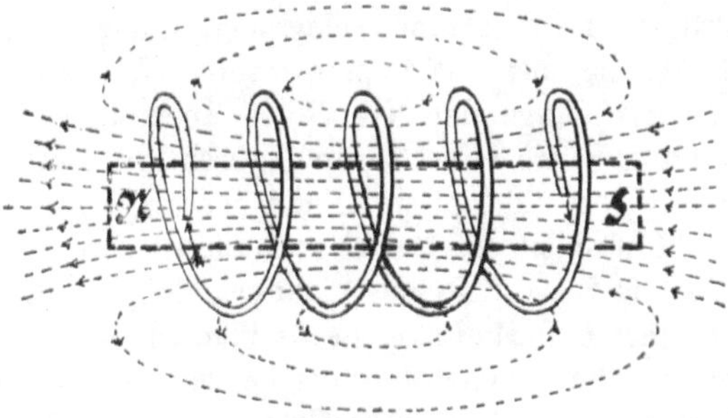

Fig. 7.

ausschläge) auf wechselnde Stromstärken reagiren. Die Mehrzahl derselben beruht auf elektromagnetischen Erscheinungen. Eine vom Strom durchflossene Drahtspirale wirkt wie ein Magnet, welcher in ihrer Längsrichtung durch sie hindurchgesteckt ist. Ist die Spirale aus isolirtem Draht um einen Kern aus weichem Eisen gewickelt, so gewinnt dieser die Eigenschaften eines Magneten während der Dauer des Stromdurchganges durch die Spule. Man kann sich vorstellen, dass jede elektrische Strömung, welche durch eine Drahtspule geht, in dem umgrenzenden Raume eine in sich geschlossene magnetische Strömung in Richtung der Pfeile bewirkt (Fig. 7). Die gleiche magnetische Strömung be steht, wenn statt der Schlinge ein Magnetstab NS in der durch

[1]) Kittler, Handbuch d. Elektrotechnik Bd. I S. 251.

Fig. 7 versinnlichten Weise senkrecht zur Ebene der Drahtspule angebracht wird. Die in sich geschlossenen punktirten Linien stellen die Bahnen der magnetischen Strömung dar und heissen die Kraftlinien. Sie zerstreuen sich von *N* aus fächerförmig und laufen auf längeren oder kürzeren Wegen bei *S* wieder zusammen. Längs ihnen werden magnetisirbare Theilchen gegen die Punkte *N* und *S* hin, die Pole des Magneten, angezogen. Ein einzelner Magnetpol würde nach allen Richtungen die gleiche Anziehungskraft auf solche Theilchen äussern. Seine Kraftlinien würden radial nach allen Richtungen des Raumes strahlen. Nun hat jeder Magnet aber einen Nord- und einen Südpol. Ein Eisentheilchen, das von dem einen Pol angezogen wird, wird gleichzeitig vom andern Pol abgestossen; dadurch erhalten die Kraftlinien jenen complicirten Verlauf, welcher sichtbar wird, wenn man einen Magneten unter ein Papierblatt legt und Eisenfeile auf das Papier stäubt. Die Eisentheilchen reihen sich dann längs der Kraftlinien aneinander. Die magnetische Strömung, die vom Nordpol durch die Luft zum Südpol geht, kehrt vom Südpol innerhalb des Magneten zum Nordpol zurück. Soweit sie im Metall verläuft, ist ihre Wirkung auf darüber gestreute Eisentheilchen nicht erkennbar. Die treibende Kraft des Magneten darf analog der treibenden Kraft elektrischer Strombewegung die magnetomotorische genannt werden. Für einen Stahlmagneten hängt ihre Grösse ab vom Material und der Art der Magnetisirung. Die magnetomotorische Kraft, welche eine stromdurchflossene Spule äussert, ist bedingt durch die Anzahl der Drahtwindungen, aus denen sie besteht, und die Stromstärke, welche in ihr herrscht. Das Product aus Zahl der Windungen mal der Anzahl Ampère, welches die Grundlage der Berechnung bildet, wird die Zahl der Ampèrewindungen genannt. Die Stärke der magnetischen Strömung, welche durch eine gegebene magnetomotorische Kraft bedingt wird, ist abhängig von dem magnetischen Widerstand bezw. von der magnetischen Leitfähigkeit der Materialien, welchen die Strömung auf ihrem Wege begegnet. Man benützt für diese magnetische Leitfähigkeit den Ausdruck Permeabilität. Man definirt nun die Kraftlinien so, dass sie nicht Bahnen einer beliebig kleinen oder grossen magnetischen Strömung vorstellen, sondern dass längs jeder Kraftlinie eine bestimmte magnetische Stromstärke besteht. Ist die magnetische Stromstärke klein, so ist deshalb auch die Anzahl der Kraftlinien klein und umgekehrt. Bei gegebener Grösse der magnetomotorischen Kraft ist deshalb weiter die Kraftlinienzahl abhängig von der Permeabilität der durchflossenen Medien. Die Permeabilität des Eisens ist nun 2500 mal grösser als die der Luft. Die Kraftlinien, welche unter der Wirkung der magnetomotorischen Kraft, die von einer stromdurchflossenen Spirale ausgeht, in dem durch die Fig. 7 veranschaulichten Sinne entstehen, sind also zahlreicher, wenn sie nicht durchgängig in Luft, sondern theilweise in dem so viel permeableren Eisen laufen können. Daher verstärkt sich die magnetische Wirkung einer Spirale durch einen eingeschobenen Eisenkern. Der von den Kraftlinien durchsetzte Raum heisst das magnetische Feld; je zahlreicher in ihm die Kraftlinien, je stärker oder dichter das Feld, um so stärkere magnetische Wirkungen werden darin wahrnehmbar. Diese Wirkungen bestehen zunächst in einer Anziehung, welche auf Eisentheilchen geübt wird. Das Eisen ist bestrebt, längs der Kraftlinien in das dichteste Kraftlinienfeld hineinzuwandern. Uebt ein Magnet seine Anziehung auf einen Eisenstab, so nähert sich derselbe den Magnetendflächen, bis er anstösst. Die Substanz des Magneten hindert ein Eindringen; wird die Anziehung von einer stromdurchflossenen Spirale geübt, so schiebt sich der angezogene Stab vollständig in dieselbe hinein, denn so gelangt er seiner ganzen Länge nach in das dichteste Feld.

Treffen magnetische Strömungen, welche von verschiedenen conaxialen Magneten ausgehen, aufeinander, so stossen sie sich ab, wenn sie einander entgegengerichtet sind. Gleichnamige Magnetpole suchen sich deshalb von einander zu entfernen. Umgekehrt ziehen ungleichnamige Pole einander an. In derselben Weise stossen stromdurchflossene Spiralen sich ab oder ziehen sich an, je nach der Richtung der magnetischen Strömung in ihrer Längsachse. Diese Richtung hängt von der Stromrichtung in der Spule ab. Denkt man sich in dem Draht der Spirale in der Richtung des positiven Stromes schwimmend, das Gesicht nach der Längsaxe der Spirale gerichtet, so liegt der magnetische Nordpol stets links. (Ampère'sche Regel.)

Stehen die Längsaxen der Magnete oder Spulen im Winkel zu einander, so stellen sie sich unter der Abstossung der gleichnamigen, der Anziehung der ungleichnamigen Pole, wenn sie beweglich sind, parallel bezw. conaxial. Nach der vorstehenden Betrachtung sind magnetische und elektrische Strömung in vielen Beziehungen ähnlich. Man muss indessen zwei Verschiedenheiten beachten. Wenn der elektrische Strom durch einen Leiter geht, so wird, solange er besteht, elektrische Energie verzehrt und Wärme oder chemischer Umsatz oder mechanische Arbeit wird hervorgerufen. Beim magnetischen Strom findet kein Energieverbrauch statt. Ein ruhender Magnet mit seiner Stömung bleibt ungeändert, der magnetische Strom ist also keine Energiebewegung von der Art des elektrischen, sondern nur die Fiction einer solchen zwecks Erleichterung der Anschauung. Ferner ist die elektrische Leitfähigkeit nur von dem Material und den Dimensionen der Leiter abhängig, von der Stromdichte aber unabhängig. Die magnetische Permeabilität aber fällt mit wachsender Stromdichte. Sobald die Anzahl der Kraftlinien eine gewisse erhebliche Zahl in dem Eisenstück erreicht, ruft eine Vermehrung der magnetomotorischen Kraft keinen merklich vermehrten Kraftliniendurchgang hervor. Das Eisen hat den Zustand der magnetischen Sättigung erreicht.

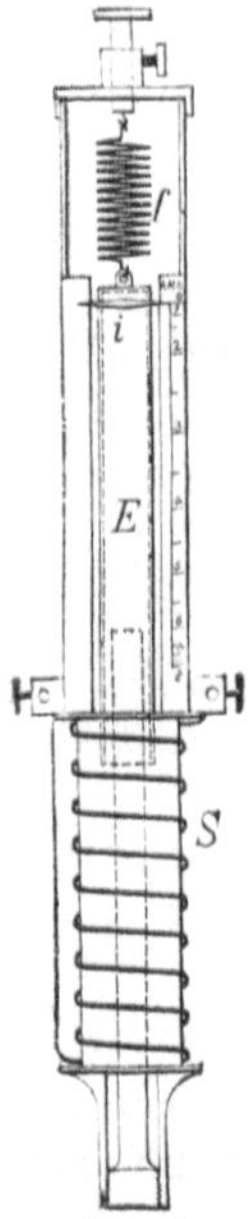

Fig. 8.

Auf diesen Phänomenen beruhen die meisten Strommesser. Man unterscheidet Galvanometer und Ampèremeter. Ampèremeter sind technische Messwerkzeuge, welche für die Messung stärkerer Ströme dienen. Sie besitzen meist einen Zeiger, der über einer Scala spielt, welche direct Ampères abzulesen gestattet und werden je nach der Genauigkeit ihrer Ausschläge als Präcisions-Ampèremeter oder gewöhnliche Ampèremeter classificirt. Galvanometer sind physikalische Instrumente für die Messung sehr geringer Ströme und geben die Ströme zunächst in willkürlichen Einheiten, die auf Ampères umgerechnet werden müssen. Sie sind meist auf Ablesung mit Spiegel und Scala berechnet. Die bei den gewöhnlichen Ampèremetern üblichen Constructionsprincipien sind die folgenden, welche indessen die Zahl der angewendeten Typen nicht erschöpfen.

a) Federampèremeter nach Kohlrausch (Fig. 8). Ueber der stromdurchflossenen Spirale *S* befindet sich ein Eisenrohr *E* an der Neusilberspule *f* aufgehangen; das Rohr ist mit einem Zeiger *i* versehen. Der Zeiger spielt an einer verticalen Scala auf und nieder, wenn das Eisenrohr sich abwärts oder aufwärts bewegt. Bei Stromdurchgang sucht die Spirale das Eisenrohr gegen die Wirkung einer Feder in sich hinabzuziehen. Je stärker der Strom, um so tiefer wird der Eisenkern herabgezogen.

b) Ampèremeter nach Dolivo-Dobrowolsky. (Fig. 9 u. 10.) Ein Eisenkern *e* von 4 cg Gewicht hängt an einem durch die Regulirgewichte *d* und *d* belasteten Winkelhebel in

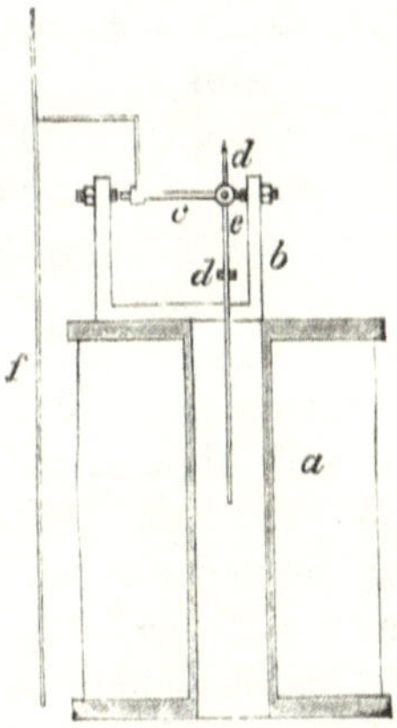

Fig. 9.

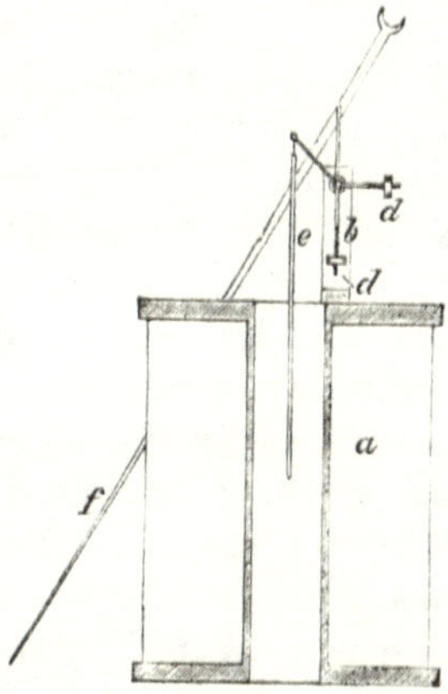

Fig. 10.

dem Messingbock *b*. Er taucht theilweise in die Längshöhlung einer stromdurchflossenen Spule, welche ihn um so stärker hinabzuziehen bestrebt ist, je grösser die Stromstärke ist. Senkt sich der Eisenkern, so dreht sich die Achse *c*, auf der er sitzt, und der Zeiger *f*, der mit ihr verbunden ist.

c) Ampèremeter von Hummel. (Fig. 11.) Die Vertheilung der Kraftlinien innerhalb einer Spule ist keine gleichförmige. In der Nähe der Drahtwindungen ist das Feld dichter als nahe der Achse. Eine bewegliche Lamelle aus Eisen, welche innerhalb der Spule excentrisch und drehbar um eine der Solenoidachse parallele Achse gelagert ist, wird deshalb bei Stromdurchgang gegen die Innenwand des Solenoids gezogen. Der Bewegung widerstrebt die Schwere des Blättchens (und Zeigers) oder eines Balancirgewichts, das auf derselben Achse sitzt und mit fortschreitender Drehung in zunehmendem Maasse gehoben werden muss. Die Anziehung der Spule und die Schwere bedingen eine für jede Stromstärke wechselnde Gleichgewichtslage, die durch einen Zeiger, der über einer Scala spielt, markirt wird. Das benutzte Eisenblech ist sehr klein. Bei 0,065 mm Dicke wiegt es 0,34 g. Statt der Spule dient bei Starkstromapparaten ein einfacher Kupferbügel. Das Blättchen wird oft stark gekrümmt construirt, so dass es wie ein Rohr mit ausgespartem weitem Längsschlitz erscheint.

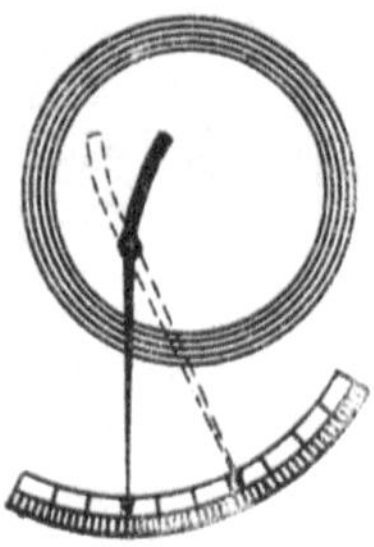

Fig. 11.

Galvanometer werden nach verschiedenen Principien gebaut. Besonders wichtig sind davon zwei. Entweder wird ein Magnet, der unter dem Einfluss des Erdmagnetismus sich nordsüdlich einstellt, an einen Coconfaden zwischen zwei conaxiale Drahtspulen gehängt, welche bei Stromdurchgang eine magnetische Kraft senkrecht zur Richtung des Erdmagnetismus entstehen lassen. Der Magnet stellt sich dann in die Richtung, welche durch die Componente beider auf ihn wirkenden Kräfte gegeben ist. Die Ablesung geschieht mit Fernrohr und Scala unter Benutzung eines kleinen, mit dem Magnet fest verbundenen drehbaren Spiegelchens. Der Einstellung des Magneten auf die Gleichgewichtslage, welche durch die gemeinsame Wirkung des Erdmagnetismus und der Spulen bedingt ist, geht ein längeres Hin- und Herpendeln um die Ruhelage voraus. Will man dies vermeiden, so versieht man das Instrument mit einer Dämpfung. Man verbindet mit der Nadel drehbare Flügel, die in Luft oder in einer Flüssigkeit schwingen und durch die Reibung in diesen Medien Hemmung erleiden (Luftdämpfung, Flüssigkeitsdämpfung) oder man umgibt den Magneten mit einer festen ruhenden Kupferhülse, die ihn dicht umschliesst und in der er sich dreht (Kupferdämpfung).

Bei dem Torsionsgalvanometer von Siemens und Halske ist zwecks bequemerer Benutzung für technische Messungen von der Spiegelablesung Abstand genommen. Mit dem drehbaren Magneten ist eine Spiralfeder verbunden, welche durch eine Schraube angezogen werden kann. Weicht der Magnet bei Stromdurchgang aus seiner Ruhelage, so führt man ihn durch Anziehen dieser Torsionsfeder in dieselbe zurück. Die Grösse der ausgeführten Schraubendrehung wird an einer Scala abgelesen. Jeder Stromstärke entspricht eine bestimmte Drehung. Auf der Scala lassen sich deshalb direct die Stromstärken verzeichnen und ablesen; das Instrument besitzt Luftdämpfung.

Zur Erhöhung der Empfindlichkeit der Galvanometer schwächt man den Einfluss des Erdmagnetismus auf die Nadel entweder, indem man einen Magnetstab an das Instrument schraubt, welcher mit seinem Nordpol nach Norden zeigt (der erdmagnetische Nordpol liegt in der Nähe des geographischen Südpols) und dem erdmagnetischen Einfluss auf die Nadel entgegenwirkt, oder man verbindet zwei Nadeln fest miteinander, welche nahezu gleichstark magnetisch sind und entgegengesetzt gerichtet sind. An einem solchen astatischen Nadelpaar kommt die Richtkraft des Erdmagnetismus nur mit dem geringen Betrage zur Wirkung, welcher der Differenz der magnetischen Stärke beider Nadeln entspricht, während die magnetische Wirkung der stromdurchflossenen Spulen, deren für jede Nadel des Paares zwei in conaxialer Anordnung vorgesehen sind, sich addirt.

Solche Instrumente sind überaus fein. Die empfindlichsten lassen noch den billionsten Theil eines Ampère erkennen, werden aber durch alle magnetischen Einflüsse in der Nähe in ihren Ausschlägen gestört. Da jeder elektrische Strom in dem umgebenden Luftraum eine wenn auch kleine magnetische Strömung bedingt, so verändern Ströme, die in der Erde oder in Drähten in der Nähe des Beobachtungsraumes fliessen, ebenso wie Eisenstücke, welche nie absolut unmagnetisch sind, wenn sie unweit des Instrumentes bewegt werden, die Einstellung dieses Instrumentes.

Von dieser Störung frei sind die Galvanometer nach D'Arsonval-Desprez, bei welchen die stromdurchflossene Spule auf ein drehbares Rähmchen gewickelt in einem dichten magnetischen Feld sich befindet. Dieses Rähmchen *C* befindet sich (Fig. 12) zwischen den Polen eines starken Hufeisenmagneten *A*. Durch feine Metallfäden wird es mit der Kopfschraube *a* und dem Stativ *b* einerseits, mit der Feder *f* andererseits so verbunden, dass zwischen den beiden Klemmen *K K* durch das Stativ *b*, den oberen Aufhängefaden, die Rähmchenbewicklung, den unteren Aufhängefaden und die Spannfeder *f* eine continuirliche Stromleitung hergestellt wird. Der obere Aufhängefaden trägt das Spiegelchen *S*. *B* ein fester Eisenkern in dem drehbaren Rahmen, der den magnetischen Widerstand zwischen den Polen des Hufeisenmagneten verkleinert und damit die Feldstärke

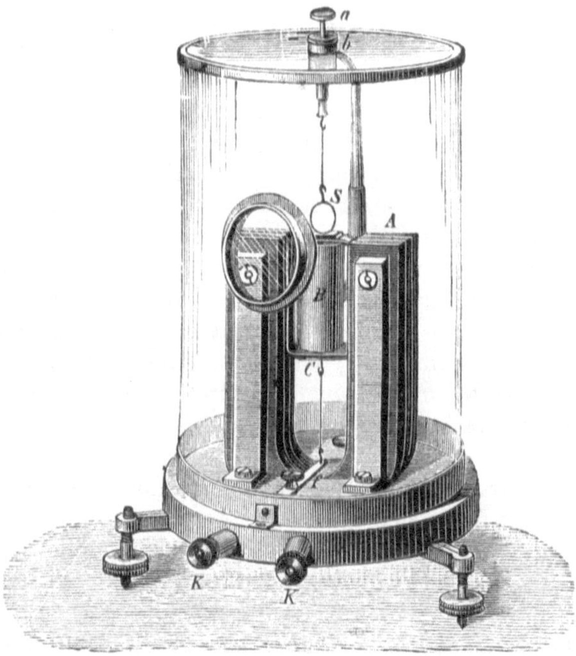

Fig. 12.

vergrössert. Solange kein Strom durch das Instrument geht, ist das magnetische Feld ohne Wirkung auf die eisenfreie Kupferwicklung des Rähmchens. Dieses stellt sich sammt dem fest damit verbundenen Spiegelchen *s* in die Verbindsrichtung der Magnetpole. Geht aber Strom durch die Wicklung des Rähmchens, so tritt eine magnetische Kraft in der drehbaren Spule senkrecht zu ihrer Ebene auf. Das früher erläuterte Bestreben magnetischer Strömungen, welche im Winkel aufeinander treffen, sich parallel bezw. conaxial zu richten, bewirkt Drehung des Rähmchens. Der Drehkraft widersetzt sich die Torsion des Aufhängefadens und das Zusammenwirken dieser beiden Momente bestimmt den Winkel, um welchen das Rähmchen sammt dem Spiegel aus seiner Ruhelage weicht. Da das magnetische Feld, in welchem die Spule schwebt, überaus stark ist, bleiben kleine magnetische Einflüsse, wie sie von benachbarten elektrischen Strömen, von schwach magnetischen Eisentheilchen ausserhalb des Instrumentes etc. ausgehen, ohne jeden Einfluss. Die Empfindlichkeit lässt sich durch Verfeinerung der Aufhängungsweise nahezu soweit treiben wie die der erdmagnetischen Instrumente und die Dämpfung ist ohne besondere dämpfende Vorrichtungen eine vorzügliche. Gerade darum aber sind diese Instrumente nicht immer anwendbar, denn es gibt Fälle, in denen ungedämpfte Ausschläge erforderlich sind und für diese eignen sich die erdmagnetischen Apparate besser, wenn schon es möglich ist, solche Ausschläge auch bei den Desprez-D'Arsonval'schen zu erhalten, indem man nach einem Stromstoss den geschlossenen Leiterkreis unterbricht, von dem das Instrument einen Theil bildet.

Präcisionsampèremeter sind vielfach solche D'Arsonval-Desprez-Galvanometer in massiverer und gedrängterer Ausführung, bei welchen der drehbare Spiegel durch einen Zeiger ersetzt ist, welcher über einer Ampèrescala spielt, so dass die Fernrohrablesung erspart wird. (Weston-Instrumente.)

Von den beschriebenen Typen ganz verschieden sind die Hitzdrahtampèremeter. Bei ihnen wird die Verlängerung eines Drahtes durch die Erwärmung, die er beim Stromdurchgang erleidet, auf einen Zeiger übertragen, dessen Ausschlagsweite mit der Stromstärke correspondirt. Diese Instrumente sind gleich den Desprez-Galvanometern Störungen durch magnetische Einflüsse und benachbarte Ströme unzugänglich. Sie besitzen in der Ausführung von Hartmann & Braun eine Dämpfung, bestehend in einem Aluminiumplättchen, das zwischen den Polen eines Magneten sich dreht.[1]) Ihre Einstellung erfolgt ziemlich langsam.[2])

[1]) Z. f. Elektrochem. 2, S. 173.

[2]) Von manchen anderen Strom-Messinstrumenten, der Stromwaage, den Bussolen, dem Dynamometer, macht der Elektrochemiker kaum Gebrauch. Ihre Beschreibung findet sich in jedem grösseren Lehrbuch der Elektricität.

Mit Instrumenten, welche für starke Ströme gebaut sind, lassen sich schwache nicht messen. Das umgekehrte gelingt hingegen leicht, wenn man den Strom so verzweigt, dass nur ein bekannter kleiner Bruchtheil durch das Instrument geht. Man zweigt z. B. an den Enden eines Leiterstückes, welches 1 Ohm Widerstand hat, zwei Drähte ab, welche mit den Klemmen des Galvanometers verbunden werden. Der Widerstand des Galvanometers sammt diesen Zuleitungsdrähten sei 299 Ohm. Dann besteht in dem Zweige, der das Messinstrument enthält, $^1/_{300}$, in dem andern $^{299}/_{300}$ der Stromstärke im ungegabelten Leiter. Die Anzeige des Galvanometers mit 300 multiplicirt, ergibt also den richtigen Werth. Man nennt dies das Galvanometer in den Nebenschluss legen. Durch Variation des Widerstandsverhältnisses in beiden Gabelzweigen lassen sich Ströme der verschiedensten Stärke mit demselben feinen Instrumente messen.

Ist der Widerstand des Instrumentes sammt Zuleitungsdrähten sehr gross gegen den Widerstand des anderen Gabelzweiges, so macht man keinen wesentlichen Fehler, wenn man annimmt, es ändere sich bei Anfügung des Galvanometerzweiges weder die Stromstärke noch die Spannungsdifferenz zwischen den beiden Punkten, von welchen die Abzweigung stattfindet. Sind die Zuleitungsdrähte am Galvanometer kräftig und kurz, so ist ihr Einfluss in jeder Hinsicht zu vernachlässigen und man kann die Spannungsdifferenz an den Klemmen des Instruments für dieselbe gelten lassen, die an den beiden Abzweigungspunkten des Stromkreises vor wie während der Anschaltung des Messapparates besteht. Das Instrument wird nun nach der Anschaltung einen Ausschlag zeigen, dessen Grösse der durchgehenden Stromstärke entspricht. Diese sei $^1/_{100}$ Ampère, der Widerstand des Instrumentes sei 300 Ohm, dann muss die Spannungsdifferenz an den Klemmen nach dem Ohm'schen Gesetz betragen

$$\pi = 0{,}01 \cdot 300 = 3 \text{ Volt.}$$

Der Ausschlag, welcher $^1/_{200}$ Ampère entspricht, verräth in derselben Weise eine Klemmenspannung von $1^1/_2$ Volt. So lässt sich für jede Ausschlagsweite der zugehörige Werth der Klemmenspannung angeben. Diese Werthe auf der Scala des Instrumentes aufgetragen, machen es zu einem V o l t m e t e r. Jedes solche Messinstrument von hohem Widerstand kann also im Nebenschluss als Strom- oder als Spannungsmesser dienen. Die technischen Voltmeter sind Ampèremeter von hohem Widerstand mit Voltscala. Das Messbereich dieser Instrumente lässt sich beliebig vergrössern, indem man Widerstand vorschaltet. Beträgt z. B. die zu messende Spannungsdifferenz 100 Volt, der Widerstand des Instrumentes 100 Ohm und sein Messbereich 3 Volt, so schaltet man in die Zweigleitung vor das Messinstrument einen Widerstand von 4900 Ohm. Der Spannungsabfall von 100 Volt findet alsdann zu $^{49}/_{50}$ in diesem vorgeschalteten Widerstand, zu $^{1}/_{50}$ in dem Messinstrument statt. Der beobachtete Ausschlag ist dann mit 50 zu multipliciren. Es ist vielfach üblich, solche Vorschaltwiderstände an dem Instrument gleich mit anzumontiren und auf der Scala verschiedene Theilungen anzubringen. Durch einen beweglichen Stöpsel schaltet man dann beliebig kleinere oder grössere Vorschaltwiderstände ein.

Diese Spannungsmesser verbrauchen sämmtlich Strom; sehr feine Instrumente weniger als $^{1}/_{1000000}$ Ampère, die technischen Präcisionsvoltmeter werden bis $^{1}/_{20000}$ Ampère Strombedarf für die volle Ausschlagsweite gebaut[1]), verlangen aber dann schon recht sorgliche Behandlung. Robustere Instrumente erfordern hundertstel Ampère. Es gibt nun zahlreiche Fälle, in denen das Zustandekommen eines Stromes zwischen den beiden Punkten, deren Spannungsdifferenz gemessen wird, vermieden werden soll. In diesem Falle misst man mit Elektrometern.

a) Quadrantelektrometer. Das Instrument wird in verschiedenen Formen gebaut. Die in Fig. 13 versinnlichte Anordnung V. v. Lang's läfst das Constructionsprincip besonders deutlich erkennen. Von der Winde *r* geht durch den Ebonitkopf *s* und *e* ein Platindraht im Glasrohr *G* hinab, der die 8förmige Scheibe *a* aus Aluminium, die »Nadel«, trägt. Unter dieser befinden sich vier Quadranten aus Messing, jeder vom anderen isolirt und jeder in leitender Verbindung mit einer auf dem Ebonitdeckel *E* angebrachten Klemmschraube. An der Nadel hängt ein beschwerter Glaskörper, der in Schwefelsäure taucht. Diese dämpft einerseits die Schwingungen des Glaskörpers und damit die der Nadel und hält andererseits die Luft im Apparat trocken. An dem Faden, welcher den Glaskörper

[1]) Präcisionsvoltmeter von Keiser & Schmidt: Widerstand 300 Ohm, Messbereich 0,015 Volt.

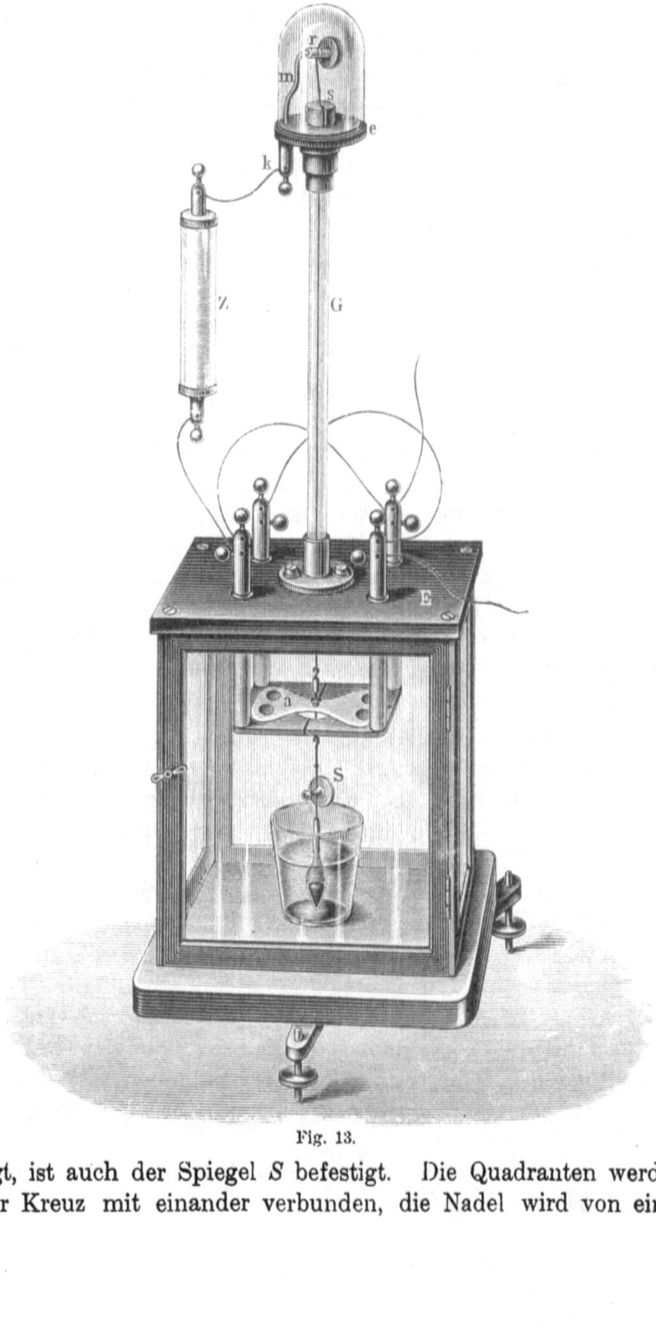

Fig. 13.

trägt, ist auch der Spiegel S befestigt. Die Quadranten werden über Kreuz mit einander verbunden, die Nadel wird von einer

»trockenen Säule« Z aus durch k und den metallnen Halter m hindurch geladen. Sobald nun die beiden Quadrantenpaare abweichende elektrische Ladung aufweisen, dreht sich die Nadel unter dem Einfluss der elektrostatischen Anziehung aus ihrer in der Figur gezeichneten Ruhelage heraus. Die Drehung ist durch die Torsion der Aufhängung beschränkt und ihre Grösse ist ein Maass für die Ladungsverschiedenheit der Quadrantenpaare. Meist leitet man eines dieser Paare zur Erde ab und verbindet das andere mit dem Punkt, dessen Potential gemessen werden soll. Die Quadranten werden zweckmässig statt als einfache Scheiben als Doppelbleche ausgebildet, welche über einander sich befinden, so dass eine viergetheilte Hülse entsteht, in welcher die Nadel schwingt. Das Quadrantelektrometer ist nicht sehr empfindlich, seine Empfindlichkeit lässt sich aber steigern, wenn man nach Angabe von Nernst und Doleczalek[1]) eine Doppelnadel (Fig. 14) anbringt, welche eine besondere Art einer trockenen Säule als Verbindung beider Nadeln aufweist. Diese Säule besteht aus Papierblättchen, die auf der einen Seite mit Zinn, auf der andern mit Bleisuperoxyd überzogen sind und in grosser Anzahl auf einander liegen. Das Papier ist nicht absolut trocken, durch seinen Wassergehalt wirkt es als elektrolytischer Leiter. Die Säule stellt also eine Combination von sehr zahlreichen, hinter einander geschalteten Zellen von ähnlicher Art wie die Volta'sche dar. Die Spannungen der einzelnen Zellen addiren sich und erreichen bei einer Säule von 6,5 cm Länge 1400 Volt. Dabei wiegt diese Säule Z bei 4 mm Durchmesser nur 3,5 g, kann also mit den Nadeln an einem

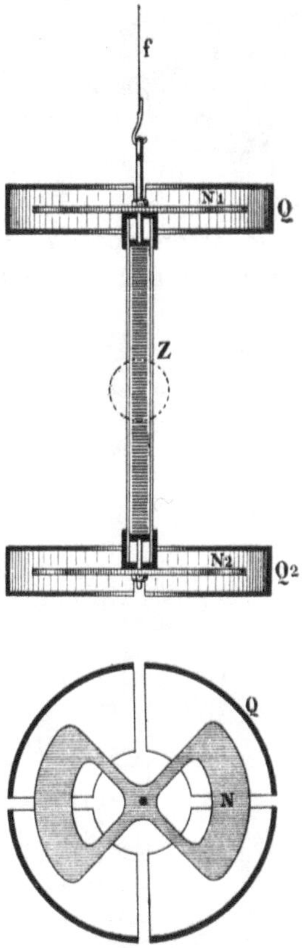

Fig. 14.

[1]) Z. f. Elektrochemie 3, S. 2.

Quarzfaden *f* noch aufgehängt werden. Die Säule hält die Nadeln N_1 und N_2 constant geladen. Die hülsenförmigen Quadranten sind oben und unten gleichartig angeordnet, sie sind durch die Buchstaben *Q* und Q_2 kenntlich gemacht. Der Ablesespiegel (in der Figur punktirt) sitzt an dem Säulchen. Dieses Instrument reagirt noch auf $^1/_{100000}$ Volt.

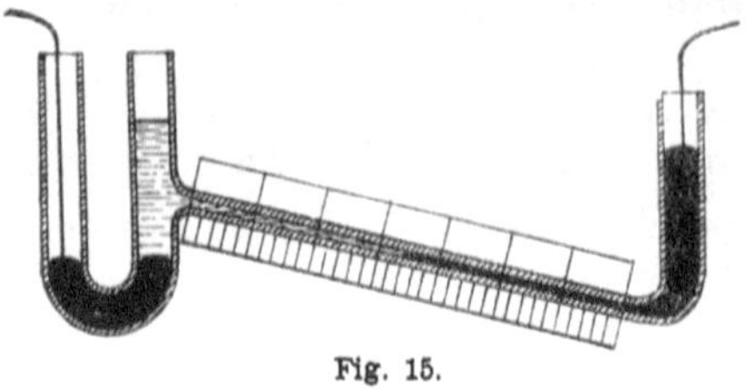

Fig. 15.

Nach ähnlichen Constructionsgrundsätzen wie die beschriebenen Quadrantelektrometer baut man Elektrometer zur Messung von sehr hohen Spannungen (mehrere 1000 Volt.)

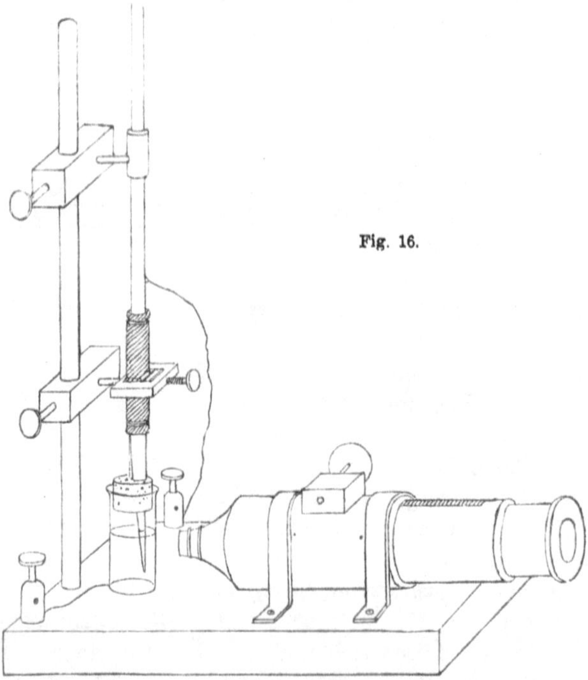

Fig. 16.

b) Capillarelektrometer. Der Apparat ist in zwei Formen gebräuchlich, mit cylindrischer Capillare (Fig. 15) und mit konischer (Fig. 16), Fig. 15 ist die bequemere, Fig. 16 die genauere. In der ersten ist er bis auf 0,001, in der zweiten bis auf 0,0001 Volt empfindlich. Man füllt in der durch die Fig. 15 veranschaulichten Weise theilweise mit Quecksilber, theilweise mit verdünnter Schwefelsäure, der eine Spur Quecksilberoxydulsulfat zugefügt ist. Werden die beiden Quecksilbermassen mit Punkten verschiedener Spannung verbunden, so ändert sich die Stellung der Quecksilberkuppe in der Capillare. Bei der in Fig. 16 dargestellten Form befindet sich etwas Quecksilber auf dem Boden des Becherglases mit der einen Klemmschraube leitend verbunden, während in dem mit Quetschhahn versehenen Druckrohr mit der anderen Klemmschraube verbundenes Quecksilber sich befindet. Bei einer Druckhöhe von 30—40 cm steht das Quecksilber in der feinen kegelförmigen Capillare fast ganz unten, ohne auszufliessen. Die Spitze der Capillare und das Becherglas ist mit Schwefelsäure 1 : 6 gefüllt. Potentialverschiedenheiten, welche den beiden Quecksilbermassen ertheilt werden, bewirken, dass die Grenzfläche Quecksilber/Schwefelsäure in der Capillare sich auf- und niederschiebt, was mit dem Mikroscop beobachtet wird. Die Theorie dieses Instrumentes kann erst später erläutert werden.

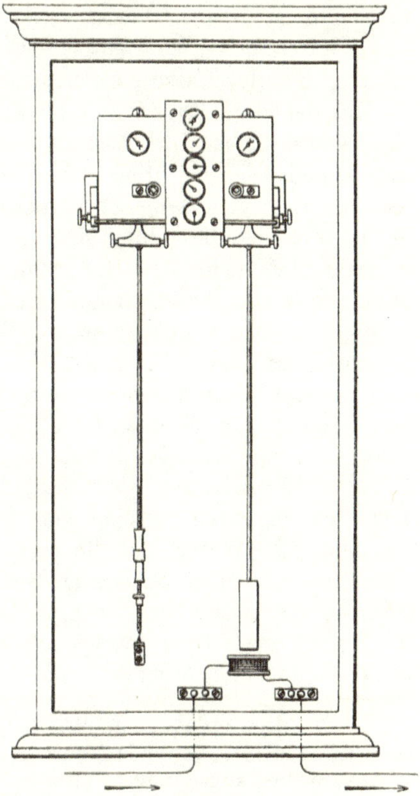

Fig. 17

Neben der Messung von Stromstärke, Widerstand und Spannung sind die Coulombs, über deren Feststellung durch das Voltameter bereits gehandelt wurde, oder Ampèrestunden oft wichtig zu bestimmen. Das Voltameter ist ein Laboratoriumsinstrument, in der Praxis benutzt man sogenannte Ampèrestundenzähler, welche auf elektromagnetischen Principien beruhen.

Der bekannteste Aron'sche Zähler (Fig. 17) hat folgende Anordnung. An einem Uhrpendel befindet sich unten ein Magnetwelcher über einem Solenoid schwingt. Wird das Solenoid vom Strom durchflossen, so zieht es das Pendel an, d. h. dieses wird bei ungeänderter Masse schwerer und schwingt demnach rascher; die Uhr geht vor. Durch Combination dieses Uhrwerks mit dem einer gewöhnlichen Uhr lässt sich erreichen, dass nur der Gangunterschied beider Uhren, der direct ein Maass für die durch das Solenoid geflossene Strommenge abgibt, am Zifferblatt in Form von Zeigerbewegung sichtbar und ablesbar wird. Oefters wünscht man nicht Volt und Ampère einzeln, sondern ihr Product, die Watt, direct zu messen. Es sind dann zwei Spulen nöthig, von denen die eine im Hauptschluss, die andere im Nebenschluss liegt. Die gegenseitige Anziehung oder das Drehungsmoment beider gegeneinander bei Stromdurchgang entspricht dem Product der Stromstärken in ihnen. Da nun die Stromstärke in der Hauptschlussspule den Ampères, die in der Nebenschlussspule den Volts entspricht, so hängt die gegenseitige Beeinflussung beider Spulen von dem Product Volt × Ampère ab, misst also Watts. Ist die eine Spule an dem Uhrpendel des zuvor beschriebenen Zählers an Stelle des Magneten angebracht, während die andere als festes Solenoid darunter sitzt, so misst die ganze Vorrichtung jetzt Wattstunden. Der Ampèrestundenzähler ist in einen Wattstundenzähler[1]) verwandelt.

[1]) Praktisch ordnet man das Instrument wohl auch so an, dass die als Pendellinse dienende Voltspule bei der Bewegung abwechselnd in zwei seitlich angeordnete Ampèrespulen einschwingt.

2. Capitel.

Stromerzeugung.

Literatur: THOMPSON: Dynamoelektrische Maschinen. Halle 1894. — KAPP: Dynamomaschinen. Berlin und München 1894. — JANET: Premières Principes d'Electricité Industrielle. Paris 1896. — AUERBACH: Wirkungsgesetze der dynamoelektrischen Maschinen. Leipzig und Wien 1887. — HOLZT: Schule des Elektrotechnikers. Leipzig 1897.

Zur Erzeugung elektrischer Ströme benützte man in früherer Zeit allgemein galvanische Elemente. Heute sind die Zwecke, für welche sie verwendet werden, nicht mehr sehr zahlreich. Werden sie angewendet, so richtet sich ihre Schaltung nach der Leistung, die beabsichtigt ist. Das galvanische Element besteht aus zwei Metallelektroden, die in eine Flüssigkeit tauchen. Zu den Metallen im galvanischen Sinne zählt auch der Graphit. Die Metallelektroden zeigen eine Spannungsdifferenz; durch einen angeklemmten Draht, welcher beide verbindet, kann Strom entnommen werden. Dabei geht positive Elektricität von der Elektrode mit höherem Potential durch den äusseren Stromkreis zu der Elektrode mit niederem Potential und von dieser durch die Flüssigkeit zur andern Elektrode zurück. Längs dieses Weges fällt die Spannung von Punkt zu Punkt entsprechend dem Widerstande ab, welchen der Stromkreis darbietet. Man unterscheidet den inneren Widerstand des Elementes und den äusseren Widerstand des Schliessungsbogens. Nennt man den ersteren w_i, den zweiten w_a, E die elektromotorische Kraft des Elementes und

J die Stromintensität, so gilt, wenn im Elemente bei der Stromerzeugung nicht neue complicirende Phänomene auftreten, nach dem Ohm'schen Gesetz

$$E = J\,(w_i + w_a).$$

Die Spannungsdifferenz zwischen den Elektroden nennt man die Klemmenspannung. Sie ist gleich der elektromotorischen Kraft, wenn w_i gegen w_a verschwindend klein ist. In allen anderen Fällen ist sie kleiner. Bezeichnet man die Klemmenspannung mit e, so ist das Spannungsgefälle in der Flüssigkeit $E - e$ und

$$e : E - e = w_a : w_i.$$

Der innere Widerstand lässt sich mittels dieser Beziehung finden, wenn man die Spannungsdifferenz im geschlossenen und im ungeschlossenen Element und den äusseren Widerstand bestimmt. Die elektrische Energie $(E - e)\,J$, welche im Element

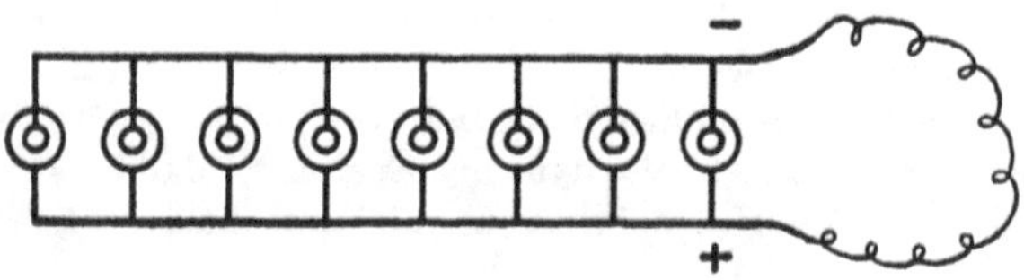

Fig. 18.

zur Ueberwindung des Widerstandes w_i verbraucht und in Wärme verwandelt wird, geht für die Arbeitsleistung im äusseren Stromkreis verloren. Die maximale Ausnützung der erzeugten elektrischen Energie wird also ermöglicht, wenn w_i und damit $E - e$ so klein als möglich gemacht wird. Dies erreicht man bei einer grösseren Anzahl Elemente, indem man sie parallel schaltet. Man verbindet alle positiven Elektroden untereinander und alle negativen Elektroden untereinander und macht die beiden Sammelschienen zu Enden des äusseren Stromkreises. Sind a Elemente in dieser Weise geschaltet, so ist die elektromotorische Kraft der ganzen Batterie dieselbe wie die einer einzelnen Zelle, der innere Widerstand aber ist a mal kleiner. Besteht die Batterie (Fig. 18) aus acht Zellen, von denen jede die elektromotorische Kraft 1 Volt und den inneren Widerstand 8 Ohm besitzt und beträgt der äussere Widerstand 16 Ohm, so ist bei dieser Schaltung die elektromotorische Kraft der ganzen Batterie E gleichfalls

1 Volt, der innere Widerstand w_i aller Zellen zusammen 1 Ohm, die Stromstärke $\frac{E}{w_i + w_a} = {}^{1}/_{17}$ Ampère, die Klemmenspannung $e = \frac{E \cdot w_a}{w_i + w_a} = {}^{16}/_{17}$ Volt. Die im äusseren Stromkreis verfügbaren Voltcoulombs betragen $^{16}/_{17}$ der gesammten erzeugten elektrischen Energie. Die secundlich verfügbare Energie aber ist sehr klein; sie erreicht nur $^{16}/_{17} \cdot {}^{1}/_{17} = 0{,}055$ Watt. Indem man diese Anordnung wählt, arbeitet man sparsam, denn man verbraucht für eine gegebene Anzahl Voltcoulombs im äusseren Stromkreis die geringste Menge chemisch sich umsetzender Substanzen im Element. In den meisten Fällen wird es aber nicht darauf ankommen, ein Maximum der verbrauchten chemischen Energie im äusseren Stromkreis als elektrische nutzbar zu machen, sondern einen möglichst grossen Effect zu erreichen, also die im äusseren Stromkreis verfügbaren Watts — $e\,J$ — zu einem Maximum zu steigern.

Da $$E = e + w_i\,J$$

und folglich $$J = \frac{E - e}{w_i},$$

so ist $$e\,J = \frac{e\,(E - e)}{w_i}.$$

Nun ist die Grösse $e\,(E - e)$ ein Product aus zwei Factoren, deren Summe, wie gross auch immer die Einzelfactoren sein mögen, constant, nämlich gleich E ist. Ein solches Product aber — lehrt die Differentialrechnung — wird ein Maximum, wenn die Factoren gleich, also $e = E - e$ ist. Die grösste Wattzahl also wird im äusseren Stromkreis verfügbar, wenn die Klemmenspannung gleich der halben elektromotorischen Kraft, der innere Widerstand also gleich dem äusseren ist. Man erreicht dies, indem man die Elemente gruppenweise hinter einander und dann diese Gruppen parallel schaltet. In dem als Beispiel gewählten Falle wird man die Schaltung (Fig. 19) wählen. Bei der Hintereinanderschaltung addiren sich die elektromotorischen Kräfte und die inneren

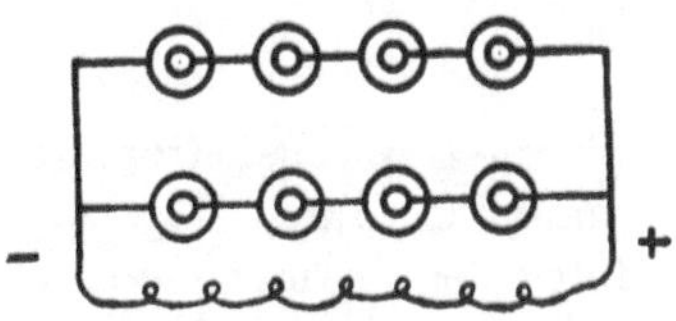

Fig. 19.

Widerstände. Jede der Gruppen von vier hintereinander geschalteten Zellen hat also $E = 4$ Volt, $w_i = 32$ Ohm. Parallelschaltung beider Gruppen bewirkt, dass für die ganze Batterie $E = 4$ Volt, $w_i = 16$ Ohm wird. Da der äussere Widerstand auch 16 Ohm beträgt, ist die Stromstärke

$$J = \frac{E}{w_i + w_a} = \frac{4}{32} = \frac{1}{8} \text{ Ampère}$$

und die Wattleistung im äusseren Stromkreis

$$\frac{E}{2} \cdot J = 0{,}25 \text{ Watt.}$$

Heute sind die galvanischen Elemente auf dem Felde der Starkstromtechnik vollständig von der Dynamomaschine verdrängt.

Dynamomaschinen sind Apparate, welche mechanische Energie in elektrische und umgekehrt elektrische Energie in mechanische verwandeln. Man unterscheidet Maschinen für Gleichstrom, für einphasigen und für mehrphasigen Wechselstrom (Drehstrom). Beim Gleichstrom ist die Stromrichtung und das Spannungsgefälle zwischen zwei Punkten eines Stromkreises gleichbleibend. Beim Wechselstrom ändern sich beide unablässig. Der Wechsel der Spannung zwischen zwei Punkten eines einphasigen Wechselstromkreises lässt sich im einfachsten Falle graphisch durch Fig. 20 wiedergeben. In den auf einander folgenden Zeitmomenten *a b c d e f g* entspricht die Spannungsdifferenz dem Abstand der Horizontalen von dem Curvenpunkt, welcher vertical darüber, bezw. darunter liegt. Bei I, II und III ist sie am grössten, bei IV, V, VI, VII Null. Beim Durchgang durch die Nullpunkte ändert sich jedesmal das Vorzeichen. Die Stromrichtung kehrt sich also um. Der mehrphasige Wechselstrom ist für den Elektrochemiker derzeit noch ohne Bedeutung.

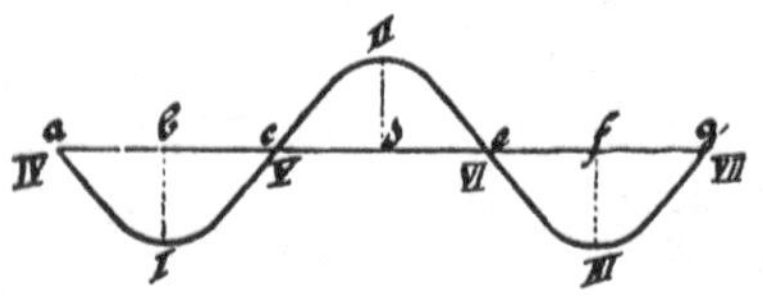

Fig. 20.

Die Construction der Gleichstrommaschine beruht auf denselben elektromagnetischen Phänomenen, welche für die Herstellung von Ampèremetern und Voltmetern nutzbar gemacht werden.

Wenn die magnetische Strömung, welche durch eine Drahtschlinge hindurchgeht, ihre Intensität ändert, so tritt in der Drahtschlinge eine elektromotorische Kraft auf. Diese elektromotorische Kraft treibt einen Strom durch die Schlinge, dessen magnetische Wirkungen der Aenderung der primären magnetischen Strömung entgegenarbeiten. Die Kraftlinien, welche durch eine Drahtschlinge gehen, widersetzen sich also scheinbar einer Aenderung ihrer Zahl. Sucht man sie zu vermehren, so tritt in der Schlinge ein Strom auf, der ihre Vermehrung beschränkt; will man sie vermindern, so entsteht ein Strom, der ihre Anzahl steigert. Man erhält also elektrische Strompulse von wechselnder Richtung, wenn man die Feldstärke eines Magneten, der Kraftlinien durch eine Drahtschlinge sendet, an- und abschwellen lässt. Um die Stromrichtung in der Drahtschlinge leichter festzustellen, bedient man sich der Maxwell'schen Korkzieherregel. Man denkt in der Richtung der Kraftlinien einen Korkzieher durch die Schlinge gesteckt. Vorwärtsschrauben des Korkziehers bedeute Anwachsen, Herausschrauben desselben Abnahme der magnetischen Strömung. Beim Vorwärtsschrauben führt die Hand am Korkziehergriff Drehungen von links nach rechts im Sinne des Uhrzeigers aus, beim Herausschrauben solche von rechts nach links, also gegen den Uhrzeiger. Der entstehende Strom in der Drahtschlinge läuft nun stets gegen die Drehung der Hand.

Das An- und Abschwellen der Feldstärke wird verwirklicht, wenn die Drahtschlinge einem Stabmagneten abwechselnd genähert und entfernt wird. Entsprechend der fächerförmigen Ausbreitung der Kraftlinien von den Magnetpolen aus wird nämlich die Anzahl der Kraftlinien, welche durch die Drahtschlinge geht, um so geringer, je weiter dieselbe mit ihrer Fläche senkrecht zur Längsrichtung des Stabmagneten zurückgeschoben wird. Man kann indessen den Wechsel der Feldstärke zweckmässiger anders bewirken. Biegt man einen Magneten, so dass die Polflächen mit geringem Abstand Fläche gegen Fläche gekehrt einander gegenüberstehen, so verlaufen die Kraftlinien in dem Luftraum zwischen den Magnetenpolen nahezu parallel. Die Anzahl der Kraftlinien, welche durch eine Drahtschlinge in solchem parallelen Felde hindurchgeht, wird Null, wenn die Schlinge (Fig. 21) die Lage *A B* einnimmt, wächst, wenn sie in der Pfeilrichtung gedreht wird und erreicht ein Maximum in der Lage *C D*. Dreht man weiter, so wird sie in *B A* wieder Null, in *D C* wieder ein Maximum und so fort. Dasselbe tritt ein,

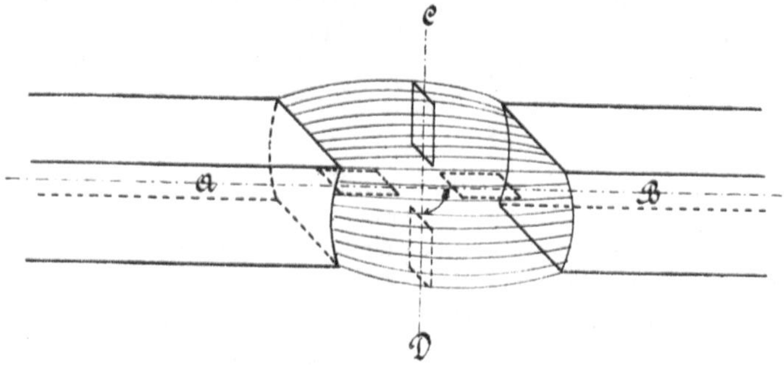

Fig. 21.

wenn man die Schlinge auf dem in Fig. 22 angegebenen Wege in dem magnetischen Felde rotiren lässt.

Diese beiden Wege werden beim Dynamomaschinenbau benutzt. Man ordnet die beiden Pole eines Magneten so an, dass ein paralleles Feld entsteht. In dies Feld bringt man einen Eisenkern, welcher fortlaufend mit isolirtem Kupferdraht um-

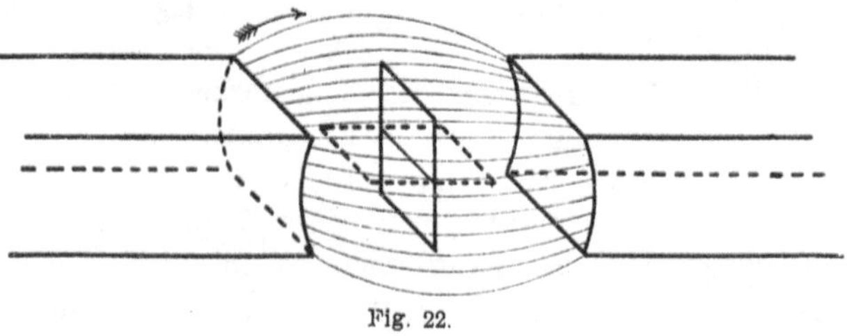

Fig. 22.

wickelt ist, sodass eine grössere Anzahl hinter einander geschalteter Drahtschlingen sich auf ihm befinden, die eine Spirale ohne Ende darstellen. Die Kraftlinien verlaufen jetzt gemäss der viel höheren Permeabilität des Eisens den grössten Theil ihres Weges in dem Eisenkern, wie die Zeichnung (Fig. 23) es darstellt. Man lässt nun den Eisenkern sammt Bewicklung, den Anker, rotiren.

Die Rotation des Eisenkerns ist dabei für das Zustandekommen elektrischer Stromimpulse unerheblich. Praktisch lässt sich aber die Wicklung allein bei feststehendem Kern nicht gut in Umlauf bringen. Wir betrachten nun eine einzelne Drahtwindung der fortlaufenden Spirale bei der Rotation. In dem Augenblick, wo diese Windung die Linie *A B* auf der unteren Hälfte passirt, geht die volle Hälfte der magnetischen Strömung, die hier ganz im Eisenkern des Ankers verläuft, hindurch. Bei ihrer Vorwärtsbewegung gegen die Linie *N S* nach links nimmt der hindurchgehende Antheil der magnetischen Strömung dauernd ab, um auf der Linie *N S* Null zu werden; von dieser Linie bis *B* nimmt

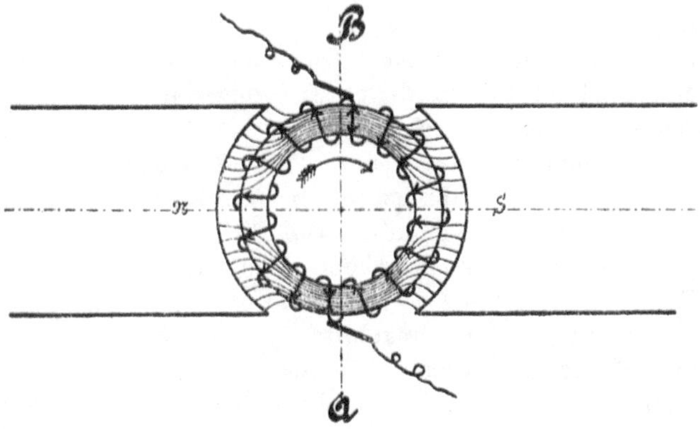

Fig. 23.

er von Neuem zu, fällt wieder bis *N S* und nimmt bis *A* wieder zu. Bei gleichförmiger Umlaufsgeschwindigkeit sind die Aenderungen in der Nähe der Linie *N S* am schroffsten, in der Nähe von *B A* am schwächsten. Jede Aenderung ruft eine elektromotorische Kraft in der Drahtwindung hervor. Da diese elektromotorischen Kräfte um so grösser sind, je rascher die Aenderung der Kraftlinienzahl erfolgt, so sind sie bei *N S* am erheblichsten, bei *B A* am kleinsten.

Die Richtung, in welcher diese elektromotorischen Kräfte Strom durch die Drahtwindung zu treiben streben, lässt sich mit der Korkzieherregel leicht finden. Der Handgriff des Korkziehers ist immer links zu denken, da die magnetische Strömung von links nach rechts läuft. Auf dem Wege von *A* bis *N* nimmt für jede Drahtwindung die Zahl der durch sie gehenden Kraftlinien ab, der Korkzieher ist also herauszuschrauben; die Hand am Korkzieher macht Linksdrehungen, der Strom in der Drahtspule ist rechtsläufig. Von *N* bis *B* nimmt die durchgehende Kraftlinienzahl zu, der Korkzieher geht mit Rechtsdrehung vorwärts, die Strombewegung erscheint linksläufig. Nun wechselt aber beim Uebergang des Korkziehers aus dem Quadranten *N A* in den Quadranten *N B* der Mensch, dessen Hand den Korkzieher regiert, seine Stellung zu dem rotirenden Anker. Während er anfangs, mit dem Gesicht in der Richtung *N A* gekehrt, den Anker zur Linken hatte, wendet er ihm jetzt, da er die Richtung nach *N B* einnimmt, die rechte Seite zu. Dieselbe Drehungsrichtung des Stromes, welche im ersten Quadranten rechtsläufig erschien, wird ihm im zweiten Quadranten deshalb linksläufig erscheinen. Dem unveränderten Drehungssinn entspricht eine veränderte Drehungsbezeichnung. Es bleibt also thatsächlich die Drehungsrichtung von *A* über *N* nach *B* ungeändert. Jenseits *B* nimmt die Kraftlinienzahl ab, der Korkzieher wird mit Linksdrehung herausgeschraubt. Die Stromrichtung ist rechtsdrehend, die dem Ringe zugekehrte Seite des Beobachters, der den Korkzieher führt, ist diesmal dieselbe vor und hinter *B*, es findet also bei *B* eine Umkehrung in der Richtung der auftretenden Stromimpulse statt. Jenseits *N S* wächst die Kraftlinienzahl wieder, der Bohrer dreht sich rechtsläufig vorwärts, die Stromdrehung erscheint linksläufig. Wie zuvor aber beim Uebergang vom ersten zum zweiten, so ändert auch hier beim Uebergang vom dritten zum vierten Quadranten der Beobachter seine Stellung gegen den Ring, und die Richtung der Stromimpulse bleibt von *B* über *N S* hinaus ungeändert, um erst bei *A* wieder zu wechseln.

Die auftretenden elektromotorischen Kräfte sind also in allen Drahtwindungen links von *A B* und ebenso in allen Drahtwindungen rechts von *A B* unter einander gleichgerichtet; sie summiren sich links wie rechts zu demselben Betrage. Die Summenkräfte begegnen sich auf der »neutralen« Linie *A B* und compensiren sich dort, da sie gleich und entgegengesetzt sind. Es kann also in der geschlossenen Ankerwicklung kein Strom fliessen. Verbindet man aber die auf der neutralen Linie einander entgegengesetzten Punkte bei *A* und *B* durch einen

Draht, so fliesst von den beiden Seiten her Strom durch diesen Leiter, wie dies durch die Pfeile (Fig. 24) veranschaulicht wird. Wir haben ein System, das sich so verhält, als wären zwei Gruppen von Elementen vorhanden, alle Theile der einen Gruppe hinter einander, ebenso alle Theile der andern, dann aber beide Gruppen gegen einander geschaltet. Die elektromotorischen Kräfte sind durch die Grösse der Elemente in der Figur 24 verdeutlicht.

Zur dauernden Stromentnahme dienen Drahtbürsten oder Kohlebürsten, welche an der Maschine so montirt sind, dass jede Drahtwindung, welche durch die neutrale Linie *A B* hindurchpassirt, während dieses Durchganges mit ihnen in leitende Berührung kommt. Man erreicht dies bei manchen grossen Maschinen so, dass man die Aussenseite der Ankerbewicklung blank und die Bürsten direct auf der Bewicklung schleifen lässt. Meist aber bedient man sich eines Collectors. Man führt von jeder Drahtwindung[1]) einen Draht zu einer Kupferlamelle, vereinigt sämmtliche Kupferlamellen, Lamelle von Lamelle durch eine Glimmerschicht isolirt, zu einem Cylinder — dem Collector —, der auf der Welle der Dynamomaschine mitlaufend aufsitzt und lässt die Bürsten auf diesem Cylinder schleifen.

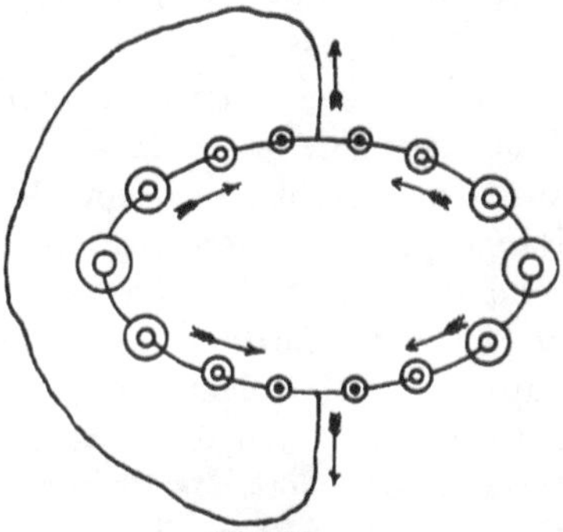

Fig. 24.

Sobald durch die Ankerwicklung, die Bürsten und den äusseren Stromkreis der elektrische Strom läuft, treten Veränderungen in der Vertheilung der magnetischen Strömung im Eisenkern auf. Der elektrische Strom in den Ankerwindungen ruft eine secundäre magnetische Strömung hervor, welche die Ankerrückwirkung genannt wird und die die neutrale Linie in der Rotationsrichtung der Maschine nach vorwärts verschiebt. Die stromabnehmenden Bürsten müssen um den gleichen Winkel

[1]) Genauer gesagt, nicht von jeder Drahtwindung, sondern jeweils von einer grösseren Anzahl dicht neben und aufeinander liegender Drahtwindungen, einer Drahtspule.

vorwärts gedreht werden. Je mehr man sich der magnetischen Sättigung des Eisens nähert, um so geringer wird die Ankerrückwirkung, um so kleiner der Winkel, um den die Bürsten bei vermehrter Stromstärke vorwärts, bei verminderter rückwärts zu verschieben sind. Schleifen die Bürsten auf der neutralen Linie [1]), so treten zwischen ihnen und dem Collector nur geringe oder gar keine Funken auf, andernfalls beobachtet man lebhafte Funkenbildung, welche den Collector bald unbrauchbar macht.

Die erläuterte Construction war die eines Ringankers. Man hat daneben Maschinen mit Trommelanker; das Princip des Trommelankers ist das in Fig. 22 dargestellte. Die Wicklungsweise ist in ihrer Ausführung minder einfach zu verdeutlichen als beim Ringanker.

Durch eine kleine Aenderung, sei es am Ring-, sei es am Trommelanker, ist es möglich, statt Gleichstrom Wechselstrom aus der Maschine zu entnehmen. Wenn man nämlich die Bürsten nicht dauernd auf der neutralen Linie schleifen lässt, sondern sie in bleibender Verbindung mit zwei entgegengesetzten Stellen der Wicklung hält, so wird der Wechsel der Stromimpulse, welcher beim Umlauf an diesen Punkten der Wicklung auftritt, sich durch die Bürsten in den äusseren Stromkreis fortpflanzen und dort das Phänomen eines pulsirenden Stromes mit alternirender Stromrichtung hervorrufen. Die Bürsten selber kann man nicht wohl mit in Rotation setzen. Man lässt deshalb jede auf einem Metallring schleifen, deren zwei von einander isolirt an Stelle des Collectors auf die Welle der Dynamomaschine montirt werden und verbindet diese beiden Ringe durch Drähte fest mit zwei entgegengesetzten Punkten der Wicklung.

Von grosser Wichtigkeit ist für die Benutzung der Gleichstrommaschine, welche für den Elektrochemiker ein unentbehrliches Hülfsmittel der Stromerzeugung darstellt, die Art und

[1]) Von secundärer Bedeutung für das Maass der nothwendigen Bürstenverstellung ist das Auftreten einer Selbstinduction in der Ankerbewicklung, so oft die Bürste von einer Collectorlamelle abgleitet. Eine nähere Betrachtung lehrt, dass die Unterbrechungsfunken, welche dadurch entstehen, vermieden werden, wenn die Bürsten etwas über die neutrale Linie in der Bewegungsrichtung der Maschine vorwärts gedreht werden.

Weise, in welcher das magnetische Feld erzeugt wird. Verwendung von Stahlmagneten findet bei grösseren Maschinen nirgends mehr statt. Man benutzt stets Elektromagnete und erregt diese entweder durch den Strom einer besonderen Stromquelle oder durch den eigenen Strom der Maschine. Im ersten Falle ist die Feldstärke der Magnete constant, wie auch die

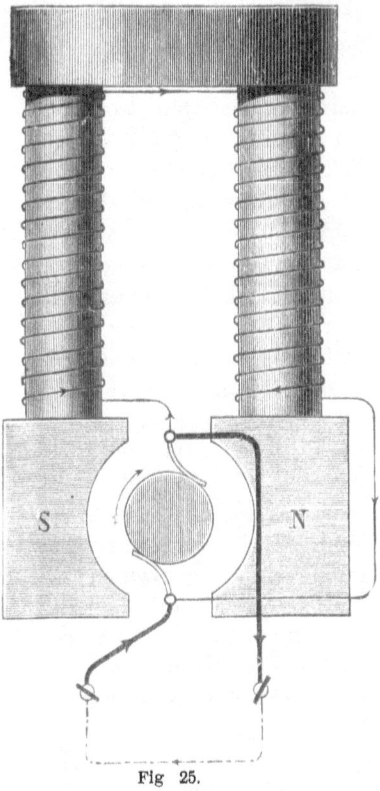

Fig 25.

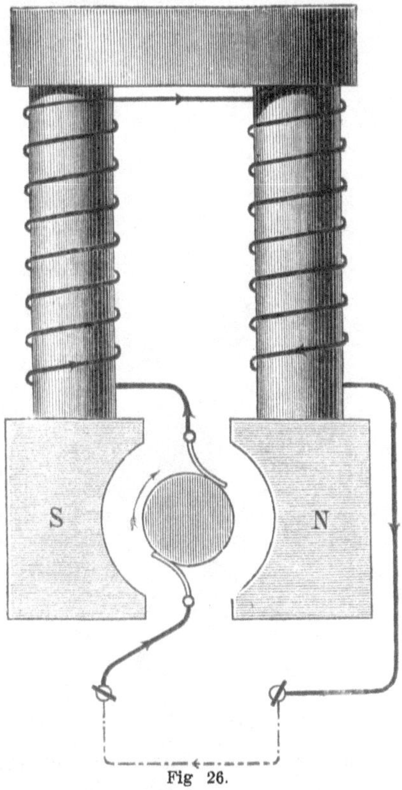

Fig 26.

Maschine läuft, im andern ist sie von der Stromstärke abhängig, mit welcher die Maschine jeweils arbeitet. Der zweite Fall ist der practisch wesentlich wichtigere. Er zerfällt in drei Unterfälle, die durch die drei Figuren versinnlicht sind (Fig. 25, 26, 27). In Fig. 25 geht der Strom von der einen Bürste durch die Magnetwicklung, den äusseren Stromkreis und zur anderen Bürste. Eine solche Maschine heisst eine Hauptschlussmaschine. Sie verlangt eine Magnetwicklung von geringem Widerstand, also von starkem Draht, damit der Spannungsverlust in der Maschine selbst nicht zu gross wird. Die Figur 26 zeigt eine sogenannte Nebenschlussmaschine. Die Bürsten sind hier durch zwei Stromkreise verbunden. Der eine geht von der ersten Bürste um den Magnetschenkel, der andere durch den äusseren Stromkreis zur anderen Bürste. In diesem Falle gabelt sich also der Strom an den Bürsten. Die Stromstärke in den beiden Zweigen der Gabel ist dem Widerstande beider umgekehrt proportional. Nur der Strom, welcher durch den äusseren Stromkreis geht, ist zur Arbeitsleistung verwendbar. Man wird also die Stromstärke im anderen Gabelzweige, der um die Magnete läuft, möglichst klein, d. h. den Widerstand der Magnetwicklung recht gross machen. Da die Erregung der Magneten von der Zahl der Ampèrewindungen abhängt, so wird man viele Windungen dünnen Drahtes anwenden, um trotz kleiner Stromstärke stark zu erregen. In Figur 27 schliesslich sind beide Einrichtungen vereinigt; wir haben eine Compoundmaschine. Der Strom geht von der einen Bürste um die Magneten in einer dünn- und einer dickdrähtigen Leitung, erstere führt direct zur zweiten Bürste, letztere durch den äusseren Stromkreis und dann erst zu derselben.

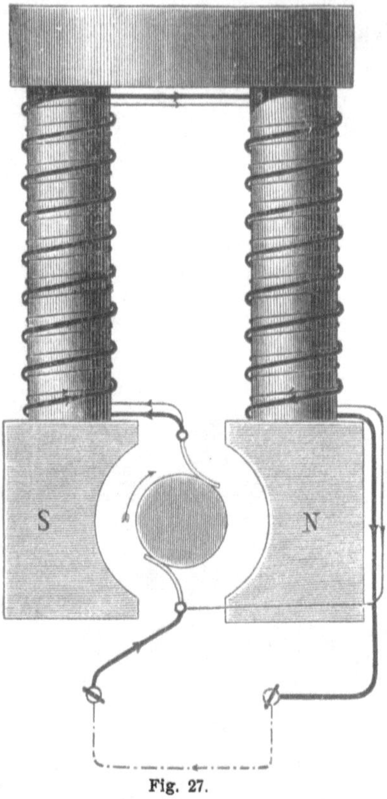

Fig. 27.

Die Arbeitsweise der drei Maschinen ist sehr verschieden. Die Hauptschlussmaschine muss zunächst durch einen kleinen äusseren Widerstand geschlossen werden. Der geringe Magnetismus, welcher in den Eisenkernen der Maschine von einer früheren Magnetisirung zurückgeblieben ist, erzeugt ein schwaches Feld, im Anker tritt eine geringe elektromotorische Kraft auf. Da der Widerstand sowohl der Magnetwicklung wie des äusseren Stromkreises klein ist, so entsteht indessen alsbald ein ziemlich kräftiger Strom, der die Feldstärke der Magnete, um deren Schenkel er fliesst, rasch vermehrt. Damit wächst dann auch die elektromotorische Kraft, die im Anker auftritt und mit ihr die Stromstärke. Diese wechselseitige Steigerung von Feldstärke und elektromotorischer Kraft wird begrenzt durch die magnetische Sättigung des Eisenkerns, in welchem die Kraftlinien nicht über eine gewisse Dichte getrieben werden können. Man dürfte erwarten, dass in der Maschine auch bei grossem äusseren Widerstand Feldstärke und elektromotorische Kraft im Anker sich wechselseitig steigernd kräftige Stromleistung hervorrufen sollten. Das trifft indessen nicht zu; die Maschine läuft nur bei kleinem äusseren Widerstand richtig an.

Gerade entgegengesetzt verhält sich die Nebenschlussmaschine. Bei offenem Stromkreis, also unendlichem Widerstande in der einen Stromgabelung concentrirt sich die Stromleistung ausschliesslich auf den anderen Gabelzweig, der um die Magnete läuft. Die wechselseitige Steigerung von Feldstärke und elektromotorischer Kraft vollzieht sich also am besten, wenn der Hauptstrom nicht oder durch einen grossen Widerstand geschlossen ist.

Ebenso verschieden ist bei der Hauptschluss- und Nebenschlussmaschine der Gang der elektromotorischen Kraft und der Klemmenspannung bei zunehmendem äusseren Widerstand und bei zunehmender Stromstärke. Unter der Klemmenspannung e versteht man hier wie bei galvanischen Elementen die Spannungsdifferenz zwischen den beiden Punkten, an denen der äussere Stromkreis ansetzt und endet. Bei der Hauptschlussmaschine ist die elektromotorische Kraft E

$$E = e + J w_i,$$

worin J die Stromstärke, w_i den inneren Widerstand (Widerstand des Ankers und der Magnetwicklung) bezeichnet. Bei kleinen Stromstärken ist das magnetische Feld von der Sättigung noch weit entfernt. Ein Abnehmen des äusseren Widerstandes und Anwachsen der Stromstärke lässt zunächst die Feldstärke und die elektromotorische Kraft rasch wachsen, rascher als das Product $J w_i$, in welchem w_i natürlich einen unveränderlichen Werth hat. Die Differenz $E - J w_i = e$, d. h. die Klemmenspannung wächst also zunächst mit der elektromotorischen Kraft und mit der Stromstärke, wenn der äussere Widerstand verkleinert wird. Nähert sich das Feld seiner Sättigung, so wächst E langsamer. Es kommt ein Punkt, in dessen Nähe E und $J w_i$ bei kleinen Aenderungen des äusseren Widerstandes gleichmässig ab- und zunehmen. In diesem Intervall wächst also die elektromotorische Kraft und die Stromstärke, wenn der Widerstand fällt. Die Klemmenspannung aber bleibt constant. Wächst die Stromstärke noch weiter, so wird die elektromotorische Kraft in dem gesättigten Felde constant und die Klemmenspannung fällt, je erheblicher die Stromstärke, je grösser also das Product $J w_i$ wird. Wenn also der Widerstand im äusseren Stromkreis von grossen Werthen zu kleinen sich ändert, so nimmt die Stromstärke dauernd zu, während die Klemmenspannung anfangs wächst, dann eine Zeit lang constant bleibt und schliesslich wieder abfällt. Die elektromotorische Kraft ist bei grossem Widerstand klein und wächst bei abnehmendem Widerstand erst rascher, dann langsam bis zu einem oberen Grenzwerth.

Bei der Nebenschlussmaschine zweigt die Magnetwicklung und der äussere Stromkreis von den Bürsten ab. Die dort herrschende Spannung ist also die Klemmenspannung. Sie wächst zunächst, wenn der äussere Widerstand von kleinen zu grossen Werthen sich ändert, weil in der Gleichung

$$e = E - J w,$$

worin J die Stromstärke im Anker, w den Widerstand der Ankerwicklung bezeichnet, J fällt. Mit dem Wachsen von e wächst aber auch die Stromstärke in dem Stromzweig um die Magnete, die Feldstärke wird grösser und auch E nimmt zu. Die Aenderung von E ist, solange kleine äussere Widerstände in Frage kommen, grösser als die von e. Die Differenz $E - e = J w$ wächst also mit und dies heisst, da w constant ist: Die Stromstärke nimmt bei wachsendem äusseren Widerstand gleich der elektromotorischen Kraft und der Klemmenspannung zunächst zu. Wächst der Widerstand weiter, nähert sich das Feld seiner Sättigung, so wächst E langsamer. Es kommt zunächst ein Punkt, in dessen Nähe die Differenz $E - e$ für kleine Schwankungen des äusseren Widerstandes sich nicht ändert, die Stromstärke erscheint also in diesem Abschnitt vom Widerstand unabhängig und constant, während die elektromotorische Kraft und die Klemmenspannung mit ihm wachsen. Wächst der Widerstand noch weiter, so werden die Aenderungen von E immer kleiner und schliesslich bei gesättigtem Feld Null. E erscheint in der Beziehung

$$e = E - Jw$$

invariabel, d. h. die elektromotorische Kraft bleibt constant, die Klemmenspannung wächst und die Stromstärke fällt jetzt mit zunehmendem äusseren Widerstand.

Eine Compoundmaschine ist im Stande, da sie Nebenschluss- und Hauptschlusswicklungen auf ihren Magneten vereinigt, bei erheblich wechselnden äusseren Widerständen die gleiche Klemmenspannung festzuhalten. Sie kann auch so gebaut werden,

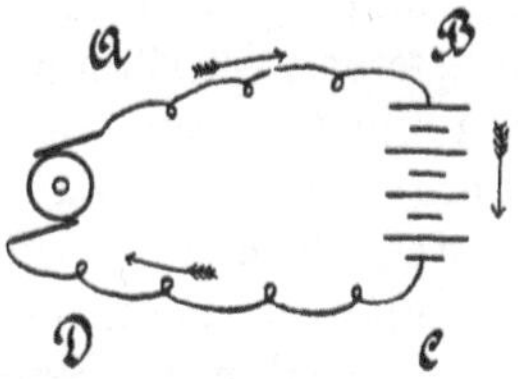

Fig. 28.

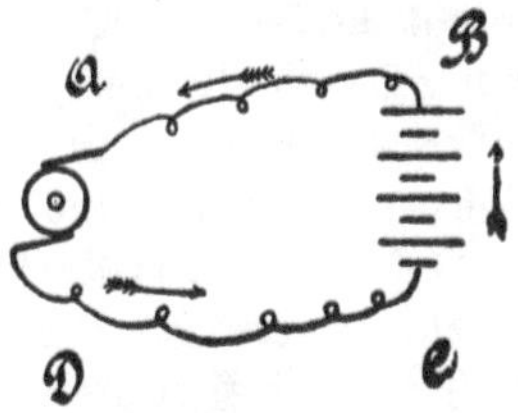

Fig. 29.

dass sie bei stark schwankendem äusserem Widerstand dauernd dieselbe Stromstärke liefert.

Für elektrochemische Zwecke wird wohl ausschliesslich die Nebenschlussmaschine verwendet. Sehr häufig befindet sich nämlich im Maschinenstromkreis bei elektrochemischen Arbeiten eine elektromotorische Gegenkraft, welche bei einem Versagen der Antriebsmaschine einen Strom in entgegengesetzter Richtung zu erzeugen vermag. Dient z. B. die Dynamomaschine zur Ladung einer Accumulatorenbatterie, so läuft der Strom in dem Stromkreise $ABCD$ (Fig. 28) im Sinne der Pfeile, solange die Dynamomaschine von der Antriebsmaschine bewegt wird, und ladet die Accumulatoren. Setzt die Antriebsmaschine aber aus, so sinkt die elektromotorische Kraft in der Dynamomaschine rasch herab, die Gegenkraft der Accumulatoren überwiegt und bewirkt Stromlauf im entgegengesetzten Sinne von B über A und D nach C (Fig. 29).

Die Accumulatoren entladen sich durch die Maschine hindurch. Es ist nun von Werth, dass sich der Ladestrom sogleich wieder herstellt, wenn die Antriebsmaschine von der eingetretenen Störung sich erholt und die Dynamomaschine wieder antreibt. Das ist bei der Nebenschlussmaschine der Fall, bei der Hauptschlussmaschine hingegen nicht. Bei der Nebenschlussmaschine kehrt sich die Stromrichtung nur im äusseren Stromkreise und im Anker um, in der Magnetwicklung bleibt sie dieselbe, da an den Bürsten, von denen der Zweigstrom um die Magneten fliesst, das Vorzeichen sich nicht ändert. Die Bürste, welche den positiven Strom vom Anker abnimmt, führt ihn bei umgekehrter Stromrichtung dem Anker zu; sie ist also in jedem Falle positiv gegen die andere Bürste, welche entsprechend den negativen Strom vom Anker in den Stromkreis oder vom Stromkreis in den Anker übergehen lässt. Da die Stromrichtung um die Magnetschenkel sich nicht ändert, bleibt auch die Richtung der magnetischen Strömung im Felde dieselbe. Unter diesen Verhältnissen läuft auch der Anker stets in der gleichen Richtung um, ob er nun von der Antriebsmaschine bewegt, unter Verbrauch von mechanischer Arbeit elektrische Energie in den Stromkreis treibt oder ob er elektrische Energie aufnimmt und mechanische Arbeit leistet, indem er sich dreht und dabei als Ballast den Motor mitschleppt. Anders bei der Hauptschlussmaschine. Bei ihr ändert sich die Stromrichtung um die Magnetschenkel, da die Magnetwicklung im Hauptstromkreise liegt; der Nordpol des Magneten wird zum Südpol, der Südpol zum Nordpol und die Richtung der magnetischen Strömung kehrt sich um. Der Anker läuft vermöge seiner Trägheit in dem umgekehrten Feld zunächst mit abnehmender Geschwindigkeit noch eine Zeit lang weiter, kommt dann zum Stehen und kehrt seine Rotationsrichtung schliesslich um, wenn nicht vorher die Maschine durch die Hitzewirkung des Stromes, der in dem stehenbleibenden Anker keine mechanische Arbeit mehr leistet, sondern Wärme erzeugt, ruinirt worden ist. Aber gesetzt selbst die Antriebsmaschine erholt sich von ihrer Störung so schnell, dass es nicht bis zum Stehenbleiben des Ankers kommt, so stellt sich doch der ursprüngliche Stromverlauf nicht wieder her. In dem verkehrt gerichteten magneti schen Feld entspricht die Stromrichtung bei arbeitender Antriebsmaschine nicht mehr dem Schema Fig. 28, sondern verläuft nach Fig. 29. Dynamo und Accumulatoren sind nicht mehr gegeneinander, sondern hintereinander geschaltet, entladen sich gemeinsam und erzeugen eine Stromstärke, welche an irgend einer Stelle durch ihre Wärmeentwicklung die Strombahn zerstört. Nun kann man freilich durch automatische Ausschalter, Bleisicherungen und ähnliche Vorkehrungen einem Ruin der Maschine vorbeugen. Es erscheint aber mit Recht viel rationeller, die Gefahr im Keim zu beseitigen, indem man eine Nebenschlussmaschine anwendet, welche der Möglichkeit der Umkehrung des Feldes nicht ausgesetzt ist.

Dazu kommt noch ein zweites. Bei der Nebenschlussmaschine wächst die Klemmenspannung stets mit zunehmendem äusserem Widerstand; bei der Hauptschlussmaschine gilt dies nur bei starker Stromabgabe. Befindet sich nun im Stromkreis eine Accumulatorenbatterie, welche geladen wird und deren Gegenkraft bei der Ladung dauernd wächst, so tritt scheinbar ein wachsender Widerstand der Dynamomaschine gegenüber. Die Nebenschlussmaschine begegnet demselben durch Erhöhung ihrer Klemmenspannung, die Hauptschlussmaschine verlangt eventuell das regulirende Eingreifen des Aufsichtspersonals.

Was die Kosten der Stromerzeugung mit Dynamomaschinen anlangt, so hängen diese einmal von den Kosten der mechanischen Arbeit ab, welche man aufwendet, um die Maschine zu treiben, andererseits vom Wirkungsgrad der Maschine, d. h. von der Anzahl Watts, welche sie für jede aufgewandte mechanische Pferdekraft liefert.

Das technische Grundmaass der mechanischen Energie, die Pferdekraftstunde, stellt sich sehr verschieden theuer, je nachdem Wasserkraft, Dampfkraft, Gas- oder Petroleummotoren benutzt werden und je nach den Kosten, welche die Beschaffung und der Betrieb dieser Maschinen am Benutzungsorte machen. Bei derselben Antriebsmaschine nehmen die Kosten pro PS. zu, wenn die Maschine nicht voll belastet oder nicht ununterbrochen läuft. Von zwei Maschinen der gleichen Gattung arbeitet die grössere ökonomischer. Weiter bringt die Art der Kraftübertragung von der Dampfmaschine auf die Dynamomaschine in den einzelnen Fällen verschiedene Verluste mit sich. Bestimmte allgemein gültige Zahlenangaben sind deshalb nicht möglich. Als roher Anhalt können die folgenden Werthe dienen: Beim billigsten Betriebe, dem mit Wasserkräften, kann die PS.-Stunde schon für 1/2 Pfennig geleistet werden; für die Erzeugung der mechanischen Energie mittels Dampfmaschinen werden in Amerika 2,5 Pfennig pro PS.-Stunde als Minimum gerechnet. In Deutschland gilt 4 Pfennig pro PS.-Stunde mit grossen, gut arbeitenden Dampfmaschinen als günstiger Erfolg.[1]) Von der zugeführten mechanischen Energie kann die Dynamomaschine (Gleichstrommaschine) bis 91% in elektrische verwandeln. Für jede Pferdekraft, welche auf die Welle der Dynamomaschine wirkt, werden also im günstigsten Fall statt theoretisch möglicher 736 Watt 675 geleistet. Die Differenz von 9% wird in der Maschine in Wärme umgesetzt. Ein so hoher Nutzeffect wird aber der Regel nach nicht erreicht. Man wird sich oft mit 88% begnügen müssen. Für viele Fälle irrt man nicht weit ab, wenn man veranschlagt, dass jeder an der Welle der Antriebsmaschine verfügbaren Pferdekraft 600 bis 625 Watt von der Dynamomaschine geleistete elektrische Arbeit entsprechen.

Neben den Dynamomaschinen und den galvanischen Elementen haben für die Stromerzeugung einige Wichtigkeit die Thermosäulen.[2]) Thermosäulen sind Apparate, in denen eine grosse Anzahl Thermoelemente hinter einander geschaltet sind. Ein einzelnes Thermoelement besteht aus zwei Drähten oder Streifen chemisch verschiedener Metalle oder Legirungen, die am einen Ende direct, am anderen durch irgend eine stromleitende Verbindung zusammenhängen. Wird die Berührungsstelle erhitzt, während die Temperatur an den beiden Uebergangsstellen vom Thermoelement zum äusseren Stromkreis übereinstimmend und niedrig gehalten wird, so tritt eine elektromotorische Kraft an der heissen Verbindungsstelle auf, welche einen elektrischen Strom durch den Leitungskreis treibt. Die elektromotorische Kraft hängt von dem chemischen Charakter der

[1]) Siehe hierzu Eberle, Z. f. Elektrochem. IV, S. 178.

[2]) Siehe Peters, Primär- und Secundär-Elemente. 1897, S. 178 ff. Wiedemann, Lehre von der Elektricität. Braunschweig 1894. Bd. II, S. 230 ff.

Metalle und von der Temperatur ab, auf die ihre Berührungsstelle erhitzt wird. Man kann die Metalle in eine thermoelektrische Spannungsreihe ordnen, sodass ein jedes in Berührung mit dem vorangehenden negativ, mit dem folgenden positiv elektrisch erscheint. Die Spannungsreihen, welche verschiedene Beobachter ermittelt haben, gehen aber sehr auseinander, wahrscheinlich weil die Metalle in ungleicher Reinheit von den verschiedenen Beobachtern benützt wurden. Auch die Structur der Metalle ist von Einfluss. Die meisten Forscher stimmen darin überein, Wismuth und Nickel nahe dem negativen, weiches Eisen und Antimon an das positive Ende zu setzen. Jede Spannungsreihe gilt überdem nur für ein beschränktes Temperaturintervall, weil die elektromotorischen Kräfte mit steigender Erwärmung nicht gleichmässig zunehmen, sondern unregelmässig variiren. Den Legirungen der Metalle kommen je nach den relativen Mengenverhältnissen äusserst wechselnde Stellungen in der Spannungsreihe zu. Die elektromotorische Kraft einzelner Thermoelemente ist eine kleine. Für ein Temperaturintervall von 100° C. werden elektromotorische Kräfte von $^1/_{100}$ Volt und darüber nur in wenigen Fällen erreicht. Metallverbindungen, namentlich natürlich vorkommende Schwefelmetalle (Kupferkies, Kobaltkies, Bleiglanz), auch Lösungen und schmelzflüssige Verbindungen können mit Metallen zu Thermoelementen combinirt werden. Praktisches Interesse haben nur die Combinationen einiger Metalle und Metalllegirungen. Für die Construction praktisch benutzbarer Säulen werden die Thermoelemente in grösserer Anzahl hinter einander geschaltet und so angeordnet, dass alle geraden Lötstellen durch eine gemeinsame Wärmequelle geheizt, alle ungeraden durch Luft- (selten durch Wasser-) Kühlung auf niedriger Temperatur gehalten werden. Die Säulen von Marcus $\left\{\underset{65\text{ Theile}}{\overset{-}{\text{Kupfer}}} + \underset{31\text{ Theile}}{\text{Zink}} : \underset{12\text{ Theile}}{\overset{+}{\text{Antimon}}} + \underset{5\text{ Theile}}{\text{Zink}}\right\}$, von Noë $\left\{\underset{62.5\,\%}{\overset{+}{\text{Antimon}}} + \underset{36.5\,\%}{\text{Zink}} : \overset{-}{\text{Neusilber}}\right\}$ und von Clamond $\left\{\underset{67\,\%}{\overset{+}{\text{Antimon}}} + \underset{33\,\%}{\text{Zink}} : \overset{-}{\text{verzinntes Eisen}}\right\}$ haben kaum noch Bedeutung. Erhebliche Verbreitung findet in neuerer Zeit die Gülcher'sche Thermosäule, deren einzelne Paare aus Nickel als elektronegativem, einer Antimonlegirung als elektropositivem Glied bestehen. In Fig. 30 ist ein einzelnes Element, in Fig. 31 die Säule abgebildet. Das negative Nickel ist als Brennerrohr ausgebildet (*A*). Es trägt oben bei *E* den Brenner und mittels der Klauen *B' B'* den eisernen Schornstein *B*, um welchen die positive Antimonlegirung herumgegossen ist. Ein Kupferblech *D*, welches an *C* gelöthet ist, vermittelt gleichzeitig die Stromleitung zur nächsten Nickelröhre und die Wärmeabgabe an die umgebende Luft. Für die elektromotorische Kraft des Elementes kommt weder das Eisenstück noch die Kupferplatte in Frage, da beide an den Berührungsstellen mit Nickel wie an denen mit der Antimonlegirung die gleiche Temperatur haben. Die Säule wird in verschiedenen Grössen mit 26, 50 und 66 Elementengeliefert. Die grösste Type erreicht bei einem Gasconsum von 170 l eine elektromotorische Kraft von 4 Volt. Ihr innerer Widerstand beträgt 0,6 bis 0,9 Ohm.

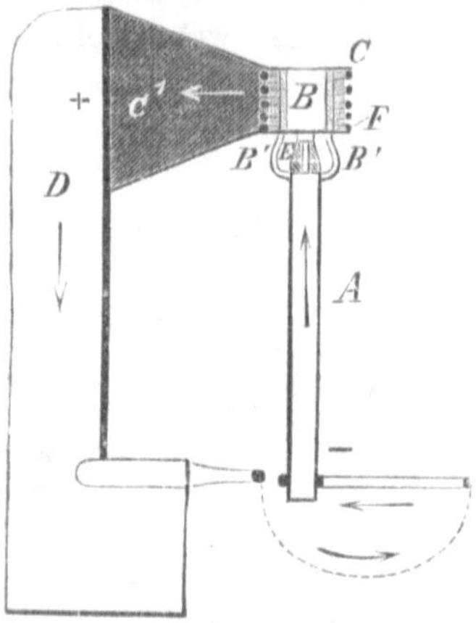

Fig. 30.

Bei Gleichheit des äusseren und inneren Widerstandes — also nach früheren Darlegungen bei maximaler Wattleistung — beträgt dann die Stromstärke etwa 3Amp., die Klemmenspannung 2 Volt und die Wattleistung gegen 6 Watt. Für 1 cbm Gasconsum folgt daraus bei 3 Amp. Stromstärke eine Leistung von 35 Wattstunden und von der durch die Verbrennung des Gases erzeugten Wärme

Fig. 31.

werden rund 0,6 % als elektrische Energie im äusseren Stromkreis nutzbar.[1])

Der Nutzeffect von Thermosäulen ist anders zu berechnen als der von Elementen. Die Wattstunden, d. h. die Voltcoulombs, die ein galvanisches Element im äusseren Stromkreis leistet, sind, wie früher dargelegt, ein Maximum, wenn die Stromstärke verschwindend ist. Der maximale Betrag ist gleich dem doppelten dessen, was bei grösster Wattleistung erzielt wird. Ein galvanisches Element, welches z. B. Zink als Lösungselektrode bei seiner Bethätigung verbraucht und davon a g bei grösster Wattleistung pro Wattstunde verzehrt, wird bei verschwindend kleiner Stromstärke, wenn nicht secundäre Störungen hinzutreten, nur $\frac{a}{2}$ g pro Wattstunde benöthigen. Eine Thermosäule, die bei grösster Wattleistung 35 Wattstunden pro 1 cbm Gas liefert, wird bei verschwindenderStromstärke aber keineswegs 70 Wattstunden pro 1 cbm erzeugen. Denn während die Erhaltung der elektromotorischen Kraft des galvanischen Elementes keinen fortdauernden Aufwand erheischt, bedarf die Thermosäule, um ihre elektromotorische Kraft zu bewahren, gleichviel ob wenig oder viel Strom von ihr entnommen wird, praktisch das gleiche Gasquantum. Bei abnehmendem Gasverbrauch wird die elektromotorische Kraft kleiner, und zwar sind beide Grössen einander direkt proportional. Der Gasverbrauch stellt sich gegen die Wattstundenzahl bei Gleichheit des äusseren und inneren Widerstandes am günstigsten.[2])

Wenn man mit einem Gasmotor und einer Dynamomaschine die Verbrennung des Gases zur Stromerzeugung nutzbar macht, so werden leicht 1200 Watt[3]) pro 1 cbm Gasconsum erhalten. Die Stromerzeugung mit der Thermosäule ist also sehr unökonomisch. In neuerer Zeit an die Oeffentlichkeit gelangte unbestimmte Angaben über eine Thermosäule, welche pro 1 cbm

---

[1]) Ausführliche Daten über die Gülcher'sche Säule siehe Kollert, E. T. Z. 1890, S. 333, 1893, S. 183. Uppenborn, E. T. Z. 1890, S. 434. Brüggemann, E. T. Z. 1894, S. 649.

[2]) Thermosäulen mit alternirender Erhitzung und Abkühlung der Löthstellen beschreibt Meyer, Elektrochem. Z., II, S. 122 und S. 225.

[3]) Bei 483—550 l Leuchtgasverbrauch leistet ein mittelgrosser Gaskraftmotor eine Pferdekraftstunde. Dabei ist ein mittlerer Leuchtgasheizwerth von etwa 5200 W.-E. pro 1 cbm bei dampfförmigem Verbrennungswasser Voraussetzung.

Leuchtgas 625 Watt leistet, bedürfen der Bestätigung[1].) Ueberdem leidet die Thermosäule beim Gebrauche allmählich, das Erhitzen und Erkalten der spröden Antimonlegirung veranlasst, dass dieselbe nach einiger Zeit an den Uebergangsstellen zum Kupfer und Eisen oder auch mitten im cohärenten Material durchgehende Risse erhält, welche eine unbequeme Reparatur nöthig machen. Ihr Gebrauch bleibt deshalb auf Laboratorien beschränkt, wo sie für Abgabe kleinerer Stromstärken, namentlich für die Elektroanalyse und zur Erzeugung constanter elektromotorischer Kräfte sehr bequem ist. Wenn man nämlich an der Gülcher'schen Säule an die Kupferbleche Klemmen anschraubt und an diese einen Stromkreis anschliesst, so kann man je nach der Wahl der Anschlussstelle einen grösseren oder kleineren Bruchtheil der Thermopaare abgesondert als Stromquelle verwenden. Bei einer Säule von 66 Elementen und 4 Volt elektromotorischer Kraft stehen auf diese Weise alle elektromotorischen Kräfte von 0 bis 4 Volt in Abstufungen von 0,06 Volt zu Gebote.

Man kann auch noch bequemer die Säule durch einen variablen Widerstand schliessen und parallel zu diesem den Stromkreis, an dessen Enden eine bestimmte Spannungsdifferenz bestehen soll, an die Pole der Säule schalten. Durch Variation des Widerstandes von 0 bis unendlich kann man dann beliebige Bruchtheile je nach der Abstufung des Widerstandes von der Spannung, die bei Weglassung des Nebenschlusses zur Geltung kommt, zur Wirkung bringen.[2])

Versieht man die Säule mit einem gut functionirenden Gasdruckregulator, so ist die Temperatur an den Erhitzungsstellen und damit die elektromotorische Kraft der ganzen Säule wie einzelner Elementgruppen von befriedigender Constanz für Messzwecke.

Will man die Thermosäule verwenden, um längere Zeit hindurch einen Strom in einer Zersetzungszelle zu erzeugen, und dabei die an den Enden der Zelle herrschende Spannungsdifferenz bei wechselndem Widerstand der Zelle constant halten, so kann man einen von Danneel[2]) beschriebenen Gaszuflussregulator benutzen, bei welchem ein Elektromagnet, dem von den Polen der Zelle Strom zugeführt wird, die Oeffnung oder Drosselung des Gaseinlasses besorgt.

---

[1]) Thermosäule nach Cox. E. T. Z. 1895, S. 323.

[2]) Danneel, Z. f. Elektrochem. 3, S. 81.

3. Capitel.

Stromleitung in Elektrolyten.

Litteratur: OSTWALD: Allgemeine Chemie Bd. II Theil I, zweites Buch, Cap. 3 bis 7. Leipzig 1893. — WIEDEMANN: Elektricität Bd. I, A, Cap. III und Bd. II, Buch IV. Braunschweig 1894. — LE BLANC: Elektrochemie. Leipzig 1896. — LÜPKE: Grundzüge der wissenschaftlichen Elektrochemie. Berlin 1896.

Die metallische Leitung geht vor sich, ohne wahrnehmbare Veränderungen in der chemischen Natur des Leiters hervorzurufen. Worin das Phänomen dieser Art Leitung eigentlich besteht, wissen wir nicht. Bei der elektrolytischen Leitung hingegen finden Veränderungen im Leiter statt. Wie schon früher ausgeführt wurde, geschieht die Elektricitätsbewegung in Elektrolyten durch Lageveränderung ponderabler Theilchen. An den Stellen ferner, an welchen die elektrolytische Leitung aufhört und metallische beginnt, an den Elektroden, beobachtet man chemische Umsetzungen; der Umfang derselben regelt sich nach dem Faraday'schen Gesetz, welches besagt, dass für jede 96540 Coulomb ($= 1\ F$), die von einem metallischen zu einem elektrolytischen Leiter oder umgekehrt übergehen, ein Grammäquivalent an der Uebergangsstelle gelöst oder abgeschieden wird.

Die wichtigsten Elektrolyten sind die wässerigen Lösungen der Salze, Säuren und Basen und die Stromleitung in ihnen soll zuerst betrachtet werden.

In wässrigen Lösungen sind alle starken Säuren und Basen und ihre Salze zu einem erheblichen, mit der Verdünnung wachsenden Bruchtheile dissocirt. Es folgt dies aus der Beobachtung, dass solchen Lösungen sämmtlich höhere osmotische Drucke und grössere Gefrierpunkts- und Dampfdruckerniedrigungen eigen sind, als sie in nicht dissocirtem Zustand haben können. Der osmotische Druck spielt in der Elektrochemie eine so wichtige Rolle, dass sein Wesen hier kurz erörtert werden möge.

Die Molecüle einer gelösten Substanz, wenn wir eine wässrige Zuckerlösung als Beispiel wählen, die Zuckermolecüle im Wasser, üben einen Druck aus, welcher die Flüssigkeit auszudehnen sucht. Dieser Druck ist dem gleich, welchen dieselbe Anzahl Molecüle eines Gases im selben Raum auf die Wände übt. Das Expansionsbestreben der Gastheilchen behindern die Gefässwände, welche das Gas einschliessen; der Ausdehnung der Flüssigkeit widersetzt sich ihre Cohäsion. Oeffnen wir den Gasraum, so verbreiten sich die eingeschlossenen Theilchen nach allen Richtungen, ausser wenn die Umgebung von demselben Gase unter demselben Drucke erfüllt ist. Schichten wir über die Zuckerlösung Wasser oder eine wässerige Lösung beliebiger (gegen Zucker chemisch indifferenter) Substanzen, so wandern die Zuckertheilchen in die übergeschichtete Flüssigkeit und verbreiten sich wie Gastheilchen in einem Gasraume. Nur wenn Zuckerlösung von gleicher Concentration hinzugefügt wird, unterbleibt diese Verschiebung. Befindet das Gas sich in einem Raum, den ein beweglicher Stempel verschliesst und ist sein Druck höher als der Aussendruck, so vermag es unter Arbeitsleistung den Stempel vorwärts zu treiben. In analoger Weise leisten die Zuckermolecüle Arbeit, wenn man die Lösung in ein Gefäss bringt, dessen Boden und Wände für Wassertheilchen, aber nicht für Zuckermolecüle durchlässig sind und das halbgefüllte Gefäss (Fig. 32) in Wasser senkt. Das Expansionsbestreben der Zuckermolecüle vermag in diesem Falle

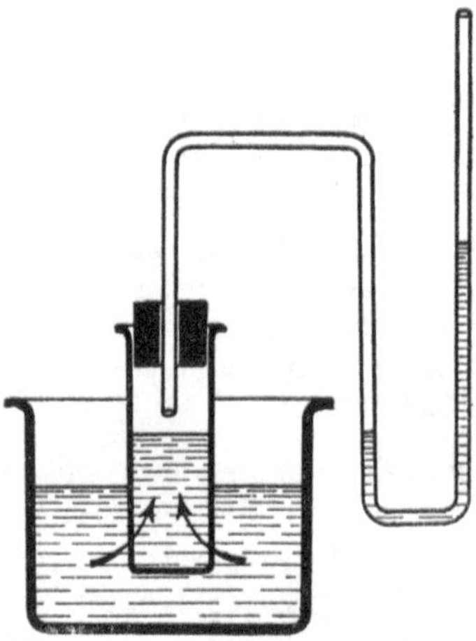

Fig. 32.

das Lösungsvolumen zu vergrössern, indem Wasser durch Boden und Wände nachgesogen wird. Dies wachsende Flüssigkeitsvolumen in dem geschlossenen Gefäss comprimirt die darüber befindliche Luft, bis deren Druck dem Drucke der Zuckertheilchen das Gleichgewicht hält. Ist das Gefäss, wie Fig. 32 zeigt, mit einem Manometer versehen, so kann man die auftretende Drucksteigerung messen. Die »semipermeable« Wand, welche dem Wasser, aber nicht gelösten Substanzen den Durchtritt gestattet, schafft man, indem man einen Niederschlag von Ferrocyankupfer in einer porösen Thonplatte, in Pergamentpapier oder einem ähnlichen Substrate erzeugt.

Die nähere Untersuchung der osmotischen Phänomene hat eine vollständige Uebereinstimmung zwischen den Gesetzen der Gase und denen der Lösungen ergeben. Das Gay-Lussac'sche und Mariotte'sche Gesetz regeln in derselben Weise die Verhältnisse von Gasdruck und Gasvolum, wie die von osmotischem Druck und Flüssigkeitsvolumen. Die Avogadro'sche Regel darf für Flüssigkeiten in der Form ausgesprochen werden, dass Lösungen, welche gleich viel Molecüle gelöster Substanz pro 1 g Lösungsmittel enthalten, unabhängig von der chemischen Natur des gelösten Stoffes, gleichen osmotischen Druck zeigen. Theoretische Untersuchungen haben weiter zu dem Schlusse geführt, dass solche Lösungen von gleichem osmotischen Drucke in ihrem Siedepunkt und Gefrierpunkt vom Siedepunkt und Gefrierpunkt des Lösungsmittels um den gleichen Betrag abweichen müssen. Die Beobachtung hat diese Schlüsse bestätigt. Aequimoleculare Lösungen weisen durchgängig gleiche Gefrierpunktserniedrigung und gleiche Siedepunktserhöhung auf. Die Bestimmung beider Grössen ist dadurch zu einem wichtigen Wege der Moleculargewichtsermittlung organischer Körper geworden.

Nur die wässrigen Lösungen der Salze, Säuren und Basen (Elektrolyte) ergeben höhere Werthe als der Molecülzahl der gelösten Substanzen entspricht. Nun sind die Molecüle ihrer Definition nach die kleinsten selbstständigen Theile der Materie und von den Atomen verschieden, welche für sich nicht existiren können und die Molecüle zusammensetzen. Die Erfahrung lehrt aber, dass diese Definition nicht streng gilt. In einer Reihe von Fällen, z. B. im Dampf des Quecksilbers, Natriums, Kadmiums, Zinks und Jods begegnen uns freie Atome als selbstständig existirende

Massentheilchen. Als solche üben sie dieselben mechanischen Wirkungen wie Molecüle. Wenn ein Dampf aus zweiatomigen Molecülen Dissociation erfährt, so wächst demnach mit der wachsenden Anzahl der kleinsten selbstständigen Theile sein Druck. In gleicher Weise wird der osmotische Druck eines Salzes zunehmen, wenn dessen Molecüle in für sich bestehende Bruchstücke zerfallen und die Gefrierpunkts- und Siedepunktsänderung, welche durch die gelöste Substanz bedingt wird, muss grösser ausfallen als in undissociirter Lösung. Die Annahme, dass die Molecüle der Salze, Säuren und Basen bei der Lösung in Wasser gleich Dämpfen bei höherer Temperatur in kleinere selbstständige Gebilde zerlegt werden, lässt also die scheinbare Unregelmässigkeit in den osmotischen Drucken der Elektrolyte gut erklären. Die Annahme eines solchen Zerfalls widerstrebt dem Chemiker anfänglich. Wendet man sie auf den einfachsten Fall, ein Halogensalz, z. B. KCl an, so schliesst sie die Nothwendigkeit ein, sich vorzustellen, dass in der wässrigen Lösung dieses Salzes Kalium neben Chlor in freiem Zustande vorhanden ist und diese Vorstellung erscheint absurd. Sie widerspricht indessen bei näherem Zusehen nicht den Beobachtungen, welche wir sonst machen, sondern ausschliesslich der Deutung, welche wir denselben zu geben gewohnt sind. Sie setzt uns nicht in Widerspruch mit Thatsachen, sondern nöthigt nur, eine eingebürgerte chemische Denkweise aufzugeben. Die Grundlage der geltenden Anschauungen von den Substanzen und ihrer Veränderung bildet die Annahme, dass die Atome mit allen ihren Eigenschaften schlechterdings unveränderliche materielle Gebilde sind. Wenn sie bei chemischen Reactionen in Verbindungen übergehen, in welchen ihre Eigenschaften nicht mehr erkennbar sind, so sind sie doch ebensowenig verändert, wie eine Säbelscheide und ein Säbel, wenn man sie zusammenschiebt, obwohl nach aussen hin die gezogene Klinge und die leere Scheide von dem eingesteckten Degen sehr abweichend erscheinen. Weil es nun mehr oder minder grossen Energieaufwandes bedarf, um die Atome wieder aus der Verbindung zu isoliren, so wird ein Zusammenhang von besonderer Festigkeit zwischen ihnen construirt und als Molecularzusammenhang zum Range einer Grundvorstellung erhoben. Dieser Molecularzusammenhang gilt für um so fester, je mehr chemische Energie bei der Vereinigung der Componenten in Wärme verwandelt und den reagirenden Atomen entzogen worden ist. Chlor und Kalium, die mit äusserster Heftigkeit gegen einander wirken, befinden sich also im Kochsalz angeblich durch einen sehr festen Molecularzusammenhang verknüpft.

Nun ist diese Denkweise, nach der der Molecularzusammenhang um so fester ist, je grösser der Energieverlust bei der Reaction ist, schon in sich widerspruchsvoll. Denn die endothermischen Substanzen, welche unter Freiwerden von Wärme in die Elemente zerfallen, unter Aufnahme von Wärme sich aus ihnen bilden, müssten einen negativen Zusammenhang haben und dürften überhaupt nicht bestehen, während sie, wie wir vom Stickoxyd, der salpetrigen Säure, dem Cyan, dem Acetylen und vielen anderen wissen, ganz beständige Gebilde sind. Es ist aber weiter die Grundlage des Ganzen, die Anschauung, dass die Atome mit ihren Eigenschaften unveränderlich sind, eigentlich ein Unding. Eigenschaften sind Wirkungen auf uns und als solche abhängig vom Energiegehalt des Gebildes, von dem sie ausgehen. Sie können nur so lange dieselben bleiben, als dieses Gebilde seinen Energiegehalt nicht ändert. Nun ändern sich bei der Reaction die Gehalte der Atome an chemischer Energie, sie werden kleiner oder grösser. Bei der Verbindung von Chlor und Kalium werden sie kleiner, indem chemische Energie in Wärme verwandelt wird. Bei ungeänderter Masse werden diese Atome nach der Reaction also veränderte Eigenschaften besitzen und ihre Rückführung zum ursprünglichen Energiegehalt wird naturgemäss einen Energieaufwand verlangen.

Dieser Energieverlust stellt aber in keiner Weise eine Verknüpfung der Atome her. Wenn dieselben nach der Reaction wirklich durch eine Bindekraft zusammengehalten werden, so kann dieselbe nur dem Energierest entsprechen, der ihnen geblieben ist, aber nicht dem Energiebetrage, den sie verloren haben und der als Wärme an die Umgebung übergegangen ist. Chlor und Kalium werden also, weil sie unter hohem Energieverlust reagiren, nicht sehr fest, sondern wenn sie überhaupt verknüpft sind, sehr locker im Kochsalz zusammenhängen. Es ist aber für das Bestehen eines Zusammenhanges im Reactionsproduct, wenn er auch möglich ist, ein nothwendiger Grund jedenfalls nicht vorhanden. Denn es ist nicht zu ersehen, warum der Energierest, den der chemische Vorgang den Atomen belässt, gerade als eine Klammerkraft sie an einander pressen soll. Die hergebrachte Anschauung, dass eine solche Kraft besteht, ist aus dem Wunsche erwachsen, ein Modell für den Mechanismus chemischer Vorgänge zu schaffen. Man hat seine Zuflucht bei dieser schwierigen Aufgabe zu der Vorstellung genommen, dass die chemische Verwandtschaft zwischen den Atomen eine Fernkraft sei von der Art, wie sie zwischen schweren Massen oder entgegengesetzten Magnetpolen sich zeigt. Von diesem Fernkraftmodell und seinen Consequenzen, der Lehre vom Molecularzusammenhang und der Bindungsfestigkeit, muss man sich als Elektrochemiker emancipiren. Die physikalischen Beobachtungen lehren uns, dass in der Regel Atome nach den Reactionen nicht als selbstständige kleinste Massentheilchen auftreten, sondern dass Atomgruppen als solche die molecularen Gebilde zusammensetzen. Die chemischen Beobachtungen lehren, dass die Rückführung der Atome aus dem gebundenen in den Elementarzustand in der Regel Energiezufuhr erfordert; ob es aber mit Energieaufwand verknüpft ist, die Atomgruppen, die wir Molecüle nennen, in Atome oder kleinere Atomgruppen mit Erhaltung ihres augenblicklichen Energiegehalts zu zerlegen, darüber sagen sie nichts aus, und es besteht keine Ursache, wenn Beobachtungen, wie die über die osmotischen Verhältnisse, einen solchen Zerfall ohne Energieaufwand wahrscheinlich machen, ihn nicht gelten zu lassen. Es lässt sich also vollkommen verstehen, dass die Auflösung eines Salzes in Wasser Trennung der Molecüle des Salzes in Atome oder kleinere Atomgruppen bewirkt, es lässt sich weiter verstehen, dass diese Atome und Atomgruppen keine von den Eigenschaften verrathen, welche ihnen zugehören, sobald sie mit dem höheren Energiegehalt des Elementarzustandes ausgerüstet auftreten.

Diese Auffassung, die physikalisch-chemisch werthvoll und fruchtbar ist, lässt sich derzeit noch nicht mit Nutzen auf andere Gebiete der Chemie, vornehmlich auf die organische Chemie übertragen. Man weiss von der chemischen Energie und ihren Verwandlungen noch zu wenig, als dass man das auf der Grundlage des in seinen Eigenschaften unvariablen Atoms aufgebaute System der organischen Chemie auf der veränderten Grundlage des mit wechselndem Energiegehalt und wechselnden Eigenschaften behafteten Atoms neu zu errichten vermöchte. Auf diesem Einzelgebiete ist das Fernkraftmodell mit seinen Consequenzen, dem Molecularzusammenhang und der Bindungsfestigkeit, noch nicht zu ersetzen.

Wenn darnach der Annahme des Zerfalls der Molecüle von Säuren, Salzen und Basen in Wasser principielle Bedenken nicht im Wege stehen, so würde man sie doch nicht gerne ausschliesslich um der osmotischen Beobachtungen willen gemacht haben. Nun führen aber die Beobachtungen über die Stromleitung in Elektrolyten zu derselben Anschauung.

Taucht man zwei Silberplatten in Silbernitratlösung und erzeugt irgend eine Spannungsdifferenz zwischen ihnen, so geht stets Strom durch die Flüssigkeit, indem Silber am einen Pol gelöst, am anderen abgeschieden wird, wie klein auch der Spannungsunterschied der Platten sein möge. Das wäre nicht möglich, wenn die Zerlegung der Silbernitratmolecüle einen Energieaufwand erforderte. Damit ein Silberatom an der Kathode abgeschieden werden kann, müsste dort ein Silbernitratmolecül zerlegt werden. Die Zerlegung würde dieselbe elektromotorische Kraft erfordern, die Tausend oder Tausend Millionen Molecüle zur Zerlegung bedürfen. Denn mit der Anzahl der Molecüle ändert sich nach dem Faraday'schen Gesetz zwar die Anzahl der Coulombs, die elektromotorische Kraft aber hängt von der zerlegten Menge nicht ab. Sonach müsste eine Spannungsdifferenz zwischen den Platten sich herstellen lassen, die grösser als Null und doch kleiner als die elektromotorische Kraft ist, welche für die Zerlegung des Molecüls erfordert wird und bei dieser Spannungsdifferenz dürfte die Flüssigkeit den Stromdurchgang nicht gestatten. Es ist nicht von Belang, dass mittels einer Verschiebung, wie sie durch die drei folgenden Bilder (Fig. 33) gegeben ist, am andern Pol das Silbernitratmolecül durch Lösung festen Silbers wieder gebildet und dieselbe Energie gewonnen wird, welche bei der Zerlegung aufgewandt war. Der Aufwand ist Vorbedingung des Gewinns und muss ebenso nothwendig vorher geleistet werden, ehe letzterer gemacht werden kann, wie ein Gewicht gehoben werden muss, ehe durch sein Fallen die Hubarbeit wieder gewonnen werden kann.

Ein Molecularzusammenhang, dessen Zerlegung Energieaufwand erfordert, ist also beim gelösten Silbernitrat ausgeschlossen.

Daraus würde indessen noch nicht folgen, dass er bereits aufgehoben **ist**, bevor der Strom durch die Lösung geführt wird. Der Zerfall könnte ohne Energieverbrauch aber erst bei Beginn des Stromdurchganges stattfinden. Wir finden nun aber nirgends, dass der Stromdurchgang in den osmotischen Verhältnissen irgend eine plötzliche Aenderung hervorruft, er bewirkt also keine Spaltung, sondern er findet sie vor; der Elektrolyt enthält von Haus aus zerlegte Molecüle.

Weiter lehrt die Beobachtung, dass ausschliesslich jene Lösungen leiten, bei denen Dissociation aus den osmotischen Beobachtungen gefolgert wird. Wir finden ferner, dass diese Lösungen um so besser leiten, je grösser der Zerfall ist. Es lässt sich also nicht umgehen, das Leitungsvermögen den Spaltstücken zuzuschreiben.

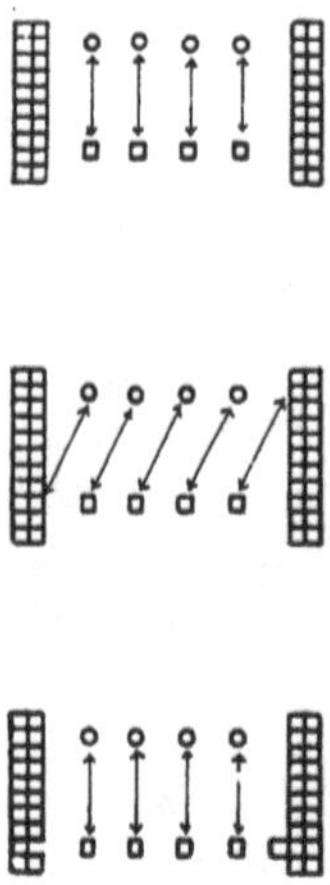

Fig. 33.

Die stromleitenden Spaltstücke der Molecüle, welche ihrem Wesen nach Atome oder Atomgruppen sind, deren Energiegehalt von dem des Elementarzustandes differirt, nennt man **Ionen**. Der Name (ungriechischer Plural des griechischen ἰών = gehend) betont ihre Eigenschaft, unter Lageänderung Elektricität zu transportiren. Wir unterscheiden Anionen und Kationen. Kationen sind die Ionen der Metalle, des Wasserstoffs und die basischen Gruppen NH_4, $NH_3(CH_3)$ und ähnliche. Sie bewegen sich beim Durchgange des Stromes stets von der Anode zur Kathode und transportiren die positive Elektricität von jener zu dieser. Anionen sind die Säurereste, welche mit den Metallen, dem Wasserstoff oder den basischen Radicalen Salze oder Säuren zusammensetzen, wie Cl, SO_4, CN, NO_3, CH_3COO u. s. w.; sie können metallhaltig sein, wie $FeCy_6$, der Säurerest des Blutlaugensalzes, wenn das Metall in ihnen, wie in der Ferrocyangruppe, nicht als Salzbildner, sondern als Säurebestandtheil vorhanden ist. Die Reste MnO_4, CrO_4^{*}, die sauren Gruppen ZnO_2, PbO_2, welche mit den Alkalimetallen die Zinkate und Plumbate genannten Salze bilden, zählen ebenfalls zu den Anionen. Eine der wichtigsten Anionen ferner ist die mit den Metallen Basen bildende Hydroxylgruppe. Diese Anionen wandern stets von der Kathode zur Anode und befördern negative Elektricität auf diesem Wege.

Die Ionen sind Gebilde, denen eine gewisse Wirkungsfähigkeit, also ein Energiegehalt innewohnt. Diese Energie ist eine chemische, denn sie bewirkt die zahlreichen Reactionen der Ionen, die wir kennen und die den Hauptinhalt der analytischen Chemie ausmachen. Wenn in verdünnter Lösung Schwefelsäure und Barytsalze, Chloride und Silbersalze, Schwefelalkalien und Schwermetallsalze unter Abscheidung von festem Baryumsulfat, Chlorsilber, Schwefelmetallen reagiren, so sind es die Ba- und die SO_4-, die Cl- und Ag-, die Metall- und die Schwefelionen, welche mit einander zusammentreten und gemeinsam die Lösung verlassen.

Betrachten wir aber dieselben Ionen in Rücksicht auf ihr Vermögen, Elektricität zu leiten, so können wir der Annahme nicht ausweichen, dass ihr Energiegehalt ein elektrischer ist, dass beim Zerfall des Molecüls im Augenblicke der Lösung chemische Energie, die ihnen eigen war, in elektrische verwandelt wird.

Die Ionen erscheinen vom Entstehungsmoment an geladen, und zwar auf eine Spannung, die wir nicht kennen, und mit einer Elektricitätsmenge, die nach dem Faraday'schen Gesetz 1 *F* pro Grammäquivalent beträgt. Die entgegengesetzte Annahme, dass sie durch den Strom geladen werden, dass sie also zu ihrer chemischen Energie im Beginn der Stromleitung unter Verbrauch an zugeführter elektrischer Energie solche hinzugewinnen, ist in unzweifelhafter Weise mit den elektrochemischen Beobachtungen im Widerspruch. Dass die Energie der Ionen zu gleicher Zeit chemische und elektrische ist, je nachdem wir ihre Reactionsfähigkeit oder ihre Stromleitung in's Auge fassen, erinnert an die auf rein chemischem Gebiete oft beobachtete Erscheinung, dass eine Substanz gleichzeitig nach zwei verschiedenen Formeln zu reagiren vermag und zwei abweichende Structurformen zur selben Zeit zu besitzen scheint. Wir können das eine ebensowenig mit Hülfe der reinen Structuranschauung wie das andere mit der vorläufig bestehenden Kenntniss vom Wesen der elektrischen und chemischen Energie befriedigend erläutern. Gerade dieser desmotrope Charakter der Ionenenergie aber ist der eigentliche Kernpunkt der elektrochemischen Theorie. Weil die Energie gleichzeitig chemische und elektrische ist, wird jede

Aenderung in der chemischen Eigenschaft auch eine solche in dem elektrischen Verhalten dieser Gebilde bedingen. Das Ion ist immer das gleiche, ob es als elektrisch geladenes oder als chemisch actionsfähiges Theilchen erscheint, nur der Beobachter wechselt seinen Standpunkt und gewinnt deshalb beide Male einen verschiedenen Eindruck.

Den Zerfall eines Molecüls in Ionen bezeichnet man als elektrolytische Dissociation. Bei jeder elektrolytischen Dissociation entstehen stets gleich viel Grammäquivalente positiv geladene Kationen und negativ geladene Anionen. Es entsteht also gleich viel positive und negative Elektricität. Da die Ionen gleichmässig durch einander vertheilt sind, so erscheint die Flüssigkeit nach aussen elektrisch neutral. Geben elektrolytisch dissociirte Flüssigkeiten Reactionen, treten z. B. Chlor und Siberionen unter Abgabe ihrer Ladung zu festem Chlorsilber zusammen, so verschwinden stets ebensoviel positive Ladungen als negative und die elektrische Neutralität bleibt erhalten.

Da die Ladungseinheit (1 *F*) am Grammäquivalente haftet, während unsere Formelzeichen Grammmolecüle bedeuten, so ist mit jedem Formelgewicht eines zweiwerthigen Ions die doppelte Elektricitätsmenge, mit jedem Formelgewicht eines drei- und vierwerthigen die drei- und vierfache verknüpft. Man drückt dies gerne in der Schreibweise durch die Anzahl der darüber gesetzten + bezw. — aus. Ein Bariumion wird also $\overset{++}{Ba}$, ein Schwefelsäureion $\overset{--}{SO_4}$ zu schreiben sein, ebenso haben wir $\overset{---}{PO_4}$, $\overset{++}{Zn}$, $\overset{+++}{Al}$ u. s. w. Kann ein Ion mit verschiedener Werthigkeit bestehen, wie das Eisenion, das als Bestandtheil einer Oxydulsalzlösung zweiwerthig, als Bestandtheil einer Oxydsalzlösung dreiwerthig ist, so kommen ihm auch verschiedene Ladungen in beiden Fällen zu. Wir haben $\overset{++}{Fe}$ als Oxydul-, $\overset{+++}{Fe}$ als Oxydion. Das grüne Anion der Manganate $\overset{++}{Mn}O_4$ ist von dem rothen Anion der Permanganate $\overset{+}{Mn}O_4$ durch seinen Mehrgehalt an einer Ladungseinheit unterschieden. Immer entspricht gemäss dem Doppelgesicht, das die Energie der Ionen dem Beobachter darbietet, einem veränderten chemischen Charakter des Ions eine veränderte Ladung.

Es erheben sich nun eine Reihe von Fragen. Wenn ein Salz, z. B. K_2SO_4 in $\overset{+}{K}$, $\overset{+}{K}$ und $\overset{--}{SO_4}$ dissocirt, warum geht die Dissociation nicht weiter und zerlegt den Rest SO_4 in eine grössere Anzahl Ionen? Diese Frage ist ganz dieselbe wie die nach dem Grunde, warum chemisch der Schwefel des schwefelsauren Kalis nicht mit den Metallen in ihren Salzlösungen unter Bildung von Schwefelmetall zusammentritt und lässt sich ebensowenig beantworten.

Es kann sich weiter die Frage erheben, wie das Nebeneinander positiv und negativ geladener Ionen auf engstem Raume möglich ist, ohne dass diese Ladungen durch Elektricitätsübergang sich ausgleichen. Da ist es nun bemerkenswerth, dass wesentliche Dissociationen nur in dem Lösungsmittel beobachtet werden, dessen Dielektricitätsconstante besonders hoch ist, im Wasser, in welchem desshalb die Ionenladungen mit den relativ geringsten Spannungsunterschieden verknüpft sind[1]).

Es kann weiter gefragt werden, warum diese positiv und negativ geladenen Theilchen nicht paarweise wie Condensatorbelegungen gegen einander eine Anziehung üben, deren Ueberwindung mit Energieaufwand verknüpft ist, während wir aus der Betrachtung der Strombewegung in einer Lösung von Silbernitrat zwischen Silberplatten wissen, dass ein solcher Aufwand bei der Trennung nicht stattfindet. Man wird die Schwierigkeit, die in diesem Punkte liegt, indessen geringer bewerthen, wenn man sich vorstellt, dass nicht einzelne Ionenpaare vorliegen, dass in der dissociirten Flüssigkeit vielmehr Anionen und Kationen gleichmässig durch einander gemengt sind, so dass ein geladenes Theilchen von allen Seiten der anziehenden Wirkung entgegengesetzt geladener Theilchen ausgesetzt, nach allen Richtungen ebenso beweglich ist, als ob es überhaupt einer Anziehung nicht unterläge. Nur das Medium, in dem es sich bewegt, das Wasser, wird durch das Bestehen der anziehenden Kräfte beeinflusst werden. Denn das überall vorhandene Bestreben der Ionen, sich einander zu nähern, wird auf das Dielektricum, das sie trennt eine Pressung üben, deren Wirkung von Punkt zu Punkt in der Flüssigkeit sich summirt und das Wasser in dem Maasse, in dem es compressibel ist, zusammendrückt. Diese Consequenz

[1]) Nernst, Z. f. physic. Chemie 13, S. 537.

scheint sich auch in der That zu bestätigen. Nernst und Drude[1]) haben Berechnungen angestellt, welche dafür sprechen, dass eine solche Contraction in geringem Umfange wirklich vorhanden ist.

Der Ionenzustand darf damit als erläutert gelten. Wenden wir uns zu der Ionenbewegung bei Stromdurchgang. Wir haben den Vorgang in der Lösung vom Vorgang an den Grenzflächen der Lösung gegen die Elektroden zu unterscheiden. An diesen müssen nach dem Faraday'schen Gesetz für jedes durchgehende F ein Grammäquivalent Ionen entstehen oder verschwinden. An der Kathode wird entweder ein Grammäquivalent Kationen unter Uebergang in den Elementarzustand austreten, d. h. entladen werden, oder es tritt, was durch besondere, vorläufig unerhebliche Anordnungen zu erreichen ist, ein Grammäquivalent Anionen in die Lösung ein, indem es den Elementarzustand aufgibt, mit dem es zuvor an der Elektrode aufgespeichert war. Ebenso werden an der Anode entweder 1 Grammäquivalent Anionen entladen oder Kationen aus der Elektrodensubstanz gebildet und in die Lösung übergeführt. Elektrolysiren wir Salzsäure mit einer Zinkanode, so werden hier Zinkkationen aus Zinkmetall gebildet, benutzen wir eine Kohleanode, so werden Chloranionen entladen und in Chlorgas übergeführt.

Wir wollen annehmen, es werde Salzsäure zwischen zwei Elektroden elektrolysirt, von denen keine Ionen zu liefern vermag, dann wird an den Elektroden einerseits Chlor, anderseits Wasserstoff entladen, und zwar für 1 F wie erwähnt an jeder 1 Grammäquivalent. Durch die Lösung wird gleichzeitig 1 F hindurchgehen und es wird in ihr 1 Grammäquivalent Ionen wandern. Nun betheiligen sich an dieser Wanderung aber sowohl Kationen, die nach dem negativen, als Anionen, die nach dem positiven Pol gehen. Da in Summa nur 1 Grammäquivalent sich bewegt, so folgt, dass die wandernde Menge jeder Ionengattung stets kleiner ist als die in der gleichen Zeit an der Elektrode, der sie zuwandert, abgeschiedene Menge derselben Ionen. Wir wollen zunächst annehmen, in der gleichen Zeit wanderten in der Lösung gleich viel Chlorionen zur Anode und Wasserstoffionen zur Kathode und beide wanderten gleich rasch.

---

[1]) Nernst u. Drude, Z. f. physic. Chemie 15, S. 79.

Diese Annahme trifft, wie später erläutert wird, nicht zu. Wir wollen uns weiter einen dreitheiligen Raum (Fig. 34) vorstellen, durch dessen Zwischenwände die Ionen unbehindert passiren. Dann wird in derselben Zeit, in der der Raumtheil *a* ein Grammäquivalent Chlorionen durch Entladung und Uebergang in den Gaszustand verliert, die Wanderung ihm ein halbes Grammäquivalent aus *b* zuführen, ebenso wird nach *c* $^1/_2$ Grammäquivalent Wasserstoff aus *b* einwandern, während 1 Grammäquivalent Wasserstoff an der Elektrode in *c* entladen wird. In derselben Zeit wird ferner $^1/_2$ Grammäquivalent Wasserstoff aus *a* nach *b* und $^1/_2$ Grammäquivalent Chlor von *c* nach *b* überwandern. Vergegenwärtigen wir uns die Summa dieser Vorgänge. Im Raume *a* beträgt

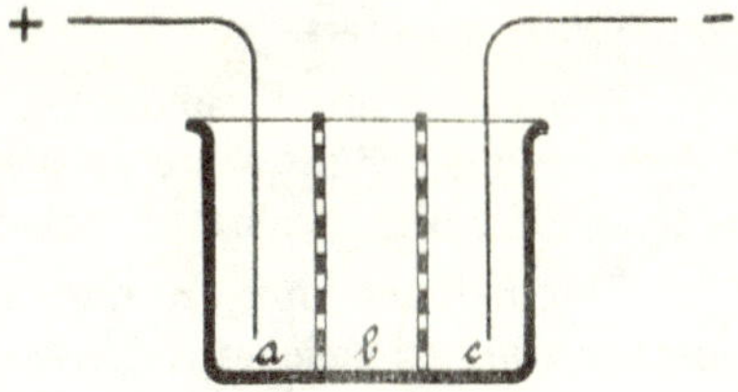

Fig. 34.

Verlust an Chlorionen durch Entladung	— 1 Gr.-Aequival.
Zuwanderung von Chlorionen aus *b* . .	+ $^1/_2$ »
	— $^1/_2$ Gr.-Aequival.
Verlust an Wasserstoffionen durch Wegwanderung nach *b*	— $^1/_2$ »

Es verschwindet also aus *a*, kurz gesagt, $^1/_2$ Grammäquivalent Salzsäure.

Im Raume *c* beträgt:

Verlust an Wasserstoffionen durch Entladung	— 1 Gr.-Aequival.
Zuwanderung an H-Ionen aus *b* . . .	+ $^1/_2$ »
	— $^1/_2$ Gr.-Aequival.
Verlust an Chlorionen durch Wegwanderung nach *b*	— $^1/_2$ »

Es verschwindet also auch hier in *c* $^1/_2$ Grammäquivalent Salzsäure.

In *b* schliesslich haben wir:

Zuwanderung an Chlorionen von *c*	= + $^1/_2$
Wegwanderung von Chlorionen nach *a*	= — $^1/_2$
	0

Zuwanderung von H-Ionen von *a*	. . . .	$= +\,^1/_2$
Wegwanderung von H-Ionen nach *c*	. . . . . .	$= -\,^1/_2$
		0

Hier wird also weder der Gehalt an Chlor- noch an Wasserstoffionen geändert.

Die gesammte Veränderung besteht in einer gleichmässigen Verdünnung der Salzsäure an beiden Polen, während die mittlere Flüssigkeitsmasse völlig unverändert bleibt.

Wir nehmen nun an, die Chlor- und Wasserstoffionen wanderten zwar in gleicher Zahl, aber nicht gleich schnell, vielmehr bewegten sich die Wasserstoffionen fünfmal schneller wie die Chlorionen. Diese Annahme entspricht der Wirklichkeit. Da die gleiche Anzahl Anionen und Kationen wandert, ist die nothwendige Bedingung erfüllt, dass gleich viel negative Elektricität im einen, wie positive im andern Sinne durch den Elektrolyten geht. Durch jeden Leiterquerschnitt aber gehen jetzt in der gleichen Zeit fünf Wasserstoffionen zur Kathode und nur ein Chlorion zur Anode. In dem dreitheiligen Raume werden sich demnach die Verhältnisse jetzt folgendermaassen gestalten.

In *a*:	Verlust an Cl-Ionen durch Entladung . . .	-1
	Zuwanderung an Cl-Ionen aus *b*	$+\,^1/_6$
		$-\,^5/_6$
	Wegwanderung von H-Ionen nach *b* . . .	$-\,^5/_6$
In b:	Zuwanderung von Cl-Ionen aus *c*	$+\,^1/_6$
	Weg » » » nach *a*	$-\,^1/_6$
		0
	Zuwanderung von H-Ionen aus *a*	$+\,^5/_6$
	Weg » » » nach *c*	$-\,^5/_6$
		0
In c:	Verlust an H-Ionen durch Entladung . . .	-1
	Zuwanderung von H-Ionen aus *b*	$+\,^5/_6$
		$-\,^1/_6$
	Wegwanderung von Cl-Ionen nach *b* . . .	$-\,^1/_6$

Wieder ist also in *a* und *c* die Concentration gefallen, während sie in *b* unverändert geblieben ist. Der Verlust der Lösung ist natürlich gleich der an den Elektroden in Summa in Gasform entwichenen Substanzmenge. Das Verhältniss der Chlorionen zu den Wasserstoffionen 1 : 1 ist in jedem Raumtheil der Flüssigkeit das gleiche geblieben. Die Concentrationsänderung ist aber diesmal auf der Kathodenseite fünfmal grösser als auf der Anodenseite.

Bei näherer Betrachtung bemerkt man leicht, dass das Verhältniss der Concentrationsänderungen immer mit dem der Wanderungsgeschwindigkeiten übereinstimmen muss. Durch Bestimmung jener Aenderungen kann man deshalb das Verhältniss der Wanderungsgeschwindigkeiten ermitteln. Die experimentelle Ausführung geschieht nach folgendem Princip.

Man nimmt eine lange Flüssigkeitssäule von bekanntem Gehalt an Salzsäure, elektrolysirt und führt dann je einen Theil Flüssigkeit von der Anoden- und von der Kathodenseite in gesonderte Gefässe über. Dann wägt man diese Proben und bestimmt ihren Gehalt an Chlorwasserstoff. Wie viel man von der Anode und von der Kathode nimmt, ist ganz gleichgültig, wenn man die Menge nur so gross wählt, dass man mit Sicherheit ausschliesslich in ihrer Zusammensetzung ungeänderte Lösung in der Mitte zurücklässt. Dass das der Fall ist, erkennt man leicht, wenn man den Gehalt der verbliebenen mittleren Flüssigkeitsmasse an Salzsäure untersucht und gegen den ursprünglichen unverändert findet. Hat man der Vorsicht wegen von dieser Schicht auf beiden Seiten viel zu den an den Elektroden abgezogenen Proben der Lösung hinzugenommen, so wird die Concentrationsänderung klein sein, die man findet; hat man wenig genommen, so ist ihr Betrag grösser, in jedem Falle aber ergibt das Product aus dem Gewicht der untersuchten Masse in ihre Gehaltsänderung den gleichen Wert: den des Substanzverlustes, welcher durch die doppelte Wirkung der Entladung und der Wanderung bedingt ist. Hat man danach z. B. auf der Anodenseite einen Verlust von 0,85 g, auf der Kathodenseite einen solchen von 0,17 g Chlorwasserstoff ermittelt, so ist damit gegeben, dass die Wanderungsgeschwindigkeiten des Kations Wasserstoff und des Anions Chlor sich wie 0,85 : 0,17 = 5 : 1 verhalten.

Es ist aber nicht einmal nöthig, an beiden Elektroden Bruchtheile der Lösung abzunehmen und sie zu untersuchen. Es genügt, dies an der einen Elektrode zu thun und ausserdem voltametrisch die Strommenge zu ermitteln. Nach dem Faraday'schen Gesetz zerlegt 1 F ein Grammäquivalent Salzsäure. Kennt man die angewandte Stromquantität, so ist danach die zersetzte Menge leicht zu berechnen. Diese aber ist offenbar gleich der Summe der Substanzverluste an den Elektroden und wenn man den einen dieser beiden Summanden experimentell bestimmt, kennt man damit zugleich den andern. Setzt man die gesammte zersetzte Menge gleich 1, so werden die beiden Summanden die Bruchtheile von Eins: m und 1 — m ausmachen. Die Zahlen m und 1 — m, welche nach dem früheren von der relativen Geschwindigkeit der Ionen abhängen, heissen die Ueberführungszahlen des Kations und des Anions.

Ihr Verhältniss $\frac{m}{1-m}$ ist gleich dem Verhältniss der Wanderungsgeschwindigkeiten der Ionen, deren Einzelwerthe (u für die Anionen, v für die Kationen) vorläufig für unbekannt gelten mögen

$$\frac{m}{1-m} = \frac{u}{v}.$$

Wenn der Vorgang an den Elektroden ein anderer ist, wenn etwa am einen Pol Kationen ein-, am anderen solche austreten, so ist der Sachverhalt nicht minder einfach.

Wir elektrolysiren Silbernitrat zwischen Silberelektroden. Für 1 F geht an der Anode 107,66 g Silber als Ionen in die Lösung, an der Kathode tritt das gleiche Ionengewicht unter Uebergang in Metall aus der Lösung aus. Es wandern in der Lösung $\overset{-}{NO_3}$-Ionen zur Anode, $\overset{+}{Ag}$-Ionen zur Kathode. Die Ueberführungszahlen seien m für das Anion, 1 — m für das Kation.

Wir haben dann im dreitheiligen Gefäss:

		Gr.-Aequivalent
In a:	Gewinn an Ag-Ionen durch Lösung des Elektrodenmetalls	+ 1
	Verlust an Ag-Ionen durch Wegwanderung nach b	— (1 — m)
		+ m
	Gewinn an NO_3-Ionen durch Zuwanderung von b	+ m

In b:	Gewinn an Ag-Ionen durch Zuwanderung aus *a*	+ (1 — m)
	Verlust an Ag-Ionen durch Wegwanderung nach *c*	— (1 — m)
		0
	Gewinn an NO_3-Ionen durch Zuwanderung aus *c*	+ m
	Verlust an NO_3-Ionen durch Wegwanderung nach *a*	— m
		0
In c:	Verlust an Ag-Ionen durch Entladung .	— 1
	Gewinn an Ag-Ionen durch Zuwanderung von *b*	+ (1 — m)
		— m
	Verlust an NO_3-Ionen durch Wegwanderung nach *b*	— m

Der Silbernitratgehalt der Flüssigkeit ist also in Summa constant geblieben. Es ist aber an der Anode eine Concentration, an der Kathode eine gleich grosse Verdünnung erfolgt. Der Bruchtheil eines Grammäquivalents, welcher für 1 *F* durchgehende Strommenge an jener Stelle auftritt und hier verschwindet, entspricht der Ueberführungszahl m der $\overset{-}{NO_3}$ Ionen, 1 — m der Ueberführungszahl der $\overset{+}{Ag}$-Ionen. Das Verhältniss beider $\frac{m}{1-m} = \frac{u}{v}$ ist ohne Weiteres aus dem Substanzverlust der Kathodenlösung (oder dem Substanzgewinn der Anodenlösung) und der abgeschiedenen Silbermenge auszurechnen.

Wenn der Elektrolyt aus Ionen verschiedener Werthigkeit besteht, z. B. Chlorbariumlösung ist, welche zweiwerthige $\overset{++}{Ba}$- und einwerthige $\overset{-}{Cl}$-Ionen enthält, so wird für je 2 zur Anode wandernde $\overset{-}{Cl}$-Ionen nur 1 $\overset{++}{Ba}$-ion zur Kathode gehen, da die wandernden Elektricitätsmengen immer gleich sein müssen. Die beobachteten Werthe der Ueberführungszahlen gelten dann für zwei Chlorionen einerseits gegenüber einem Metallion anderseits.

Wenn der Elektrolyt aus einem Gemenge zweier Salze derselben Basis, z. B. Chlorkalium und Jodkalium besteht, deren Anionen gleich schnell wandern, so vertheilt sich der Strom beim Durchgang durch die Flüssigkeit auf beide im Verhältniss der vorhandenen Mengen.[1]) Die Verhältnisse, von denen es in Gemengen verschiedener Elektrolyten abhängt, welche Anionen und Kationen entladen werden, sind complicirterer Art, haben mit den Verhältnissen der Wanderung sehr wenig zu thun und werden erst später erläutert.

Die Verschiedenheit der Ueberführungszahlen beruht auf der verschiedenen Reibung, welche die Ionen bei der Wanderung an den Theilchen des Lösungsmittels und an undissocirten Theilchen der gelösten Substanz erfahren. Die Dissociation der Salze, Säuren und Basen ist nur in sehr verdünnter Lösung eine vollständige, in Lösungen von merklicher Concentration sind immer grössere oder kleinere Bruchtheile der gelösten Substanzmenge unzerfallen. Ist der unzerlegte Antheil erheblich, so wird sein Antheil am Reibungswiderstand fühlbar; die Ueberführungszahlen variiren in concentrirteren Lösungen deshalb etwas mit der Concentration.[2]) Von einer gewissen Verdünnung abwärts sind sie constant. Mit wachsender Temperatur werden die Unterschiede der Ueberführungszahlen der Jonen meist[3]) etwas geringere. In von Wasser verschiedenen Lösungsmitteln, in denen Dissociation auftritt, werden manchmal abweichende Ueberführungszahlen gefunden. Von der Stromstärke sind die Ueberführungszahlen unabhängig.

Die Concentrationsveränderungen an den Elektroden sind oft das wichtigste Mittel, die Natur der Ionen zu erkennen. In den complexen Salzen, wie Cyansilbercyankali, Natriumplatin-Natrium-Goldchlorid, Ferrocyankalium und Ferricyankalium war es mit ihrer Hülfe möglich, die Dissociation in die Ionen $\overset{-}{\mathrm{AgCy_2}} - \overset{+}{\mathrm{K}}$,[4]) $\overset{--}{\mathrm{PtCl_6}} - \overset{+}{\mathrm{Na}}, \overset{+}{\mathrm{Na}}$; $\overset{-}{\mathrm{AuCl_4}} - \overset{+}{\mathrm{Na}}$, $\overset{----}{\mathrm{FeCy_6}} - \overset{+}{\mathrm{K}}, \overset{+}{\mathrm{K}}, \overset{+}{\mathrm{K}}, \overset{+}{\mathrm{K}}$ und $\overset{---}{\mathrm{FeCy_6}} - \overset{+}{\mathrm{K}}, \overset{+}{\mathrm{K}}, \overset{+}{\mathrm{K}}$ zu erweisen.

---

[1]) Andere Vertheilungsfälle siehe v. Stakelberg, Z. f. physic. Chem. 23, S. 495. Schrader, Z. f. Elektrochem. 3, S. 498. Kohlrausch, Wied. Annal. 62 S. 209.

[2]) Siehe auch dazu Kohlrausch, Wied. Ann. 62, S. 209.

[3]) Siehe dazu Gordon, Z. f. physic. Chem. 23, S. 477.

[4]) Siehe dazu Morgan, Z. f. physic. Chem. 17, S. 513.

Wir haben uns bisher mit der Thatsache begnügt, dass die dissociirten wässrigen Lösungen den Strom leiten, und zwar um so besser, je stärker sie dissociirt sind. Die weitere Erkenntnis des Leitungsphänomens verlangt eine nähere Betrachtung des Widerstands der Elektrolyten und seines Zusammenhangs mit der Menge und Natur der gelösten Anteile. Der Widerstand von Elektrolyten wird wie der von festen Leitern mit der Wheatstone'schen Brücke ermittelt. Es ist aber nicht zuzulässig, Gleichstrom bei der Messung durch die Lösung zu senden, weil dieser Ionen an den Elektroden entladet und dabei störende Phänomene, die als Polarisation bezeichnet und später erläutert werden, hervorruft. Ihr Auftreten vergrössert scheinbar den Widerstand der Flüssigkeit. Man benutzt deshalb nach Kohlrausch's Vorgang[1]) den Wechselstrom eines kleinen Inductionsapparates und schaltet in den Brückenzweig, in welchem nach Abgleichung der Widerstände die Stromstärke Null werden muss, ein Telephon. In diesem hört man, so lange die Abgleichung nicht erreicht ist, ein knackendes Geräusch, welches im Augenblicke der Stromlosigkeit verschwindet. Zur Bestimmung benutzt man mit Platinschwarz überzogene sog. »platinirte«[2]) Platinelektroden und Gefässe von einer der beiden beistehenden Formen.[3]) (Fig. 35 und 36.)

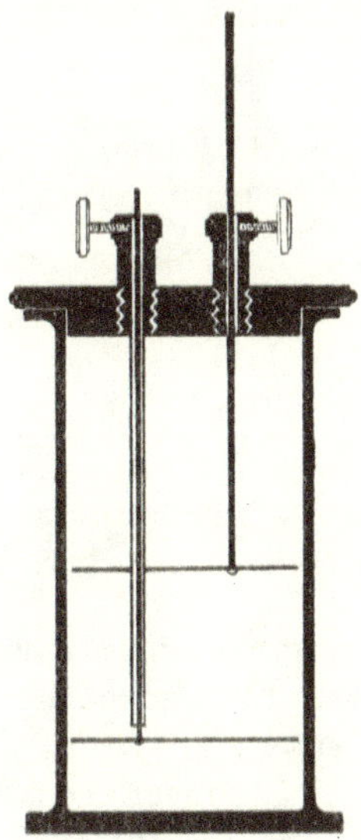

Fig. 35.

Man ermittelt zunächst den Widerstand, den der Strom in einem solchen Gefäss findet, wenn es mit Quecksilber[4]) und wenn es andererseits mit der zu prüfenden Lösung gefüllt ist. Der

[1]) Neuere Arbeiten darüber Wied. Ann. 61, S. 1, 60, S. 315, 58, S. 37, 59, S. 267. Z. f. physical. Chemie 15, S. 126, 18, S. 133, 22, S. 331.

[2]) Kohlrausch, Wied. Ann. 60, S. 315; siehe auch Wied. Ann. 63, S. 423.

[3]) Andere Formen: Kohlrausch, Wied. Ann. Bd. 51, S. 347.

[4]) Praktisch benutzt man statt Quecksilber eine Lösung, deren Widerstandsverhältniss zu Quecksilber bekannt ist.

Widerstand der Lösung ist stets viel grösser. Setzt man den Widerstand eines Quecksilbercylinders von 1 cm Basis und 1 cm Höhe gleich 1 und nennt dies eine Quecksilbereinheit, so ist das Verhältniss der beiden gefundenen Widerstände $\frac{\text{Widerstand der Lösung}}{\text{Widerstand des Hg}}$ gleich dem Widerstande einer ebenso dimensionirten Flüssigkeitssäule (1 cm Basis, 1 cm Höhe) in Quecksilbereinheiten. Um ihn in Ohm auszudrücken, bedarf er der Division mit 10630, da der Widerstand jener Quecksilbersäule gleich $\frac{1}{10\,630}$ Ohm ist. Der in Ohm umgerechnete Werth heisst der **specifische Widerstand**, sein Reciprokes die **specifische Leitfähigkeit** der Lösung. Bis Mitte 1897 war es üblich, den specifischen Widerstand nicht in Ohm, sondern in Siemenseinheiten (S. E.) auszudrücken: Siemenseinheit : Ohm = 1 : 1,063. Die in reciproken Ohm ausgedrückten specifischen Leitfähigkeiten sind das 1,063fache der in Siemenseinheiten angegebenen Zahlenbeträge.

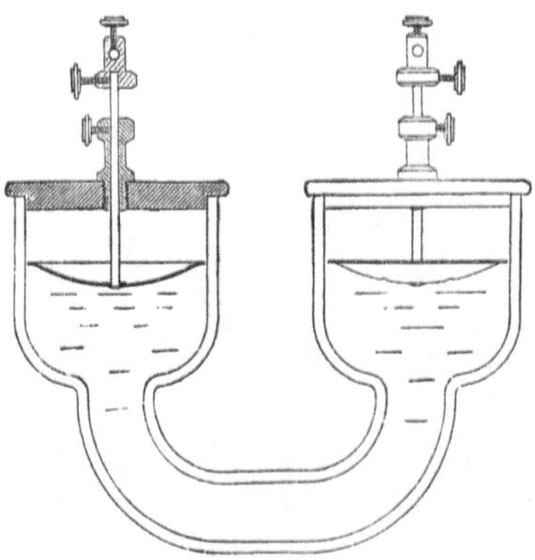

Fig. 36.

Lösungen von wechselndem Gehalt zeigen natürlich wechselnde specifische Leitfähigkeiten. Im allgemeinen leiten die Lösungen um so besser, je concentrirter sie sind. Doch bestehen Ausnahmen. Salzsäure leitet in etwa 5fach normaler Lösung (18,3%), ebenso Salpetersäure (29,7%), Schwefelsäure in 6fach normaler (30,4% H_2SO_4) am besten. 99,7%ige Schwefelsäure leitet rund 90mal schlechter als 30%ige (6fach normale). Auch die Essigsäure, die in 3fach normaler, die Kalilauge und Natronlauge, die in etwa 5fach normaler Lösung die grösste specifische Leitfähigkeit aufweisen, sind hier anzuführen. Magnesiumsulfat und Zinksulfatlösung haben bei 17% bezw. 23,5% wasserfreiem Salz ein Maximum der Leitfähigkeit.

Lösliche Substanzen, die im wasserfreien Zustand flüssig sind oder die verflüssigt werden können, zeigen sich in dieser Form oft als Nichtleiter, so z. B. die Halogenwasserstoffsäuren.

Vergleicht man Lösungen verschiedener Substanzen, um Zusammenhänge zwischen der gelösten Substanz und der Leitfähigkeit aufzufinden, so darf man nicht gleichprocentige oder gar willkürlich concentrirte Lösungen wählen. Gesetzmässigkeiten sind nur bei Vergleichung äquimolecularer oder äquivalenter Lösungen zu beobachten. Wir dividiren deshalb die specifische Leitfähigkeit durch die Anzahl der Grammäquivalente oder durch die der Grammmolecüle, welche in 1 ccm der Flüssigkeit gelöst sind, und erhalten so die äquivalente Leitfähigkeit λ oder die moleculare μ. Die äquivalente Leitfähigkeit einer $^1/_1$ normalen Lösung ist also das tausendfache, die einer $^1/_5$ normalen Lösung das fünftausendfache ihrer specifischen Leitfähigkeit.

Die moleculare Leitfähigkeit ist bei einwerthigen Verbindungen natürlich gleich der äquivalenten, bei mehrwerthigen im Verhältniss $\frac{\text{Moleculargewicht}}{\text{Aequivalentgewicht}}$ höher.

Die äquivalente Leitfähigkeit der Lösungen zeigt sich nun abhängig von der Verdünnung; sie wächst mit abnehmender Concentration gegen einen Grenzwerth zu, den sie bei unendlicher Verdünnung erreicht. Die Lösungen mancher Substanzen nähern sich schon in $^1/_{1000}$ normaler Lösung diesem Grenzwerth bis auf eine geringe Abweichung, welche praktisch unerheblich ist, so dass der Grenzwerth bei ihnen direct gemessen werden kann, andere zeigen bei jeder Verdünnung ein neues Anwachsen. Der Grenzwerth wird die Endleitfähigkeit genannt und je nachdem moleculare oder äquivalente Leitfähigkeit in Rede steht, mit λ_∞ oder μ_∞ gegenüber λ_v und μ_v den Leitfähigkeiten bei endlichem Volumen v unterschieden.

Die Endleitfähigkeit λ_∞ nun steht in einer sehr wichtigen Beziehung zu den Wanderungsgeschwindigkeiten der Ionen. Die Wanderungsgeschwindigkeit der Anionen und Kationen ist der treibenden Kraft, das ist der Spannungsdifferenz, welche an den Endflächen einer Flüssigkeitsschicht von 1 cm Dichte besteht, direct, den Reibungswiderständen in dieser Schicht umgekehrt proportional. Ist dieses Spannungsgefälle 1 Volt, so ist die Summe beider Wanderungsgeschwindigkeiten gleich der Endleitfähigkeit λ_∞.

Wir können schreiben

$$\lambda_\infty = u + v \qquad (1)$$

Da nun

$$\frac{u}{v} = \frac{\mathrm{m}}{1-\mathrm{m}} \qquad (2)$$

so ist $u = \mathrm{m}\,\lambda_\infty$

$$v = (1-\mathrm{m})\,\lambda_\infty.$$

Diese wichtige Beziehung erlaubt die Zahlenbeträge für u und v in allen den Fällen zu finden, in denen experimentell die Verdünnung erreicht werden kann, über die hinaus die äquivalente Leitfähigkeit sich nicht mehr ändert, in denen λ_∞ also gemessen werden kann. Bei den Alkalisalzen der einwerthigen Säuren und den chlorwasserstoffsauren Salzen der einwerthigen Basen ist diese Bedingung erfüllt. Haben wir aber erst einmal einen Einzelwerth u, so können wir die Werthe v aller der Kationen (nach 2) finden, für deren Salze mit jenem Anion die Ueberführungszahlen m und 1 — m bekannt sind. Mittels der neugefundenen v können wieder die Werthe weiterer u berechnet werden. Bredig[1]) hat auf diese Weise für 300 organische und anorganische Kationen die Zahlen zusammengestellt. Einige davon sind in der beifolgenden Tabelle aufgeführt.

Wanderungsgeschwindigkeiten in reciproken Ohm:

	$t = 18^0$	$t = 25^0$		$t = 18^0$	$t = 25^0$
$\overset{+}{K}$	65	75	$\overset{-}{Cl}$	65	74
$\overset{+}{Na}$	46	52	$\overset{-}{J}$	67	76
$\overset{+}{Li}$	37	43	$\overset{-}{NO_3}$	61	69
$\overset{+}{NH_4}$	65	75	$\overset{-}{ClO_3}$	54	63
$\overset{+}{Ag}$	54	63	$\overset{-}{ClO_4}$	57	66
$\overset{+}{H}$	311	345	$\overset{-}{HCOO}$	48	54
$\overset{-}{OH}$	175	202	$CH_3\overset{-}{COO}$	35	40

Diese Werthe sind sehr merkwürdig. Bei den Ionen der Elemente beobachtet man, wie die folgende graphische Darstellung (Fig. 37) lehrt, eine Periodicität mit dem Atomgewicht; bei den

[1]) Bredig, Z. f. physic. Chem. 13, S. 191.

zusammengesetzten Ionen findet sich, dass die Wanderungsgeschwindigkeit im wesentlichen eine additive Eigenschaft ist, also nur von der Zahl und dem chemischen Charakter der Atome im Ion, aber nicht von der Art ihrer Verknüpfung abhängt. Ja es scheint mit wenig Ausnahmen unter den chemischen Eigenschaften der Atome nur das Aequivalentgewicht bestimmend. Der Ersatz eines Atoms im zusammengesetzten Ion durch ein anderes vermehrt nämlich fast durchweg die Wanderungsgeschwindigkeit, wenn sein Aequivalentgewicht kleiner und vermindert sie, wenn es grösser ist. So wirkt in organischen Ionen der Ersatz des Wasserstoffs durch Methyl, durch Cl, Br, J, NH_2 oder NO_2, die Vertauschung von NH_2 gegen die schweren Reste SO_3H und COOH verlangsamend. Ebenso wirken P, mehr noch As, und am meisten Sb verlang-

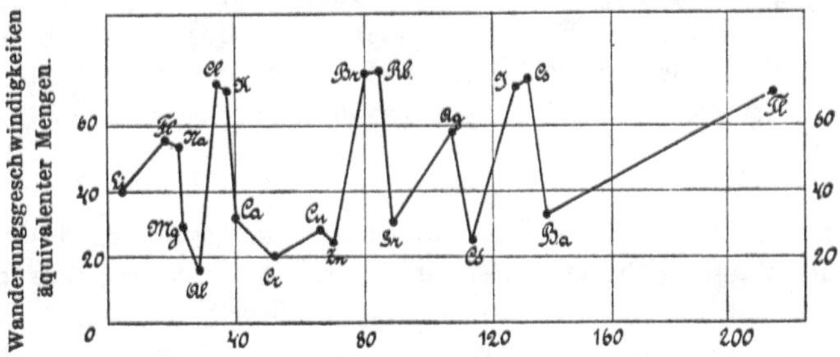

Fig. 37.

samend, wenn sie für N eintreten; Se und noch stärker Te, wenn sie S ersetzen. Je complexer das Ion ist, um so weniger ändert indessen eine neue Gruppe, die eintritt, an der Geschwindigkeit.

Isomere Ionen wandern, wie nach Vorstehendem zu erwarten, gleich schnell. Beispiele dafür sind die Anionen der Butter- und Isobuttersäure, der verschiedenen Toluylsäuren, die Kationen von Propyl- und Isopropylamin, des Chinolins und Isochinolins und viele andere.

Es besteht aber auch ein gewisser Einfluss der Ionenconstitution bei der Wanderungsgeschwindigkeit, und dieser tritt hervor, wenn man metamere Verbindungen vergleicht, die bei rein additivem Charakter der Wanderungsgeschwindigkeit wie die isomeren gleich schnell wandern sollten. Die metameren Kationen,

z. B. des Cumidins, Methyläthylanilins und das Trimethylammoniumion, die sämmtlich die Formel C_4H_9N haben, wandern ungleich schnell. In diesem wie in anderen Fällen zeigt sich, dass die Geschwindigkeit mit wachsender Symmetrie der Substitution am Stickstoff zunimmt. Es ist bemerkenswerth, dass der Siedepunkt der metameren Basen gerade umgekehrt mit der Symmetrie fällt, so dass man sagen kann, bei metameren organischen Kationen wandert das niedriger siedende rascher.

Die Kenntniss der einzelnen Wanderungszahlen erlaubt, wie erwähnt, die Endleitfähigkeit von Verbindungen zu berechnen, bei welchen dieselbe nicht direct ermittelt werden kann. Die äquivalente Endleitfähigkeit des Ammoniak ($N\overset{+}{H_4}$—$\overset{-}{OH}$) findet man z. B. (für $t = 18^0$) mittels der Zahlen in der Tabelle $\lambda_\infty = u + v = 175 + 65 = 240$ reciproke Ohm.

Die Kenntniss der Endleitfähigkeit aber ermöglicht weiter den Bruchtheil ionisirter Substanz anzugeben, welcher in irgend einer nicht völlig dissociirten Lösung vorhanden ist. Dieser Bruchtheil, welcher der Dissociationsgrad genannt wird, ist $x = \frac{\lambda \nu}{\lambda_\infty}$. Nun ist die elektrolytische Dissociation einem allgemeinen Gesetze, dem der Massenwirkung, unterworfen, welches verlangt, dass bei der Dissociation eines Körpers in die Bruchstücke a und b, der ungespaltene Rest c zu a und b in der folgenden Beziehung steht: $a \times b = K \cdot c$, worin K eine Constante, die Dissociationsconstante, darstellt. Der gespaltene Bruchtheil eines Grammäquivalentes ist für den Fall der elektrischen Dissociation bekannt, er ist x, dessen Werth eben $= \frac{\lambda_\nu}{\lambda_\infty}$ gefunden wurde. Bedenkt man, dass bei der vollständigen Dissociation je ein Grammäquivalent Anionen und Kationen entsteht, so sieht man, dass x auch den vorhandenen Bruchtheil eines Grammäquivalents jeder der beiden Jonengattungen bezeichnet. Der ungespaltene Bruchtheil des gelösten Körpers ist $1 - x$. Beträgt das Lösungsvolumen des Grammäquivalentes V Liter, so ist schliesslich $\frac{x}{V}$ der Bruchtheil eines Aequivalentes Kationen oder Anionen, welcher im Liter sich findet, $\frac{1 - x}{V}$ der Bruchtheil eines Aequivalentes ungespaltener Molecüle im selben Volumen.

Wir haben dann

$$\frac{x}{V} \cdot \frac{x}{V} = \frac{(1-x)}{V} \cdot K \text{ und}$$

$$\frac{x^2}{(1-x)V} = K$$

und wenn wir für $x = \frac{\lambda_\nu}{\lambda_\infty}$ seinen Werth setzen

$$\frac{\lambda_\nu^2}{(\lambda_\infty)^2\left(1-\frac{\lambda_\nu}{\lambda_\infty}\right)V} = \frac{\lambda_\nu^2}{\lambda_\infty(\lambda_\infty-\lambda_\nu)V} = K.$$

Diese Beziehung heisst das »Verdünnungsgesetz«.

Bei der Bestimmung der Werthe λ_ν und λ_∞ ist die Temperatur sorgsam zu berücksichtigen. Die Leitfähigkeiten ändern sich stark mit der Temperatur. Die Aenderung ist bei verschiedenen Elektrolyten in der Grösse wechselnd, im Mittel etwa 2,5 % pro 1° Celsius. Die Aenderung der Leitfähigkeit ist theils auf Rechnung der geänderten Ionenreibung, theils auf Veränderung des Dissociationsgrades zu setzen. In vollkommen dissociirter Lösung kommt nur der erste Einfluss zur Geltung, und die Leitfähigkeit steigt in allen Fällen mit der Temperatur. In nicht vollständig dissociirter Lösung beobachtet man bei Erwärmung meist Steigen, öfters aber auch Fallen der Leitfähigkeit. Es liegt das daran, dass der Dissociationsgrad mit der Temperatur in vielen Fällen wächst, in anderen aber auch kleiner wird.

Der Dissociationsgrad kann auch aus den Gefrierpunkt- und Siedepunktbeobachtungen abgeleitet werden. Die Vergleichung mit den Werthen $\frac{\lambda_\nu}{\lambda_\infty}$ zeigt befriedigende Uebereinstimmung. Die Ermittlung des Dissociationsgrades für verschiedene Elektrolyte hat gelehrt, dass die Salze der Alkalien, des Ammoniums, Thalliums und Silbers in verdünnten Lösungen bei äquivalenten Concentrationen ziemlich gleich stark dissociirt sind.

Der dissociirte Antheil beträgt in % der gesammten gelösten Menge bei folgenden Verbindungen dieser Classe:

Anzahl der Aequivalente im Liter	$AgNO_3$	CH_3COOK	NO_3K	$NaNO_3$	$KClO_3$	KCl
$^1/_1$	59 %	64 %	62 %	63 %	—	76 %
$^1/_{10}$	82 »	84 »	81 »	84 »	83 %	86 »
$^1/_{100}$	94 »	94 »	93 »	93 »	94 »	95 »
$^1/_{1000}$	99 »	98 »	98 »	98 »	98 »	98,5 »

Von den inbasischen Säuren und einsäurigen Basen sind die »starken«, wie HCl, KOH, etwa im selben Umfange dissociirt, schwache Säuren und Basen, wie NH_4OH und CH_3COOH, hingegen in $^1/_{10}$ normaler Lösung nur zu wenigen Procenten. Salze einer zweiwerthigen Säure mit einer zweiwerthigen Basis ($ZnSO_4$, $CuSO_4$) sind bedeutend weniger dissociirt als solche einwertiger Basen mit einwerthigen Säuren (ca. 25 % in doppeltnormaler Lösung).

Bei mehrwerthigen Salzen, die mehr als zwei Ionen liefern (z. B. $BaCl_2$, H_2SO_4 u. a.), geschieht die Dissociation stufenweise. In concentrirten Lösungen wiegen die Ionen $H\overset{-}{SO_4}$ — $\overset{+}{H}$, bezw. $\overset{+}{Ba}Cl$ — $\overset{-}{Cl}$ vor, in verdünnten ist die weitergehende Spaltung in $\overset{--}{SO_4}$ —, $\overset{+}{H}\overset{+}{H}$ und $\overset{++}{Ba}$ — $\overset{-}{Cl}$, $\overset{-}{Cl}$ vorherrschend. In vollständig dissociirter Lösung ist nur die letztgenannte vorhanden. Wie bei den einwerthigen Verbindungen die Dissociationstendenz überhaupt, so ist bei zwei- und mehrwerthigen die Tendenz, in drei und mehr Ionen zu zerfallen, von Substanz zu Substanz verschieden. Manche zweiwerthigen Säuren beginnen das zweite Wasserstoffion erst bei grossen Verdünnungen abzudissociiren, andere schon in ziemlich concentrirten Lösungen.

Die Dissociationsconstante K, ihrem Wesen nach das Maass des Dissociationsvermögens, ist gleichzeitig ein Maass für die chemische »Stärke«. Aequivalente Lösungen von NH_3 und KOH, von HCl und CH_3COOH sind in dem Maasse verschieden stark, als sie verschiedene Mengen dissociirter Ionen enthalten. Allgemein gesprochen ist eine Säurelösung stärker oder schwächer, je nachdem sie mehr oder weniger H-Ionen abdissociirt enthält, eine Basis je nach der Zahl der OH-Ionen. In vollständig dissociirter Lösung sind alle Säuren und Basen gleich stark. Für den qualitativen chemischen Begriff Stärke können wir also die quantitative Dissociationsconstante einsetzen. Für die Essigsäure und ihre Chlorsubstitutionsproducte sind z. B. die Dissociationsconstanten:

CH_3COOH	0,0018
$CH_2ClCOOH$	0,155
$CHCl_2COOH$	5,14
CCl_3COOH	121.

Die Stärke dieser vier Säuren verhält sich also wie 1 : 86 : 2855 : 67222. Im Gegensatz zu den Wanderungsgeschwindigkeiten sind die Dissociationsconstanten nicht additive, sondern constitutive Eigenschaften der Verbindungen. Es versteht sich dies insofern von selbst, als nach der chemischen Erfahrung die Stärke der Säuren und Basen eine eminent constitutive Eigenschaft ist. Die folgenden Angaben über die Aenderung der Dissociationsconstante organischer Säuren bei der Substitution wird jeder Organiker als selbstverständlich ansehen, wenn er sich gegenwärtig hält, dass die Dissociationsconstante die »Stärke« der Säure bezeichnet. Anhäufung von negativen Gruppen im Molecül (OH, Cl, Br, J, CN) steigert im Allgemeinen, Einführung von H, NH_2 kurz von positiven Radicalen erniedrigt die Dissociationsconstante. Der Einfluss der Substitution wächst mit der räumlichen Annäherung an das Säurecarboxyl. Man beobachtet deshalb bei den *o*-Oxysäuren allgemein eine erhebliche, bei den *m*-Oxysäuren eine schwache Steigerung der Dissociationsconstante gegenüber der nicht hydroxylirten Säure. *p*-Hydroxylirte Säuren haben sogar kleinere Constanten als die nicht hydroxylirten Muttersubstanzen. So ist für

C_6H_5COOH	$K = 0{,}0060$
$C_6H_4(O^2H)CO^1OH$ . . .	» $= 0{,}102$
$C_6H_4(O^3H)CO^1OH$ . . .	» $= 0{,}0087$
$C_6H_4(O^4H)CO^1OH$ . . .	» $= 0{,}00286.$

Für die Neutralsalze der starken einwerthigen Säuren und Basen ist die Dissociationsconstante nach der Formel

$$\frac{\lambda_v^2}{\lambda_\infty(\lambda_\infty - \lambda_v)V} = K \ldots (1)$$

nicht richtig zu berechnen. Man erhält mit der Verdünnung wechselnde Werthe. Die empirische Formel[1])

$$\frac{\left(\frac{\lambda_\nu}{\lambda_\infty}\right)^3}{\left(1-\frac{\lambda_\nu}{\lambda_\infty}\right)^2 V} = K \ldots . (2)$$

ergibt constante Werthe, man kann sie aber ebenso wenig befriedigend erklären, wie den Grund angeben, warum die erste theoretisch begründete Formel versagt. Hier fehlt in der Theorie noch irgend ein Punkt. Für mehrwerthige Ionen ist um der Complication willen, welche die mehrstufige Dissociation mit sich bringt, ein Verdünnungsgesetz abzuleiten noch nicht möglich gewesen. Merkwürdiger Weise schliesst sich die Formel (2) auch den Beobachtungen bei diesen Substanzen an.

Gehen wir nochmals auf den Dissociationsgrad $x=\frac{\lambda_\nu}{\lambda_\infty}$ zurück und setzen in dieser Beziehung für λ_∞ den Werth $u+v$, für λ_ν specifische Leitfähigkeit l dividirt durch Anzahl z der Grammäquivalente pro ccm, also $x=\frac{l}{z(u+v)}$, so können wir aus der experimentellen Bestimmung von l und aus den bekannten Werthen von u und v jetzt z für den Fall berechnen, dass x bekannt ist. x ist für überaus verdünnte Lösungen von 1 nicht merklich verschieden. Die Anwendung der Gleichung $z=\frac{l}{u+v}$ ist also für solche zulässig und in ihren Ergebnissen in mehreren Fällen wichtig.

Sie gestattet zunächst die Frage zu beantworten, inwieweit Wasser selbst dissociirt ist. Die Leitfähigkeit des Wassers[2]) ist nicht Null, aber sehr klein. Sie beträgt bei 0^0 $0{,}015\ 10^{-10}$, steigt mit der Temperatur und ist bei 50^0 das $12^1/_2$fache. Von der Kleinheit dieser Leitfähigkeit bez. der Grösse eines solchen Widerstandes gewinnt man eine Vorstellung, wenn man ihn mit dem des Kupfers vergleicht. Ein Wasserfaden von 1 mm Länge hat denselben Widerstand, wie ein Kupferdraht von gleichem Quer-

[1]) Rudolphi, Z. f. physic. Chem. 17, S. 385. Kohlrausch, Z. f. physic. Chemie 18, S. 662.

[2]) Kohlrausch u. Heydweiler, Z. f. physic. Chem. 14, S. 317. Nernst, Z. f. physic. Chem. 14, S. 155.

schnitt, den man 1000mal um den Erdäquator herumlegt. Das verschwindend kleine Leitvermögen des Wassers geht auf eine Dissociation von entsprechender Kleinheit zurück. Die Ionen sind jedenfalls $\bar{O}H$ und $\bar{H}$, von denen wir jenes als Ion der Basen, dieses als Ion der Säuren kennen. Vielleicht kommen in einer Anzahl, welche gegen die der OH Ionen weit zurücktritt, auch $\bar{\bar{O}}$ Ionen[1],) die freilich sonst nicht bekannt sind, vor.

Vernachlässigt man diese Möglichkeit, so berechnet sich der Gehalt an OH-Ionen + H-Ionen im Liter Wasser auf $^1/_{11000000}$ Grammäquivalente. An der ausserordentlichen Kleinheit dieser Zahl stösst man sich manchmal, wenn man die Daten für das Gewicht eines Atoms, wie die kinetische Gastheorie sie berechnet, vornimmt und findet, dass ein Atom Wasserstoff in 1 ccm bereits mehr als $^1/_{11000000}$ Grammäquivalente pro Liter bedeutet.

In einem einzelnen Cubikcentimeter könnte also kein ganzes Ion sein, und da die Ionen nach der Atomvorstellung eine unveränderliche untheilbare Masse haben, auch kein halbes oder dreiviertels Ion. Die scheinbare Abstrusität ist eine von den vielen, denen man immer begegnet, wenn man vergisst, dass das Atom bez. das Molecül uns nur so weit in seinem Wesen und seinen Eigenschaften experimentell bekannt ist, als es von anderen gleichartigen nur durch einen Abstand getrennt ist, der für unsere experimentellen Hülfsmittel unfassbar klein ist. Die Anhäufung von mehreren Atomen bez. Molecülen im kleinsten Raume gehört mit zur correcten Definition der Atome und Molecüle und Deductionen aus der Atomtheorie bauen nur soweit auf experimenteller Unterlage, als die Definition mit dieser Einschränkung erfüllt bleibt. Wenn die kinetische Gastheorie mit der Berechnung des Gewichts der Einzelatome über den fundirten Boden hinausgeht und die durch unsere experimentelle Beobachtung bedingte Einschränkung der Atomdefinition also willkürlich speculirend bei Seite lässt, so haben ihre bezüglichen Ergebnisse nur den Werth einer mathematischen Phantasie.

Die Beziehung $z = \frac{l}{u+v}$ kann auch für die Bestimmung der Löslichkeit sehr schwer löslicher Salze dienen.[2]) Die Mengen

[1]) Nernst, Ber. d. Deutschen Chem. Ges. 1897, S. 1547.

[2]) Kohlrausch u. Rose, Wied. Ann. 50, S. 127. Z. f. physic. Chem. 12 S. 324. Hollemann, Z. f. physic. Chemie 12, S. 125.

ClAg, $BaSO_4$, $PbSO_4$ u. ä., welche in Wasser sich lösen, sind so gering, dass man die Lösung als völlig dissociirt betrachten und z nach obiger Gleichung aus der gemessenen specifischen Leitfähigkeit und der Kenntniss von u und v ableiten darf. Bestimmungen, die so ausgeführt würden, haben mit den Ergebnissen von Eindampfversuchen verglichen im allgemeinen stimmende Zahlen gegeben.

Es erübrigt, die Wanderungsgeschwindigkeit der Ionen, welche, in reciproken Ohm oder Siemens ausgedrückt, unanschaulich ist, in cm pro sec. umzurechnen.[1])

Wird ein Grammäquivalent Ionen an einer Elektrode entladen, so gelangt gleichzeitig $\frac{1}{m}$ Grammäquivalent durch Wanderung an diese Elektrode. Das $\frac{1}{m}$ Grammäquivalent sei so um die Elektrode vertheilt, dass die letzten Ionen $\frac{1}{m}$ cm Abstand von ihr haben. Diese werden dann den Weg von $\frac{1}{m}$ cm gerade noch in der Zeit zurücklegen, in der 1 Grammäquivalent abgeschieden wird.

In derselben Zeit wandern nach der anderen Elektrode $1-\frac{1}{m}$ Grammäquivalente, und die entlegensten Anteile dieser Ionengattung machen den Weg $1-\frac{1}{m}$ cm. Beide Ionen zusammen wandern also 1 cm. Da die Abscheidung des Grammäquivalentes an jeder Elektrode in 1 sec. verlaufen soll, so ist die Stromstärke (96540 Coulomb pro sec.) 96540 Ampère. Beträgt das Spannungsgefälle durch die Flüssigkeit 1 Volt pro cm, so ist der Widerstand der Flüssigkeit entsprechend der Stromstärke 96540 Amp. $^1/_{96540}$ Ohm, die Leitfähigkeit 96540. Bei der Leitfähigkeit 96540 beträgt also die Summe der zurückgelegten Weglängen beider Ionen, unter dem Spannungsgefälle 1 Volt pro 1 cm, secundlich 1 cm. Bei der Leitfähigkeit λ_∞ aber wird $96540 : 1 = \lambda_\infty : x$, also die Weglänge $x = \frac{\lambda_\infty}{96540}$. Die Leitfähigkeit durch 1 F getheilt, gibt

1) Kohlrausch, Wied. Ann. 50, S. 385. Bredig, Z. f. physic. Chem. 13, S. 191.

also die Weglänge in cm pro Secunde für die Summe beider Ionen und die Theilung der Zahl im Verhältniss der Ueberführungszahlen die Weglänge, welche jede einzelne Ionenart in der Secunde zurücklegt. Die Weglängen sind sehr klein, der einfacheren Schreibung willen sind sie in nachstehender kleiner Tabelle nicht in cm pro sec., sondern in Tausendstelmillimetern pro sec. ausgedrückt. Sie gelten für die Temperatur 18° C. Mit steigender Temperatur wachsen sie gleich den Werthen von λ_∞, aus denen sie berechnet werden:

K	$6{,}6 \frac{mm}{1000\,sec.}$	Ag	$5{,}7 \frac{mm}{1000\,sec.}$	ClO_3	$5{,}7 \frac{mm}{1000\,sec.}$
NH_4	6,6 »	H	32,0 »	OH	18,1 »
Na	4,5 »	Cl	6,9 »		
Li	3,6 »	NO_3	6,4 »		

Man sieht, dass das geschwindeste Ion, das des Wasserstoffs, bei einem Spannungsgefälle von 1 Volt pro cm Flüssigkeitslänge in der Stunde nur 11,52 cm wandert, und dass die anderen Ionen der Tabelle meist nur etwa 2 cm in dieser Zeit zurücklegen. Immerhin sind die Zahlen gross genug, um die Bewegung direct leicht zu messen. Man benutzt dazu am einfachsten den Umstand, dass manche Ionen z. B. $\overline{Cr}\,\overline{O}_4$ gefärbt sind. Schickt man die Grenzfläche einer Chromatlösung und einer Lösung mit ungefärbten Ionen in den Strom, sodass die gefärbten Anionen des chromsauren Salzes in die ungefärbte Schicht einwandern, so kann man die Geschwindigkeit ihrer Bewegung direct beobachten. Damit die Diffusion der Flüssigkeiten nicht die Beobachtung irritirt, sind besondere Vorkehrungen nöthig. Solche von Lodge Wetham[1]) ausgeführte Messungen haben mit den oben angeführten und Kohlrausch'schen Zahlen gute Uebereinstimmung ergeben.

Von anderen Elektrolyten, welche nicht wässerige Lösungen sind, besitzen nur die geschmolzenen mehr wie physikalisches Interesse. Leider sind aber gerade die geschmolzenen Salze recht unzugänglich für die Untersuchung. Zweifellos fest steht, dass sie wie die Lösungen dem Faraday'schen Gesetz gehorchen,

[1]) Lodge, Report British Association 1886, S. 389. Wetham, Z. f. phys. Chem. 11, S. 220 und Proc. Roy. Soc. 58, S. 182, siehe auch Nernst, Z. f. Elektrochem. 3, S. 308.

und dass sie gleichfalls dissociirt sind, ist anzunehmen. Ueberführungszahlen lassen sich aber nicht bestimmen, da ein geschmolzenes einheitliches Salz überall dieselbe Concentration zeigt. Man kann deshalb bei constanter Temperatur auch nur einen Leitfähigkeitswerth ermitteln und der Dissociationsgrad bleibt unbekannt. So beschränkt sich unsere Kenntniss auf die Leitfähigkeit und ihre Aenderung mit der Temperatur. Wenn man die Leitfähigkeit unter Berücksichtigung der specifischen Gewichte für 1 Aequivalentgewicht Substanz in 1 cm dicker Schicht angibt, so erhält man Zahlen, welche mit den Werthen der aequivalenten Endleitfähigkeit der gelösten Salze einen gewissen Vergleich gestatten.

Salz	geschmolzen bei	λ	gelöst in H_2O bei	λ_∞
KNO_3	350°	39,7	25°	144,2
$NaNO_3$	350	60,2	25	120,8
$AgNO_3$	350	53,9	25	132,0
NH_4NO_3	200	23,3	25	144
KCl	750	81,3	25	149,7
$NaCl$	750	120.6	25	126,7
$PbCl_2$	600	56,6	25	
$CaCl_2$	750	29,4	25	124,5
KBr	750	79,4	25	152,6
$NaBr$	750	113,4	25	129,9
KJ	650	73,8	25	151,6
NaJ	650	130,1	25	128,8
$KClO_3$	355	27,8	25	137,8
$NaClO_3$	265	32,0	25	115,0

Da man aber nicht weiss, wie gross der dissociirte Antheil der geschmolzenen Salze ist, so lässt sich aus dem Vergleich nicht viel folgern. Praktisch viel wichtiger ist es, die specifischen Leitfähigkeiten der geschmolzenen neben denen der gelösten Substanzen zu betrachten. Erinnern wir uns, dass die Dissociation in $^1/_1$ normaler Lösung für die Salze der einwerthigen Säuren mit den Alkalien, Ammoniak und Silber zwischen 60% bis 75% beträgt, so gelangen wir zu folgender Tabelle. l = specifische Leitfähigkeit in reciproken Ohm.

Salz	geschmolzen bei	l	gelöst in H_2O und zu 75% dissociirt bei	l
$AgNO_3$	310°	1,09	25° C.	0,11
NH_4NO_3	202	0,397	25	0,11
KCl	735	1,82	25	0,11
NaCl	750	3,40	25	0,10

Man sieht, dass die Leitfähigkeit der geschmolzenen Elektrolyte denen der bestdissociirten flüssigen in 1/1 normaler Lösung erheblich überlegen ist. Die bestleitenden Lösungen, die wir überhaupt haben, z. B. fünffach normale Salzsäure (183 g HCl im Liter) mit 0,77 reciproken Ohm specifische Leitfähigkeit oder Salpetersäure mit 297 g HNO_3 im Liter und 0,79 reciproken Ohm stehen hinter den geschmolzenen Salzen noch ansehnlich zurück.

Sehr erheblich ist bei letzteren übrigens der Einfluss der Temperatur, deren Anwachsen stets die Leitfähigkeit steigert. So ändert sich die specifische Leitfähigkeit von

Substanz	bei Anwachsen der Temperatur von	bis	von	bis
$AgNO_3$	272° C.	375° C.	0,97 recipr. Ohm	1,32 recipr. Ohm
KCl	702 »	800 »	1,20 » »	2,40 » »
NaCl	720 »	780 »	2,87 » »	4,05 » »
$CaCl_2$	710 »	760 »	1,00 » »	1,22 » »
$PbCl_2$	508 »	730 »	1,56 » »	2,66 » »

4. Capitel.

Elektromotorische Kräfte.

Literatur: OSTWALD: Allgemeine Chemie, Bd. II Theil I, zweites Buch Cap. 7 bis 9. Leipzig 1893. — WIEDEMANN: Elektricität. Bd. I. A. Cap. 1. Braunschweig 1893. — LE BLANC: Elektrochemie. Leipzig 1896. — LÜPKE: Grundzüge der Elektrochemie. Berlin 1896.

In dem vorangehenden Capitel haben wir den Stromdurchgang durch wässrige Lösungen ohne Berücksichtigung der Frage behandelt, ob und welcher Aufwand an Spannung zwischen den Elektroden im Einzelnen erforderlich ist. Nur für den Fall Silber/Silbernitrat/Silber constatirten wir, dass die geringste Spannungsdifferenz zwischen den Elektroden, in welcher Richtung sie auch thätig ist, einen Strom hervorruft. Hier sind es zwei Stücke desselben Metalls, die in eine homogene Lösung des gleichen Metalls tauchen. Wählt man abweichende Verhältnisse: zwei Metalle oder zwei Lösungen, so zeigen die Beobachtungen aber etwas Anderes. Wenn wir z. B. einen Kupferstab in Kupfervitriol stecken und eine Zinklösung, in welche ein Zinkstab taucht, darüber schichten, so beobachten wir, dass ein Aufwand von über 1,0 Volt erforderlich ist, um einen Strom, welcher vom Kupfer zum Zink geht, zustande zu bringen. Es besteht in einer solchen Kombination eine elektromotorische Kraft, welche dem Stromdurchgang in der gedachten Richtung sich widersetzt und einen entgegengerichteten Stromverlauf zu bewirken strebt. Wir haben ein galvanisches Element vor uns, welches als Stromquelle dienen kann. Versuchen wir uns über die Ursache des Phänomens zu informiren, so ist zunächst klar, dass der im Element erzeugten elektrischen Energie ein Verbrauch an anderer Energie entsprechen muss. Im gedachten Falle beobachten wir bei der Bethätigung der galvanischen Zelle Lösung von Zink unter Zinksulfatbildung. Die Reaction lässt sich in der Form schreiben:

$$Zn + CuSO_4 = ZnSO_4 + Cu.$$

Diese Reaction, wenn wir sie im Reagensglas mit einem Stück Zink und einer Kupfersulfatlösung ausführen, verläuft unter Wärmeentwicklung. Wir werden zwischen der chemischen Energie, welche bei diesem Vorgang sich bethätigt, der Wärmeentwicklung und der auftretenden elektrischen Energie, wenn der Process in der Zelle vor sich geht, einen zahlenmässigen Zusammenhang voraussetzen dürfen, und da nach dem Faradayschen Gesetz die sich umsetzende Menge mit der Elektricitätsmenge unveränderlich fest verknüpft ist, so werden wir weiter, wenn der formelmässige Zusammenhang bekannt ist, aus der aufgewandten Energie und den reagirenden Mengen die elektromotorische Kraft des Elementes ableiten können.

Bedingung dafür ist, dass wir erstlich die aufgewandte Energie angeben können und zweitens wissen, inwieweit sie in elektrische verwandelt wird. Die zweite Bedingung ist am einfachsten erfüllt, wenn die Umsetzung quantitativ erfolgt, wenn also der maximale Betrag gewonnen wird, der der vollständigen Verwandlung in elektrische Energie entspricht. Bei allen Energieverwandlungen nun geschieht das dann, wenn der Vorgang bei constanter Temperatur und unter Verhältnissen abläuft, die vom Gleichgewicht nur verschwindend wenig entfernt sind. Ein comprimirtes Gas leistet Ausdehnungsarbeit, wenn es bei constanter Temperatur einen Stempel vorwärts treibt. Diese Arbeit ist dann ein Maximum, wenn der Gegendruck auf die Stempelrückfläche in jedem Augenblicke nur verschwindend wenig hinter den Druck des expandirenden Gases zurücksteht. Ein in dieser Weise ablaufender Vorgang ist ohne Weiteres umkehrbar. Wenn wir den Gegendruck, statt ihn ein wenig kleiner zu machen, um einen verschwindenden Betrag grösser machen als den Gasdruck, so können wir den Stempel nach der Expansion unter Compression wieder zurückführen und wenden dabei keine messbar grössere Arbeit auf, als das Gas bei der Expansion vorher geleistet hat. Lassen wir hingegen das Gas den Stempel gegen einen kleinen Gegendruck stossweise vorwärts treiben, so erleiden wir Verluste an geleisteter Arbeit durch Wirbelbewegungen und Reibungen der Gastheilchen, und wenn wir den Stempel in derselben Weise mit einem Stoss zurücktreiben, so müssen wir nicht nur die Compressionsarbeit aufwenden, sondern ein Plus, welches jenen Nebenwirkungen entspricht. Die andere Bedingung für die Berechnung, dass wir die aufgewendete Energie angeben können, ist bei chemischen Vorgängen nicht ohne Weiteres erfüllt, da die Wärmetönung kein sicheres Maass der disponiblen Energie ist. Wohl aber ist sie bei osmotischen Phänomenen verwirklicht, welche, wie wir wissen, den bekannten Gesetzen der Gase gehorchen. Wir betrachten deshalb zunächst den Fall, dass osmotische Arbeit bei constanter Temperatur in elektrische verwandelt wird.

Wenn ein Moleculargewicht eines comprimirten Gases in der beschriebenen Weise mit maximaler Arbeitsleistung vom Drucke p auf p' übergeht, so leistet es die Arbeit

$$RT\, ln\,[1]\, \frac{p}{p'}$$

oder wenn wir decadische Logarithmen benutzen

$$\frac{RT}{0{,}4343}\, lg^{10} \frac{p}{p'}.$$

In der Formel bedeutet T die absolute Temperatur und R eine Constante, welche 84 700 ist, wenn wir die Arbeit in Grammcentimeter $\left(\frac{\text{Kilogrammmeter}}{100\,000}\right)$ ausdrücken, und welche 1,96 oder rund 2 ist, wenn wir sie in Grammcalorien messen. Wenn wir also z. B. ein Grammmolecül Wasserstoff bei 27° C. von 1 Atm. Druck auf $^1/_{10}$ Atm. expandiren lassen, wobei das Wasserstoffvolumen von 22 Litern auf das 10fache wächst, so können wir dabei die Arbeit $= \frac{84\,700 \cdot 300}{0{,}4343} = 585 \cdot 10^5$ Grammcentimeter oder 585 Kilo-

[1]) Der natürliche Logarithmus mit der Basis $e = 2{,}7183$ ist im Folgenden stets mit ln (logarithmus naturalis), der decadische mit lg^{10} bezeichnet.

grammmeter in mechanischem oder 1360 gr Calorien (= 1,36 grosse Calorien) in Wärmemaass gewinnen.

Dieselbe Arbeit kann beim Uebergang einer Lösung vom osmotischen Drucke p auf den osmotischen Druck p^1, maximal geleistet werden, und wenn sie vollständig in elektrische Energie umgesetzt wird, wird ein gleich grosser Betrag an elektrischer Arbeit gewonnen. Wir haben dann

$$\frac{RT}{0,4343}\, lg^{10} \frac{p}{p^1} = E_0 \pi,$$

wo p und p^1 die osmotischen End- und Anfangsdrucke, E_0 die Elektricitätsmenge und π die elektromotorische Kraft bezeichnet.

Um diese Ueberführung zu bewerkstelligen, benützen wir folgendes System. Wir stellen zwei ungleich concentrirte, flüssige Zinkamalgame von den Zinkconcentrationen c und c^1 her. Das Verhältniss der Concentrationen $\frac{c}{c^1}$ ist zugleich das Verhältniss der osmotischen Zinkdrucke $\frac{p}{p^1}$. Zwischen beide bringen wir eine Zinksulfatlösung und verbinden beide Amalgammassen durch einen grossen Widerstand leitend mit einander. Es geht jetzt ein Strom durch das System, der Zinkionen aus dem concentrirten Amalgam in die Lösung und andererseits gleich viele aus der Lösung in das verdünnte Amalgam treibt. Die Amalgammenge sei auf jeder Seite so gross, dass sie beim Zuwachs bez. Verlust eines Grammatoms Zink ihre Concentration nicht merklich ändert. Da im Quecksilber das Zink in Form von Atomen als kleinsten selbstständigen Massentheilchen vorhanden ist, so fällt beim Uebergang vom concentrirten durch die Lösung zum verdünnten Amalgam jedes Grammatom Zink vom osmotischen Druck p auf den niederen p^1 unter Verlust von $\frac{RT}{0,4343}\, lg^{10} \frac{c}{c^1}$ osmotischer Energie. Bei dem Uebergang wandert, da Zink zweiwerthig ist, die Elektricitätsmenge $2F$. Wir haben also

$$\frac{RT}{0,4343}\, lg^{10} \frac{c}{c^1} = 2 F \pi$$

und können π berechnen, da alle anderen Grössen der Gleichung bekannt sind. Für $\frac{c}{c^1} = 10$ und $T = 17^0$C. folgt

$$\pi = \frac{R}{2 \cdot 0{,}4343 \cdot F} \cdot T\, lg \frac{c}{c^1} = \frac{0{,}000198}{2} T\, lg^{10} \frac{c}{c^1} = 0{,}02875 \text{ Volt.}^{1)}$$

Bei der einfachen Uebereinanderschichtung der Amalgame, unter Weglassung der Zinklösung, tritt in dem erläuterten Falle ein Strom nicht auf, weil in einem metallisch leitenden System bei constanter Temperatur elektrische Ströme überhaupt nicht entstehen können. Wenn wir aber statt der Zinkamalgame Lösungen verwenden, die elektrolytisch und nicht metallisch leiten, so können wir osmotische Druckunterschiede derselben auch bei directer Berührung zur Stromerzeugung nutzbar machen. Schichten wir z. B. eine verdünnte über eine concentrirte Silberlösung und tauchen in jede eine Silberplatte, so löst sich bei leitender Verbindung der Platten Elektrodenmetall in der verdünnten Lösung, während aus der concentrirten Silber abgeschieden wird. Hier liegen die Verhältnisse aber insofern verwickelter, als die Silbernitratlösungen nicht nur Ag, sondern auch NO_3 Ionen enthalten. Wir nehmen wieder die Volumina und Gehalte der beiden Lösungen so gross an, dass sie beim Uebergang von 1 F sich nicht ändern. Wir haben dann, während 1 Grammäquivalent Silber an der einen Elektrode in Lösung geht, an der anderen abgeschieden wird, während also 1 F durch die Lösung geht, Ueberwanderung von m Grammäquivalenten Ag von der verdünnten zur concentrirten Schicht, also in Berücksichtigung der Abscheidung und Lösung von Silber an den Elektroden dort einen Zuwachs von 1 — m, hier eine Abnahme von 1 — m Grammäquivalenten Silber in der Lösung. Gleichzeitig nimmt in der verdünnten Lösung die NO_3-Menge um (1 — m) Grammäquivalente durch Zuwanderung zu, während sie in der concentrirten um dieselbe Grösse durch Wegwanderung fällt. Es gelangen also sowohl (1 — m) Aequivalente Ag-Ionen als (1 — m) Aequivalente NO_3-Ionen von dem osmotischen Drucke p der concentrirten

---

[1]) Um π in Volt zu gewinnen, hat man sich zu erinnern, dass 1 Voltcoulomb = 0,236 Cal. Setzt man $R = 2$, drückt man also $\frac{RT}{0{,}4343}\, lg^{10}$ im calorischen Maass aus, so erhält man auch $2F\pi$ in diesem Maasse, d. i. in Calorien; erst durch Multiplication des so gefundenen Betrages mit 0,236 findet man $2F\pi$ in Voltcoulomb und π selbst in Volt.

unter den kleineren osmotischen Drucke der verdünnten Lösung p^1. Das Verhältniss der osmotischen Drucke ist in vollständig dissociirter Lösung gleich dem der Concentrationen, anderenfalls aus Concentration und Dissociationsgrad zu berechnen.

Wir können also die osmotische Arbeit

$$\frac{2\,(1-m)\,R\,T}{0{,}4343}\,lg^{10}\frac{p}{p^1}$$

als elektrische gewinnen. Die elektrische Arbeit ist, da $1\,F$ übergeht, $\pi\,F$ und sonach

$$\pi = \frac{2\,(1-m)\,R\,T}{F\;0{,}4343}\,lg^{10}\frac{p}{p^1}.$$

Auf diese Weise lässt sich z. B. die elektromotorische Kraft der Kette $Ag/AgNO_3$ $^1/_{10}$ norm., $AgNO_3$ $^1/_{100}$ norm./Ag bei 18° zu 0,054 Volt berechnen, während die directe Messung 0,055 Volt ergeben hat.

Die elektromotorische Kraft solcher Ketten, die man Concentrationsketten nennt, ist stets sehr klein, solange man in der verdünnten Lösung noch analytisch nachweisbare Mengen gelöster Substanz hat. Da die osmotische Arbeit für jedes Gramm-Ion dieselbe, die Elektricitätsmenge aber, die transportirt wird, mit der Werthigkeit verschieden ist, so wird die elektromotorische Kraft π für Ketten mit einwerthigen Substanzen am grössten, für Ketten mit mehrwerthigen kleiner. Wenn die Werthigkeit n ist, ist sie n mal kleiner als für einwerthige Substanzen beim gleichen Verhältniss der Ionenconcentrationen.

Für einwerthige Ionen erreicht die elektromotorische Kraft den Werth 0,115 Volt, wenn die Ionenconcentrationen sich wie 1 : 100; 0,230 Volt, wenn sie sich wie 1 : 10000 verhalten. Die Schwankungen, welche die Aenderung der Temperatur zwischen 0° und 100° mit sich bringt, betragen nicht über einige Hundertstel Volt. Da wir die Ionenconcentration wegen der begrenzten Löslichkeit der Substanzen und des Rückganges der Dissociation bei concentrirten Lösungen günstigstenfalls kaum bis auf doppeltnormale treiben und andererseits in $^1/_{50000}$ normaler Lösung schon nichts mehr nachweisen können (wenn wir nicht zum Eindampfen unsere Zuflucht nehmen), so bleiben die elektromotorischen Kräfte, welche man durch Combination der concentrirten

Lösungen einer Substanz mit solchen erreicht, die bis an die Grenze der Nachweisbarkeit verdünnt sind, stets unter 0,3 Volt.

Nun kann man freilich die Grenze der Nachweisbarkeit auf zwei einfachen Wegen weit unterschreiten. Man fällt z. B. eine Silberlösung mit überschüssigem Chlorkalium. Es scheidet sich dann Chlorsilber nicht nur bis auf den schon sehr kleinen Betrag ab, der in reinem Wasser löslich ist, sondern noch darüber hinaus. Erinnern wir uns, dass nach dem Massenwirkungsgesetz bei jeder Dissociation das Product der dissociirten Antheile gleich dem nichtdissociirten mal einer Constanten ist und dass Salze von der Schwerlöslichkeit des Chlorsilbers als vollständig dissociirt zu betrachten sind, der nichtdissociirte Antheil derselben also ausser Betracht fällt. Dann haben wir $\overset{+}{Ag} \times \overset{-}{Cl} = \text{const.}$ Fügt man nun ein Salz mit gleichem Anion, z. B. ClK, hinzu, welches viele Chlorionen der Lösung zuführt, so muss, damit die Gesetzmässigkeit erfüllt bleibt, die Silbermenge in der Lösung durch Abscheidung eines weiteren Antheils Chlorsilber entsprechend zurückgehen. Combinirt man eine $^1/_{10}$ n. Silbernitratlösung nun mit $^1/_{10}$ n. Chlorkaliumlösung, in welcher die in ihr noch lösliche Chlorsilbermenge enthalten ist, so ist jetzt der osmotische Druckunterschied der Silberionen in beiden Lösungen so hoch, dass wir zwischen zwei Silberplatten als Elektroden die elektromotorische Kraft 0,46 Volt beobachten. Der andere Weg, zu solch' verschwindenden Ionenconcentrationen zu gelangen, besteht in der Erzeugung complexer Ionen. Cyansilber tritt mit Cyankali zu einem Doppelsalz zusammen, dessen Ionen $Ag\overset{-}{Cy}_2$ und $\overset{+}{K}$[1]) sind. Das Anion $\overline{Ag}Cy_2$ ist zu einem äusserst kleinen Antheile weiter in $\overset{+}{Ag}$ und $\overset{-}{Cy}$, $\overset{-}{Cy}$ gespalten. Es ist, wie man sagt, nicht vollständig »complex«. Diese secundäre Spaltung geht mit der primären zurück, je grösser der Ueberschuss an Cyankalium ist. In der gleichen Weise enthält auch z. B. eine Lösung von Schwefelquecksilber in Schwefelnatrium fast sämmtliches Quecksilber im Anion und nur unmessbar kleine Mengen Hg-Kationen. Die Combination Quecksilber — $^1/_{10}$ n. Quecksilbernitrat — Schwefel-

---

[1]) Siehe dazu **Morgan**, Z. f. physic. Chem. 17, S. 153.

quecksilber in Schwefelnatrium — Quecksilber besitzt deshalb den hohen Werth der elektromotorischen Kraft $\pi = 1{,}252$ Volt bei 17° C.

In beiden Fällen trifft eigentlich die Annahme, unter der wir die Formel der Concentrationsketten abgeleitet haben, nicht mehr genau zu. Die Concentrationsänderungen durch Ueberwanderung gestalten sich anders, da das elektromotorisch indifferente Salz, welches zugesetzt wird — in den gewählten Beispielen Chlorkalium und Schwefelnatrium — mit seinen Ionen daran theilnimmt. Die verwickeltere Formel, welche dadurch nöthig wird, führt indessen für π bei gegebenem Verhältniss $\frac{p}{p^1}$ zu so nahe verwandten Werthen, dass die Verschiedenheit hier vernachlässigt werden kann.

Der Einfluss der Ueberwanderung nämlich ist ein sehr kleiner. Man erkennt dies, wenn man die Formel für die Kette mit zwei Amalgamen mit der für zwei Flüssigkeiten vergleicht. Dieser Vergleich klärt uns gleichzeitig über den Sitz der elektromotorischen Kraft auf. Bei der Amalgamkette haben wir zwei Metalllösungen und eine wässerige Lösung; jede für sich ist homogen und giebt keinen Anlass für das Auftreten von elektromotorischen Kräften in ihrem Innern. Es kann also nur an den Grenzflächen Metall/Flüssigkeit der Sitz der elektromotorischen Kraft gesucht werden. Bei der Concentrationskette tritt noch die Berührungsstelle der beiden Lösungen hinzu, und wir werden nicht fehlgehen, wenn wir deshalb in dieser Kette die elektromotorische Kraft sowohl an den Elektroden als an der Berührungsstelle der Lösungen suchen. Wenn man die Formeln für die Amalgam- und Concentrationskette (bei einwerthigen Metallen) zusammenstellt,

$$\pi F = \frac{RT}{0{,}4343} lg^{10} \frac{p}{p^1} \text{ und } \pi F = \frac{2(1-m)}{0{,}4343} RT\, lg^{10} \frac{p}{p^1},$$

so erkennt man leicht, dass sie um den Werth

$$\frac{(2m-1)RT}{0{,}4343} lg^{10} \frac{p}{p^1}$$

differiren. Diese Differenz ist auf Rechnung der Vorgänge an der Berührungsstelle beider Lösungen zu setzen. Der Werth

$\frac{RT}{0,4343} lg^{10} \frac{p}{p^1}$ tritt in beiden Fällen an den Grenzflächen der Elektroden gegen die Flüssigkeiten auf. Die Grösse der Differenz hängt offenbar vom Verhältniss der Ueberführungszahlen ab. Wenn wir eine verdünnte und eine concentrirte Lösung eines Salzes verwenden, dessen Ionen gleich rasch wandern, was für Silbernitrat fast genau zutrifft, so ist m = ½ und die Differenz Null. Je weiter m von ½ abweicht, um so erheblicher wird ihr Werth.

Wie die Verschiedenheit der Ueberführungszahlen diese Potentialdifferenz hervorrufen kann, ist leicht einzusehen. Denken wir uns eine verdünnte Salzsäure in Berührung mit einer concentrirten und den Strom, wie dies bei den Concentrationsketten der Fall ist, von der ersten zur zweiten fliessen, erinnern wir uns ferner, dass die Wanderungsgeschwindigkeiten von Cl- und H-Ionen sich rund wie 1 : 5 verhalten, dann gehen für 1 F, das durch die Grenzfläche der Lösungen tritt, ⅚ Grammäquivalente Cl-Ionen von der verdünnten Lösung in die concentrirte und gleichzeitig ⅙ Cl-Ionen von der concentrirten in die verdünnte. Setzt man dafür die allgemeinen Ausdrücke ⅚ = m, ⅙ = 1 — m, so folgt, dass m Wasserstoffionen auf einen höheren Druck gehoben werden, also die Arbeit = m $RT\, ln \frac{p}{p^1}$ verbrauchen, während (1 — m) Chlorionen von dem höheren auf niederen Druck übergehen, wobei die Arbeit (1 — m) $RT\, ln \frac{p}{p^1}$ gewonnen wird. Die Differenz m $RT\, ln \frac{p}{p^1}$ — (1 — m) $RT\, ln \frac{p}{p^1}$ = (2 m — 1) $RT\, ln \frac{p}{p^1}$ stellt also den Arbeitsaufwand dar, welchen der Durchtritt von 1 F aus der verdünnten in die concentrirte Lösung erfordert und die zugehörige Potentialdifferenz $\pi = \frac{(2\mathrm{m} - 1) RT\, ln \frac{p}{p^1}}{F}$, die elektromotorische Gegenkraft, welche an dieser Stelle auftritt und von den elektromotorischen Kräften an den Elektroden sich subtrahirt. Führen wir die Subtraction aus, so erhalten wir die früher abgeleitete Formel der Concentrationsketten

$$\pi = \frac{RT}{F \cdot 0,4343} lg^{10} \frac{p}{p^1} - \frac{(2\mathrm{m} - 1) RT}{F \cdot 0,4343} lg^{10} \frac{p}{p^1} = \frac{2(1 - \mathrm{m})}{F\, 0,4343} RT\, lg^{10} \frac{p}{p^1}.$$

Die elektromotorische Kraft der Concentrationsketten aus zwei ungleich verdünnten Lösungen derselben Substanz setzt sich also zusammen aus den Potentialsprüngen an den Elektroden und aus einem Potentialsprung an der Berührungsfläche der Lösungen, welcher bei schneller wanderndem Kation die Kraft der Kette verkleinert, bei schneller wanderndem Anion sie vergrössert und bei gleicher Wanderungsgeschwindigkeit beider zu Null wird. Man kann dieses variable Vorzeichen veranschaulichen, wenn man statt m in der Formel $(2m - 1)\frac{RT}{0{,}4343} lg^{10} \frac{p}{p^1}$ den Werth $\frac{u}{u+v}$ setzt, der aus der Proportion $1 : m = u + v : u$ folgt.

Die Formel lautet dann:

$$\pi = \frac{u-v}{u+v} \frac{RT}{F \cdot 0{,}4343} lg^{10} \frac{p}{p^1},$$

und man sieht deutlich, dass je nachdem u oder v grösser ist, das Vorzeichen von π positiv oder negativ wird.

Die elektromotorische Kraft an der Berührungsstelle zweier Lösungen, die nicht verschiedene Concentration derselben Ionen, sondern verschiedene Ionen enthalten, erfordert verwickeltere Berechnungen. In jedem Falle ergeben Theorie und Messung kleine Werthe, die in der praktischen Elektrochemie in allen Fällen zu vernachlässigen sind.

Dabei ist es ganz gleichgültig, ob zwischen diesen Lösungen an der Berührungsfläche etwa chemische Reactionen eintreten, welche mit grösserer oder geringerer Energie ablaufen. Elektromotorische Kräfte an der Berührungsstelle zweier Lösungen erwachsen ausschliesslich aus den osmotischen Arbeiten, welche die Verschiedenheiten der Ueberführungszahlen mit sich bringen. Chemische Vorgänge dort verlaufen je nach ihrer Natur unter grösserer oder kleinerer Wärmeentwicklung, elektrische Energie aber entsteht dabei niemals. Für die Nutzbarmachung einer chemischen Reaction zur Stromerzeugung ist vielmehr unausweichliche Bedingung, dass die reagirenden Substanzen räumlich getrennt sind. Man kann einen elektrochemischen Vorgang geradezu dahin definiren, dass er vorliegt, wenn die auf der gleichen Seite einer chemischen Gleichung (z. B. $H + Cl = HCl$ oder $Zn + CuSO_4 = ZnSO_4 + Cu$) verzeichneten Substanzen sich an zwei verschiedenen Raumpunkten befinden, welche miteinander durch einen metallischen und durch einen elektrolytischen Leiter verbunden sind. So oft diese Bedingung erfüllt ist und soweit sie erfüllt ist, liefern chemische Processe elektrische Energie und ruft umgekehrt Zuführung elektrischer Energie chemische Umsetzungen hervor.

Nach der Feststellung des Zusammenhanges von osmotischer und elektrischer Energie greifen wir nunmehr auf das früher beiseite geschobene Problem der Verwandlung chemischer in elektrische Energie zurück und betrachten das Daniell'sche Element, Zink/Zinksulfat, Kupfersulfat/Kupfer. Eine elektromotorische Kraft an der Berührungsstelle beider Lösungen kann nur einige hundertstel Volt betragen und ist zu vernachlässigen. Der beobachtete Werth von 1,09 bis 1,1 Volt muss auf Vorgängen an den Grenzflächen der Elektroden gegen die Flüssigkeiten beruhen. Dort haben wir nun festes Metall einerseits, eine Lösung des schwefelsauren Metallsalzes mit einer bestimmbaren Metallionenconcentration andererseits. Beide sind zunächst ganz disparate Objecte. Der Charakter des Vorgangs, welcher sich abspielt, wenn beim Stromdurchgang festes Metall in den Ionenzustand übergeht oder umgekehrt Ionen metallisch abgeschieden werden, entzieht sich vorerst dem Verständniss und der rechnerischen Behandlung. Nernst hat diese Schwierigkeit überwinden gelehrt, indem er zeigte, dass der Vorgang osmotisch betrachtet und berechnet werden kann, sobald man jedem Metall das Vermögen zuschreibt, mit einem bestimmten, ihm eigenthümlichen, bei constanter Temperatur unveränderlichen Drucke geladene Ionen in jede Flüssigkeit hineinzutreiben, mit der es in Berührung steht. Das Metall erscheint als ein Ionenreservoir, in welchem die Metallionen unter grösserem oder kleinerem Drucke, dem Lösungsdruck des Metalls, aufgespeichert sind.[1])

[1]) Dieser Druck ist nicht eine naturwissenschaftliche Thatsache, sondern eine Modellvorstellung. Die Schwere der Metalle ist eine naturwissenschaftliche Thatsache: Das Metall ist schwer. Von diesem Druck hingegen heisst es correcter Weise: Das Metall verhält sich gleich als ob es ihn übte. In demselben Sinne ist z. B. auszusagen: Die Essigsäure ist flüchtig, aber andererseits: die Essigsäure verhält sich gleich als ob sie aus Atomen nach dem Schema CH_3COOH zusammengesetzt wäre.

Es ist von Nernst sehr glücklich mit einer Bombe mit flüssiger Kohlensäure verglichen worden, welche dauernd auf 20° erhalten wird und, so oft man den Hahn am Kopfe der Bombe öffnet, Kohlensäuregas unter constanter Pressung hinausstösst, bis die flüssige Säure verbraucht ist. Das Reservoir öffnet sich in Berührung mit Wasser und lässt Ionen in das Wasser treten. Befinden sich in dem Wasser schon Metallionen, so wird je nachdem der Druck im Reservoir oder der osmotische Druck in der Lösung überwiegt, Uebertritt von Ionen vom Reservoir zur Lösung oder umgekehrt erfolgen. Die Arbeit, welche dabei maximal geleistet werden kann, lässt sich jetzt einfach in der Formel $\frac{RT}{0{,}4343} lg^{10} \frac{P}{p}$ angeben, sobald der Lösungsdruck P und der osmotische Druck p bekannt sind. Wird diese Arbeit vollkommen als elektrische gewonnen, so ist für den Uebergang eines Grammions eines n werthigen Metalls $\pi\, n F = \frac{RT}{0{,}4343} lg^{10} \frac{P}{p}$ und

$$\pi = \frac{RT}{0{,}4343\, n. F} \cdot lg^{10} \frac{P}{p}.$$

Die Vorstellungsweise scheint auf den ersten Blick der Erfahrung zu widersprechen, da weder Kupfer in Kupfersulfat, noch Zink in Zinksulfat sich auflöst, gleichviel ob die Salzlösungen verdünnt oder concentrirt sind. Auch scheint die Berechnung nicht zulässig. Die maximale Arbeit kann nach dem früheren nur gewonnen werden, wenn der Vorgang im bezw. fast im Gleichgewichtszustand vor sich geht. Zwischen einem geöffneten Reservoir mit hohem Ionendruck und einer verdünnten Lösung mit niedrigen, die ohne Weiteres communiciren, besteht aber Ungleichgewicht. Die Schwierigkeit verschwindet, wenn man beachtet, dass die Ionen nicht nur materielle Theilchen sind, die unter osmotischen Drucken sich bewegen, sondern dass ihnen elektrische Ladung anhaftet, und zwar den Metallionen durchweg positive. Im Reservoir sind die Ionen ohne Ladung, denn das Metall der Elektrode ist vor der Berührung mit Wasser unelektrisch. In dem Augenblicke, wo ein Ion unter Aufnahme positiver Ladung in die Flüssigkeit tritt, wird eine gleich grosse negative Ladung auf der Elektrode entstehen, denn das Auftreten einer positiven Elektrizitätsmenge muss stets von dem Auftreten einer gleich grossen negativen begleitet sein. Jedes neu übertretende Ion vermehrt die positive Ladung der Flüssigkeit, die negative der Elektrode. Je negativer aber die Elektrode, je positiver die Lösung wird, um so mehr widersetzen sich elektrostatische Anziehung dort und Abstossung hier dem Uebergang eines neuen Ion und der Vorgang kommt zum Stehen, wenn die Ladungen so weit gewachsen sind, dass die elektrostatischen Kräfte der Wirkung der osmotischen Kräfte gerade das Gleichgewicht halten.

Berücksichtigt man, dass der Lösungsdruck nur dem Uebertritt der Ionen aus der Lösung auf das Metall, aber nicht ihrer Annäherung an die Elektrode innerhalb der Flüssigkeit widerstrebt, während die elektrostatische Anziehung sie aus jeder Entfernung der Elektrode zu nähern bestrebt ist, so wird es deutlich, dass die Ionen sich in der Grenzschicht der Flüssigkeit gegen das Metall ansammeln werden. Da andererseits die Anziehung zwischen Metall und Ionen eine wechselseitige ist, so ziehen die Ionen ihrerseits die negative Ladung des Metalls nach der Grenzfläche Metall/Flüssigkeit hin und es entsteht das, was Helmholtz, freilich von einer anderen Anschauungsweise ausgehend, zuerst postulirte: eine elektrisch geladene Doppelschicht. Es liegen sich zwei geladene Schichten, nämlich die äusserste Metallschicht und die von ihr durch einen ausserordentlich kleinen Zwischenraum getrennte Ionenschicht in der begrenzenden Flüssigkeit gegenüber.

Ist die Resultante des osmotischen und des Lösungsdruckes so gerichtet, dass Metallionen nicht in die Lösung hinein, sondern aus ihr heraus auf die Elektrode getrieben werden, so laden sie bei diesem Uebergang die Elektrode positiv. Die Flüssigkeit, die an positiv geladenen Theilchen verarmt, während ihr Gehalt an negativ geladenen Anionen sich nicht ändert, wird negativ und die elektrostatische Differenz wächst wieder solange, bis sie der Wirkung der osmotischen Kräfte die Waage hält.

In jedem Falle stellt sich dieses Gleichgewicht in unmessbar kurzer Zeit und durch Uebertritt verschwindender Ionenmengen her, da die Ladungen, welche an den Ionen haften, ausserordentlich gross sind. Die Nernst'sche Theorie führt also zu dem gleichen Ergebniss wie die Beobachtung. Es löst sich im Ruhezustand im Daniell'schen Element weder Zink noch Kupfer in den berührenden Lösungen der Sulfate in messbarer Menge.

Wir sehen vielmehr, dass ein Gleichgewicht besteht und können deshalb, wenn das Element sich bei der Bethätigung nicht merklich von demselben entfernt, den Gewinn der maximalen Arbeit erwarten. Mit Vernachlässigung des kleinen Potentialsprunges an der Berührungsfläche der Lösungen haben wir also in diesem Element

$$\pi = \pi_{zn} - \pi_{cu} = \frac{R\,T}{2 \cdot 0{,}4343\,F}\left(lg^{10}\frac{P_{zn}}{p_{zn}} - lg^{10}\frac{P_{cu}}{p_{zn}}\right)$$

wenn wir die dem Zink zugehörigen Werthe mit dem Index *zn* die dem Kupfer entsprechenden mit *cu* versehen.

Schliessen wir das Daniell'sche Element durch einen Widerstand, so fliesst Strom vom Kupfer zum Zink und durch die Lösung zum Kupfer zurück. Der Lösungsdruck des Kupfers ist ungemein klein, bei der Zusammenstellung des Elementes treten deshalb aus der Kupferlösung Ionen zum Kupfer über, die es positiv laden; der Lösungsdruck des Zinks ist sehr gross, durch Abgabe von Ionen an die Lösung ist es deshalb von Haus aus negativ. Fliesst nun beim Schluss der Kette positive Elektricität vom Kupfer ab, wird also seine positive Ladung kleiner, so werden sofort neue Cu-Ionen aus der Lösung an das Kupfer übertreten, um ihm seine ursprüngliche Ladung wieder zu ertheilen; fliesst umgekehrt negative Elektricität vom Zink ab oder, was dasselbe ist, positive ihm zu, so wird dort die negative Ladung kleiner und es vermögen Zinkionen die Elektrode zu verlassen und in die Lösung überzutreten. Sorgen wir dafür, dass die Concentration der Lösungen constant bleibt, so können wir also durch einen schwachen Strom, der im äusseren Schliessungsdraht vom Kupfer zum Zink läuft, allmälig beliebige Mengen Zink lösen und Kupfer abscheiden, ohne dass die Potentialsprünge an den Elektroden um einen merklichen Betrag von der Grösse abweichen, die ihnen im Ruhezustande zukommt.

Dabei bleibt die Summe der Metallionen in der Lösung ungeändert und da auch die Summe der Anionen, welche bei dem ganzen Vorgang elektromotorisch unwirksam sind, nicht variirt, so stellt sich chemisch die eintretende Aenderung dar als ein Anwachsen der Zinksulfatmenge auf Kosten einer äquivalenten Verminderung der Kupfersulfatmenge.

Wir können umgekehrt, wenn wir durch eine äussere stromliefernde Kraft einen schwachen, entgegengesetzt gerichteten

Strom durch das Element treiben, beliebig Kupfer lösen und Zink fällen, ohne auch in diesem Falle uns von dem Gleichgewicht merklich zu entfernen. Damit ist aber klar, dass die auf Gewinnung der maximalen Arbeit gegründete Berechnung der Potentialsprünge zulässig ist, und wir können nun erwarten, sobald die Werthe von P^{zn} und P^{cu} bekannt und damit π_{zn} und π_{cu} berechenbar werden, für die Differenz beider, die elektromotorische Kraft der Kette, rechnerisch denselben Werth zu finden, welchen die Messung uns zeigt.

Leider ist kein Weg bekannt, die Lösungsdrucke der Metalle anders zu ermitteln, als indem man die Potentialsprünge an den Elektroden misst und mittels der Formel $\pi = \frac{RT}{0{,}4343\, nF} lg^{10} \frac{P}{p}$, in welcher alle Werthe ausser P bekannt oder leicht zu ermitteln sind, P errechnet. Während wir also bei den Concentrationsketten durch Gefrierpunktsbestimmungen die Ionenconcentrationen erkennen und aus diesen nichtelektrischen Messungen mittels der Formel die elektrische Potentialdifferenz errechnen und mit der Messung controlliren konnten, sind wir bei den chemischen Ketten dazu ausser Stande. Die Lösungstheorie zerlegt mit eminenter Anschaulichkeit den Mechanismus des galvanischen Elementes in eine Reihe osmotischer Theilkräfte und darin besteht ihre grundlegende Bedeutung. Wir sind aber nicht in der Lage, diese sämmtlichen Theilkräfte ohne Kenntniss von den elektromotorischen Kräften im Elemente auf unabhängigem Wege zu bestimmen und den Werth der elektromotorischen Kraft einer Kette aus Beobachtungen herzuleiten, welche wir auf unelektrischem Boden sammeln können.

Um nun P aus elektrischen Messungen für irgend ein Metall zu finden, ist es zunächst nothwendig, in der Gleichung

$$\pi = \pi_1 - \pi_2 = \frac{RT}{nF\, 0{,}4343} \left(lg^{10} \frac{P_1}{p_1} - lg^{10} \frac{P_2}{p_2} \right)$$

π_1 und π_2 einzeln zu kennen. Da wir stets zwei Elektroden benöthigen und an jeder Elektrode einen Potentialsprung vermuthen müssen, so lange wir den Lösungsdruck dieser Elektrode nicht kennen, so sind die Einzelwerthe zunächst nicht zu ermitteln. Es gibt nun aber zwei Specialfälle, in denen wir aus besonderen Gründen berechtigt sind, den Potentialsprung an einer Elektrode gleich Null anzunehmen. In beiden erzeugen wir zunächt eine Concentrationskette Hg $\left|\begin{array}{cc}\text{Hg-Salz} & \text{Hg-Salz}\\ \text{conc.} & \text{verdünnt}\end{array}\right|$ Hg, verändern die Concentration des Quecksilbersalzes, welches ein Oxydulsalz in beiden Fällen ist, in der verdünnten Lösung so lange, bis wir den osmotischen Druck der $\overset{+}{\text{Hg}}$-Ionen gleich dem Lösungsdruck des Quecksilbers haben und messen dann die elektromotorische Kraft der ganzen Kette. Da die Kette ihrem Wesen nach eine Concentrationskette ist, so können wir aus ihrer elektromotorischen Kraft und dem bekannten Werthe der Mercuroionenconcentration in der concentrirten Lösung nach

$$\pi_c F = \frac{RT}{0{,}4343} lg^{10} \frac{p_2}{p_1},$$

den Werth p_2, den osmotischen Ionendruck in der verdünnten Lösung berechnen und damit den gleich grossen Lösungsdruck des Quecksilbers ermitteln. Der Werth π_c ist ersichtlich gleich π_1 in der Gleichung auf Seite 102, denn sobald P_1 und P_2 sich auf Metall beziehen, also identisch sind, wird

$$lg^{10} \frac{P_1}{p_1} - lg^{10} \frac{P_2}{p_2} = lg^{10} \frac{p_2}{p_1}$$

und da $$P_1 = P_2 = p_2 \text{ und } lg^{10} \frac{P_2}{p_2} = 0,$$

folgt $$lg^{10} \frac{P_1}{p_1} = lg^{10} \frac{p_2}{p_1}.$$

Es ist also

$$\pi = \pi_1 - 0 = \frac{RT}{n F\, 0{,}4343} \left(lg^{10} \frac{P_1}{p_1} - 0 \right)$$

$$\pi = \pi_1 = \frac{RT}{n F\, 0{,}4343} lg^{10} \frac{P}{p_1}.$$

Wir haben die Rechnung so geführt, wie sie sich ergibt, wenn die Ueberführungszahlen der Mercuroionen und der Anionen gleich sind. Ist diese Bedingung nicht erfüllt, so ist noch das Glied $\frac{(2\mathrm{m}-1)RT}{0{,}4343} lg^{10} \frac{p_2}{p_1}$ für die elektromotorische Kraft an der Berührungsstelle der Flüssigkeiten mit zu berücksichtigen.

Wenn man aber beispielsweise eine verdünnte und eine gesättigte Lösung von Calomel in Chlorkalium als Elektrolyt benützt, kann man sich diese Correctur ersparen, obwohl die Ueberführungszahlen für Quecksilber und Chlor ungleich sind, weil in diesem Falle die Leitung ausschliesslich von den Ionen des Chlorkaliums und nicht von den gegen sie ganz zurücktretenden Calomelionen besorgt wird. Die Chlorkaliumionen haben aber die gleiche Concentration an der Anode wie an der Kathode.

Den einen der beiden Fälle, in denen der Lösungsdruck gleich dem osmotischen ist, verwirklichen wir, wenn wir Quecksilber in eine äusserst verdünnte Lösung eines seiner Salze tropfen lassen, welche an einer anderen Stelle eine grosse ruhende, von dem Tropfvorgange unberührte Quecksilbermasse bespült. Vor Beginn des Tropfens besteht zwischen der ruhenden Quecksilberschicht und der Flüssigkeit derselbe Potentialunterschied, der zwischen der Quecksilberspitze im Tropfrohr und der dort berührenden Lösung vorhanden ist.

Der verschwindend kleine Lösungsdruck des Quecksilbers macht, dass beide Quecksilberflächen durch Uebertritt von Ionen aus der Lösung sich gleich stark positiv laden. Beim Beginn des Abtropfens wölbt sich das Quecksilber aus der Spitze hervor, die Quecksilberoberfläche vergrössert sich, der Tropfen reisst ab, das Phänomen wiederholt sich. Wir haben eine continuirlich rasch wachsende Oberfläche. Mit dem Wachsen der Oberfläche fällt aber die Spannung geladener Gebilde, es schlagen sich also unablässig auf den an der Spitze vorquellenden Tropfen neue Metallionen nieder. Jeder abfallende Tropfen ist durch diese Ionen positiv geladen, während eine Hülle negativ geladener Anionen ihn umgibt. Jeder Tropfen hat also seine Doppelschicht und fällt sammt dieser herunter.[1]) Die Lösung an der Tropfstelle verarmt dadurch, dass ihr Mercuroionen und Anionen in äquivalenten Mengen durch die abfallenden Mengen entführt werden, an Quecksilbersalz so lange, bis der osmotische und der Lösungsdruck gleich sind. Ist dieser Zustand erreicht, so schlagen sich keine Ionen mehr auf den Tropfen nieder, der Verlust hört auf, die Tropfen andererseits laden sich auch nicht mehr im Entstehungsmomente und Flüssigkeit und Tropfelektrode haben das gleiche Potential. Messen wir jetzt die elektromotorische Kraft der ganzen Kette, so haben wir damit den Potentialsprung an

[1]) Nernst, Z. f. Elektrochem. 4, S. 30.

der ruhenden Quecksilbermasse, an welcher während des Abtropfens sich nichts geändert hat.

Den zweiten Weg bieten die Erscheinungen der Elektrocapillarität. Quecksilber zeigt in Capillarröhren bekanntlich Capillardepression. Es wölbt seine Oberfläche nach aufwärts und nimmt mit der Kuppe seines Meniscus einen tieferen Stand ein als in einem communicirenden weiteren Rohr. Die Wölbung der Kuppe und der Stand im Capillarrohr sind so mit einander verknüpft, dass alle Kräfte, welche eine Abflachung des Meniscus bewirken, gleichzeitig ein Steigen im Capillarrohr veranlassen. Denkt man sich nun eine solche Meniscusoberfläche elektrisch geladen und sehr nahe dazu in einer darüber liegenden Flüssigkeit eine concentrische, entgegengesetzt geladene Ionenschicht, so wird die elektrostatische Abstossung der gleichartig geladenen Theilchen, welche sowohl in der Meniscusfläche als in der Ionenschicht wirksam ist mit der Anziehung, welche die entgegengesetzten Ladungen in beiden Flächen auf einander üben, dahin zusammenwirken, dass die Kuppe sich abflacht. Das Quecksilber wird also im Capillarrohr umsomehr steigen, je grösser die Potentialdifferenz ist und seinen tiefsten Stand annehmen, wenn sie Null ist.

Bilden wir in einem Capillarelektrometer (Seite 30) das System

Hg im Capillarrohr / Hg-Salzlösung / grosse Quecksilberfläche

und verbinden die beiden Quecksilbermassen mit einer Elektricitätsquelle, so dass positive Elektricität von der grossen Quecksilberfläche durch die Lösung zu der Kuppe im Capillarrohr geht, so werden an letzterer Hg-Ionen ausgeschieden[1]) und da die Zuwanderung kleiner als die Abscheidung ist, verarmt die Lösung im Capillarrohr an Hg-Ionen. Dieser Process geht nahezu momentan vor sich, weil in dem engen Capillarrohr der Zutritt neuer Ionen durch Flüssigkeitsströmung äusserst erschwert und die der feinen Kuppe benachbarten Ionen der Enge des Rohrs wegen äusserst gering an Zahl sind. Wir benützen als Quecksilbersalzlösung Quecksilberoxydulsulfat in Schwefelsäure. Dieses Quecksilbersalz ist nahezu unlöslich. Nichtsdestoweniger übertrifft der osmotische Druck der Quecksilberionen noch den

[1]) Nernst, Z. f. Elektrochemie 3, S. 209.

Lösungsdruck des Quecksilbers. Beim Ausfallen von Quecksilberionen an der Kuppe wird der osmotische Druck kleiner und nähert sich dem Werthe des Lösungsdruckes. An der grossen Quecksilberfläche ändert sich nichts, da die Zahl der Quecksilberionen dort im Vergleich ungemein gross ist, so dass die Concentration durch Uebertritt einer kleinen Anzahl nicht merklich modificirt wird. Es entsteht also eine Concentrationskette

$$\mathrm{Hg} \Big/ \begin{matrix}\mathrm{Hg_2\,SO_4}\\ \text{conc.}\end{matrix} \; \begin{matrix}\mathrm{Hg_2\,SO_4}\\ \text{verdünnt}\end{matrix} \Big/ \text{Hgkuppe},$$

deren elektromotorische Gegenkraft mit fallender Concentration der Lösung an der Kuppe zunimmt und der Kraft der äusseren stromliefernden Elektricitätsquelle das Gleichgewicht hält. Variiren wir diese, so werden wir jedesmal einen anderen Stand der Kuppe im Capillarrohr beobachten, den tiefsten, wenn die Concentration der verdünnten Lösung gerade so ausfällt, dass der osmotische Druck dem Lösungsdruck gleich wird und keine Potentialdifferenz an der Kuppe besteht, einen höheren, wenn der osmotische Druck grösser oder kleiner ist, das Quecksilber an der Kuppe also gegen die Lösung positiv oder negativ geladen ist. Die äussere elektromorische Kraft, welche das Quecksilber gerade bis zum tiefsten Stand treibt, ist also gleich der Gegenkraft einer Concentrationskette

$$\mathrm{Hg} \Big/ \begin{matrix}\mathrm{Hg_2\,SO_4}\\ \text{conc.}\end{matrix} \; \begin{matrix}\mathrm{Hg_2\,SO_4}\\ \text{verdünnt}\end{matrix} \Big/ \text{Hgkuppe},$$

welche den Potentialsprung Null zwischen $\begin{matrix}\mathrm{Hg_2\,SO_4}\\ \text{verdünnt}\end{matrix} \Big/$ Hgkuppe aufweist. Wir können, genau wie im Falle der Tropfelektrode, aus dem gemessenen Werthe der elektromotorischen Kraft den Lösungsdruck des Quecksilbers bez. den Potentialsprung $\mathrm{Hg} \Big/ \begin{matrix}\mathrm{Hg_2\,SO_4}\\ \text{conc.}\end{matrix}$ ableiten.

Hat man aber so einmal den Einzelsprung Quecksilber gegen eine Quecksilbersalzlösung, so kann man alle möglichen Potentiale bestimmen, indem man Elemente aus Quecksilber in Quecksilbersalzlösung und anderen Metallen in ihren Salzlösungen zusammenstellt. Der Potentialsprung Quecksilber$\Big/ \begin{matrix}\mathrm{Hg_2\,Cl_2}\\ \text{in } {}^1/_1\,\text{n. KCl}\end{matrix}$ beträgt 0,56 Volt, und zwar ist das Metall positiv gegen die Lösung. Verbinden wir mit unserer Schreibweise die Absicht, wie das vielfach üblich ist, die positive oder negative Ladung der Lösung durch das Vorzeichen des Potentialsprunges anzugeben, so haben wir also — 0,56 Volt zu schreiben. Eine solche Elektrode von Hg / Hg_2Cl_2 in 1/1 n. KCl wird als Normalelektrode viel benutzt. Man gibt ihr die folgende Form. (Fig. 38). Man stellt durch ein mit derselben Chlorkaliumlösung gefülltes Glasrohr die Verbindung mit der Flüssigkeit her, in welche die zweite Elektrode taucht. Um die Chlorkaliumlösung über dem Quecksilber der Normalelektrode stets mit Calomel gesättigt zu halten, wirft man auf das Quecksilber eine Schicht dieses Salzes.

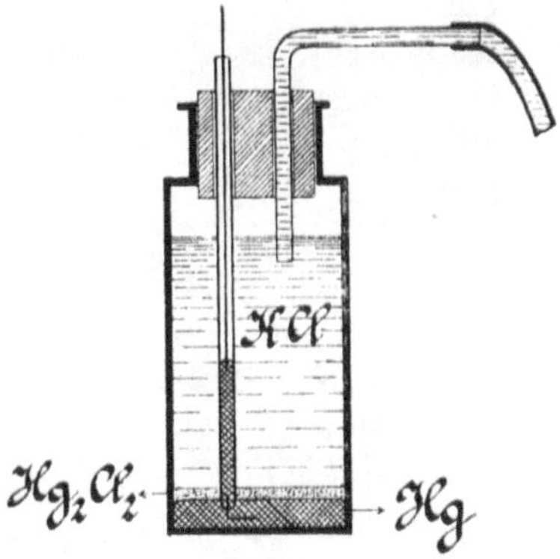

Fig. 38.

Die mit diesen Hülfsmitteln bestimmten Einzelpotentiale und die daraus berechneten Lösungsdrucke der Metalle sind in den folgenden Tabellen 1 und 2 zusammengestellt.[1] Dabei ist der osmotische Druck, welchen die vollkommen dissociirte Normallösung des Salzes eines einwerthigen Metalls und einer einwerthigen Säure, wie NaCl, NH_4NO_3 u. a. übt, rund auf 22 Atmosphären gesetzt.

I. Potentialsprünge von Metallen gegen 1/1 n. Lösungen ihrer Salze.

Metall	Sulfat	Chlorid	Nitrat	Acetat
Magnesium	+ 1,239	+ 1,231	+ 1,060	+ 1,240
Aluminium	+ 1,040	+ 1,015	+ 0,775	—
Mangan	+ 0,815	+ 0,824	+ 0,560	—
Zink	+ 0,524	+ 0,503	+ 0,473	+ 0,522
Cadmium	+ 0,162	+ 0,174	+ 0,122	—
Thallium	+ 0,114	+ 0,151	+ 0,112	—
Eisen	+ 0,093	+ 0,087	—	—
Kobalt	— 0,019	— 0,015	— 0,078	— 0,004
Nickel	— 0,022	— 0,020	— 0,060	—
Blei	—	— 0,095	— 0,115	— 0,079

[1]) Nach Neumann, Z. f. physic. Chem. 14, S. 193 und Le Blanc, Lehrbuch der Elektrochem. 1896, S. 185.

Wasserstoff . .	— 0,238	— 0,249	—	— 0,150
Wismut	— 0,490	— 0,315	— 0,500	—
Arsen	—	— 0,550	—	—
Antimon . . .	—	— 0,376	—	—
Zinn	—	— 0,085	—	—
Kupfer	— 0,515	—	— 0,615	— 0,580
Quecksilber . .	— 0,980	—	— 1,028	—
Silber	— 0,974	—	— 1,055	— 0,991
Palladium . . .	—	— 1,066	—	—
Platin	—	— 1,140	—	—
Gold	—	— 1,356	—	—

2. Lösungsdrucke der Metalle in Atmosphären.

Zink	$9{,}9 \times 10^{18}$
Cadmium	$2{,}7 \times 10^{6}$
Thallium	$7{,}7 \times 10^{2}$
Eisen	$1{,}2 \times 10^{4}$
Kobalt	$1{,}9 \times 10^{0}$
Nickel	$1{,}3 \times 10^{0}$
Blei	$1{,}1 \times 10^{-3}$
Wasserstoff	$9{,}9 \times 10^{-4}$
Kupfer	$4{,}8 \times 10^{-20}$
Quecksilber	$1{,}1 \times 10^{-16}$
Silber	$2{,}3 \times 10^{-17}$
Palladium	$1{,}5 \times 10^{-36}$

Wenn die Zahlen der Tabelle 2 dem verschiedenen Lösungsdruck der Metalle mit grösstmöglicher Klarheit entsprechen sollten, so hätten die Potentialsprünge nicht gegen $^1/_1$ n. Lösungen der Salze, sondern gegen solche Lösungen gemessen werden müssen, deren Metallionenconcentration die gleiche war. Indessen sind die durch den verschiedenen Dissociationsgrad bedingten Abweichungen von dem Werthe, der bei vollkommen dissociirter $^1/_1$ n. Lösung beobachtet worden wäre, nach früheren Darlegungen praktisch zu vernachlässigen. Dem entsprechend sind auch die Differenzen zwischen Sulfaten, Chloriden und Acetaten, welche von der Natur des Anions ganz unabhängig und nur durch den Dissociationsgrad bestimmt sind, durchweg kleine. Die Nitrate fallen theilweise merklich heraus, weil das

Anion NO_3 nicht immer intact bleibt und eine Reduction, die es erleidet, den Werth des Potentialsprungs verändert. Die Zahlen für Wismuth, Arsen, Antimon, Zinn sind unsicher. Die Lösungen waren hergestellt, indem ein Aequivalent festes Salz mit 1 l Wasser geschüttelt und die entstehende saure Lösung vom Niederschlag abfiltrirt wurde. Art und Zahl der Ionen in der Lösung ist darum zweifelhaft. Magnesium, Aluminium, Mangan zersetzen beim Einsenken in die Lösung sofort Wasser und erniedrigen ihr Potential; die angegebenen Zahlen sind deshalb nur untere Grenzwerthe. Bei Gold und Platin ist über die Anzahl der Au- und Pt-Ionen in Lösung nichts bekannt, da sie als Goldchlor- bezw. Platinchlorwasserstoffsäure, d. h. in Gestalt complexer Verbindungen, benützt wurden.

Dieser Mängel ungeachtet ist die Tabelle praktisch überaus brauchbar. Von den verschiedenen Anwendungen, die von ihr zu machen sind, ist zunächst die Berechnung der elektromotorischen Kraft beliebig gewählter Combinationen zu gedenken. Man überlegt sich zunächst die Stromrichtung, am einfachsten graphisch. Eine horizontale Gerade stelle das Flüssigkeitspotential dar, indem man einen etwaigen Potentialsprung an der Berührungsstelle differenter Lösungen um seiner Kleinheit willen vernachlässigt. An den Enden der Geraden trägt man die aus der Tabelle entnommenen Potentialsprünge an den Elektroden auf, und zwar, wenn die Lösung positiv gegen das Metall ist, nach aufwärts, sonst nach abwärts. Der Höhenabstand der Endpunkte ist jetzt die elektromotorische Kraft, der Endpunkt, der auf der Zeichnung höher liegt, stellt die Anode, der tiefere die Kathode vor. Ist die Anodenlösung nicht $^1/_1$ normal, sondern verdünnter, so rückt der Endpunkt, welcher die Anode bezeichnet, hinauf, ist sie concentrirter, so rückt er hinunter, ist die Kathodenlösung stärker als normal, so rückt der untere Punkt hinab und, wenn sie schwächer ist, hinauf. Für die Kette

Zn / Zinkvitriol $^1/_1$ normal Kupfervitriol $^1/_1$ normal / Cu entnehmen wir der Tabelle die Einzelwerthe + 0,524 und — 0,515. Da beide entgegengesetztes Vorzeichen haben, so addiren sie sich nach Formel S. 101 und ergeben die elektromotorische Kraft des Elements zu 1,037 Volt. (Fig. 39). Im Daniell, wenn er praktisch benützt wird, nimmt man gesättigte Kupfervitriollösung, der Kupferpunkt rückt also etwas hinab und verdünnte Zinksulfatlösung[1]), der Zinkpunkt rückt also hinauf. Die elektromotorische Kraft (an der sich überdem noch die Berührungsstelle der Lösungen mit einem kleinen Werth betheiligt) ist entsprechend bei dem üblichen Element etwas höher, nämlich 1,09 bis 1,1 Volt. Stellen wir ein Element Zn $\left| \begin{matrix} ZnSO_4 & FeSO_4 \\ ^1/_1 \text{ normal} & ^1/_1 \text{ normal} \end{matrix} \right|$ Fe zusammen, so sind hier bei der graphischen Ermittlung (Fig. 40) beide Linien nach oben zu errichten, da beide Lösungen positiv gegen die Elektroden sind. Die elektromotorische Kraft des Elementes ist also gleich der Differenz 0,524 — 0,093 = 0,431. Concentration der Eisenlösung drückt den Eisenpunkt hinab, vergrössert also die Differenz Concentration der Zinklösung drückt den Zinkpunkt, verkleinert sie also, Verdünnung wirkt auf beiden Seiten umgekehrt. Will man die Veränderung rechnerisch genau ermitteln, so muss man den Werth einer Concentrationskette feststellen, welche aus der $^1/_1$ norm. Lösung einerseits, der in Frage stehenden verdünnteren oder concentrirten Lösung, die an ihrer statt verwendet werden soll, andererseits gebildet ist. Ein Daniell z. B. mit verdünnterer Zink- und concentrirterer Kupfersulfatlösung lässt sich aufgelöst denken in ein Element

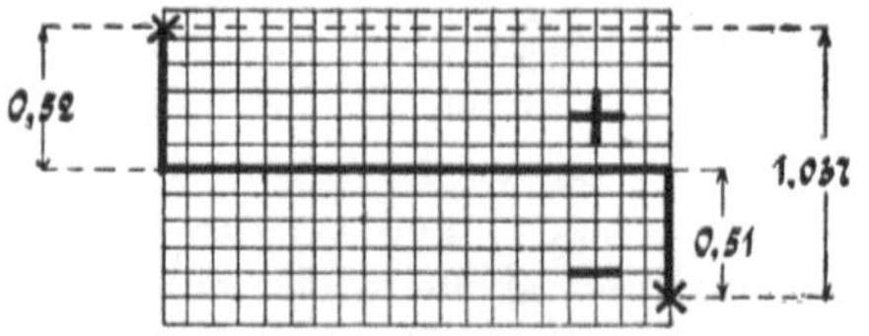

Fig. 39.

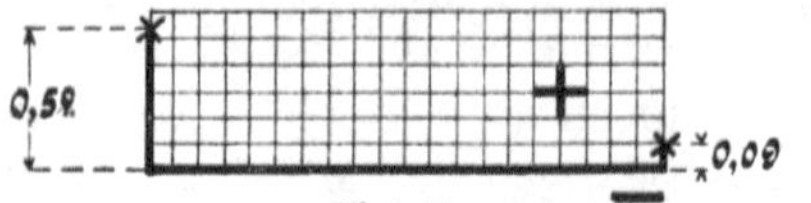

Fig. 40.

$$1)\ Cu \left| \begin{matrix} CuSO_4 & ZnSO_4 \\ ^1/_1\text{normal} & ^1/_1\text{normal} \end{matrix} \right| Zn$$

und zwei Concentrationsketten

$$2)\ Zn \left| \begin{matrix} ZnSO_4 & ZnSO_4 \\ ^1/_1\text{norm.} & \text{in wirklich verwendet. Lösung} \end{matrix} \right| Zn,\quad 3)\ Cu \left| \begin{matrix} CuSO_4 & CuSO_4 \\ \text{in wirklich verwendet. Lösung} & ^1/_1\text{ normal} \end{matrix} \right| Cu.$$

[1]) Genauer gesagt bedient man sich von Haus aus nicht einer verdünnten Zinksulfatlösung, sondern verdünnter Schwefelsäure, die aber bei Bethätigung des Elementes alsbald in eine schwache Zinksulfatlösung übergeht.

Da wir nun von Elementen des Typus 2 und 3 wissen, dass ihre elektromotorischen Kräfte so lange klein sind, als wir in den Grenzen analytisch nachweislicher Concentration bleiben, werden wir für gewöhnlich die Berechnung und Berücksichtigung von 2) und 3) uns ersparen und den Werth von 1) in erster Annäherung für den Summenwerth von 1) + 2) + 3) setzen. Wir werden aber in Erinnerung an die beiden Wege Concentrationsketten von abnormer elektromotorischer Kraft zu erzeugen uns nicht wundern, wenn wir zwischen einem üblichen Daniell und einem gleichen Element, in dem statt $CuSO_4$ Cyankalicyankupfer das Kupfer umgibt eine enorme Verschiedenheit der elektromotorischen Kraft entdecken. Da nach der graphischen Darstellung der Kupferpol bei Verminderung der Cu-Ionen sich hebt, so kann uns nicht überraschen, dass wir ihn bei der gedachten Modification sogar über dem Zinkpol finden, sodass also die Stromrichtung im Daniell sich umkehrt, Kupfer sich löst und Zink sich abscheidet. Dass das Anion irrelevant ist, solange es nicht durch Oxydation oder Reduction chemisch verändert wird wie $\overset{''}{N}O_3$, wenn es in $\overset{'}{N}O_3$ übergeht, wurde schon erwähnt.

Unter den Metallen begegnet uns in Tabelle 1 auch der Wasserstoff. Als positive Ionen lieferndes Element ist er mit den Metallen in einer Linie zu betrachten. Es bedarf aber eines besonderen Kunstgriffs, um ihn als Elektrode benützen zu können. Wenn man ein platinirtes Platinblech, wie es bei Leitfähigkeitsmessungen als Elektrode dient, halb in Wasserstoffgas und halb in eine Flüssigkeit taucht, so belädt sich das Blech zunächst in seinem unbenetzten Theil mit Wasserstoff, sei es durch Adhäsion, sei es durch Lösung des Wasserstoffs in der äussersten Oberflächenschicht des Metalls. Dieser Wasserstoff wandert nun in oder längs der Oberfläche und erlangt auf dem ganzen Blech im eingetauchten, wie im nicht eingetauchten Theil den gleichen Druck. Dieser Druck schwankt natürlich mit dem Gasdruck des Wasserstoffs in dem Gasraum, welcher den unbenetzten Theil der Elektrode umgibt. Wir können für unsere elektrochemische Betrachtung die Adhäsionskräfte zwischen Platin und Gas ganz vernachlässigen und den Druck am Blech in der adsorbirten Schicht direct gleich dem Partialdruck des Gases darüber setzen. Gegen die Lösung nun verhält sich der Wasserstoff an einem solchen Blech als Elektrodensubstanz von einem bestimmten Lösungsdruck genau wie ein Metall. Ein Unterschied besteht nur insoferne, als das Metall bei constanter Temperatur stets denselben Lösungsdruck hat, der des Wasserstoffs aber mit der Quadratwurzel aus dem Gasdruck steigt und fällt. Wenn uns also die Tabelle 2 belehrt, dass bei 1 Atm. Gasdruck H den Lösungsdruck $9{,}9 \, . \, 10^{-4}$ besitzt, so wissen wir, dass bei 10000 Atmosphären Gasdruck der Lösungsdruck 100 mal grösser, also gleich $9{,}9 \, . \, 10^{-2}$ sein wird. Das bedeutet bei ungeändertem osmotischem Druck der Wasserstoffionen eine Erhöhung des Potentialsprungs um 0,115 Volt bei 17°. Geht der Gasdruck auf $^1/_{10000}$ Atmosphäre herunter, so fällt P umgekehrt auf $9{,}9 \, . \, 10^{-6}$ und π wird um denselben Betrag von 0,115 gegen den Werth in Tabelle 1 kleiner.

Den Weg, den wir bei dem Wasserstoff benützen, um ihn als Elektrodensubstanz zu verwerthen, können wir auch beim Sauerstoff, beim Chlor, beim Brom und anderen Anionen liefernden Gase beschreiten. Durch Combination einer Kette nach dem Typus $Zn / ZnCl_2' / Cl$ an Platin, bei welcher die Chlorzinkconcentration und die Dissociation einerseits, der Potentialsprung Zink/Lösung andererseits bekannt ist, gewinnt man die Möglichkeit, den anderen Potentialsprung Cl-Ionen/Chlorgas zu bestimmen und den Lösungsdruck des Chlors daraus abzuleiten. Dabei ist eines wichtig zu beachten. Ueberwiegt bei einem Metall der Lösungsdruck den osmotischen Druck, so wird das Metall negativ, die Lösung positiv, im gleichen Falle wird eine Gaselektrode, die Anionen liefert, positiv, die Lösung durch die vom Lösungsdrucke hineingetriebenen Anionen negativ. Ein Metall von kleinem Lösungsdruck wie Quecksilber ist also in derselben Weise positiv gegen die Lösung, wie eine Anionen liefernde Elektrode von hohem Lösungsdruck. Während aber das Metall, dessen Lösungsdruck vom osmotischen Druck der Metallionen übertroffen wird, bei wachsender Verdünnung der Lösung minder positiv wird, wird die Anionen abgebende Gaselektrode, je kleiner der osmotische Gegendruck der Anionen in der Lösung wird, um so stärker positiv. Dies drückt sich durch den Unterschied der Formeln aus.

$$\pi = \frac{RT}{0{,}4343} \frac{1}{nF} lg^{10} \left(\frac{P_1}{p_1} - \frac{P_2}{p_2}\right)$$ für 2 Kationen liefernde Elektroden

$$\pi = \frac{RT}{0{,}4343} \frac{1}{nF} lg^{10} \left(\frac{P_1}{p_1} - \frac{p_2}{P_2}\right)$$ für 1 Kationen und 1 Anionen liefernde Elektrode.

Durch Combination von Gaselektroden verschiedener Gase mit Lösungen von verschiedenem osmotischen Druck der entsprechenden Ionen hat man mannigfache Concentrationsketten und chemische Ketten dargestellt. Wir haben z. B. unter den Concentrationsketten den besonders hübschen Fall, dass zwei Wasserstoffelektroden, die eine in Natronlauge, die andere in Schwefelsäure tauchen. Beide Flüssigkeiten berühren sich, z. B. durch eine poröse Wand hindurch. In der Schwefelsäure sind sehr viele Wasserstoffionen, in der Natronlauge verschwindend wenig. Es sind nämlich die H-Ionen in reinem Wasser schon von äusserst kleiner Anzahl, wenn aber zu diesem Wasser Natriumhydroxyd gefügt wird, welches dem Wasser OH-Ionen in grosser Zahl zuführt, geht ihre Anzahl in Rücksicht auf die Constanz des Productes OH $\times$ H noch weiter zurück. Diese Concentrationskette in H-Ionen hat deshalb den sehr hohen Betrag der elektromotorischen Kraft von 0,8 Volt. Chemische Ketten aus Gasen hat neuerdings Smale gemessen, nachdem zahlreiche, frühere Untersuchungen die Verhältnisse solcher Ketten nicht genügend aufgehellt hatten.

Zur Verdeutlichung der bei Smale wenig durchsichtig und zum Theil unverständlich gruppirten Messergebnisse dient folgende (S. 114) Skizze. Die Zahlen links von dem verticalen Strich bezeichnen die Potentiale, welche Smale gegen die Normalelektrode direct beobachtete, die Zahlen rechts geben die Werthe, welche man aus den linksstehenden erhält, wenn man jene 0,56 Volt, um die das Quecksilber der Normalelektrode positiv gegenüber Quecksilber im Maximum seiner Capillardepression ist, den links stehenden Werthen hinzufügt. Der kleine Potentialsprung an der Grenze der KCl-Lösung der Normalelektrode gegen den Elektrolyten, in welchen die Gaselektroden eingesenkt sind, ist als Null betrachtet. Die Vorzeichen beziehen sich auf die Elektrode und nicht auf den sie begrenzenden Elektrolyten. Wasserstoff gegen $^1/_1$ n. Schwefelsäure erscheint desshalb um + 0,24 Volt positiv, während in der früheren Tabelle (S. 107 Nr. 1), wo das Vorzeichen sich auf die Lösung und nicht auf die Elektrode bezieht und der kleine Potentialsprung zwischen den Flüssigkeiten berücksichtigt ist, der Werth — 0,238 Volt steht. Die Dimensionen des folgenden Schemas sind maassstäblich.

a) + 0,75	+ 1,31 = O in $^1/_1$ n H_2SO_4
b) + 0,54	+ 1,10 = O in $^1/_1$ n. Na_2SO_4
c) + 0,04	+ 0,60 = O in $^1/_1$ n. KOH
+ 0,0	+ 0,56 = Hg, HgCl, KCl = Normal-Elektrode
e) — 0,32	+ 0,24 = H in $^1/_1$ n. H_2SO_4
f) — 0,52	+ 0,04 = H in $^1/_1$ n. Na_2SO_4
— 0,56	0,0 = Maximum der Capillarconstante
h) — 1,05	— 0,49 = H in $^1/_1$ n. KOH

Man sieht an der Hand dieser Aufstellung erstlich, in Illustration der Ausführungen über die Veränderungen der Potentiale mit der Concentration der Ionen, dass Sauerstoff mit wachsender Concentration der OH-Ionen [a), b), c)] immer negativer, hingegen Wasserstoff mit wachsender Concentration der H-Ionen [h), f), e)] immer positiver wird. Wollte man das Potential des Sauerstoffs gegen $^1/_1$ n. KOH in die Tabelle 1 Seite 107 einschieben, so würde es dicht beim Kupfer zu stehen kommen. Die Kette O / $^1/_1$ n. KOH, $^1/_1$ n. $ZnSO_4$ / Zink würde also etwa die gleiche elektromotorische Kraft wie ein Daniell'sches Element ergeben. Dagegen würde O/$ZnSO_4$/Zn, da in der Zinksulfatlösung die Hydroxylionen nur sehr sparsam vorhanden sind, etwa dem Werthe der Kette Pt / $^1/_1$ n. $PtCl_4$, $^1/_1$ n. $ZnCl_2$ / Zn gleich kommen. Man sieht weiter, dass die Werthe der Sauerstoff-Wasserstoffketten $H / {}^1/_1$ n. H_2SO_4/O; $H / {}^1/_1$ n. Na_2SO_4 / O; $H / {}^1/_1$ n. KOH / O sämmtlich dicht bei 1,06 Volt liegen. Dieses Ergebniss erscheint naturgemäss, wenn man erwägt, dass das Product $OH \times H$ stets constant ist, und dass der Vermehrung der H-Ionen, welche eintritt, wenn wir von der Kalilauge über das Natriumsulfat zur Schwefelsäure fortschreiten, eine verhältnissmässige Verminderung in der Anzahl der OH-Ionen entspricht. Da nun die Aenderung des Potentialsprungs an der Wasserstoff- und an der Sauerstoffelektrode die gleiche ist, wenn die Wasserstoffionen im selben Maass ab-, wie die Hydroxylionen zunehmen, so bleibt der Werth der O—H-Kette praktisch ungeändert.

Durch Combination der verschiedenen, in dem Schema auf voriger Seite mit Buchstaben bezeichneten Einzelglieder erhält man für

$O / {}^1/_1$ n. KOH, ${}^1/_1$ n. H_2SO_4 / H = c) — e) = 0,36 Volt.
$O / {}^1/_1$ n. Na_2SO_4, ${}^1/_1$ n. H_2SO_4/H = b) — e) = 0,86 »
$O / {}^1/_1$ n. H_2SO_4 / H = a) — e) = 1,07 »
$O / {}^1/_1$ n. H_2SO_4, ${}^1/_1$ n. Na_2SO_4 / H = a) — f) = 1,27 »
$O / {}^1/_1$ n. H_2SO_4, ${}^1/_1$ n. KOH / H = a) — h) = 1,80 »

Dabei ist zu berücksichtigen, dass die Werthe für den Potentialsprung an der Berührungsstelle der Lösungen Aenderungen bis zu 0,1 Volt mit sich bringen können, die hier vernachlässigt sind. Erinnern wir uns der früher erläuterten Methode, Concentrationsänderungen in ihrer Wirkung auf den Potentialsprung als das Hinzutreten einer Concentrationskette, gebildet aus der ursprünglichen und der neu gewählten Lösung, zu betrachten; dann lässt sich die Aenderung der elektromotorischen Kraft, welche durch den Uebergang von ${}^1/_1$ normaler Kalilauge zu Natriumsulfat oder entsprechend von ${}^1/_1$ normaler Schwefelsäure zu Natriumsulfat entsteht, durch die Ketten darstellen:

$O / {}^1/_1$ n. H_2SO_4, ${}^1/_1$ n. Na_2SO_4 / O = 0,21 Volt
$H / {}^1/_1$ n. H_2SO_4, ${}^1/_1$ n. Na_2SO_4 / H = 0,20 »
$O / {}^1/_1$ n. KOH, ${}^1/_1$ n. Na_2SO_4 / O = 0,50 »
$H / {}^1/_1$ n. KOH, ${}^1/_1$ n. Na_2SO_4 / H = 0,53 » .

Für die Combinationen O/KOH, H_2SO_4/O, bez. H/KOH, H_2SO_4/H folgt daraus übereinstimmend 0,73 bez. 0,71 Volt, während früher mit Berücksichtigung des Potentialsprunges an der Berührungsstelle der Lösungen 0,8 angegeben war.[1])

Zum Vergleiche seien weiter die Potentiale von Chlor gegen Salzsäure, Brom gegen Bromwasserstoffsäure und Jod gegen Jodwasserstoffsäure maassstäblich aufgezeichnet[2]). Die Halogene haben sämmtlich höhere Lösungsdrucke als der Sauerstoff. Wenn trotzdem das Potential des Sauerstoffs gegen 1/1 n. H_2SO_4 nicht

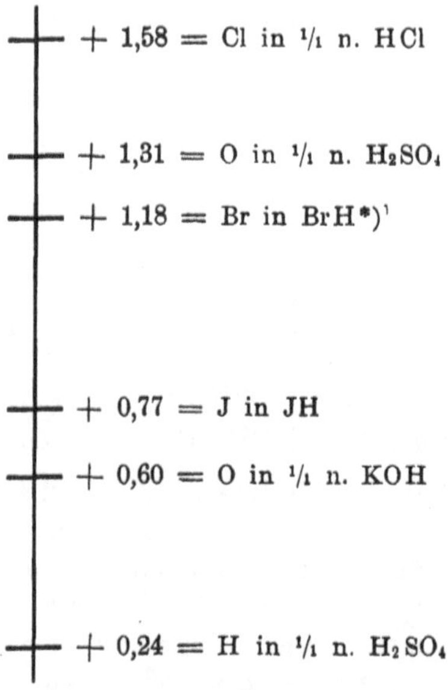

*) Nach Nernst, bei Smale offenbar irrthümlich versetzt.

unter, sondern über dem des Jods und Broms in Jodwasserstoff liegt, so ist der Grund darin zu suchen, dass die Jod- und Bromionen in der Jod- und Bromwasserstoffsäure zahlreich, die Hydroxylionen in der Schwefelsäure aber verschwindend sind. Das Potential einer Sauerstoffelektrode in Kalilauge, welches Zwecks dieser Vergleichung in die graphische Aufzeichnung mit

[1]) Nernst, Z. f. physic. Chem. 14, S. 155.

[2]) Smale, Z. f. physic. Chem. 14, S. 577; 16, S. 562. Nernst, Ber. d. deutschen Chem. Ges. 1897 S. 1557.

hineingenommen ist, liegt unter dem Jodpotential. Das Vorzeichen bezieht sich in diesem Schema, wie in dem Seite 114 auf die Elektrode und nicht wie in Tabelle S. 107 auf die Lösung.

Uebersehen wie die ganze Betrachtung der elektromotorischen Kräfte, so fehlt eins: der chemische Vorgang. In dem oft erörterten Beispiele des Daniell'schen Elements z. B. sieht man bei der Zerlegung des Mechanismus in die Einzelpotentiale, bei der osmotischen Deutung dieser nicht mehr die chemische Gesammtreaction vor Augen, die in der Formel

$$Zn + CuSO_4 = ZnSO_4 + Cu$$

sich ausdrückt.

Es ist nun überaus angenehm, dass wir noch einen zweiten Weg besitzen, der gerade von der Gesammtformel ausgeht und den Zusammenhang zwischen der Reactionsgleichung und der elektromotorischen Kraft, welche die Verwirklichung derselben im chemischen Element begleitet, unmittelbar anschaulich darstellt.

Dieser zweite Weg, der zeitlich viel früher gefunden wurde, stammt von Helmholtz. Wir haben früher die Thomson'sche Anschauung kennen gelernt, der zufolge die Wärmetönung einer chemischen Reaction Q direct gleich $nF\pi$, der elektrischen Arbeit, sein sollte. Diese Ansicht wurde als unzutreffend bezeichnet. Wir sehen jetzt leicht ein, dass sie nicht zutreffen kann: die Wärmetönung einer Reaction wird durch die Verdünnung principiell nicht geändert; wenn im speciellen Fall grössere oder kleinere Verdünnungswärmen auftreten, so sind Hydratbildungen und ähnliche Vorgänge die Ursache. An und für sich verläuft der Vorgang der osmotischen Druckänderung, der bei dem Versetzen einer Salzlösung mit reinem Wasser vor sich geht, isotherm, ebenso wie die Ausdehnung eines Gases in den leeren Raum hinein erfolgt, ohne dass sich seine Durchschnittstemperatur ändert. Unmöglich kann also durch die Verdünnungen, soweit die osmotischen Gesetze streng gelten, die Wärmetönung sich ändern. Man muss also dieselbe Wärmeentwicklung erwarten, wenn man ein grosses Quantum ungemein verdünnter Kupfersulfatlösung successive mit je 1 Grammäquivalent Zink fällt und die auftretende Erwärmung nach jedem Zusatz bestimmt, obwohl doch die Concentration der Lösung an Zinksulfat bei jedem neuen Zusatz geringer, die an

Kupfersulfat grösser ist als beim vorangehenden Mal. Ein Daniell-sches Element aber, in dem wir die Zinksulfatconcentration allmählich abnehmen, die Kupfersulfatconcentration wachsen lassen, ändert, auch wenn wir die verdünntesten Lösungen nehmen, seine elektromotorische Kraft. Die Beziehung $Q = nF\pi$ kann also nicht gelten.

Die Sache hat aber noch eine zweite Seite. Wenn die Wärmetönung ganz in elektrische Arbeit aufginge, so dürfte jedes galvanische Element bei der Bethätigung nur um so viel sich erwärmen, als dem Product $J^2 w_i$ (J = Stromstärke, w_i = innerer Widerstand) entspricht. Das ist aber keineswegs zutreffend. Wir beobachten kleinere und grössere Erwärmungen. Halten wir zunächst nur die letzteren fest, so werden wir schliessen, dass hier zum Theil elektrische Energie, zum Theil Wärme durch die Reaction erzeugt wird, und wenn wir für diese Wärme w setzen, wird $Q = nF\pi + w$ sein. Lassen wir jetzt das Element einmal bei der Temperatur T und das andere Mal bei der etwas höheren Temperatur $T + \delta T$ arbeiten, so muss $nF\pi$ verschieden sein. Wird nämlich Q, wie dies im Allgemeinen zutrifft, durch die kleine Temperaturänderung nicht geändert, so ist die Summe $nF\pi + w$ in beiden Fällen gleich. Die Wärmemenge w gewinnen wir aber das eine Mal bei der Temperatur T, das anderemal bei der höheren Temperatur $T + \delta T$. Im letzteren Fall kann man nun noch einen Arbeitsbetrag, dessen Grösse, wie die Thermodynamik lehrt, $w\frac{\delta T}{T}$ ist, dadurch gewinnen, dass man die Wärmemenge w von $T + \delta T$ auf T in ihrer Temperatur erniedrigt. Um diese noch gewinnbare Arbeit ist die geleistete Arbeit $nF\pi$ bei der höheren Temperatur kleiner als bei der niedrigen.[1]) Da nun n und F unveränderlich sind, muss weiter π um einen kleinen Betrag $\delta\pi$ mit der Temperaturänderung um δT abnehmen, und zwar so, dass

$$w\frac{\delta T}{T} = -nF\delta\pi.$$

[1]) Den bindenden Beweis dafür gewinnt man durch einen sogenannten umkehrbaren Kreisprocess. Wer mit der wichtigen Rechenweise dieser Kreisprocesse vertraut ist, wird einen solchen aus der Beschreibung leicht herausschälen.

Da nun $$w = Q - nF\pi,$$

so ist $$(Q - nF\pi)\frac{\delta T}{T} = -nF\delta\pi$$

und $$Q - nF\pi = -nFT\frac{\delta\pi}{\delta T}$$

folglich $$nF\pi - Q = nFT\frac{\delta\pi}{\delta T}$$

$$\pi = \frac{Q}{nF} + T\frac{\delta\pi}{\delta T}.$$

Der Factor $\frac{\delta\pi}{\delta T}$ heisst der Temperaturcoëfficient.[1]) Ist er negativ, d. h. wird die elektromotorische Kraft mit der Temperatur geringer, so geht von der durch die Wärmetönung gemessenen Energie des Processes ein Theil in elektrische, ein anderer in Wärme über, ist er Null, so verwandelt sich die gesammte durch die Wärmetönung gemessene Energie in elektrische und ist er positiv, so wird darüber hinaus Wärme aus der Umgebung des Elementes aufgenommen und in elektrische Arbeit verwandelt.

Diese Helmholtz'sche Formel umfasst auch die Concentrationsketten, bei denen Q Null wird, für die desshalb die Beziehung einfach lautet

$$\pi = T\frac{\delta\pi}{\delta T} \text{ oder } \frac{\pi}{T} = \frac{\delta\pi}{\delta T}$$

was durch Integration liefert $\frac{\pi}{T} =$ constant.[2]) Vergleichen wir

---

[1]) Lovèn, Z. f. physic. Chem. 20, S. 456. Bugarszky, Z. f. anorg. Chem. 14, S. 145. Jahn, Z. f. physic. Chem. 18, S. 399.

[2]) Duane (Sitzungsber. Berl. Acad. 1896, S. 457) hat gezeigt, dass die Aenderung, welche die Wanderungsgeschwindigkeit der Ionen mit der Temperatur erleidet, sich aus dem Temperaturcoëfficienten ähnlicher Ketten (elektrolytischer Thermoketten) berechnen lässt. Er findet so für die Ionen der Salzsäure die Wanderungsgeschwindigkeiten:

$$v_{(\mathrm{Cl})} = 63\,[1 + 0{,}022\,(t - 18^0)]$$
$$u_{(\mathrm{H})} = 290\,[1 + 0{,}016\,(t - 18^0)]$$

jetzt die Nernst'sche mit der Helmholtz'schen Formel[3]) in Anwendung auf das Daniell'sche Element. Nach der Nernst-schen Darlegung kommt es für die elektromotorische Kraft nur an auf den Lösungsdruck des Kupfers und des Zinks und die osmotischen Drucke der betreffenden Ionen. Da der Lösungsdruck bei constanter Temperatur unveränderlich ist, müssen alle Veränderungen auf Aenderungen der Ionenconcentration beruhen. In Helmholtz Formel ist bei constanter Temperatur $\frac{Q}{nF}$ constant und nur $\frac{\delta \pi}{\delta T}$ variabel, der Concentrationsänderung der Lösung entspricht also eine Aenderung des Temperaturcoëfficienten. Wir haben früher die Verdünnung, bezw. Anreicherung einer der Lösungen im Daniell als das Hinzutreten einer Concentrationskette aufgefasst. Da der Werth der elektromotorischen Kraft einer solchen $\pi_c = T \frac{\delta \pi_c}{\delta T}$ ist, so ist ohne Weiteres klar, dass ihr Auftreten den Temperaturcoëfficienten der Kette verändern muss. Hat ein Element einen negativen Temperaturcoëfficienten, so werden wir durch Concentrationsvermehrung an der Kathode oder durch Verdünnung an der Anode principiell immer im Stande sein, ihn auf Null zu verkleinern. Ist er positiv, so werden wir ihn durch die entgegengesetzte Aenderung der Concentration gleichfalls auf Null bringen können. Wir können also den Zustand stets erreichen, bei welchem die gesammte durch die Wärmetönung ausgedrückte Reactionsenergie in elektrische übergeht.

Es ist ferner deutlich, dass wenn die Concentration an beiden Elektroden so geändert wird, dass das Verhältniss der ursprünglichen zu der geänderten Ionenzahl hier wie dort das gleiche ist, die Kette ihre elektromotorische Kraft nicht ändert, da in diesem Falle die beiden Concentrationsketten, welche man als neu hinzutretend betrachten kann, der Grösse nach gleich und der Richtung nach entgegengesetzt sind und sich also aufheben.

---

[3]) Nernst, Z. f. physic. Chem. 4, S. 129 und Wied. Ann. 53, S. 57.

Wir verlassen jetzt das Gebiet, das die theoretische Forschung mit einem durchgebildeten Netz von Strassen nach allen Seiten durchzogen hat. Wir überschreiten die Grenze zunächst, indem wir uns den Oxydations- und Reductionsvorgängen an den Elektroden zuwenden.

Wenn wir eine schwefelsaure Lösung von Kaliumpermanganat mit Eisenvitriollösung im Reagensglas zusammenbringen, so wird letztere oxydirt. Diesen Vorgang können wir elektrochemisch vollziehen, wenn wir beide Lösungen übereinanderschichten und in jede eine Elektrode aus Platin bringen, die durch einen äusseren Stromkreis mit einander verbunden sind. Der chemische Vorgang an der Grundfläche der Lösungen ist wie in den früheren Fällen so auch hier für die Stromerzeugung vollkommen nebensächlich. Wir können zwischen die Lösungen noch eine indifferente Salzlösung schalten, z. B. Glaubersalzlösung, ohne etwas zu ändern. Die Platinelektroden werden weder im Ruhezustande noch bei der Stromabgabe angegriffen. In den Lösungen um die Elektrode aber beobachten wir bei Stromschluss chemische Umsetzung. Die schwefelsaure Permanganatlösung geht in eine saure Mangansulfatlösung über, gleichzeitig wird an der anderen Elektrode ein äquivalenter Betrag von Eisenoxydulsulfat zu Oxydsulfat oxydirt. Das Phänomen ist dasselbe, als ob an der einen Elektrode vorhandener Wasserstoff durch die Uebermangansäure oxydirt, an der anderen durch eine äquivalente Menge Sauerstoff Eisenvitriol in Eisenoxydsulfat verwandelt würde. Wir beobachten, dass der positive Strom von der in Eisenvitriol tauchende Elektrode durch die Flüssigkeit zur anderen und durch den äusseren Stromkreis zum Ursprungsorte zurückläuft. Mit ihm wandern in der Lösung die $\overset{++}{\mathrm{Fe}}$-Ionen der Eisenvitriollösung und vor diesen her die Kalium- und Wasserstoffionen der angesäuerten Permanganatlösung. Ihm entgegen wandern die $\overset{--}{\mathrm{SO_4}}$- und $\overset{-}{\mathrm{MnO_4}}$-Ionen von der Permanganatseite nach der Eisenvitriolseite und vor diesen her die $\overset{--}{\mathrm{SO_4}}$-Ionen des Eisenvitriols. An der Platinelektrode, welcher die Kationen zuwandern, müssen entweder solche entladen werden oder Anionen in die Lösung eintreten, wenn Stromdurchgang stattfinden soll. Anionen, welche von der Elektrode geliefert werden könnten, fehlen. Von Kationen, welche entladen werden können, sind $\overset{+}{K}$ und $\overset{+}{H}$ vorhanden. Gleichviel, welche von beiden Anionen bei Abwesenheit des Oxydationsmittels sich abscheiden würden, in Anwesenheit der Uebermangansäure wird jedenfalls statt der Abscheidung eine Reduction von Permanganat eintreten. An der anderen Elektrode haben wir die Anionen $\overset{--}{SO_4}$ und die kleine Zahl der OH-Ionen, welche das Wasser der Lösung stellt. Kationen können nicht in die Lösung treten, da Platin sich bei Stromdurchgang nicht auflöst. Es müssen also Anionen entladen werden. Wiederum ist es gleich, was in Abwesenheit einer oxydirbaren Substanz geschehen würde. In Gegenwart von Eisenvitriol wird auch hier in jedem Falle Eisenoxydsulfat sich bilden, sei es, dass OH-Ionen entladen werden und zu O und H_2O zusammentreten, oder dass $\overline{SO_4}$-Ionen sich abscheiden und mit $FeSO_4$ nach $2\,FeSO_4 + 1\,SO_4 = Fe_2(SO_4)_3$ reagieren. Dass der Strom zu Stande kommt, ist auf dieselben Umstände zu rechnen, welche die Reaction im Reagenzglase hervorrufen, auf das hohe Bestreben des Permanganats in eine niedere Oxydationsstufe übergehen, auf das des Eisenvitriols eine höhere anzunehmen. Die Summe beider Bestrebungen wird in der elektromotorischen Kraft der Kette, die Einzelgrössen werden in den Einzelpotentialen an den Elektroden zum Ausdruck kommen. Wie die genannten Substanzen, so können wir andere Oxydations- und Reductionsmittel zu Ketten combiniren und die Reactionen, welche zwischen ihnen im Reagenzglas sich abspielen, zur Stromerzeugung nutzbar machen. Die elektromotorischen Kräfte werden dabei jeweils der Stärke der Oxydationskraft bzw. Reductionskraft der benutzten Substanzen entsprechen. Bancroft hat eine Reihe von Combinationen hergestellt und Neumann[1]) hat daraus folgende Einzelpotentiale abgeleitet. Das Vorzeichen bei den Zahlen bezeichnet die Ladung der Lösung. Die Concentrationen sind nicht scharf definirt, meist ca. $^1/_5$ Molecül im Liter. Einige neuerdings von Ihle[2]) gemessenen Werthe sind in Klammern beigefügt. Da die Potentiale mit der Concentration sich ändern, sind sie nur als Annäherungswerthe zu benutzen, als solche aber sehr brauchbar.

[1]) Neumann, Z. f. physic. Chem. 14, S. 193.

[2]) Ihle, Z. f. physic. Chemie 22, S. 114; ebenda 19 S. 584.

$SnCl_2 + KOH$	$+0,301$	$FeSO_4 + H_2SO_4$	$-0,794$
Na_2S	$+0,091$	KFe_2 Oxalat	$-0,846$
Hydroxylamin, KOH	$+0,056$	($K_3Fe(CN)_6$ alkalisch	$-0,886$)
Chromoacetat, KOH	$+0,029$	J_2, KJ	$-0,888$
Pyrogallol, KOH	$-0,078$	(HNO_2	$-0,95$)
Hydrochinon	$-0,231$	$K_3Fe(CN)_6$	$-0,982$
Wasserstoff, HCl	$-0,249$	($K_3Fe(CN)_6$ sauer	$-1,021$)
KFe Oxalür	$-0,285$	$K_2Cr_2O_7$	$-1,062$
Chromoacetat	$-0,364$	(H_2O_2 sauer	$-1,078$)
(H_2O_2 alkalisch	$-0,367$)	KNO_3	$-1,137$
(Bromsilber i. Bromkali	$-0,42$)	$Cl_2 \cdot KOH$	$-1,186$
($CrO_4K_2 \cdot KOH =$	$-0,48$)	(6%ige HNO_3	$-1,23$)
$K_4Fe(CN)_6 \cdot KOH$	$-0,474$	$FeCl_3$	$-1,238$
J_2, KOH	$-0,490$	HNO_3	$-1,257$
$SnCl_2 \cdot HCl$	$-0,496$	$HClO_4$	$-1,267$
Arsenigsaures Kalium	$-0,506$	$Br \cdot KOH$	$-1,315$
NaH_2PO_2	$-0,516$	$H_2Cr_2O_7$	$-1,397$
$CuCl_2$	$-0,560$	$HClO_3$	$-1,416$
$Na_2S_2O_3$	$-0,576$	$Br_2 \cdot KBr_2$	$-1,425$
Na_2SO_3	$-0,583$	($H_2CrO_4 + H_2SO_4$	$-1,440$)
Na_2HPO_3	$-0,593$	KJO_3	$-1,489$
$K_4Fe(CN)_6$	$-0,595$	(95%ige HNO_3	$-1,52$)
$FeSO_4$ neutr.	$-0,633$	$MnO_2 \cdot KCl$	$-1,628$
Hydroxylamin, HCl	$-0,636$	$Cl_2 \cdot KCl$	$-1,666$
$NaHSO_3$	$-0,663$	$KMnO_4$	$-1,763$
H_2SO_3	$-0,718$		

Bildet man eine Kette aus Platinplatten, die mit zwei der Substanzen, welche die Tabelle enthält, sich berühren, so wird Reduction auf der Seite eintreten, wo die Lösung stärker negativ ist, Oxydation auf der anderen. Um die Tabelle zu benützen, genügt es hier indessen nicht, wie bei der Tabelle (S. 107) für die elektromotorischen Kräfte der Metalle in ihren Salzlösungen beliebige Glieder herauszugreifen und durch Rechnung oder, wie früher erläutert, graphisch den Werth einer Kette aus ihnen zu berechnen. Man wird jedesmal durch Ueberlegung oder durch einen Versuch im Reagensglase zuerst von der Ausführbarkeit der Reaction sich überzeugen, ehe man die Berechnung der elektromotorischen Kraft beim elektrochemischen Vollzug der Reaction an der Hand der Tabelle vornimmt. Man wird z. B. nicht erwarten können, dass eine Kette Pt / KNO_3, $KMnO_4$ / Pt, mit der aus der Tabelle zu entnehmenden elektromotorischen Kraft von 1,763—1,137 = 0,626 Volt arbeitet, indem positive Elektricität von der Nitratelektrode durch die Flüssigkeit zur Permanganatelektrode geht. Denn wenn auch bei solcher Stromrichtung die Permanganatlösung Reduction erleidet, so kann doch die Nitratlösung nicht Oxydation erfahren, da eine höhere Oxydationsstufe der Salpetersäure fehlt. Wohl aber wird man durch Combination von

$$\mathrm{Pt}\,\underset{\longrightarrow}{/}\,\mathrm{NaH_2PO_2},\ \mathrm{KMnO_4}\,\underset{\longrightarrow}{/}\,\mathrm{Pt}$$

eine Kette erhalten, bei welcher die aus der Tabelle zu entnehmende elektromotorische Kraft 1,763 — 0,516 = 1,247 Volt einen Strom im Sinne der Pfeile treibt, weil hier die Reduction der Permanganatlösung und die Oxydation des unterphosphorigen Salzes in einander greifen können. Entsprechend der Verschiedenheit der Potentiale mancher Substanzen in saurer und alkalischer Lösung, die beim Wasserstoffsuperoxyd besonders auffallend ist, beobachtet man erhebliche Verschiedenheit der Vorgänge in saurer und alkalischer Lösung. Wasserstoffsuperoxyd reducirt aus Bromsilber-Bromkalium in alkalischer Lösung Silber, in saurer nicht, weil es in ersterer minder, in letzterer stärker negativ ist. In alkalischer Lösung ist Ferricyankaliumlösung stark negativ gegen Wasserstoffsuperoxyd und wird deshalb leicht zu Ferrosalz reducirt, während Wasserstoffsuperoxyd zu Sauerstoff oxydirt wird. In saurer Lösung kehrt sich die relative Stellung beider um und eine Reaction ist nicht möglich, da das Ferricyankalium nicht weiter oxydirbar ist. Für die Chromsäure, die in saurer Lösung fast 0,4 Volt unter dem Wasserstoffsuperoxydpotential liegt, ist in Uebereinstimmung mit der Erfahrung die Reduction zu Chromosulfat unter Oxydation des Hyperoxydes zu Sauerstoff zu erwarten, während in alkalischer Lösung, wo die Potentiale so gut wie gleich sind, eine merkliche Einwirkung ausbleibt. Man könnte auch umgekehrt aus der Reaction auf das Potential schliessen. Eisenoxydulhydrat[1]) in Kalilauge wird von Hydroxylamin langsam oxydirt, sein Potential muss also wenig

[1]) Haber, Ber. d. deutschen chem. Gesellsch. 1896, S. 2444.

über $+0{,}056$ betragen, in saurer Lösung wird Eisenchlorid von Hydroxylamin reducirt, was mit dem negativeren Werth des Eisenchlorids gegen salzsaures Hydroxylamin übereinstimmt.

Ein Theil der in der Tabelle angeführten Substanzen ist, praktisch gesprochen, unlöslich, z. B. MnO_2, das ändert aber an ihrer Benützbarkeit nichts. Eine sehr kleine Menge ist stets gelöst, und wenn dieselbe auch analytisch nicht nachweisbar ist, so genügt sie doch, die gewünschten elektrochemischen Umsetzungen zu bewirken, da sie, soweit sie verbraucht wird, sich durch Lösung neuer Mengen ergänzt. Wenn also Braunstein an einer Elektrode vorhanden ist, so bedeutet dies, dass eine äusserst verdünnte MnO_2-Lösung dieselbe umgiebt. Wird die gelöste Menge reducirt zu Mn_2O_3 oder MnO, so scheiden sich diese Verbindungen, welche in nicht sauren Flüssigkeiten ebenfalls nur spurenweise löslich sind, dauernd ab, während continuirlich neue Mengen Braunstein in Lösung gehen. Elektrochemisch gesprochen, bedeutet in diesem, wie in den früheren Fällen, die Reduction Verschwinden von positiven oder Entstehung negativer Ladungen, die Oxydation Verschwinden negativer oder Entstehung positiver. Bei der Reduction von Braunstein zu Manganoxyd verschwindet eine positive Ladung, indem Mangan aus dem vier- in den dreiwerthigen Zustand übergeht, bei der Reduction des Eisenchlorids zu Chlorür geschieht dasselbe, indem das dreiwerthige Eisen zweiwerthig wird. Umgekehrt ist die Oxydation des Zinnchlorürs zu Chlorid mit der Entstehung zweier weiteren positiver Ladungen der betheiligten Sn-Ionen identisch. Wir haben früher von dem eigenthümlichen Doppelcharakter der Energie gesprochen, welche den Ionen anhaftet, von jener Desmotropie, welche es mit sich bringt, dass der Energiegehalt der Ionen gleichzeitig als chemische und als elektrische Energie erscheint. Diesen Doppelcharakter finden wir in schärfster Ausprägung hier wieder. Das Potential einer unangreifbaren Elektrode in einem Oxydations- oder Reductionsmittel ist nicht ein Adhärens, welches neben der Reactionsfähigkeit der Lösung gewissermassen als unerhebliche Zufallseigenschaft einhergeht, es ist vielmehr der genaue Ausdruck ihrer Reactionsfähigkeit in einer veränderten Bezeichnungsweise.

Bei Metallen in ihren Salzlösungen bedeutet die Entladung von Ionen gleichfalls ein Verschwinden, das in Lösung gehen ein Auftreten einer positiven Ladung in der Flüssigkeit, das erstere ist also, wenn man will, als eine Reduction, das letztere als eine Oxydation der Elektrolyten zu bezeichnen. Diese Analogie ist als Richtschnur zu nehmen, wenn man Elemente aus Metallen in ihren Lösungen und Oxydations- oder Reductionsmitteln um Platinelektroden combinirt. Stellen wir z. B. die Kette Zink / Zinksulfat, Braunstein / Platin her, so wird in dieser Kette Zink oxydirt, das heisst gelöst, Braunstein reducirt werden. Angesichts der überaus kleinen Anzahl $\overset{++}{Mn}$-Ionen wird die Wanderung nur von den $\overset{++}{Zn}$- und $\overset{--}{SO_4}$-Ionen besorgt, von denen erstere zum Braunsteinpole, letztere zum Zinkpole sich bewegen. An den Elektroden vollziehen sich folgende Vorgänge. Für 1 Grammäquivalent an der Anode in Lösung gehendes Zink wandern m Grammäquivalente $\overset{--}{SO_4}$ der Anode zu, $1 - m$ $\overset{++}{Zn}$ von ihr weg. Die Zinkionenconcentration wächst also um m Grammäquivalente, die SO_4-Concentration ebenfalls, d. h. die $Zn\,SO_4$-Menge in Summa um m Grammäquivalente. An der Kathode wandern $1 - m$ Grammäquivalente Zink zu und m Grammäquivalente SO_4 weg, gleichzeitig verschwindet, indem es mit $2\,MnO_2$ zu $Mn_2O_3 + H_2O$ sich vereinigt, ein Grammäquivalent $\overset{+}{H}$-Ionen. Die Bilanz an positiven und negativen Ladungen stellt sich also an dieser Elektrode so, dass je m Grammäquivalente Anionen sowohl wie Kationen verschwinden. Die elektrische Neutralität ist also gerade so hergestellt, als ob 1 Grammäquivalent Zink entladen wäre. Die verbrauchten H-Ionen, welche zur Reduction des Braunsteins dienten, entstammten dissociirtem Wasser. Ihre Bildung muss nothwendig von der von 1 Grammion OH-Ionen begleitet sein. Diese OH-Ionen sind nicht aus der Lösung elektrolytisch abgeschieden worden und ebenso wenig die Zinkionen. Wir haben also Zinkionen neben den äquivalenten Mengen OH-Ionen, d. h. Zinkoxydhydrat. Und da dieses nur in sehr begrenzter Menge löslich ist, insbesondere wenn die Lösung ein Salz mit gleichem Ion (Zinksulfat) enthält, so wird es in der Hauptsache ausfallen, indem nach

$$\overset{++}{Zn} + \overset{-}{OH},\ \overset{-}{OH} = Zn(OH)_2$$

gleichviel positive und negative Ladungen verschwinden. Schalten wir zwischen Braunstein und Zinksulfatlösung noch eine indifferente Salzlösung, z. B. Kaliumsulfat, so wird nicht $\overset{++}{Zn}(\overset{--}{OH})_2$, sondern $\overset{+}{K}\overset{-}{OH}$ an der Kathode entstehen. Da Aetzkali im Gegensatz zu Zinkoxyd sehr löslich ist, fällt es an der Kathode nicht aus, sondern vertheilt sich in der Flüssigkeit und erzeugt, wenn es bis an die Grenze der Zinksulfatlösung diffundirt, durch secundäre, elektrisch unwirksame Berührungsreaction einen Niederschlag von Zinkoxydhydrat in der Flüssigkeit.

Wir werden solchen Ketten bei den Primärelementen wieder begegnen.

Wenden wir uns jetzt zu der Frage, was geschieht, wenn Stromdurchgang durch ein System stattfindet, welches weder aus Metallen in ihren Salzlösungen gebildet ist, noch Oxydations- oder Reductionsmittel in gelöster Form an den Elektroden enthält, z. B. durch Schwefelsäure zwischen Platinplatten. Da hier weder Lösungsdrucke noch Oxydations- oder Reductionsbestrebungen stromtreibend wirken, so werden wir den Stromdurchgang durch eine äussere elektromotorische Kraft hervorrufen müssen. Wir wählen diese zunächst sehr klein und steigern sie langsam. Dabei beobachten wir anfangs keine sichtbare Zersetzung. Erst von einer bestimmten äusseren Kraft an, die von Fall zu Fall wechselt, findet dauernder, regelmässiger Stromdurchgang statt. Der Einfachheit wegen setzen wir zunächst, dass an der Anode der Potentialsprung Null sei und bleibe, wie das nahezu in der Kette Eisen/Eisensulfat, Schwefelsäure/Platin, verwirklicht ist. An der Kathode müssen nun Kationen entladen werden. Von solchen sind nur $\overset{+}{H}$-Ionen zugegen. In dem Maasse, wie sie abgeschieden werden, findet Stromdurchgang statt. Wenn das System also bei minimaler äusserer elektromotorischer Kraft keine merkliche Gasentwickelung und entsprechend keinen merklichen Stromdurchgang erkennen lässt, so ist ersichtlich, dass der Entwickelung des Wasserstoffs ein Hinderniss im Wege steht. Ein solches ist durch den Umstand gegeben, dass Wasserstoff an der Kathode adhärirt und eines hohen Druckes bedarf, um Blasen zu bilden und in dieser Form sich von ihr abzulösen. Die Grösse des Druckes hängt im einzelnen Falle von der Glätte oder Rauheit der Elektrodenfläche ab. Je rauher dieselbe, um so leichter erfolgt die Blasenbildung. Der unter Druck stehende Wasserstoff an Platin stellt nun eine Wasserstoffelektrode dar, an welcher der Lösungsdruck des Wasserstoffs mit dem Drucke der Gasschicht wächst. Wir beobachten also an der Elektrode eine wachsende Gegenkraft, der Potentialsprung Platin/Säure verwandelt sich in den Potentialsprung Wasserstoff/Säure, dessen Werth bis zum Beginne der Blasenbildung wächst. Die Elektrode polarisirt sich, wie man sagt, mit Wasserstoff. Haben wir neben den Wasserstoffionen Metallionen, z. B. in saurer Kupfersulfatlösung $\overset{++}{\mathrm{Cu}}$-Ionen, so scheiden sich zunächst sowohl Cu- wie H-Ionen in sehr kleiner Zahl ab. Die ersten entladenen Kupferionen lösen sich in der Oberflächenschicht der Elektrode. Die Löslichkeit ist aber äusserst klein. Sehr bald ist deshalb die Oberfläche an Kupferionen gesättigt. Solange sie es nicht ist, geht mit jedem neu entladenen Kupferion das Elektrodenpotential hinauf, weil die Concentration des Kupfers zunimmt. Dass das Elektrodenpotential gegen die Lösung mit wachsender Kupferconcentration sich ändert, scheint zunächst den früheren Darlegungen über den Lösungsdruck der Metalle zu widersprechen. Auf Seite 98 wurde ausgeführt, dass jedem Metall ein bestimmter, bei ungeänderter Temperatur constanter Lösungsdruck zukommt und man können daraus folgern, dass sobald nur die kleinste Spur Kupfer ausgeschieden ist, die Elektrode das durch den Lösungsdruck des Kupfers und die Concentration der Kupferionen definirte Potential gegen die Flüssigkeit besitzen müsse. Diese Anschauung trifft indessen nicht zu. Der Lösungsdruck der Metalle ist nur insoweit unveränderlich, als wir sie im Zustand des reinen, festen Metalls betrachten. Wenn wir das Metall — etwa durch Auflösen in Quecksilber — verdünnen, so ändert sich sein Lösungsdruck mit der Concentration. Gegenüber dem Wasserstoff und anderen Gasen besteht nur der Unterschied, dass diese principiell beliebige Concentrationen annehmen können, während die Metallconcentration nach oben begrenzt und nicht weiter steigerungsfähig ist, wenn einmal festes Metall in seinem normalen Zustand vorhanden ist. Sobald die Sättigung erreicht ist, wächst deshalb der Lösungsdruck des Kupfers beim Hinzutreten neuer entladener Kupferionen nicht mehr. Die Platinelektrode ist in eine Kupferelektrode verwandelt, an der beliebige Mengen Kupferionen ohne Steigerung des Potentialsprunges entladen werden können. Das Potential, bei welchem der Wasserstoffdruck an der Elektrode den Werth erreicht, dessen es zum Entweichen von Blasen bedarf, ist ausserordentlich viel höher. Es findet also nur Kupferabscheidung und keine bemerkbare Wasserstoffentladung statt. Die Elektrode polarisirt sich bis auf das Potential Kupfer/Kupferionen und nicht darüber hinaus. Nehmen wir statt der schwefelsauren Kupfersulfatlösung eine stark schwefelsaure Zinksulfatlösung. Wieder scheiden sich zunächst beide Arten Kationen ab, wieder lösen sich die ersten Zinkionen in der Platinoberfläche und auch diese Lösung reichert sich sehr rasch an. Es kommt aber hier nicht bis zu einer Sättigung, zur Verwandlung der Platinelektrode in eine Zinkelektrode, denn bei dem Ansteigen des Potentials, welches diese Anreicherung begleitet, wird vor Eintritt der Sättigung der Punkt erreicht, bei welchem Wasserstoff in Gasform zu entweichen vermag. Der Potentialsprung, bei welchem Wasserstoff in Bläschenform sich entwickeln kann, liegt tiefer als der einer Zinkelektrode in stark schwefelsaurer Zinsulfatlösung, es gelangen also nur analytisch unfassbare Zinkspuren zur Entladung, während Wasserstoff in beliebigen Mengen die Lösung verlassen kann.

Das an der Elektrode in jedem Falle auftretende Gleichgewicht der verschiedenen abgeschiedenen Substanzen regelt sich nach der Bedingung[1]), dass die Potentialdifferenz für jedes der abgeschiedenen Metalle gegen seine Ionen die gleiche sein muss, dass also

$$\frac{RT}{n_1\,0{,}4343}\,lg^{10}\frac{P_1}{p_1} = \frac{RT}{n_2\,0{,}4343}\,lg^{10}\frac{P_2}{p_2} = \frac{RT}{n_3\,0{,}4343}\,lg^{10}\frac{P_3}{p_3},$$

wenn mit n_1, n_2, n_3 die Werthigkeiten, mit P_1, P_2, P_3 die Lösungsdrucke, mit p_1, p_2, p_3 die osmotischen der zugehörigen Ionen bezeichnet werden. Dafür kann man durch Umformung setzen:

$$\sqrt[n_1]{\frac{P_1}{p_1}} = \sqrt[n_2]{\frac{P_2}{p_2}} = \sqrt[n_3]{\frac{P_3}{p_3}}.$$

[1]) Nernst, Z. f. physic. Chem. 22, S. 539. Ogg, Z. f. physic. Chem. 22, S. 536.

Für einwerthige Metalle geht dies in $\frac{P_1}{p_1}=\frac{P_2}{p_2}=\frac{P_3}{p_3}$ über und da P_1 P_2 P_3 für den normalen Zustand der Metalle ausserordentlich verschieden sind (siehe Tabelle 2 S. 108), so kann Gleichgewicht nur bestehen, entweder wenn die osmotischen Drucke p_1 p_2 p_3 im umgekehrten Verhältniss der Lösungsdrucke also ungemein stark differiren oder, bei der Grössenordnung nach ähnlichen osmotischen Drucken, wenn von den in Frage kommenden Metallen mit den Lösungsdrucken, P_1 P_2 P_3 das Metall mit dem niedersten Lösungsdruck (P_1) in dem normalen Zustande festen Metalls vorliegt, die beiden anderen aber in sehr grosser Verdünnung ihm beigemengt sind. Eine Elektrode, bestehend aus einem Metall im Normalzustande, dem ein anderes in grosser Verdünnung beigemengt ist, können wir leicht erzeugen, indem wir eine Elektrode aus Quecksilber nehmen, und eine kleine Menge eines anderen, z. B. Zink darin auflösen. Zink in Quecksilber gelöst, hat eine kleinere Concentration als Zink als festes Metall. Der Lösungsdruck des Zinks im Amalgams ist deshalb kleiner als der des massiven Metalls und Amalgame verschiedener Concentration zeigen das Zink ausgerüstet mit verschiedenen Lösungsdrucken, die um so geringer sind, je zinkärmer das Amalgam ist. Von den Unterschieden des Lösungsdruckes, welche das Zink bei variirender Concentration im Quecksilber besitzt, wurde bei der Amalgamkette, welche im Eingang dieses Capitels besprochen wurde, Gebrauch gemacht. Macht man die Zinkconcentration kleiner und kleiner, so nimmt der Lösungsdruck des Zinks schliesslich soweit ab, dass er dem Lösungsdruck des Quecksilber gleich wird. In diesem Zustande ist dann das Amalgam gemäss der mathematischen Darlegung im Gleichgewichte mit einer Lösung, die Zink- und Quecksilberionen in gleicher Menge enthält. Der Zinkgehalt des Amalgams ist aber dabei ein so verschwindend kleiner, dass der Chemiker mittelst der schärfsten analytischen Kriterien vergeblich das Zink nachzuweisen bestrebt sein würde. Um ein richtiges Urtheil über die Grösse der Verdünnungen zu erhalten, in denen die Lösungsdrucke der Metalle merklich kleiner zu werden beginnen, ist festzuhalten, dass einige hundertstel Procente Zink in Quecksilber diesem bereits das Potential des festen Zinks gegen Zinksulfatlösung geben. (In den Fällen, wo mehrere volle

Procente eines Metalls in einem anderen gelöst, trotzdem nicht das Potential der Legierung auf den Werth hinauftreiben, der dem reinen Metall zukommt, liegen Abnormitäten vor, die im Capitel »Galvanostegie« behandelt werden).

In Berücksichtigung der Gleichgewichtsbedingungen lässt sich nun auch der Entladungsvorgang in einer gemischten Salzlösung noch schärfer fassen. Es ist, wenn wir nur Zink- neben Kupferkationen haben, nicht genau richtig, dass, nachdem Anfangs sowohl einige $\overset{++}{Zn}$- als $\overset{++}{Cu}$-Ionen entladen sind, später nach Verwandlung der Platin- in eine Kupferelektrode nur noch Kupfer fällt. Denn denken wir uns eine reine Kupferschicht, wie sie an der Elektrode in diesem Falle rasch entstehen würde, in Berührung mit der Zink-+Kupfersulfatlösung, so kann unmöglich Gleichgewicht bestehen, wenn nicht einige Zinkionen sich auf der Elektrode niederschlagen, und zwar so viele, dass der Lösungsdruck, welchen sie im Kupfer gelöst ausüben, gerade gegenüber den Zinkionen in der Lösung denselben Potentialsprung bedingt, den das Kupfer gegen die Cu-Ionen zeigt. Wenn also das Gleichgewicht dauernd erhalten bleiben soll, so muss mit jeder Kupferschicht etwas Zink mitfallen. Diese mitfallende Zinkmenge ist nun aber weit unter jeder analytisch nachweisbaren Grenze, (wenn nicht besondere Complicationen eintreten, auf die eben hingedeutet wurde). Die ausfallenden Zink- und Kupfermengen stehen im Verhältniss jener Ionenconcentrationen, bei denen Zinkmetall/Zinkionen und Kupfermetall/Kupferionen den gleichen Potentialsprung haben, verhalten sich also wie eins zu vielen Billionen.

An der Hand vorstehender Darlegungen aber ist weiter ersichtlich, dass, wenn wir die Concentration einer von zwei um die Entladung concurrirenden Ionenarten so klein machen, dass für sie der Werth $\frac{RT}{0{,}4343} lg^{10} \frac{P}{p}$ den Werth für die andere Ionenart überwächst, wir die letztere mit nur verschwindenden Antheilen der ersten abscheiden werden. Dies gilt z. B. für die H-Ionen und Zn-Ionen in neutraler Zinksulfatlösung. Hier ist der Potentialsprung $\underset{\text{in Blasen}}{H}$ / H-Ionen grösser als der Zn $/ \underset{\text{concentrirt}}{\text{Zinkionen}}$, weil wir nur eine überaus kleine Wasserstoffionenzahl in der Lösung haben. Die Polarisation der Kathode endet also mit einer Verwandlung derselben in eine Zinkelektrode, während Wasserstoff an ihr nur mit geringem, für die Blasenbildung unzureichendem Drucke adhärirt. Die regelmässige Entladung fassbarer Mengen wird für jede Ionenart also pro Grammion eine bestimmte Arbeit $nF\pi$, die Entladungsarbeit, und einen bestimmten Potentialsprung π erfordern, der durch die Gleichung

$$\pi = -\frac{1}{nF}\frac{RT}{0{,}4343}lg^{10}\frac{P}{p}$$

definirt ist und den man gelegentlich als Haftintensität[1]) des Ions bezeichnet. Bis zu diesem Werthe π findet in Abwesenheit von Ionen mit niederer Haftintensität nur Polarisation, aber kein merklicher mit Zersetzung analytisch nachweisbarer Mengen verbundener Stromdurchgang statt. Dasselbe, wie bei den Kationen, gilt nun bei den Anionen. Wenn man z. B. Chlor neben Brom als Ionen in Lösung hat, so wird jedem von beiden ein bestimmter anodischer Potentialsprung zukommen, unterhalb dessen es nicht in analytisch nachweisbarer Menge abgeschieden werden kann. Dieser Potentialsprung ist für Brom kleiner als für Chlor. In einer Lösung beider wird deshalb Polarisation der Anode bis zum Brompotential und dann, soweit fassbare Mengen in Frage kommen, nur Bromentladung erfolgen. Indessen liegen die Verhältnisse hier nicht ganz so durchsichtig. Metalltheile, die einmal abgeschieden sind, lösen sich nicht als undissociirte Gebilde im Wasser, Brom und Chlor aber thun dies bekanntlich in erheblichem Maasse und vermögen deshalb von der Elektrode schon bei Drucken sich zu entfernen, die ihnen das Entweichen in Gasform nicht möglich machen würden. Sehen wir indessen von diesem Nebenpunkt ab, so können wir für beide Pole, also für die gesammte Lösung, jetzt in einer Reihe von Fällen bestimmte Voraussagen machen. Haben wir Chlorkadmium zwischen Platinplatten und schalten eine kleine äussere elektromotorische Kraft an, so wird sich zunächst die eine Elektrode durch Ausscheidung sehr kleiner Chlormengen mit Chlor, die andere durch Abscheidung von Spuren Kadmium mit diesem Metall polarisiren. Dies markirt sich an einem eingeschaltenen Galvanometer durch einen Stromstoss, dem wieder Stromlosigkeit folgt. Wir steigern die elektromotorische Kraft unserer Stromquelle; bei jeder Steigerung tritt ein neuer kleiner Stromstoss

[1]) Le Blanc, Z. f. physic. Chem. 13, S. 165.

auf, der dem Wachsen der Polarisation entspricht, schliesslich von einem bestimmten Betrage an dauernder Stromfluss. Der Zersetzungspunkt ist erreicht, gleichzeitig werden Chlorgasbläschen am einen, ein Kadmiumüberzug am anderen Pol sichtbar. Jetzt haben wir ein Element Chlor/Chlorkadmium/Kadmium, gegen das wir arbeiten. Untersuchen wir beim Zersetzungspunkte den Potentialsprung an der Kathode, indem wir z. B. eine Kadmiumelektrode in dieselbe Lösung tauchen und für einen Augenblick sie mit dem einen, die Niederschlagselektrode der Zelle mit dem anderen Pol eines Elektrometers verbinden, so erhalten wir den Ausschlag Null. Dasselbe finden wir, wenn wir etwa ein Kupfer- oder Silbersalz zersetzen und im Augenblick, wo der Zersetzungspunkt erreicht ist, die Kathode mit einer Kupfer- bez. Silberelektrode vergleichen. Führen wir denselben Vergleich mit einer Chlorelektrode und der Anode der Zersetzungszelle aus, so kann hingegen Uebereinstimmung nicht so sicher erwartet werden, da der Gasdruck an der Chlorelektrode und der an der Anode der Zelle und damit die Lösungsdrucke und Potentialsprünge verschieden sein können.

Gewisse theoretische Schwierigkeiten erwachsen, wenn wir Fälle wählen, bei denen entweder auch aus neutraler oder gar alkalischer Lösung an der Kathode Wasserstoff entwickelt wird oder bei denen an der Anode in neutraler oder saurer Lösung Sauerstoff entsteht. Wasserstoff an der Kathode entsteht bei allen Lösungen der Alkali- und Erdalkali-Metalle. Hier hat man bis vor Kurzem entweder generell angenommen, dass ursprünglich zwar Alkali- oder Erdalkalimetallionen entladen werden, dass diese aber alsbald Wasser durch secundäre Reaction zersetzen, sodass Wasserstoff an der Elektrode sich entwickelt, oder dass die Wasserstoffionen trotz ihrer ungemein kleinen Zahl für eine sichtbare Gasentwicklung noch ausreichen.[1]) Sauerstoff an der Anode liefern alle Sauerstoffsalze, die Sulfate, Acetate, Nitrate u. s. w. Hier waren wiederum die Ansichten insofern getheilt, als von der einen Seite angenommen wurde, dass Hydroxylionen des Wassers auch in saurer Lösung trotz ihrer kleinen Zahl für eine Sauerstoffentwicklung genug Material lieferten, von der anderen,

[1]) Le Blanc, Z. f. physic. Chem. 8, S. 299 und 13, S. 163. Arrhenius, Z. f. physic. Chem. 11, S. 805.

dass die Sauerstoffbildung eine secundäre Reaction sei, dass z. B. bei Sulfatlösungen SO_4-Ionen entladen werden und dass diese mit undissociirtem Wasser SO_4H_2 zurückbilden, indem sie Sauerstoff in Freiheit setzen. Bei den Anionen der schwachen Carbonsäuren z. B. CH_3COO ist die Auffassung, dass sie nach der Entladung secundär Wasser zersetzen, indem sie Säure zurückbilden und Sauerstoff in Freiheit setzen, dem Chemiker etwas befremdend; mehr noch widerstrebt ihm die Sauerstoffentwicklung bei der Elektrolyse verdünnter Salzsäure dahin zu deuten, dass Cl auf H_2O unter Rückbildung von HCl und Freiwerden von O einwirkt. Aus dem Zustand der Lösung chemisch genommen kann die Frage nicht entschieden werden. Es macht in keiner Weise einen Unterschied, ob z. B. bei der Zersetzung des Kaliumsulfats primär $\overset{--}{SO_4}$ und $\overset{+}{K}, \overset{+}{K}$ entladen werden, die secundär O und H_2 geben oder ob die Wasserzersetzung eine primäre ist. Im einen wie im anderen Falle wird die Lösung an der Sauerstoffelektrode freie Säure, an der Wasserstoffelektrode freies Alkali in gleicher Menge aufweisen.

Auch der Zustand der Elektroden giebt qualitativ keinen Entscheidungsgrund. Nach beiden Auffassungen ist eine Belegung der Elektroden mit einer Haut von Wasserstoff bezw. Sauerstoff zu erwarten, es wird sich eine Sauerstoff- und Wasserstoffelektrode herausbilden, und der Zersetzungspunkt wird erreicht sein, wenn an diesen Elektroden der Gasdruck so weit gewachsen ist, dass Entweichen in Bläschenform möglich ist. Entscheidend können nur die rein physikalischen Erwägungen sein, inwieweit die Lage der Zersetzungspunkte ihrem Zahlenbetrag in Volts nach zu der einen oder anderen Anschauung besser passt. Darüber bestand bis vor Kurzem Uneinigkeit. Insbesondere handelte es sich um die folgenden Thatsachen, welche Le Blanc ermittelt hat. An platinirten Elektroden findet man den Zersetzungspunkt aller starken Sauerstoffsäuren der Basen und der Salze, deren Componenten diesen Gruppen angehören, sehr nahezu 1,05 Volt in Uebereinstimmung mit dem Werthe, welchen man als elektromotorische Kraft der Sauerstoff/Wasserstoffkette beobachtet. An blanken Platinelektroden zeigen die Salze der Alkali- und Erdalkalimetalle mit starken Säuren annähernd übereinstimmend den Zersetzungspunkt 2,2 Volt. Die starken Säuren, wie Schwefelsäure, Salpetersäure, Chloressigsäure, Phosphorsäure, und ebenso die starken Basen, wie Natronlauge, Kalilauge, Ammoniak und die aliphatischen Amine zeigen an solchen Elektroden übereinstimmend den Zersetzungspunkt 1,7 Volt.

Auch die Deutung der im Folgenden angeführten Zahlen Le Blanc's für die Zersetzungspunkte der Schwermetallsalze an blanken Platinelektroden bietet im Einzelnen gewisse Schwierigkeiten, von denen es bis in die neueste Zeit strittig war, ob sie nach der Theorie der primären oder secundären Wasserzersetzung besser zu beheben seien.

$ZnSO_4$ . . .	2,35	$ZnBr_2$ . . .	1,80	—	
$NiSO_4$ . . .	2,09	$NiCl_2$ . . .	1,85	$AgNO_3$ . .	0,70
$CdSO_4$ . . .	2,03	$CdCl_2$ . .	1,88	$Cd(NO_3)_2$ . .	1,98
$CoSO_4$ . . .	1,92	$CoCl_2$ . .	1,78	$Pb(NO_3)_2$ . .	1,52

Durch eine Untersuchung von Nernst und Glaser[1]) aus jüngster Zeit hat die Frage ihre Wichtigkeit verloren. Im Sinne der Nernst'schen Theorie gedacht, bedeutet primäre Wasserzersetzung z. B. bei der Elektrolyse der Kalilauge, dass dieselbe Entladungsarbeit, welche ausreicht, um ein H-Ion an der Kathode auf den Gasdruck zu heben, bei welchem Wasserstoff in Blasen entweicht, nicht auslangt, um ein Kaliumion bis auf eine Concentration an der Kathode zu heben, bei der es undissociirtes Wasser zu Kalilauge unter Bildung von gasförmigem, in Blasen entweichendem Wasserstoff zu zersetzen vermag. Ebenso bedeutet primäre Wasserzersetzung bei Schwefelsäure, dass die OH-Ionen zur Ueberführung in Sauerstoff, der in Blasen entweicht, weniger anodischen Arbeitsaufwand brauchen als die SO_4-Ionen, um auf eine Concentration an der Anode zu kommen, bei der sie mit undissociirtem Wasser zu Schwefelsäure und Sauerstoff sich umsetzen. Die secundäre Wasserzersetzung bedeutet, dass diese Verhältnissegerade umgekehrt liegen. Nernst zeigt gemeinsam mit Glaser nun, dass von einem allgemeinen Schematismus im einen oder anderen Sinn nicht die Rede sein darf, dass es secundäre sowohl wie primäre Wasserzersetzung je nach den Bedingungen der Elektrolyse giebt. Um seine Versuche zu ver-

[1]) Nernst, Ber. d. deutschen chem. Ges. 1897 S. 1547.

stehen, ist es nöthig, zuvor die Polarisation bei wachsender Stromdichte zu betrachten.

Der Zersetzungspunkt ist der Punkt, an welchem ein Galvanometer im Stromkreis nicht mehr nach Anzeige eines Stromstosses auf seine Ruhelage zurückgeht, sondern dauernden Strom anzeigt. Beim Zersetzungspunkt vermögen wir beliebige Mengen der Zersetzungsproducte durch den Strom abzuscheiden. Indessen ist die secundliche Abscheidung, die Stromstärke, dabei eine sehr kleine. Um ein abschliessendes Bild der Polarisationsvorgänge zu gewinnen, müssen wir die Verhältnisse an den Elektroden bei stärkeren Stromdichten betrachten. Entnehmen wir einem Daniell'schen Element einen kräftigen Strom oder senden wir einen solchen in entgegengesetzter Richtung hindurch, so wird in jedem Falle die Concentration in den Lösungen dicht um die Elektroden sich ändern. Im ersten Falle bei der Stromentnahme wächst die Zinkconcentration und die Kupferconcentration fällt, da die Wanderung nicht so viel Ionen weg- bezw. zuführt, als dort in die Lösung, hier aus ihr herausgedrängt werden. Bei geringen Stromentnahmen, wie wir sie früher betrachtet haben, hilft die Diffusion in der Flüssigkeit über diese Divergenz hinweg. Deren Wirkung reicht bei hohen Stromdichten nicht mehr zu, und wir beobachten das Auftreten derjenigen Aenderungen im Potential, welche nach früheren Ausführungen die Concentrationsveränderung begleiten. Beim stromliefernden Daniell zeigt sich demgemäss eine Verminderung der elektromotorischen Kraft, umgekehrt finden wir, wenn wir von aussen Strom durch den Daniell treiben, Vermehrung derselben. In jedem Falle tritt also eine Gegenkraft auf, welche sich der Strombewegung widersetzt. Diese Art Polarisation werden unangreifbare Elektroden, an denen Wasserstoff, Chlor oder Hydroxylionen entladen werden, gleichfalls zeigen, denn die Concentration dieser Ionen an der Elektrode wird nicht minder verändert, wenn bei rascher Entladung Zuwanderung und Diffusion nicht mehr auslangen, um den Verlust durch Entladung zu decken. Wie weit die Veränderung der Schichten dicht um die Elektrode geht, hängt ausschliesslich von der Stromdichte ab. Es kann deshalb nicht Wunder nehmen, dass bei Anwesenheit zweier Ionengattungen, z. B. Zink- und Kupferionen an der Kathode, durch hohe Stromdichten in den Schichten um die Kathode eine Verarmung an Kupferionen erzielt wird, welche die Haftintensität derselben bis zu dem Werthe hinauftreibt, bei dem auch Zinkionen sich zu entladen vermögen. Es werden dann beide Metalle neben einander fallen. Präsumiren wir nun, dass bei der Elektrolyse der Alkalimetallsalze OH-Ionen primär entladen werden. In diesem Falle wird der Grad der Verarmung bei wachsender Stromdichte offenbar von der Diffusion und von der Wanderung nicht beeinflusst werden, denn die ganze Menge der OH-Ionen, welche in einem Liter enthalten sind, reicht noch nicht, um die anodische Sauerstoffentladung bei 1 Amp. Stromstärke für $^1/_{100}$ sec. zu bestreiten. Es wird vielmehr ausschliesslich darauf ankommen, wie rasch die Ionen des Wassers sich nachbilden. Geschieht das unbegrenzt schnell, so muss bei der Annahme primärer Wasserzersetzung erwartet werden, dass die Elektrodenpotentiale über den Zersetzungspunkt hinaus überhaupt nicht steigen. Die Beobachtung lehrt aber, dass sie wachsen. Die Verarmung bleibt also nicht aus, die Nachbildung der OH-Ionen geschieht nicht unendlich schnell. Nehmen wir secundäre Wasserzersetzung an, so spielt die Dissociation des Wassers überhaupt keine Rolle für die Elektrodenpotentiale. Eine Verarmung findet bei der Elektrolyse der Alkalisalze an keinem der Pole statt, da weder Metallionen noch Säureionen aus der Lösung verschwinden. Dass die Elektrodenpotentiale steigen, ist dann daraus zu erklären, dass die secundäre Umsetzung der primär ausgeschiedenen Produkte nicht unendlich rasch geht, sondern dass diese sich an den Elektroden anhäufen. An diesem Punkte nun setzt die erwähnte Untersuchung von Nernst ein. Er benutzte eine Anordnung, bestehend aus einer grossen Sauerstoffelektrode und einer Platinspitze für Beobachtungen über Entladung von Wasserstoffionen oder eine grosse Wasserstoffelektrode und eine Platinspitze für solche Beobachtungen an Anionen. Wenn er im letzteren Fall z. B. Schwefelsäure elektrolysirte, so waren die Stromdichten an der Spitze bereits recht hoch, wenn sie an der Wasserstoffelektrode noch verschwindend klein waren. Der Potentialsprung an der letzteren war deshalb als ein constanter zu betrachten. Er verband nun die Spitze und die Wasserstoffelektrode mit einer äusseren Stromquelle, deren elektromotorische Kraft von Null aufwärts beliebig gesteigert werden konnte. Ein Messinstrument im Stromkreise erlaubte, die eintretende Stromstärke zu bestimmen.

Bei näherer Ueberlegung sind bei dieser Anordnung folgende Vorgänge zu erwarten. Wenn ein einziges Ion, z. B. das OH-Ion an dem Entladungsvorgang beteiligt ist, so wird bei jedem Ansteigen der äusseren elektromotorischen Kraft eine kleine Menge OH-Ionen ausgefällt werden. Jedem Anwachsen der äusseren elektromotorischen Kraft wird ein Stromstoss entsprechen. Nach diesem würde das Instrument in die Ruhelage zurückkehren, wenn nicht ein Sondervorgang, der der freiwilligen Depolarisation, hinzukäme, der bislang noch nicht näher erläutert wurde. Bei der Beleuchtung der Chlor- und Bromabscheidung bedachten wir, dass die Löslichkeit der Substanzen im Elektrolyten die an der Elektrode abgeschiedene Menge langsam verkleinere. Bei weniger löslichen Gasen wie Wasserstoff findet dies in geringerem Maasse statt. Die Erscheinung bleibt aber nicht aus und es fällt deshalb der Druck in der Gasschicht an der Elektrode, wenn nicht unablässig eine erneute geringe Entladung stattfindet. Die wirkende, äussere elektromotorische Kraft wird also nicht nur einen Stromstoss im Augenblicke ihrer Anschaltung bewirken, sondern insoweit dauernden Stromdurchgang veranlassen, dass der Verlust an Gas durch Diffussion, welcher an der Elektrode auftritt, durch Zuführung neuen Gases gedeckt, die freiwillige Depolarisation also, welche das Potential der Elektrode wieder sinken machen würde, paralysirt wird. Diese Strombeträge sind äusserst klein,[1]) mit feinen Instrumenten, welche Hunderttausendstel Ampère anzeigen, aber wahrzunehmen. Ihre Grösse steigt mit dem Gasdruck an den Elektroden. Tragen wir also

[1]) Die freiwillige Depolarisation zwischen Platinelektroden in Schwefelsäure gibt Anlass zu einer eigenthümlichen chemischen Beobachtung: Der von der Anode weg diffundirende abgeschiedene Sauerstoff wird an der Kathode zu Wasserstoffsuperoxyd reducirt, dessen Menge man colorimetrisch, so klein sie ist, mit der Titansäurereaction bestimmen kann. (Titansäure in Schwefelsäure gelöst wird durch Wasserstoffsuperoxyd gelb.) Man findet bei einer Spannungsdifferenz von 1,1 Volt zwischen den Elektroden, dass die durchgehende geringe Stromquantität gerade nach dem elektrochemischen Aequivalent der geringen Menge entstehenden Wasserstoffhyperoxydes entspricht. (Richarz und Lonnes, Z. f. physic. Chemie, 20, S. 145.)

die Stromstärke als Ordinate, die elektromotorischen Kräfte als Abscisse auf, so wird sich von Anfang an eine langsam ansteigende Linie ergeben. Am Zersetzungspunkte öffnet sich gleichsam ein Ventil, welches auf einen bestimmten Gasdruck gestellt ist. Die neu entladenen Ionen steigern den Druck an der Elektrode nicht mehr. Zu dem Diffusionsverlust tritt jetzt die Möglichkeit, in Blasen sich abzulösen und zu entweichen. Ist die Zahl der Ionen an der Spitze unbeschränkt, so wird jetzt eine sehr kleine Steigerung der elektromotorischen Kraft sehr grosse Stromstärken ermöglichen. Die vorher langsam ansteigende Linie wendet sich also schroff nach oben. Wenn aber die Anzahl der Ionen nicht gross ist, so wird zwar ein Knick zu beobachten sein, derselbe wird aber nicht ein scharfer, sondern ein flacher sein, denn nun bewirkt jede Entladung sofort eine Verarmung der Elektrodenumgebung an diesen Ionen und damit ist die Nothwendigkeit gegeben, eine weitere Vermehrung der elektromotorischen Kraft vorzunehmen, wenn die Stromstärke trotz dieser Verarmung steigen soll. In jedem Falle wird die Ventilwirkung, welche die Blasenbildung am Zersetzungspunkte übt, sich durch einen Knick bekunden, und es ist vorauszusagen, dass nur e i n solcher sich finden wird, wenn nur e i n Ion an der Entladung sich betheiligt[1].) Die grössere oder geringere Steilheit der Stromcurve hinter dem Knick wird ferner darüber belehren, ob die Ionen dauernd annähernd in gleicher Concentration sich der Entladung zu Gebote stellen oder ob die Lösung rasch an ihnen verarmt. Handelt es sich um die Ionen des Wassers, bei denen die verfügbare Zahl lediglich durch die Geschwindigkeit der Neubildung bedingt ist, so ist der Neigungswinkel der Curve direct ein Maass für ihre Bildungsgeschwindigkeit. Handelt es sich um Ionen,

[1]) Dabei ist vorausgesetzt, dass jedes Ion nur e i n e Substanz bei der Entladung liefert. Wenn es z. B. erwiesen wäre, dass Hydroxylionen sowohl Sauerstoffgas und Wasser als Wasserstoffsuperoxyd bei der Entladung je nach Umständen liefern können, so würde man bei der Entladung der Hydroxylionen zwei Knickpunkte zu erwarten haben, den einen dort, wo Wasserstoffsuperoxydbildung beginnt, den zweiten da, wo gasförmiger Sauerstoff zu entweichen vermag. Der Knickpunkt kann principiell ebensowohl einer neuen Reaction des Ions im Entladungsmomente, als einer neuen Ionenart entsprechen, die beginnt, sich am Entladungsvorgang zu betheiligen.

wie SO_4, NO_3, K, Na, deren Entladung zur Bildung von Sauerstoff, bezw. Wasserstoff führt, und bei denen Verarmung nicht möglich ist, da sie der Lösung nicht entzogen werden, dann ist die Steigung der Stromcurve hinter dem Knickpunkt von der Geschwindigkeit abhängig, mit der jeweils die entladenen Ionen rückwärts auf undissociirtes Wasser wirken. Nernst beobachtete nun (Fig. 40 und 41) bei Schwefelsäure, wenn er die Platinspitze zur Kathode machte und eine Sauerstoffelektrode als anderen Pol verwandte, bei 1,08 Volt, also bei dem Werthe, welcher der Gaskette $O/H_2SO_4/H$ entspricht, den Knick, welcher die Entwickelung von

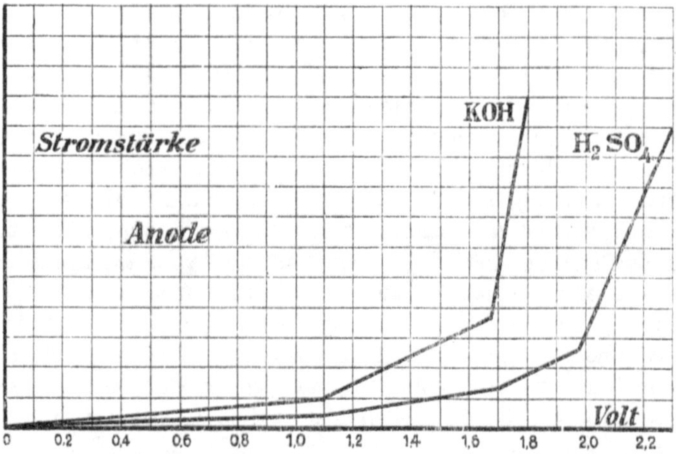

Fig. 41.

Wasserstoff anzeigt. Bei Kalilauge fand er aber unter gleichen Bedingungen zwei Knicke, den ersten wieder bei 1,08 Volt, den zweiten bei 1,4. Nach dem ersten steigt die Stromlinie sehr langsam, ein Zeichen, dass die Ionen, welchen dieser Knick zukommt, gering an Zahl sind und einmal entladen nur langsam sich nachbilden, nach dem zweiten steigt sie rapid. Der zweite Knick ist jedenfalls den Kaliumionen, der erste den H-Ionen zuzutheilen, deren Zahl in Kalilauge verschwindend ist, und deren Bildungsgeschwindigkeit danach gering erscheint. Bei Benützung einer Wasserstoffelektrode als Kathode und einer Platinspitze als Anode fand Nernst bei Kalilauge wiederum zwei

Knicke, den einen flachen bei 1,08, den anderen steileren bei 1,68. Diese Beobachtung ist darum äusserst merkwürdig, weil in Kalilauge als Anionen nur Hydroxylionen nach der bislang geltenden Anschauung vorliegen. N e r n s t sieht nun die Möglichkeit der Erklärung in einer Annahme K ü s t e r ' s, dass das Wasser nicht nur in H—OH, sondern daneben in $\overset{--}{O}$—$\overset{+}{H}$,$\overset{+}{H}$ dissociirt ist. Den O-Ionen lässt sich dann der Werth bei 1,08, den OH-Ionen den höhere 1,68 zutheilen. Schwefelsäure zeigt nicht zwei, sondern drei Knicke, bei 1,08 für O-Ionen, bei 1,68 für OH-Ionen und bei rund 1,9 Volt für SO_4-Ionen. Das Problem der primären

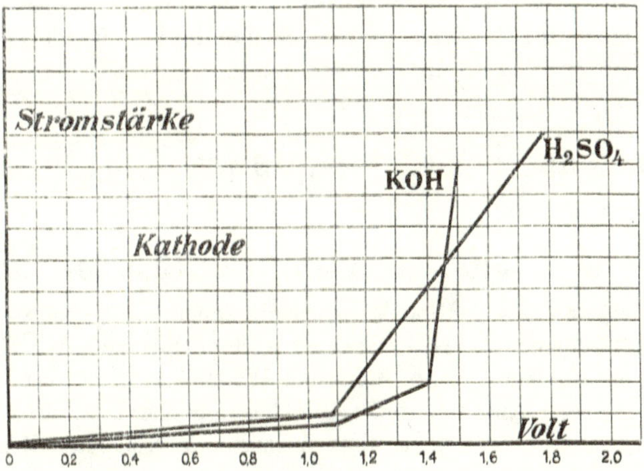

Fig. 42.

und secundären Wasserzersetzung erscheint dadurch wesentlich geklärt. Die primäre Zersetzung findet ausschliesslich statt, solange kleine Mengen entladen werden, bei höheren Stromstärken tritt die secundäre hinzu, die quantitativ in Bezug auf die Menge der pro Secunde entladenen Bestandtheile bei flotter Elektrolyse weitaus den grösseren Umfang erreicht hat.[1])

Der Umstand, dass an blanken Elektroden der Zersetzungspunkt viel höher gefunden wird als an platinirten, erklärt sich

[1]) Für die Sauerstoffentwicklung aus verdünnter Salzsäure hat H a b e r durch specielle Erwägungen den rein primären Charakter abgeleitet. (Z. f. anorg. Chemie, 16, S. 200.)

alsdann so, dass die letzteren mit ihrer rauhen Oberfläche eine unverhältnissmässig grössere Ionenzahl in nächster Umgebung haben als die blanken. In der ausgedehnteren Schicht um die platinirte Elektrode reicht die Anzahl der O-Ionen und die Menge derselben, welche pro Zeiteinheit sich nachbildet, bereits aus, um bei 1,08 Volt einen erheblichen Strom zu unterhalten. An der compacten Oberfläche des blanken Platins kann die gleiche Aufgabe erst durch die Betheiligung eines schwerer entladbaren Ions, des OH-Ions im Falle der Schwefelsäure, erfüllt werden.

Indem er die Knickpunkte zur Determination der Haftintensität verwendet, findet Nernst so die folgenden Zersetzungsspannungen für 1/1 normale Concentration der betreffenden Ionen, indem er den Werth H/H-Ionen gleich Null setzt.

Für die Anionen

$\overset{-}{J}$ 0,52, $\overset{-}{Br}$ 0,94, $\overset{--}{O}$*) 1,08, $\overset{-}{Cl}$ 1,31, $\overset{-}{OH}$ 1,68, $\overset{--}{SO_4}$ 1,9, $H\overset{--}{SO_4}$ 2,6;

für die Kationen

$\overset{+}{Ag}$ — 0,78, $\overset{++}{Cu}$ — 0,34, $\overset{+}{H}$ 0,0, $\overset{++}{Pb}$ + 0,17, $\overset{++}{Cd}$ + 0,38, $\overset{++}{Zn}$ 0,74.

Man erkennt, dass diese Werthe mit denen der Tabelle S. 107 und des Schemas S. 116 in der zu erwartenden ungefähren Uebereinstimmung sind, wenn man den Werth 0,238 Volt für H/H-Ionen bei den Anionen hinzuzählt, bei den Kationen subtrahirt. (Bei Ag und Cu ist er, da diese negatives Vorzeichen haben, zu subtrahiren.) Eine genaue Uebereinstimmung mit den früheren Angaben ist nicht zu erwarten, da die Nernst'schen Werthe sich auf 1/1 n- Ionenconcentrationen, die früheren auf 1/1 n- oder unbestimmte Salzconcentrationen beziehen. Die mit *) versehenen Werthe für OH und O beziehen sich auf eine Lösung, in welcher die Concentration der H-Ionen 1/1 normal ist.

Durch Addition der Nernst'schen Werthe erhalten wir jetzt die Zersetzungsspannungen beliebiger Substanzen. So belehrt uns die Addition von Cd und Cl, dass 1,69 Volt für Zerlegung von $CdCl_2$, die von Zn und Cl, dass 2,05 für die des Chlorzinks, die von H und Cl, dass 1,31 für die von HCl erforderlich sind, immer unter der Annahme, dass die Concentration der zu entladenden Ionen in der Lösung 1/1 normal ist.

Die Anwendung dieser Ergebnisse auf weitere Gebiete steht noch aus. Die endgültige Erledigung des Polarisationsproblems bleibt somit noch der Zukunft überlassen. Für den Chemiker wird, wo es sich ausschliesslich um die Substanzänderungen an Elektrolyten und die Entladungsproducte handelt, die primäre Wasserzersetzung immer die bequemere Vorstellung sein. Es empfiehlt sich daher deren Benutzung zur Gewinnung des Ueberblicks über den Vorgang, und dieses Verfahren ist so lange einwurfsfrei, als man sich gegenwärtig hält, dass es nur der Bequemlichkeit und nicht der inneren Berechtigung wegen der Annahme secundärer Wasserzersetzung vorgezogen wird.

Besondere Beachtung verdienen noch einige Punkte. Wenn wir chemisch reines Zink in Schwefelsäure tauchen, so löst es sich nicht, tauchen wir aber einen Kupferstab in dieselbe Säure und verbinden ihn mit dem Zinkstab durch einen Draht, so löst es sich leicht, während Wasserstoff am Kupfer entweicht. Man sieht sich zu der Frage gedrängt, warum der Wasserstoff nicht ebensowohl am Zink wie am Kupfer zu entweichen vermag. Für die Erklärung ist zu berücksichtigen, dass die positiv geladenen H-Ionen, um am Zink sich abzuscheiden, an den ebenfalls positiv geladenen Zinkionen vorbei wandern müssten, welche gleichzeitig in die Lösung eintreten. Es lässt sich denken, dass dabei elektrostatische Kräfte wirksam werden, welche den Vorgang behindern. Am Kupfer wird ein solches Phänomen nicht auftreten, da in der Kette Zink / Schwefelsäure / Kupfer Kupferionen nicht in die Lösung eintreten.

In einer Reihe von Fällen beobachten wir ferner anormal hohe Polarisationen. Quecksilberflächen polarisiren sich mit Wasserstoff um fast einen Volt höher als dem Werth einer Wasserstoffelektrode, die mit atmosphärischem Wasserstoff im Gleichgewicht ist, entspricht, ehe Gasentwicklung auftritt. Man kann hier kaum mehr an eine Drucksteigerung des gasförmigen Wasserstoffs glauben, welche diesem Betrage entspricht. Sollte wirklich Wasserstoffgas so hoch comprimirt sein, dass sein Lösungsdruck diesen Mehrwerth von 1 Volt erreichte, so müsste es einen Druck von 10^{32} Atmosphären, also eine ganz unvorstellbare Pressung erleiden. Auch müsste die freiwillige Depolarisation ganz andere Werthe aufweisen, als thatsächlich beobachtet werden.[1]) Hier liegt also eine Schwierigkeit. Ganz unerklärt ferner sind die abnormen Sauerstoffpolarisationen, welche an Aluminiumanoden beobachtet werden. Diese erreichen[2]) mit saurer Alaunlösung bis einige 20 Volt, in alkalischen Elektrolyten bis über 100 Volt. Es hat sich daraus sogar die technische Möglichkeit ergeben, Wechselstrom von 110 Volt in Gleichstrom zu verwandeln. Ordnet man nämlich (Fig. 42) je eine Aluminium- und eine Kohleplatte zu einer Zelle an und schaltet vier Gruppen solcher Zellen nach beifolgendem Schema in eine Wechselstromleitung, die von der Maschine *M* ausgeht, so wird, wenn die kurzen Striche in A_1, A_2, B_2, B_1 die Aluminiumplatten, die langen die Kohleplatten bedeuten, durch A_1, B_1 stets nur die eine durch A_2, B_2 stets nur die andere Stromphase hindurchgelassen. Es wird also von A_2 und B_2 nach G stets negative, von A_1 und B_1 nach H stets positive Elektricität geliefert, und durch W fliesst der Strom immer in der Richtung von H nach G. Da jede Zelle bei anodischer Polarisation des Aluminiums 110, bei kathodischer 2 Volt Spannung verbraucht, gehen nur 1,8 % der elektrischen Arbeit bei dieser Umformung verloren. Das Princip wäre im Grossen anwendbar, wenn Reinaluminium in grösseren Platten zu haben wäre. Unreines Metall wird rasch unbrauchbar. Man sieht von jedem Eisenpünktchen in der Oberfläche das Zerfressen direct ausgehen. (Privatmittheilung.)

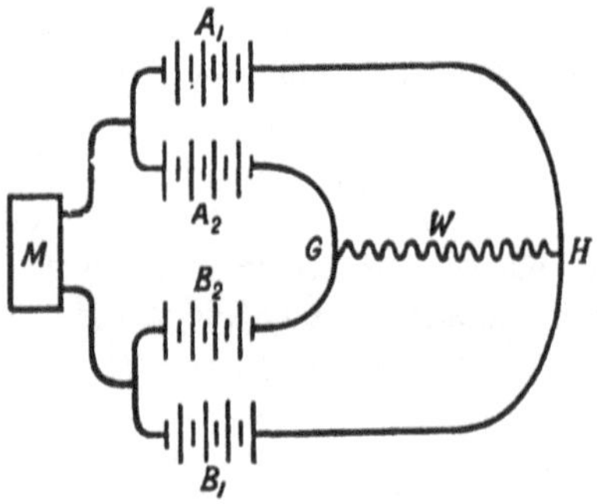

Fig. 48.

Aeusserlich den Polarisationsphänomene sehr ähnlich, aber doch in ihrem Wesen verschieden, sind die Phänomene des Uebergangswiderstandes.

Wenn nämlich beim raschen Angriff einer Metallanode eine dünne Haut festen Salzes an der Elektrode entsteht oder wenn

---

[1]) Luggin, Z. f. physic. Chemie. 16. S. 677.

[2]) Graetz, Wied. Ann. 62, S. 323. Askenasy, Z. f. Elektrochem. 4, S. 70.

Gasbläschen die Elektrode bedecken und den Querschnitt der Flüssigkeit dort, wo sie die Elektrode bespült, verkleinern, so steigt der Widerstand, den der elektrische Strom beim Durchgang durch die Zelle findet. Unmittelbar an der Elektrode, welche schlechte Flüssigkeitsberührung hat, findet ein erheblicher Spannungsverbrauch statt, den man zunächst geneigt ist, einer vermehrten Polarisation zuzuschreiben. Eine Messung des inneren Widerstands der arbeitenden Zelle klärt darüber auf, dass nur scheinbar eine vermehrte Gegenkraft, thatsächlich aber ein grösserer Widerstand vorliegt, auf. Diese Messung bietet aber gewisse experimentelle Schwierigkeiten.[1]) Sie wird in der Weise vorgenommen, dass in der Wheatstone'schen Brücke (Fig. 44) zwei Condensatoren eingeschaltet werden, C_1 und C_2. Diese Condensatoren gestatten dem Strom keinen Durchgang, der Gleichstrom der Zelle Z vermag sie nur zu laden. Der Wechselstrom des Inductoriums lässt diese Ladungen, je nachdem seine Stromstösse dem Gleichstrom gleich oder entgegenlaufen, wachsen oder abnehmen. Diese Schwankungen erzeugen das Phänomen eines regelmässig pulsirenden Wechselstromes, welcher vom Inductorium J aus durch a sowie C_1 und den Regulirwiderstand R einerseits, durch b sowie Z andererseits nach den Enden des Brückendrahtes läuft, welcher C_2 und das Telephon T enthält. Begegnen sich an den Enden dieses Drahtes beide Stromwellen bei gleicher Phase und gleicher Spannung, so findet im Brückenzweig keine Strombewegung statt und das Telephon schweigt. Die Wahl des Condensators ist sehr wichtig. Der Condensator in der Wechselstromleitung hindert zwar das Phänomen eines pulsirenden Stromes nicht, verändert aber die Phase dieses Wechselstromes. Denkt man sich zwischen zwei Punkten einer Wechselstromleitung einmal einen metallisch leitenden graden

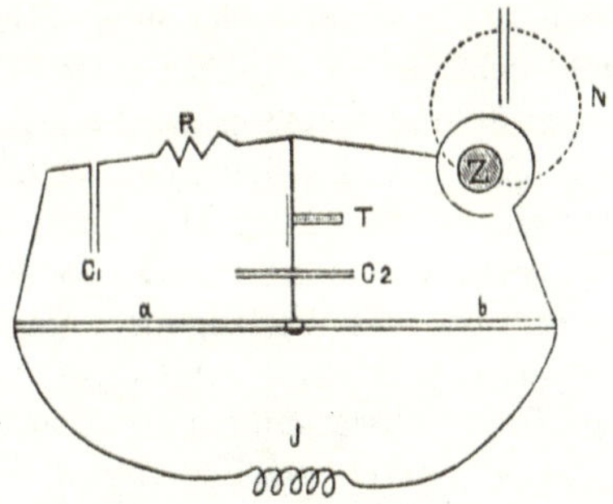

Fig. 44.

[1]) Haagn, Z. f. Elektrochem. 3, S. 421 u. 470.

Draht, das anderemal einen Condensator von ungemein grosser Capacität, d. h. einen Apparat, welcher sehr erhebliche Elektricitätsmenge aufzunehmen vermag, ohne dass die Spannung zwischen seinen Platten wächst, so wird im einen wie im anderen Falle keinerlei Gegenkraft auftreten, die Phase des Wechselstroms wird sich nicht ändern. Je kleiner aber die Capacität des Condensators wird, um so stärkere Aenderung tritt ein. Der Ladestrom begegnet einer Gegenkraft in der rasch wachsenden Spannung des Condensators. Der entgegengesetzt gerichteten Stromphase addirt sich die Spannung des Condensators hinzu.

Mechanisch lässt sich der Vorgang versinnlichen, wenn man durch ein schwingendes Pendel mittels einer Gradführung einen Stab horizontal hin und her treibt, welcher an seinem Ende einen Stempel trägt, der einen Gasraum reibungslos laufend und dicht schliessend abgrenzt. Ist der Gasraum sehr gross, so dass der Hin- und Hergang des Stempels den Gasdruck nicht ändert, so bleibt die Pendelbewegung ungeändert. Ist der Gasraum kleiner, so dass beim Hin- und Hergang merklich Compression und Dilatation stattfindet, so verschieben sich die Umkehrpunkte sowohl wie die Gleichgewichtslage des Pendels, und zwar um so weiter, je kleiner der Gasraum, je grösser die dort auftretenden Druckschwankungen werden.

Die Phasenverschiebung des Wechselstroms findet ebenso wie im Condensator in der stromdurchflossenen Zelle statt. Der Stromstoss des Inductoriums, welcher mit dem Gleichstrom der Zelle überein läuft, erhöht die Strommenge, welche die Zelle durchfliesst und steigert die Polarisation an den Elektroden, der entgegengesetzte vermindert den Stromdurchgang und verkleinert die Polarisation. Die Aenderung der Polarisation beeinflusst der Stromphase in einer Weise, welche in ihrer Wirkung genau der eines Condensators entspricht. Haben wir in der Zelle zwei polarisirbare Elektroden, so verhält sich jede derselben wie ein Condensator und da beide hintereinander in den Stromkreis geschaltet sind, addirt sich ihre Wirkung. Wie gross oder wie klein dieselbe in Summa ausfällt, hängt davon ab, um wieviel jene Vermehrung und Verminderung der Stromstärke, welche der Strom des Inductoriums bedingt, die Polarisation verändert oder wenn man, wie dies üblich ist, das Bild des Condensators für die polarisirten Elektroden festhält, wie gross die Polarisationscapacität der Elektroden ist. Es ist nun unschwer ersichtlich, dass die Grösse des Condensators der Polarisationscapacität der Elektroden in der zu messenden Zelle angepasst sein muss.[1])

Ist der innere Widerstand einer arbeitenden Zelle bekannt, so lässt sich ein Uebergangswiderstand an der Elektrode erkennen und von einer Polarisation unterscheiden. Handelt es sich ausschliesslich um qualitativen Nachweis, dass ein Uebergangswiderstand nicht vorliegt, so kann man denselben auch ohne Kenntniss des inneren Widerstandes häufig so erbringen, dass man die Spannung der Elektroden unmittelbar nach Stromunterbrechung und während des Stromdurchganges gegen eine ruhende Elektrode, etwa gegen die Normalelektrode, misst. Findet man Uebereinstimmung, so liegt ein Uebergangswiderstand sicher nicht vor. Denn dieser wird in dem Moment ohne Einfluss, in welchem der Stromdurchgang aufhört und nur noch die elektrostatischen Differenzen der beiden verglichenen Elektroden am Elektrometer zur Messung gelangt. Sehr deutlich lässt sich bei den Aluminiumplatten sogar ohne Elektrometer zeigen, dass bei ihnen nicht ein Uebergangswiderstand, sondern eine Polarisation auftritt. Die Spannung einer Zelle, welche auf 100 Volt polarisirt war, geht nach Abschaltung der äusseren Stromquelle nicht auf 2 Volt zurück, bleibt vielmehr solange auf ihrer Höhe, dass man sich durch den Schlag, welchen man bei der Berührung beider Pole empfängt, von ihrer Fortdauer überzeugen kann. Dagegen haben wir bei einigen Fällen sogenannter unipolarer Leitung Uebergangswiderstände, z. B. bei der Elektrolyse der Seife. Ein Stück Seife gibt als Elektrolyt Fettsäure auf der einen, Alkali

[1]) Es sei an dieser Stelle daran erinnert, dass die Messungen der Leitfähigkeit mit platinirten Elektroden ausgeführt werden. Dies geschieht aus keinem andern Grunde, als um durch das poröse Platinmoor die Oberfläche der Elektroden und damit ihre Polarisationscapacität so hoch zu treiben, dass eine merkliche Phasenverschiebung der Inductionswellen nicht mehr eintritt. Ist bei sehr schlecht leitenden Flüssigkeiten, wenn Widerstände von 700 000 Ohm und darüber im Leitfähigkeitsgefäss auftreten, auch dieses Mittel nicht mehr genügend, so muss man durch Einschaltung eines Condensators von passender Grösse die Deformationen der Stromwellen paralysiren. Auf die neuere Litteratur über diese Maassverfahren wurde S. 73 Anm. 1 hingewiesen.

auf der anderen Seite. Steckt man einen Draht in Seife und hängt diese in eine alkalische Lösung, in welche ein zweiter Draht taucht, so geht Strom leicht hindurch, wenn der Draht in der Seife Kathode ist, so dass Alkali an ihm sich abscheidet. Macht man ihn aber zur Anode, so überzieht er sich mit Fettsäure und die Leitung hört auf. Aehnliche unipolar genannte Leitungsphänomene kann man hervorrufen, wenn man zwei Metallplatten in eine ganz concentrirte Lösung eines ihrer Salze taucht. An der Anode entsteht dann eine stromhemmende Schicht festen Salzes in Folge der Differenz der in Lösung gehenden und der wandernden Menge.

5. Capitel.

Primärelemente.

Litteratur: Wiedemann: Die Elektricität, Bd. 1, S. 835 ff. Braunschweig 1893. — Carhart-Schoop: Primärelemente. Halle 1895. — Peters: Primär- und Secundärelemente Wien, Leipzig, Budapest 1897.

Zur Stromerzeugung in grösserem Maassstabe dienen die Dynamomaschinen. Die elektrische Energie, welche sie liefern, kann durch Zuhilfenahme von Secundärelementen, die im nächsten Capitel beschrieben werden, aufgespeichert werden. Für die Erzeugung erheblicher elektrischer Energiemengen ist dieser Weg wirthschaftlich der einzig brauchbare und wird es voraussichtlich bleiben, bis es gelingt, die Oxydation der Brennstoffe zu Kohlensäure auf elektrochemischem Wege mit einem erträglichen Nutzeffect auszuführen. Vorderhand ist der Umweg, den wir einschlagen, indem wir die chemische Energie des Verbrennungsprocesses zur Wärmeerzeugung, die Wärmeerzeugung zur Gewinnung mechanischer Kraft in der Dampfmaschine und diese zur Erzeugung elektrischer Energie in der Dynamo verwerthen, so gross auch die Verluste[1]) auf demselben sind, nicht zu

[1]) Zur Erzeugung einer elektrischen Pferdekraftstunde verbraucht man minimal etwa 0,8 kg Kohle, wenn man als Antriebsmaschine eine Dampfmaschine verwendet. Eine elektrische Pferdekraftstunde entspricht 3600 736 Watt = 625,3 Cal. 0,8 kg Kohle dürfen mit einem Heizwerth von 6253 Cal. veranschlagt werden. Es werden also ca. 10 % vom Wärmevermögen der Kohle als elektrische Arbeit gewonnen. Ein Gasmotor braucht für die mechanische Pferdekraftstunde mindestens 480 l Leuchtgas, für die elektrische bei einem Umwandlungsverluste von 10% also 533 l, entsprechend ca. 2700 Cal. 25% Nutzeffect werden also verwirklicht.

vermeiden. Es ist eine Reihe von Versuchen gemacht worden, ein Primärelement zu bauen, das in praktisch brauchbarer Weise die Oxydation von Brennstoffen elektrochemisch durchführt, indessen bislang ohne technischen Erfolg. Sie werden in dem Abschnitt Brennstoffelemente behandelt. Für die Erzeugung kleiner Beträge an elektrischer Energie sind hingegen die Dynamomaschinen oft unzweckmässig. Hier haben Apparate ihr Verwendungsfeld, welche elektrische Energie aus chemischen Reactionen erzeugen, sogenannte Primärelemente.

Solche Elemente sollen handlich und leicht zu transportiren sein, während langer Pausen ungemindert arbeitsfähig bleiben, und wenn sie durch Stromentnahmen erschöpft sind, durch Erneuerung der Chemikalien leicht wieder in brauchbaren Zustand versetzt werden können.

Ihre Hauptanwendung ist in der medicinischen Praxis für elektro-therapeutische Zwecke, in der Haustelegraphie und Haustelephonie zur Bewegung von Klingeln und Mikrophonrelais, in der Ferntelegraphie zur Erzeugung des schwachen (1/80 Ampère), aber relativ hochgespannten Stromes, den diese Technik bedarf.

In der Ferntelegraphie macht indessen die Accumulatorenbatterie der Primärbatterie auf grossen Centraltelegraphenämtern fühlbare Concurrenz.

Früher wurde auch die Galvanoplastik wesentlich mit Elementen ausgeführt, während sie heute in grösseren Etablissements durchweg mit Maschinenstrom betrieben wird.

In Laboratorien werden Elemente der Bequemlichkeit wegen benützt, treten aber für viele Zwecke gegen kleine Accumulatoren und Thermosäulen allmälig zurück. Unentbehrlich sind die Primärelemente für einen bestimmten Zweck der Messtechnik: zur bequemen Herstellung genau bekannter, elektromotorischer Kräfte. Die für diesen Zweck benützten Elemente werden als »Normalelemente« bezeichnet.

Die grosse Zahl der Elemente, welche weder den Normalelementen, noch den Brennstoffelementen zuzuzählen ist, kann man verschieden eintheilen.

Am zweckmässigsten, erscheint es, c o n s t a n t e und i n c o n s t a n t e Elemente zu scheiden und unter ersteren diejenigen zu verstehen, welche bei starker Stromabgabe geringe, unter letzteren die, welche erhebliche Polarisation erleiden.

Constante Elemente mit umkehrbaren Metallelektroden.

Die Anordnung Zink/Zinksulfat, Kupfersulfat/Kupfer, sehr bekannt als Daniell'sches Element, stellt die wichtigste Type der constanten Elemente dar. Aus der Tabelle Seite 107 ergibt sich mit Vernachlässigung der elektromotorischen Kraft an der Berührungsstelle der Lösungen

$$\begin{array}{rl} Cu/Cu\,SO_4 = & -0{,}515 \\ Zn/Zn\,SO_4 = & +0{,}524 \\ \hline \text{Summa} = & 1{,}039 \text{ Volt.} \end{array}$$

Die eintretende Reaction ist

$$Zn + CuSO_4 = Cu + ZnSO_4.$$

Die Wärmetönung dieser Reaction beträgt nach Berthelot 25300 Cal. (nach Thomson 23750). Die Aenderung der elektromotorischen Kraft mit der Temperatur ist bei Verwendung concentrirter Kupfersulfatlösung und verdünnter Zinkvitriollösung $+0{,}000073$ Volt pro 1^0. Der Helmholtz'sche Temperaturcoefficient ist deshalb verschwindend klein und die Thomson'sche Regel gibt einen brauchbaren Wert. Aus Berthelot's Zahl berechnet sich mit ihrer Hülfe 1,087, aus Thomson's 1,02 Volt. Der beobachtete Werth der praktisch benutzten Elemente ist 1,09 bis 1,10 Volt. Der höhere Werth ist darauf zurückzuführen, dass die Kupferionenconcentration in der Kupfersulfatlösung in praxi möglichst hoch, die Zinkionenconcentration in der Zinksulfatlösung möglichst klein gemacht wird. Um den Widerstand auf der Zinkseite dabei möglichst nieder zu halten, benutzt man gerne den Kunstgriff, Schwefelsäure oder Magnesiumsulfat an das Zink zu bringen. Es bildet sich dann in kürzester Frist bei der Bethätigung des Elementes eine äusserst verdünnte Zinksulfatlösung am Zink, welche den Potentialsprung Zink/Elektrolyt nach der oft benutzten Nernst'schen Formel bestimmt, während der Strom sich wesentlich der Magnesium-, bzw. Wasserstoff-Ionen bedient, um positive Elektrizität vom Zink nach dem Kupfer hin zu führen. Statt des Kupfers benützt man häufig Blei, das sich bei Bethätigung der Zelle sofort mit einer Kupferdecke überzieht und dann gegen die Lösung dauernd wie eine massive Kupferelektrode verhält. Die Polarisation des Elementes beträgt bei kräftiger Stromentnahme nur wenige Procente seiner elektromotorischen Kraft. Der innere Widerstand ist bei Elementen mit saurer Lösung am Zink, um der ausgezeichneten Beweglichkeit des Wasserstoffions willen, kleiner als bei neutralem Elektrolyten. Im letzteren Falle beträgt er bei den üblichen Elementgrössen und Zimmertemperatur ca. 5 Ohm. Beim Erwärmen fällt er stark.[1]) Bei constanter Temperatur und Zusammensetzung der Lösungen hängt er noch erheblich von der gewählten Anordnung der Zelle ab. Das einfache Daniell-Element besteht aus einem Glasgefäss, in welchem eine Zelle aus porösem Thon steht. In der Zelle wird gesättigte Kupfervitriollösung und ein Kupferstab oder Kupfercylinder, in den äusseren Raum ein Zinkcylinder und Schwefelsäure oder Magnesiumsulfatlösung gebracht. Die poröse Thonzelle — das Diaphragma — stellt ein System feiner Porenkanäle vor, welche den Bewegungen der Flüssigkeit einen hohen Reibungswiderstand bieten und deshalb geeignet sind, die Vermischung der inneren und äusseren Flüssigkeit hintanzuhalten. Die Wanderung der Ionen, welche wie früher erläutert, eine äusserst langsame ist, wird in diesen engen Kanälen nicht wesentlich gehindert. Da indessen der Flüssigkeitsquerschnitt durch die Thonpartikeln, welche die Porenkanäle trennen, sehr verkleinert, die Wege von der einen auf die andere Seite des des Diaphragmas andererseits durch die Krümmung der Kanäle verlängert sind, so vermehrt die Thonzelle und gleich ihr jedes andere Diaphragma den inneren Widerstand der Zelle. Man umgeht das Diaphragma, indem man den Daniell als Gravitationselement anordnet (Fig. 45). Es befindet sich dann die schwere, gesättigte Kupferlösung unten, die leichtere Zinklösung und die Zinkanode oben. Die Diffusion macht sich hier viel mehr bemerkbar, als bei Benützung eines Diaphragmas. Sie verwischt sehr bald die anfangs scharfe Grenze der blauen Kupferlösung gegen die farblose Zinklösung, wenn das Element ohne Strom längere Zeit stehen bleibt. Wird indessen während des grössten Theils des Tages Strom entnommen, so hält sich die Begrenzung ziemlich lange, weil der Strom die blauen Kupferionen nach abwärts gegen das Kupfer treibt und den Einfluss der Diffusion, welcher sie in die Zinklösung hineinhebt, paralysirt. In der Telegraphie scheidet man Ruhe- und Arbeitsstrom. Ruhestrom-

[1]) Genauere Daten bei Carhart-Schoop. S. 41.

leitungen erhalten $^{11}/_{12}$ des Tages Strom und sind während $^{1}/_{12}$ ausgeschaltet, Arbeitsstromleitungen umgekehrt. Das Gravitationselement hält sich viel sauberer und brauchbarer, wenn es zur Speisung von Ruhestromleitungen benützt wird, als wenn es für Arbeitsstromleitungen dient. Damit die Kupferlösung ihre Concentration nicht vermindert, bringt man festes Kupfervitriol auf das Kupfer. Meidinger hat eine vielbenützte Anordnung (Fig. 46) des Daniell angegeben, bei der ein grösserer Vorrath von Kupfervitriol über dem Kupfer sich befindet. Das Glasgefäss *A* enthält in seinem oberen Theil den Zinkcylinder *Z*, der auf der Einschnürung *b* aufruht, in einer Lösung von Magnesiumsulfat.

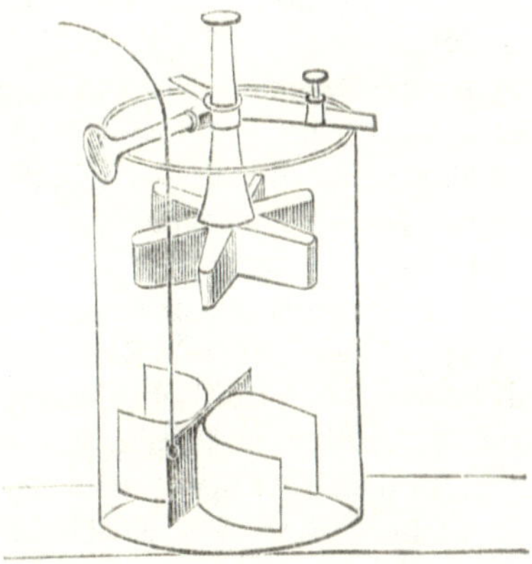

Fig. 45.

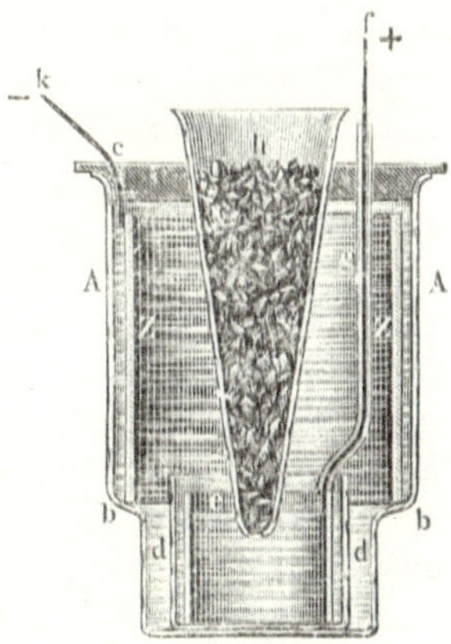

Fig. 46.

Im unteren verengten Gefässtheil steht der Glasbecher *d*, welcher den Bleicylinder *e* enthält und mit Kupfersulfatlösung beschickt ist. Ein conischer Fülltrichter mit Kupfervitriolcrystallen *h* geht durch den Deckel *c* bis in die Tiefe des Gefässes. Sehr häufig gibt man diesem Kupfervitriolreservoir die Form eines umgestülpten Ballons, der zugleich mit seiner Bauchung den oberen Abschluss der Zelle statt des Deckels *c* besorgt. *K* ist die negative, *f* die positive Stromleitung. Letztere ist innerhalb der Flüssigkeit durch Guttaperchaüberzug *g* isolirt. Möglich[1]) aber nicht üblich ist es, die Diffusion dadurch zu vermindern, dass man den einen Elektrolyten gelatinirt.

[1]) Bolton. Z. f. Electrochem. 2, S. 5.

Die schwache Stelle des Daniell'schen Elementes ist die unvermeidliche Zerstörung, wenn Kupfervitriol mit Zink in Berührung kommt. In diesem Falle nämlich scheiden sich Kupfertheilchen auf dem Zink aus und es entsteht eine kurz geschlossene Kette Kupfer/Kupfervitriol/Zink, welche rasch und ohne Stromleistung im äusseren Stromkreise Zink an den kupferfreien Stellen in Lösung treibt, während an den kupferbedeckten weiteres Kupfer sich abscheidet.

Solcher Angriff der Anode, der in vielen anderen Fällen auch beobachtet wird und die Anode bei geöffnetem Stromkreis des Elementes auflöst, wird Localaction genannt.

Wir haben früher (S. 97) einen elektrochemischen Process dahin definirt, dass er vor sich geht, wenn zwei reagierende Substanzen räumlich getrennt, aber durch eine metallische Leitung einerseits, durch eine elektrolytische andererseits, verbunden sind.

Denken wir uns diese Bedingung erfüllt, die metallische Leitung aber so kurz, dass wir nichts mehr dazwischen schalten können, so haben wir die Localaction, welche Zink, das mit Kupferpartikeln bedeckt ist, in Zinksulfat aufweist. Denken wir uns eine Kette aus einem Metall in seiner Salzlösung und einer unangreifbaren Elektrode in einem Oxydationsmittel, z. B. Zink/Zinksulfat, Salpetersäure/Platin und lassen die metallische Leitung ganz verschwinden, indem wir Salpetersäure und Zinksulfat in unmittelbare Berührung mit dem Zinkstab bringen, so haben wir einen anderen Fall der Localaction, den man gewöhnlich als rein chemische Lösung des Metalls bezeichnet.

Die Erscheinung der Localaction bewirkt, dass unreines Zink sich viel leichter als reines in Säuren löst. Die Arsen- und Eisenpartikeln des unreinen Zinkes sind hier Kathoden kurz geschlossener kleiner Elemente mit Zink als Anode. Die Localaction bildet auch die Ursache, dass eine kleine Menge Kupfervitriol oder Platinchlorid die Lösung des Zinks im Kipp'schen Wasserstoffentwicklungsapparat überaus beschleunigt. Sie macht andererseits die Benützung von technischem Zink in Primärelementen unrentabel, sobald dieselben Zink in Berührung mit Schwefelsäure als Elektrolyten aufweisen. Glücklicher Weise lässt sich die Localaction an technischem Zink vermindern oder ganz aufheben durch Amalgamation. Amalgamation bewirkt man durch Ueberreiben mit Quecksilber oder Eintauchen in eine Quecksilberlösung. Der Lösungsdruck des Zinks wird durch die Amalgamation nicht merklich gemindert, weil die Zinkmenge sehr gross gegen die Quecksilbermenge ist. Die Zinkconcentration des reinen Metalls ist also von der des amalgamirten nicht merklich verschieden. Anscheinend ist es der erschwerende Einfluss, welchen die silberblanke, glatte Oberfläche des amalgamirten Metalls auf die Möglichkeit, Wasserstoffblasen zu bilden, übt, welcher die Localaction hemmt.

Bei neutralen Elektrolyten im Daniell'schen Element ist eine Amalgamation nicht nöthig und nicht üblich. Warum reines Zink in Schwefelsäure sich nicht durch Localaction löst, ist früher (S. 143) erklärt worden.

Das Daniell'sche Element repräsentirt unter den Elementen des Typus $\overset{I}{\text{Metall}} / \overset{I}{\text{Metallsalz}}, \overset{II}{\text{Metallsalz}} / \overset{II}{\text{Metall}}$ die principiell glücklichste Zusammenstellung.

Variationen des Daniell'schen Elementes sind in erheblicher Zahl vorgeschlagen. Nimmt man statt Zink in Zinkvitriol Eisen in Eisensulfat oder Kadmium in Kadmiumsulfat, so wird die elektromotorische Kraft wie nach Tabelle S. 107 sofort zu ersehen, wesentlich kleiner, benützt man Aluminium oder besser Magnesium, so wird sie erheblich grösser. Gleichzeitig treten aber grosse Verluste durch Localaction auf. Da der Wasserstoff zu so hohen Drucken an der Elektrode nicht anwachsen kann, dass der Potentialsprung H / H-Ionen dem Mg / Mg-Ionen oder Al / Al-Ionen gleich wird, so zersetzen diese Metalle in Berührung mit ihren Salzlösungen Wasser unter Wasserstoffabscheidung, während die Lösung basisch wird. Nimmt man statt Kupfervitriol ein Quecksilber- oder Edelmetallsalz, so wird der Potentialsprung gleichfalls grösser. Die Anwendung der Edelmetallsalze als Kathodenlösungen verbietet für die Praxis aber der Preis, die der Quecksilbersalze theils der Preis, theils die Giftigkeit. Kaliumamalgam / KCl, $PtCl_4$ / Pt, für welches **Regnault** die elektromotorische Kraft zu 2,5 Volt[1]) angibt, erläutert den Grenzwerth der electromotorischen Kraft, den man durch Variationen an der Anode und Kathode erreichen kann. Praktisch gebräuch-

[1]) Diese und zahlreiche andere Angaben über elektromotorische Kräfte von Elementen des Danielltypus siehe bei **Wiedemann**, Bd. I, S. 782 ff.

lich ist keine dieser Modificationen. Man benutzt stets $\frac{\text{Cu}}{\text{oder Pb}}\Big\backslash \text{CuSO}_4, \frac{\text{H}_2\text{SO}_4}{\text{oder MgSO}_4}\Big\backslash$ Zn, und zwar meist in der Form des Gravitationselements. Der Antheil des Zinks, welcher beim Dauergebrauche grosser Batterieen in der Telegraphie für Stromerzeugung nutzbar gemacht wird, wird auf maximal 30% geschätzt, mindestens 70% würden danach durch Localaction verloren gehen.

Sehr zahlreiche Elementformen beruhen auf Verwendung der Anordnung Zink / Zinklösung, Oxydationsmittel / unangreifbare Elektrode. Weglassung des Oxydationsmittels ergiebt die Volta-sche Zelle, bei welcher Zink in Lösung geht, während Wasserstoff an der unangreifbaren Elektrode sich abscheidet und sie polarisirt. Das Oxydationsmittel verhindert diese Wasserstoffbelegung und heisst deshalb Depolarisator. Man benutzt sowohl flüssige als feste Depolarisatoren.

Constante Elemente mit flüssigen Depolarisatoren.

Der Typus dieser Elemente ist das Grove'sche Element

Zink / H_2SO_4, HNO_3 / Platin.

Nach den früheren Erläuterungen muss das Zink hier amalgamirt sein. Ein Diaphragma ist unumgänglich, da Salpetersäure auch amalgamirtes Zink angreift. Das Diaphragma beschränkt die Salpetersäuremenge in der Flüssigkeit, welche das Zink umgibt, auf den Betrag, welchen die Zuwanderung der NO_3-Ionen bedingt. Die positive Elektricität wird durch Wasserstoffionen nach dem Platin, die negative durch NO_3-Ionen, bezw. durch SO_4-Ionen nach dem Zink hintransportirt. Zur Füllung des Elementes benutzt man meist H_2SO_4 1 : 12 und concentrirte Salpetersäure (66% HNO_3 und darüber).

Der Potentialsprung Zink / H_2SO_4 ist für den Moment der Zusammensetzung des Elementes undefinirt. Sobald das Element eine kurze Zeit gearbeitet hat, ist die Schwefelsäure in eine Lösung von Zinksulfat in verdünnter Schwefelsäure umgesetzt, für welche man ohne wesentlichen Fehler den Potentialsprung + 0,524 Volt setzen kann. Der Potentialsprung Platin / HNO_3 variirt mit der Concentration der Salpetersäure (Tab. S. 123). Für 6%ige Salpetersäure ist er — 1,23 Volt, für 95%ige — 1,52 Volt. Durch

Anwesenheit von salpetriger Säure wird er erniedrigt. Salpetrige Säure für sich zeigt gegen Platin ca. — 0,95 Volt. Ein bestimmter Werth für die elektromotorische Kraft des Grove-Elementes lässt sich aus diesen Gründen theoretisch nicht deduciren. In praxi beobachtet man 1,8—1,9 Volt, was mit der Summe der Einzelwerthe $0{,}524 + \left\{\begin{matrix} 1{,}23 \\ \text{bis} \\ 1{,}52 \end{matrix}\right.$ befriedigend übereinstimmt.

Der Reactionsverlauf steht nicht genau fest.

Die Umsetzungen

1) $Zn + H_2SO_4 + 2HNO_3 = ZnSO_4 + N_2O_4 + H_2O$,

2) $Zn + H_2SO_4 + HNO_3 = ZnSO_4 + HNO_2 + H_2O$,

3) $3Zn + 3H_2SO_4 + 2HNO_3 = 3ZnSO_4 + 2NO + 4H_2O$

verlaufen anscheinend neben einander. Der Temperaturcoëfficient ist nicht bekannt. Die Thomson'sche Regel führt für die Gleichung (1) auf 43 320 Cal. = 1,85 Volt, also fast genau auf den beobachteten Werth. Doch kann dies Zufall sein. Bei längerer Bethätigung des Elementes unter starker Stromabgabe entweicht wesentlich Stickoxyd. Fortgesetzte Stromentnahme lässt schliesslich selbst Ammoniak als Reductionsproduct auftreten. Eine eigenthümliche Rolle spielt im Grove-Element die salpetrige Säure.[1]) Die Salpetersäure vermag als starkes Oxydationsmittel den Wasserstoff im Entladungsmomente aufzunehmen und dadurch Polarisation der Kathode zu verhindern. Diese Reduction erfolgt aber mit abnehmender Concentration der Salpetersäure immer langsamer. Bei einer Säure mit 28 % HNO_3 und darunter verläuft sie so langsam, dass schon bei kleinen Stromentnahmen die Kathode sich mit Wasserstoff polarisirt, gleich als tauchte sie nicht in ein Oxydationsmittel, sondern in eine indifferente Säure. Erst wenn ein reactionsbeschleunigendes Mittel hinzutritt, nimmt sie diejenige Geschwindigkeit an, welche eine merkliche Wasserstoffpolarisation ausschliesst. Diese katalytische[2]) Wirkung übt die salpetrige Säure. Durch abwechselnden Zusatz einer kleinen

[1]) Ihle. Z. f. Electrochem. 2, S. 174.

[2]) Aehnliche Erscheinungen finden sich in der Chemie häufig. Permanganat in saurer Lösung reagirt überaus langsam auf Oxalsäure. Zufügung des durch die Umsetzung gebildeten Productes, des Mangansulfats, beschleunigt die Reaction ungemein.

Menge Nitrit einerseits, Permanganat, Wasserstoffsuperoxyd oder Harnstoff, welche die salpetrige Säure in Salpetersäure verwandeln, andererseits kann man den Potentialsprung an der Kathode beim arbeitenden Element um den Werth einer Wasserstoffpolarisation von 1,1 Volt hinuntertreiben und wieder herstellen. Der Versuch gelingt noch bei Säure von 60% HNO_3. Die salpetrige Säure erniedrigt also auf der einen Seite den Potentialsprung an der Kathode und ist darum ein wenig schädlich, sie steigert aber andererseits die Reactionsgeschwindigkeit der Salpetersäure, und ist aus dieser Ursache ausserordentlich nützlich.

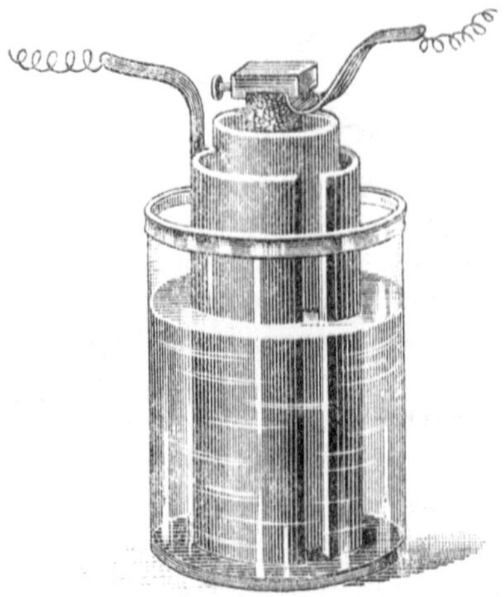
Fig. 47.

Für den praktischen Aufbau des Grove-Elementes wählt man meist ein Standglas mit Schwefelsäure, in welchem der Zinkcylinder steht und setzt darein concentrisch eine poröse Thonzelle mit Salpetersäure, in welche ein Platinblech taucht.

Die hohe Leitfähigkeit der benutzten Säuren bewirkt, dass der innere Widerstand des Elementes trotz der porösen Thonzelle, die nicht entbehrt werden kann, ein geringer ist. Mittlere Grössen zeigen ca. 0,15 Ohm. Die Entwicklung der äusserst lästigen Stickoxyddämpfe beeinträchtigt die Verwendbarkeit des Elementes, ebenso der hohe Anschaffungswerth des Platins. Zu bemerken ist, dass Platin bei der Benutzung im Element spröde, durch Ausglühen wieder weich und biegsam wird. Um die Verdünnung der Salpetersäure bei dauernder Stromentnahme einzuschränken, mischen Einzelne der Salpetersäure concentrirte Schwefelsäure zu.

Das Element ist mannigfach modificirt worden. Bunsen verbilligte es, indem er statt Platin Kohle verwendete (Fig. 47). Am Chemismus des Elementes wird dadurch nichts geändert. Die elektromotorische Kraft und der innere Widerstand bleiben dieselben. Statt Kohle lässt sich auch Eisen anwenden, das in concentrirter Salpetersäure sich nicht löst, sondern »passiv« wird.[1]) Der passive Zustand beruht wahrscheinlich auf Bildung einer Schutzschicht von Eisenoxyd- oder oxyduloxyd an der Elektrode. Die oxydirende Wirkung der Salpetersäure, die mit ihrer Concentration fällt, hindert die Reduction dieser Schutzschicht durch den Wasserstoff, bis die Säure erheblich verbraucht ist. Dann geht die Kathode stürmisch in Lösung. Siliciumeisen hält sich auch in verdünnter Salpetersäure.[2])

Um die belästigende Wirkung der Stickoxyddämpfe zu vermeiden, ist vorgeschlagen worden, sie in $KMnO_4$ einzuleiten. Dadurch wird das Element indessen stark complicirt. Der Ersatz der Salpetersäure durch ein gleichwerthiges Oxydationsmittel ist deshalb insbesondere in früheren Decennien, als das Grove-Bunsen'sche Element in der Galvanoplastik und in den Laboratorien die allgemeine Stromquelle bildete, in der verschiedensten Weise versucht worden. Man hat Eisenchlorid, Wasserstoffsuperoxyd, Chlorate, Hypochlorite, Permanganat und vieles andere versucht.[3]) Dabei ergab sich entweder von Haus aus eine geringere elektromotorische Kraft oder eine erhebliche Vermehrung des inneren Widerstandes oder beim Gebrauche eine schlechte depolarisirende Wirkung des Oxydationsmittels bei hoher Stromentnahme, bezw. eine rasche Erschöpfung des Elements durch Verbrauch der Oxydationsmittel, falls deren Löslichkeit in Wasser beschränkt war und im Element bei bescheidenen Dimensionen des Gefässes nur ein kleiner Vorrath davon untergebracht werden konnte. Natriumpermanganat in Salpetersäure scheint unter den zahlreichen, gelegentlich versuchten Combinationen am günstigsten zu sein, weil es ein sehr hohes Oxydationsvermögen hat und sehr löslich ist. Ein Gemisch von Molybdänsäure und Salpetersäure wird neuerdings empfohlen.[4])

Die einzige, allgemein gebräuchliche Modification des Elektrolyten stammt wieder von Bunsen, der die Salpetersäure durch Bichromat und Schwefelsäure ersetzte. Die ge-

---

[1]) Ueber den passiven Zustand von Eisen, Aluminium, Cobalt, Nickel, Kadmium, Wismuth, Kupfer, Zink siehe näheres bei Wiedemann Bd. II, S. 812 ff.

[2]) Uelsmann, Polyt. Notizbl. 36, S. 285.

[3]) Siehe darüber Litteratur bei Wiedemann, Bd 1, S. 877 ff.

[4]) Oppermann, Elektrochem. Z. 1, S. 62.

ringe Wirkung, welche die CrO_4-Ionen auf das anodische Zink im Ruhezustand ausüben, gestattet, hier von einem Diaphragma abzusehen und beide Elektroden in dieselbe Flüssigkeit tauchen zu lassen. Doch ist die Localaction nicht gleich Null, und es empfiehlt sich deshalb, die Zinkplatte während der Ruhe aus der Flüssigkeit herauszuziehen. Man versieht sie zu dem Ende mit einem Metallstift, der in einer Hülse vertikal verschiebbar ist, und befestigt diese Hülse an einem Deckel aus Holz, welchen man über das Element legt. So entsteht ein »Tauchelement«, wie Fig. 48 es darstellt. *K*, *K* sind Kohlplatten, *Z* die Zinkscheibe, die an *a* schiebbar befestigt ist. Man benutzt zur Füllung nach Bunsen eine Lösung, welche 10% $K_2Cr_2O_7$ und 10% H_2SO_4 enthält. $Na_2Cr_2O_7$ ist zweckmässiger, weil es bei gleichem Gewicht mehr CrO_4-Ionen zu liefern vermag, leichter löslich ist und einen schwerer krystallisirbaren Alaun liefert. Man benutzt 17½% des krystallisirten Natriumbichromats und 23½% H_2SO_4.[1])

Fig. 48.

Die Reaction, welche im Elemente abläuft, ist:

$$3\,Zn + 7\,H_2SO_4 + Cr_2O_7K_2 = 7\,H_2O + 2\,CrK(SO_4)_2 + 3\,ZnSO_4,$$

bezw. $$3\,Zn + 7\,H_2SO_4 + Cr_2O_7Na_2 = 7\,H_2O + 2\,CrNa(SO_4)_2 + 3\,ZnSO_4.$$

Die elektromotorische Kraft dieses Chromsäureelementes ist höher als die des Grove'schen wie nach Tabelle S. 123 zu erwarten. Dieselbe zeigt, dass bei gleicher Concentration Chromsäure ein um 0,14 Volt höheres Kathodenpotential bedingt als Salpetersäure. Thatsächlich besitzt das Element eine $^1/_{10}$ bis $^2/_{10}$ Volt höhere elektromotorische Kraft (rund 2 Volt). Das Element ist viel handlicher als das Grove-Bunsen'sche Element mit Salpetersäure, polarisirt sich indessen sehr viel leichter und stärker als das Grove-Element und besitzt einen höheren inneren Widerstand.

---

[1]) Carhart-Schoop S. 52. Andere Vorschrift Hammerl, E. T. Z. 1895, S. 469.

Ob die Anwendung von Chromsäure in Salpetersäure und von Chlorchromsäure[1]) gegenüber der von Chromsäure in Schwefelsäure die von ihren Erfindern behauptete Vortheile bietet, erfordert Bestätigung.

Von den sämmtlichen Formen des Grove-Elementes durch ein principielles Moment verschieden ist Upward's[2]) Vorschlag mit Chlorwasser zu depolarisiren, dessen Concentration durch einen hindurchgehenden Chlorstrom constant gehalten wird. Die Reaction $Zn + Cl_2 = ZnCl_2$, welche sich vollzieht, erschöpft bei dieser Anordnung den Depolarisator nicht. Der innere Widerstand ist sehr klein, wenn man die gut dissociirte Salzsäure als Elektrolyt nimmt, und die elektromotorische Kraft, welche zu 2,1 Volt beobachtet wird, entspricht dem aus den Tabellen S. 107 und dem Schema S. 116 zu entnehmenden Werth Cl/Cl-Ionen, Zn-Ionen/Zink = 2,08 Volt, bezw. (S. 123) $Pt/\underset{\text{in KCl}}{Cl_2}$, Zn-Ionen/Zn = 2,17 Volt. Nach Thomson's Näherungsregel berechnet sich 2,4 Volt.

Constante Elemente mit festen Depolarisatoren.

Die Verwendung fester Depolarisatoren statt flüssiger in der Combination Zink/Zinklösung, Depolarisator/Kathode führt nur in zwei Fällen zu constanten Elementen, wenn nämlich Kupferoxyd oder Chlorsilber benützt werden. Die Wirkungsweise eines festen Depolarisators ist im Princip dieselbe, wie die eines flüssigen. Auch der feste Depolarisator, z. B. CuO, soll verhindern, dass die Kathode sich mit Wasserstoff belädt, wenn das Element arbeitet. Dabei kommt es nun, wie schon früher betont, nicht auf eine Reaction an, welche zwischen dem festen, an der Elektrode aufsitzenden Kupferoxyd und dem ebenda abgeschiedenen entladenen Wasserstoff sich vollzieht, sondern ausschliesslich auf die Spuren des Depolarisators, welche gelöst sind. Wenn die feste Substanz mit dem abgeschiedenen Wasserstoffgas reagiren würde, könnte eine erhebliche Depolarisation nicht eintreten. Man kann sich zwar vorstellen, dass beispielsweise Kupferoxyd mit gasförmigem Wasserstoff bei tausend Atmosphären unter

[1]) Carhart-Schoop S. 61.

[2]) Carhart-Schoop S. 67; siehe auch Wiedemann, Bd. 1, S. 881.

Bildung von Kupfer und Wasser zu reagiren vermag, und nach Anschauung mancher Theoretiker erreicht der Wasserstoff an glatten Kathodenflächen höhere Drucke, ehe er Blasen bildet. Aber selbst wenn die Blasenbildung in Abwesenheit des Kupferoxydes an blanken Platin erst bei zehn Millionen Atmosphären stattfände, wenn also der Wasserstoffgasdruck an der Kathode durch Anwesenheit von Kupferoxyd zehntausendmal verkleinert würde, würde nach früheren Darlegungen der Lösungsdruck nur im Verhältniss 1 : 100 und der Potentialsprung um 0,115 Volt sich ändern. Diese Art Depolarisation wäre also quantitativ ganz unerheblich, während die Beobachtung lehrt, dass feste Depolarisatoren sehr erhebliche Wirksamkeit besitzen. Festes Kupferoxyd als Depolarisator wirkt also vermöge der kleinen Menge, welche sich löst und die in Ansehung der grossen Verdünnung als völlig in $\overset{++}{Cu}$- und $\overset{-}{OH}$, $\overset{-}{OH}$-Ionen gespalten zu betrachten ist. Bilden wir die Kette Zn/ZnSO, CuO/Cu, so ist dieselbe, um der in Lösung befindlichen Cu-Ionen willen, offenbar nichts anderes, als ein Daniell, welcher mit sehr verdünnter Kupferlösung arbeitet, sie muss dieselbe elektromotorische Kraft geben, wie ein Element Zn/ZnSO_4/Cu, dem in der Nähe des Kupfers eine Spur Kupfervitriollösung zugesetzt wird und sie wird die Wasserstoffpolarisation an der Elektrode, solange die Kupferionen vorhalten, nicht über den Werth des Potentialsprungs

$$\frac{1}{2F} RTln \frac{P_{cu}}{p_{cu}}$$

hinauswachsen lassen. Da der Lösungsdruck des Kupfers so überaus klein ist ($4,8 \cdot 10^{-20}$ Atmosphären), so wird ungeachtet der geringen Kupferconcentrationen an der Elektrode die elektromotorische Kraft der Kette Zink/Zinksulfat, CuO/Cu noch erheblich grösser sein als die der Kette Zink/Zinksulfat, H-Ionen/Wasser- (H-Ionen in Zinksulfat) stoff unter dem Druck, unter dem er in Blasen entweicht. Inwieweit diese höhere elektromotorische Kraft erhalten bleibt, wenn die Kette stärkere Ströme liefert, hängt nun davon ab, in welchem Maasse die $\overset{++}{Cu}$-Ionen nachgeliefert werden, wenn sie durch den Strom zur Entladung kommen. Hier werden die verschiedenen festen Depolarisatoren sich unterscheiden. Es ist möglich, dass der eine rascher dissociirt und Ionen nachliefert, als der andere und dass der erste deshalb bei starken Stromentnahmen die Flüssigkeit an der Elektrode weniger verarmen lässt, als der zweite. Aber ein zweiter Grund dürfte wichtiger sein. Kupferoxyd und Chlorsilber geben bei der Entladung Kupfer bez. Silber, also gut leitende metallische Substanzen. Mangansuperoxyd, das ebenfalls einen festen Depolarisator darstellt, gibt vierwerthige Mn-Ionen, die in drei- oder zweiwerthige bei der Entladung verwandelt werden und dann als solche mit Hydroxylionen zu festem Mn_2O_3 oder MnO und Wasser zusammentreten. MnO_2 geht also in Mn_2O_3 oder MnO, also in schlecht oder nicht leitende Körper über. Sind die unmittelbar an die Elektrode grenzenden Theilchen des Braunsteins auf diese Weise umgewandelt, so gelangen neue vierwerthige Mn-Ionen erst dann zur Grenzschicht des Elektrolyten gegen die Elektrode, in der die Entladung vor sich geht, wenn sie einen gewissen Weg von den noch unaufgebrauchten Braunsteinpartikeln her gewandert sind. Diese Wanderung durch Diffusion bleibt den Kupfer- und Silberionen des Kupferoxydes und Chlorsilbers erspart. Denn da sie bei der Entladung Kathodenmetall liefern, so wächst die Kathode gewissermassen mit dem Verbrauch des Depolarisationsmittels nach, sodass sie stets mit frischen Theilen des festen Depolarisators in unmittelbarer Berührung bleibt. CuO und $ClAg$ depolarisiren aus diesem Grunde bei starken Stromentnahmen viel besser als Braunstein und andere Substanzen, die kein Kathodenmetall bei der Bethätigung liefern. Eine gewisse Abnahme der depolarisirenden Wirkung bei starker Stromentnahme wird indessen auch bei Kupferoxyd und Clorsilber bei längerer Bethätigung des Elementes in praxi nicht ausbleiben können. Die Kathode wächst nicht so gleichmässig schichtenweise, dass sie dem Strom stets eine Metallfläche von unveränderter Grösse mit vorgelagerter Schicht von Kupferionen gleicher Concentration darböte. Insbesondere werden die günstigen Seiten nicht zur Geltung kommen, wenn man das feste Depolarisationsmittel nur als einen lockeren Haufen auf die Kathode wirft.

Die Benützung von Kupferoxyd erfordert einen alkalischen Elektrolyten. Auch in Kalilauge oder Natronlauge ist indessen das Oxyd nicht ganz unlöslich, wenn Spuren organischer Substanz zugegen sind. Kupferoxydul, das in seiner Wirkungsweise dem Oxyd vollständig gleicht, wird hingegen von diesen Agentien gar nicht angegriffen und deshalb praktisch bevorzugt.[1]) Ein Diffundiren von Kupferionen zum Zink und eine Localaction an letzterem entfällt dann mit Sicherheit.

Man verwendet Zink in Kalilauge als Anode. Das Kathodenmetall kann Eisen sein, das bei Bethätigung des Elementes sich alsbald mit Kupfer bedeckt und dann wie eine massive Kupferkathode verhält. Es entsteht Zinkoxydkali einerseits, Kupfer andererseits. In einfachster Form ordnet man das Element so an, dass man eine Zinkspirale an einen Deckel befestigt und diesen auf ein Gefäss setzt, welches am Boden eine Eisenplatte und darüber körniges Kupferoxyd- oder oxydul als Kathode in starker Kalilauge enthält. Die Eisenplatte ist mit einem isolirten Draht versehen, durch den der Strom abgeleitet werden kann. Der andere Draht geht vom Zink aus. Da der Elektrolyt Luftkohlensäure anzieht und dadurch seine Lösungsfähigkeit für Zink verliert, muss der Deckel dicht schliessen. Die Kalilauge nimmt man der besseren Leitfähigkeit halber concentrirt, dadurch wird auch die Dissociation des Zinkoxydkalis, welches neben den Ionen $\overset{--}{ZnO_2}$ und $\overset{+}{K}, \overset{+}{K}$ secundär in $\overset{++}{Zn}$ und $\overset{-}{OH}, \overset{-}{OH}, \overset{-}{OH}, \overset{-}{OH}$ sich spaltet, zurückgedrängt und der für den Potentialsprung Zink/Zinkoxyd in Kalilauge massgebliche Werth der Zinkionen in der Kalilauge verkleinert, der Potentialsprung und die elektromotorische Kraft also gehoben. Man kann auch das ganze Gefäss aus Eisen machen und als Kathode nehmen. Praktischer ist es indessen, von allen solchen Elektrodenformen, bei denen loses oxydirtes Kupfer in schlechter Berührung mit theilweise unbedecktem Kathodenmetall sich befindet, abzusehen und als Kathoden Kupferbleche zu verwenden, welche mit einer fest haftenden starken Schicht von Kupferoxyd oder Oxydul überzogen sind. Man kann das den bekannt gewordenen Vorschlägen zu Folge durch Pressen von Kupferspähnen unter hohem Druck und nachfolgende Oxydation oder durch Rösten von Kupfer für sich oder durch Rösten einer Paste von Kupferoxyd mit Magnesiumchlorid, welche um die Kupferplatte herum geformt ist, erreichen oder Kupferpulver mit sehr dichten

---

[1]) Schoop, Secundärelemente Bd. 3, S. 5. Halle 1895.

Strömen elektrolytisch fällen, pressen und oxydiren.[1]) Auch der directe elektrochemische Weg zur Erzeugung solcher Platten ist jedenfalls gangbar. Man verwandelt die Oberfläche einer Kupferplatte durch Einwirkung von Schwefel in der Hitze in Schwefelkupfer und reducirt sie elektrochemisch, indem man sie als Kathode in einen Stromkreis schaltet, zu porösem Metall. Die bekannteste Construction von Elementen mit solchen Platten ist die von Umbreit & Matthes (Fig. 49), welche die Kupferoxydulplatte in einem schmalen viereckigen Glastrog zwischen zwei amalgamirten Zinkplatten an einem Ebonitdeckel aufhängen und 15—18 %ige Natronlauge als Elektrolyt benützen (Cupronelemente).[2])

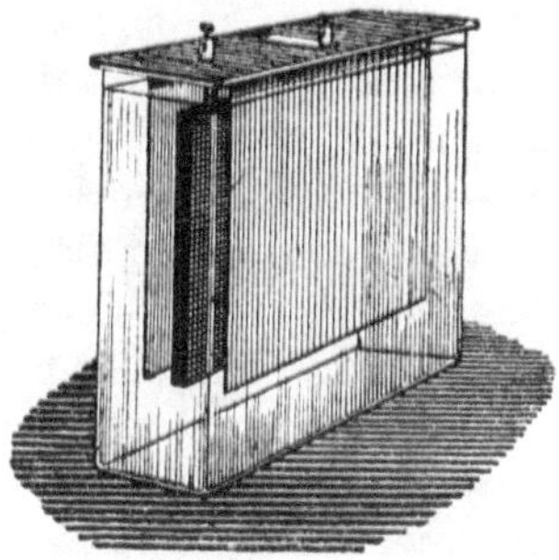

Fig. 49.

Es ist ein wesentlicher Vortheil dieser compacten Platten mit Kupferseele, dass sie leicht wieder regenerirt werden können, wenn sie durch den Strom in metallisches Kupfer verwandelt sind. Es genügt, sie gut auszuspülen und einige Stunden an der Luft zu erwärmen, um ihre poröse Schicht wieder zu oxydiren. Es wird also nur Zink und Aetzalkali bei der Bethätigung des Elementes verbraucht. Die elektromotorische Kraft des Cupronelementes beträgt im Anfang in Folge der Anwesenheit von etwas Kupferoxyd etwas über 1 Volt, bei weiterer Entladung beobachtet man die dem Oxydul entsprechende elektromotorische Kraft von 0,85 Volt. Die frisch regenerirte oxydhaltige Platte umgibt sich beim Eintauchen mit einer blauen Schicht in Folge Lösung kleiner Mengen Kupfer, die nach Entnahme einer kleiner

[1]) Siehe Schoop (l. c.); Kupferoxydplatten mit Kohle als Unterlage beschreibt Oppermann, Elektrochem. Z. 1, S. 191.

[2]) E. T Z. 1896, S. 572. In neuester Zeit empfiehlt die Firma Umbreit & Matthes (Leipzig-Plagwitz) einen Zusatz von Natriumthiosulfat (10 — 80 g pro Zelle je nach der Grösse) zum Elektrolyten. Die folgenden Angaben sind einer Broschüre der Firma unter Berücksichtigung der Mittheilungen Schoops (l. c.) und gelegentlicher eigenen Beobachtungen des Verfassers entnommen.

Stromquantität verschwindet. Der innere Widerstand variirt mit der Plattengrösse; für 1 qdcm Oberfläche der Kupferoxydplatte ist er rund 0,12 Ohm. Die kleinste übliche Elementtype mit 2,4 qdm hat 0,06, die grösste mit 16 qdcm 0,00075 Ohm. Die zulässigen Stromentnahmen aus diesen Zellen sind 1 bez. 8 A. und die durch die Grösse der Kupferoxydplatten bedingten Capacitäten 40—50 Ampèrestunden für die kleinste, 350—400 für die grösste Type. Die Capacität dieser Elemente ist also ausserordentlich hoch. Ihre volle Ausnützung ist allerdings nur mit einem erheblichen Verlust an Spannung zu erkaufen. Die Klemmenspannung einer Zelle, welche 2 A. bei 0,85 liefert, geht theils durch die Steigerung der Zinkconcentration an der Anode, überwiegend aber durch das allmälige schlechter werden der Depolarisation an der Kathode auf 0,42 herunter, wenn die Stromstärke dauernd festgehalten wird.

Ohne grössere praktische Bedeutung ist der Ersatz des Kupferoxyds durch Chlorsilber. Eine Kathode aus Silber, die mit Chlorsilber umschmolzen ist, liefert gegen Zink in Chlorammon 1,1 Volt, gegen Zink in Kalilauge 1,64, gegen Zink in Zinksulfat 1,16 und gegen Zink in Chlorzink 1,01 Volt.[1]) Bei der Bethätigung gibt die Anode Zinkionen, der Depolarisator Chlorionen an den Elektrolyten ab. In Chlorammon, Chlorzink und Zinksulfatlösung entsteht also Zinkchlorid, bei der Bethätigung in Kalilauge Zinkoxydkali und Chlorkalium. Der innere Widerstand des Elementes ist zu Anfang hoch wegen der cohärenten Chlorsilberschicht um die Elektrode; sobald dieselbe mit Silbertheilchen durchsetzt ist, aber recht klein. Die schwache Seite des Elementes ist die Löslichkeit des Chlorsilbers in mässig concentrirten Chlorzinklösungen. Sobald der Elektrolyt aber nachweisbare Mengen Silberionen enthält, erreichen dieselben durch Diffusion die Anode, schlagen sich dort als festes Silber nieder und das anodische Zink wird unter der Wirkung der kurz geschlossenen Kette Silber/Elektrolyt/Zink, welche an ihm sich bildet, durch Localaction aufgezehrt. Für Messzwecke und ähnliche Verwendungen, bei denen nur sehr geringe Stromentnahmen stattfinden und Zink nicht erheblich gelöst wird, kommt das nicht in Frage. Es ist aber wichtig, sich gegenwärtig zu

[1]) Carhart-Schoop S. 82, Wiedemann Bd. I, S. 885.

halten, dass feste Depolarisatoren, welche bei der Bethätigung Metall liefern, nur dann ohne Gefahr einer Localaction verwendet werden können, wenn ihre Löslichkeit praktisch gesprochen Null, die verschwindende Menge, die in der Lösung an der Kathode vorhanden ist, also eine praktisch unbegrenzte Zeit braucht, ehe ihre minimale Diffusionsgeschwindigkeit so viel ihrer Ionen an die Anode geführt, dass dort Partikeln festen Metalls sich ausscheiden.

Von Metalloxyden, die bei der Entladung Metall geben und depolarisirend wirken, kommt ausser Kupferoxyd keines praktisch in Frage. Die vier wichtigen Eigenschaften, der Billigkeit, der leichten Regeneration auf chemischem Wege, des sehr kleinen Lösungsdruckes des abgeschiedenen Metalls und einer Löslichkeit, welche für die depolarisirende Wirkung, aber nicht für eine merkliche Diffusion und Fällung an der Anode hinreicht, vereinigt kein anderes Metalloxyd.

Von den Superoxyden, welche unter partieller Entladung in Oxyde übergehen, lässt sich zwar das Bleisuperoxyd durch besondere Verfahren so auf einer Bleiseele befestigen, dass es eine genügende Depolarisationsgeschwindigkeit besitzt, um mit Zink in Schwefelsäure ein constantes Element zu liefern. Dieses Element ist auch ausgezeichnet durch die hohe elektromotorische Kraft von 2,5 Volt, entsprechend dem Umstand, dass Bleisuperoxyd, wenn man es in eine Reihe mit den Metallen ordnen wollte, noch unterhalb der Edelmetalle seinen Platz fände. Da aber die Platte sammt dem zu Oxyd reducirten, bezw. durch die gleichzeitige Wirkung der Schwefelsäure in Sulfat verwandelten Superoxyd weder auf chemischem Wege einfach in den Anfangszustand zurückgeführt werden kann, noch billig genug ist, um nach einmaliger Entladung ersetzt zu werden, so haben Elemente mit solchen Platten unter den constanten primären Zellen keine Bedeutung. Bei den Secundärelementen, die später behandelt werden, werden wir ihnen näher treten. Umgibt man ein Platinblech aber nur locker mit PbO_2, so ist die Depolarisationsgeschwindigkeit sehr klein, das Element Zink/H_2SO_4, PbO_2/Platin zählt nicht mehr den constanten, sondern den inconstanten zu, welche bei starker Stromentnahme durch erhebliche Polarisation wesentliche Verminderung ihrer elektromotorischen Kraft erfahren und mit Nutzen nur als Schwachstromelemente zu benutzen sind.

Die Schwachelemente haben ihre Hauptverwendung in der Haustelegraphie und Haustelephonie. Da sie nur geringe Stromstärken abgeben sollen, ist ein höherer innerer Widerstand bei ihnen unwesentlich.

Inconstante Elemente.

Das wichtigste dieser inconstanten Schwachstromelemente ist das Leclanché'sche

$$\text{Zink}/\underset{\text{Lösung}}{\overset{\text{concentrirte}}{\text{Chlorammon}}},\ \text{Mn}\,O_2/\text{Kohle}.$$

Man presst den Braunstein mit Graphitpulver um einen Graphitkern herum, der als Elektrode dient und durch das Graphitpulver auch mit entfernteren Schichten des Depolarisationsmittels in leitendem Zusammenhang ist. Dieser pastirten Masse gibt man Halt durch eine Thonzelle oder besser einen Zeugbeutel, in den man sie straff einsetzt. Bei der Bethätigung vollzieht sich, soweit der Depolarisator wirkt, die Reaction

$$Zn + 2MnO_2 + H_2O = Zn(OH_2) + Mn_2O_3.$$

Arbeitet der Depolarisator zu langsam, so haben wir daneben

$$Zn + 2\,H_2O = Zn\,(OH)_2 + H_2$$

Zinkoxydhydrat löst sich in Chlorammon. Man kann die Reaction auch wie folgt schreiben:

$$Zn + 2MnO_2 + 2ClNH_4 = ZnCl_2, 2NH_3 + Mn_2O_3 + H_2O.$$

Arbeitet der Depolarisator zu langsam, so entweicht daneben Wasserstoff.

Das Salz $ZnCl_2$, $2\,NH_3$ findet man gelegentlich[1]) in farblosen Krystallen in alten Leclanché-Zellen ausgeschieden. Betrachtet man die Reaction an den Elektroden einzeln, so geht an der Anode Zink in Lösung, während Cl zu- und NH_4 fortwandert, sodass neutrales Cl_2Zn neben unverändertem $ClNH_4$ dort auftritt. An der Kathode wird für jedes Zinkäquivalent, das an der Anode sich löst, ein NH_4-Ion so entladen, dass NH_3 frei wird und ein Wasserstoffatom entweder Braunstein zu Manganoxyd reducirt oder als Gas entweicht. Die Bildung von Chlorzinkammoniak ist

[1]) Priwoznik, Pogg Ann. 142, 467. Ber. d. deutschen chem. Ges. 1876, 612. Davis, Chem. News. 25, 265.

also ausschliesslich Folge eines secundären Vorgangs, der Diffusion des Ammoniaks von der Kathode zur Anode.[1]) Da Chlorzinklösung schwerer als Chlorammonlösung ist, sinkt sie längs der Anode im arbeitenden Element herunter. Die zumeist stabförmige Zinkanode taucht deshalb unten in eine stärkere Zinklösung als oben. Es entsteht eine Concentrationskette, welche bei geöffnetem Stromkreis die obere Hälfte des Zinkstabs anfrisst, der unteren Zink zuführt. Auch im arbeitenden Zustand geht das Zink oben etwas stärker in Lösung als unten. Man benutzt stets amalgamirtes Zink. Die elektromotorische Kraft des Leclanché variirt natürlich je nach dem Gehalt an Zinkionen in dem Elektrolyten. Man kann sie zu 1,4—1,7 Volt annehmen. Der innere Widerstand wird durch Anreicherung der Lösung an Zinksalz kleiner. Mit 0,2 Amp. geschlossen erleidet ein Element von mittlerer Grösse bereits solche Polarisationen, dass seine elektromotorische Kraft auf etwa 1,2 Volt zurückgeht. Die Depolarisation in einem Elemente, das längere Zeit ungeschlossen war und dessen poröse Kathode nur theilweise in den Elektrolyten taucht, ist theilweise dem Luftsauerstoff zuzurechnen, der an der porösen Masse adsorbirt wird und eine Gaselektrode von bescheidener, aber doch merklicher Capacität bildet.

Auch am Leclanchè-Element ist allerhand modificirt worden; man hat Eisenoxyd, Bleisuperoxyd, Antimonoxyd als Depolarisatoren dem Braunstein substituirt, auch am Elektrolyten vielfach geändert, ohne irgend Wesentliches zu gewinnen.[2])

Das Leclanché-Element ist das einzige typische Schwachstromelement von allgemeiner Verbreitung geblieben. Selbstverständlich kann man mit festen wie mit flüssigen Oxydationsmitteln zahlreiche ähnliche, allerdings meist weniger praktische inconstante Zellen zusammensetzen. Von ihrer Besprechung sei abgesehen.

Von wesentlich historischem Interesse ist das Volta-sche Element Zink/Schwefelsäure/Kupfer, welches bei der Thätigkeit durch Polarisation in das Element Zink/Schwefelsäure/Wasserstoff übergeht. Da das Kathodenmetall irrelevant ist, so wird

[1]) Erläuternde Versuche dazu siehe Ditte, Compt. Rend. 116 S. 812, 984, 1128.

[2]) Ein Zusatz von 5% Glycerin zum Elektrolyten scheint zweckmässig. Siehe E. T. Z. 1895, S. 736.

man auch das Element Zink/Schwefelsäure/Kohle oder Zink/Schwefelsäure/Platin dem Volta-Typus zuzurechnen haben. Mit einer besonders gestalteten Platinkathode hat Smee eine lebensfähige Abart dieses Typus geschaffen. Er vermeidet übergrosse Polarisation durch Benützung einer Kathode, die bei mässiger scheinbarer Oberfläche eine sehr grosse wirkliche Oberfläche bietet und die Verarmung an H-Ionen, welche an blanken Oberflächen bei hoher Stromentnahme viel zur Polarisation beiträgt, damit erschwert. Sein Element setzt sich zusammen aus einer Zinkplatte und einer platinirten Silberplatte in Schwefelsäure. Bei der Bethätigung bildet sich alsbald Zinksulfat, während das Platinmoor der Kathode sich mit Wasserstoff bedeckt. Die dadurch geschaffene Anordnung

$$Zn/ZnSO_4,\ H_2SO_4/H$$

zeigt 0,7 Volt. Die Summe der beiden Einzelwerthe (Tabelle S. 107)

$$\begin{array}{r} +0{,}524 \\ -0{,}238 \\ \hline \text{Summa } 0{,}762 \text{ Volt} \end{array}$$

stimmt damit in befriedigendster Annäherung.

Praktisch ist diese Zelle von Ebner sehr einfach angeordnet worden (Fig. 50), indem er 10%ige Schwefelsäure als Elektrolyt in ein Glasgefäss brachte, dessen Boden mit Quecksilber bedeckt ist. Auf das Quecksilber wirft man Zinkspähne, in die Lösung hängt man ein platinirtes Bleiblech.

Eine besondere Abart der Schwachstromelemente bilden die Trockenelemente. Sie sind meist Leclanché-Zellen, deren Elektrolyt durch eine poröse Masse aufgesogen ist, in welcher die Elektroden eingebettet sind.[2]) Solche Elemente haben den grossen Vortheil, ohne Gefahr des Vergiessens in jeder Weise hantirt, umgelegt und gedreht werden zu können. Die Stromleitung in den Canälen solcher porösen feuchten Massen begegnet naturgemäss einem grösseren Widerstande als in zusammenhängenden Flüssigkeitsmassen weil die poröse an und für sich nichtleitende Masse den Flüssigkeitsquerschnitt verkleinert. Die Elemente werden

---

[1]) Auszüge der Patent- und Zeitschriftenlitteratur über zahlreiche Formen von Trockenelementen siehe bei Peters, S. 120—140.

indessen mit so kleinen Stromstärken beansprucht (bis 0,05 A.), dass der grössere innere Widerstand, unerheblich ist. Man bildet meist die Zinkanode als Büchse aus, welche den Elektrolyten und die Kathode einschliesst und verschliesst die obere Oeffnung bis auf ein kleines Loch. Durch dieses können Druckänderungen, veranlasst durch Entbindung kleiner Mengen Wasserstoff an der Kathode im Innern, oder durch Temperaturschwankungen, sich noch ausgleichen. Bei dieser nahezu vollständigen Absperrung ist ein Ersatz von verbrauchten Chemikalien ganz unmöglich. Das Element muss vielmehr jahrelang zu kleinen Strom-

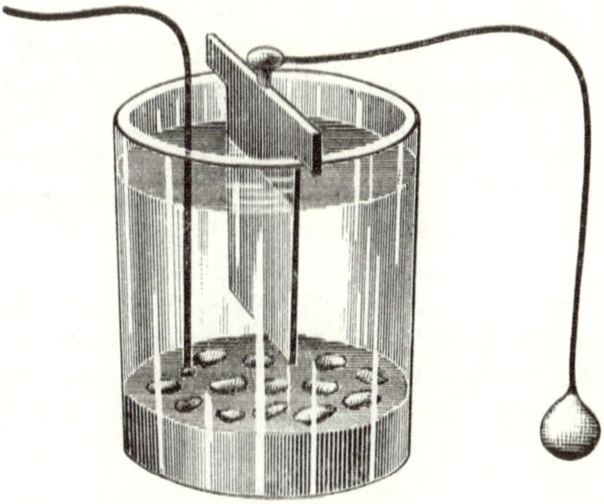

Fig. 50.

leistungen bei längeren Ruhepausen bereit bleiben. Localaction muss deshalb ausgeschlossen und ein erheblicher Vorrath an Depolarisationsmitteln in der Zelle untergebracht werden. Die erste Bedingung aber ist, dass es nicht austrocknet, denn ein praktisch trockenes Element würde einen so enormen Widerstand haben, dass jede merkliche Stromleistung ausgeschlossen bliebe, ein theoretisch trockenes überhaupt nicht mehr arbeiten. Dieses Austrocknen, welches durch den Abschluss der Zelle bereits sehr erschwert ist, hindert man, indem man hygroskopische Substanzen der Füllung einverleibt und eine elektrochemische Reaction wählt, welche Wasser liefert. Die zuvor angeführte Gleichung für das Leclanché-Element genügt diesem Anspruch

$$Zn + 2\,MnO_2 + 2\,Cl\,NH_4 = Zn\,Cl_2,\ 2\,NH_3 + Mn_2O_3 + H_2O.$$

Die poröse Masse, welche das ganze Element erfüllt, besteht meist aus Gpys; auch Infusorienerde, Holzkohlenpulver, Sand, Gelatine, Agar-Agar, Kieselsäure, Eisenhydroxyd, Chromhydroxyd im gallertigen Zustand, Magnesiacement ($Mg\,Cl_2 + MgO$), Sägespähne, Abfallwolle sind theils benützt, theils vorgeschlagen worden. Häufig wird die aufgesogene Lösung noch mit Gummi verdickt. Man kann auch die Substanz des Elektrolyten selber zur Erzeugung der Paste verwenden, indem man statt einer Lösung einen Brei des festen Salzes mit wenig Wasser benützt, um die Elektroden hineinzutauchen. Dieses Verfahren vermeidet eine Schwierigkeit der Trockenelemente: die Concentrationsänderungen, welche seinen Widerstand vermehren und seine elektromotorische Kraft heruntersetzen. Ist das Trockenelement mit einem Depolarisator ausgerüstet, so entsteht an der Kathode Wasser, die Lösung verdünnt sich dort; an der Anode entsteht eine concentrirte Zinklösung. Die Diffusion ist nun durch die poröse Masse sehr verlangsamt und die Ausgleichung der Concentrationsunterschiede muss sehr träge geschehen. Dauseruntersuchungen von Trockenelementen[1]) lehren, dass ihre elektromotorische Kraft bei Anordnung nach dem Leclanché-Typus ca. 1,5 Volt beträgt und langsam heruntergeht. Bei einer jährlichen Entnahme von 15 Ampèrestunden blieb ein solches dauernd studirtes Element mehrere Jahre in befriedigender Function. Eine 14tägige Ruhepause zeigte sich nur von vorübergehender Wirkung auf den successiven Abfall der Klemmenspannung. Auch der Volta-Typus Zink/Schwefelsäure/Kohle wird bei Trockenelementen öfters angetroffen.

Eine Klasse der Elemente, die der

Normalelemente,

sondert sich von den Uebrigen, da sie überhaupt keinen Strom zu liefern haben, sondern nur unveränderliche Etalons elektromotorischer Kräfte darstellen sollen. Man benützt sie nach der

[1]) Zacharias, Z. f. Elektrochem. 2, S. 584. Epstein, Z. f. Elektrochem. 2, S. 176.

Compensationsmethode, um sich zu überzeugen, dass das Spannungsgefälle eines Stromes über einen Widerstand hin einen bestimmten Werth hat.

Solche Normalelemente müssen leicht und mit Sicherheit mit ein und derselben elektromotorischen Kraft hergestellt werden können, frei von Localactionen sein und einen möglichst niederen Temperaturcoefficienten haben.

Man verwendet wesentlich die 4 folgenden Zellen

1) Hg/Hg_2SO_4 $ZnSO_4/Zn$ (Clark),
2) Hg/Hg_2SO_4 $CdSO_4/Cd$ (Weston),
3) Hg/HgO $ZnSO_4/Zn$ (Gouy),
4) Hg/Hg_2Cl_2 Cl_2Zn/Zn (Helmholtz).

Das Element von Latimer Clark[1]) ist bei weitem das verbreitetste. Seine praktischste Form ist nebenstehend abgebildet (Fig. 51). Dadurch, dass sowohl das schwer lösliche Quecksilberoxydulsalz als das leicht lösliche Zinksulfat in Mengen eingebracht werden, welche sich nicht völlig lösen können, ist die übereinstimmende Herstellung mehrerer Zellen sehr erleichtert. Ist es doch offenbar viel einfacher, einen Ueberschuss an den in Reaction tretenden Salzen im Elektrolyten aufzuhäufen, als eine genau präcisirte Concentration jedesmal einzuhalten.

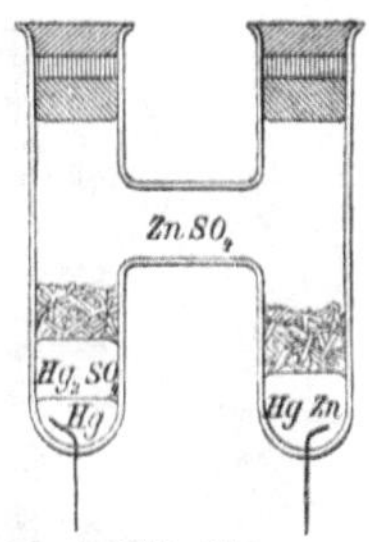

Fig. 51.

Statt Zink dient am besten 10%iges Zinkamalgam, das heiss flüssig ist. Zinksulfat muss rein, namentlich auch säurefrei sein, ebenso Mercurosulfat. Es ist wichtig, dieses Quecksilbersalz, das mit viel Waser in basisches gelbes Salz übergeht, solange auszuwaschen, bis es die erste Spur Gelbfärbung zeigt, oder wenn es bei Berührung mit Wasser gelb werden sollte, soweit mit Schwefelsäure anzusäuern, dass die Gelbfärbung eben noch nicht völlig verschwindet. Quecksilber muss durch Destillation gereinigt werden. Aus reinem Material hergestellte Zellen besitzen eine elektromotorische Kraft = 1,4336 Volt bei 15°.

[1]) Kahle, Wied. Ann. 51, S. 174 u. 204. Jaeger, Wied. Ann. 63, S. 354. Ayrton u. Cooper, Electrician 38, S. 303. Kahle, E. T. Z. 18, S. 351. Siehe auch Limb, Compt. Rend. 121, S. 199.

Die nicht ganz so empfehlenswerthe aber verbreitete Feussner-sche Form, welche Figur 52 wiedergibt, hat eine um 0,0003 Volt höhere elektromotorische Kraft. Abgekürzt pflegt man für das Clark-Element 1,434 Volt zu setzen. Die elektromotorische Kraft Clark'scher Zellen ändert sich in 1½ Jahren nicht um mehr als 0,0001 Volt, ist bis auf denselben Betrag bei verschiedenen Exemplaren übereinstimmend und variirt mit der Temperatur zwischen 0° und 30° nach folgender Formel

$$E_t = E_{15^0} - 0{,}00119\,(t - 15) - 0{,}000007\,(t - 15)^2 \text{ Volt},$$

wofür kurz gesetzt werden kann

$$E_t = 1{,}4336 - 0{,}001\,(t - 15) \text{ Volt}.$$

Zur Aichung solcher Normalelemente lässt man einen Strom, dessen Stärke in Ampère silbervoltametrisch controlirt wird, durch einen Widerstand gehen, welcher genau bekannt ist. Verbindet man den einen Pol des Elementes fest, den anderen gleitend mit dem Widerstand und schaltet ein Elektrometer in diesen Stromkreis, so wird bei Verschiebung des Gleitcontactes längs des Widerstandes der Elektrometerausschlag an einer Stelle gleich Null werden. Der Widerstand, welcher zwischen dem Gleitcontact und dem festen Contact in dieser Stellung sich befindet, mal der Stromstärke, welche durch den Widerstand geht, ist jetzt gleich der elektromotorischen Kraft des Normalelementes. Die starke Veränderlichkeit der elektromotorischen Kraft des Clark-Elements mit der Temperatur vermeiden die Elemente von Weston und Gouy. Für das Weston-Element[1]) ist die Kathode ebenfalls Quecksilber in Quecksilberoxydulsulfat, als Anode dient Kadmiumamalgam (1 Cd, 6 Hg) mit Kadmiumsulfatpaste in einer Lösung von Kadmiumsulfat als Elektrolyt. Im Uebrigen entsprechen Form und Anordnung genau der Skizze des Clark-Elementes.

Fig. 52.

[1]) Jäger u. Wachsmuth, Wied. Ann. 59, S. 575.

Die elektromotorische Kraft bei 20° ist 1,019 Volt. Die Aenderung der elektromotorischen Kraft mit der Temperatur ist

$$E_t = E_{20} - 3{,}8 \times 10^{-5}(t - 20) - 0{,}065 \times 10^{-6}(t - 20)^2.$$

Die Ausrechnung führt für gleiche Temperatursprünge auf zwanzig Mal kleinere Veränderungen der elektromotorischen Kraft, als sie das Clark-Element aufweist. Diese Veränderlichkeit ist so klein, dass sie bei praktischen Messungen vernachlässigt werden können. Denselben Vortheil eines niedrigen Temperaturcoefficienten besitzt die Anordnung von Gouy.[1])

Dieses Normalelement besteht aus Quecksilber unter einer Paste von gefälltem Quecksilberoxyd, welches mit amalgamirtem Zink in Zinkvitriollösung vom spec. Gew. 1,06 (10% kryst. Salz) combinirt ist. Zur Gewinnung einer reinen säurefreien Zinkvitriollösung wird Zinkvitriol in saurer Lösung mit etwas Silberoxyd gekocht, filtrirt und einige Tage über metallischem Zink aufbewahrt, wobei gelöstes Silber und andere Fremdmetalle abgeschieden werden. Die elektromotorische Kraft ist 1,386—0,0002 (t — 12°) Volt. Wenn das Element versehentlich so verwendet wird, dass von einer äusseren stärkeren Elektrizitätsquelle aus ein Strom hindurchgeht, welcher Quecksilber löst und Zink niederschlägt, so erholt es sich leicht wieder, sobald man es kurze Zeit durch einen Widerstand von einigen tausend Ohm schliesst, und nimmt seine normale elektromotorische Kraft wieder an.

Minder bequem in der Benützung wie diese Normalelemente, welche einmal hergestellt, jeden Augenblick gebrauchsfertig sind, ist Fleming's Normal-Daniell. Es ist dieses ein Daniell'sches Element mit Zinksulfat (spec. Gew. 1,4 bei 10°) und Kupfersulfat (spec. Gew. 1,1 bei 10°). Das Element gibt nur dann eine feste elektromotorische Kraft, wenn das Kupfer der Kathode tadellos metallisch blank ist. Geringe Oxydation bewirkt Erhöhung bis 2%. Man ist deshalb genötigt, die Kupferkathode jedesmal unmittelbar vor dem Versuch frisch galvanisch zu verkupfern. Ebenso muss das Zink oxydfrei sein und es darf keine Spur Kupfer durch Diffusion und Zersetzung von Kupfervitriol etwa darauf sich niederschlagen, wenn die elektromotorische Kraft nicht um einige Procente fallen soll.

---

[1]) Gouy, Compt. Rend. 104, S. 781; Journ. de Phys. 7, S. 532.

Bei Beachtung aller dieser Maassnahmen ist die elektromotorische Kraft 1,069 Volt.

Carhart empfiehlt für gröbere technische Messungen, wo die Genauigkeit von 1 % ausreicht, einen nicht zu kleinen Daniell mit Thonzelle zusammenzusetzen, aussen Zinkvitriollösung, innen Kupfervitriollösung, beide von spec. Gew. 1,100, einzufüllen und einen frisch amalgamirten Zinkstab als Anode, einen Kupfercylinder, der mit dem Messer sauber blank geschabt ist, als Kathode zu verwenden. Man kann dann auf die elektromotorische Kraft von 1,091 Volt mit einer Unsicherheit von 1 % rechnen. Der Temperaturcoefficient ist so klein, dass er gegen diese Unsicherheit zurücktritt und Schwankungen der Temperatur in den Grenzen der Zimmertemperatur nicht beachtet werden brauchen.[1])

Von besonderem Werthe ist oft der Besitz eines Normalelements von gerade 1 Volt elektromotorischer Kraft. Dieser Anforderung genügt die Combination: Quecksilber unter Calomel, Chlorzinklösung, amalgamirtes Zink. Ein Diaphragma ist unnöthig. Die concentrirte Chlorzinklösung versetzt man, wenn sie durch basisches Salz getrübt ist, vorsichtig vor der Verwendung mit Salzsäure bis zur Klärung und lässt sie zur Fällung von Cadmium und ähnlichen Fremdmetallen einige Tage über Zinkschnitzeln stehen. Die elektromotorische Kraft hängt von der Reinheit und der Concentration der Chlorzinklösung ab, sie steigt beim Verdünnen derselben. Bei einem specifischen Gewicht der Chlorzinklösung von 1,391 bei 15° nach Carhart, nach Hibbert[2]) von 1,380 besitzt das Element gerade 1 Volt. Der Temperaturcoefficient[3]) beträgt weniger als 0,0001 Volt.

$$E = 1 + 0{,}0000733\ (t - 15^0)\ \text{Volt}.$$

Schwankungen der Zimmertemperatur können also vernachlässigt werden. Einige Tage nach erfolgter Zusammensetzung

---

[1]) Carhart-Schoop, S. 157, gibt die Daten über die elektromotorische Kraft des Daniell als Normalelement in den früher üblichen ›legalen‹ Volt. Sie sind hier in die jetzt gebräuchlichen ›internationalen‹ Volt umgerechnet. 1063 legale Volt sind gleich 1060 internationale Volt.

[2]) Hibbert, Electrician 37, S. 320.

[3]) Fischer, Electrician 38, S. 177.

ist das Element mit einem Clark'schen, Weston'schen oder Gouy'schen zu vergleichen und die Concentration der Chlorzinklösung erforderlichen Falls bis zur Erreichung des Werthes = 1 Volt zu ändern. Das Element hält sich jahrelang unverändert. Wenn es versehentlich unter erheblicher Stromabgabe benützt wurde, erholt es sich leicht wieder.

Ein von Case aufgefundenes Element von besonderer Eigenart hat Skinner[1]) beschrieben. Dieses Element setzt man in einem Reagensglas, durch dessen Boden ein Platindraht geht, zusammen, indem man Zinnamalgam auf den Boden gibt, grüne Chromchloridlösung darüber füllt und in diese einen Platindraht einsenkt. Dieses Element besitzt eine elektromotorische Kraft von $1/2$ Volt. In der Kälte polarisirt es sich so stark, dass ein merklicher Strom ihm nicht zu entnehmen ist, in der Wärme aber ist die Polarisation klein und es findet dauernde Stromleistung statt, während die Reaction

$$Cr_2Cl_6 + Sn = SnCl_2 + 2\,CrCl_2$$

abläuft. Kühlt man das erschöpfte Element wieder ab, so geht nun die Reaction im umgekehrten Sinne unter Wärmeentwickelung vor sich.

$$SnCl_2 + 2\,CrCl_2 = Sn + Cr_2Cl_6.$$

Es bildet sich wieder metallisches Zinn, das in dem Quecksilber am Gefässboden sich löst und Chromchlorid und die Zelle ist von neuem gebrauchsfertig.

Dieses Element erlaubt also Wärme unmittelbar in elektrische Energie zu verwandeln und erscheint aus diesem Gesichtspunkte als eine besondere Gattung eines Thermoelementes. In der angeführten von Skinner beobachteten Wirkungsweise ist es allerdings nicht vollkommen verständlich, denn es ist nicht einzusehen, wie eine gleich grosse und gleich gerichtete elektromotorische Kraft mit zwei Zuständen verknüpft sein kann, welche einem im Sinne der angeführten Reactionsgleichungen entgegengesetzten Reactionsablauf entsprechen.

---

[1]) Skinner, Jahrbuch für Elektrochem. 2, S. 56.

Brennstoffelemente.

Man unterscheidet gasförmige, flüssige und feste Brennstoffe. Die flüssigen kommen für Verbrennung auf elektrochemischem Wege nicht in Frage. Petroleum und seine Fractionen, Braunkohltheeröle, Fette und Thrane sind Isolatoren, die mit Wasser sich nicht mischen und weder als Depolarisatoren, noch als Elektroden verwendet werden können. Für die Herstellung von Brennstoffelementen ist man also auf gasförmige und feste Brennstoffe verwiesen. Von den festen Brennstoffen sind Kohle und Coke diejenigen, welche die allgemeinste technische Anwendung finden. Ihrer chemischen Natur nach sind sie nicht reiner Kohlenstoff, sondern hochmoleculare Verbindungen von Kohlenstoff mit etwas Wasserstoff, Sauerstoff, Stickstoff und Schwefel, gemengt mit anorganischen Bestandtheilen, unter denen Schwefelkies, Gyps und Kieselsäure die vornehmlichsten sind. Reiner Kohlenstoff ist überhaupt kein wirthschaftlich mögliches Heizmaterial, ja selbst für den Laboratoriumsgebrauch schwer zugänglich. Selbst Bogenlichtkohlen und im Lichtbogen calcinirter Retortengraphit sind nicht Kohlenstoff, sondern nur hochmoleculare Kohlenwasserstoffe. Die Aufgabe der Elektrochemie kommt also darauf hinaus nicht Kohlenstoff, sondern Kohle auf elektrochemischem Wege zu oxydiren. Die Lösung dieser Aufgabe hat theoretische und praktische Schwierigkeiten. Jeder elektrochemische Process ist an die Entstehung und Entladung von Ionen, bezw. bei Ionen der Körper mit variabler Werthigkeit an die Aenderung ihrer Ladung geknüpft. Ob nun reiner Kohlenstoff C-Ionen zu bilden vermag, ist unbekannt. Welche Ionen etwa von den hochmolecularen, sehr kohlenstoffreichen Verbindungen gebildet werden können, die wir als Kohle, Coke und Retortengraphit bezeichnen, entzieht sich gleichfalls der Kenntniss. Theoretische Voraussagen über das Verhalten von Kohle gegen wässerige Lösungen sind also nicht zu machen. Die Erfahrung lehrt, dass Kohlenanoden bei der Elektrolyse in den verschiedensten Elektrolyten verändert werden. Es findet theils Disgregation der Elektrode ohne äusserlich sichtbare Veränderung des Elektrolyten, theils Dunkelfärbung desselben statt. In diesem Falle gehen organische Substanzen in Lösung. Auch wenn der Retortengraphit vorher im Chlorstrom ausgeglüht und dadurch reinem Kohlenstoff nahe gebracht ist, beobachtet man, dass er unter Ablauf verwickelter Reactionen bei der Elektrolyse von Salzsäure, Schwefelsäure und Salpetersäure anodisch verändert wird. Debray und Péchard[1]) fanden, dass der Betrag an freiwerdendem Sauerstoff an solche Kohleelektroden bei Schwefelsäure auf $^1/_{20}$ desjenigen heruntergehen kann, welcher an einer unangreifbaren Elektrode entstehen sollte. Daneben treten Kohlensäure und Kohlenoxyd auf. Bei Salzsäure findet sich neben Chlor Kohlensäure im Anodengas, bei Salpetersäure Kohlensäure und Stickoxyde. Die disgregirte »Kohle«, in welche der im Chlorstrom geglühte Retortengraphit bei der Elektrolyse überging, war reich Wasserstoff und Sauerstoff. Bartoli und Papasogli,[2]) welche die Producte studirten, die bei der Elektrolyse von reinem oder mit durch Salzsäure, Salpetersäure, Schwefelsäure angesäuerten Wasser mit Retortengraphitanoden entstanden, erhielten theils als Bodensatz in der Zelle, theils in der Lösung eine unklare Substanz, die sie Mellogen nannten, von der empirischen Formel $C_{11}H_2O_4 + 1^1/_2 H_2O$, welche den äusseren Habitus der Kohle besass, in Wasser mit neutraler Reaction und schwarzer Farbe löslich war, von Alkalien aufgenommen, durch verdünnte Säuren aber gefällt wurde. Durch Oxydation, die die wässerige Lösung langsam schon an der Luft erlitt, entstand Benzolhexacarbonsäure, Benzoltetracarbonsäure und Hexahydrobenzolhexacarbonsäure. In alkalischer Lösung lieferte die Elektrolyse sofort diese letzteren Verbindungen neben wenig Mellogen, in Salpetersäure ein Zwischenproduct $C_{11}H_6O_7 + 2^1/_2 H_2O$, das sich zu Benzolhexacarbonsäure oxydiren liess. Diese Benzolhexacarbonsäure entsteht auch bei passender Oxydation von Kohle mit chemischen Agentien und findet sich an Thonerde gebunden als Honigstein in Braunkohlenlagern vor. Mellogen, sei es nun eine einheitliche Substanz oder ein Substanzgemenge, erscheint danach als ein erstes Oxydationsproduct, zwischen der Kohle und jenen fest definirten organischen Säuren in der Mitte stehend. Der Mechanismus seiner Entstehung aus der Elektrodenkohle ist elektrochemisch auf dem Boden der Lösungsdrucktheorie derzeit nicht fassbar. Als leicht oxydabler

---

[1]) Debray u. Péchard, Compt. Rend. 105, S. 27.

[2]) Bartoli u. Papasogli, Gazz. chim. ital. 11, S. 468; 12, S. 125; 13, S. 37; 15, S. 468.

Körper vermag dieses Zwischenproduct der Kohleoxydation nun Sauerstoff aufzunehmen und sich dabei weiter zu oxydiren. Es wirkt aus diesem Grunde unter passenden Bedingungen depolarisirend an der Anode. Auch der Mechanismus dieser Oxydation ist im Rahmen der Theorie noch nicht darstellbar. Nicht einmal ein Schluss auf das Vorhandensein kohlenstoffhaltiger Ionen ist gerechtfertigt, denn es sind zahlreiche, wohl definirte organische Substanzen bekannt, welche weder die Wanderungserscheinungen, noch die Leitfähigkeit von dissociirten Körpern aufweisen und anodisch oder kathodisch depolarisiren, das heisst an die Elektroden in gelöster Form gebracht, dort Reduction oder Oxydation erleiden. Im Kapitel »organische Elektrolyse« wird darüber ausführlicher gehandelt. Schon Bartoli und Papasogli bauten Elemente, welche dieses von ihnen studirte Verhalten der Kohle zur Stromerzeugung nutzbar machten. Aus Retortengraphit, der für sich weder in Kalilauge oder Natronlauge, noch in Pottasche oder Soda, noch auch in unterchlorigsaurem Natron oder Chlorkalklösung angegriffen wurde, stellten sie mit Platin oder Gold als Kathoden und den genannten Lösungen als Elektrolyten Ketten zusammen, deren elektromotorische Kräfte die folgenden waren:

Retortenkohle	{ KOH / NaOH }	Platin	. .	0,066 — 0,19 Volt,
»	{ Soda / Pottasche }	»	. .	0,11 — 0,19 »
»	ClONa	»	. .	0,20 — 0,3 »
»	Cl_2O_2Ca	»	. .	0,11 — 0,22 »

Coehn[1]) hat auf diesem Gebiete weitere Erfolge erreicht, indem er an der Kathode ein festes Oxydationsmittel benutzte. Er verwendete eine mit Bleisuperoxyd überzogene Bleiplatte und bildete aus ihr mit Schwefelsäure und Kohle als Anode ein Element, das mit 100 Ohm äusseren Widerstand geschlossen eine Klemmenspannung von 1,03 Volt besass und einen dauernden Strom unter Reductionsvorgängen an der Superoxydplatte (Bildung von PbO, bezw. $PbSO_4$ und H_2O) und Entstehung von Kohlenoxyd und Kohlensäure lieferte. Er fand unter den Anodengasen bis 70%

[1]) Z. f. Elektrochem. 2, S. 542; 3, S. 424.

CO_2, 30% CO und nur wenig (ca. 1 %) O. Ob dabei die »gelöste« Kohle vollständig oder unter Verbleib organischer Spaltstücke in der Lösung verzehrt wurde, ist nicht mitgetheilt. Coehn ermittelte auch, welche Concentrationen und Stromdichten für die Lösung der Kohle in Schwefelsäure am günstigsten sind. Von 1 Vol. H_2SO_4 zu 1 H_2O bis 1 H_2SO_4 zu 500 Vol. H_2O beobachtete er bei Stromdichten von 0,12 Amp. in mit der Verdünnung wachsendem Maasse die Färbung der Schwefelsäure, welche Lösung der Kohle anzeigte. Je concentrirter die Säure, um so mehr trat die Desintegration der Elektrode neben der Lösung hervor. Temperatursteigerung verminderte den Zerfall und begünstigte die Lösung. Bei 100° gab die Elektrolyse in einem Gemisch gleicher Volumina Schwefelsäure und Wasser Lösung ohne Zerfall. Coehn fand weiter, dass diese gelösten Substanzen mit dem positiven Strome wanderten und an einer Platinkathode wie Metallkationen als glatter, metallähnlicher, schwarzer Ueberzug sich abschieden, der alle Kriterien der Kohle besass, von reinem Kohlenstoff aber gleich der Kohle durch einen Gehalt an Sauerstoff und Wasserstoff unterschieden war. Die Existenz von Kohle-Kationen ist indessen auch hierdurch nicht gesichert. Es ist zu beachten, dass auch Nichtionen unter der Wirkung eines elektrischen Stromes sich verschieben können. Colloidale Substanzen, wie sie durch Dialyse erhalten werden, wandern gleichfalls, und zwar, soweit sie Metallhydroxyde sind, nach anderen Versuchen[1]) Coehn's, welcher die Experimente füherer Forscher[2]) fortsetzte, ebenfalls zur Kathode. Diese Art Wanderung beruht auf elektrostatischen Ladungen, welche die Partikeln des Colloids gegen die umgebenden Wassermassen annehmen und auf der Anziehung bezw. Abstossung, welche die Elektroden auf diese geladenen Theilchen üben. Auch die Abscheidung eines Ueberzuges an der Kathode ist nicht nothwendig als elektrolytische Entladung anzusehen. Man beobachtet oft, dass Substanzen sich in dichten Schichten an einer Elektrode ansetzen, wenn das Lösungsmittel oder sie selbst bei Stromdurchgang an den Elektroden sich so ändern, dass sie nicht länger in Lösung bleiben können. Wie dem auch sei, so wird man Kohlenstoff-

[1]) Z. f. Elektrochem. 4, S. 63.

[2]) Wiedemann, Bd. 1 S. 982 ff.

kationen in jenen dunkelgefärbten, wandernden Antheilen nicht sehen dürfen, denn von anderen Gegengründen abgesehen, können Kohlenstoffionen neben Hydroxylionen nicht wohl in merklicher Concentration bestehen ohne zu Kohlenoxyd oder Kohlensäure unter gleichzeitiger Wasserbildung zusammenzutreten.[1])

Die Lösung der Aufgabe, Kohle auf elektrochemischem Wege zu verbrennen, ist auf dem von Coehn verfolgten Wege nicht weiter angestrebt worden. Es erschien leichter, statt mittels wässriger Lösungen in geschmolzenen Elektrolyten die Reaction der Kohlenoxydation zu vollziehen, da die Verbindung von Kohle mit Sauerstoff zu Kohlensäure und Wasser, wie die Erfahrung lehrt, in der Rothglut sehr leicht, in der Kälte aber schwer von Statten geht. Für die Erscheinungen in geschmolzenen Elektrolyten nun lassen sich theoretische Voraussagen noch weniger geben als für Kohleelemente mit wässrigen Lösungen. Geschmolzene Elektrolyte gehorchen zwar in gleicher Weise wie gelöste dem Faraday'schen Gesetz, transportiren also Elektricität durch Verschiebung materieller Theilchen, der Ionen. Da aber hier das Lösungsmittel und die gelöste Substanz identisch sind, so kann man nichts messen als die Leitfähigkeit. Dissociationsgrad und Wanderungsgeschwindigkeiten bleiben unbestimmt. In einem geschmolzenen einheitlichen Elektrolyten wie z. B. Chlorkalium können Concentrationsverschiebungen und Verdünnungen nicht stattfinden. Auch in die Einzelpotentiale zweier Elektroden gegen einen geschmolzenen Elektrolyten lässt sich bislang kein Einblick gewinnen. Indessen ist deutlich, da es darauf ankommt, Kohlensäure unter Verbrauch von Kohle am einen Pol zu bilden, dass am anderen Pole ein Sauerstoffgeber vorhanden sein muss, entweder Sauerstoff selbst oder eine Sauerstoffverbindung, die nach der elektrochemischen Reduction durch den

---

[1]) Coehn findet, dass der Gewichtsverlust der Anode bei der Elektrolyse demjenigen entspricht, den sie nach dem Faraday'schen Gesetz erleiden sollte, wenn für je 4 F ein Grammion Kohlenstoff abgegeben würde und dieser Gewichtsverlust zeigte sich nicht nur von kleinen Schwankungen der Stromdichte und von der Temperatur, sondern auch davon unabhängig, ob jene eigenthümlichen gefärbten Substanzen in Lösung gingen oder nicht. Hier muss weiteres Material abgewartet werden.

Luftsauerstoff leicht wieder regenerirt werden kann. Frühere Vorschläge gehen auf die folgenden Ketten hinaus:

$$\mathrm{Fe / PbO / Kohle}; \quad \mathrm{Fe / KNO_3 / Kohle}.$$

Die leichte Regenerirbarkeit des Sauerstoffgebers ist beim geschmolzenen Bleioxyd, das zu Blei reducirt und an der Luft wieder oxydirt wird, vorhanden, beim Salpeter, der in Nitrit übergeht, nicht. Beide Combinationen haben den gemeinsamen Nachtheil, dass das Oxydationsmittel mit der Anode sich berührt, die Kohle also durch Lokalaction aufgezehrt wird. Wenn sie trotzdem Strom zu liefern vermögen, so ist dafür der Umstand wesentlich maassgebend, dass thermoelektrische Erscheinungen ebenso in einem System flüssiger und fester Leitern als zwischen festen unter einander auftreten. Die Nernst'sche Theorie lässt für gelöste Elektrolyte dies voraussehen, da nach der Formel $RT\ ln \frac{P}{p}$ der Potentialsprung an jeder Elektrode von der absoluten Temperatur abhängt und für zwei Elektroden aus dem gleichen Metall, die in eine Lösung ihres Salzes tauchen, nicht mehr derselbe ist, wenn die eine Elektrode sammt ihrer Umgebung wärmer als die andere ist. Bei geschmolzenen Elektrolyten können sehr leicht erhebliche Differenzen in der Temperatur der beiden Grenzflächen Elektrode / Elektrolyt auftreten und Ströme entstehen lassen.

Die störende Localaction vermeidet man, wenn man entweder den gelösten Sauerstoffgeber durch einen unlöslichen an der Anode ansetzt oder ein System wie das folgende

$$\mathrm{Fe / PbO, K_2CO_3 / Kohle}$$

wählt, bei welchem die Kohle in kohlensaures Kali taucht und mit dem Bleioxyd sich nicht unmittelbar berührt. Im letzteren Falle erfordert das Element aber ein Diaphragma zur Trennung beider Elektolyte, für welches schwer ein brauchbares Material sich finden dürfte. Magnesia ist vorgeschlagen worden. Bei der Stromlieferung sollten in diesem Element die Ionen im Sinne der Pfeile wandern.

$$\mathrm{Fe}\ \begin{matrix}\leftarrow \mathrm{Pb} \\ \mathrm{O} \rightarrow\end{matrix}\ \begin{matrix}\leftarrow \mathrm{K_2} \\ \mathrm{CO_3} \rightarrow\end{matrix}\ \mathrm{Kohle.}$$

Am Eisen wird Pb entladen und durch zugeführten Luftsauerstoff wieder zu Oxyd verwandelt; am anderen Pol entladen sich CO_3-Ionen, indem sie mit der Kohle CO_2 oder CO bilden. Durch Zuwanderung von O-Ionen würde der Elektrolyt in Aetzkali an der Anodenseite verwandelt werden, wenn nicht die an der Elektrode entstehende Kohlensäure dafür sorgte, dass Carbonat in der Hauptsache immer wieder zurückgebildet wird. Auf der Kathodenseite reichert sich die Schmelze durch Zuwanderung von K-Ionen und Einführung von Luftsauerstoff bei ungeänderter Bleioxydmenge an Kali an. Die Auswanderung von Kaliumionen und die Entladung von Kohlensäure auf der einen, die Zuführung von K-Ionen und Sauerstoff auf der anderen Seite muss es mit sich bringen, dass der Anodenraum sich allmählich entleert, während im Kathodenraum die Masse des Elektrolyten zunimmt. Diese naturgemässe Erscheinung, welche bei ähnlichen Experimenten mit geschmolzenen Elektrolyten und Diaphragmen immer auftritt, ist bei Anstellung von Versuchen zu beachten.

Die praktischen Schwierigkeiten eines Elementes mit zwei geschmolzenen Elektrolyten vermeidet man durch einen unlöslichen Sauerstoffgeber an der Anode. Den einfachsten Fall verwirklicht das Element von Jacques.[1])

$$Fe\ /\ Fe_2O_3,\ NaOH\ /\ \text{Kohle},$$

bei welchem nach der Absicht des Erfinders durch einen Luftstrom die Oxyddecke des Eisens in dem Maasse erneut werden soll, als sie durch die elektrochemische Reaction

$$2Fe_2O_3 + 3C = 4Fe + 3CO_2$$

verzehrt wird. Der Erfinder gibt an, dass die entstehende Kohlensäure unabsorbirt entwiche, und setzt zum Elektrolyten noch etwas Magnesia. Diese Angaben sind nicht verständlich. Das Element soll in der Weise arbeiten, dass OH-Ionen zur Kohle wandern und dort unter Entstehung von Kohlensäure und Wasser entladen werden, Na-Ionen zum Eisen gehen und dort unter Reduction des Oxyds Na_2O bilden. Die Wasserbildung am einen, die Natriumoxydbildung am anderen Pol werden durch die Diffusion ausgeglichen. Bei solcher Arbeitsweise ist es ersichtlich gleichgiltig, ob die Kohlensäure im Element bleibt oder nicht und ob man von Haus aus Alkalicarbonat statt Hydroxyd

---

[1]) Z. f. Elektrochem. 4, S. 129. E. T. Z. 1896, S. 259.

als Elektrolyten nimmt. Auch mit Soda als Elektrolyt wird einerseits Kohlensäure, andererseits Eisen und Natriumoxyd entstehen, von denen das letztere Kohlensäure in dem Maasse aufnimmt, als sie von der Anode her mit ihm in Berührung kommt. Das Element arbeitet aber nach Versuchen von Liebenow und Strasser[1]) durchaus nicht in dieser Weise. Es kommt allerdings eine erhebliche Potentialdifferenz zwischen einer Eisen- und einer Kohlenelektrode in geschmolzenem Aetznatron zu Stande, welche einen Strom im erwarteten Sinne unter Lösung der Kohle und Abscheidung von Natrium am Eisen zu erzeugen strebt, aber erst nachdem anfänglich eine entgegengesetzt gerichtete elektromotorische Kraft, welche Eisen zu lösen und Natrium an der Kohle abzuscheiden bestrebt ist, eine Zeit bestanden hat. In der ersten Periode, in der Eisen negativ gegen die Kohle ist, geht es unter Wasserstoffentwickelung, also durch eine Localaction in Lösung und ertheilt der Schmelze eine grünliche Farbe. Im Augenblicke, in welchem die Spannungsverhältnisse sich umkehren, wird die Farbe der Schmelze braun und die Lösung des Eisens hört auf. Der Sprung, welchen die Spannung des Eisens macht, beträgt 1,12 Volt bei 500^0; war es zuvor um ca. 0,3 Volt negativer als Kohle, so ist es nach dem Sprung um ca. 0,8 Volt positiver. Die Eisenverbindung in der Schmelze ist unbekannt, der Eisengehalt wurde im Elektrolyten zu unter $^1/_4$ % (580 Molecüle NaOH auf 1 Atom Fe) ermittelt. Das Eisen ist hier wie in concentrirter Salpetersäure passiv geworden, in der Schmelze ist offenbar eine Eisenverbindung von hohem Oxydationsvermögen entstanden. Lässt man die Kette jetzt Strom liefern, so wird diese Eisenverbindung reducirt, und zwar sehr rasch, da ihre Menge klein ist; damit fällt die elektromotorische Kraft auf Null. Wie auf diesem elektrochemischen Wege, so kann man auf chemischem Wege durch Ueberleiten von Leuchtgas über die Schmelze die Reduction leicht bewirken. Durch Ueberleiten von Luft gelingt es aber leicht, das Oxydationsmittel und den passiven Zustand des Eisens wiederherzustellen. Die Möglichkeit einer dauernden Stromlieferung scheint also gegeben, sobald man dafür Sorge trägt, dass im Element durch

---

[1]) Liebenow u. Strasser, Z. f. Elektrochem. 3, S. 353; siehe auch Z. f. Elektrochem. 3, S. 117.

regelmässige Luftzufuhr zum Eisen das Oxydationsmittel in demselben Maasse wieder erzeugt wird, in welchem es durch den elektrochemischen Process aufgebraucht wird.[1]) Aehnliche Verhältnisse wie beim Eisen haben Liebenow und Strasser beim Nickel und Silber angetroffen. Auch diese Metalle werden passiv in geschmolzenem Aetznatron und positiv gegen Kohle. Die weitere Erforschung jener eigenthümlichen Oxydationsstufen verspricht grosses Interesse. Inwieweit praktisch werthvolle Elemente auf diese Weise construirt werden können, steht aber noch dahin. Localaction scheint hier trotz des gelösten Depolarisators nicht wesentlich zu befürchten. Sofern nur dafür gesorgt ist, dass ausschliesslich an der Kathode Luftzufuhr und Regeneration stattfindet, kann die Localaction der geringen Mengen, welche durch den Elektrolyten diffundiren und an der Anode sich reduciren, vermuthlich vernachlässigt werden. Dagegen be. darf es der Erprobung, ob die Regeneration dauernd prompt verläuft und ob die Kohlensäure, welche an der Anode entsteht, auf den Vorgang von Einfluss ist. Generell ferner erhebt sich gegen dieses Element wie gegen alle Elemente mit fester Kohle als Anode das Bedenken, inwieweit eine regelmässige Wirksamkeit, welche sie mit aschenfreier Kohle als Lösungselektrode aufweisen, bestehen bleibt, wenn die aschenhaltige Kohle der Technik verwendet wird. Erweist der Aschengehalt der Kohle sich als eine wesentliche Störung, so bleibt nichts übrig, als die Kohle zunächst in einen aschenfreien, gasförmigen Brennstoff überzuführen und diesen elektrochemisch zu oxydiren. Die Asche aus der Kohle vor der Verbrennung zu extrahiren, ist zu theuer. Versuche, welche in der Technik in dieser Richtung (vermuthlich mit Salzsäure und Flusssäure) unternommen worden sind, um ein Ausgangsmaterial für aschefreie Bogenlichtkohlen herzustellen, haben gelehrt, dass die Entfernung der Asche schwierig ist und ca. 8 M. pro 100 kg Kosten verursacht.[2])

[1]) Archereau hat eine ähnliche Anordnung wie Jacques früher vorgeschlagen; er benutzt aber nicht Eisen, sondern Kupfer in Aetznatron gegenüber Kohle als Elektrode. (Z. f. Elektrochem. 4, S. 131.)

[2]) Privatmittheilung. Die Versuche wurden in der Absicht unternommen, ein billigeres Material für die Kohleanoden zur Aluminiumfabrikation zu gewinnen, welches die üblichen aschenfreien Ausgangssubstanzen (Retortengraphit, Petroleumcoke, Gasölcoke) ersetzen könnte.

Der Gedanke, die Kohle zunächst in einen gasförmigen Brennstoff zu verwandeln und diesen elektrochemisch zu verbrennen, hat mannigfaltige Bearbeitung gefunden. Durch Vereinigung von Kohle mit Luftsauerstoff im Generator erhält man das überaus viel benützte Generatorgas, welches bei theoretischem Ablauf der Reaction: Kohlenstoff + Luft = Kohlenoxyd + Stickstoff, 31,3 Volumprocente Kohlenoxyd und 68,7 Stickstoff enthalten sollte. In der Praxis ist das Gas stets ärmer an Kohlenoxyd und enthält einige Procente an Kohlensäure. Die Kohlenoxydbildung verläuft unter Wärmeentwickelung. Aus 0,225 kg Kohlenstoff und 15 cbm Luft entsteht im Idealfalle 0,42 cbm CO neben unveränderten 0,79 cbm N unter Entwickelung von 557 (grosse) Cal., welche dem entstehenden Gasgemisch eine Temperatur von rund 1500° C. ertheilen. Bei der Verbrennung zu Kohlensäure vermögen jene 0,42 cbm CO weitere 1263 (grosse) Cal. zu liefern. Bei der successiven Verbrennung der Kohle zu Generatorgas und weiter zu Kohlensäure, werden also auf der ersten Stufe 30,6 %, auf der zweiten 69,4 % vom Wärmevermögen der Kohle zur Wirkung gebracht. Jene 30,6 % gehen für den Effect in der Feuerung verloren, wenn das Generatorgas vor der Verbrennung bis auf Lufttemperatur abgekühlt wird, sie kommen hingegen in der Feuerung voll zur Geltung, wenn das Generatorgas ohne Wärmeverluste der Verbrennung zugeführt wird. Beim elektrochemischen Vollzug der Reaction

$$CO + O = CO_2$$

kommt die fühlbare Wärme des Kohlenoxyds — jene 30,6 % — nicht zur Wirkung. Sie kann zu anderen wirthschaftlichen Zwecken verwendet oder indirect für die Arbeit der Zelle nutzbar gemacht werden, indem sie dazu dient, diese zu heizen, wenn man bei hohen Temperaturen in geschmolzenen Elektrolyten arbeitet. Nach der Helmholtz'schen Formel nämlich kann äussere Wärmezufuhr nur dann im Element elektrische Energie liefern, wenn der Temperaturcoëfficient positiv ist, das Element also bei der Bethätigung bestrebt ist, sich abzukühlen. Der Temperaturcoëfficient der Reaction $CO + O = CO_2$ ist aber negativ, d. h. bei Ablauf der Reaction auf elektrochemischem Wege vermag sich nicht einmal die gesammte durch die Wärmetönung repräsentirte Reactionsenergie in elektrische umzusetzen, sondern ein Bruchtheil, der mit der Temperatur zunimmt, geht unmittelbar in Wärme über. Bucherer[1]) hat mittelst thermodynamischer Ableitung aus Beobachtungen Deville's über Dissociation der CO_2 die Grösse und das Vorzeichen des Temperaturcoëfficienten berechnet. Er findet, dass die elektromotorische Kraft einer Kette, welche CO und O verbraucht und CO_2 erzeugt in Berücksichtigung der Wärmetönung gleich 68000 cal., welche der Reaction zukommt, die folgende ist

$$\pi = 1,476 - T\frac{0,066}{273}$$

für 18° C folgt also

$$T = 291 \text{ und } \pi = 1,476 - 0,07 = 1,406 \text{ Volt.}$$

für 600° C., also $T = 873$, ist $\pi = 1,476 - 0,21 = 1,266$ Volt.

Die gesammte Reactionsenergie des Processes

$$C + O_2 = CO_2,$$

welche durch die Wärmetönung 93400 cal. gemessen wird, entspricht einer elektromotorischen Kraft bei vollständiger Ueberführung in elektrische Energie nach Thomson's Regel von 2,027 Volt. Es lassen sich also, technisch gesprochen, von der Energie der Kohle 69,3% bezw. 62,4% als elektrische Energie gewinnen, wenn man die Kohle in Generatorgas überführt und dieses bei gewöhnlicher Temperatur bezw. bei Rothgluth elektrochemisch mit Luftsauerstoff vereinigt.

Den Weg, diese wichtige Möglichkeit zu realisiren, bieten die Gasketten. Es kommt nur darauf an, eine Sauerstoffelektrode und eine Kohlenoxydelektrode herzustellen, welche diese beiden Gase aus zugeführtem Generatorgas bezw. aus Luft rasch aufnehmen und unter Stromleistung wieder abgeben. Gerade für Kohlenoxyd als Anode einer Gaskette besteht aber eine Schwierigkeit. Es ist nämlich nicht recht ersichtlich, in welcher Weise dieses Gas an der Elektrode elektromotorisch wirksam wird, da CO-Ionen, in welche es übergehen müsste, nicht bekannt sind. Das Einsenken zweier Platinbleche, von denen eines mit Kohlenoxyd, das andere mit Sauerstoff beladen ist, in verschiedene Elektrolyte gibt zwar Anlass zum Auftreten einer elektromoto-

[1]) Bucherer, Grundzüge einer thermodynamischen Theorie elektrochemischer Kräfte. Freiberg 1897, S. 77 und E. T. Z. 1895, S. 502 und 597.

rischen Kraft, der Mechanismus dieser Kette ist aber nicht durchsichtig. Am ehesten wird man noch für den Fall eines Carbonates als Elektrolyt eine depolarisirende Wirkung des Kohlenoxydes annehmen können, welche darauf sich gründet, dass CO_3-Ionen mit Kohlenoxyd unter Bildung von Kohlensäure zusammentreten. Gelingt es, eine Kohlenoxyd-Elektrode zu schaffen, welche bei merklicher Stromentnahme sich nicht alsbald erschöpft, so erscheint ein Element Sauerstoff / Soda / Kohlenoxyd nicht unmöglich.

Bucherer[1]) hat mittels geschmolzenen Alkalicarbonats als Elektrolyt eine solche Zelle zusammengesetzt, indem er ein Platinrohr, durch welches Sauerstoff geleitet wurde, als eine, ein Gusseisen- oder Nickelrohr, durch welches Generatorgas sich bewegte, als andere Elektrode benutzte. Platin absorbirt Sauerstoff, der durch das Rohr hindurch in die Schmelze übertritt. Von Nickel und Gusseisen wird ein gleiches Verhalten bei Rothgluth gegenüber dem Kohlenoxyd erwartet. Reicht die Zufuhr von Sauerstoff auf diesem Wege nicht aus, so kann ein Oxyd an der Kathode benutzt werden, das, der oxydirenden Wirkung der Luft und dem reducirenden Angriff des elektrochemischen Processes gleichzeitig unterworfen, unverändert bleibt und rasche Sauerstoffübertragung bewerkstelligt. Ein gleiches Hülfsmittel ist aber nicht für die anodische Zufuhr von Kohlenoxyd gegeben. Die diffundirende Menge dieses Gases ist nun anscheinend für dauernde erhebliche Stromlieferung zu gering. Es ist aber überdem fraglich, ob selbst wenn sie ausreichte, ein Functioniren der Zelle im gedachten Sinn eintreten würde. Das Experiment weist darauf hin, dass bei Bucherer's Anordnung ähnlich wie Liebenow und Strasser es beim Jacques-Element beobachtet haben, verwickeltere Vorgänge zwischen dem geschmolzenen Elektrolyten und dem Elektrodenmetalle ablaufen und der beabsichtigte Gang der Reaction

$$O \;\vdots\; \begin{matrix} \leftarrow Na_2 \\ CO_3 \rightarrow \end{matrix} \;\vdots\; CO,$$

welcher Aetznatron an der Kathode, Kohlensäure an der Anode liefern sollte, unterbleibt.[2])

[1]) D. R. P. 88327.

[2]) Die Diffusion des Natriumoxydes zur Anode, wo es Kohlensäure absorbirt, würde practisch die Veränderung des Elektrolyten gleich Null machen.

Borchers[1]) hat für gelöste Elektrolyte die Schwierigkeit genügender Kohlenoxyd-Zufuhr so zu beseitigen gesucht, dass er im Anodenraum eine Art Kohlenoxyd-Reservoir angelegt. Er benutzte Kupferchlorür in Salzsäure oder Ammoniak als Elektrolyt und sättigte dies an der Anode mit Kohlenoxyd. An der Kathodenseite leitete er in die gleiche salzsaure Kupferchlorürlösung Sauerstoff, der dort Kupferchlorid entstehen lässt. Zwei gleiche indifferente Elektroden vorausgesetzt ergiebt sich so folgendes System

$$\begin{array}{ccccc} Pt & / CuCl_2 & Cu_2Cl_2CO & Pt. \\ I & / HCl & | HCl & II \end{array}$$

Die erwartete Bethätigung versteht man am einfachsten, wenn man annimmt, es flösse positive Elektricität von II durch den Elektrolyten nach I, wesentlich durch H-Ionen transportirt, und negative von I nach II, indem Cl-Ionen in diesem Sinne sich bewegten. An der Anode (II) müssen, da Kationen nicht in Lösung gehen können, Anionen entladen werden. Vorhanden sind die Anionen Cl und aus dem Lösungswasser OH. An der Kathode müssen Wasserstoff- oder Kupferionen zur Abscheidung kommen. Entladung von Chlorionen in Gegenwart von Kupferchlorür, einer chloraufnehmenden Substanz, bedeutet Chloridbildung, Entladung von Kupfer in Gegenwart von Chlorid, also einer Kupfer aufnehmenden Substanz, Chlorürbildung.[2]) Entladung von OH-Ionen in Gegenwart von salzsaurem Kupferchlorür kann eine doppelte Bedeutung haben. Es entsteht entweder

$$1)\ 2\,OH + Cu_2Cl_2CO + 2\,HCl = 2\,CuCl_2 + CO + 2\,H_2O$$

oder $2)\ 2\,OH + Cu_2Cl_2CO + 2\,HCl = Cu_2Cl_2 + CO_2 + 2\,HCl + H_2O$,

also entweder Chlorid oder Kohlensäure.

(An der Kathode führt die Entladung von Wasserstoff zum gleichen Resultat, wie die Kupferentladung

$$3)\ 2\,H + 2\,CuCl_2 + HCl = Cu_2Cl_2 + 3\,HCl.)$$

Verläuft der Anodenvorgang nach 1, so ist keinerlei Leistung von der Kette zu erwarten, denn der Vorgang bestände dann

---

[1]) E. T. Z. 1894, S. 639. E. P. 21 098, 1894. U. S. A. P. 567 705.

[2]) Der Kürze und Deutlichkeit wegen ist hier nicht von Werthigkeitsänderungen als Entladungsvorgängen gesprochen.

darin, dass Kupferchlorid am einen Pol von selbst in Chlorür überginge, während am anderen mit Kohlenoxyd beladenes Kupferchlorür umgekehrt unter Abspaltung von Kohlenoxyd in Chlorid sich verwandelte. Der Vorgang muss also an der Anode nach 2 vor sich gehen, wenn die Kette eine merkliche elektrische Energie liefert. Es entsteht alsdann Kohlensäure, indem Cu_2Cl_2CO in $Cu_2Cl_2 + CO$ zerfällt und letzteres mit OH-Ionen zu Kohlensäure und Wasser zusammentritt, und Kupferchlorür wird nicht oxydirt. Durch Einleiten von Kohlenoxyd auf der einen, von Luft auf der anderen Seite wird der ursprüngliche Zustand wieder hergestellt, bezw. während der Arbeit der Zelle dauernd aufrecht erhalten. Die Wanderung der Ionen ändert dabei den Zustand des Elektrolyten. Sie führt, wenn man nur Salzsäure als wandernd ansieht, dauernd Chlorionen von der Kathode fort, Wasserstoffionen ihr zu. Das entstehende Plus an Wasserstoff wird indirect durch den Luftsauerstoff nach den Gleichungen

$$2\,H + 2\,CuCl_2 + HCl = Cu_2Cl_2 + 3\,HCl$$

$$Cu_2Cl_2 + 3\,HCl + O = 2\,CuCl_2 + HCl + H_2O$$

oxydirt. An der Kathode nimmt also die Acidität dauernd ab. An der Anode nimmt sie entsprechend zu. Berücksichtigt man auch die Wanderung der Kupferionen, so lehrt die analoge Betrachtung, dass die Chloridconcentration an der Kathode dauernd wächst, die Kupferchlorürmenge an der Anode abnimmt.

Diese Borchers'sche Gaskette ist von verschiedenen Seiten als principiell unbrauchbar verworfen worden.[1]) Die Gegengründe treffen wesentlich die Anodenreaction nach Gleichung 2. Es ist vorauszusehen, dass wenn die Anodenreaction nach 2 und die Kathodenreaction nach 3 im Elemente unter Stromerzeugung in einander greifen, sie auch beim Zusammenbringen beider Lösungen im Reagensglas nach folgender zusammengefassten Umsetzungsgleichung sich vollziehen:

$$2\,CuCl_2 + Cu_2Cl_2CO + HCl + H_2O = 2\,Cu_2Cl_2 + CO_2 + 3\,HCl.$$

---

[1]) Litteratur dazu: **Borchers**, Z. f. Elektrochem. 1, S. 484 und 2, S. 16. **Barnes** u. **Veesenmeyer**, Z. f. angew. Chem. 1895, S. 101. **Robert Mond**, Electrician 1895, S. 309. **Bucherer**, E. T. Z. 1895, S. 502 und 597.

Ein solcher Vorgang ist indessen nicht bekannt. In ammoniakalischer Lösung tritt allerdings die Umsetzung nach der Gleichung ein:

$$Cu_2Cl_2CO + 4\,NH_3 + 2\,H_2O = 2\,Cu + 2\,NH_4Cl + (NH_4)_2CO_3,$$

und es ist vorauszusehen, dass dieses Kupfer mit Kupferchlorid wieder Chlorür bildet. Hier sind aber ersichtlich gar nicht Kupferchlorid einerseits, Kohlenoxydkupferchlorür anderseits die reagirenden Substanzen. Hier zerfällt Kupferchlorürkohlenoxyd für sich allein spontan, und ein Product der Umsetzung tritt secundär mit dem Chlorid zusammen. Wenn dieser Vorgang in der Kette sich vollzieht, so liefert die Kupferbildung, wie jede Localaction, keinerlei Strom. Setzt sich das dabei entstehende Kupfer, das sehr gerne an festen Flächen sich abscheidet, theilweise auf die Elektrode, so vermag dieser Antheil nach dem Schema $Cu / Cu_2Cl_2 2\,NH_3$, $CuCl_2$ / Platin eine zufällige Quelle elektrischer Energie abgeben, indem er dabei in Lösung geht.

Bei der praktischen Zusammenstellung seines Elementes benutzte Borchers meist Kupfer als Anode, weil er durch bez. Versuche sich vergewissert zu haben glaubte, dass dies wie eine unlösliche Elektrode wirkte und nicht angegriffen wurde, sondern dass die Kohlenoxydverbrennung den stromliefernden Process darstellte. Das Element lieferte mit der Kupferanode Klemmenspannungen bis maximal 0,56 Volt bei geringen Stromentnahmen.

Barnes und Veesenmayer einerseits, Mond andererseits haben entgegengesetzte Beobachtungen gemacht. Mond mass folgende Systeme:

1.	Kohle	HCl (25 %ig)		Kupfer	= 0,6006,
2.	»	$CuCl_2$ in HCl		»	= 0,4655,
3.	»	Cu_2Cl_2 » »		»	= 0,3774,
4.	»	$Cu_2Cl_2 + HCl$ + Luft	$Cu_2Cl_2 + HCl$	»	= 0,4315,
5.	»	»	$Cu_2Cl_2 + CO + HCl$	»	= 0,4407,
6.	»	»	»	Kohle	= 0,0015,
7.	»	»	$Cu_2Cl_2 + HCl$ + Leuchtgas	»	= 0,0050.

Die Anordnungen 5 und 6 differiren von einander nur durch die Anode, und es ist schlechterdings nicht anders anzunehmen, als dass dieser Unterschied darauf zurückgeht, dass Kupfer als Lösungselektrode wirkt. Die elektromotorische Kraft, die Borchers zu etwa 1/2 Volt fand, ist sichtlich nahe die gleiche wie die von Mond beobachtete. Barnes und Veesenmeyer fanden ferner, dass die Gase, welche aus dem Anodenraum von Ketten kamen, die Kohle in Kupferchlorürlösung + Luft im Kathodenraum enthielten, während Kupfer in Kupferchlorür + Kohlenoxyd Anode war, keine Kohlensäure enthielten, gleichviel, ob man das Kupferchlorür in salzsaurer oder in Kochsalzlösung anwandte. Bei Benützung ammoniakalischer Lösung konnten sie das Fehlen der Kohlensäure wahrscheinlich machen. Sie beobachteten ferner, regelmässig einen Angriff der Kupferanode und fanden, dass die Klemmenspannung solcher Elemente beim äusseren Widerstand von 60 Ohm durch die Anwesenheit von Kohlenoxyd im Anodenraume nicht nur nicht vermehrt, sondern sogar vermindert wurde. Das bedeutet, dass ausschliesslich die Lösung der Kupferanode als Stromquelle wirkte und dass diese Lösung durch Gegenwart von Leuchtgas, welche anstatt reinen Kohlenoxyds benützt wurde, gehemmt wurde. In einem gewissen Widerspruch dazu stehen allerdings Beobachtungen von Tatlow[1]), welcher die Kette Kohle / Kupferchlorid, Kupferchlorür in Salzsäure / Kohle zu 0,2 Volt maass und bei Einführung von Leuchtgas in den Anodenraum ein Ansteigen der elektromotorischen Kraft auf 0,36 Volt beobachtete. Diese Differenz zwischen Tatlow's Bestimmungen und denen von Barnes und Veesenmeyer ist aber nicht von Belang. Sie kann daher rühren, dass Tatlow die elektromotorische Kraft des ruhenden Elementes maass, während die beiden anderen Forscher die Klemmenspannung der arbeitenden Zelle bestimmten; sie kann auch ihren Grund darin haben, dass Leuchtgas keine Substanz ist, die eine einheitliche Zusammensetzung hat. Die Leuchtgase aus verschiedenen Kohlen in verschiedenen Orten hergestellt, sind reichlich verschieden genug, um kleine Differenzen der elektrischen Spannungsmessungen zu begründen. Denn es darf nicht angenommen, dass nur das im Leuchtgas vorhandene

[1]) Tatlow, Electrician 34, S. 344.

Kohlenoxyd die erzeugte elektromotorische Kraft beeinflusst und alle anderen Leuchtgasbestandtheile dafür unerheblich sind. Sieht man doch z. B. auch in Mond's angeführten Messungen, dass der Ersatz von Kohlenoxyd durch Leuchtgas, welches bekanntlich nur wenige Procente Kohlenoxyd enthält, die elektromotorische Kraft seiner Kette 6 heraufhebt (Messung 7), offenbar weil andere Leuchtgasbestandtheile ebenfalls elektromotorisch wirksam sind. Der Nachdruck, mit dem Mond's elektrische und Barnes' und Veesenmeyer's chemische Beobachtungen der anodischen Wirksamkeit des Kohlenoxyds widersprechen, wird durch Tatlow's Beobachtungen nicht vermindert. Diese bilden im Gegentheil ein weiteres Argument dafür, dass die Verbrennung des Kohlenoxyds im Borchers'schen Element zu Kohlensäure nicht verwirklicht wird, weil sie zeigen, dass die elektromotorische Kraft dieses Verbrennungsvorganges, wie sie Bucherer abgeleitet hat, nicht entfernt erreicht wird.

Tatlow weist darauf hin, dass das Kupferchlorid an der Kathode eine Substanz ist, die zu schwer in Kupferchlorür übergeht, deren depolarisirende Wirkung also zu klein ist. Indem er sie durch Chromsäure ersetzt, steigert er die elektromotorische Kraft der Kette um 0,43 Volt. Er findet Kohle / Chromsäure, $\underset{+HCl}{Cu_2Cl_2}$/Kohle = 0,79 Volt. Diesen Weg hat neuerdings auch Borchers beschritten, indem er Weldonschlamm, also ein Gemenge von Mangandioxyd und Kalk in basischer Chlorkalciumlösung an der Kathode verwendet. Gegenüber der Chromsäure besteht der grosse Vortheil, dass das Dioxyd, welches bei der Thätigkeit der Kette elektrochemisch reducirt wird, durch Einblasen von Luft in der Wärme leicht zurückverwandelt wird. Während Kupferchlorid nach Tabelle Seite 123 nur —0,56, also ziemlich wenig negativ ist, ist MnO_2 in KCl —1,628, also über ein Volt gegen eine unangreifbare Elektrode negativer. Da nun, wie früher erläutert, eine Substanz um so leichter eine andere oxydirt, je stärker ihre Lösung gegen eine unangreifbare Elektrode negativ ist, so wird die Oxydation des Kohlenoxydkupferchlorürs zu Kohlensäure und Kupferchlorür, wenn sie überhaupt verwirklicht werden kann, durch Benützung der Braunsteinelektrode überaus begünstigt werden. Borchers' Apparat ist der

[1]) Z. f. Elektrochem. 4, S. 131.

folgende. In dem durch ein Diaphragma D geschiedenen Anodenraum E[1] (Fig. 53) befindet sich eine Kohleelektrode, die Blei- oder Eisenwand des Aussenkastens K stellt die Kathode dar. Im Kasten befindet sich Weldonschlamm E[2], dem durch ein Rohr Luft zugeführt wird, während über der Anodenflüssigkeit ($CuCl_2 + HCl$) bei den Versuchen Leuchtgas sich bewegte. Verschiedene Beobachtungsreihen mit diesem Apparat zeigten, dass Stromstärken von 0,01 A. bei 0,61 Volt Klemmenspannung bis 0,42 A. bei 0,07 Volt Klemmenspannung von dem Element dauernd geleistet wurden.

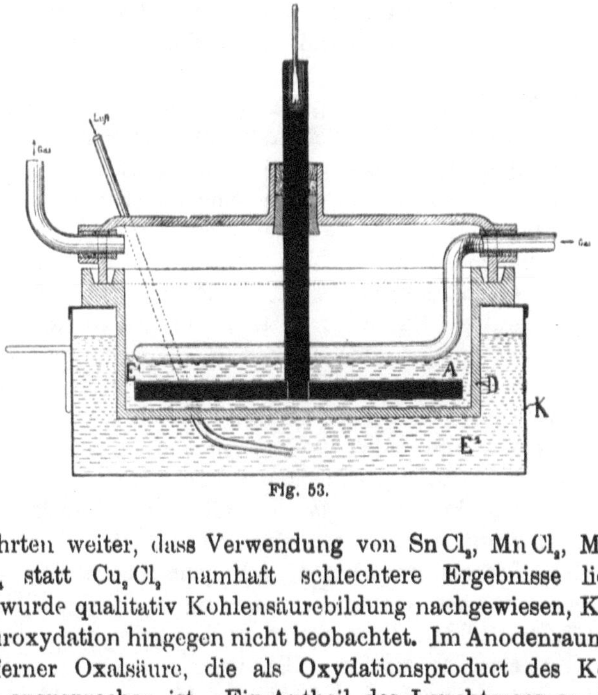

Fig. 53.

Sie lehrten weiter, dass Verwendung von $SnCl_2$, $MnCl_2$, $MnSO_4$, $FeSO_4$ statt Cu_2Cl_2 namhaft schlechtere Ergebnisse lieferte. Auch wurde qualitativ Kohlensäurebildung nachgewiesen, Kupferchlorüroxydation hingegen nicht beobachtet. Im Anodenraum fand sich ferner Oxalsäure, die als Oxydationsproduct des Kohlenoxyds anzusprechen ist. Ein Antheil des Leuchtgases an diesen Verhältnissen scheint unbestreitbar. Inwieweit aber bei der mittleren Zusammensetzung des deutschen Leuchtgases ca. 50 % H, 34 % CH_4, 7 % CO, 2 % CO_2, 4 % C_2H_4, 1 % Benzol und Homologe, 2 % N + O aus dem qualitativen Nachweis der Kohlensäure- und Oxalsäurebildung auf den Ablauf der Reaction

$$CO + 2\,MnO_2 = CO_2 + Mn_2O_3$$

geschlossen werden darf, steht umsomehr dahin, als hier, wie bei der früheren Anordnung, die beobachtete elektromotorische Kraft sehr viel kleiner ist, als die von Bucherer für den Process $CO + O = CO_2$ berechnete und eine Ursache dafür nicht erkennbar ist. Es ist noch anzumerken, dass die Wanderungsverhältnisse der Ionen hier Hydroxylionen und Chlorionen nach dem Anodenraum, Kupferionen und Wasserstoffionen nach dem Kathodenraum führen. Es ist also damit zu rechnen, dass sich dem Weldonschlamm allmälig Kupferhydroxyd beimengt, welches später durch besondere Operation wiedergewonnen werden muss. In jedem Falle ist man von einer technischen Verwerthbarkeit der Kohlenoxydverbrennung auf diesem Wege noch weit entfernt.

So bleibt als derzeit einzig bis zu einem Erfolg entwickeltes Glied in der Kette der Brennstoffelemente die von Mond und Langer ausgebildete Sauerstoff-Wasserstoffkette übrig.[1]) Die Mond und Langer'sche Kette ist eine Uebertragung der von Grove zuerst studirten, im vorangehenden Capitel nach Smale's Messungen näher erläuterten Verhältnisse zwischen einer Sauerstoff- und Wasserstoffelektrode in die Dimensionen eines technischen Apparates. Für diese Kette genügt es nicht, was von vielen, die sich mit ihrer technischen Nutzbarmachung befassten, verkannt wurde, an zwei indifferenten Elektroden, die in eine Säure-, Salz- oder Alkalilösung tauchen, Bläschen von Sauerstoff und Wasserstoff unterhalb des Flüssigkeitsspiegels anzuhängen. Die sichtbaren Gasblasen sind ganz unerheblich. Sie schliessen die Stelle der Elektrode, an der sie haften, von der Berührung mit dem Elektrolyten ab und sind an sich für den elektrochemischen Process unwirksam. Nur jene Gasantheile, welche unsichtbar an oder in der Oberflächenschicht der Elektrode sich befinden, bilden Ionen und sind elektrochemisch activ. Es kommt also darauf an, die Oberflächensubstanz so zu wählen, dass eine möglichst erhebliche Menge der Elektrodengase occludirt wird und durch die Oberflächengestalt das occludirte Quantum möglichst zu begünstigen. Aus diesen Gründen ist es angezeigt, Platin, und zwar speciell Platinmoor, als Elektrodenoberfläche zu nehmen. Die hervorragende Fähigkeit des

---

[1]) Z. f. Elektrochem. 4, S. 131.

Platins, sich mit Sauerstoff oder Wasserstoff zu beladen, ist bekannt. Die am Platin occludirten Gase zeigen eine gesteigerte Reactionsfähigkeit, welche auf eine katalytische, d. h. reactionsbeschleunigende Wirkung des Metalls zurückzuführen ist. In der Gasanalyse wird deshalb Platin seit langem zur Vereinigung von Sauerstoff und Wasserstoff bei niedriger Temperatur benutzt. Wie viel wirksamer dabei das Platinmoor gegenüber dem massiven Metall ist, geht am besten aus der Beobachtung hervor, dass eine Faser mit Platinmoor bedeckten Platinasbestes bei 100° in vollkommener Weise die quantitative Wasserbildung in einem wasserstoffhaltigen Luftstrom zu bewirken ermöglicht, während ein Bündel massiver Drähte bei gleicher Länge und Anordnung eine mehrere hundert Grad höhere Temperatur erfordert.[1]) Dieser Unterschied geht auf die ausserordentliche Begünstigung der Occlusion zurück, welche das fein vertheilte Metall gegenüber dem massiven durch seine viel grössere Oberfläche bietet. Nun ist aber die Verwendung des Platinmoores in Elementen mit der Schwierigkeit verknüpft, dass nasses Platinmoor darüber hingehende Gase nicht aufnimmt, weil sie durch die Wasserhülle getrennt gar nicht damit in Berührung kommen. Befindet sich ein Theil einer platinirten Platinplatte in Gas (Sauerstoff oder Wasserstoff), der andere in einer wässerigen Lösung, so vollzicht sich allerdings eine langsame Gasbewegung in der Oberflächenschicht, sodass das in der trockenen Hälfte absorbirte Gas hinabwandert und sich längs der ganzen Fläche in's Gleichgewicht setzt. Diese Bewegung ist aber der erheblichen Weglänge wegen eine zu langsame, als dass man eine solche Platte für ein Element als Elektrode nehmen könnte, das stärkere Ströme abgeben soll. Diese technische Hauptschwierigkeit, welche bei wissenschaftlichen Messungen über Gasketten der minimalen Stromentnahme wegen nicht fühlbar wird, überwinden Mond und Langer, indem sie als Elektrolyten eine feste feuchte Masse nehmen, die an den Endflächen mit Platinmoor dünn belegt wird. Die Platintheilchen sind auf diese Weise auf der einen Seite mit dem feuchten Leiter, auf der anderen Seite ohne Flüssigkeitsbedeckung

[1]) Diese Verschiedenheit spricht sich in den Vorschriften von Bunte und Winkler (Journ. f. Gasbeleuchtung 1878, S. 263 und Winkler, Industriegase, 2, S. 257) zur fractionirten Wasserstoffverbrennung bei der Gasanalyse aus.

mit der Luft oder einem anderen vorbeigeführten Gas in Berührung und die absorbirten Glastheilchen haben überall nur den minimalen Weg von der Gasseite der einzelnen Platinmoorpartikeln auf die Flüssigkeitsseite zu machen. Einen der Mondschen Apparate zeigt Figur 54. M ist eine mit verdünnter Schwefelsäure imprägnirte Steinplatte, welche in den Ebonitrahmen R dicht eingesetzt ist. Auf dieser Platte ist auf beiden Seiten ein Netzwerk von Platinfolie aufgebracht und die Platte dann mit Platinmoor überstrichen. Das Netzwerk ist nothwendig, weil das Moor für sich zu schlecht leitet. Das Platinmoor wird aus mit Soda neutralisirter Platinchloridlösung mit Natriumformiat in der Wärme reducirt. Dieses Netzwerk und der Platinmooranstrich sind in der Figur durch die weissen Linien längs des

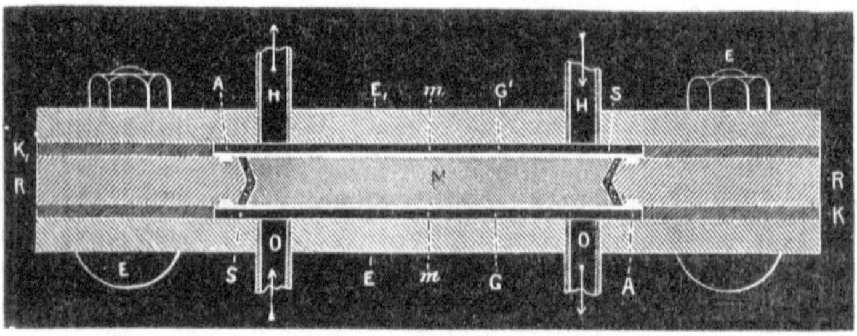

Fig. 54.

Steines angedeutet. Bei A und A sind die stromabführenden Drähte durch weisse Wülste kenntlich gemacht. Auf das Ganze werden nun die Ebenholzplatten E_1, E mit Schrauben E unter Einschiebung der Gummidichtungen K, K_1 gepresst. So entstehen zwei Gasräume G und G_1 längs des Steines M, welche mittels Rohrstutzen H, H und O, O von Wasserstoff und Sauerstoff durchströmt werden. Mond und Langer haben auch andere Formen, namentlich mehrkammerige, ausgebildet, auf deren Beschreibung verwiesen sei. Die Zwischenmasse kann statt Stein, Gyps, Asbest, Pappe und ähnliches sein. Mit Gypsplatten von 8 mm Dicke und 350 qcm Oberfläche besitzen die Elemente, bei 0,97 Volt elektromotorische Kraft, 0,02 Ohm inneren Widerstand und können bis 3 A. Strom liefern. Bei 3 A. Stromentnahme sinkt aber die elektromotorische Kraft sehr schnell, offenbar, weil die Verschiebung, welche die Gase am Platinmoor erfahren müssen, um von der Gasseite auf die Flüssigkeitsseite zu kommen, für so starke Stromentnahme nicht mehr rasch genug erfolgt. Ein Element mit 700 qcm wirksamer Elektrodenfläche, 0,35 g Blattplatin, 1 g Platinschwarz gibt bei 2 bis 2,5 A. 0,73 Volt Klemmenspannung. In der mit Schwefelsäure beschickten Zelle führt die Wanderung die SO_4-Ionen zur Wasserstoffelektrode, die H-Ionen zur Sauerstoffelektrode. Das Ergebniss ist, dass an jener die Schwefelsäure sich concentrirt, an dieser sich bis zu praktisch reinem Wasser verdünnt. Damit ist eine enorme Widerstandssteigerung verbunden und man muss deshalb von Zeit zu Zeit die Gasströme wechseln. Damit kehren sich natürlich auch die Pole der Zelle um, die Concentrationsänderungen durch Ionenwanderung verlaufen also wieder rückwärts. Es ist für diese Kette von Nachtheil, dass die absorbirende Kraft des Platins auf Sauerstoff und Wasserstoff durch manche Substanzen, wenn sie in kleiner Menge zugegen sind, gestört wird. Am bekanntesten ist der hemmende Einfluss des Kohlenoxydes, der mit der Kohlenoxydconcentration rasch steigt. Schon ein Verhältniss $H:CO = 40:1$ genügt, um in wasserstoffreichen Luftströmen die Vereinigung des Sauerstoffs mit Wasserstoff über Platinasbest merklich zu erschweren.[1]) Offenbar sind es solche Erschwerungen durch Nebenbestandtheile, welche beim Betrieb mit unreinemtechnischen Sauerstoff und Wasserstoff es mit sich bringen, dass die Gase mit fortschreitender Aufzehrung immer träger und unwirksamer werden.[2])

---

[1]) Haber, Experimental-Untersuchungen über Zersetzung und Verbrennung von Kohlenwasserstoffen. München 1896. S. 85.

[2]) Andere Litteratur über Brennstoffelemente siehe noch: Korda, Thermochemisches Kohleelement. E. T. Z. 1895, S. 272. Brooks, E. T. Z. 1894, S. 551. Schmitz, E. T. Z. 1895, S. 145.

6. Capitel.

Secundärelemente.

Litteratur: Schoop: Secundärelemente. Halle 1895. — Heim: Accumulatoren. Leipzig 1897. — Elbs: Accumulatoren. Leipzig 1896. — Peters: Primär- und Secundärelemente. Leipzig und Wien 1897. — Grünwald: Herstellung und Verwendung der Accumulatoren. Halle 1894. — Hoppe: Die Accumulatoren. Berlin 1892.

Elektrische Energie lässt sich nicht in grösserem Maasse aufspeichern. Man kann sie aber leicht in chemische Energie in praktisch umkehrbarer Weise verwandeln, sodass sie zu beliebiger späterer Zeit bis auf eine geringe Einbusse unverändert wiedererzeugt werden kann. Den Weg dazu zeigen die umkehrbaren Primärelemente, wie das Daniell'sche. Wenn man eine Kupferplatte in Kupfervitriol, eine Zinkplatte in Zinkvitriol — beide Lösungen durch ein Diaphragma getrennt — mit einer Stromquelle so verbindet, dass der Strom vom Kupfer durch die Lösung zum Zink geht, so wird Kupfer gelöst Zink ausgeschieden, wie früher erläutert. Trennt man jetzt die Verbindung der beiden Platten mit der Stromquelle und schliesst den Daniell durch einen Widerstand so wird der Strom vom Zink durch den Elektrolyten zum Kupfer gehen, Zink wird sich lösen, Kupfer sich niederschlagen und das Element in den früheren Zustand zurückkehren. Eine solche Anordnung ist für regelmässige Ladung und Entladung indessen aus vielen Gründen praktisch nicht zweckmässig. Man benutzt vielmehr eine Platte, die mit schwammförmigem Blei und eine solche, die mit Bleisuperoxyd bedeckt ist und stellt sie ohne Diaphragma in verdünnter Schwefelsäure einander gegenüber. Verbindet man beide Platten mit einander, so geht der positive Strom von der Bleisuperoxydplatte — der positiven Platte — durch den äusseren Stromkreis zur Bleischwamm- oder negativen Platte und durch die Schwefelsäure zur Bleisuperoxydplatte zurück. Bleischwamm wird oxydirt, Bleisuperoxyd reducirt und das an beiden Platten entstehende Oxyd tritt mit Schwefelsäure zu schwefelsaurem Blei zusammen. Leitet man nun von einer äusseren Stromquelle her den elektrischen Strom durch die Zelle, so dass die positive Elektricität von der Bleisuperoxydplatte durch den Elektrolyten zu der Bleischwammplatte geht, so wird an beiden Elektroden das gebildete Bleisulfat wieder zerlegt, indem Bleisuperoxyd und Bleischwamm an denselben Punkten wieder entstehen, an denen sie zuvor verbraucht wurden. Wir haben unser Element entladen und wieder geladen. Eine derartige Vorrichtung zur Umwandlung elektrischer Energie in chemische und späteren Rückverwandlung der aufgespeicherten chemischen Energie in elektrische, heisst ein Secundärelement oder Accumulator. Der Bleiaccumulator, dessen Funktionsweise eben erläutert worden ist, ist der einzige praktisch wichtige. Einige andere Accumulatoren finden später Erwähnung.

Die chemischen Vorgänge im Bleiaccumulator lassen sich verschieden auffassen.[1]) Für die Ladung lässt sich die durch die zugeführte elektrische Energie zu leistende Arbeit, wenn man den Vorgang an beiden Platten zusammenfasst, am einfachsten durch die Gleichung

$$1)\quad 2\,PbSO_4\,aq = Pb + PbO_2 + 2\,SO_4\,H_2\,aq$$

wiedergeben. Ein entladener Accumulator, welcher einige Zeit ruhig gestanden hat, enthält nämlich in jedem Falle auf der positiven wie auf der negativen Platte Bleisulfat, das in Blei und Bleisuperoxyd zurückverwandelt werden muss. Mit diesem in inniger Mischung befindet sich auf der negativen Platte noch unverändertes Schwammblei, auf der positiven Bleisuperoxyd. Diese unveränderten Antheile durchsetzen als ein dichtes Netzwerk stromleitender Substanz das nicht leitende Bleisulfat und bewirken, dass es mit den Elektroden in leitendem Zusammenhang ist. Sie veranlassen vielleicht auch, dass das Bleisulfat länger locker

[1]) Aeltere Arbeiten, die im Folgenden nicht mehr angezogen sind, siehe bei Hoppe, Die Accumulatoren, S. 178 ff. oder bei Strecker, E. T. Z. 1891, S. 435, 513, 524.

und fein vertheilt und dadurch angreifbarer bleibt. Bleisulfat wird nämlich nach der Entladung allmälig dichter und dadurch schwerer in Bleischwamm zurückführbar. Dieselbe Erscheinung zeigt chemisch gefälltes Bleisulfat, aber in viel höherem Maasse. Qualitativ ist sie vollkommen im Einklange mit den Beobachtungen, die an den verschiedensten Niederschlägen gemacht worden sind, in quantitativer Hinsicht ist es auffällig, dass die Verdichtung beim gefällten Sulfat wesentlich rascher vorschreitet als bei dem Bleisulfat auf der Accumulatorplatte.

Elbs[1]) fasst den Ladungsvorgang in anderer Weise auf. Er nimmt an, dass die elektrische Arbeit durch das Schema

$$2)\quad 2\,PbSO_4 + H_2SO_4aq = Pb + (SO_4)_2\,Pb + H_2SO_4aq$$
$$Pb(SO_4)_2\,aq = PbO_2 + 2\,SO_4H_2\,aq$$

darzustellen sei. Dieses Schema besagt, dass das Bleisulfat an der negativen Platte durch Wasserstoff in Blei und Schwefelsäure zerlegt, an der positiven durch Addition des zur Entladung kommenden Ions SO_4 zu Bleidisulfat umgewandelt wird. Das Bleidisulfat als unbeständige Verbindung zerfällt spontan in Bleisuperoxyd und Schwefelsäure. Die Bildung des hypothetischen Bleidisulfats wird gestützt auf die Beobachtung, dass vierwerthige Bleisalze (Bleitetracetat, Bleitetrachlorid, Bleitetrapropionat) bekannt und unter gewissen Bedingungen bei der Elektrolyse der betreffenden zweiwerthigen Bleisalze in fassbarer Form erhältlich sind.

Die Gleichung 1) stellt einen Reactionsverlauf dar, welcher umkehrbar ist. Die Gleichung 2) nicht.

Ist 2) richtig, so ist der Weg vom Bleisulfat zum Blei und Bleisuperoxyd hinwärts jedenfalls ein anderer als der Rückweg bei der Entladung vom Blei und Bleisuperoxyd zum Sulfat. Das Bleidisulfat repräsentirt dann gewissermaassen eine Anhöhe, welche beim Hinweg überstiegen wird, während der Rückweg in der Ebene zurückgelegt wird, und es muss unvermeidlich bei der Ladung ein grösserer Energiebetrag aufgewandt werden, als bei der Entladung gewonnen werden kann. Eine Entscheidung ist bislang nicht möglich.

---

[1]) Elbs, Z. f. Elektrochem. 3, S. 70. Siehe auch Foerster, Z. f. Elektrochem. 3, S. 528.

Wie über den Ladungsvorgang, so ist man über den Entladungsvorgang nicht im Klaren. Zwar ist kein Zweifel, wenn man den geladenen Accumulator und den entladenen einige Zeit nach der Entladung vergleicht, dass der chemische Zustand der Platten sich in der Weise geändert hat, wie es die Umkehrung von Gleichung 1) ergiebt:

$$3)\ PbO_2 + Pb + 2\,H_2SO_4aq = 2\,PbSO_4 + aq.$$

Es ist aber anzunehmen, dass die Sulfatbildung wenigstens zum Theil ein secundärer Vorgang, eine Localaction ist, welche mit dem elektrochemischen Entladungsprocess nichts zu thun hat. Nach Beobachtungen von Darrieus[1]) besteht die poröse Schicht einer rasch entladenen Superoxydplatte wesentlich aus Oxyd, dem nur wenig Sulfat beigemengt ist, während auf der negativen Platte diejenige Menge Sulfat beobachtet wird, welche nach dem Faraday'schen Gesetze entsprechend der abgegebenen Strommenge gemäss folgender Gleichung zu erwarten ist:

$$4)\ PbO_2 + Pb + H_2SO_4 = PbO + PbSO_4 + H_2O.$$

An der Superoxydplatte wird danach durch Wasserstoffentladung Reduction, an der Bleischwammplatte durch Entladung von $\overset{--}{SO_4}$-Ionen Sulfatbildung veranlasst. Da die Platten in Schwefelsäure tauchen, so wird das Oxyd an der positiven Platte secundär durch Localaction in Sulfat übergehen. Darrieus hat versucht, noch weiter zu gehen und zu begründen, dass auch an der negativen Platte die Sulfatation nicht primär ist, dass vielmehr der elektrochemische Vorgang nach

$$5)\ PbO_2 + 2\,Pb + H_2SO_4aq = PbO + Pb_2O + H_2SO_4aq$$

verläuft. Das Bleisuboxyd an der Bleischwammplatte soll nach ihm dann secundär im Sinne der Gleichung

$$6)\ Pb_2O + H_2SO_4aq = PbSO_4 + Pb + aq$$

durch Localaction Sulfat in molecularer Mischung mit Bleitheilchen ergeben. Nach dieser Annahme ist das Verbleiben eines Netzwerkes von fein vertheiltem Blei im Bleisulfat der Schwammplatte nothwendig, während es sich sonst wie eine Zufallserschei-

[1]) Darrieus, Bull. soc. intern. des Electriciens 9, S. 205; spätere Arbeiten desselben Autors über den Bleiaccumulatnr l'Electricien 1894, S. 237 und 321; 1895, S. 81 und 306.

nung ansieht. Dieser Umstand hat der Gleichung 5) manche Freunde erworben. Ihre experimentelle Begründung durch Darrieus lässt zu wünschen.

Darrieus entlud einen Accumulator, nachdem er die Schwefelsäure gegen Natriumsulfatlösung von maximaler specifischer Leitfähigkeit vertauscht hatte, und beobachtete, dass auf der negativen Platte in diesem Falle eine Substanz sich bildete, welche vor der Flamme unter Erglühen in Bleioxyd und Blei zerfiel. Aus Bleioxalat dargestelltes Bleisuboxyd zeigt dieselbe Reaction. Bleisulfat fand er kaum in Spuren, entsprechend der »geringen Menge freier Säure, mit welcher die Schwammplatte imprägnirt war«. Da die Zuwanderung von $\overline{\overline{SO_4}}$-Ionen und die Fortwanderung von $\overset{+}{Na}$-Ionen mit der Entladung von $\overline{\overline{SO_4}}$ bez. $\overline{O}H$-Ionen zusammenwirken, um an der negativen Platte für jedes entstehende Pb_2O 1 Grammmolecül freie Schwefelsäure auftreten lassen, so sind Darrieus' Beobachtungen nicht recht zu verstehen. Man sollte, wenn keine durchgreifende, so doch jedenfalls erhebliche Sulfatation auch in Natriumsulfat erwarten.[1]

Da der Entladungsvorgang, ob er nun nach 3), 4) oder 5) verläuft, stets die gleiche Elektricitätsmenge bei gleichem Gewicht reagirenden Bleisuperoxyds liefert, so wird die chemische Verschiedenheit in der elektromotorischen Kraft sich aussprechen. Auffallender Weise deutet deren Werth auf die Gleichung 3), die nach dem chemischen Befund am wenigsten wahrscheinlich ist.

---

[1]) Darrieus hat auch für die Ladeerscheinungen an der positiven Platte eine Theorie aufgestellt, wonach Ueberschwefelsäure zunächst entstehen und das Bleisulfat in Superoxyd verwandeln sollte. Nachdem Elbs und Schönherr (Z. f. Elektrochem. 1, S. 473 und 2, S. 471) erwiesen haben, dass erstens Ueberschwefelsäure in merklichem Umfange nicht auftritt und zweitens wenn sie auftreten würde, die gedachte Oxydation ganz und gar nicht hervorrufen kann, ist diese Anschauung als überwunden zu betrachten, umsomehr, als Darrieus' Begründung seiner Ueberschwefelsäuretheorie sich auf einen einzigen Cubikcentimeter Sauerstoff stützt, den er einmal bei einem Versuch erhielt.

Benützt man die Thomson'sche Regel als erste Annäherung, so ergibt sich mit Hülfe der von Streintz[1]) gemessenen Wärmetönung

$$Pb + PbO_2 + 2\,H_2SO_4\,aq = 2\,PbSO_4 + aq + 87000\ \text{cal.}$$

unter der Annahme, dass der elektrisch wirksame primäre Vorgang bei der Entladung in der Entstehung von Sulfat auf beiden Platten besteht, die elektromotorische Kraft zu 1,885 Volt. Der Temperaturcoëfficient des Accumulators ist nun ausserordentlich klein. Er schwankt etwas mit der Säureconcentration, liegt aber für die Säuren von 1,144 bis 1,173 spec. Gewicht, welche bei den praktischen Accumulatoren oft benützt werden, stets zwischen + 0,00000228 und + 0,00000335. Die Berechnung nach der Helmholtz'schen Formel führt sonach zu einem Werthe, welcher mit der Berechnung nach der Thomson'schen Regel in diesem Falle bis auf 0,001 Volt übereinstimmt. Nun ist die elektromotorische Kraft des Accumulators thatsächlich

$$E = 1{,}850 + 0{,}917\,(S - So),$$

worin S das spec. Gewicht der Schwefelsäure des Accumulators So das des Wassers bei gleicher Temperatur bedeutet; für Säuren zwischen 1,144 und 1,173 spec. Gewicht also zwischen 1,9828 und 2,0105 Volt. Der berechnete und der beobachtete Werth liegen also recht nahe. Die Berechnung der elektromotorischen Kraft auf Grund der Anschauung, dass die Sulfatirung an einer oder beiden Platten ein secundärer, elektrisch unwirksamer Vorgang ist, führt zu Werthen, welche viel kleiner als der beobachtete sind.

Die Bestimmung des »Wirkungsgrades«, d. h. des Verhältnisses zwischen aufgewandter elektrischer Energie beim Laden und entnommener elektrischer Energie beim Entladen spricht ferner für einen umkehrbaren Vorgang. Nur ein solcher kann den Wirkungsgrad 1, d. i. 100 %, erreichen. Der übliche Wirkungsgrad ist 0,82 (82 %). Diese Zahl ist aber theoretisch nicht verwendbar, weil sie bei höheren Stromstärken ermittelt wird, bei denen die Ueberwindung des inneren Widerstandes

---

[1]) Streintz, Wied. Ann. 53, S. 698. Derselbe früher über den Bleiaccumulator Wied. Ann. 38, S. 344; 41, S. 97; 43, S. 244; 46, S. 449; 49, S. 564. Entgegnung siehe Darrieus, l'Electricien 1895, S. 306 Siehe auch Wade, Electrician 1894, S. 603, 625, 657, 688, 722.

der Zelle bei der Ladung wie bei der Entladung einen Spannungsaufwand nothwendig macht, der im ersten Falle die Klemmenspannung vermehrt, im zweiten sie verkleinert und bei Gleichheit der hineingeladenen und entnommenen Elektricitätsmenge auch dann den Wirkungsgrad unter 1 hinabdrückt, wenn der Vorgang an den Elektroden vollkommen umkehrbar verläuft. Streintz[1]) hat diesen Einfluss des inneren Widerstandes rechnerisch eliminirt und dann Wirkungsgrade bis 0,94 zu constatiren vermocht. Berücksichtigt man, dass die Ladung und Entladung sich nicht mit unmerklich schwachen Strömen vornehmen lässt, weil die allmälige Verdichtung des Bleisulfats in diesem Falle vollständig Zeit fände, sich zu vollziehen, dass aber bei Ladung und Entladung mit erheblichen Stromstärken Polarisation nicht ganz ausbleibt, so scheint die Zahl 0,94 der 1 genügend angenähert, um einen umkehrbaren Reactionsverlauf zu begründen. Zusammengehalten mit den thermochemischen Daten spricht also dies Resultat für die Reaction

$$Pb + PbO_2 + 2H_2SO_4\,aq \rightleftarrows 2PbSO_4\,aq,$$

---

1) Streintz benutzte als Elektroden Stücke, die aus Gitterplatten geschnitten waren, lud bis zum Auftreten der ersten Wasserstoffentwicklung und entlud, bis die Stromstärke um 10% gegen ihren Anfangswerth gefallen war. Seine Stromdichten dürften nach den nicht sehr deutlichen Angaben über diesen Punkt bei dem hohen Werthe 0,94 des Wirkungsgrades nahe an 1,6 Amp. pro qdm betragen haben. Der Energieaufwand iw, worin i die Stromstärke, w der innere Widerstand ist, ist bei der Berechnung eliminirt. Bezeichnet man mit P uud p die Elektrodenpotentiale, mit t die Zeit, so bedeutet der Streintz'sche Werth 0,94 den Maximalwerth des Verhältnisses

$$\frac{(P-p)\,i\cdot t}{(P_1-p_1)\,i_1\,t_1},$$

während die in der Technik übliche Angabe durch den Ausdruck

$$\frac{(P-p+iw)\,i\cdot t}{(P_1-p_1-iw)\,i_1\,t_1}$$

gegeben ist. Dabei bedeuten die Buchstaben mit Indices die Werthe bei der Ladung, die ohne Indices die bei der Entladung. Leider hat Streintz nicht untersucht, ob bei seiner Lade- und Entladeweise auf die Dauer die Capacität des Accumulators constant blieb. Der Werth $P-p$ wird durch Messung des Potentials der Platten gegen Zink in Schwefelsäure gefunden. Dabei findet man bei der ruhenden Zelle $2{,}5 - 0{,}5 = 2{,}0$ Volt. (Wied. Ann 43. S. 244.)

die nach den chemischen Beobachtungen gerade die unwahrscheinlichste ist.

Geht man nun zu der Darstellung der Vorgänge im Accumulator nach der Ionentheorie über, so zeigt sich, dass die Uebersetzung der Vorgänge aus der gewöhnlichen chemischen Sprache in diese Ausdrucksweise weitere Differenzen ermöglicht. Die Theorie der primären umkehrbar verlaufenden Sulfatbildung ist von Le Blanc[1]) einerseits, von Liebenow[2]) und Löb[3]) andererseits in verschiedener Weise interpretirt worden. Le Blanc nimmt an, dass PbO_2 in minimaler Menge in Wasser löslich und dass die gelösten Antheile in die Ionen $\overset{++++}{\mathrm{Pb}}$ und $4\overset{----}{\mathrm{OH}}$ dissociirt seien. Ebenso, dass Bleisulfat, soweit es gelöst ist, in $\overset{++}{\mathrm{Pb}}$ und $\overset{--}{\mathrm{SO_4}}$ ionisirt sei. An der positiven Platte sind danach bei der Entladung folgende Ionen: $\overset{++}{\mathrm{Pb}}$, $\overset{++++}{\mathrm{Pb}}$, $\overset{+}{\mathrm{H}}$, $\overset{--}{\mathrm{SO_4}}$ und $\overset{-}{\mathrm{OH}}$, theils dem Bleisulfat, theils der Schwefelsäure, theils dem Bleisuperoxyd und dem Wasser entstammend. Bei der Entladung verwandeln sich $\overset{++++}{\mathrm{Pb}}$-Ionen in $\overset{++}{\mathrm{Pb}}$-Ionen, bei der Ladung $\overset{++}{\mathrm{Pb}}$-Ionen in $\overset{++++}{\mathrm{Pb}}$-Ionen, d. h. das Blei geht von der Oxydstufe auf die Superoxydstufe bezw. umgekehrt über. Bei der Entladung treten die entstehenden $\overset{++}{\mathrm{Pb}}$-Ionen, da die Löslichkeit des Bleisulfats begrenzt ist, mit SO_4-Ionen zusammen als Sulfat in demselben Maasse aus dem gelösten in den festen Zustand über, als durch Lösung und Dissociation von Superoxyd $\overset{++++}{\mathrm{Pb}}$-Ionen neu gebildet und alsdann ihrer halben Ladung beraubt werden. Bei der Ladung treten umgekehrt in Folge der begrenzten Löslichkeit von Bleisuperoxyd in Wasser vierwerthige Pb-Ionen in dem Maasse, wie sie aus zweiwerthigen gebildet werden als PbO_2 in festen Zustand über, während neue Antheile Sulfat in Lösung gehen, dissociiren und die Concentration der zweiwerthigen Pb-

[1]) Le Blanc, Lehrbuch der Elektrochem., Anhang 2.

[2]) Liebenow, Z. f. Elektrochem. 2, S. 430 und 653.

[3]) Löb, Z. f. Elektrochem. 2, S. 495.

Ionen constant halten.[1]) An der negativen Platte werden bei der Ladung zweiwerthige Bleiionen entladen, die durch in Lösung gehendes und dissociirendes Sulfat sofort ersetzt werden. Bei der Entladung tritt Blei als zweiwerthiges Ion in die Lösung über, um mit einem $\overset{--}{SO_4}$-Ion zusammen als festes Bleisulfat sofort wieder sich auszuscheiden.

Diese Darstellungsweise ist vollkommen deutlich und einwandfrei.

Eine abweichende Anschauung vertritt Liebenow. Er nimmt an, dass Blei, welches in alkalischer Lösung als Säure auftritt und Anionen $\overset{--}{PbO_2}$ zu bilden vermag, auch in saurer Lösung solche Anionen entstehen lasse, dass es also theilweise nach

$$PbSO_4 = \overset{++}{Pb}, \overset{--}{SO_4},$$

theilweise nach

$$PbSO_4 + H_2O = \overset{--}{PbO_2}, \overset{--}{SO_4}, 4\overset{+}{H}$$

dissociire. Nun werden die $\overset{--}{PbO_2}$-Ionen sicherlich durch die $\overset{+}{H}$-Ionen nach dem Schema

$$(\overset{--}{SO_4} +)\ \overset{--}{PbO_2} + 4\overset{++++}{H} = \overset{++}{Pb} + H_2O\ (+ \overset{--}{SO_4})$$

vernichtet. Es lässt sich aber annehmen, dass der Verlauf beständiger Neubildung und Zerstörung bewirkt, dass in jedem Augenblicke eine kleine Anzahl $\overset{--}{PbO_2}$-Ionen vorhanden sind. Diese werden nun bei der Ladung als Anionen mit der kleinsten Haftintensität auf der positiven Platte abgeschieden. Bei der Entladung treten PbO_2-Antheile als zweiwerthige Anionen in die Lösung über, um alsbald durch Zusammentritt mit $\overset{--}{SO_4}$ und

[1]) Die Concentration der Pb-Ionen bleibt nicht constant, wenn die Entladung oder Ladung fortschreitet, sondern ändert sich mit der Concentration der SO_4-Ionen, die im Verlauf der Ladung zunimmt, im Verlauf der Entladung abnimmt. Sehr durchsichtig leitet Le Blanc diese Thatsache und ihre Consequenz für die Aenderung der elektromotorischen Kraft der Accumulatoren beim Laden und Entladen am angez. Orte daraus her.

$4\overset{++}{\underset{++}{H}}$-Ionen in festes Bleisulfat und undissociirtes Wasser überzugehen. An der negativen Platte spielen die Anionen $Pb\overline{\overline{O_2}}$ bei der Ladung und Entladung keinerlei Rolle. Hier kommen nur die $\overset{++}{Pb}$-Ionen in Frage, deren Verhalten Le Blanc's Darlegung veranschaulicht.

Die Liebenow'sche Theorie vermeidet die vierwerthigen Bleiionen und postulirt Anionen $Pb\overline{\overline{O_2}}$, die nur in alkalischer Lösung erwiesen sind, auch in saurer. Die Berechtigung dieses Postulats ist angefochten worden. Löb hat die Liebenow'sche Theorie nicht verbessert, wenn er statt einer Dissociation des Bleisulfats nach $PbSO_4 + 2\,H_2O = Pb\overline{\overline{O_2}} + \overline{\overline{SO_4}} + 4\overset{++}{\underset{++}{H}}$ hydrolytische Spaltung des Bleisulfats in $Pb(OH)_2 + H_2SO_4$ und Dissociation beider hydrolytischen Spaltstücke annimmt, so dass die Ionen $Pb\overline{\overline{O_2}}\,/\,\overset{++}{H_2}$, $\overset{++}{H_2}\,/\,\overline{\overline{SO_4}}$ entstehen. Wie man sieht, ist der Effect ganz der gleiche, wie nach Liebenow's Meinung. Nur ist eine Unklarheit hinzugefügt. Hydrolytische Spaltung ist ein Vorgang, bei welchem ein Salz mit Wasser so zusammentritt, dass entweder freie dissociirte Säure neben undissocirter Base oder umgekehrt freie dissocirte Base neben undissociirter Säure auftritt. Den ersten Fall verwirklicht das Eisenchlorid, den zweiten das Cyankalium. Eisenchlorid in wässriger Lösung dissociirt hydrolytisch, indem Fe-Ionen mit OH-Ionen zu undissociirtem, colloidal gelöstem oder auch festem Hydroxyd zusammentreten, während den Chlorionen die äquivalente Menge Wasserstoffionen als Kationen sich gegenüberstellt und der Lösung saure Reaction verleiht. Beim Cyankalium sind es die Cyanionen, welche mit H-Ionen undissociirte Blausäure geben, während neben den Kaliumkationen Hydroxylionen auftreten und die Lösung alkalisch machen. Die Ursache liegt in beiden Fällen darin, dass in den Producten

$$Fe \times (OH)^3 = k \cdot Fe(OH)_3, \quad Cl \times H = k_1 \cdot ClH$$
$$Cy \times H = k_2 \cdot CyH, \quad K \times OH = k_3 \cdot KOH$$

die Werthe von k und k_2 sehr klein, die von k_1 und k_3 aber sehr gross sind. In dem Capitel »Stromleitung« ist die Bedeutung dieser Constanten (k, k_1, k_2, k_3) erläutert worden. Die hydrolytischen Spaltproducte beide elektrolytisch dissociirt zu denken, ist unmöglich, weil mit dem Wesen der Hydrolyse im Widerspruch.

Herstellung und Betrieb des Bleiaccumulators.

Der Bleiaccumulator der Praxis besteht meist aus einer grösseren Anzahl positiver und negativer Platten, die in einem Glas- oder verbleiten Holztrog mittels Bleifahnen aufgehängt und durch Verlöthung so miteinander verbunden sind, dass alle positiven und alle negativen Platten unter sich parallel geschaltet sind. Regelmässig ist dabei die Zahl der negativen Platten um eine grösser als die der positiven, sodass beide Endplatten negative Platten sind. Die Platten bestehen aus einem Bleikern oder Bleigerüst mit Ueberzug bez. Ausfüllung von Superoxyd an der positiven, Bleischwamm an der negativen. Manchmal wird das festere Antimonblei (4—6 % Sb) für das Gerüst der Platten verwendet.

Das benützte Blei wird vor der Verwendung zur Prüfung seiner Reinheit in Salpetersäure gelöst, das Blei in der Hauptmenge durch Schwefelsäure gefällt, in der vom Bleisulfat filtrirten Lösung wird mit Salzsäure auf Silber gesucht. Man findet meist verschwindende Spuren, die für die Brauchbarkeit des Bleis nicht von Belang sind. In den von Silber befreiten Lösungen wird Kupfer durch elektrolytische Abscheidung auf einer eingehängten Elektrode erkannt. Gegenwart von Kupfer macht das Blei untauglich. Schliesslich ist auf Zink zu prüfen. Auch Zink macht, wenn zugegen, das Blei unverwendbar, findet sich aber sehr selten.

Die Platten werden aus dem für brauchbar erkannten Blei entweder gegossen oder gewalzt, oder seltener gepresst. Walzen liefert ein homogeneres Material als Giessen, das naturgemäss Krystallisation beim Erstarren und darum unregelmässige Structur mit sich bringt. Wird eine Platte bei jahrelanger Benützung stark angefressen, so zeigt sich, wenn sie gegossen ist, leichter ungleichförmiger Angriff und damit schwache, leicht brechende Stellen, als wenn sie gewalzt ist. Das Moment ist nur für positive Platten von Erheblichkeit, da nur diese bei dauernder Benützung stark angegriffen werden. Die Platten sind entweder Seelenplatten oder Gitterplatten. Seelenplatten bestehen aus einem massiven Stück, auf welchem die poröse Masse (Bleischwamm oder Bleisuperoxyd) aufgebracht wird. Gitterplatten sind netzartige Bleikörper, bei welchen die poröse active Masse in den Netzmaschen ruht. Sind diese Maschen sehr weit, sodass die Platte dem Aussehen eines Fensterrahmens mit eingesetztem Fensterkreuz nahekommt — bei kleinen Platten bis zur Grösse 160 × 130 mm fehlt auch sowohl dieses eingesetzte Kreuz und es ist nur ein viereckiger Rahmen vorhanden —, so nennt man die Gitterplatte eine Masseplatte oder Rahmenplatte.

Die ältesten Platten waren Seelenplatten. Bleibleche wurden nach Planté's[1]) Vorgang in Schwefelsäure gestellt und durch Laden und Umladen mit dem elektrischen Strom »formirt«. Dabei entstand an der positiven Platte durch Wirkung des Sauerstoffs auf das Blei bei der Ladung stets etwas Superoxyd, das beim Umladen in Bleischwamm verwandelt, bei erneutem Angriff des Bleis wieder in Superoxyd zurückgeführt und gleichzeitig durch weiteren Angriff des Bleis vermehrt wurde. Indessen ist bei der Formation der Angriff des Sauerstoffs auf das massive Blei während der Ladung nicht das ausschliesslich wirksame. Die mit einem Superoxydhauch bedeckte Bleiplatte stellt einen kurz geschlossenen Accumulator dar, welcher nach Aufhören des äusseren Ladestromes sich von selbst entlädt, indem das Superoxyd sich reducirt und das darunter liegende massive Blei sich oxydirt. Der Vorgang geht nicht rasch, denn der Contact zwischen der Superoxydschicht und dem massiven Metall wird dadurch alsbald ein schlechter, dass Bleisulfat in der Berührungszone entsteht und sich dazwischen legt, aber er ist doch so merklich, dass nach einigem Stehen die positive Platte von neuem einen Ladestrom aufnehmen kann, der die Menge des Bleisuperoxyds vermehrt. Diese Zunahme der porösen Masse auf der positiven Platte durch Selbstformation während der Ruhe wird mit wachsender Schichtdicke immer geringfügiger, hört aber nie ganz auf. An der negativen Platte wird das massive Bleiblech durch den Wasserstoff nicht verändert. In lufthaltiger Schwefelsäure entsteht im Ruhezustand ein wenig Sulfat an der Oberfläche, welches bei der Ladung

[1]) G. Planté, Untersuchungen über Elektricität. Deutsch von Wallentin, Wien 1886.

zerlegt wird; das ist aber der Menge nach ganz unerheblich. Das Umladen ermöglicht allein eine bleischwammbedekte negative Platte aus einem massiven Bleiblech herauszuformiren.[1]) Selbstformation in der Ruhe existirt bei der Bleischwammplatte nicht, weil das poröse Material mit dem massiven Blei der Patte chemisch identisch ist und keine Kette gibt.

Einjährige Formation nach diesem Modus liefert handelsfertige Platten mit ca. 1 mm starkem Ueberzuge von Bleischwamm bez. Bleisuperoxyd. Werden solche in der Praxis benützt, wobei Umladen ausgeschlossen bleibt, so vermindert sich im Laufe der Jahre die Bleischwammmenge auf der negativen Platte. Dauernd ist nämlich in der Flüssigkeit des Accumulators eine ganz geringe Menge Bleisulfat entsprechend der Löslichkeit dieses Salzes in verdünnter Schwefelsäure vorhanden; bei jeder Ladung wird aus diesem gelösten Sulfat Blei auf der negativen Platte abgeschieden. Diese Abscheidung macht, im Laufe langer Zeiträume häufig wiederholt, trotz ihrer verschwindenden Kleinheit, im Einzelfalle den Bleischwamm dichter und compacter. Dadurch verkleinert sich der Antheil des Bleischwamms, welcher bei der Ladung und Entladung chemische Verwandlung und Rückverwandlung erleidet, und die Elektricitätsmenge nimmt ab, welche von der Platte aufgespeichert werden kann. Diese Elektricitätsmenge heisst die Capacität. (Im technischen Sinne wird dieser Ausdruck mit einer stillschweigenden Einschränkung gebraucht, welche im folgenden S. 221 auseinandergesetzt ist.) Der allmälige Capacitätsverlust negativer Platten bei der Benutzung ist

---

[1]) In jüngster Zeit hat Haber (Z. f. anorg. Chem. April 1898) gezeigt, dass man blanke Bleiplatten zu Schwammbleiplatten ohne Umladen mit Gleichstrom formiren kann, indem man sie als Kathoden in Schwefelsäure oder anderen Elektrolyten mit sehr hohen Stromdichten (ca. 1500 Amp. pro qdm) benutzt. Die blanke Oberfläche der Platte reisst dann auf und verwandelt sich binnen wenigen Minuten in eine mattgraue Bleischwammschicht. Das Verfahren besitzt bislang keine praktische Wichtigkeit. Während es nämlich in der Praxis möglich ist, mittels anodischer Formation (Laden und Umladen) eine Planté-Platte von 1 Amp.-Stunde Capacität unter Aufwand von 20 Amp.-Stunden herzustellen, wurden bei einigen Versuchen mit dem Haber'schen Verfahren der kathodischen Formation 250 Amp.-Stunden für das gleiche Ergebniss benöthigt.

Ursache, dass man in der Praxis den negativen Platten von Haus aus etwa die dreifache Capacität der positiven zu geben pflegt. An der positiven Platte findet ein solcher allmäliger Capacitätsverlust nicht statt. Die Schicht activen Materials nimmt hier vielmehr durch Selbstformation im Ruhezustande und durch Angriff des Sauerstoffs bei der Ladung dauernd zu. In praxi wird diese Vermehrung indessen bei den beschriebenen positiven Platten an der Schicht nicht wahrgenommen, weil beim Anwachsen der Schichtdicke die äussersten Theile nicht mehr fest genug haften und durch die Gasentwicklung bei der Ladung abgerissen werden. Man beobachtet demgemäss eine ungeänderte Menge porösen Materials auf der Superoxydplatte, während gleichzeitig etwas Superoxyd abfällt und die Bleiseele mehr und mehr angegriffen wird.

Um die Formation der Platten nach Planté abzukürzen, sind verschiedene Wege eingeschlagen worden. Man kann entweder das Planté'sche Princip festhalten, ein massives Bleiblech zu einem Accumulator auf rein elektrochemischem Wege umzuwandeln, aber einen anderen Elektrolyten als Schwefelsäure nehmen, oder man kann diese Arbeit zerlegen in eine Auflockerung, die man auf chemischem und eine Formation, die man auf elektrochemischem Wege vornimmt. Im zweiten Falle kann man statt massives Blei zu lockern, entweder elektrolytisch oder mechanisch oder chemisch Blei auf das massive Bleiblech so aufbringen, dass eine Bleiplatte mit poröser Oberflächenschicht entsteht, die formirt wird. In allen diesen Fällen wird der fertige Accumulator ein Accumulator nach Planté'schem Princip heissen, weil er, so wie er zur eigentlichen elektrochemischen Formation kommt, aus zwei Platten von reinem (oberflächlich lockerem) Blei besteht. Man kann aber auch auf die Bleiplatte Bleiverbindungen auftragen, welche mit Schwefelsäure zu einem streichfähigen Brei angemacht sind und die so »gepastete« Platte in Schwefelsäure durch den Strom formiren. Dies ist das Verfahren nach Faure.

Die Formirung nach ursprünglich Planté'schem System aus ungelockerter Bleiplatte soll etwas rascher gelingen, wenn während der ersten Tage Kalkwasser statt Schwefelsäure als Elektrolyt gewählt wird. Wesentliche Abkürzung wird erreicht, wenn für die erste Formationszeit ein Elektrolyt gewählt wird, dessen

Anion mit Blei löslichere Verbindungen gibt als das Sulfat, z. B. Salpetersäure.[1]) Alles Blei wird dabei aus der Lösung sofort wieder als Superoxyd an der positiven Platte ausgeschieden, sodass die gelöste Menge verschwindend bleibt. Die Verfahren, welche Verbindungen des Stickstoffs oder der Halogene benützen, haben aber alle einen Nachtheil. Diese Verbindungen müssen nach der Formation nämlich quantitativ entfernt werden. Die Entfernung der letzten Spuren ist aber misslich. Unterbleibt sie, so verfällt der fertige Accumulator im Betriebe einer vorzeitigen Zerstörung.[2]) Formirt man mit Wechselstrom von passender Wechselzahl und Natronlauge als Elektrolyt, so entfällt diese Schwierigkeit. Aehnliche Wege, die Formirungsdauer wesentlich abzukürzen, sind in neuerer Zeit in Aufnahme in der Praxis gekommen, aber noch nicht im Detail der Oeffentlichkeit zugänglich. Man vermag mit ihrer Benützung heute in 14 Tagen aus einem massiven Bleiblech durch ausschliesslich elektrochemische Formationsarbeit eine gebrauchsfertige Planté-Platte zu erzeugen.[3]) Es werden in Berücksichtigung der früher erwähnten allmäligen Verdichtung negativer Platten bei der Benützung meist nur positive Platten nach diesem Verfahren erzeugt.

Chemische Auflockerung massiver Platten lässt sich entweder durch Behandeln mit kochender 1 %iger Salpetersäure oder durch

---

[1]) oder Natriumbisulfat plus Kaliumchlorat oder Ammoniumsulfat plus Flusssäure. Nähere Angaben Schoop Cap. VI.

[2]) Wie empfindlich der Accumulator gegen Stickstoffverbindungen ist, geht daraus hervor, dass bei Benutzung von Gefässen aus Celluloid (Nitrocellulose und Kampfer) zum Einbau des Accumulators die Platten fast stets in Kürze durch kleine Mengen in die Schwefelsäure gelangender Stickoxyde zu Grunde gehen. Nur eine Firma hat diese Schwierigkeit dadurch (Privatmittheilung) überwunden, dass sie in den Celluloidkästen zunächst eine Serie von Platten formirt, dann diese sammt der Schwefelsäure entfernt und nunmehr die zum Verbleiben in dem Gefäss bestimmten Platten einbaut und frische Säure einfüllt. Bei diesem Verfahren geben die Oberflächenschichten des Celluloids soviel Stickstoffoxyde ab, als sie vermögen, bevor die definitive Zusammenstellung des Accumulators erfolgt. Die deutschen Reichspostwagen sind mit solchen Celluloidzellen ausgerüstet.

[3]) Solche Platten stellt die Filiale der Hagener Actiengesellschaft für Accumulatorenfabrikation in Baumgarten bei Wien her.

oberflächliches Legiren des Bleis mit einem anderen Metall, das bei der Formation herausgelöst wird, erreichen (Hg, Sn, Na) Mechanisch wird der gleiche Effect erreicht, wenn man von der. Platte auf einen darüber hin und her geführten Pol einen Lichtbogen überspringen lässt.

Verzichtet man darauf, aus der massiven Bleiplatte die poröse Schicht herauszuarbeiten, und zieht man vor, sie auf die Platte durch Zuführung von neuem Blei aufwachsen zu lassen, so lässt sich das entweder erreichen durch Vornahme des ersten Theils der Formation in einer Bleilösung (salpetersaure, essigsaure, alkalische Bleilösung), welche entweder kathodisch Blei oder anodisch Bleisuperoxyd — bei passender Wahl (z. B. schwach saure Bleinitratlösung und manche organische Bleisalze) beides gleichzeitig — an den Platten aufwachsen lässt oder durch Aufbringen fein vertheilten Bleis, das durch mechanische Verstäubung geschmolzenen Bleis mit einem Dampfstrahl oder durch elektrolytische Abscheidung aus Bleiverbindungen gewonnen worden ist.

Diesen Vorschlägen reihen sich gedanklich am nächsten diejenigen Verfahren an, welche aus geschmolzenem Bleichlorid, das mit Blei umgossen und dann elektrolytisch zu Blei reducirt wird, Platten gewinnen.[1])

Von diesen Variationen des Planté-Verfahrens wird in Deutschland[2]) die Herstellung von Platten aus gewalztem und mechanisch gerauhtem Bleiblech durch elektrolytische Auflage von Schwammblei in erheblichem Umfange getrieben. Durch Ueberwalzen vor der Formation wird das elektrolytisch ausgeschiedene Blei zu einer sehr fest in sich und mit der Unterlage zusammenhaftenden und dennoch porösen Masse comprimirt. Die Formation nach Planté gelingt dann rasch und leicht.

Während in jüngster Zeit die Herstellung von Platten nach Planté'schem Princip zusehends an Wichtigkeit gewinnt, hat sie durch längere Zeit neben dem bequemeren Faure'schen Verfahren nur geringe Ausdehnung eingenommen. Das Faure-sche Verfahren basirt auf der Beobachtung, dass Bleioxyd mit Schwefelsäure (1,1 spec. Gew.) einen allmälig fast steinfest erhärtenden Brei bildet, in welchem Bleisulfat die Verkittung der

---

[1]) E. T. Z. 1895, S. 86.

[2]) Accumulatorenwerke System Pollack.

Theilchen bewirkt. Schwerer aber noch genügend erhärtet Mennige (in Schwefelsäure 1,2 spec. Gewicht). Teigt man eine dieser Bleiverbindungen mit Schwefelsäure an, streicht sie auf passende Bleiplatten und überlässt sie einige Zeit sich selbst, so erhärten sie soweit, dass die Platte sammt der aufgebrachten Schicht in Schwefelsäure getaucht und zu einer positiven oder negativen Accumulatorenplatte durch den Strom formirt werden kann. Diese Formation ist sehr viel einfacher und rascher, als die einer Planté-Platte und das Verfahren so bequem, dass seine Bevorzugung nahe lag. Einen nahe verwandten Weg hat Volckmar angegeben. Er benützt Bleistaub statt Bleioxyd und Mennige. Bleistaub hat die Eigenschaft, mit Wasser befeuchtet, an der Luft in kurzer Zeit zu einer festen Masse sich zu verwandeln, offenbar durch partiellen Uebergang in verkittendes Bleioxyd. Dieselbe feste Masse erhält man aus Bleistaub beim Anteigen mit Schwefelsäure, indem etwas Sulfat entsteht. Sie wird in gleicher Art wie Glätte und Mennige zum Pastiren von Accumulatorenplatten verwendet. Der Unterschied gegen das Planté'sche Princip ist auch hier erhalten, obgleich er nicht so deutlich in's Auge springt. Beim Planté'schen Princip wird eine eventuell oberflächlich gelockerte Bleimasse formirt, welche in sich metallisch zusammenhängt. Beim Volckmar'schen Verfahren ist, so gering die Bleioxyd- oder Sulfatmenge auch sein mag, doch sie das charakteristische, denn ihrer verkittenden Wirkung verdankt die Platte, welche der Formation übergeben wird, den Zusammenhalt von Gerüst- und Schwammmasse, bez. den Zusammenhang der Schwammschicht in sich. Das Faure'sche Verfahren hat eine wesentliche Schwierigkeit. Die poröse Schicht so formirter Platten hat weder in sich, noch mit der Bleiunterlage einen so festen Zusammenhang, wie beim Verfahren nach Planté. Sie setzt deshalb den mechanischen Beanspruchungen, welche an sie gestellt werden, einen geringeren Widerstand entgegen. Diese Beanspruchungen sind doppelter Art. Einmal sind bei der Ladung und Entladung die chemischen Veränderungen mit Volumenveränderungen der reagirenden Massen verbunden, wodurch die Theilchen mechanisch gelockert weoden, andererseits wirken die in den Platten zu Ende der Ladung auftretenden Gase zerreissend. Um gegenüber diesen Einflüssen die Festigkeit zu steigern, hat man einerseits das Bleigerüst durch gitterförmige Gestaltung, durch Anbringung von Haftpunkten und Auskehlungen so zu gestalten versucht, dass ein Abfallen der Masse erschwert wird, andererseits hat man durch Umhüllung der Platten mit porösen Materialien (Asbest, Faserstoffe) Abhilfe schaffen wollen. Die letzteren Verfahren sind wenig empfehlenswerth. Sie helfen freilich die Masse vor dem Herunterfallen zu behüten, aber sie tragen nicht dazu bei, ihr einen innigen Zusammenhang mit dem Bleigerüst zu geben. Nun ist es aber gänzlich gleichgültig, ob die Masse abfällt oder ob sie nur ausser gut leitenden Connex mit dem Bleigerüst kommt. Wenn Risse auftreten, welche Theile der porösen Schicht von dem massiven Blei abtrennen, so sind diese Theile für die Arbeit des Accumulators verloren. Die Abgabe und Aufnahme des Stroms fällt dann allein jenen Antheilen zur Last, welche noch in gutem Zusammenhang mit dem Bleiträger stehen und bewirkt, dass diese überanstrengt werden und vorzeitigem Ruin entgegengehen. Der andere Weg, die Masse zu halten, wird hingegen, weil er die Berührungspunkte von Bleiträger und Masse vermehrt, von besserem Erfolg sein, insbesondere wenn die Beanspruchung nicht gross ist. Da die negative Platte erfahrungsgemäss solchen deformirenden Einflüssen sehr viel weniger zugänglich ist als die positive, so sind hier die Schwierigkeiten durch ein passendes Bleigerüst leicht zu überwinden. Brauchbare positive Platten nach Faure sind delicater in der Herstellung. Bei der positiven Platte griff man deshalb zu dem Ausweg, eine nach Planté unvollständig formirte Platte nach Faure zu pastiren und so fertig zu machen. Leidet dann die aufgepastete Schicht bei längerer Benützung allmälig, so bringt dies dem Accumulator keinen Schaden, da durch den allmäligen Angriff der Plattenseele inzwischen neue wirksame Mengen Bleisuperoxyd entstanden sind. Man kann indessen offenbar ohne dieses sogenannte Tudor-Verfahren brauchbare positive Platten ausschliesslich durch Pastiren erreichen. Die Fabriken halten indessen die kleinen Modificationen, welche sie hier anwenden, geheim.

Für viele Zwecke ist es erwünscht, den Accumulator für eine gegebene Capacität möglichst klein und leicht zu machen. Dieses Ziel lässt sich erreichen, wenn man die Masse des activen Materiales auf Kosten des Gewichts an massivem Blei steigert Die weitgehendste Verminderung des massiven Bleis stellt die

Rahmenplatte dar. Starke Deformationen, wie sie bei der Ladung und Entladung mit grossen Stromdichten und insbesondere bei lebhafter Gasentwicklung am Schluss der Ladung auftreten, können diese Platten nicht aushalten. Werden solche Beanspruchungen vermieden, so ist die Rahmenplatte lebensfähig. Masseschichten von der Mächtigkeit, wie sie bei diesen Platten vorkommen, erheischen besondere Bindemittel bei der Fabrikation. Der anerkannte Grundsatz, möglichst nur Blei und Bleioxyd und Schwefelsäure zur Fabrikation zu verwenden, muss deshalb hier durchbrochen werden. Man setzt Glycerin, Stärke, Zucker, Sulfosäuren aus Steinkohlentheer und die verschiedenartigsten sonstigen Verbindungen bei dem Anteigen zu und erhält so festere Kitte. Die organischen Beisätze werden bei der Formation zum grossen Theil wieder wegoxydirt. Geringe, meist verbleibende Antheile steigern aber die Empfindlichkeit gegen Zerreissungen durch lebhafte Gasentwicklung, da die einzelnen Schichtpartikeln verklebt sind und ihre Elasticität vermindert ist. Aus dem Grunde werden organische Substanzen in der Fabrikation von Accumulatoren, die starke Ströme liefern und aufnehmen sollen, ganz vermieden. Bei der Fabrikation der Masseplatten wird der mit Schwefelsäure und etwas Theersulfosäuren angemachte Brei von Mennige und Bleioxyd in die Rahmen gestrichen und die Platte dann der Wärme ausgesetzt, um das Abbinden der Masse möglichst zu begünstigen. Darauf erfolgt die Formation in Schwefelsäure.

Die formirten Platten werden in den verschiedenen Fabriken nicht gleichmässig weiterbehandelt. In einigen werden die Platten nach der Formation in Wasser gespült, in anderen unterbleibt dies und man lässt soviel Schwefelsäure darin, als sie aus der Formation mitbringen. Auch findet man den Gebrauch, die Platten bis zum Versandt in verdünnter Schwefelsäure aufzubewahren. Die Verschickung erheischt namentlich bei den negativen Platten gewisse Vorsichten. Negative Platten, die im feuchten Zustande mit der Luft in Berührung kommen, oxydiren sich unter starker Erhitzung. Die poröse Schicht erhärtet zu einer festen Kruste, aus der sie am Gebrauchsorte nur schwer durch langes Laden in den früheren Zustand zurückgeführt werden kann. Manche Fabriken versenden deshalb in luftdicht verlötheten Büchsen, andere liefern die negativen Platten unformirt und überlassen dem Käufer die Formirung an der zusammengestellten Batterie. Die einzelnen Platten einer Zelle werden meist am Verwendungsorte in die Gefässe eingebaut und die positiven und negativen unter sich verlöthet. Am üblichsten ist es, mit Wasserstoff zu löthen. Um die gewöhnliche Löthlampe benützen zu können, verwenden die Accumulatorenwerke System Pollak ein Loth aus Quecksilber, Blei und Antimon. Auch lässt sich Blei ohne besonderes Loth mit einem sehr heissen Löthkolben löthen.[1])

Die zur Füllung und zum Betrieb der Accumulatoren benützte Schwefelsäure muss von grosser Reinheit sein. Sie darf weder bei der Brucinreaction einen Gehalt an Salpetersäure noch beim Versetzen mit salpetersaurem Silber einen Gehalt an Salzsäure erkennen lassen, sie darf mit Schwefelwasserstoff[2]) weder in der Wärme noch in der Kälte, weder vor noch nach dem Uebersättigen mit Ammoniak eine Fällung geben und weder mit gelbem noch mit rothem Blutlaugensalz eine andere Reaction, als höchstens eine schwach grünliche Färbung zeigen. Durch diese Proben wird die Abwesenheit solcher Metalle bekundet, welche an der Bleischwammplatte bei der Ladung sich abscheiden und mit Blei und Schwefelsäure eine kurz geschlossene Kette herstellen könnten, die durch Localaction unter Sulfatation des Bleischwamms und Entwickelung von Wasserstoff an den aufsitzenden Partikeln des Fremdmetalls Selbstentladung bewirken würde. Die Concentration, mit der die Säure zu verwenden ist, ist nicht fest definirt. Schon mit sehr verdünnter Schwefelsäure lässt der Accumulator sich betreiben. Vortheilhaft ist aber eine Säure zu benützen, deren Gehalt um 21 % H_2SO_4 (spec. Gew. 1,15 = 19° Baumé) herum liegt. Die einzelnen Accumulatorenfabriken schreiben die für ihre Platten geeignetste Säure genau vor.

Sofort nach dem Einfüllen der Säure ladet man die fertig zusammengesetzte Zelle eine längere Zeit hindurch.

Der geladene gebrauchsfertige Accumulator besitzt mit den geringen Variationen, welche nach der früher angezogenen Streintz'schen Formel durch abweichende Säuredichte veranlasst werden, die elektromotorische Kraft 2 Volt. Er ist im Stande, eine gewisse Stromquantität abzugeben, welche von dem Gewicht

---

[1]) Specialverfahren siehe Strecker u. Karrass, E.T.Z. 1893, S. 344.

[2]) Ein Schwefelwasserstoffniederschlag, der ausschliesslich aus Schwefelblei besteht, ist indessen kein Grund, die Säure für unbrauchbar zu erachten.

an wirksamer Masse und von der Stromstärke abhängt. Sie ist kleiner, wenn die Stromstärke grösser ist, weil dann eine gewisse Anzahl Partikeln von Blei und Bleisuperoxyd durch Oxyd, bezw. Sulfat eingehüllt und der Theilnahme an der chemischen Reaction entzogen werden. Bei Erneuerung der Ladung nach erfolgter Stromentnahme ist auch die nothwendige Stromzufuhr verschieden, je nachdem die Entladung rasch oder langsam erfolgt ist, da nur die chemisch veränderten Antheile einer Rückbildung bedürfen. Ueber einen gewissen Werth darf die Stromstärke weder bei der Ladung noch bei der Entladung hinaus gehen. Die Volumänderungen bei der chemischen Reaction führen sonst zu einer Lockerung und einem Zerreissen der porösen Schicht, das die Lebensdauer der Platten kürzt. Die zulässige Maximalentladestromdichte auf 1 qdm positive Elektrodenfläche variirt mit der Plattenconstruction. Je inniger die active Masse mit der Bleiseele verwachsen ist, um so höher kann sie sein. Sie wird ferner grösser gewählt werden dürfen, wenn die wahre Oberfläche durch Riefen und Auskehlungen gegenüber der durch die äusseren Maasse der Platte bestimmten, scheinbaren Oberfläche, auf welche die Stromdichte bezogen wird, vergrössert ist. Diese Vergrösserung beträgt öfters das achtfache und darüber; sie ist z. B. besonders erheblich, wenn die Bleiseele so hergestellt wird, dass ein Bleiblech mit mässigem Spielraum in eine Gussform gestellt, der Hohlraum mit einem lockeren, wasserlöslichen Material (Glaubersalz) ausgefüllt und Blei unter Druck eingegossen wird. Dieses verwächst mit der Bleiseele und hinterlässt nach Herauslösung des Salzes eine Platte, die wie von Würmern zerfressen erscheint. Man baut Zellen, welche pro 1 qdm bis 2,65 A. Stromstärke gestatten. Die üblichen Typen erlauben indessen nur 1,0 bis 1,3 Amp. Die Entladung treibt man bei Benützung der Accumulatoren nicht bis zur vollständigen Erschöpfung, sondern unterbricht, wenn die Klemmenspannung bis 1,8 Volt gefallen ist.[1]) Die Ladung, welche der Accumulator alsdann noch hält,

[1]) Bei Entladung mit abnorm hohen Stromdichten (siehe die unterste Curvengruppe in Fig. 56) kann die Klemmenspannung schon bei Beginn der Entladung dicht bei 1,8 Volt liegen. In diesem Falle wird man die Regel, nicht unter 1,8 Volt hinunterzugehen, naturgemäss nicht anwenden können. Man entlädt dann soweit, bis ein plötzlicher rapider Abfall der Klemmenspannung anzeigt, dass die disponible Elektricitätsmenge nahezu völlig aufgebraucht ist. In Fig. 56 ist dies bei 1,5 Volt der Fall.

ist eine sehr geringe, ihre Entnahme schädigt seine Lebensdauer. Die Anzahl Ampèrestunden, welche er bis zu der Erreichung dieses Endpunktes abgibt, heisst im technischen Sinne seine Capacität. Die Capacität wurde früher als die aufgespeicherte Elektricitätsmenge definirt. Für den technischen Gebrauch ist dieser Begriffsbestimmung also die Einschränkung hinzuzufügen, dass die kleine Elektricitätsmenge nicht mitgerechnet wird, welche der auf 1,8 Volt mit der zulässigen Maximalstromstärke oder mit schwächerem Strom entladene Accumulator noch enthält. Nach dem Gesagten wechselt die Capacität mit der Entladestromstärke, oder was auf dasselbe hinausläuft, sofern ununterbrochen mit constanter Stromstärke entladen wird, mit der Entladungszeit. Die Angabe der Entladungszeit ist deshalb bei Anführung der Capacität unerlässlich. Ein Accumulator, der bei maximaler Entladestromstärke in drei Stunden entladen eine Capacität von 100 Ampèrestunden aufweist, wird in 10 Stunden entladen meist nahe an 140 Ampèrestunden liefern.

Zur Charakteristik des Accumulatorentyps dienen die Angaben, wie gross die Capacität bei bestimmter Entladungsdauer ist entweder bezogen auf 1 kg positives Plattengewicht, oder bezogen auf 1 kg Plattengewicht überhaupt oder bezogen auf das Gewicht der gebrauchsfertigen Zellen. Die Zahlen pro 1 kg positives Plattengewicht schwanken von etwa 10 bis 70 Ampèrestunden, die für 1 kg Gewicht der gebrauchsfertigen Zelle von ca. 3 bis 20 Ampèrestunden, die für Gesammtplattengewicht liegen in der Mitte. Bestimmte Zahlen lassen sich nur für jede einzelne Grösse und Type angeben.

In Figur 55 ist der Gang der Klemmenspannung bei der Entladung dreier Accumulatoren verschiedener Provenienz von je 3000 Ampèrestunden Capacität (bei dreistündiger Entladung) nebst den zugehörigen Ladungen dargestellt. Die Lade- und Entladestromstärke ist dieselbe und beträgt 40 % der von den Fabriken zugelassenen Maximalstromstärke. In Figur 56 sind Entladecurven derselben Zellen bei wechselnden Stromstärken verzeichnet. Für jede der drei Zellen in Fig. 55 sind mit gleichartigen Linien in Fig. 56 drei Curven angegeben. Die mittlere bezeichnet jeweils den Gang der Spannung bei der vorgeschriebenen Maximalstromstärke, bei der oberen ist der Entladestrom 40 %, bei der unteren 300 % dieser Maximalstärke. Die Ordinaten sind Volt, die Abscissen die Zeiten. Letztere sind nun nicht so aufgetragen, dass für alle Curven von Fig. 56 ein Theilstrich auf der Abscissenaxe die gleiche Zeit bedeutet, sondern ein Theilstrich bedeutet in der obersten Curvengruppe (400 Amp.) 75 Min., in der mittleren Curvengruppe (1000 Amp.) 30 Min., in der untersten Curvengruppe (3000 Amp.) 10 Min. Diese Längen stehen also im umgekehrten Verhältniss der Strom-

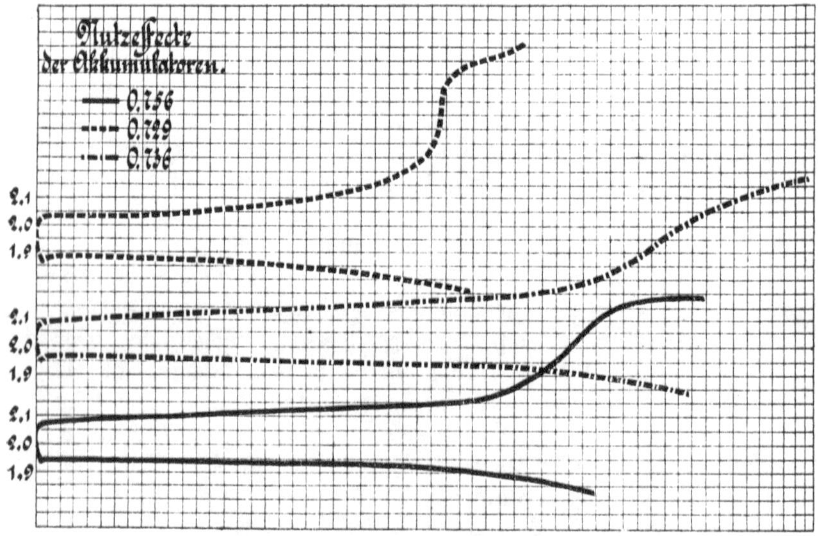

Fig. 55.

stärken. Wären die Capacitäten bei wechselnder Entladezeit constant, so sollte die Entladung beim gleichen Abscissenwerth beendet sein. Die erheblichen Unterschiede, die das Diagramm zwischen den drei Gruppen erkennen lässt, kennzeichnen die Aenderung der Capacität mit der Stromstärke.

Die Ladung ist bei 2,5 Volt vollendet. Es ist indessen zweckmässig, hie und da, etwa bei jeder 14. Ladung, bis 2,75 Volt zu gehen. Die mittlere Ladespannung ist nach Fig. 55 etwa 2,15 Volt, die mittlere Entladespannung etwa 1,93 Volt. Je grösser die Stromstärke, mit welcher geladen und entladen wird, umsomehr liegen diese Mittelwerthe auseinander. Bei der zulässigen

Maximalstromstärke beträgt die Differenz im Mittel 0,35 bis 0,4 Volt. Bei Benützung überstarker Lade- und Entladeströme ist sie noch grösser. Besteht eine chemische Verschiedenheit zwischen dem Lade- und Entladevorgang, so wird dieser ein Theil des Unterschiedes zuzurechnen sein. Ein anderer Theil ist auf den Einfluss des inneren Widerstandes, ein dritter auf Polarisationsphänomene zu rechnen. Der innere Widerstand eines Accumulators beträgt nach Ayrton pro 1 qdm positive Elektrodenfläche während der Entladung im Mittel etwa

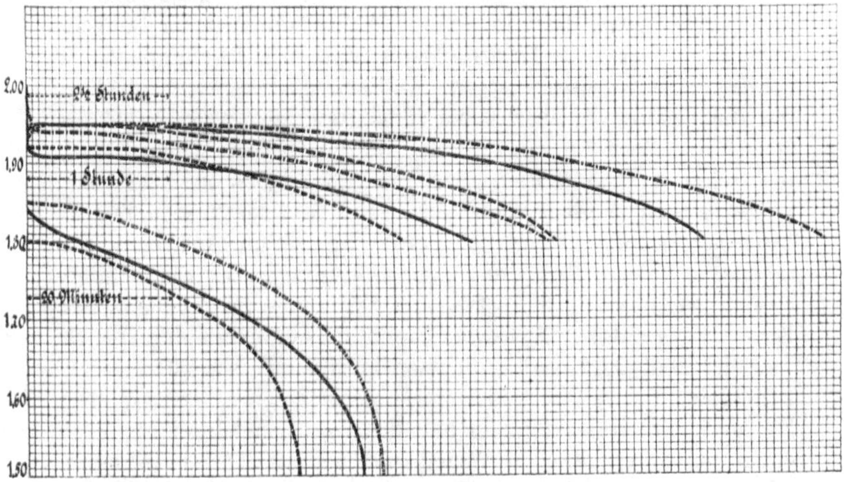

Fig. 56.

0,0015 Ohm.[1]) Bei einer Stromentnahme oder Stromzuführung von 1 bis 1,3 Amp. pro qdm wäre danach ein Spannungsverbrauch von etwa 0,02 Volt durch den Einfluss des Flüssigkeitswiderstandes bedingt, demnach bei Ladung und Entladung mit dem zulässigen Maximalstrom eine mittlere Distanz der Curven von

[1]) Ayrton, E. T. Z. 1890, S. 496, 509, 520; siehe auch Ayrton, Lamb u. Smith, E. T. Z. 1891, S. 66. Die Widerstandsmessung wurde bei 0,451 Amp. pro qdm Entladestromstärke nach einer Methode ausgeführt, die kaum als einwandsfrei gelten darf. Die analoge Messung während der Ladung ergab im Mittel bei 0,407 Amp. pro qdm Ladestrom 0,0018 Ohm pro qdm.

ca. 0,04 Volt. Der wirkliche Werth ist grösser. Die Elektroden polarisiren sich nämlich, vermuthlich sowohl wegen der Concentrationsänderung, welche die Wanderung der $\overline{SO_4}$- und $\overset{+}{H}$-Ionen mit sich bringt, als um der Langsamkeit willen, mit welcher an festen Depolarisatoren die Reactionen ablaufen, wie dies früher (S. 163) erörtert wurde. Den Einfluss, welchen die Concentrationsänderung der Säure durch Wanderung mit sich bringen kann, haben Gladstone und Hibbert[1]) illustrirt, indem sie die elektromotorische Kraft zwischen zwei Bleischwammplatten unter sich oder zwischen zwei Superoxydplatten unter sich beobachteten, wenn diese in Schwefelsäure verschiedener Concentration tauchten. Sie fanden, wenn eine Bleischwammplatte in 0,2 %iger Schwefelsäure stand, während die Säureconcentration um die andere von 0,65 % bis 98 % gesteigert wurde, 0,036 bis 0,256 Volt. Zwei Superoxydplattn, die eine in 0,2 %iger Säure, die andere in 0,65 bis 99 %iger Säure gaben 0,054 bis 0,643 Volt.

Was den Verlauf der Lade- und Entladestromcurve im Einzelnen angeht, so ist zunächst das kleine Ansteigen der Spannung bei der Entladung ganz im Anfange der Curve interessant, welches auf den Sturz der Spannung im Momente des Einschaltens folgt. Es ist bei sämmtlichen Curven der Fig. 55 und bei zwei Curven der obersten Gruppe in Fig. 56 deutlich kenntlich. Es verräth, dass im Ruhezustand an der negativen Platte ein Sulfatüberzug sich befindet, der hauchdünn ist, aber einen hohen specifischen Widerstand besitzt. Dieser Ueberzug bildet sich, wenn der geladene Accumulator längere Zeit steht, weil fein vertheiltes Blei gegen Schwefelsäure nicht wie massives Blei praktisch indifferent ist, sondern äusserst langsam in der Kälte unter Wasserstoffbildung Sulfat liefert. Es entspricht dies dem Umstande, dass Blei etwas negativer als Wasserstoff ist. Gladstone und Hibbert[1]) fanden, dass eine Bleischwammprobe unter Schwefelsäure in fünf Monaten sich zu 82 % in Sulfat verwandelte. Bei der Bethätigung des Accumulators wird durch die Volumänderung und Flüssigkeitsbewegung dieser Ueberzug sofort zerrissen und der Accumulator zeigt deshalb längstens wenige Minuten nach Beginn der Entladung

[1]) Gladstone u. Hibbert, Phil. Mag. 30, S. 162; 31, S. 42. E. T. Z. 1892, S. 436.

seinen normalen kleineren Widerstand. Bei Entladung mit hohen Stromdichten wird diese Schutzschicht so rasch zerstört, dass die Erscheinung nicht mehr wahrgenommen wird.

In dem weiteren Gang der Curven macht sich an der Ladungslinie der Einfluss der Polarisation deutlich kenntlich. Bei der Entladung geht nämlich der innere Widerstand erst langsam, dann immer schneller hinauf[1]) und erreicht das 2 bis 3fache des Anfangswerthes; bei der Ladung geht er umgekehrt, erst rasch, dann langsam zurück. Die Klemmenspannung des Accumulators geht während der Entladung mit der Aenderung des inneren Widerstandes conform, indem sie von der elektromotorischen Kraft 2 Volt sich um so mehr nach unten entfernt, je mehr der innere Widerstand zunimmt. Bei der Ladung aber beobachtet man, dass die Klemmenspannung nach oben zu mehr und mehr von 2 Volt abweicht, obwohl der innere Widerstand kleiner wird.

Nicht als aufgeklärt ist der plötzliche intensive Anstieg der Ladecurve von 2,4 auf 2,6 Volt zu erachten. Er hängt zweifellos mit dem Auftreten von Sauerstoff und Wasserstoffgas zusammen und wird von manchen auf Gasocclusionen an den Platten, also auf eine Polarisation, von anderen auf den vermehrten Uebergangswiderstand zurückgeführt, welchen der Strom an den mit Gasblasen belegten Elektroden findet.

Die Anzahl Ampèrestunden, welche der Accumulator hergibt, wenn er bis zu der praktisch zulässigen Grenze entladen wird, und diejenige, welche er für die Ladung verlangt, ist nicht ganz die gleiche. Man muss bei der Ladung etwas mehr aufwenden, namentlich wenn man rasch lädt und entlädt. Entnimmt man regelmässig bei auf einander folgenden Ladungen und Entladungen das volle hineingeladene Stromquantum, so geht der Accumulator in seiner Capacität zurück. Die langsamen Localactionen an beiden Platten, die Sulfatbildung an der negativen, die Selbstentladung an der positiven und die Verdichtung des Bleisulfats beim Stehen, welche es schwerer reducirbar machen, erklären wohl zur Genüge diese Erscheinung. Ganz conform

[1]) Haagn, Z. f. Elektrochem. 3, S. 421. Diese Arbeit enthält die einzigen, nach einwandfreier Methode ermittelten Widerstandsbestimmungen arbeitender Accumulatoren, welche bekannt sind.

damit ist es, dass eine geladene Zelle beim Stehen langsam ihre Ladung einbüsst, auch wenn sie gut isolirt ist (der Verlust kann in einer Woche 10% der Ampèrestunden betragen), und dass eine entladene Zelle nicht ohne Schaden längere Zeit stehen darf. Im letzteren Fall wird das Bleisulfat so krystallinisch und dicht, dass es nur durch hartnäckige Ueberladung zurückgebildet werden kann.

Für den Wirkungsgrad oder das Güteverhältniss in Ampère- und in Wattstunden hat Heim[1]) bei guten Accumulatorentypen, die zu einem Abfall der Klemmenspannung von 5—6% entladen und spätestens 24 Stunden nach der Entladung bis 2,6 Volt wieder aufgeladen wurden, folgende Werthe ermittelt:

Dauer der Entladung	3 Stunden	5 Stunden	7 Stunden
Stromdichte bei der Entladung pro 1 qdm	1,00—1,25	0,7—0,85	0,5—0,65,
Wirkungsgrad in Ampèrestunden	90—91%	93—92%	95—93%,
Wirkungsgrad in Wattstunden .	77—75%	82—79%	84—82%.

Der Wirkungsgrad in Wattstunden ergibt sich, wenn man die Lade- und Entladezeit in eine Reihe kleiner Zeitabschnitte zerlegt, für jeden das Product Volt mal Ampère mal Zeit bildet, die Werthe für die Ladung und Entladung gesondert addirt und die Summe, welche für die Entladung sich ergibt, in Procenten der für die Ladung ermittelten ausdrückt.

Von Details ist anzumerken, dass die Ueberschreitung der maximalen Entladestromstärke unerheblich ist, wenn sie nur selten vorkommt, auch zu weitgehende Entladung, wenn sie nur selten geschieht, spielt keine Rolle. Bei der Ladung kann man, so lange der Accumulator annähernd erschöpft ist, mit der Stromstärke ausserordentlich hoch gehen, ohne die Zelle zu benachtheiligen, hingegen ist es zu vermeiden, einen bis fast zur Gasentwicklung geladenen Accumulator mit übertriebener Stromstärke weiter zu laden. Bei den meisten Accumulatoren wird eine Minimalzeit für die Entladung von 3 Stunden verlangt. Man baut aber auch Zellen für einstündige Entladung. In diesem Falle benützt man meist Planté-Platten als positive Platten, welche besonders hohe Stromdichten pro qdm scheinbare Ober-

[1]) Heim, S. 17.

fläche vertragen. Gelegentlich werden Zellen verlangt, die ein volles Jahr ohne Erneuerung der Ladung langsam Strom abzugeben vermögen. In diesem Falle ist die Anwendung von Masseplatten geboten, welche durch ihren enormen Vorrath an activer Masse allein befähigt sind, trotz der Entstehung krystallinischen Bleisulfats ein gewisses Kapital umsetzungsfähigen Bleis und Bleisuperoxyds über eine so lange Zeit hin zu conserviren. Die Verwendung solcher Massezellen für Dauerentladung geschieht im Telegraphen- und Telephonbetrieb. Die Wiederladung kann dabei nach Jahresfrist, wenn die Platte das Aussehen einer Gypsscheibe angenommen hat, so mühsam sein, dass ein Herausschlagen des Sulfats und erneutes Streichen und Formiren der Platte wirthschaftlich rationeller ist.

Die Säure in den Zellen ändert bei der Ladung und Entladung ihre Dichte. Bei Füllung mit einer Säure von 21 % H_2SO_4 (19° B.) findet man im Betriebe nach der Ladung ca. 22 % (20° B.), nach der Entladung ca. 20% (18° B.). Man kann deshalb mit dem Aërometer den Fortschritt der Ladung und Entladung controlliren. Bei der Ladung sieht man durch den Zerfall des Sulfats freiwerdende Schwefelsäure in Schlieren längs den Platten hinabsinken. Dadurch wird eine Entmischung bedingt. Die concentrirtere Säure sammelt sich unten in der Zelle, die verdünntere oben. Die Ausgleichung der Concentration erfolgt durch die Gasentwicklung am Ende der Ladung. Etwa 5 Minuten mit 1½ Amp. pro qdm bei 2,5 Volt zu laden genügt, um durch die entstehenden Gasblasen die Flüssigkeit soweit durchzurühren, dass die Concentrationsdifferenzen zurückgehen. Bei der Ladung entstehen an der positiven Platte Spuren Ueberschwefelsäure.

Was die Lebensdauer des Bleiaccumulators angeht, so beurtheilt man diese wohl am besten nach den Prämien, gegen welche die Fabriken die Garantie für unveränderte Brauchbarkeit gelieferter Zellen übernehmen. Die Prämie bei zehnjähriger Garantie beträgt bei stationären Batterien ca. 6 % vom Verkaufspreis. Für transportable Batterien zu Tractionszwecken (Accumulatorenwagen), die beim Anfahren, namentlich bergauf, enorme Beanspruchungen erleiden, fehlen noch die Erfahrungen.

Neben dem Bleiaccumulator besitzt kein anderer Accumulator praktische Wichtigkeit. Eine rege Bemühung das Element Zink / Kalilauge, Kupferoxydul / Kupfer zu einem gebrauchsfähigen

Accumulator auszubilden, ist gescheitert. Das genannte Element kann allerdings als Secundärelement arbeiten. Wenn bei der Entladung Zink als Zinkoxydkali in Lösung geht, Kupferoxydul zu Metall reducirt wird, so wird umgekehrt bei der Ladung Zink aus der Zinkoxydkalilösung an der Zinkplatte wieder abgesetzt und Kupfer wieder oxydirt. So leicht diese Reaction ein oder zweimal hin- und herwärts zu verwirklichen ist, so schwierig gestaltet sich die Herstellung eines solchen Kupfer-Zinksammlers, der regelmässige Ladungen und Entladungen während längerer Zeit vertragen soll. Zunächst erweist sich dann die Benutzung eines Diaphragmas als nöthig, weil gelegentlich etwas Oxyd an der Kupferoxydulelektrode gebildet und gelöst wird.[1]) Die Diffussion desselben zur Zinkplatte ruft nothwendig einen Kupferabsatz dort hervor, der eine stürmische Lösung des Zinks bei offener Kette unter Wirkung des kurzgeschlossenen Elements Zink / Kalilauge / Kupfer zur Folge hat. Als Diaphragma benutzte man bei praktischen Versuchen einen baumwollenen Sack, in welchen die Kupferelektrode eingehängt wurde. Desmazures wollte Pergamentpapier, Schoop Zellen aus Magnesia zur Anwendung bringen. Mit der Anwendung eines Diaphragmas ist die Unannehmlichkeit verknüpft, dass auch die Diffusion des Alkalis gehemmt ist. Bei der Ladung, bei der Natriumionen vom Kupfer durch das Diaphragma zum Zink hinauswandern, wird darum leicht um das Kupfer herum eine Flüssigkeitsschicht von hohem Widerstand auftreten. Das ist aber nicht wesentlich gegenüber anderen grösseren Uebelständen des Sammlers. Zunächst kann er von organischer Substanz nicht freigehalten werden, weil der alkalische Elektrolyt durch eine Oeldecke gegen die Kohlensäure der Luft geschützt werden muss. Demzufolge lässt sich nicht vermeiden, dass die Kalilauge ein Lösungsvermögen für Kupferoxyd gewinnt, welches schliesslich trotz des Diaphragmas zum Uebergang von Kupfer an das Zink führt. Die Localaction, welche dann eintritt, wird durch die Amalgamation des Zinks, welche bei den Versuchszellen sich aus anderen Gründen als erforderlich zeigte, nicht aufgehalten. An der Zinkelektrode treten ferner Störungen dadurch auf, dass der Zinkabsatz bei der Ladung nicht schön

[1]) Siehe Schoop, III. Th. S. 5 ff.

dicht und compact erfolgt. Es gelingt, wenn man die Bedingungen recht günstig wählt, in der Kalilauge von Haus aus viel Zinkoxyd löst und bei der Ladung auf 50° C. erwärmt, eine Reihe von Malen tadellose Zinkniederschläge zu erzielen, aber auf die Dauer ist dieser Erfolg nicht sicher zu erreichen. Er wird insbesondere gefährdet, sobald die Zinkoxydkalilösung bei den alternirenden Ladungen und Entladungen sich entmischt, so dass die Concentration der einzelnen Schichten an Zink differirt. Durch Erwärmung der Zelle beim Laden von unten her wird dem einigermaassen abgeholfen, da diese Erwärmung eine Flüssigkeitsströmung bewirkt. Diese Einrichtung ist aber im Betriebe äusserst lästig. Der Oelabschluss sichert ferner nicht vollständig gegen die Luftkohlensäure, welche langsam auch durch die Oelschicht ihren Weg zum Elektrolyten findet und seine Aufnahmefähigkeit für Zinkoxyd beeinträchtigt. Auch die in den Wanderungsverhältnissen begründete Möglichkeit der Bildung einer schlecht leitenden Zinkoxydhaut auf dem Zink bei der Entladung ist hier anzuführen. Da von der Zinkelektrode dauernd K-Ionen bei der Entladung fortwandern, während $\overline{Zn}\,\overline{O}_2$-Anionen zuwandern und Zinkoxyd sich bildet, so bedarf es an der Zinkelektrode stets einer grossen Reserve an Aetzalkali, um diese Oxydhaut zu vermeiden. Durchschlagend sind von diesen Bedenken in erster Linie die Gefahr des Kupferabsatzes auf dem Zink durch Bildung, Lösung und Diffusion von Kupferoxyd und die unregelmässige Zinkabscheidung bei häufiger Ladung und Entladung. Das hohe Interesse, welches den Versuchen mit diesem Accumulator entgegengebracht wurde, gründete sich auf den Umstand, dass er pro 1 kg Zellgewicht 50 bis 100% mehr elektrische Energie aufzuspeichern gestattet als ein haltbarer Starkstromaccumulator aus Blei, Bleisuperoxyd und Schwefelsäure. Für die Technik der Accumulatorenwagen zum Strassenbahnbetrieb war dieser Umstand sehr werthvoll.[1]) Die Kleinheit der elektromotorischen Kraft von 0,85 Volt pro Zelle, welche bei der Entladung eine Klemmenspannung zwischen 0,8 bis 0,7 Volt bedingt, und selbst der Umstand, dass der

[1]) Versuche wurden namentlich seitens der Actiengesellschaft für Accumulatorenfabrikation in Hagen ausgeführt; siehe z. B. E T. Z. 1895, S. 37.

Wirkungsgrad hinter dem des Bleiaccumulators zurücksteht, würde gegenüber jenem durch das geringere Materialgewicht bedingten Vortheil zurückgetreten sein.

Durch Verwendung von Quecksilberoxyd und Quecksilber als Kathode in Alkali gegen Zink in Kalilauge als Anode glaubte Aron[1]) den alkalischen Accumulator zu vervollkommnen. Die elektromotorische Kraft ist hier um fast die Hälfte höher (1,3 Volt) und der Uebergang einer kleinen Menge Kathodenmetall an's anodische Zink ruft dort keine Localaction hervor, sondern wird unter weiterer Amalgamation des Zinks ohne Störung aufgenommen. Praktisch hat dieser Vorschlag sich aber nicht verwerthen lassen.

Nicht ohne Aussicht auf technischen Erfolg erschien einige Zeit lang der Zinkbleiaccumulator, welcher aus einer Zink- und einer Bleisuperoxydplatte in einer zinksulfathaltigen Schwefelsäure zusammengesetzt war. Er ist indessen den beiden Hauptstörungen des Zink-Kupfersammlers gleichfalls unterworfen. Einmal missräth der Zinkabsatz bei der Ladung gelegentlich, andererseits ist die Löslichkeit des Bleisulfats, so klein sie auch ist, doch ausreichend, um mit der Zeit einen spurenweisen Bleiabsatz auf dem Zink zu ermöglichen. Damit ist eine kurzgeschlossene Kette Zink, Schwefelsäure, Blei gegeben, welche Zink unter Wasserstoffentwicklung am Blei im Ruhezustande der Zelle rapide in Lösung treibt und jede Ladung vereitelt. Die hohe elektromotorische Kraft der Zelle (2,47 Volt) würde ihr ohne diese Missstände eine grosse Bedeutung sichern, umsomehr als der Ersatz der Bleischwammplatte durch eine Zinkplatte eine Gewichtsverminderung gegenüber dem Bleisammler bedeutet.

Ausschliesslich von theoretischem Interesse sind ferner zwei eigenartige Accumulatoren, von denen der eine von Cailletet und Collardeau,[2]) der andere von Poincaré[3]) angegeben wurde. Cailletet und Collardeau benutzten die adsorbirende Wirkung des Platinmoors auf Sauerstoff und Wasserstoff. Sie füllten Platinmoor in Seidensäckchen, steckten einen Platindraht als Stromzuführung in jedes Säckchen und tauchten diese Elek-

---

[1]) Siehe bei Schoop III. Th. S. 42.

[2]) Cailletet u. Collardeau, Compt. Rend. 119, S. 830.

[3]) Poincaré, Compt. Rend. 120, S. 611.

troden in 10%ige Schwefelsäure. Es erwies sich zweckmässig, die wasserstoffaufnehmende Elektrode etwa drei Mal schwerer zu nehmen als die andere. Bei gewöhnlichem Druck war die Wirksamkeit dieser Zellen sehr gering. Wenn aber dieser Platinmooraccumulator bei 300 oder besser 600 Atmosphären Druck arbeitete, so waren die adsorbirten Gasquantitäten bei der Ladung so erheblich, dass dauernde wesentliche Stromleistungen durch Entladung erhalten werden konnten. Pro 1 kg Platinmoor wurden bei 580 Atm. 56 Ampèrestunden Capacität beobachtet. Die Spannung der Zellen bei der Entladung durch einen äusseren Widerstand von 2 Ohm wies einen sehr interessanten Gang auf. Sie betrug in den ersten Augenblicken stets an 1,8 Volt, fiel dann rasch auf etwa 1 Volt, blieb hier constant, und zwar um so länger, je grösser der Druck und damit die aufgespeicherte Gasmenge war und sank dann allmälig auf Null. Es ist nicht zu übersehen, dass die Werthe 1,8 Volt und 1 Volt den Zersetzungsspannungen 1,68 und 1,08 recht nahe liegen, welche bei der Elektrolyse der Säuren und Basen einerseits an blanken, andererseits an platinirten Elektroden beobachtet werden. Der constante Werth der Spannung = 1,0 Volt kann nicht überraschen, der Anfangswerth 1,8 und der plötzliche Abfall auf 1,0 sind aber sehr auffallend und anscheinend mit der Nernst'schen Anschauung im Widerspruch, dass die Entladung von Sauerstoff bei 1,7 Volt an blanken Elektroden kein umkehrbarer Vorgang, sondern mit einem Verlust an freier Energie von 0,6 Voltcoulomb pro Grammäquivalent Sauerstoff verknüpft ist.

Iridium verhält sich wie Platin; Ruthenium, obwohl es an der Anode mit brauner Farbe partiell sich löst, zeigt das gleiche Aufspeicherungsvermögen, lässt aber den charakteristischen Gang der Spannung vermissen, welchen Platin zeigt. Man beobachtet bei ihm von 1,6 Volt bis 0 langsames, ununterbrochenes Abfallen. Palladium ist allen anderen Platinmetallen in der Capacität voraus, die es zu erreichen erlaubt. Bei gleichem Druck gibt der Accumulator mit Palladiummoor unter sonst gleichen Bedingungen die drei- bis vierfache Capacität des mit Platinmoor hergestellten. Bei 600 Atm. wurden 176 Ampèrestunden pro 1 kg Palladiummoor beobachtet. Goldpulver ist unwirksamer als Platin. Halbedle und unedle Metalle, wie Silber, Zinn, Nickel, Cobalt besitzen, soweit sie überhaupt ähnliches zeigen, ein Aufspeicherungsvermögen nur im rein chemischen Sinne, wie Blei, indem sie in chemische Verbindungen verwandelt werden, die bei der Entladung sich zurückbilden. Drucksteigerung erhöht demgemäss bei ihnen den Effect in keiner Weise. Kohle als Elektrode wurde anodisch bei der Ladung stark unter Kohlensäurebildung angegriffen. Was schliesslich den Wirkungsgrad des Platinmooraccumulators anlangt, so wurde er bei Entladung sofort nach der Ladung zu 95 bis 98% der Wattstunden gefunden. Beim Verharren im geladenen Zustand wurde langsamer Ladungsverlust beobachtet.

Der Accumulator von Poincaré besteht aus zwei Quecksilbermassen mit Jodnatrium als Elektrolyt. Bei der Ladung entsteht auf der einen Seite Natriumamalgam auf der andern Quecksilberjodid; bei der Entladung geht diese Reaction zurück. Die elektromotorische Kraft ist 1,85 Volt, das Güteverhältniss in Watt- wie in Ampèrestunden etwa 90%.[1])

---

[1]) Andere Vorschläge, betreffend Accumulatoren ohne Blei siehe Schoop, Cap. XXVII und Peters, S. 320 ff.

7. Capitel.

Analyse.

Litteratur: NEUMANN: Analytische Elektrolyse. Halle 1897. — CLASSEN: Quantitative Analyse durch Elektrolyse. Berlin 1897. — SMITH: Elektrochemische Analyse, deutsch von EBELING, Berlin 1895.

Der analytischen Chemie liefert die Elektrochemie zweierlei Beiträge: einerseits Deutungen wichtiger Vorgänge, andererseits Methoden, gewisse Bestimmungen in einfacher Weise auszuführen. Die elektrochemische Betrachtung lehrt in den analytischen Reactionen zunächst Ionen-Reactionen sehen.[1] Die Chloride geben sämmtlich die gleiche Reaction mit Silbernitrat, weil ihre wässerige Lösung Chlorionen enthält und Chlorionen mit Silberionen zu festem Chlorsilber zusammentreten. Nicht in Ionen dissociirte Körper reagiren nicht in analytisch brauchbarer Weise. Ist ein Bestandtheil einer Verbindung in ihr nicht als Ion vorhanden, so ist er deshalb analytisch nicht ohne Weiteres nachweisbar. Der Schwefel in der Schwefelsäure ist kein Ion und gibt deshalb nicht die Reactionen, welche ihn im Schwefelnatrium leicht kenntlich machen. Das Eisen im Ferrocyankalium ist kein Ion und lässt sich deshalb mit den üblichen Reactionen auf Fe-Ionen nicht finden.

Der allgemeinste Weg des Nachweises und der Trennung ist die Bildung eines Niederschlages. Wir weisen Schwefelsäure

[1]) Ostwald, Die wissenschaftlichen Grundlagen der analytischen Chemie. Leipzig 1894. Siehe auch Küster, Z. f. Elektrochem. 3, S. 233 und 257.

nach, indem wir sie in schwefelsauren Baryt, Salzsäure, indem wir sie in Chlorsilber verwandeln. Der elektrochemische Sinn dieser Verwandlungen ist der folgende. Die Ionen $\overset{-}{Cl}$ und $\overset{+}{Ag}$, $\overset{++}{Ba}$ und $\overset{--}{SO_4}$ sind ungemein löslich. Das geht aus der Möglichkeit hervor, Salzsäure und Silbernitrat, Schwefelsäure und Chlorbarium für sich in concentrirten Lösungen darzustellen. Die undissociirten Gebilde $Cl\,Ag$, $Ba\,SO_4$ aber haben eine ganz abweichende, sehr kleine Löslichkeit. Nun ist für jedes dissociirte Gebilde die allgemeine Gesetzmässigkeit gültig, dass das Product aus den dissociirten Antheilen, gleich dem nicht dissociirten Antheil, multiplicirt mit einer Constanten ist (vergl. S. 78). Ist das undissociirte Product sehr wenig löslich, so kann, auch wenn die Constante gross ist, die Menge der dissociirten Antheile nicht über einen begrenzten Betrag in der Volumeneinheit der Flüssigkeit ausmachen. Der Ueberschuss wird sich als fester Niederschlag ausscheiden. Bei allen analytisch als sehr schwer löslich oder unlöslich betrachteten Körpern ist der undissociirte Antheil in der Lösung von einer ähnlichen, ausserordentlich niedrigen Grössenordnung, weil die Verdünnung, in der er sich befindet, ungemein gross und die Dissociation sehr weitgehend ist. Man kann deshalb mit genügender Annäherung für jeden solchen Körper das Product aus seinen dissociirten Antheilen gleich einer Constanten setzen, die als Löslichkeitsproduct des Körpers nach Ostwald bezeichnet wird. Die Ausfällung eines Niederschlages wird also immer dann stattfinden, wenn das Löslichkeitsproduct überschritten wird. Wenn man zu einer gesättigten Gypslösung Chlorbarium setzt, fällt schwefelsaurer Baryt. Der Vorgang ist so zu erklären, dass das Löslichkeitsproduct $\overset{--}{SO_4} \times \overset{++}{Ba}$ kleiner als das $\overset{--}{SO_4} \times \overset{++}{Ca}$ ist. Zufügung von Baryumionen in Gestalt von Chlorkalium nöthigt deshalb einen Theil der $\overset{--}{SO_4}$-Ionen, als festes Baryumsulfat die Lösung zu verlassen. Insofern besagt das Löslichkeitsproduct nichts wesentliches mehr als die ältere Ausdrucksweise, der zufolge Baryumsulfat fällt, weil seine Löslichkeit eine kleinere als die des Gypses ist. Nach einer anderen Richtung aber hilft der Begriff des Löslichkeitsproducts weit über die ältere Denkweise hinaus. In dem constanten Löslichkeitsproduct $\overset{++}{Ba} \times \overset{--}{SO_4}$ können die Einzelwerthe variiren. In verdünnter Schwefelsäure, in welcher die SO_4-Ionen äusserst zahlreich sind, wird die im Liter lösliche Menge Baryumsulfat kleiner als im Wasser sein, weil das Product $Ba \times SO_4$ stets das gleiche sein muss. Ebenso wird in Barytwasser, das an Ba-Ionen reich ist, der Gehalt an Baryumsulfat den in reinem Wasser nicht erreichen können. Damit erklärt sich die Bedeutung, welche ein Ueberschuss des Fällungsmittels oft für die quantitative Abscheidung einer Substanz besitzt. Ammoniummagnesiumphosphat ist nur in Gegenwart von viel überschüssigem Ammoniak analytisch vollständig abzuscheiden. Kohlensaurer Kalk, dessen Abscheidung aus calciumbicarbonathaltigem Kesselspeisewasser eine überaus häufige technische Operation ist, wird bei Gegenwart von Soda, wie sie die Anwendung von Aetznatron als Fällungsmittel mit sich bringt, stets über den Betrag hinaus entfernt, bis zu dem er in reinem Wasser löslich ist. Baryumhydroxyd kann mit concentrirter Kalilauge quantitativ aus Wasser gefällt werden, weil die zahlreichen Hydroxylionen des Kalis den Werth für Baryum in dem Product $Ba \times (OH)^2$ auf ein Minimum herabdrücken. Der Zusatz eines Salzes mit gleichem Kation vermindert also regelmässig die in der Lösung verbleibende Menge der zu fällenden Anionen, der Zusatz eines Salzes mit gleichem Anion, die der abzuscheidenden Kationen. Dass die Entstehung complexer Salze nur eine scheinbare Ausnahme mit sich bringt, ist bereits früher erläutert worden. Cyansilber löst sich darum leichter in Cyankalium als in Wasser, weil das Silber Anionen $\overset{-}{AgCN_2}$ bildet, welche nur spurenweise in $\overset{+}{Ag}$ und $(\overset{-}{CN})_2$ weiter dissociirt sind. Das Product $\overset{+}{Ag} \times \overset{-}{CN}$ geht deshalb unter den Betrag des Löslichkeitsproductes herunter, das Cyanid löst sich auf. Die Verhältnisse der Schwefelwasserstofffällung werden im Lichte dieser Betrachtungsweise sehr anschaulich. Das Löslichkeitsproduct Metallionen $\times$ Schwefelionen, welches den einzelnen Metallsulfiden zukommt, wächst von der Zinn- und Kupfergruppe, bei der es am kleinsten ist, über das Zink und die Eisengruppe zu den Erdalkalien und Alkalien. Der Schwefelwasserstoff ist eine wenig dissociirte Verbindung und seine bei atmosphärischem Druck gesättigte Lösung arm an Schwefelanionen. Ist die Lösung sauer, enthält sie also Wasserstoffionen, so drängen diese die Anzahl der Schwefelanionen zurück, weil in der Gleichung $\overset{--}{S} \times (\overset{+}{H})^2 = SH_2$ (undissociirt) $\times$ const. der Werth der linken Seite nicht einseitig steigen kann. Man kann dabei die Aenderung des undissociirten Antheils ganz ausser Betracht lassen, weil bei der geringen Dissociation des Schwefelwasserstoffs der undissociirte Antheil stets sehr gross ist und procentual nicht erheblich sich ändert. Bei der Zinn- und Kupfergruppe ist nun das Löslichkeitsproduct so ungemein klein, dass ungeachtet der kleinen Zahl Schwefelionen in saurer Lösung jede analytisch nachweisbare Metallmenge in der Lösung das Product $\overset{--}{S} \times \overset{++}{M}$ über den möglichen Grenzwerth hinaushebt. Diese Metalle fallen daher in stark saurer Lösung quantitativ. Beim Zink ist das anders. In stark saurer Lösung bleibt das Product $\overset{--}{S} \times \overset{++}{Zn}$ unter dem Werthe des Löslichkeitsproductes, wenn selbst erhebliche Zinkconcentrationen vorhanden sind. Wenn man die Acidität aber vermindert, die Anzahl der Schwefelionen also steigert, so wird das Löslichkeitsproduct erreicht und überschritten. Durch geringe Acidität vermag man die Schwefelconcentration selbst so hoch zu treiben, dass keine analytisch nachweisbare Menge Zinkionen in der Lösung bleiben kann. Zink ist deshalb aus schwach saurer Lösung, das heisst aus einer Lösung mit wenig Wasserstoffionen, durch Schwefelwasserstoff vollständig fällbar. Eine solche Lösung ist die essigsaure, weil Essigsäure eine sehr schlecht dissociirte Säure ist. Beim Eisen, dessen Sulfür FeS ein noch grösseres Löslichkeitsproduct besitzt, ist die Fällung auch in essigsaurer Lösung nur zu erreichen, wenn die Concentration der $\overset{+}{H}$-Ionen besonders herabgedrückt wird. Nach dem Früheren gelingt dies durch ein Salz, welches das gleiche Anion wie die Säure besitzt, also durch Zusatz eines Acetates. In der That fällt schwarzes Schwefeleisen aus essigsaurer, mit Schwefelwasserstoff gesättigter Lösung eines Eisenoxydulsalzes auf Zusatz von viel Natriumacetat. Zur quantitativen Abscheidung ist aber beim Eisen eine Schwefelconcentration nöthig, die in saurer Lösung unerreichbar ist. In alkalischer oder ammoniakalischer Lösung, in der zahlreiche OH-Ionen vorhanden sind, ist die Anzahl der H-Ionen um des constanten Productes $H \times OH =$ const. willen minimal, die der S-Ionen nach dem Schema $S \times (H)^2$ = const. deshalb sehr gross, und die kleinsten analytisch nachweisbaren Mengen der Metalle aus der Schwefelammongruppe überschreiten das Löslichkeitsproduct. Daher fallen die Sulfide dieser Gruppe mit Schwefelammon. Die Alkalien und Erdalkalien schliesslich haben so hohe Löslichkeitsproducte, dass auch in alkalischer Lösung Fällung mit Schwefelwasserstoff bei atmosphärischem Drucke unmöglich ist.

Bei der Fällung der Sulfide bleibt nach dem Gesagten stets eine analytisch nicht nachweisbare Menge in Lösung, die in Metallionen und Schwefelionen gespalten ist. Vermindert man die Anzahl dieser Schwefelionen, so geht entsprechend der Niederschlag wieder in Lösung.

Wenn FeS sich in Salzsäure löst, so geschieht es darum, weil beim Zusatz von HCl, also von H- und Cl-Ionen, die S-Ionen des in Lösung befindlichen Schwefeleisens mit H-Ionen zum grössten Theil zu ungespaltenen SH_2 zusammentreten. Das Product Fe-Ionen $\times$ S-Ionen bleibt constant, die Menge der Fe-Ionen muss deshalb steigen. Durch Inlösunggehen des FeS entstehen also Fe-Ionen neben den zugesetzten Chlorionen der Salzsäure, während die H-Ionen der Salzsäure mit S zu undissociirten SH_2 zusammentreten. Es bleiben nur so wenig S-Ionen bestehen, dass der Werth S-$\times$ Fe-Ionen, trotz der enorm gesteigerten Fe-Ionenzahl das Löslichkeitsproduct nicht erreicht. Beim CuS, für welches das Löslichkeitsproduct viel kleiner ist, ist dieser Weg ungangbar. Hier muss die Anzahl der S-Ionen durch Oxydation verkleinert werden. Es entstehen SO_4-Ionen, welche in keiner Weise weiter dissociirt sind. Wieder müssen, damit das Product Cu-Ionen $\times$ S-Ionen constant bleibt, neue Cu-Ionen in Lösung gehen und das Ergebniss ist, dass CuS in HNO_3 sich löst, indem die Anionen NO_3 und SO_4 die Kationen Cu und H in der Lösung sich anreichern.

Von besonderem Interesse sind gewisse Fälle von Trennung durch hydrolytische Spaltung. Dass Metallhydroxyde durch Kalilauge oder Ammoniak gefällt werden, beruht darauf, dass das Löslichkeitsproduct für ein solches Metall und die Hydroxylionen (z. B. $Fe \times [OH]^3$) einen kleinen Werth hat. Wenn nun die OH-Ionen in der Lösung zahlreich sind, d. h. in alkalischen Flüssigkeiten, ist die in Lösung bleibende Menge Eisen verschwindend. Selbst in ganz schwach saurer Lösung ist im Allgemeinen die OH-Concentration so klein, dass selbst die stärksten Metallconcentrationen das Product Metall- $\times$ OH-Ionen nicht auf den Werth des Löslichkeitsproducts bringen. Es gibt nun Metalle und das Eisen zählt in erster Linie zu ihnen, bei denen das Hydroxyd sehr wenig dissociirt ist. In diesem Falle ist in dem Gleichgewicht

$$\text{Fe} \times (\text{O H})^3 = k \cdot \text{Fe (O H)}_3 \text{ undissociirt, colloidal}$$

die Constante klein, d. h. in Eisenoxydsalzlösungen besteht, bei merklicher Hydroxylconcentration stets eine erhebliche Menge colloidales Eisenoxydhydrat. Bei constanter Concentration der Fe-Ionen wird jede Verminderung der OH-Ionen auch die Menge des colloidalen Eisenoxydhydrats vermindern. Jeder Zusatz von starker Mineralisäure verkleinert also die hydrolytische Spaltung. Umgekehrt bringt eine Verminderung der Acidität eine Vermehrung der Hydroxylconcentration und des colloidalen Hydroxyds, welches in Lösung ist. Wählt man nun die Verhältnisse so, dass colloidales Oxydhydrat schlecht löslich ist, was in der Siedhitze der Fall ist, so kann bei ganz geringer Acidität so viel colloidales Oxydhydrat, wie die Gleichung: $\text{Fe} \times (\text{O H})^3 = k \cdot \text{Fe(OH)}_3$ bei einer erheblichen Fe-Concentration verlangt, nicht in Lösung verharren. Das Ergebniss ist, dass die Eisenconcentration abnimmt, indem aus Eisen- und Hydroxylionen festes Hydroxyd entsteht. Die Eisenconcentration, bei der das Gleichgewicht sich herstellt, kann so klein werden, dass sie analytisch nicht mehr nachweisbar ist. Dies ist der Fall, wenn man eine Spur Essigsäure und viel essigsaures Natron oder eine Spur Bernsteinsäure und viel bernsteinsauren Natron zu der mit Soda zuvor bis zur beginnenden Trübung versetzten Eisenlösung hinzufügt. Wird eine solche Flüssigkeit gekocht, d. h. ihr Colloiddruck sehr klein gemacht, so geht Eisen, bis auf analytisch nicht mehr fassbare Spuren, als feste Substanz in den Hydroxydniederschlag.

Der zweite qualitativ und quantitativ gleich wichtige Weg in der analytischen Chemie ist die Erzeugung gewisser Farbenreactionen. Dieselben gründen sich entweder auf den Umstand, dass neue Ionen mit besonderer Eigenfarbe auftreten oder darauf, dass das undissociirte Salz und die freien Ionen abweichende Farbe haben. Kupferoxydsalze werden in grosser Verdünnung durch Ammoniak entdeckt, weil hier ein complexes Kupferammoniumion entsteht, dem eine intensiv blaue Farbe eigen ist. Eisenoxydsalze werden an der Reaction mit Rhodankalium erkannt, weil das undissociirte Rhodaneisen von dem farblosen Rhodanion und dem schwach gefärbten dreiwerthigen Eisenion durch eine intensiv rothe Farbe sich abhebt. Damit die nicht dissociirte Menge möglichst gross ist, wendet man Rhodankalium in grossem Ueberschuss an. In dem Gleichgewicht Rhodanionen mal Eisenionen = Eisenrhodanid (undissoc.) mal const. wird dadurch die Menge des undissociirten Salzes hinaufgetrieben. Quantitativ macht man von diesen Verhältnissen bei der Maassanalyse Gebrauch. Die Indicatoren, deren man sich bedient, verdanken ihre Benützbarkeit wesentlich dem Umstande, dass ihre Ionen eine andere Farbe haben als die undissociirten Salze. So hat bei Methylorange das Ion $(CH_3)_2N - C_6H_4N = N - C_6H_4\bar{S}O_3$ eine gelbe, die undissociirte Säure eine rothe Farbe. Das Dissocationsvermögen der Säure ist ein mässiges. Ein ziemlich kleiner Ueberschuss an H-Ionen drängt die Dissociation der Sulfosäure auf ein Minimum zurück und lässt die rothe Farbe hervortreten.[1]) Starke Säuren können deshalb scharf mit Methylorange titrirt werden. Bei sehr schwachen Säuren wird eine geringe Menge freier Säure hingegen noch nicht ausreichen, die Dissociation soweit zurückzudrängen, dass deutlicher Umschlag eintritt. Günstiger lässt sich die Titration von Basen und Methylorange bewerkstelligen. Bei starken Basen genügt eine Spur, um die Sulfosäure zur Dissociation unter Bildung gelber Säureionen zu veranlassen, während die Basis die farblosen Kationen liefert. Schwache Basen, welche in ihren Salzen stark hydrolytisch dissociirt sind, können den Umschlag unscharf machen, aber es ist leicht einzusehen, dass Methylorange zu ihrer Messung, wenn auch nicht sehr gut, so doch besser geeignet sein wird, als jeder andere Indicator von schwächerem Säurecharakter. In einer verdünnten Lösung von Methylorange wird eine gewisse Menge H-Ionen abdissociirt sein, in einer äquimolecularen Lösung eines schwächer sauren Indicators eine kleinere Menge. Der Betrag der weiteren Dissociation,

---

[1]) Dieser von Ostwald stammenden Theorie der Indicatoren hat Küster (Z. f. anorg. Chem. 13, S. 136) eine andere zu substituiren versucht, welche die wenig ansprechende Annahme gleichzeitig positiv und negativ geladener Zwitterionen als Grundlage hat.

welchen die Farbsäure erleiden muss, damit die Farbe der dissociirten Ionen gegen die der ungespaltenen Säure deutlich hervortritt, ist im ersten Falle demgemäss kleiner als im zweiten. Eine Basis, welche sehr wenig Hydroxylionen liefert, wird deshalb zwar weder im einen, noch im anderen Falle in der Lage sein, bei Zusatz in verschwindend kleinen Mengen mittels ihrer Hydroxylionen genügend viel H-Ionen wegzunehmen, um den Farbumschlag zu bewirken, aber es wird jedenfalls ein kleinerer Zusatz bei dem stärker sauren Indicator von Nöthen sein, als bei dem schwächer sauren. Umgekehrt wird ein schwach saurer Indicator wie Phenolphtaleïn, obwohl er durch kleine Mengen schwacher Säuren, wie Kohlensäure und Schwefelwasserstoff, nicht zum Umschlagen gebracht wird, gegen sie doch in unvergleichlich höherem Maasse empfindlich sein als ein stark saurer Indicator, denn der schwach saure wird durch eine fast verschwindende Vermehrung der H-Ionen in seiner Dissociation sehr stark beeinträchtigt, der stärker saure verlangt eine zwar ziemlich kleine, aber doch merkliche Menge. So kommt es, dass Essigsäure in Natriumacetat zwar noch mit dem schwach sauren Lacmus, aber nicht mit dem stark sauren Methylorange als Indicator titrirbar ist. Basische Indicatoren verhalten sich umgekehrt. Je stärker basisch sie sind, um so mehr sind sie geeignet, selbst schwache Säuren, um so weniger schwache Alkalien zu messen. Ihre Benützung ist indessen im Allgemeinen eine seltene, da die üblichen Indicatoren: Lacmus, Phenolphtaleïn, Methylorange, Rosolsäure sämmtlich sauren Charakters sind.

Der Ausführung quantitativer Bestimmungen bietet die analytische Chemie eine Reihe neuer werthvoller Möglichkeiten. Praktisch wichtig sind freilich von diesen nur einige Metallfällungen doch bieten auch andere principielles Interesse.

In erster Linie ist der Möglichkeit zu gedenken, den Ausschlag eines Galvanometers oder die Aenderung eines Ausschlages am Elektrometer an Stelle eines Indicators zu benutzen. Wenn man in eine Kochsalzlösung zwei Silberelektroden taucht und dieselben sammt einem Galvanometer in einen Stromkreis mit einer Stromquelle schaltet, deren elektromotorische Kraft wesentlich unter der Zersetzungsspannung des Chlornatriums ist, so wird nur jene verschwindende Strommenge hindurchgehen, welche der freiwilligen Depolarisation der Elektroden entspricht und am Galvanometer kaum merklich ist. Lässt man jetzt Silbernitrat zulaufen, so wird in dem Augenblicke, in welchem die erste merkliche Menge überschüssiges Silbernitrat in der Lösung nach Abscheidung des Chlornatriums vorhanden ist, ein ausserordentliches Anwachsen des Galvanometerausschlages, entsprechend dem Stromdurchgang durch das neuentstandene unpolarisirbare System $Ag/AgNO_3/Ag$ sich bemerkbar machen. Man kann auf diesem Wege also Chloride mit Silbernitrat titriren.[1]) Mit dem Elektrometer als Indicator hat Behrend[2]) die Titration des Quecksilbers und die der Halogene ausgeführt. Er benutzt zwei Reagenzgläser, durch deren Boden je ein Platindraht geführt ist, gibt in diese Quecksilber und darüber Quecksilberoxydulnitrat ($^1/_{10}$ normal) und verbindet die beiden Lösungen durch einen mit Kaliumnitratlösung gefüllten Heber. Die Platindrähte, mit dem Capillarelektrometer verbunden, veranlassen dort zunächst keinen Ausschlag. Wird aber jetzt in das eine Reagensglas titrirte Chlorkaliumlösung allmälig eingebracht, so entsteht ein Ausschlag, da Calomel ausfällt, die gelöste Quecksilbermenge abnimmt und eine Concentrationskette sich bildet. Die elektromotorische Kraft ändert sich beim weiteren Zusatz des Chlorkaliums erst langsam, weil jeder Tropfen, solange viel Quecksilbernitrat zugegen ist, nur eine geringe procentische Aenderung in der Concentration der $\overset{+}{Hg}$-Ionen bewirkt. Je mehr aber die gelöste Menge abnimmt, um so grösser wird die Concentrationsänderung bei jedem neuen Zusatz eines Tropfens und an dem Punkte, an welchem die letzten analytisch fassbaren Mengen Quecksilber verschwinden und die in der Lösung verbleibende Menge auf den Betrag zurückgeht, der durch die verschwindende Löslichkeit des Calomels definirt ist, beobachtet man ein sprunghaftes Wachsen der elektromotorischen Kraft. Darüber hinaus steigert ein weiterer Zusatz die elektromotorische Kraft nur langsam in dem Maasse, wie die Löslichkeit des Calomels durch Anreicherung der Lösung an Chlorkalium gemäss der wachsenden Concentration an Chlorionen abnimmt. In dieser

---

[1]) Salomon, Z. f. Elektrochem. 4, S. 71.

[2]) Behrend, Z. f. physic. Chem. 11, S. 466 und 15, S. 498.

Ausführungsweise ermöglicht das Verfahren die titrimetrische Bestimmung des Quecksilbers.[1]) Man kann aber den Vorgang auch umkehren, von Haus die Kette Hg/$HgNO_3$ 1/10 n. — KNO_3 — ClK/Hg bilden, Quecksilberoxydulnitrat einlaufen lassen und den Punkt beobachten, wo die elektromotorische Kraft, die zunächst langsam fällt, rapide abnimmt. Es ist das der Augenblick, wo sämmtliches Chlor als Calomel gefällt ist und die ersten Mengen Quecksilbernitrat im Ueberschusse sind, darüber hinaus geht bei weiterem Zusatz von Quecksilbernitrat die elektromotorische Kraft langsam auf Null. In dieser Weise angewandt ist das Verfahren zur Bestimmung des Chlors in Chloriden geeignet. Der Sprung, den man im einen oder anderen Fall bei Zusatz von 0,05 ccm 1/10 n. Lösung beobachtet, beträgt 0,11 bis 0,15 Volt. Die zur Titration bestimmte Lösung ist so zu wählen, dass nach beendeter Bestimmung das Flüssigkeitsvolumen nicht über 30 ccm beträgt.

Wie Chloralkalien sind auch Bromalkalien nach diesem Verfahren zu bestimmen. Der Sprung beträgt dann 0,24 Volt. Bei Jodiden gelingt es nicht, eine scharfe Bestimmung zu machen. Für die praktische Beobachtung des Sprunges empfiehlt sich die elektromotorische Kraft der Concentrationskette am Capillarelektrometer immer annähernd vor jedem neuen Zusatz zu compensiren, an dem kritischen Punkt schnellt dann der Quecksilberfaden plötzlich stossweise ein grösseres Stück aus seiner Lage. Da der Sprung auf Zusatz von 0,05 ccm nur solange scharf bleibt, als das Volumen nicht über 30 ccm beträgt, so ist man in dem anwendbaren Quantum der Maassflüssigkeit beschränkt und die Einzelbestimmungen erreichen darum nur eine Genauigkeit von 1/2 %. Bei den Titrationen mit Indicator, wie sie im allgemeinen analytischen Gebrauche ausgeführt werden, ist die Genauigkeit bei 35 bis 50 ccm angewandter Maassflüssigkeit 0,1 ccm, also 1/3 bis 1/4 %.

---

[1]) Für die volumetrische Quecksilberbestimmung fehlt es an anderen bequemen Methoden. Die Methode von Hempel (Ann. Chem. Pharm. 110, S. 176 ist umständlich, die von Mohr (Lehrb. d. Titrirmethode, 6. Aufl. S. 250) angegebene Bestimmungsweise ist heikel, Liebig's Verfahren (Ann. Chem. Pharm. 85, S. 307) ist nur beschränkt anwendbar und Person's Methode (Z. f. anal. Chem. 2, S. 381) ungenau.

Nicht genauer, aber zur Bestimmung sämmtlicher Halogene im einzelnen und vornehmlich auch zur gesonderten Ermittelung von Jod einerseits, Chlor plus Brom andererseits in einem Salzgemisch, welches alle drei enthält, ist das Verfahren geeignet, wenn dem Quecksilbernitrat und Quecksilber Silbernitrat und Silber substituirt wird. Man benützt dann zwei Silberbleche als Elektroden, zwei kleine Bechergläser als Behälter und einen Heber mit Kaliumnitrat als Verbindung. Bei Füllung des einen Becherglases mit 1/10 n. Silberlösung, des anderen mit jeweils 10 ccm etwa 1/10 normaler Lösung von Chlorkalium (0,11), Bromkalium (0,20), Jodkalium (0,24), Rhodankalium (0,11) werden die in Klammern beigefügten sprungweisen Abnahmen der elektromotorischen Kraft in Volt bei Zusatz der letzten zur Halogenfällung erforderlichen 0,05 ccm Silbernitrat beobachtet. Man kann umgekehrt auch Silbernitrat mit Chlornatrium titriren und wird dabei durch andere Salze, z. B. Kupfersulfat, die durch ihre Farbe oder chemische Reaction beim Titriren mit Indicator stören, nicht gehindert, wenn diese Metalle keine fällbaren Chloride geben. Die Lösung darf salpetersauer sein. Brom neben Chlor lässt sich nicht gesondert nach dieser Methode bestimmen. Wohl aber kann in einem Gemenge aller drei Halogene zuerst Jod und dann Chlor und Brom zusammen ermittelt werden. Man benützt dazu die Eigenschaft des Jodsilbers, in Ammoniak unlöslich zu sein, welche Bromsilber und Chlorsilber nicht theilen. Aus der ammoniakalischen Lösung der Chloride fällt deshalb nur Jodsilber; ein rascher Sturz der elektromotorischen Kraft um 0,09 bis 0,11 Volt verräth die beendete Jodabscheidung. Jetzt säuert man mit Salpetersäure an und titrirt weiter, bis ein neuer Sprung die Abscheidung des gesammten Halogens erkennen lässt. Die Jodbestimmung fällt genau aus. Die Chlor- und Brommengen einzeln sind mit mässiger Sicherheit aus dem gesammten Gewicht des gefällten Halogensilbers und den titrimetrisch gefundenen Zahlen für Jod einerseits, für Chlor plus Brom andererseits zu berechnen.

Von anderen ähnlichen elektrochemisch-analytischen Verfahren ist die Löslichkeitsbestimmung der sehr schwer löslichen Salze mittelst Messung der Leitfähigkeit schon erörtert worden (S. 83). Zur Bestimmung von Bromkalium neben Chlorkalium, Jodkalium neben Chlorkalium oder Jodkalium neben Bromkalium, sowie zur

Ermittelung von Rubidium neben Kalium hat Erdmann[1]) die Leitfähigkeitsbestimmung bequem gefunden. Er benützt eine Wheatstone'schen Brücke bestehend aus einem Gefällsdraht, zwei Arrheniusschen Leitfähigkeitsgefässen (Fig. 35) und dem Telephon, das einerseits zwischen den beiden Leitfähigkeitsgefässen, die im gleichen Thermostaten sich befinden, andererseits mittels Gleitcontact an den Gefällsdraht angeschlossen ist. Der Strom eines kleinen Inductoriums wird an den Enden des Gefällsdrahtes zugeführt und verzweigt sich durch diesen einerseits, durch die Leitfähigkeitsgefässe andererseits. Für die Bestimmung von Chlorkalium neben Bromkalium ist eine 1 %ige Lösung jedes der beiden Salze und eine 1 %ige Lösung des zu prüfenden Salzgemisches erforderlich. Man füllt erst beide Leitfähigkeitsgefässe mit 1 %iger Chlorkaliumlösung, dann ersetzt man die Füllung des einen durch die Bromkaliumlösung und schliesslich durch die zu prüfende Lösung. Das Telephon wird jedesmal bei einem anderen Punkte des Gefällsdrahtes schweigen. Ist der Gefällsdraht in 1000 Theile getheilt und liegen die drei ermittelten Punkte bei den Theilstrichen A, B, C, so ist das Verhältniss der Widerstände in beiden Leitfähigkeitsgefässen im ersten Falle $v = \frac{A}{1000 - A}$, im zweiten $v_1 = \frac{B}{1000 - B}$, im dritten $v_2 = \frac{C}{1000 - C}$ und der procentische Gehalt an Chlorkalium $x = 100 \frac{v - v_2}{v - v_1}$.

In derselben Weise verfährt man, wenn Chlorkalium neben Jodkalium oder Bromkalium neben Jodkalium zu bestimmen ist. Die Bestimmungen ergeben eine Genauigkeit von etwa 0,4 % (bezogen auf die gesammte Salzmenge gleich 100). Für die Bestimmung von Rubidium neben Kalium wird die Methode in gleicher Weise verwendet, nur benutzt man hier Sulfatlösungen. Sie ist die einzige exacte Methode, um diese beiden Alkalimetalle neben einander zu bestimmen.

---

[1]) Ber. d. deutschen chem. Ges. 30, S. 1175.

Die analytische Abscheidung von Substanzen in wägbarer Form durch den elektrischen Strom, welche das Hauptfeld der Elektroanalyse darstellt, ist bei Anionen wie bei Kationen möglich. Die Anionen Chlor, Brom, Jod können auf Silberanoden abgeschieden werden.[1]) Das Verfahren ist aber sehr wenig bequem und heikel. Wichtig hingegen ist die Abscheidung der Superoxyde des Bleis und des Mangans an der Anode aus ihren Salzlösungen. Von den Kationen sind analytisch abscheidbar die Metalle der Zinngruppe ausser Arsen, das nicht quantitativ fällt, und den selteneren Vanadin, Molybdän, Wolfram, Selen und Tellur, also: Zinn, Antimon, Gold, Platin, Iridium, Palladium, Rhodium, die Metalle der Kupfergruppe ohne Ausnahme (also Ag, Cu, Cd, Pb, Bi, Hg) und von den anderen Metallen Zink, Mangan, Eisen, Thallium, Cobalt und Nickel. Die Alkali- und Erdalkalimetalle, Chrom und Aluminium und Uran sind nicht als Metalle analytisch zu fällen. Von den 19 Metallen, die leicht quantitativ abscheidbar sind, ist diese Abscheidung nur bei einzelnen praktisch wichtig. Es ist nämlich für die praktische Brauchbarkeit der Abscheidung sichtlich dreierlei von Bedeutung. In erster Linie muss das auf der Elektrode zur Fällung gelangende Metall als ein glatter, blanker Ueberzug darauf haften. Pulverige Abscheidungen bringen Unbequemlichkeit und Ungenauigkeit durch mechanische Verluste beim Abspülen des Niederschlages mit sich. Zu zweit darf das ausgeschiedene Metall beim Abspülen mit Wasser dieses nicht unter Oxydation zersetzen, wie dies Mangan thut, oder sich durch Luft und Feuchtigkeit so rasch verändern wie Thallium. Drittens muss die elektrolytische Abscheidung und Bestimmung gegenüber den gebräuchlichen chemischen Wegen nach Zeit und Müheaufwand keine Nachtheile bieten. Diesen Bedingungen, welche für den Fall gelten, dass das abzuscheidende Metall von anderen bereits getrennt in Lösung vorliegt, schliesst sich für den Fall gemischter Metallsalzlösungen noch die weitere an, dass die verbleibende Lösung eine bequeme Weiterführung der Analyse gestattet. Diese Bedingung ist z. B. dann nicht erfüllt, wenn aus Cyanidlösung ein Metall gefällt wird und in der restirenden Flüssigkeit zunächst durch Eindampfen und Glühen oder ähnliche Mittel complexe Cyanver-

[1]) Vortmann, Monatsh. f. Chem. 15, S. 280. Elektrochem. Z. 1894, S. 137.

bindungen anderer Metalle vor der weiteren analytischen Aufarbeitung wieder zerstört werden müssen.

Aus der Gruppe der mit Schwefelwasserstoff fällbaren Metalle, deren Sulfide in Schwefelammon löslich sind, wird Antimon sehr gerne elektrolytisch gefällt und bestimmt. Die Trennung des Antimons vom Zinn durch Elektrolyse ist als einzige exacte Methode für diesen Zweck geradezu unentbehrlich. Die Fällung des Zinns nach Abscheidung des Antimons gleichfalls elektrolytisch vorzunehmen, ist in der analytischen Praxis noch nicht allgemein gebräuchlich. Bei Gold- und den Platinmetallen bietet die Elektroanalyse kaum Vortheile.

Von den Metallen der Kupfergruppe ist die elektrolytische Abscheidung des Kupfers von grossem analytischen Werthe, ebenso die Fällung von Blei als Superoxyd. Wismuth bietet die doppelte Schwierigkeit, leicht in kleinen Mengen an der Anode sich abzuscheiden und an der Kathode pulverig auszufallen und ist deshalb besser chemisch zu bestimmen. Für Silber, Cadmium und Quecksilber können gelegentlich die elektrolytischen Bestimmungen werthvoll sein.

Von den Metallen der Schwefelammongruppe bestimmt man in der Praxis Cobalt und Nickel sehr gern elektrolytisch, Eisen ist stets auf anderem Wege leichter und besser zu ermitteln. Die elektrolytische Zinkbestimmung führt sich in zunehmendem Maasse in die analytischen Laboratorien ein.

Die Theorie lässt voraussehen, dass alle Metalle, welche in der Tabelle (S. 107 u. 108) unter dem Wasserstoff stehen, aus stark mineralsaurer, die darüber stehenden bis zum Mangan aus alkalischer oder ammoniakalischer Lösung gefällt werden können. Damit ist bereits eine Möglichkeit der Trennung gegeben. Ein Gemenge von Kupfer- und Nickelsulfat z. B. wird in schwefelsaurer Lösung nur Kupferfällung gestatten, ebenso wird aus einer sauren Kupferzinklösung nur Kupfer fallen. Der Grund ist in dem Abschnitt »elektromotorische Kräfte« genau erläutert worden. Es fällt das Ion mit der kleinsten Haftintensität. Das ist in diesen beiden Beispielen das Kupfer. Bei dichten Strömen wird die Verarmung an der Kathode die Haftintensität der Kupferionen so steigern, dass reichlich Wasserstoff mit entladen wird. Aber Zink oder Nickel werden nicht mitfallen, weil ihre Fällung aus stark saurer Lösung eine Verarmung der Lösung um die Kathode an

H-Ionen voraussetzt, die erst bei Stromdichten möglich wird, welche mit den Apparaten und Mitteln der Elektroanalyse gar nicht erreicht werden können. Die Wasserstoffionen bilden also eine Art Sicherung, indem sie sich zwischen die Kupfer- und Nickelfällung schieben, so dass die Innehaltung einer bestimmten elektromotorischen Kraft zwischen den Elektroden nicht nothwendig, sondern bei wechselnden Stromverhältnissen ausschliessliche Kupferabscheidung gesichert ist.

Wählt man statt mineralsaurer Lösung cyankalische oder Schwefelalkalilösung für die Elektrolyse, so ist die Reihenfolge der Fällbarkeit für die Metall- und Wasserstoffionen eine andere. Die Metalle bilden complexe Anionen, die mehr oder weniger secundär Metallionen abdissociiren. Die Haftintensität hängt wesentlich davon ab, ob das Anion mehr oder weniger complex ist. Die Entladung von Wasserstoff geschieht schwerer als die jener Metalle, die stark dissociirt sind und leichter als die derjenigen, welche nahezu völlig complex sind.

Wenn man die Stellung des Wasserstoffs durch einen Strich bezeichnet und die schwerer abscheidbaren Metalle darüber, die leichter abscheidbaren darunter stellt, so ergibt sich:

$$\text{in Cyankalium } \frac{\text{Cu, Pt, As, Ni, Co, Fe, Zn}}{\text{Au, Ag, Hg, Cd}};$$

$$\text{in Schwefelnatrium, concentrirt } \frac{\text{As, Sn}}{\text{Sb}};$$

$$\text{in Schwefelammon, verdünnt } \frac{\text{—}}{\text{Sb, As, Sn}};$$

$$\text{in starker Mineralsäure } \frac{\text{Zn, Cd, Fe, Co, Ni, Pb}}{\text{Bi, As, Sb, Sn, Cu, Hg, Ag, Pd, Pt, Au.}}$$

Ueberall, wo man durch Verwendung geeigneter Lösungen eine solche Scheidung in Metalle oberhalb und unterhalb des Wasserstoffs herstellen kann, gewinnt man auch einen Boden für elektro-analytische Scheidungen, indem die unter dem Strich stehenden direct fällbar sind. Diejenigen früher als fällbar verzeichneten Metalle, welche unterhalb der vier Striche nicht aufgeführt sind, lassen sich in neutraler, alkalischer bezw. ammoniakalischer oder in einer ganz schwach sauren Lösung (milchsaure, phosphorsaure, oxalsaure, weinsaure) fällen.

Einen ganz abweichenden Weg hat Freudenberg[1]) für die Metallscheidung zuerst erkannt und benützt. Er verzichtete auf die Zwischenschiebung des Wasserstoffs und benützte als Trennungsprincip den Grundsatz, den Potentialsprung an der Kathode nicht über ein gewisses Maass hinauswachsen zu lassen. Dies kann man erreichen, indem man eine Elektricitätsquelle zur Stromerzeugung benützt, welche nur eine geringe, von Fall zu Fall der Grösse nach fest bestimmte elektromotorische Kraft besitzt. Die mit Zwischenschiebung von Wasserstoff arbeitenden Methoden benützen eine constante Stromstärke und, da die Elektrodenflächen während der Analyse sich nicht ändern, auch constante Stromdichte. Dabei geht dann das Kathodenpotential, wenn verschiedene Metalle von kleinem Lösungsdruck neben einander in Lösung sind, unablässig hinauf und es wird eines nach dem andern gefällt, ohne dass scharfe Grenzen beständen, sodass ein Gemisch von Metallen als Niederschlag erhalten wird. Am Wasserstoffstrich kommt dann eine Grenze, weil die Wasserstoffionen immer nachgebildet werden und für eine constante Stromdichte sich ein constanter Potentialsprung H/H-Ionen einsellt. Bei Freudenberg's Verfahren ist ganz im Gegensatz dazu die Stromdichte durchaus inconstant. Solange der Potentialsprung an der Kathode klein ist, übertrifft die elektromotorische Kraft der Stromquelle die Zersetzungsspannung des Elektrolyten um ein Bedeutendes, es bleibt ein namhaftes Spannungsgefälle für die Strombewegung in der Lösung übrig. Die Stromdichte ist also nicht unerheblich. Geht der Potentialsprung an der Kathode hinauf, so wird die für die Stromleitung in der Lösung verfügbare Spannung immer kleiner, die Stromstärke und Stromdichte fallen und werden schliesslich gleich Null, wenn die Zersetzungsspannung der Lösung durch das Anwachsen des kathodischen Potentialsprunges gleich der elektromotorischen Kraft der Stromquelle geworden ist. Wenn man Silber und Kupfer in gleich stark dissociirter, salpetersaurer Lösung zwischen zwei Elektroden bringt, so ist die Zersetzungsspannung für das Silbersalz (s. S. 135 u. 142) um 0,44 Volt niedriger als für das Kupfersalz. Jene ist 0,7, diese 1,14 Volt. Liegt die elektromotorische Kraft der Stromquelle zwischen

[1]) Z. f. physic. Chem. 12, S. 97; siehe dazu Revay, Z. f. Elektrochem. 4, S. 313.

beiden Werthen, so wird demgemäss aus einer sauren Silberkupferlösung nur das Silber abgeschieden und der Stromdurchgang hört nach beendeter Silberfällung auf, ohne dass Kupfer sich abzuscheiden vermöchte. Man kann sogar bis 1,4 Volt mit der elektromotorischen Kraft hinaufgehen, wie die Erfahrung lehrt, ohne Kupfer zu fällen, wahrscheinlich deshalb, weil $\overset{++}{\text{Cu}}$-Ionen unter diesen Verhältnissen nicht in Kupfermetall, sondern in einwerthige Cu-Ionen übergehen, welche durch die Einwirkung der Luft wieder Kupferoxyd zurückbilden. Im nächsten Capitel wird darüber näher gehandelt. Danach besteht also ein Spielraum von 0,7 Volt, von der Zersetzungsspannung des Silbers aufwärts bis zur Kupferfällung. Die Verminderung der Silbermenge im Verhältniss $^1/_{10000}$, die einer analytisch quantitativen Fällung gleich kommt, entspricht aber nur einer Aenderung der Haftintensitat des Silbers um $^1/_4$ Volt. Die Trennung beider Metalle ist also sehr leicht möglich. Ebenso kann man Kupfer von Arsen aus schwefelsaurer Lösung trennen, obwohl beide unter dem Wasserstoffstrich stehen, wenn man die Spannung unter 1,9 Volt hält. Wenn die Zersetzungsspannungen sehr nahe zusammenliegen, kann diese Methode, die viel feiner ist als die Benützung der Sicherung, welche in der Zwischenschiebung des Wasserstoffs liegt, aber versagen, weil die Haftintensität des Metalls mit leichter abscheidbarem Kation sich schon bei analytisch nachweisbaren Resten desselben in der Lösung bis auf den Werth hebt, bei welchem die Ionen des schwerer entladbaren sich abscheiden. Und selbst wenn diese Gefahr nicht besteht, kann das Verfahren analytisch unbrauchbar werden, weil es die Nothwendigkeit einschliesst, sich so dicht über der Zersetzungsspannung des leichter fällbaren Salzes zu halten, dass das Potentialgefälle, welches für die Stromleitung verfügbar bleibt, nicht mehr zu einem erheblichen Strom ausreicht und die Analyse ungebührlich verzögert wird. So macht es Schwierigkeiten, unter dem Cyankaliumstrich Silber von Kadmium zu scheiden und gelingt nur bei Spannungen bis 1,9 Volt. Silber von Quecksilber und Gold in Cyankalium zu trennen, misslingt.

Die Benützung einer begrenzten elektromotorischen Kraft ist unumgänglich nothwendig, wenn Metalle geschieden werden sollen, die gemeinsam unter dem Wasserstoffstrich stehen. Aber auch bei der elektroanalytischen Trennung von Metallen, die auf verschiedenen Seiten des Wasserstoffstrichs stehen, wird das Freudenberg'sche Verfahren in gewissen Fällen sehr nützlich. Es ist von Wichtigkeit, sich zu erinnern, dass die Concentration der Wasserstoffionen in cyankalischer Lösung recht klein ist. Die Sicherung durch Wasserstoffzwischenschiebung ist deshalb eine viel unvollkommenere als in stark mineralsaurer Lösung. Während sich in dieser die Kathode erst bei abnormen Stromdichten soweit polarisirt, dass Metalle, die negativer sind als Wasserstoff, mitfallen, ist in Cyankalium die Verarmung an Wasserstoffionen in der Schicht um die Kathode schon bei mässigen Stromdichten gross und die Polarisation an der Kathode deshalb derart, dass Metalle über dem Wasserstoffstrich mit ausgeschieden werden. Man ist deshalb entweder auf sehr kleine Stromdichten verwiesen oder man wird sich auf die Wasserstoffsicherung überhaupt nicht verlassen und eine begrenzte elektromotorische Kraft zur Analyse nehmen. Aus diesem Grunde wird entweder eine geringe Stromdichte (hundertstel Amp.) oder eine begrenzte elektromotorische Kraft (etwa 2,5 Volt) für die Scheidung der Metalle, welche unter dem Cyankaliumstrich stehen, von den darüber stehenden: Kupfer, Cobalt, Nickel und Zink vorgeschrieben. Während bei dem Fall der Kupfer-Silberscheidung nach Freudenberg der Strom bis auf einen verschwindenden Betrag nach Beendigung der Silberfällung aufhört, geschieht dies nicht, wenn mit 2,5 Volt in cyankalischer Lösung elektrolysirt wird. Da diese Spannung über dem Betrage der Wasserzersetzung liegt, so geht dauernd Strom hindurch. Denkt man nämlich, es würde in einem Augenblick die Summe der Elektrodenpotentiale gleich 2,5 Volt und der Stromdurchgang Null, so würden die Verarmungserscheinungen an der Kathode, welche ausschliesslich den hohen Potentialsprung ermöglichen, zurückgehen, das Kathodenpotential änderte sich und der Strom ginge wieder hindurch. Die Festlegung des Werthes 2,5 Volt und ähnliche Angaben in analogen Fällen haben also den Sinn, nach Abscheidung der Metalle unter dem Wasserstoffstrich eine geringe Stromdichte zu sichern. Ist diese Stromdichte A Amp. pro qdm, so kommt man mit der begrenzten elektromotorischen Kraft offenbar zu genau dem gleichen Endzustand, als wenn man von Hause aus eine Stromdichte von A Amp. vorschreibt und diese dauernd festhält. Beide Verfahren sind also in Rücksicht auf das Endergebniss identisch, indem sie die Gefahr einer weitgehenden Verarmung an H-Ionen und damit eines zu hoch wachsenden Potentialsprungs an der Kathode beseitigen.

Für die cyankalischen Lösungen ist noch anzumerken, dass die Spannung, bei welcher die Abscheidung erfolgt, sehr vom Cyankaliumüberschusse abhängt, welcher die secundäre Dissociation des complexen Anions zurückdrängt. Auch sind die Haftintensitäten hier ebenso wenig im Verlauf der Abscheidung constant als in saurer Lösung. Dort steigen sie, weil die osmotischen Drucke mit der Abnahme der Metallconcentration heruntergehen, hier weil die secundäre Dissociation des complexen, metallhaltigen Anions durch Anwachsen des relativen Ueberschusses an Cyankali während der Entladung sich verkleinert. Von der Möglichkeit, Kupfer und Zink bei passend gewähltem Cyankaligehalt und höherer Stromdichte zusammen abzuscheiden, macht die Galvanostegie Gebrauch. Den grossen Unterschied zwischen den vollkommen complexen Blutlaugensalzen und dem minder complexen Doppelcyanide des Zinks kann man analytisch für die Scheidung verwenden.

Für die Praxis haben sich die Trennungen mittels Anwendung begrenzter elektromotorischer Kräfte bislang keine Wichtigkeit erworben, weil sie zu fein in der Regulirung und zu langsam im Ablauf sind.

Für die Abscheidung der galvanischen Niederschläge bei der Elektrolyse benutzt man meist Schalen aus Platin mit ebenen oder schwach gewölbten Gegenelektroden oder einen Platinmantel von konischer oder cylindrischer Gestalt nebst Spirale. Die Schale oder der Mantel ist von grösserer Oberfläche als die andere Elektrode und wird als Niederschlagselektrode benutzt, um mit kleinen Stromdichten pro Flächeneinheit erhebliche Gesammtstromstärke und damit beschleunigte Fällung zu verbinden. Bei Metallfällungen werden deshalb Mantel oder Schale zur Kathode, bei Superoxydfällungen zur Anode gemacht. Die Figuren 57—59 zeigen die üblichen Elektrodenformen für Mantelelektroden und die Anoden, die für Schalenelektroden sich empfehlen. Fig. 60 zeigt ein Gestell für Elektrolyse mit Schalenelektrode, *G* ist eine Glassäule, *n* der Schalenhalter mit Stromzuführung, bei *e* wird die Anode eingespannt, bei *p* der positive Strom zugeleitet. Die Schalen und Mäntel werden mit dem Sandstrahlgebläse mattirt. Eine Anzahl Niederschläge haftet nur auf solch' gerauhten Flächen

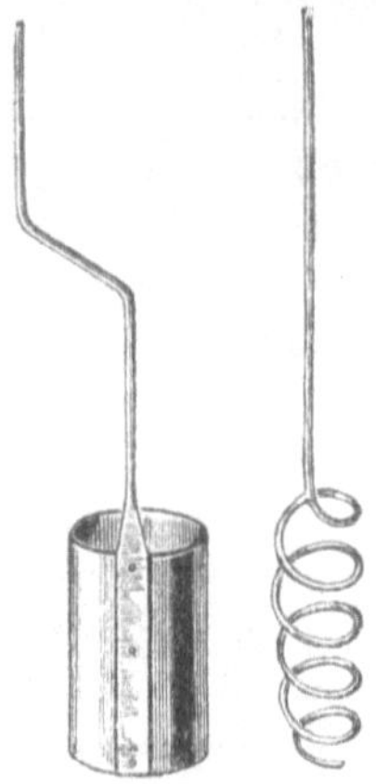

Cylindrische Mantelelektrode mit Anode.
Fig. 57.

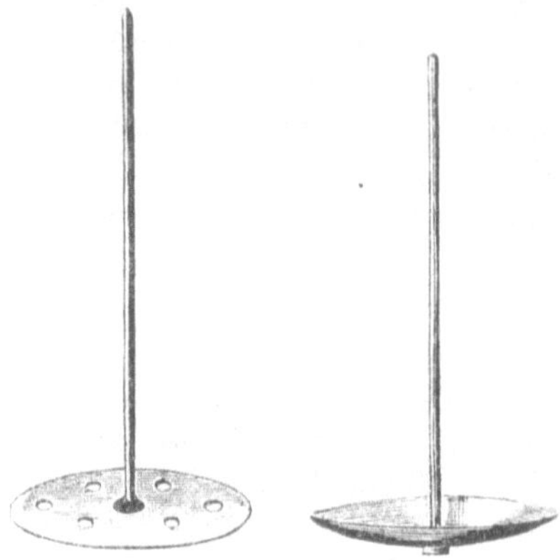

Anoden für schalenförmige Kathoden.
Fig. 58.

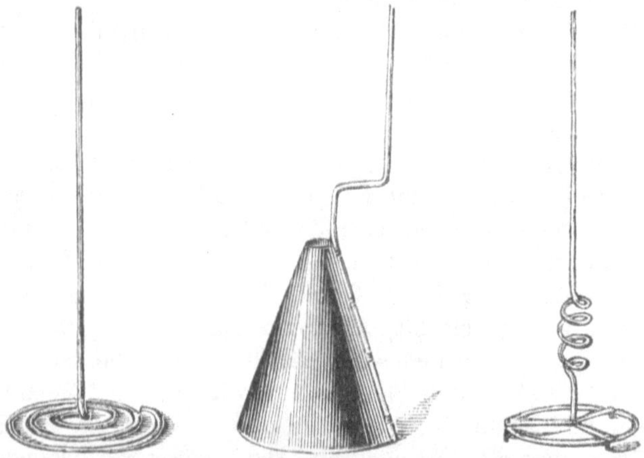

Conische Mantelelektrode mit verschiedenen Anoden.
Fig. 59.

genügend. Zink wird zweckmässig auf versilberte (oder auf verkupferte) Platinschalen niedergeschlagen, da Zink mit Platin sich schon in der Kälte erheblich legirt und beim Entfernen schwarze Streifen auf der Schale zurücklässt. Auch Gold und Platin schlägt man, um sie wieder entfernen zu können, am besten auf eine Silberschicht nieder.

Die Abscheidung wird durchgängig befördert, wenn man während der Elektrolyse dauernd rührt. Man kann dies erreichen, indem man eine Schale als Niederschlagselektrode benützt und die Gegenelektrode mit einer kleinen Laboratoriumsturbine in Rotation setzt. Erforderlich ist diese Einrichtung nicht und wegen ihrer Umständlichkeit auch wenig verbreitet. Bei vielen Niederschlägen ist es erwünscht, den Elektrolyten warm zu halten. Bei Benützung von Platinschalen ist die Erwärmung am einfachsten und jede Gefahr des Springens des Gefässes ausgeschlossen. Da bei der Elektrolyse meist an einem oder an beiden Polen Gasentbindung eintritt und die Gasbläschen ein Verspritzen von kleinen Substanzmengen mit sich bringen, so bedeckt man mit einem Uhrglase, dessen untere Seite man zeitweilig abspült.

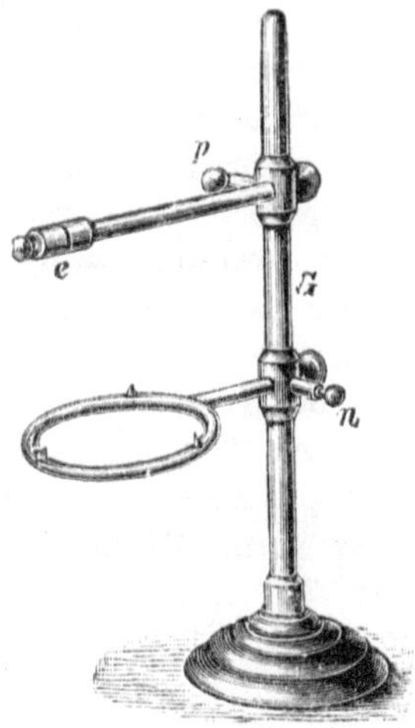

Fig. 60.

Um zu erkennen, ob die Elektrolyse beendet ist, gibt man etwas Wasser zu der Lösung, so dass ihr Spiegel steigt und sie Theile der Niederschlagselektrode bespült, die bis dahin von der Flüssigkeit nicht erreicht wurden. Tritt auf diesen binnen 10 Minuten keine sichtbare Abscheidung ein, so ist man jedenfalls dem Ende äusserst nahe. Man entnimmt dann eine Probe der Lösung möglichst entfernt von der Niederschlagselektrode, wo am ehesten unabgeschiedene Substanz zu erwarten ist, und prüft im Reagensglase oder auf der Porzellanplatte nach den bekannten Vorschriften der analytischen Chemie, ob noch ein Gehalt an dem zu fällenden Metall merklich ist. Bei den Metallen der Schwefelammongruppe nimmt man wahr, dass die letzten Spuren sich etwas schwer abscheiden. Es liegt das daran, dass die Haftintensitäten denen der Wasserstoffionen in alkalischer Lösung recht nahe liegen. Ist der erzeugte Niederschlag bei Stromunterbrechung in dem Elektrolyten wieder löslich, so wäscht man entweder ohne Stromunterbrechung aus, indem man durch einen Heber die Flüssigkeit ablaufen lässt, während man gleichzeitig von oben Wasser nachfüllt, oder man nimmt die Unterbrechung des Stromes und das Auswaschen sehr rasch hinter einander vor. Wenn man z. B. mit Konus und Spirale Kupfer aus salpetersaurer Lösung gefällt hat, so genügt es, zur Vermeidung merklicher Kupferverluste, das Becherglas mit der sauren Lösung nach beendeter Elektrolyse plötzlich wegzuziehen und durch ein Becherglas mit reinem Wasser sehr rasch zu ersetzen. Bei Benützung von Platinschalen kann man den Inhalt rasch ausschütten und den Niederschlag sofort mit Wasser nachspülen. Dies ist aber schwieriger als die Manipulation mit dem Konus. Das Verfahren hat vor dem Auswaschen ohne Stromunterbrechung den Vortheil, dass die restirende Lösung nicht durch Waschwasser verdünnt wird und zur Abscheidung eines weiteren Bestandtheils ohne vorgängiges Eindampfen verwendet werden kann. Der Verlust, welchen man erleidet, dadurch dass eine Spur der Lösung an den Elektroden hängen bleibt und die abgegossene Menge somit nicht quantitativ gleich der ganzen Flüssigkeitsmenge ist, kann für technisch analytische Zwecke meist vernachlässigt werden, wenn das Flüssigkeitsvolumen etwa 200 ccm beträgt. Er macht dann höchstens 1/4 % vom Gesammtvolumen aus und bewirkt, dass der aus der abgegossenen Lösung bestimmte Bestandtheil um den vierhundertsten Theil seines Gewichtes zu klein gefunden wird. Den mit Wasser gewaschenen Niederschlag spült man erst mit Alkohol, dann mit Aether und trocknet ihn dann, indem man ihn einige Minuten auf 70° erwärmt. Soweit specielle Vorschriften in Frage kommen, sind sie bei den einzelnen Metallen aufgeführt.

Allgemein ist noch zu bemerken, dass Chloride bei der Elektrolyse ungern benützt werden. Ist auch die Gefahr, dass die Platinelektroden angegriffen werden, wie im neunten Capitel näher erläutert wird, selten vorhanden, so belästigt doch das entwickelte Chlor erheblich und nöthigt, Messinstrumente und Widerstände und sonstige elektrische Geräthschaften besonders zu schützen.

Im Folgenden sind zunächst die wichtigsten Fällungsweisen der ein zelnenMetalle, dann die Trennungen aufgeführt.[1]) Wegen der Details muss auf die Specialwerke verwiesen werden. Die Stromdichten an der Kathode pro 100 qcm sind unter D_K verzeichnet. Das Lösungsvolumen ist stets 150 ccm.

Kathodische Niederschläge.

Schwefelammongruppe:

Cobalt und Nickel fallen sehr schön aus ammoniakalischer Lösung ihrer Sulfate, die mit Ammonsulfat versetzt ist (1 g $NiSO_4$, 5 g $(NH_4)_2SO_4$, 30 — 40 ccm NH_3. D_K 0,5 — 1,5 A. 50 — 60° C. Prüfung auf beendete Fällung mit Schwefelammon oder Kaliumsulfocarbonat). Auch mit Ammonoxalat, Ammoncarbonat und Ammonchlorid versetzte Lösungen können benutzt werden. Trennung beider Metalle von einander gelingt elektrolytisch nicht gut.

Eisen fällt schön aus Ferroammonsulfatlösung, die mit Ammonoxalat versetzt ist (Ammonoxalat 5 — 6 g in 100 g H_2O, dazu 1 g Mohrsches Salz in conc. Lösung. D_K 1,0 A. 50° C. Prüfung mit Rhodankali).

Zink fällt aus mit Weinsäure, Oxalsäure oder Milchsäure dauernd schwach sauer gehaltener Lösung von Zinksulfat in Ammonoxalat, Kaliumoxalat oder Ammonlactat (1 g $ZnSO_4$ + 4 g $(NH_4)_2(COO)_2$. D_K 0,5 — 1,0. 50 — 60° C. bezw. 1 g $ZnSO_4$, 4 g $K_2(COO)_2$, 3 g K_2SO_4, D_K 0,3 A. 20° C. bezw. 2 g $ZnSO_4$, 2 g $(NH_4)_2SO_4$, 6 g $CH_3CHOHCOONH_4$. D_K 0,5—1,0 A. 50 — 60° C.). Auch aus cyankalischer Lösung kann Zink gefällt werden (1 g $ZnSO_4$, dazu Cyankalium bis zur klaren Lösung. 50° C. D_K 0,5 — 1,0 A). Auch Zinksulfat (1 g) + Natriumacetat (3 g) und etwas Essigsäure gibt (50 — 60°, D_K 0,5 A.) gute Niederschläge. Ebenso kann man Zinksulfat mit Seignettesalz und Aetznatron versetzt bei gewöhnlicher Temperatur mit D_K 0,4 — 0,7 A. fällen oder mit Weglassung des Seignettesalzes in stark alkalischer Lösung bei 40 — 50° elektrolysiren (D_K 0,7 — 1,5 A.). In saurer und cyankalischer Lösung sind für die Unterbrechung des Stromes nach der beendeten Fällung die Cautelen angezeigt, welche im Elektrolyten bei Stromlosigkeit lösliche Niederschläge erheischen.

---

[1]) Die Litteratur siehe bei Neumann, Analytische Elektrolyse, und in den Aufsätzen des gleichen Autors (Z. f. Elektrochem. 1895, S. 231, 252, 269). Aus jüngster Zeit siehe Heidenreich, Ber. d. deutschen chem. Ges. 29, S. 1585. Wolmann, Z. f. Elektrochem. 3, S. 536. Nicholson u. Avery, J. Americ. Chem. Soc. 18, S. 536.

Eisen von Cobalt und Nickel ist nicht scharf durch Elektrolyse zu scheiden. Von Zink lässt sich Eisen trennen, wenn man die Salze in der gerade ausreichenden Menge Cyankali löst, alkalisch macht und mit kleiner Stromdichte (bis D_K 0,6 A.) das Zink abscheidet. Nickel lässt sich von Zink in Seignettesalzlösung und aus einer Mischung von Ammoncarbonat, -sulfat und Ammoniak trennen. Aus jener fällt nur Zink, aus dieser nur Nickel. Von Aluminium und Chrom sind Eisen, Cobalt, Nickel und Zink gleich leicht zu trennen, da Chrom und Aluminium in keinem Falle unter den bei der Analyse verwirklichten Bedingungen als Metalle fallen. Die Trennungen von Mangan sind unscharf oder zum mindesten heikel. Die wichtigsten analytischen Bestimmungen aus dieser Gruppe sind die Cobalt-Nickelfällung aus ammoniakalischer Ammonsulfatlösung und die Zinkabscheidung aus dem Oxalat- oder Lactatdoppelsalz in schwach organisch saurer Lösung.

Cadmium nimmt eine Ausnahmsstellung ein. Es zählt, weil es aus saurer Lösung noch mit Schwefelwasserstoff fällt, chemisch noch zur Kupfergruppe, während es elektrochemisch mit dem Zink zusammen zu stellen und unter die Metalle zu reihen ist, die in stark sauerer Lösung eine grössere Haftintensität als Wasserstoff zeigen.[1]) Cadmium fällt quantitativ aus Cadmiumammonoxalat (0,3 g $CdSO_4$, 8—10 g $(NH_4)_2(COO)_2$. 70° C. Lösung mit Weinsäure schwach sauer halten D_K 0,5 — 1,5 A.), aus sehr schwach schwefelsaurer Lösung (0,3 g $CdSO_4$ · 70 — 80° C. D_K 0,6 — 1 A.), aus Cyankaliumlösung (0,5 g $CdSO_4$, Cyankalium gerade bis zur Lösung, D_K 0,5 A., Zimmertemperatur). Die Prüfung auf Beendigung der Analyse geschieht mit Schwefelwasserstoff. Die Trennung des Cadmiums vom Zink gelingt in Cyankalium nach Freudenberg's Verfahren. Auch aus der schwach schwefelsauren Lösung, der Oxalatdoppelsalzlösung und einigen ähnlichen Doppelsalzlösungen (Tartrat, Phosphat, Acetat) lässt sich Cadmium mit schwachen Stromdichten vor dem Zink und von ihm quantitativ gesondert fällen. Ebenso lässt sich in schwefelsaurer Lösung Scheidung des Cadmiums von Nickel, Cobalt, Eisen und Mangan bewirken. Alle diese Scheidungen sind nicht in die allgemeine analytische Praxis übergegangen. Von den anderen Metallen der Kupfergruppe ist Cadmium in stark saurer Lösung gemäss seiner Stellung über dem Wasserstoffstrich zu trennen.

---

[1]) Es fällt mit Schwefelwasserstoff schwerer als Kupfer. Aus gemischter Lösung scheidet sich zuerst das Schwefelkupfer, dann Schwefelcadmium ab.

Schwefelwasserstoffgruppe:

In Schwefelammon unlösliche Sulfide.

Silber hat die störenden Eigenschaften, gern ein Superoxyd an der Anode und einen krystallinischen, nicht haftenden Niederschlag an der Kathode zu bilden. In Cyankaliumlösung erhält man mit Sicherheit eine tadellose Abscheidung (1 g Silbersalz, Cyankali bis zur Lösung, dann 2 — 3 g Cyankaliüberschuss. Stromdichten bis 1 A. aufwärts. Temperatur von Zimmertemperatur bis 60° zulässig).

Wismuth wird zweckmässig mit Quecksilber zusammen als Amalgam gefällt. Man benutzt am einfachsten die Lösung der gemischten Nitrate (0,5 g Wismuthoxyd und 2 g Quecksilberoxyd in der zureichenden Menge Salpetersäure gelöst. D_K bis 1 A. Man setzt etwas Weinsäure zu, damit Wismuth nicht theilweise an der Anode fällt, wozu es stets grosse Neigung zeigt). Das Wismuthamalgam ist luftbeständig.

Quecksilber kann aus schwefelsaurer, salpetersaurer oder salzsaurer Lösung, aus Lösungen mit Chlornatrium, Schwefelnatrium, Cyankalium und Ammonoxalat gefällt werden. (z. B. 0,5 g $HgCl_2$, 1 — 2 ccm H_2SO_4, 20° C., D_K 0,6 — 1,0 A. oder 0,5 g $HgCl_2$, 3 ccm Salpetersäure, 20° C., D_K 1 A. oder 0,5 g $HgCl_2$, 3 g CyK, 20 — 60° C., D_K 0,5 — 1 A. oder 0,5 g $HgCl_2$, 40 — 50 ccm gesättigte Schwefelnatriumlösung, etwas Aetznatron, 50 — 60° C., D_K 1 A. oder 0,5 g $HgCl_2$, 4 — 5 g Ammonoxalat 20° C., D_K 1 A.) Die Beendigung der Ausfällung erkennt man mit Schwefelwasserstoff. Das Auswaschen mit Alkohol unterlässt man zweckmässig. Das Metall darf so wenig als möglich zu Kügelchen zusammenlaufen.

Quecksilber wie Silber kann auch aus seinen analytisch unlöslichen Salzen abgeschieden werden. Die Abscheidung ist aber langwierig.

Kupfer ist dasjenige Metall, welches am häufigsten elektrolytisch bestimmt wird. Es fällt aus Nitrat- oder Sulfatlösung, die mit freier Salpetersäure (bis zu 8%) versetzt ist, mit wechselnden Stromdichten in der Kälte wie in der Wärme tadellos schön. Nach beendeter Elektrolyse — der Endpunkt wird mit Schwefelwasserstoff oder Ferrocyankalium erkannt — wäscht man entweder mit Heber aus, oder ersetzt den Elektrolyten sehr rasch durch Wasser. Da diese Operation nur dem Geübten ohne merkliche Verluste durch Wiederlösung von Kupfer gelingt, ist es rathsam, nach Abscheidung allen Kupfers durch Zusatz von Natriumacetat dem Elektrolyten sein hohes Lösungsvermögen für Kupfer zu entziehen.

Statt das Ansäuern mit Salpetersäure vorzunehmen, kann man auch Schwefelsäure nehmen. Auch hier darf der Säuregehalt 8—10% nicht übersteigen. Man kann in schwefelsaurer Lösung mit der Stromdichte nicht so hoch gehen wie n salpetersaurer, weil das Kupfer durch die gleichzeitige reichliche Wasserstoffentladung sonst pulverig wird D_K = 1,5 A. ist etwa die obere Grenze. Neben diesem überaus einfachen und bequemen Verfahren treten die Möglichkeiten, Kupfer aus seinem Ammonoxalat- und Cyankalidoppelsalz, aus ammoniakalischer Nitrat- oder Tartratlösung, aus phosphorsaurer Natriumphosphat-Doppelsalzlösung, aus ameisensaurer Natriumformiat-Doppelsalzlösung zu fällen, an Bedeutung ganz zurück.

Blei wird stets an der Anode als Superoxyd bestimmt und im Abschnitt »Anodische Niederschläge« besprochen.

Die Trennung des Kupfers von den Metallen der Schwefelammongruppe gelingt sehr schön. In schwefelsaurer oder salpetersaurer Lösung fällt Kupfer aus zink-, mangan-, nickel- oder cobalthaltiger Lösung glatt und quantitativ. Ist neben dem Kupfer Eisen vorhanden, so gelingt die Fällung des Kupfers aus denselben Lösungen gut, falls die Eisenmenge nicht sehr gross ist und die anodisch vor sich gehende Bildung von Eisenoxydsalz nicht zur Entstehung einer starken Lösung dieses Depolarisationsmittels führt. Andernfalls bleibt die Kupferabscheidung unvollständig und die Stromarbeit beschränkt sich darauf, an der Anode Oxyd zu bilden und an der Kathode solches wieder zu reduciren.

Der Trennung des Kupfers von Cadmium ist schon gedacht worden. Sie gelingt aus schwefelsaurer Lösung nur bei geringen Stromdichten, bei grösseren fällt eine Cadmium-Kupferlegirung. Was die Trennung des Kupfers von den Metallen der gleichen Gruppe angeht, so ist sie nur mittelst sehr kleiner Stromdichten oder mit Innehaltung begrenzter Spannungen möglich. Von Silber kann man in salpetersaurer Lösung mit 1,3 — 1,4 Volt, in cyankalischer mit 2,3 — 2,4 Volt trennen. Es fällt dann nur Silber. Ebenso fällt bis 2,5 Volt aus gemischter Lösung der Kupfer- und Quecksilberdoppelcyanide bei passender Cyankalimenge nur Quecksilber, aus der Lösung der Doppelcyanide von Wismuth und Kupfer unter entsprechenden Verhältnissen bis 2,7 Volt nur Wismuth.

Quecksilber wird von den Metallen Eisen, Kadmium, Nickel, Cobalt, Zink in salpetersaurer Lösung leicht geschieden. Ebenso ist es von Mangan leicht zu sondern. Dagegen ist es von Wismuth nur wie von Kupfer mit begrenzter Spannung (bis 1,3 Volt für Wismuth und Quecksilber in salpetersaurer Lösung, es fällt dann nur Quecksilber) zu scheiden. Von Silber ist Quecksilber gar nicht durch Elektrolyse zu trennen.

Wismuth ist ein für die Elektrolyse recht unbequemes Element. Von den Trennungen von Kupfer, Quecksilber und Silber abgesehen, die Spannungsregulirung verlangen, ist auch die Scheidung von den Metallen der Schwefelammongruppe nebst Cadmium darum umständlich, weil man eine gute Abscheidung des Wismuths nur in Form des Amalgams bewirken kann, die Wismuthmenge annähernd kennen und eine passende Menge Quecksilbersalz zufügen muss.

Schwefelwasserstoffgruppe:

In Schwefelammon lösliche Sulfide.

Antimon wird in wirklich brauchbarer Weise rasch und quantitativ nur aus concentrirter Natriumsulfidlösung erhalten (50 ccm gesättigte Natriumsulfidlösung, 1 g Brechweinstein, etwas Aetzkali, 70 bis 80° C D_K 1,0—1,5 A. Prüfung auf vollständige Abscheidung mit Schwefelsäure, die rothes Schwefelantimon fällt). Gegenwart von Polysulfiden bewirkt, dass das Antimon nicht mehr quantitativ fällt. Da bei der Elektrolyse anodisch solche entstehen, kann bei überlanger Ausdehnung der Elektrolyse gefälltes Metall sogar wieder in Lösung gehen. Sind Polysulfide vor Beginn der Elektrolyse zugegen, so zerstört man sie mit ammoniakalischem Wasserstoffsuperoxyd.

Vor der Elektrolyse salzsäurehaltiger Antimonlösungen ist zu warnen. Es fällt ein explosiver chlorhaltiger Niederschlag.

Arsen fällt aus allen Lösungsmitteln unvollständig bez. gar nicht, da es immer wenigstens theilweise im Anion verbleibt.

Zinn fällt vollständig aus salzsaurer Lösung, auch aus Alkalilösung mit und ohne Cyankali, besser benützt man aber die Ammonsulfidlösung, die in diesem Fall zweckmässig etwas Polysulfid enthält (Für 0,25 g Sn als Sulfür 10—15 ccm einer gesättigten Lösung von Schwefelwasserstoff in Ammoniak, die mit Zugabe von etwas Schwefelpulver bereitet ist, 50—60° C D_K 1—2 A.) Die Beendigung der Elektrolyse prüft man mit Schwefelsäure, die in der Sulfidlösung bei Abwesenheit von Zinn rein weissen Schwefel fällt. Aus Sulfidlösung gefälltes Zinn wie Antimon muss ohne Stromunterbrechung ausgewaschen werden. Beim Antimon ist besonders anzurathen, sich auf die rasche Vertauschung der Lösung gegen Wasser nicht einzulassen, da dadurch leicht merkliche Verluste eintreten

Auch aus Zinnchlorür (0,3 g Sn) in weinsaurer Lösung (2 g) wird bei Gegenwart von Ammonacetat (2 g) und Hydroxylaminchlorhydrat oder -sulfat (0,3—0,5 g) bei 60—70° C., D_K 0,7—1,0 A, ein schöner Niederschlag erhalten, ebenso aus oxalsaurer Ammonoxalatdoppelsalzlösung (0,5 g Zinnchlorür in wenig Salzsäure lösen, mit NH_3 neutralisiren, 4 g Ammonoxalat zufügen, mit Oxalsäure sauer halten, D_K 0,3—0,4 A., man kann auch mit Essigsäure ansäuren).

Gold und die Platinmetalle kommen für die Elektroanalyse selten in Frage. Gold fällt schön aus Cyankalium- und Natriumsulfidlösung, aus saurer Lösung meist pulverig. Platin, Palladium, Iridium und Rhodium fallen aus den verschiedensten Lösungsmitteln, theils metallisch blank, theils pulverig. Die angesäuerten Lösungen der Chloride geben bei schwachen Strömen metallische, bei stärkeren pulverige Niederschläge. Palladium, Platin und Rhodium sollen durch ihre Fällbarkeit aus phosphorsaurer Natriumphosphatlösung von dem unfällbaren Iridium sich scheiden lassen.

Was die Trennungen anlangt, so ist beim Antimon äusserst wichtig die Möglichkeit, es glatt von Zinn zu scheiden. Aus concentrirter Natriumsulfidlösung fällt Antimon vollständig, Zinn gar nicht. Für 0,35 g Sb und 0,25 g Sn empfehlen sich 50 ccm gesättigte Schwefelnatriumlösung mit 2 g Aetznatron versetzt und Elektrolyse bei 60 bis 70° mit D_K 1—1,5 A. Das Antimon ist in zwei Stunden vollständig gefällt. Die restirende Lösung nebst dem Waschwasser, welche die Auswaschung ohne Stromunterbrechung hinzubringt, engt man wieder auf 150 ccm ein, versetzt mit 20—30 g Ammonsulfat und kocht ¼ bis ½ Stunde. Die Verwandlung des Natriumsulfids in Ammonsulfid ist dann vollzogen und Zinn kann bei 70° mit D_K 1—2 A. leicht gefällt werden. Arsen stört bei der Antimonfällung nicht, wenn es in der mit Schwefelalkali versetzten Lösung zuvor als Arsensäure vorhanden war. Hat man Antimon, Arsen und Zinn neben einander, so empfiehlt sich, zunächst chemisch Arsen von den beiden anderen Metallen zu trennen und diese dann elektrolytisch zu scheiden. Die Trennung der einzelnen Glieder der Gold-Platin-Untergruppe von den drei Metallen Zinn, Antimon, Arsen wird zweckmässig chemisch bewerkstelligt.

Von den Metallen der Schwefelwasserstoffgruppe, deren Sulfide in Schwefelammon unlöslich sind, lassen sich Arsen, Antimon, Zinn ungleich leicht scheiden. Kupfer wird aus schwefelsaurer Lösung bei Spannungen bis 1,9 Volt in Gegenwart von Arsen rein gefällt, ebenso in ammoniakalischer Lösung. Auch aus Cyankalium ist die Trennung mit ganz schwachen Strömen möglich. Die vorgängige Ueberführung des Arsens mit Salpetersäure in Arsensäure ist von Vortheil, da Arsensäure sich schwer reducirt und als solche keine fällbaren Arsenionen abzweigt. Auch neben antimonsaurem Ammon kann Kupfer aus Ammoniak rein gefällt werden, ebenso neben zinnsaurem Ammon bei Gegenwart von Ammoniak und Ammontartrat. Ganz analog gestaltet sich die Scheidung des Quecksilbers und Silbers vom Antimon und Arsen, während Wismuth nur von Arsen mit Spannungen bis 1,9 Volt zu sondern ist. Die Trennung des Arsens, Antimons und Zinns von Cadmium ist nicht bequem. Generell empfiehlt sich von allen elektrolytischen Scheidungen der Metalle Arsen, Antimon,

Zinn, von solchen der Kupfergruppe abzusehen, jene drei Metalle vielmehr erst chemisch zusammen abzusondern, dann das Arsen zu entfernen und nur Zinn und Antimon elektrolytisch zu scheiden.

Auch die Metalle der Gold-Platin-Untergruppe wird man immer am besten chemisch von den Metallen anderer Gruppen sondern. Allenfalls kann man die Fällung des Goldes in cyankalischer Lösung mit beschränkter Spannung oder sehr kleinen Stromdichten zur Scheidung von den schwächer gespaltenen Doppelcyaniden über dem Cyankalistrich und die Trennung des Platins in saurer Lösung von den viel schwerer fällbaran Metallen über dem Wasserstoffstrich, sowie in cyankalischer Lösung von den stärker gespaltenen und viel leichter fällbaren Metallen Silber und Quecksilber, die unter dem Wasserstoffstrich stehen, praktisch verwerthen. Von einander sind Gold und Platin, entsprechend der viel erheblicheren secundären Dissociation des Golddoppelcyanides, in Cyankalium trennbar.

Anodische Niederschläge.

Von der ganz unwichtigen Möglichkeit der Halogenbestimmung durch Abscheidung auf einer Silberanode abgesehen, kommen nur Bleisuperoxyd und Mangansuperoxyd in Frage. Die Fällung von Blei wie von Mangan in dieser Form lässt sich quantitativ und mit besonderer Schönheit bewerkstelligen. Cobalt, Nickel, Wismuth und Silber fallen leicht in kleinen Mengen an der Anode, können aber niemals als anodische Niederschläge quantitativ aus einer Lösung abgesondert werden.

Blei. Als Metall ist Blei aus zahlreichen Doppelsalzen, aus schwach saurer und alkalischer Lösung quantitativ abscheidbar. Da die Bleiniederschläge aber beim Auswaschen und Trocknen sich oxydiren, vermeidet man diese Fällungsweise und bevorzugt die überdem einfachere und bequemere Abscheidung als Superoxyd aus stark salpetersaurer Lösung. In 150 ccm Lösungsvolumen sollen wenigstens 15 ccm, besser 20 ccm conc. Salpetersäure (spec. Gewicht 1,36) sein, damit Bleifällung an der Kathode ganz unterbleibt und die Ausfällung des Superoxyds an der Anode rasch und quantitativ geht. Man elektrolysirt bei 50°—60° mit D_K 1,5 A. Die Beendigung der Analyse wird in einer mit Ammoniak neutralisirten, dann mit Essigsäure schwach abgesäuerten Probe mittelst Kaliumbichromat oder Schwefelwasserstoff festgestellt. Die Entfernung des Elektrolyten ist mit den Cautelen vorzunehmen, welche bei Stromlosigkeit angreifbare Niederschläge erheischen. Der Niederschlag muss bei 180°—190° getrocknet werden, um das Hydratwasser zu entfernen. Zur Reinigung der mit

Superoxyd überkleideten Elektrode dient Salpetersäure plus Oxalsäure. Man kann sie auch in verdünnter Salpetersäure als Kathode gegenüber einer beliebigen Anode benützen, was am einfachsten verwirklicht wird, wenn man einen Kupfer- oder Zinkstreifen daran hängt und dadurch das kurz geschlossene Element $Cu / HNO_3 / PbO_2 Pt$ erzeugt, in welchem das Superoxyd reducirt und das entstehende Bleioxyd durch Localaction zu Nitrat gelöst wird.

Die Superoxydfällung wird nicht gehindert durch Gegenwart von Metallen, die in saurer Lösung über dem Wasserstoffstrich stehen, nur Mangan verursacht einige Schwierigkeit; unter den Metallen der Kupfer- und Zinngruppe hindert Kupfer nicht. Bei dem hohen Salpetersäuregehalt (mindestens 15 ccm in 150 ccm der Lösung) fällt an der Kathode während der Bleiabscheidung an der Anode wenig oder kein Kupfer. Man scheidet deshalb das Kupfer ab, nachdem die Bleifällung beendet, die mit Superoxyd bedeckte Anode gegen eine andere vertauscht und die Acidität theilweise abgestumpft ist. Die anderen Metalle der Kupfergruppe und die der Zinngruppe aber entfernt man zweckmässig vor der Bleielektrolyse chemisch. Wismuth fällt sonst stets, Silber meist an der Anode mit, während Quecksilber und Arsen die vollständige anodische Fällung erschweren bez verhindern.

M a n g a n ist als Metall aus stark sauren Lösungen nicht abscheidbar; es fällt aus Rhodankalilösung; aus zahlreichen anderen Elektrolyten wird es theilweise als Superoxyd, theilweise als Metall erhalten. Schwach saure Lösungen geben quantitative Abscheidung von Superoxyd an der Anode, das Superoxyd haftet aber in grösseren Mengen nur, wenn man in Gegenwart eines oxydablen Körpers elektrolysirt. Man kann annehmen, dass der gasförmig entladene Sauerstoff den Niederschlag lockerer und unfester macht, und dass die oxydable Substanz, welche den Sauerstoff auf sich nimmt, die Festigkeit des Haftens begünstigt. Der Fall ist analog dem der kathodischen Zinnabscheidung, die durch eine reducirbare Substanz in der Lösung (Hydroxylamin) an Schönheit gewinnt. Auf 0,3 g Mangan in Form des Sulfats setzt man 10 g Ammonacetat und 1—3 g Chromalaun zu, elektrolysirt dann nicht unter 80° C. mit D_K 0,6—0,9 A. Nach dem Auswaschen verglüht man den prachtvoll blauschwarzen Niederschlag, indem man mit der Spitze der Gebläseflamme die Platinschale aussen befährt, zu Mn_3O_4, wäscht die erst jetzt entfernbaren letzten Reste von Chromsäure durch Ausspülen heraus und trocknet. Der Zusatz von Chromalaun lässt sich durch 5—10 ccm Alkohol ersetzen. Man geht dann nicht über 70° und nimmt D_K 1 A. Die Beendigung der Analyse verräth sich durch das Ausbleiben der rothen Uebermangansäurefärbung, wenn man eine kleine Probe mit Bleisuperoxyd und concentrirter Salpetersäure erhitzt.

Ist die Manganmenge klein, so ist man der Nothwendigkeit enthoben, Chromalaun oder Alkohol zuzufügen, da die geringe Superoxydmenge dann hinreichend haftet; man hat dann die Wahl, in schwach schwefelsaurer, salpetersaurer oder essigsaurer Lösung zu arbeiten. Der Salpetersäuregehalt darf 3 % nicht übersteigen, sonst entsteht an der Anode statt Superoxyd Uebermangansäure. Diese Verfahren erlauben Mangan von Kupfer, Quecksilber und Kadmium gut zu trennen (z. B. Kupfersulfat 0,5 g, Mangansulfat 0,5 g, 10 Tropfen conc. H_2SO_4, 50—60° C., D_K 0,5—1 A.). Die Scheidung von Zink, Cobalt, Nickel und Eisen geschieht hingegen zweckmässig stets auf chemischem Weg. Die Trennung von Blei bietet, wie bereits erwähnt, einige Schwierigkeit. Indessen lässt sich aus sehr stark salpetersaurer Lösung bei 60—70° mit D_K 1½—2 A. Blei vollständig abscheiden, während Mangan glatt in Uebermangansäure übergeht, sofern die Manganmenge nicht über 0,3 g beträgt.

Einige Anwendung kann die Elektroanalyse ferner noch als analytische Zwischenoperation finden. Hierher zählt die quantitative Verwandlung von Salpetersäure in Ammoniak. Vortmann[1]) hat dargethan, dass Elektrolyse der Nitrate in verdünnter Schwefelsäure nach Zusatz des halben Gewichtes (bezogen auf die Nitratmenge) an Kupfervitriol sich für diesen Zweck empfiehlt. Mit der vollständigen Kupferfällung geht eine quantitative Umwandlung der Salpetersäure in Ammoniak vor sich, das nach beendeter Elektrolyse leicht bestimmt werden kann. Ein einfacheres Verfahren ohne Kupfervitriol hat kürzlich Ulsch[2]) beschrieben, bei welchem in Gegenwart überschüssiger titrirter Schwefelsäure die Ammoniakbildung vollzogen und durch Titrirung des Schwefelsäureüberschusses das entstandene Ammoniak und damit die ursprüngliche Menge Salpetersäure ermittelt wird. Man arbeitet in einem Reagensglas mit einer Kupferdrahtspirale als Kathode und einem in deren Mitte laufenden Platindraht als Anode. $^1/_1$ norm. Schwefelsäure mit dem gleichen Volumen 3 %iger Kaliumnitratlösung versetzt als Elektrolyt, ergab bei einer Anfangsstromdichte D_k = 1,47 A. gute Resultate. Die Stromdichte fällt mit abnehmender Acidität. Anfangs wird sämmtlicher Wasserstoff zur Reduction der Salpetersäure verbraucht.

[1]) Vortmann, Ber. d. deutschen chem. Ges. 1890, S. 2798.
[2]) Ulsch, Z. f. Elektrochem. 3, S. 546.

Die Ueberführung in Ammoniak ist 10 Minuten nach Beginn deutlicher Gasentwicklung an der Kathode beendet. Chlormetalle und andere Verunreinigungen stören die Bestimmung. Das Verfahren ist in seinem Wesen ganz analog einer von Thorpe[1]) angegebenen Bestimmungsweise der Salpetersäure durch Ueberführung in Ammoniak mittels des Gladstone-Tribe'schen Zinkkupferpaares.[2]) Das Zinkkupferpaar ist eine Zinkfolie, auf welcher fein vertheiltes Kupfer abgeschieden ist. Man bewirkt dies am besten, wenn man Zink in 1,4 bis 1,8 %ige Kupfervitriollösung einlegt, bis das Kupfer auf dem Zink ausgefällt und die Lösung entfärbt ist. Das erzeugte Zinkkupferpaar wird gewaschen, und wenn es getrocknet werden soll, noch mit absolutem Alkohol und Aether gewaschen und im Kohlensäurestrom erwärmt. Es stellt, in eine salpetersäurehaltige Schwefelsäure eingelegt, ein System kleiner kurzgeschlossener galvanischer Elemente dar, in welchen Kupfer Kathode ist und die Salpetersäure, indem sie diese Kathode depolarisirt, in Ammoniak verwandelt wird. Das Verfahren ist für die Salpetersäurebestimmung im Wasser empfohlen und benützt, dann aber wieder verlassen worden, weil die Ammoniakbildung nicht quantitativ erfolgte.[3]) Ulsch[4]) hat die Methode abgeändert, indem er statt Zink-Kupfer Eisen-Kupfer in saurer Lösung verwendete und nicht das gebildete Ammoniak, sondern den Verbrauch an Wasserstoff bestimmte, welchen die Umwandlung der Salpetersäure erfordert. Nach der Formel

$$2\,KNO_3 + 2\,H_2SO_4 + 8\,H_2 = K_2SO_4 + (NH_4)_2SO_4 + 6\,H_2O$$

lässt sich aus dem Wasserstoffbrauch die Nitratmenge berechnen. In nitratfreier Lösung wird unter der Wirkung des Eisenkupfers der Wasserstoff der Schwefelsäure vollständig als Gas entbunden, während Eisenvitriol sich bildet. In nitrathaltiger Lösung entsteht ein der Nitratmenge entsprechendes Defizit.

Eine andere gleichzeitig elektroanalytische und gasvolumetrische Methode ist die Neumann'sche Thalliumbestimmung,[5])

---

[1]) Thorpe, J. Chem. Soc. 1873. S. 541.

[2]) Gladstone u. Tribe, J Chem. Soc. 1877. S. 565

[3]) Tiemann-Gärtner, Untersuchung d. Wassers. 3. Aufl., S. 207

[4]) Z. f. analyt. Chem. 30, S. 175

[5]) Neumann, Ber. d. deutschen chem. Gesellsch 1888, S. 356.

welche darauf beruht, dass dieses Metall aus seinem Ammonoxalat- oder Cyankaliumdoppelsalz mit D_k 0,1 A. abgeschieden, ohne Berührung mit Luft ausgewaschen und sofort mit Salzsäure zusammengebracht wird. Das auftretende Wasserstoffgas wird gesammelt und erlaubt den Rückschluss auf das Thalliumgewicht des Niederschlages und den Thalliumgehalt der Anfangslösung.

Die zahlreichen Fälle, in denen ein Metall sich durch ein anderes aus seiner Lösung analytisch abscheiden lässt, gehören im weiteren Sinn auch in die Elektroanalyse. Ihre Erörterung würde aber zu weit führen. Als Beispiel sei die von Villiers und Borg[1]) empfohlene Fällung des Platins aus Kaliumplatinchlorid mit Magnesium erwähnt, welche für die Kaliumbestimmung sich eignet, weil sie ein reines und dabei grobes, nicht am Glase haftendes Platin liefert.

---

[1]) Villiers u. Borg, Compt. Rend. 116, S. 1524.

8. Capitel.

Galvanostegie und Galvanoplastik.

Litteratur:[1]) LANGBEIN: Galvanische Metallniederschläge. Leipzig 1895. — WEISS: Galvanoplastik. Wien und Leipzig 1896. — TAUCHER (ROSELEUR-KASELOWSKY): Galvanoplastik. Stuttgart 1887. — PFANHAUSER: Galvanische Metallplatirung. Wien 1890. — SCHASCHL: Galvanostegie. Wien und Leipzig 1886.

Die älteste elektrochemische Technik ist die galvanische Bedeckung von Metallflächen mit anderen Metallen, die »Galvanostegie« oder »Galvanoplattirung« und die Abformung von Gegenständen auf galvanischem Wege die »Galvanoplastik«. Die Galvanostegie bezweckt, unansehnliche oder leicht angreifbare Metalle mit einer Decke zu bekleiden, welche während der ganzen Benützungsdauer des Gegenstandes sich hält und ihm ein schöneres Aussehen und grössere Widerstandsfähigkeit gegen Angriff von Luft, Feuchtigkeit und Reinigungsflüssigkeiten gewährt. Die Galvanoplastik schafft ein getreues Abbild des Objectes, welches weiter vervielfältigt werden kann und bildet eine wichtige Operation der Reproductionstechnik. Früher allgemein mit galvanischen Elementen betrieben, werden diese Verfahren heute mit dem Strom von Dynamomaschinen ausgeführt. Nebenschlussmaschinen, welche bei niedriger Spannung hohe Stromstärken liefern, entsprechen dem Bedürfniss.

---

[1]) Umfangreiche Sammlung älterer Litteratur bringt Seelhorst, Katechismus der Galvanoplastik, Leipzig 1879, S. 14 bis 41.

Die Metalle, welche elektrolytisch niedergeschlagen werden können, sind schon im vorigen Kapitel angeführt. Ihre Fällung zu galvanostegischen und galvanoplastischen Zwecken liefert im Allgemeinen schönere Niederschläge als ihre elektroanalytische Abscheidung, weil bei der letzteren eine gegebene Metallmenge bis auf die letzten Spuren aus ihrer Lösung elektrolytisch entfernt muss, während bei der ersteren metallreiche Lösungen, deren Metallgehalt constant erhalten wird, benutzt werden. Für die Galvanoplastik kommt hauptsächlich Kupfer, für die Galvanostegie Nickel, Kupfer, Silber, Gold und Zink in Betracht. Die Operationen verlangen in erster Linie Sauberkeit und darum staubfreie Räume. Weiter ist eine gleichmässige Erhaltung der Temperatur von ca. 18—20° C, viel Licht und ausgiebiger Raum für die Arbeitsräume des Galvaniseurs erforderlich.

Je nach dem Object, welches galvanostegisch zu behandeln ist, wird die Schichtdicke des Niederschlages verschieden gewählt werden. Es wäre zwecklos, einen Gegenstand, der nach kurzer Benützung weggeworfen wird, mit einer soliden und starken Metallhaut zu überkleiden. Allen Anforderungen ist genügt, wenn die Eigenfarbe des Objectes durch die allmälig beim Gebrauche sich abnützende Deckschicht erst durchscheint, wann der Gegenstand am Ende seiner natürlichen Benützungsdauer steht. Auf versilberten Essbestecken, welche wohl die stärksten Beanspruchungen erleiden, hat die Silberschicht eine Schichtdicke von nicht über 0,2 mm an den stärksten Stellen. Spielzeug, das nur einer ganz kurzen Benützung dient, wird oft mit einer nur einige Tausendstel mm starken Nickelbelegung versehen. Die Schichtdicke ist an den einzelnen Stellen gewölbter Objecte, wie Löffeln, Gabeln etc., oft im Verhältniss 1:10 verschieden. Scharfe vorspringende Ränder auf der einen, zurücktretende Auskehlungen auf der anderen Seite beeinflussen die Stromvertheilung, so dass jene viel stärkere Auflagen von Niederschlagsmetall erhalten als diese. Die Unregelmässigkeiten der Form verhindern gleichzeitig eine Bestimmung der kathodischen Niederschlagsfläche und eine Regulirung der Stromstärke gemäss derselben. Die Galvanostegie rechnet deshalb statt mit der Fläche der Objecte, mit der des Badquerschnitts, in welchem sie neben einander gereiht hängen und bezieht die Stromdichte auf diesen.

Bei gleichmässigem Niederschlag liefert ein Strom von 1 A. auf den qdm Niederschlagsfläche in der Stunde:

	Niederschlagsgewicht	spec. Gewicht des Metalls	Niederschlagsdicke auf 1 qdm in mm
Nickel	1,096 gr	9,0	0,0122
Kupfer	1,181 »	8,9	0,0132
Silber	4,026 »	10,6	0,0380
Gold	2,445 »	19,3	0,0126
Zink	1,220 »	7,1	0,0172

Ueber die erwähnte Dicke der Silberniederschläge auf Essbestecken kann man bei vielen Objecten nicht hinausgehen.

Während nämlich die ersten Schichten des Niederschlages sich den Details der Unterlage vollkommen anpassen, so dass die Modellierung und Oberflächenbeschaffenheit des überzogenen Gegenstandes vollständig erhalten bleiben, ist dies bei wachsender Schichtdicke nicht mehr der Fall. Die Zeichnung des Objectes wird weniger scharf, die Oberfläche gröber und rauher in der Structur.

Silberüberzüge von 1 mm Dicke begegnen wir auf Objekten aus Messing, z. B. Portemonnaie-Beschlägen, die als massiv silberne Waaren nach dem Orient gehen und mit der Feile geritzt noch kein Grundmetall zeigen dürfen. Ueberzüge von mehreren Millimetern Stärke sind nur ganz ausnahmsweise verwendet. Bei sehr grossen Objecten, bei denen die feineren Details zurücktreten, kommen sie vor. So werden überlebensgrosse Standbilder aus Gyps gefertigt, mit Ceresin und Theerölen imprägnirt, graphitirt, mit einer mehrere Millimeter starken Kupferschicht galvanostegisch bedeckt und schliesslich mit Broncefärbung versehen, um unter dem Namen Galvanobronzen statt der theureren gegossenen Broncefiguren zu dienen.

Die Galvanoplastik, welche ein ablösbares Spiegelbild des Gegenstandes erzeugt, ist in der Dicke der Schichten, mit denen sie arbeitet, nicht durch Rücksichten auf die Vergröberungen der Niederschlagschicht beschränkt. Da die niedergeschlagene Metallmasse später von der Unterlage abgelöst werden soll, bedarf sie der Minimaldicke von über $^1/_{10}$ mm, während aus Gründen der wirthschaftlichen Oekonomie über 2 mm Dicke selten hinausgegangen wird.

Die Galvanostegie verlangt, dass der Ueberzug dicht mit der Unterlage verwächst, dazu muss diese absolut blank metallisch sein. Die Galvanoplastik umgekehrt darf niemals auf völlig metallisch blanken Flächen stattfinden, weil sonst der Niederschlag sich nicht ablösen lässt.

Für beide Processe sind danach verschiedene Vorbereitungsarbeiten nöthig. Die galvanostegischen Arbeiten beginnen stets mit der Entfernung der Verunreinigungen von der Metallfläche. Ein allgemein innegehaltener Gang besteht nicht. Es kommt darauf an, Metalloxyd, das auf der Oberfläche der unedlen Metalle nie fehlt, und Fett, welches von der Bearbeitung her und durch Berührung mit der menschlichen Hand am Gegenstand haftet, zu entfernen. Die Entfernung des Fetts geschieht entweder durch heisse Alkalien oder Alkali-Carbonate (10%ige Lösung) durch Kalkbrei oder mit Benzin (Petroläther), wenn die Objecte durch heisses Alkali leiden. Die Aetzalkalien und der Kalk wirken verseifend auf die verseiflichen Fettstoffe, auf die anderen gleich den Alkalicarbonaten emulsionirend. Benzin löst die Fette. Die Entfernung der Oxydpartikeln kann mechanisch und chemisch erfolgen. Für Objecte, die mit gröberen Unreinheiten an der Oberfläche behaftet sind, insbesondere für Gussstücke, ist als erste Vorbereitungsoperation das »Kratzen« üblich. Es geschieht mit rotirenden Messing- oder Stahldrahtbürsten, gegen welche der Gegenstand gedrückt wird. Statt dieser Bürsten leisten auch Sandstrahlgebläse gute Dienste. Kleine Gegenstände scheuert man mit Sand in rotirenden Trommeln. Um die gekratzten Flächen zu glätten, schleift man sie an rotirenden Schmirgelscheiben (Holzscheiben mit Lederbelag und Schmirgelbeleimung) und polirt sie mit der »Schwabbel«, einer Scheibe, die aus einer Reihe dünner Filz-, Tuch- oder Lederscheiben besteht, welche zu einem kurzen Cylinder auf einander gepresst sind. Der zu polirende Gegenstand wird gegen den Mantel dieses Cylinders, der um seine Axe rotirt, gedrückt. Bei Eisengegenständen, die eine harte Gusshaut haben, nimmt man die Einwirkung verdünnter (ca. 7%iger) Salzsäure oder Schwefelsäure zu deren Entfernung zu Hülfe. Wenn die Flächen, welche galvanostegisch mit Metall zu bekleiden sind, bereits sauber bearbeitet aus der mechanischen Werkstatt kommen, so unterbleiben diese gröberen Reinigungsarbeiten. Die weichen Metalle, Blei und Britannia

(90% Zinn, 10% Antimon), bedürfen dann nur eines Abbürstens mit Bimssteinpulver und Wasser oder mit Schlemmkreide. Die Behandlung des Eisens hängt sehr vom Object ab, polirten Stahl genügt es mit Bimsstein abzubürsten, geringe Oxyddecken entfernt man durch kurze Einwirkung verdünnter Mineralsäure, gröbere Verrostung lässt sich durch eine starke Zinnchloridlösung beseitigen. Zink wird entweder nur mit Bimsstein gebürstet oder in einem Gemisch gleicher Theile Salpetersäure und concentrirter Schwefelsäure, dem $^1/_2$% Kochsalz zugesetzt ist, kurze Zeit behandelt. Kupfer und Kupferlegirungen bedürfen einer »Brenne«. Man bezeichnet mit diesem Namen allgemein die concentrirten Säuren und ihre Mischungen, welche zur Entfernung von Oxydhäuten angewandt werden, das Metall selbst unverändert lassen und dem Gegenstand ein blankes schönes Ansehen verleihen. Der »Brenne« für Zink ist eben gedacht worden. Für Kupfer und seine Legirungen benützt man eine Vorbrenne aus Salpetersäure (54% HNO_3) der $^1/_2$% Kochsalz und 1% Russ zugesetzt wird, um die Bildung von etwas salpetriger Säure zu bewirken. Darauf kommt der Gegenstand in die Glanzbrenne, die aus 100 Theilen concentrirter Schwefelsäure, 75 Theilen Salpetersäure (62% HNO_3) und $^1/_2$% Kochsalz zusammengesetzt wird. Die Objecte dürfen nur ganz kurze Zeit in der Brenne verweilen. Die anhaftende Säure wird dann sofort durch Wasser entfernt.

Das Entfetten geschieht, wo eine Brenne verwendet wird, vorher, weil Fettpartikeln die Wirkung der Brenne beeinträchtigen. Werden die Objecte bei der weiteren Behandlung mit den Händen berührt, so ist das Entfetten zu wiederholen. Da in Berührung mit alkalischen, entfettenden Flüssigkeiten sich wieder ein Oxydhauch auf der Oberfläche leicht bildet, »decapirt« man dann noch, indem man Eisengegenstände durch fünfprocentige Schwefelsäure, Kupfer und Kupferlegirungen durch dreiprocentige Cyankalilösung, Blei und Britannia durch schwache Salpetersäure nimmt. Indessen wechseln die Reihenfolge und die Details der Operationen von Fabrik zu Fabrik und werden mit sehr wechselnder Sorgfalt ausgeübt. Der Bezeichnung decapiren wird oft nicht nur für die Entfernung des letzten Fetthauches, sondern in weiterem Sinne für die ganze Reinigungsarbeit benützt.

Die Bäder, in welche die vorbereiteten Gegenstände eingehängt worden sind, befinden sich in Wannen, welche aus

Steinzeug, Holz, emaillirtem Eisen oder Cement bestehen. Steinzeug ist das sauberste und bequemste Material. Für grosse Dimensionen ist es indessen zu theuer und durch verpichtes Holz zu ersetzen. Dabei müssen stark gerbsäurehaltige Hölzer, die dem Bade ihren Gerbsäuregehalt übergeben, vermieden werden. Cement und emaillirtes Eisen nimmt man seltener. Cement ist von Haus aus nicht säurebeständig, emaillirtes Eisen wird durch Säure angreifbar, sobald die Emaille rissig wird. Säurebäder, bei welchen die Säure mit Blei keine löslichen Salze liefert, lassen sich auch in verbleiten Holzbottichen benützen.

Die Stromzuführung zu den Bädern muss so geschehen, dass auf den einzelnen Theilen der Objecte nicht gar zu stark abweichende Metallmengen ausgeschieden werden. Mit genügendem Erfolg wird dies erreicht, wenn man jedes Object so zwischen lösliche Anoden bringt, dass alle seine Theile gegen die nächstgelegenen Theile der Anode etwa den gleichen Abstand haben. Sehr grosse und unregelmässige Gegenstände erfordern deshalb die Anbringung zahlreicher, mit Ueberlegung in der Flüssigkeit vertheilter Anoden, tiefe Hohlräume in Kannen und Bechern, welche nur von oben her zugänglich sind, nöthigen, in den Hohlraum einen Anodenstab einzuführen, der mit der Hand bewegt oder von Zeit zu Zeit verstellt wird. Kleine Objecte werden in Metallkörben, die als Kathoden dienen, in das Bad gehängt. Um sie gleichmässig der Stromzufuhr zu unterwerfen, ist kürzlich der hübsche Vorschlag gemacht worden,[1] sie in rotirende Trommeln mit perforirten Wänden zu bringen, welche in dem Elektrolyten ganz untergetaucht und innen mit gegen einander isolirten Metalllamellen bekleidet sind, die der Rotationsaxe parallel laufen. Durch einen auf die Axe gesetzten Commutator wird der Strom so zugeführt, dass die jeweils eben unten liegenden Lamellen stets Kathode, die oben liegenden Anode sind. Bei der Drehung fallen die eingebrachten Gegenstände auf den unteren Lamellen durcheinander und bieten dem Strom stets neue Niederschlagsflächen.

Drähte kann man überziehen, indem man sie zwischen Anoden durch das Bad laufen lässt.

Die üblichen flachen Objecte hängt man einzeln mit Drähten an Kupferstangen, welche über das Bad laufen, so dass sie

[1]) D. R. P. 90772.

zwischen zwei Anodenplatten sich befinden. Man bringt meist mehrere Kathodenreihen in ein Bad und schaltet die Kupferstäbe, welche ihnen den Strom zuführen, durch eine seitlich laufende Kupferstange mit einander parallel. Bei 4 Kathodenreihen braucht man dann 5 Anodenplatten, die an Kupferstäbe geklemmt und gleichfalls durch eine Schiene mit einander parallel verbunden sind. Die Parallelschaltung hat den Nachtheil, dass man keinerlei sichtbaren Anhalt dafür besitzt, ob jede Kathode die gleiche Stromquantität aufnimmt. Ein schlechter Contact kann leicht bewirken, dass eine Kathode sehr wenig Strom erhält, während an den anderen zu grosse Stromdichten zur Wirkung kommen. Bei sorgsamer und sauberer Bedienung überwiegt indessen der Vortheil der Parallelschaltung, der in der Ersparniss an Wannen und an Anoden besteht, bei Weitem. Hat man mehrere Wannen in Gebrauch, so wird man rationeller Weise diese stets hinter einander schalten.

Die galvanostegische Bedeckung der Objecte mit kathodischen Niederschlägen dauert je nach der Natur des niedergeschlagenen Metalles und der Dicke des Niederschlages wenige Minuten bis mehrere Stunden. Sehr schwere Versilberung namentlich kleiner Objecte, deren wirkliche Oberfläche wesentlich grösser als der Badquerschnitt ist, kann 6—7 Stunden erfordern. Bei den dicken, mit kleiner Stromstärke erzeugten Niederschlägen (Ag) sorgt man durch eine langsame Bewegung der Kathoden dafür, dass die Verarmung an Metallionen in der Nähe der Kathode durch Flüssigkeitsströmung aufgehoben wird. Man bringt dazu die Kathodenstangen auf einem Holzgestell an, welches durch einen Excenter langsam hin- und herbewegt wird. Bei Objecten, die nur kurze Zeit in der Flüssigkeit verweilen, ist dieser Bewegungsmechanismus nicht nöthig. Hier sorgt schon das häufige Herausheben fertiger und Einhängen neuer Objecte für genügende Bewegung der Lösung. Ein Zuviel an Flüssigkeitsbewegung ist vom Uebel, sobald im Bade ein Niederschlag vorhanden ist, der, aufgerührt, die Flüssigkeit trübt, an den Kathoden sich stellenweise anhängt und dort unregelmässige Metallabscheidung bedingt. Da die Bäder um des Aus- und Einhängens der Waaren willen nicht bedeckt werden, so gelangt stets etwas Staub hinein. Auch lösen sich die Anoden nicht, ohne dass kleine, ungelöste Antheile herunterfallen. Länger benützte Bäder sind deshalb nicht frei von Bodensatz. Um diesen nicht zu stark anwachsen zu lassen, empfiehlt sich, etwa alle halbe Jahre Filtration vorzunehmen. Viele Praktiker halten dies aber für überflüssig und lassen den Niederschlag am Boden sich Jahre lang ansammeln. Ueber die Zusammensetzung und die Stromverhältnisse wird bei den einzelnen Metallabscheidungen die Rede sein. Vorher sind indessen noch zwei Modificationen des galvanostegischen Verfahrens zu erwähnen, welche zur raschen Erzeugung dünner Ueberzüge viel benützt werden. Die eine, das Galvanisiren durch Eintauchen oder Anreiben besteht darin, dass man das metallische Object, z. B. Kupferblech, mit einer Lösung durch Eintauchen oder Ueberreiben in Berührung bringt, die Kationen eines Metalls von einem kleineren Lösungsdruck enthält, z. B. mit einer cyankalischen Silberlösung. Der osmotische Druck treibt einige Silberionen aus der Lösung auf das Metall, während Kupferionen in die Lösung übertreten. Die auf dem Kupfer abgeschiedenen Silberionen bilden in metallischer Berührung mit den benachbarten Silbertheilchen eine kurzgeschlossene Kette, in der die Silbercyanidlösung Elektrolyt ist. Es geht weiter Kupfer in Lösung, während Silber sich ausscheidet, und das so lange, bis ein zusammenhängender, sehr dünner Ueberzug von Silber das Kupfer bedeckt. Eine Verstärkung des Ueberzuges erfordert die Anwendung einer äusseren elektromotorischen Kraft. Unabhängig von dieser Einschränkung wird man, wenn man das kurz geschlossene Element etwas anders anordnet. Eine Kupfer- und eine Zinkplatte, die mit einander in Berührung in cyankalische Silberlösung tauchen, rufen einen Strom hervor, der an der Zinkplatte Zinkionen in die Lösung treten lässt, während Silberionen an der Kupferplatte entladen werden. Der Strom hört in diesem Falle nicht auf, wenn das Kupfer mit Silber bedeckt ist, sondern kann beliebig starke Silberniederschläge liefern. Der Unterschied gegen die frühere Anordnung liegt nur darin, dass die anodischen Metalltheile nicht in so unmittelbarer, inniger Berührung mit den Punkten kathodischen Niederschlags sind, dass das Anwachsen der kathodischen Abscheidung sie mit Kathodenmetall überdeckt und ihren Contact mit der Flüssigkeit unterbricht. Das zweite Verfahren nennt man Galvanisiren durch Contact. Es ist indessen gleichfalls nur für dünne Ueberzüge in Gebrauch. Die allmälige Verunreinigung des Elektrolyten durch Lösung des Zinks und die ungleiche Stromvertheilung, die nahe an der Berührungsstelle sehr viel höhere Stromdichten als an den entfernteren Theilen des Objectes in sich schliesst, machen es für stärkere Niederschläge ungeeignet.

Das Galvanisiren durch Eintauchen und das durch Contact bietet eine Reihe principiell interessanter Fälle. Es findet nämlich beim Eintauchen eines Metalls von hohem Lösungsdruck in der Lösung eines Metalls mit kleinerem Lösungsdruck nur in bestimmten Fällen eine Ueberkleidung des ersteren mit einer cohärenten Schicht des letzteren statt. Wo der Niederschlag des neuen Metalls vollkommen gleichmässig sich auf dem anderen ausbreitet, z. B. bei Eintauchen von Zink in eine Sublimatlösung, von Messing in Silbercyankalium oder in alkalische Goldcyankalilösung, entsteht ein ganz anderer Zustand, als wo der Niederschlag unregelmässig vertheilt auf das Grundmetall sich aufsetzt, wie bei Aluminium, das in Quecksilberlösung, bei Zink, das in saure verdünnte Platin- oder Kupferlösung getaucht wird. Die Verschiedenartigkeit wird kenntlich, wenn man das mit dem Niederschlage bedeckte Metall in verdünnte Säuren oder andere Lösungen bringt, welche mit dem ursprünglichen, unbedeckten Metall nur träge reagiren. Wo die Niederschlagsschicht unregelmässig auf dem Grundmetall aufsitzt, werden heftigere Reactionen als beim unbedeckten Metall beobachtet. Unbedeckte Stellen des Grundmetalls geben als Anode, der Beschlag des Metalls von niedriger Lösungstension als Kathode mit der umgebenden Lösung als Elektrolyt ein kurz geschlossenes Element. Ist hingegen die Niederschlagsvertheilung eine vollkommen homogene, sodass in der Oberflächenschicht des Grundmetalls moleculare Nebenlagerung von beiden Metallen überall stattfindet, so ist diese Wirkungsweise ausgeschlossen, weil jedes einzelne benachbarte Ion der Lösung gleichzeitig mit den Molecülen beider Metalle sich berührt. Das mit dem Niederschlag bedeckte Metall reagirt dann eventuell träger als das unbedeckte, keinesfalls aber heftiger. So lässt sich verstehen, dass die Amalgamation, welche beim Zink ein Schutzmittel gegen Localaction ist, beim Aluminium die Angreifbarkeit steigert.[1]) Es wird ferner die Beob-

[1]) Biernacki, Wied. Ann. 59, S. 664. H. Wislicenus, J. f. pract. Chem. 54, S. 108. Der letztgenannte Autor verbindet mit der Angabe eines umfänglichen Materials irrige Erklärungen.

achtung einleuchtend, dass die Aluminiumlegirungen, an jeder Stelle, an der Homogenität mangelt, in Wasser angegriffen werden. Beachtenswerth ist ferner, dass beim Eintauchen eines Metalls in die Lösung eines anderen von kleinerem Lösungsdruck sehr häufig nicht nur das in Spannungsreihe tiefer stehende rein für sich, sondern eine Legirung dieses Metalls mit dem höherstehenden, welches die Fällung hervorruft, sich niederschlägt. Diese Legirungen fallen als schwarze pulvrige Massen aus sehr verdünnten Lösungen des Metalls, welches niedergeschlagen werden soll.[1]) So kann man mit Zink aus den entsprechenden Lösungen sehr zinkreiche Legirungen von Zink-Silber, Zink-Kupfer, Zink-Gold, Zink-Platin fällen, mit Kadmium ein kadmiumreiches Kadmium-Gold, Kadmium-Silber, Kadmium-Platin erhalten. Ebenso gewinnt man mit Zinn eine Kupfer- und Silber-, mit Blei eine Gold-Silber-Platin- und Iridiumlegirung, mit Kupfer eine Kupfer-Silberabscheidung, mit Eisen eine Eisen-Platinverbindung u. ä. Unverkennbar verläuft der Vorgang so, dass zunächst das Metall von hohem Lösungsdruck sich auflöst, während eine kleine Menge des edleren Metalls aus der Lösung gefällt wird, dass aber, sobald sich auf diese Weise eine Lösung beider Metalle gebildet hat, beide gemeinsam fallen, während das eingetauchte Metall sich weiter auflöst. Eine solche Abscheidung einer Legirung wird auch in manchen Fällen durch äussere Stromzufuhr bewirkt. Bei der analytischen Kupfer-Kadmiumtrennung wurde der Möglichkeit gedacht, eine solche Erscheinung hervorzurufen. Die Vorgänge finden ihre Erklärung, wenn man das Verhalten der Legirungen gegen Lösungen betrachtet. Es ist früher ausgeführt worden, dass, wenn Kupfer aus Kupfersulfat- plus Zinksulfatlösung elektrolytisch abgeschieden wird, mit dem Kupfer stets eine ungemein kleine, analytisch nicht entfernt fassbare Zinkmenge mitfällt, weil nur so die Elektrode mit der Lösung dauernd im Gleichgewicht bleiben kann. Dass die Zinkmenge dabei so unwahrnehmbar klein ist, beruht darauf, dass nur bei dieser abnormen Verdünnung der Lösungsdruck des Zinks klein genug ist, um die Haftintensität der Zink- und Kupferionen bei etwa gleicher Concentration derselben auf denselben Werth kommen zu lassen. Dabei war Voraussetzung, dass das Kupfermetall auf

[1]) Mylius u. Fromm, Ber. d. deutschen chem. Ges. 1894, S. 633.

das Zinkmetall ausschliesslich verdünnend wirkte, dass also ein mechanisches Nebeneinander der Metalle an der Elektrode bestand. Die Verhältnisse werden andere, wenn eine chemische Verbindung der abgeschiedenen Metalle eintritt. In solchen Legirungen erscheinen dann die Lösungsdrucke oft stark verändert. Die Legirung zeigt oft gegen die Lösung desjenigen ihrer Bestandtheile, dessen Lösungsdruck am grössten ist, nicht den Potentialsprung, den dieses Metall in reinem Zustand besitzt, obwohl es procentisch in der Legirung viel concentrirter ist, als dass dem früher erläuterten Einfluss der Verdünnung diese Wirkung zugeschrieben werden könnte. Die Ursache liegt darin, dass in diesem Falle der Potentialsprung nicht mehr ausschliesslich durch die Lösungsdrucke der Legirungsbestandtheile und die osmotischen Drucke der entsprechenden, in der Lösung befindlichen Metallionen definirt ist, sondern dass der Arbeitsaufwand, welchen die Bildung bezw. der Zerfall der Legirung erheischt, als mitbestimmende Grösse auf den Potentialsprung einwirkt. Diese Einwirkung modificirt den Potentialsprung in derselben Weise, als ob der Lösungsdruck der Legirungsbestandtheile sich geändert hätte. Demgemäss kann man mit einer zwar unzutreffenden, aber kurzen und bequemen Redeweise sagen, dass in manchen Legirungen der Lösungsdruck der Legirungsbestandtheile ein veränderter ist.

Laurie,[1]) welcher diese Phänomene studirte, schied drei Gruppen von Legirungen. Die erste wird von jenen Metallcombinationen gebildet, bei welchen die Legirungsbestandtheile wesentlich den Lösungsdruck bewahren, den sie im unlegirten Zustand besitzen, bei denen also nur ein verdünnender und nicht der chemische Einfluss der Elektrodenmetalle auf einander besteht. Dahin zählen die Legirungen von Blei und Zinn, Zinn und Wismuth, Blei und Zink, Blei und Kadmium, Kadmium und Zinn, Blei und Wismuth, Gold und Wismuth, Wismuth und Silber, Gold und Silber. Bei ihnen beobachtet man, dass eine Kette, welche mit den reinen Metallen als Elektroden zusammengestellt wird, die elektromotorische Kraft nicht ändert, wenn als Anode eine Legirung von 95% Kathodenmetall und 5% Anoden-

---

[1]) Laurie, Journ. Chem. Soc. 53, S. 104; 55, S. 677; 65, S. 1031; Phil. Mag. 33, S. 94.

metall substituirt wird. Zink und Wismuth, Zink und Kadmium und Antimon und Zinn zeigen annähernd das gleiche Verhalten, indem sie bei dieser Vertauschung nur Abweichungen von wenigen hundertstel Volt beobachten lassen. Bei einer zweiten Klasse von Legirungen ist hingegen der Potentialsprung der Legirung wesentlich kleiner als der des in der Spannungsreihe höher stehenden Legirungsbestandtheils und steigt allmälig mit wachsendem Gehalt an diesem Metall, bis er bei einem Gehalte von 20—30 % dem Potentialsprung desselben in reinem Zustand gleich wird. Hier besteht also ein chemischer Einfluss, denn die Metalle haben zu differente Lösungsdrucke, als dass bei rein mechanischer Trennung der Einfluss der Verdünnung bei mehr wie 5 % Gehalt an dem Metall mit höherem Lösungsdruck noch merkbar sein könnte. Ohne eine chemische Einwirkung der Metalle auf einander müssten schon die 5 %igen Legirungen elektrochemisch wie reine Metalle wirken. In diese Gruppe zählen Antimon-Blei, Blei-Gold, Blei-Silber. Bei Blei-Gold beobachtet man, um ein Beispiel anzuführen, in Chlornatrium gegen reines Gold folgende Werthe

Blei und Gold		Gold	Elektromotorische Kraft
5 %	95 %	100 %	0,353 Volt.
7 %	93 %	100 %	0,468 »
10 %	99 %	100 %	0,517 »
100 %	0 %	100 %	0,523 »

Bei einer dritten Gruppe von Legirungen zeigt sich deutlich, dass bis zu einem bestimmten Betrage an dem Metall mit höherem Lösungsdruck die elektromotorische Kraft der Legirung langsam wächst, aber sehr klein bleibt. Wird der Betrag überschritten, so schnellt sie plötzlich in die Höhe und wächst dann langsam gegen den Endwerth weiter, der dem reinen höher stehenden Metall zukommt. Hier fällt der Sprung regelmässig mit der Ueberschreitung des Gehaltes an dem Metall mit höherem Lösungsdruck zusammen, welcher unter Bildung einer bestimmten chemisch definirten Metallverbindung der Legirung einverleibt werden kann. Hierher zählen Kupfer-Zink, Kupfer-Zinn, Gold-Zinn. Die Elektroden zeigen niedrige Potentialsprünge, solange der Zink- bez. Zinngehalt unter den Werthen liegt, welche den Verbindungen $CuZn_2$, Cu_3Sn, $AuSn$ entspricht, beim Ueberschreiten dieses Gehaltes beobachtet man den Sprung. Als Beispiel diene die Kette Zinn-Gold gegen Gold.

Zinn/Gold		Gold	Elektrom. Kraft	
10 %	90 %	100 %	0,191 Volt.	
23 %	77 %	100 %	0,261 »	
26 %	74 %	100 %	0,266 »	
28 %	72 %	100 %	0,311 »	(? Der Verf.)
34 %	66 %	100 %	0,297 »	
36 %	64 %	100 %	0,311 »	Sprung
40 %	60 %	100 %	0,396 »	Sprung
50 %	50 %	100 %	0,428 »	
100 %	0 %	100 %	0,455 »	

Kupfer-Zinn gibt den viel grösseren Sprung von ½ Volt. Es ist nun leicht ersichtlich, dass die Entladung eines Metalls von hohem Lösungsdruck geringeren Aufwand an elektrischer Arbeit erfordern wird, wenn es mit gleichzeitig abgeschiedenen Ionen eines anderen Metalls von kleinerem Lösungsdruck zu einer Legierung zusammentritt, in der seine Stellung in der Spannungsreihe nach unten verschoben erscheint. Wenn ein Zinkstab, der in verdünnte Kupfervitriollösung taucht, daraus schwarze Massen, die aus Zink und Kupfer bestehen, abscheidet, so ist dies dadurch bedingt, dass die Metalle als Messinglegierung also in einer Verbindung fallen, in welcher das Zink einen niederen Lösungsdruck aufweist. Für die Richtigkeit der Erklärung ist von Bedeutung, dass das Kupferzinn, welches beim Eintauchen von Zinn in verdünnte Kupferlösungen fällt, eben jene Verbindung $Cu_3 Sn$ ist, die durch eine niedrigere elektromotorische Kraft gegenüber dem Zinn gekennzeichnet ist. Es ist vielleicht zulässig, zu vermuthen, dass die Anwendung dieser Beobachtungen die Fällung von Legierungen auch solcher Metalle aus wässrigen Lösungen gestatten wird, welche für sich daraus nicht abgeschieden werden können. Die bei dem Eintauchen von angeätztem Aluminium in Quecksilberlösungen beobachtete Bildung einer schwarzen Abscheidung scheint auf eine fällbare Aluminiumquecksilberlegierung zu deuten. An der Hand dieser Beobachtungen leuchtet es auch ein, dass Zink als Lösungselektrode eventuell Fällung einer Zinklegierung bedingen kann, während doch der Vorgang nach Abscheidung einer verschwindenden

Zinkmenge zum Stehen kommen müsste, soferne das abgeschiedene Zink den gleichen Lösungsdruck wie das in Lösung gehende besässe. Die auf diese Weise entstehenden Niederschläge können nicht nur wie in den angezogenen Fällen als schwarze Pulver aus verdünnten Lösungen auftreten. Raoult[1]) hat beobachtet, dass ein Goldblättchen mit Kadmiumdraht umwickelt in Kadmiumsulfat, mit Zinkdraht in kochender concentrirter Zinksulfatlösung, mit Zinndraht in siedender starker Zinnchloridlösung sich sofort mit einer Schicht von Kadmium bezw. Zink und Zinn bedeckt. Statt Gold kann auch Kupfer dienen, während die Combinationen Au/Fe, Au/Ni, Au/Sb, Au/ Pb, Au/Cu, Au/Ag ein entsprechendes Verhalten nicht zeigen. Auch hier kann die Fällung nicht wohl eine andere Ursache haben, als dass das gefällte Metall nicht als solches an der Oberfläche des Goldes oder Kupfers adhärirt, sondern mit diesen sich legirt und dabei eine Substanz bildet, in welcher der Lösungsdruck des abgeschiedenen Metalls kleiner als im reinen Metall ist. Das die Legierung sich in diesem Falle zwischen den entladenen Ionen und dem festen Metall bildet, macht keinen grundsätzlichen Unterschied, begrenzt aber die Menge, in der sie sich abscheiden kann, und die Zahl der Fälle, in denen dieses Phänomen deutlich auftritt. Denn während die Entstehung der Legirung durch gleichzeitige Entladung verschiedener Metallionen so lange fortlaufen kann, als die Concentration der beiden Ionen an der Kathode sich nicht ändert, ist die Legirung des festen Metalls mit den abgeschiedenen Ionen durch die geringe und bei den einzelnen Metallen sehr verschiedene Geschwindigkeit begrenzt, mit welcher ein an der Oberfläche aufgenommener legierender Bestandtheil sich in der Masse verbreitet. Wie nicht anders zu erwarten, ist in den meisten Fällen die Menge Fremdmetall, welche die Kathode aufnehmen kann, so klein, dass bei der Raoult'schen Anordnung ein sichtbarer Ueberzug gar nicht auftritt, sondern nach Abscheidung unwägbarer Mengen bereits der Lösungsdruck des festen sich abscheidenden Metalls an der Kathode herrscht. Die Legirungsfähigkeit der Metalle in der Kälte, so fremdartig sie zuerst anmuthet, ist durch mannigfache Versuche belegt. Durch Pressung von Metallpulvern bei hohem Druck

---

[1]) Raoult, Compt. Rend. 75, S. 1103 u. 76, S. 156.

entstehen beispielsweise solche Legirungen und Gold und Blei wachsen schon bei 40° C massiv bei geringem Druck zusammen.[1]) Die Beziehungen zwischen der Legirungsfähigkeit der Metalle im Schmelzfluss und in der Kälte bedürfen noch weiterer Forschung.

Dieser Complex von Erscheinungen ist für die Elektroanalyse wie für die Galvanostegie gleich sehr von Belang. Man versteht an der Hand dieser Phänomene, warum bei der Trennung von Metallen aus gemischten Salzlösungen gelegentlich Schwierigkeiten auftreten, die bei einem glatten Nebeneinander der verschiedenen Metalle nicht erwartet werden sollten, man gewinnt andererseits einen Anhalt dafür, warum das galvanostegisch äusserst wichtige Aneinanderhaften von Grundmetall und Niederschlag bei den verschiedenen Metallen und Niederschlagsverfahren so verschieden gut erreicht wird. Wahrscheinlich haften die Metalle überhaupt nur bei galvanostegischer Bedeckung an einander, wenn sie sich mit einander legiren und der Gewinn, welcher häufig aus dem Kunstgriff gezogen wird, dass man über das Grundmetall, z. B. Zinn, zunächst eine Kupferhaut und auf diese den beabsichtigten Niederschlag, z. B. Nickel bringt, beruht darauf, dass Zinn und Nickel sich schlecht, beide aber mit dem Kupfer in der Kälte gut legiren.

Vernickelung.

Nickel ist aus stark sauren Lösungen nicht mehr kathodisch fällbar. Man ist desshalb auf ammoniakalische, neutrale und schwach saure Bäder beschränkt. Der Wunsch, eine möglichst weisse Metallabscheidung zu erzielen, hat allgemein zur Benützung der schwach saueren Bäder geführt. Um den Badwiderstand niedrig zu halten, braucht man statt der einfache Nickelsalze die Nickelammondoppelsalze. Die Leitfähigkeit wird dadurch bedeutend erhöht. Eventuell wird noch Ammonsalz zugefügt.

Sehr brauchbare Nickelbäder sind 5—10 %ige Nickelammonsulfatlösungen, die mit so viel Ammonsulfat versetzt sind, dass der gesammte Salzgehalt 10 % beträgt. $^1/_2$ % Citronensäure ertheilt die wünschenswerthe saure Reaction. Die Bäder erfordern

[1]) Roberts Austen, Proc. Roy. Soc. 1896 S. 283.

bei der wünschenswerthen Stromdichte von 0,6 A pro qdm ca. 2 Volt Spannung. Verwendung von Chlorammon und Chlornickel an Stelle der Sulfate erniedrigt die Badspannung um ca. 1/4 Volt, eignet sich aber nicht für Eisenvernicklung. In chloridhaltigen Bädern vernickelte Eisenwaaren zeigen auch nach sorgsamer Spülung ein Rosten des Eisens unter der Nickelschicht, der ein Abblättern des Niederschlages folgt. Die Erscheinung dürfte auf einem spurenweisen Einschluss von Chloriden in die Niederschlagsschicht beruhen. Statt mit Citronensäure säuert man auch mit Borsäure an, deren Acidität sehr gering ist. Man verwendet 6%ige Nickelammonsulfatlösung mit 3% krystallisirter Borsäure. Zahlreiche andere Nickelbäder sind vorgeschlagen, haben aber nur für specielle Fälle Interesse. Als Anoden benützt man Walznickel oder Gussnickel in neuerer Zeit auch Elektrolytnickel (cf. später). Elektrolytnickel hat die störende Eigenschaft, viel Schlamm zu geben, da es krystallin ist und beim Angriff zahlreiche Krystallpartikeln abgelöst werden und herunterfallen. Gegossene Anoden zeigen, sobald sie einigermassen angegriffen sind, eine ausserordentliche Brechlichkeit. 3—4 mm dicke Platten zerbrechen wie starke Brotrinden und zerreiben sich unter dem Daumen zu einem Pulver von der Stärke groben Streusandes. Walznickelplatten haben jene Feinheit der Textur, die Abnützung bis auf geringe Schichtdicken ohne Zerfall und namhafte Schlammbildung ermöglicht. Nickel geht an der Anode in etwas grösserer Menge in Lösung als dem elektrochemischen Aequivalent der durch das Bad gehenden Strommenge entspricht. Es liegt das an der Mitwirkung im Bade gelösten Luftsauerstoffs, welcher in der sauren Lösung eine langsame Localaction bedingt. Um die schwache Acidität der Lösung constant zu erhalten, ist deshalb gelegentliches Nachsetzen von Säure erforderlich. Denselben Dienst leistet jedenfalls eine vorübergehende Vermehrung der anodischen Stromdichte, welche dort zu einer Sauerstoffentwicklung führt. Dieses einfache Mittel ist bei Silberbädern, die Silberanoden in cyankalischer Silberlösung aufweisen, bewährt gefunden worden. Die Anwendung einer unlöslichen Nebenanode oder einer schlecht löslichen Nickelanode neben den gut löslichen Walznickelanoden ist als Abhülfe empfohlen worden. Gussnickel löst sich darum viel schwerer, weil es eine harte Gusshaut besitzt und seine einzelnen Krystalltheile sehr resistent sind.

Die Niederschlagung des Nickels auf Kupfer und Kupferlegirungen zeigt keinerlei Schwierigkeiten. Auf Eisen ist es leicht abzuscheiden, doch besteht vielfach die Gewohnheit, Eisen zunächst mit einer dünnen Kupferhaut zu bedecken. Auf Zink, Zinn, Blei und Britannia, von denen insbesondere die beiden erstgenannten Metalle (Zinkblech und Weissblech) oft vernickelt werden, haftet das Nickel schwerer wie Kupfer, das vor allen Metallen durch sein grosses Vermögen ausgezeichnet ist, in inniger Verbindung auf die metallische Unterlage aufzuwachsen. Der wahrscheinlichen Ursache dieser Erscheinung ist bereits gedacht worden. Merkwürdig ist, dass Nickel auf sich selbst schlecht haftet. Wenn eine alte Nickelfläche neu mit Nickel überzogen werden soll, schiebt man immer eine Kupferhaut dazwischen, ebenso bei der Vernickelung von Zink, Zinn, Blei und Britannia. Die Kupferhaut erzeugt man im cyankalischen Kupferbad. (Siehe später.)

Für die Bedienung der Bäder gilt als Regel, die Objecte so einzubringen, dass im Augenblicke des Einhängens auch Stromschluss stattfindet und die Abscheidung beginnt. Für die Erzeugung starker Niederschläge ist es beim Nickel wie bei anderen Metallen von Vortheil, nach einiger Zeit mit Drahtbürsten zu kratzen und dann fertig zu vernickeln. Das Kratzen macht die Oberfläche, welche unvermeidlich beim Aufwachsen des Niederschlages rauh und darum matt wird, wieder glatt, indem die Nickelpartikeln in einander gedrückt werden. Für glatte und flache Gegenstände wählt man den Abstand Anode/Kathode 10—15 cm, für stark unebene Objecte, wenn nicht besondere Hülfsmittel benützt werden, weiter; Flächen, die nicht mit vernickeln sollen, deckt man mit Lack.

Misslungene Niederschläge kratzt man am besten mechanisch mit der Drahtbürste herunter.

Cobalt verhält sich dem Nickel äusserst ähnlich. Seine Löslichkeit in verdünnter Schwefelsäure erlaubt eine chemische Entfernung des galvanostegischen Ueberzuges. Die Badzusammensetzung ist dieselbe, nur dass Nickel durch Cobalt vertreten wird.[1])

[1]) Gehaltsbestimmung galvanischer Bäder siehe Krüger, Berlin 1896: Gehaltsbestimmung galvanischer Bäder und die Chemikalien des Galvanotechnikers. Im Auszuge wiedergegeben Elektrochem. Z. 1894, S. 167, 187, 202, 237.

Verkupferung.

Die Stellung des Kupfers in der Spannungsreihe bringt es mit sich, dass es fast stets auf Metalle niederzuschlagen ist, die gegen saure Kupferlösungen erheblich negativer sind als Kupfer selbst. Die Galvanoplastik, welche Kupfer auf Kupfer niederschlägt und die Eingangs erwähnte Verkupferung graphitirter Gypsobjecte sind deshalb die einzigen Fälle, in denen saure Lösungen verwandt werden. Ihre Benützung bei Zink-, Eisen- und Zinnkathoden führt zu keinen brauchbaren Niederschlägen. In Cyankali, Ammonoxalat und alkalischer Tartratlösung ist Kupfer gegenüber den genannten Metallen viel negativer als in mineralsaurer Lösung. Diese Elektrolyte sind deshalb für gute Abscheidung viel günstiger und dienen allgemein zur Erzeugung von galvanostegischen Kupferhäuten. Am gebräuchlichsten sind die cyankalischen Bäder. Man benützt zu ihrer Herstellung am besten das handelsgängige Doppelsalz Cyankali-Cyankupfer, dessen 3 bis 8 %ige Lösung mit 0,2 % Cyankali, $^1/_3$ bis 1 % Soda und, wenn nicht Eisen verkupfert werden soll (Störung durch Chloride wie bei Nickel), 0,1 bis 0,2 % Chlorammon gute Bäder darstellt. Geht man bei der Bereitung von Kupferoxydsalzen aus, so hat man sich der Thatsache zu erinnern, dass in Cyankalilösung nur die Kupferoxydulverbindung beständig ist, die beim Lösen von Oxydsalzen in Cyankali unter Entweichen von Cyan sich herstellt. Man vermeidet in diesem Falle den Cyanverlust durch Zusatz von Natriumsulfit und Soda, die unter Bildung von Natriumsulfat, Natriumcyanid und Kohlensäure mit dem frei werdenden Cyan sich bei der Reaction umsetzen. Die folgende Vorschrift bringt das zum Ausdruck: 2,5 % Soda krystallisirt, 2 % Natriumbisulfit, 2 % Kupferacetat, 2,5 % Cyankali, 1 % Ammoniak. Für die alkalische Seignettesalzlösung werden die Mengenverhältnisse 15 % Seignettesalz, 3 % Kupfervitriol, 8 % NaOH (60 %ig) empfohlen. Die cyanidhaltigen Bäder zeigen stets etwas Schlammbildung an den Anoden, entsprechend der Anreicherung an Kupfer und der Verarmung an Kalium, welche dort eintritt und Cyankupferfällung bedingt. Je stärker der Cyanidgehalt, um so geringer ist diese Störung, um so geringer aber der osmotische Druck der Kupferionen. Lösungen mit starkem Cyankaliüberschuss geben schlechte kathodische Ausscheidungen. Man wählt die Stromdichte gleich 0,5 Amp. pro qdm und benöthigt ca. 3 Volt Spannung am Bade.

In Cyankalilösung ist die Haftintensität der Zink- und Kupferionen so wenig verschieden, dass man beide zusammen fällen kann. Die Haftintensität für Kupfer ist bei gleichem Gehalt des Bades an beiden Metallen etwas kleiner, deshalb überwiegt seine Ausfällung bei niedrigen Badspannungen und kleinen Stromdichten. Bei hohen Badspannungen nimmt die Zinkfällung relativ sehr starken Antheil am Entladungsvorgang. Hierauf beruht die verbreitete Technik der Messingniederschlagung, welche variable Zinkkupferlegierungen je nach den Stromverhältnissen aus einem Bade zu erzeugen gestattet, das Cyanzink neben Cyankupfer enthält. Man erhält ein brauchbares Messingbad, ausgehend von den käuflichen Zink- bezw. Kupfercyankalidoppelsalzen, wenn man statt der bei Kupfer gegebenen Zusammensetzung mit 3—8 % Cyankupferkalium nur $1^1/_2$—4 % dieses Salzes und dazu $1^1/_2$—4 % Cyanzinkkalium verwendet. Man benützt Messinganoden, bedarf ca. 3 Volt Badspannung und verwendet eine kathodische Stromdichte von 0,6 Amp. Analog der früheren Badzusammensetzung ist auch folgende zu benützen: 3 % kryst. Soda, 2 % Natriumbisulfit, 1,25 % essigsaures Kupfer. 1,25 % Chlorzink, 3,5 % Cyankalium nebst einem auf die Niederschlagsfarbe angeblich vortheilhaft wirkenden Zusatz von 0,02 % arseniger Säure. Verarmt das Bad an Zink oder Kupfer, so hängt man eine Anode aus dem bezüglichen Metall zeitweilig ein.

Versilberung.

Für die Versilberung benützt man stets das Doppelsalz Cyansilbercyankali, das man durch Lösen von Silbercyanid oder Chlorid in Cyankali bereitet. Die Concentration des Cyansilberkaliums im Elektrolyten ist recht wechselnd. Während man für dünne Versilberung und schwache Ströme mit einem Gehalt von 1 % Silber im Elektrolyten auslangt, werden für starke Versilberung und beschleunigte Arbeit bis 5 % Silber haltende Lösungen verwendet. Bei der Bemessung der Cyankaliummenge empfiehlt sich erfahrungsgemäss, über die zur Doppelsalzbildung erforderliche Menge soweit hinauszugehen, dass das Bad $^1/_2$ % »freies« Cyankali enthält. Grosser Ueberschuss an Cyankalium macht das Silbersalz complexer und hemmt die Fällung, deren

Aussehen dann auch unansehnlicher wird. Mangel an Cyankalium macht sie gleichfalls unansehnlicher. Die Einwirkung von Luftkohlensäure verwandelt das Cyankalium langsam in Pottasche und macht eine regelmässige kleine Zugabe neuen Cyankalis erforderlich. Ueber die zweckmässige Behandlung der Bäder besteht Uneinigkeit. Es wird empfohlen, statt Cyankali nachzusetzen, die entstehende Pottasche mit Cyanbaryum in Cyankali zurück zu verwandeln. Nach Versuchen von Dietzel[1]) ist das nicht zweckmässig. Ihm zufolge begünstigt ein Gehalt an Pottasche die Schönheit der Silberfällung. Da ferner die Cyanbaryumbereitung einen Niederschlag von Baryumcarbonat ergibt, muss man das Bad danach entweder mehrere Tage absitzen lassen oder filtriren. Die dadurch bedingte Störung verhindert, im Betriebe die Cyanbaryumbehandlung sehr häufig vorzunehmen. Wird sie aber nur gelegentlich ausgeführt, nachdem eine erhebliche Pottaschebildung stattgefunden hat, so schnellt der Gehalt an Cyankalium dabei stark in die Höhe und nöthigt zu einem Zusatz von Cyansilber, der in Rücksicht auf die Constanthaltung der Silberconcentration sich nicht empfiehlt. Erfahrungsgemäss lässt sich ein Silberbad 3 bis 5 Jahre ohne Filtration und Reinigung betreiben. Es wird alsdann eingedampft und gibt eine erste Abscheidung von reinem Cyankalium-Cyansilber, die für das Ansetzen eines neuen Bades benützt wird. Aus der Mutterlauge, die noch Antheile desselben Salzes neben Cyankupferkalium, Cyankalium und Pottasche und, wenn das Silberbad aus Chlorsilber bereitet wurde, Chlorkalium enthält, wird in einer besonderen Zelle mit Eisenanode nach Dietzel das Silber kathodisch abgeschieden. Der verbleibende Elektrolyt ist ohne weitere verarbeitungswürdige Bestandtheile. Langbein empfiehlt, aus unbrauchbar gewordenen Bädern das Silber mit Zinkstaub zu fällen.

Die Versilberung der Waaren im cyankalischen Silberbad erfolgt mit Stromdichten von 0,15 bis 0,5 Amp. pro qdm. Die Anoden sind Feinsilberbleche aus gegossenem und dann gewalztem Silber. Die Silberniederschläge erscheinen im Bade milchweiss bis schwach gelblich. Eine kurze Einwirkung der Badflüssigkeit ohne Strom oder einer frischen Cyankalilösung

---

[1]) Privatmittheilung von Dr. Dietzel in Pforzheim.

entfernt den gelblichen Ton, der einer geringen Oxydation zugeschrieben wird.

Die zu versilbernden Gegenstände werden, wenn sie nicht aus Kupfer oder Kupferlegirungen bestehen, erst verkupfert und in allen Fällen dann verquickt. Zu bemerken ist, dass Silber trotz Verquickung auf spiegelblank polirten Flächen schlecht haftet. Die zu versilbernden Objecte sollen deshalb keine Glanzpolitur besitzen. Die Behandlung der Gegenstände ist hier die, dass erst mit heisser, zehnprocentiger Pottaschelösung entfettet, dann eine reine Metallfläche durch die Brenne erzielt, gespült und in einprocentiger Quecksilbernitratlösung oder besser in Cyanquecksilberkalium (2 — $2^1/_2$ % dieses Doppelsalzes + 2,5 % CNK) amalgamirt, wieder gespült und in das Bad gehängt wird. Die Verquickung ist nothwendig, um eine fest haftende Silberauflage zu sichern. Zur Controle der Gewichtszunahme wiegt man die zu versilbernden Gegenstände vor der Behandlung auf einer Waage in Wasser hängend und wiederholt dies während der Niederschlagung von Zeit zu Zeit nach vorgängigem Abspülen. Besser aber hängt man die Kathodenstangen, an denen die Waaren sitzen, statt der einen Waagschale an einen Balken einer Waage, der auf der anderen Seite eine Schale mit den Gewichten trägt, welche die Schwere der zu versilbernden Objecte in Wasser zuzüglich des Silbergewichts, welches darauf niedergeschlagen werden soll, darstellen. Es wird mit der Waage ein Ausschalter so verbunden, dass beim Ausschlag, wenn das Gewicht der zu versilbernden Gegenstände überwiegt und die Waagschale mit den Gegengewichten sich hebt, die Stromzufuhr selbstthätig abgestellt wird.

Die fertigen Objecte behalten ihre milchweisse Farbe nach dem Spülen nur bei Lacküberzug, der sie vor Luftzutritt schützt, sonst werden sie durch Oxydation gelblich. Man pflegt sie sofort zu kratzen und dann mit Blutstein, Stahl und Seifenwasser auf Hochglanz zu poliren.

Besondere Anforderungen beim Versilbern bringt die gesteigerte Abnützung mancher Objecttheile (Gabelspitzen, Löffelrücken) mit sich. Man kann dem im einzelnen Falle Rechnung tragen, indem man den versilberten Niederschlag mit einem Lack überzieht, welcher nur die stärker zu versilbernden Theile frei lässt und von neuem versilbert. Oder man verwendet, sofern dieser Fall regelmässig wiederkehrt Hartgummischalen, welche diejenigen Theile isolirend einhüllen, die weniger Strom erhalten sollen. Am einfachsten ist es, wenn man durch Einschiebung passender geschlitzter Wände in das Bad die Stromlinien so verändert,[1]) dass die Silberfällung an den gewünschten Stellen besonders stark wird. Gabelspitzen verstärkt man allgemein dadurch, dass man die Kathodenstäbe mit den daran hängenden Gabeln so weit hebt, dass nur die Spitzen noch in den Elektrolyten tauchen.

Eintauchversilberung erreicht man in einer Cyansilberkaliumlösung (1 % $Ag\,NO_3$, 3½ % KCN). Auch schwefligsaures Silbernatron dient diesem Zwecke.

Die häufige Technik, eingelegte Zeichnungen in einem Metallgrund in Silber herzustellen, wird so ausgeübt, dass die einzulegende Figur in mit Gummi verdicktem Bleiweiss vorgezeichnet, das Metall neben der Zeichnung mit Lack gedeckt, darauf Bleiweiss in Salpetersäure ev. mit Zuhilfenahme der anodischen Stromwirkung gelöst und das darunter liegende Metall angefressen wird. Nach dem Spülen wird das Object als Kathode in ein Silberbad gebracht, in welchem die eingeätzte vertiefte Zeichnung sich mit Silber ausfüllt.

Die Entsilberung von Objecten, die Fehlerstellen haben, geschieht, wo es sich — wie meist in der Praxis — um Kupfer oder Neusilber als Grundmetall handelt, mit einem Gemisch aus gleichen Theilen concentrirter Schwefelsäure und Salpetersäure welches Kupfer nicht merklich angreift und Silber löst. Aus der Flüssigkeit scheidet man nach dem Verdünnen das gelöste Silber mit Salzsäure aus.

Vergoldung.

Man vergoldet meist in Cyankali-Cyangoldlösung, die man durch Lösen von Knallgold (aus Goldchlorid und Ammoniak) in Cyankali und Wegkochen des entbundenen Ammoniaks erhält. Empfohlen werden Lösungen mit 0,35 % Au und 1,0—1,5 % Cyankali. Manche Firmen benützen starke Goldlösungen (1 % Au, 2 % KCN). Vergoldet man in der Wärme bei 70°—75°, was bei grossen Gegenständen unbequem ist, aber mit kleinerem Energieverbrauch und schwächeren Goldlösungen zu sehr schönen Ueber-

[1]) D. R. P. 76 975.

zügen gelangen lässt, so genügt schon eine Lösung von 0,1 % Au in 0,5 % Cyankalium. Die Anoden sind Feingold. Für specielle Fälle werden unlösliche Anoden (Pt., Kohle) verwendet. Neben diesen Lösungen werden Goldbäder aus Knallgold (0,2 % Au) Soda (1,5 %) und Ferrocyankalium (1,5 %) in der Kälte und solche (mit 0,1 % Au-Gehalt) aus Natriumphosphat (6 %), Natriumsulfit (1 %) Cyankalium (0,2 %) verwendet. Man arbeitet bei der Vergoldung mit Stromdichten von 0,2—0,25 A. pro qdm.

Ein Silbergehalt des Bades gibt der Vergoldung einen grünlichen, ein Kupfergehalt einen rothen Ton, indem eine Goldsilber- bezw. Goldkupferlegirung gefällt wird.

Entgolden kann man, wenn das Grundmetall es gestattet, durch Einhängung der Waaren als Anode in Cyankali. Bei Kupfer und seinen Legirungen benützt man ein Gemisch von concentrirter Salpetersäure (150 g) und concentrirter Salzsäure (75 g), dem man stärkste Schwefelsäure (1000 g) zufügt. Silberobjecte kann man glühen und in verdünnter Schwefelsäure abschrecken. Bei wiederholter Operation springt das Gold ab, wenn es nicht sehr sauber aufgebracht ist.

Zu den seltenen Operationen gehört die

Verplatinirung

im technischen Sinne, d. h. die Ueberziehung mit einer blanken Platinschicht. Das Platiniren im physikalischen Sinne, d. h. die Bedeckung einer Fläche mit Platinmoor geschieht durch Niederschlag von Platin aus mit Salzsäure versetzter Chlorplatinlösung, die man absichtlich mit einer Spur Bleiacetat verunreinigt.[1]) Galvanische Niederschlagung fester Schichten gelingt aus 2 %iger Platinsalmiaklösung, die mit 10 % citronensaurem Natron und etwas Chlorammon (ca. ½ %) versetzt ist. Man arbeitet heiss, bedarf 5—6 Volt Spannung und verkupfert die Kathoden zuvor, wenn sie nicht an sich aus Kupfer oder Kupferlegirungen bestehen.

Siedende schwach alkalische Lösung von Platinchlorid (1 %) in Kochsalz (20 %) liefert dünne Platinhäute nach dem Contactverfahren.

---

[1]) Kohlrausch, Wied. Ann. 60, S. 315.

Wie das Platiniren ist auch die

Verzinnung

selten. Sie gelingt durch Eintauchen in geschmolzenes Zinn solider und schöner. Sie ist übrigens leicht durchführbar, sowohl aus einer Zinnchlorid- (3,5 %) plus Chlorammon (1,2 %) Lösung (1 1/2 Volt, Stromdichte pro qdm 0,3 A.) als aus Zinnoxydalkali, dem eventuell Cyankali zugesetzt wird. Auch die Lösung von Zinnchlorür (0,25 %) in Cyankali (1,0 %) und Kaliumcarbonat (10 %) wird empfohlen. Neuere Beobachtungen der Praxis, die im Sinne der früheren Theorie über die Legirung der Metalle zu deuten sind, gehen dahin, dass ein Zinnüberzug auf Gusseisen besser haftet als andere Metalle und eine gute Bindeschicht für spätere Niederschläge anderer Metalle abgibt.[1])

Verbleiung

auf galvanischem Wege kommt kaum anders in Betracht, denn als Mittel zur farbigen Decoration von Metalloberflächen. Die anodischen Niederschläge von Bleisuperoxyd aus einer Lösung von Bleioxydkali zeigen nämlich die Anlauffarben von gelb durch grün und roth bis violett und blau je nach der Schichtdicke und gestatten bei Verwendung spitzenförmiger Kathoden, die mit der Hand geführt werden, allerhand bunte Decoration auf den Objecten, die als Anoden verwendet werden, zu erzielen. Ebenfalls zu den selten geübten Verfahren gehört die

Verantimonirung.

Da aus salzsaurer Lösung Antimon mit einem Gehalt an Chlor in Gestalt einer eigenthümlichen beim Schlagen oder Ritzen explosiblen Verbindung fällt, benützt man Bäder aus Schwefelantimon (6 %) und Pottasche (12,5 %) oder verwendet direct Natriumsulfantimoniat (Schlippe'sches Salz) in 5 %iger Lösung (bezogen auf kryst. Salz). Nur zur Erzeugung eines Antimonüberzuges auf Eisen durch Eintauchen lässt sich die salzsaure Lösung des Chlorantimons benützen. Die gleiche

[1]) **Pfanhauser**, Neuerungen und Aenderungen. Beilage zur 3. Auflage meines Buches: Anleitung zur galvanischen Metallplattirung. Teschen 1896.

graue Decoration, die der Antimonüberzug bietet, erzeugt man lieber durch Arsen, das ohne den störenden Schwefelwasserstoffgeruch des Schwefelalkalibades niedergeschlagen werden kann. Man benützt arsenigsaures Natron (5 %), Cyankalium (2,5 %) und fällt heiss bei 75—80°.

Von speciellem Interesse ist die Verzinkung des Eisens, die Erzeugung galvanostegischer Ueberzüge auf Aluminium und die Verstählung von kupfernen Druckplatten.

Die Verzinkung des Eisens[1]) stellt den besten Rostschutz des Eisens dar, da sie auch in beschädigtem Zustande eine Oxydation des Eisens verhütet. Sie ist der Verzinnung überlegen. Die Ursache ist in dem Umstande zu sehen, dass Zink einen höheren Lösungsdruck als Eisen hat. In Berührung mit Wasser wird also das Zink sich oxydiren, während das Eisen eine Wasserstoffpolarisation erleidet und von Rost frei bleibt. Umgekehrt wird eine Zinnhaut das Rosten begünstigen, da Eisen gegenüber Zinn Lösungselektrode wird. Ein Zinnüberzug schützt also nur so lange, als er als cohärente Decke Eisen von der Flüssigkeit isolirt, eine Zinkhaut auch, wenn sie feine Poren oder Risse erhalten hat. Die Verzinkung gelingt leicht auf galvanischem Wege mit schwefelsaurem Zink bei Gegenwart von sehr wenig Säure und mit Stromdichten von 3—7 A. pro qdm. Um eine schwache Acidität zu erhalten, kann man den Kunstgriff benützen, ein stark hydrolytisch spaltbares Salz — Aluminiumsulfat[2]) — zum Bade hinzuzufügen. In diesem Falle wird das Grundmetall (Eisen) weniger angegriffen und seine Gusshaut bleibt erhalten. Neben diesen billigen und einfachen Wegen tritt die Verwendung von alkalischen Zinkoxydlösungen, von Cyanidlösungen und Bädern mit organischen Zinksalzen in den Hintergrund.

Die Erzielung von Ueberzügen auf Aluminium bereitet besondere Schwierigkeiten, weil Aluminium in der Spannungsreihe sehr hoch steht. Gegen Zink selbst ist es noch um etwa denselben Betrag von $^1/_2$ Volt negativer, um den Zink negativer als

---

[1]) Richter, Galvanische Verzinkung des Eisens, Leipzig 1895 Verkürzt wiedergegeben Z. f. Elektrochem. 2, S. 79 und 98. Patentlitteratur siehe in der Buchausgabe der Richter'schen Schrift und im Jahrbuch für Elektrochemie.

[2]) Verfahren von Siemens & Halske (siehe S. 329).

Nickel ist. Dazu kommt die unerklärte Besonderheit des Aluminiums, welche früher schon Besprechung fand, sich anodisch in manchen sauren, wie alkalischen Elektrolyten, nicht zu lösen, sondern abnorm hoch zu polarisiren. Neesen[1]) hat beobachtet, dass Aluminium, welches in Kalilauge bis zur lebhaften Wasserstoffentwicklung gebracht wird, in Cyansilberkaliumlösung sich sofort versilbert, falls es aus der Kalilauge direkt, noch mit Kalilauge befeuchtet, in diese Lösung übergehängt wird, während es in derselben Lösung ohne Vorbehandlung mit Kalilauge sich nicht verändert. Der gleiche Kunstgriff ermöglicht die Niederschlagung von Kupfer aus Kupfervitriol, von Quecksilber, Zinn und Blei aus passenden Lösungen, in denen Aluminium anderenfalls sich nicht mit Metall bedeckt. Wäscht man die Kalilauge vor dem Einhängen in das Bad fort, so erfolgt die Metallabscheidung schlechter. Am vortheilhaftesten ist es, eine Amalgamation mit der Anätzung durch Kalilauge zu verbinden. Das Metall wird nach einer ersten Reinigung mit Salpetersäure mit verdünnter Kalilauge bis zur beginnenden Gasentwicklung geätzt, abgeschwenkt, für 5 Secunden in $^1/_2$ $^0/_0$ige Sublimatlösung getaucht und nochmals mit Kalilauge behandelt. Die Sublimatbehandlung kann auch zweimal wiederholt werden. Das nach der Sublimatbehandlung mit gesteigerter Heftigkeit gegen Kalilauge reagirende Metall nimmt mit dieser befeuchtet in galvanischen Bädern jetzt besonders gut Niederschläge an. Man kann dies wohl dahin deuten, dass Aluminium nur in Gegenwart von Kalilauge, die jeden Oxydbeschlag sofort löst, von einer Oxydbelegung verschont bleibt. Dies Verfahren gilt für den sichersten Weg zur galvanischen Bedeckung des Aluminiums. Auch durch Bürsten und Reiben des Aluminiums in Metallsalzlösungen lassen sich Ueberzüge erreichen, die auf anderem Wege nicht entsprechend gelingen. In Kupfersulfatlösung beispielsweise bedeckt sich nach Göttig[2]) eingetauchtes Aluminium nicht mit Kupfer, offenbar weil es nach Fällung einer minimalen Kupfermenge sich anormal anodisch polarisirt, wie dies S. 144 beschrieben ist. Reibt man aber mit Schlemmkreide

---

[1]) Neesen, Verhandlungen d. physic. Gesellsch. Berlin 1893, S. 34. D. R. P. 72773.

[2]) Göttig, Ber. d. deutschen chem. Ges. 27, S. 1824. Die Deutung seiner Experimente hat der Autor offenbar verfehlt.

die polarisirte Fläche, so werden vom Reibmittel immer neue Oberflächentheile des Aluminiums blank gelegt. Die Kette Aluminium/Kupfersulfat/Kupfer wird durch das Abreiben in kurz geschlossenem Zustande an immer neuen Stellen hergestellt und Kupfer wird neben und auf den vorhandenen Partikeln abgesondert. Wenn man mit einem Metall von viel kleinerem Lösungsdrucke als Kupfer, z. B. mit einer Platinbürste, reibt, so tritt unter der Wirkung der Kette Aluminium/Kupfersulfat/Platin Verkupferung des Platins ein, während eine Zinnbürste wie Schlemmkreide die Bethätigung der Kette Aluminium/Kupfersulfat/Kupfer und Ueberziehung des Aluminiums mit dem Niederschlage veranlasst. Ob die Ueberzüge nach diesem Verfahren so fest am Aluminium haften, wie es von galvanostegischen Metallbedeckungen verlangt wird, steht dahin. Mannigfaltige Vorschläge zur Galvanostegie auf Aluminium sind darum unverwendbar geblieben, weil eine minimale Oxydhaut auf dem Grundmetall jeden festen Zusammenhang mit dem aufgetragenen Metall illusorisch macht[1]).

Die Verstählung kupferner Druckplatten, welche allgemein im Kupfertiefdruck üblich ist (Banknotendruck), bezweckt, die Oberfläche der Platten härter und widerstandsfähiger zu machen und eine grössere Anzahl scharfer Abdrücke zu ermöglichen. Man erzeugt einen Ueberzug von wasserstoffhaltigem Eisen, der durch diesen Wasserstoffgehalt eine besondere Härte und Widerstandsfähigkeit besitzt, welche durch die chemisch unrichtige Bezeichnung »Verstählung« angedeutet wird. Dieser Ueberzug lässt nach mehreren Tausend Drucken an einzelnen Stellen Kupfer durchscheinen. Er ist dann erneuerungsbedürftig, wird mit Schwefelsäure oder äusserst schwacher Salpetersäure schnell und ohne jeden Angriff des Kupfers abgelöst und im Eisenbade neu erzeugt. Er bietet durch die unbegrenzte Erneuerungsfähigkeit

---

[1]) Weiteres über galvanische Niederschläge auf Aluminium siehe »Die Anlagen der Aluminiumindustrie-Actien-Gesellschaft« Neuhausen (Schweiz) 1890, S. 53, ferner D R P. 65839, 70268, 71384, 82423. E P. von 1895, 5789. Nach Margot (l'Electricien 11, S. 275 und 12, S. 237) wird Aluminium schön verkupfert, wenn es nach einander in warme Alcalicarbonatlösung, warme 5- bis 10%ige Salzsäure und mässig concentrirte etwas saure Kupfervitriollösung gebracht wird. Zwischen dem ersten und zweiten Bade ist ein gründliches, zwischen dem zweiten und dritten ein flüchtiges Abspülen mit Wasser vorzunehmen.

vor dem Vernickeln grössere Vortheile, zumal bei geeigneter Wahl der Bäder dieses Eisenhydrür sehr schwer rostet.

Das Eisenbad kann man mannigfaltig zusammensetzen. Vielfach dient das unrationelle Verfahren, eine Chlorammonlösung zwischen Eisenelektroden so lange zu elektrolysiren, bis sie schöne Niederschläge gibt. Richtiger ist es aus (13,5 %) Eisenvitriol und (10 %) Chlorammon (oder aus Mohr'schem Salz [15 %]) ein Eisenbad herzurichten. Man behandelt die Kupferplatten darin nur wenige Minuten (2—3) und wählt die Stromstärke so, dass bei starker Gasentwicklung an der Kathode rasch ein gleichmässiger schöner blanker Eisenniederschlag das Kupfer bedeckt (ca. 1,2 A. pro qdm).

Galvanoplastik.

Die Abbildung von flachen oder profilirten Objekten auf galvanischem Wege, welche den Gegenstand der Galvanoplastik bildet, verlangt zunächst die Herstellung eines Negativs. Man kann ein solches entweder aus einer plastischen Masse mechanisch oder galvanisch aus Metall erzeugen

Die mechanisch erzeugten Negative gewinnt man je nach den speciellen Verhältnissen durch Abpressen des Objectes in Guttapercha, durch Ausgiessen mit einer Mischung von Wachs, Terpentin und Graphit, auch durch Abformen in Gyps oder in Leim, der dann gegerbt wird, oder durch Abgiessen in leicht schmelzbaren Metalllegirungen, welche das Original nicht verderben.

Um die Oberfläche dieser nicht metallischen Negative leitend zu machen, werden sie mit Graphit eingepinselt.

Metallene Formen oder Originale, von denen das Negativ galvanoplastisch abgeformt werden soll, bedürfen eines Schutzes gegen das Zusammenwachsen von Grundmetall und Niederschlag. Diesen gewährt eine hauchdünne Fettschicht oder eine Jodsilberhaut, die durch Anreibeversilberung des Grundmetalls mit Cyansilberkali und Eintauchen in schwache Jodlösung leicht erzielt wird.

Die Abformung auf galvanischem Wege geschieht dann in der überwältigenden Zahl der Fälle in Kupfer, und zwar aus schwefelsaurer Sulfatlösung. Die Bedingungen sind in einer Untersuchung

v. Hübl's[1]) klargestellt und durch neuere Versuche von Foerster und Seidel[2]) über das Kupfervoltameter ergänzt.

Zerlegt man neutrale Kupfervitriollösung, so bildet sich an der Kathode bis zu einem bestimmten kleinen Betrage das nicht isolirbare Kupferoxydulsulfat Cu_2SO_4. Die Arbeit des Stromes an der Kathode besteht in diesem Falle nicht in einer vollständigen Entladung von Kupriionen, sondern in einer Verkleinerung ihrer Ladung auf die Hälfte. Bei einer Stromdichte von 0,01 Amp. pro qdm macht in concentrirter Kupfervitriollösung dieser Process den gesammten Entladungsvorgang aus. Die Concentration der Kuproionen hat aber einen eng begrenzten Maximalwerth in der Lösung. Ist derselbe erreicht, so können neue nur in dem Maasse entstehen, als die vorhandenen durch Hydrolyse nach der Formel

$$H_2O + Cu_2SO_4 = Cu_2O + H_2SO_4$$

unter Abscheidung von Oxydul aus der Lösung verschwinden. Das entstehende Oxydul setzt sich am Kathodenmetall ab. Unter sonst gleichen Bedingungen wächst die mögliche Maximalconcentration der Kuproionen mit der Concentration der Kupfersulfatlösung. In saurer Lösung ist die Hydrolyse unter Oxydulbildung ausgeschlossen. Auch hier zerfällt das Oxydulsulfat aber bei einer bestimmten kleinen Concentration, und zwar nach der Gleichung

$$Cu_2SO_4 + (H_2SO_4aq) = Cu + CuSO_4 + (H_2SO_4aq).$$

In diesem Falle scheiden sich Kupferkryställchen an der Kathode ab.

Wenn die Stromdichte an der Kathode den geringen Werth von 0,01 Amp. pro qdm übersteigt, so findet neben der Bildung von Kuproionen Kupferentladung statt. Je grösser die Stromdichte ist, um so geringfügiger ist procentual die Bildung von Kuproionen. Sie kommt für die Galvanoplastik in Kupfer aber darum in Betracht, weil das an der Kathode abgeschiedene Kupfermetall brüchig ist, wenn es Kupferoxydul enthält. Der Einfluss des aus Kuproionen entstehenden Kupferoxyduls kommt in folgenden Beobachtungen v. Hübl's zur Geltung.

---

[1]) v. Hübl, Mitth. d. k. k. militär-geograph. Inst. 6, S. 51 (1886).

[2]) Foerster und Seidel, Z. f. anorg. Chem. 14, S. 106.

Aus neutraler 20%iger Kupfersulfatlösung gelingt es erst mit 3 Amp. pro qdm einen tadellosen Niederschlag zu erhalten, aus schwefelsaurer von gleichem Gehalt an Kupfervitriol schon mit 1,2 Amp. Aus 5%igem saurem Bade erhält man mit 0,4 Amp. pro qdm einen guten, aus gleich concentrirtem neutralen Bade mit 0,8 Amp. nur einen ziemlich guten Niederschlag. Indessen sind diese Verschiedenheiten nicht ausschliesslich den Kuproionen und ihren Wirkungen zuzuschreiben. Sichtlich sind nämlich die Niederschläge aus saurem Bade ceteris paribus in der Textur viel feiner als die aus neutralem. Die Feinheit der Textur wächst, je mehr die Stromdichte dem Werthe zustrebt, bei welchem Wasserstoff mit entladen wird. Die Wasserstoffentladung wird, entsprechend der höheren Haftintensität des Wasserstoffs in neutraler Lösung, in dieser erst bei höheren Stromdichten erreicht. Kupfer occludirt bei der Fällung kleine Volumina Wasserstoff[1]). Vielleicht beeinflusst deren Menge die Textur. Die Eigenschaften des galvanischen Kupfers bei der gewünschten fein krystallinischen Textur sind je nach den Fällungsbedingungen noch ziemlich verschieden. Aus saurer 20%iger Kupfersulfatlösung gefällt zeigt das Kupfer mit wachsenden Stromdichten wachsende absolute Festigkeit bis zu der Grenze hinauf, an welcher der Niederschlag durch die gleichzeitige lebhafte Wasserstoffentwicklung sandig zu werden beginnt und die absolute Festigkeit naturgemäss abnimmt. Das Maximum der absoluten Festigkeit wird bei 2,2 bis 3 Amp. pro qdm erreicht. Ebenso wächst die Härte mit der Stromdichte, während die Zähigkeit fällt. Der Maximalwerth der Zähigkeit liegt unter 0,6 Amp. pro qdm. Die Elasticität hat bei einer Stromdichte von 1 bis 1,3 Amp. ein Maximum. Die absolute Festigkeit ist fast unabhängig von der Kupferconcentration im Bade, die Elasticität nimmt mit der fallenden Concentration der Lösung ab. Die Zähigkeit zeigt keinen klaren Zusammenhang mit der Badconcentration. Aus diesen Beobachtungen lassen sich je nach den gewünschten Eigenschaften des Kupfers die besten Strom- und Concentrationsbedingungen abnehmen. v. **Hübl** empfiehlt 1,3 Amp. pro qdm und ein Bad mit 20% Kupfervitriol und 3% Schwefelsäure.

---

[1]) **Lenz**, fünfter Ergänzungsband zu Pogg. Ann. 1871, S. 242. **Mylius** u. **Fromm**, Ber. d. deutschen chem. Ges. 27, S. 630.

Die Kupferniederschläge aus diesem Bade qualificiren sich vortrefflich für den Karten- und Illustrationsdruck. Der Banknotendruck, bei welchem sehr zahlreiche Abdrücke von derselben Platte genommen werden, verlangt zäheres Kupfer. Man stellt diese Platten deshalb mit 0,7 Amp. pro qdm her. Zu Anoden dient Walzkupfer, da Elektrolytkupfer zu viel Kupferkryställchen als Schlamm auf den Boden fallen lässt. In den Bädern lässt man langsam Rührer (aus Glas) sich bewegen, um die Entmischung aufzuhalten. Von Zeit zu Zeit filtrirt man die Bäder, da getrübte Lösungen minder festes Kupfer abscheiden.

Die aus dem Bade kommenden Kupferdruckplatten werden für Zwecke des Buchdrucks mit Letternmetall hintergossen.

Neben der Kupfergalvanoplastik wird in kleinem Umfang Galvanoplastik in Nickel und in Eisen geübt. Die Herstellung eiserner Abzüge in Stärken bis 2 mm ist seit 30 Jahren von verschiedenen Galvanoplastikern ausgeführt worden[1]. Sie scheint aus verschiedenen Elektrolyten möglich. Die eisernen Clichés, von denen ein Theil des österreichischen Papiergeldes gedruckt wird, sind aus einer Lösung von Eisenvitriol erzeugt, der schwefelsaure Magnesia hinzugefügt wird. Detaillirte Angaben, nach denen ein starker galvanoplastischer Eisenniederschlag sicher erhalten werden kann, sind nicht öffentlich bekannt. Wahrscheinlich ist eine Stromdichte von unter 0,2 Amp. pro qdm unerlässlich. Das Eisen zeigt nämlich eine mit der Stromdichte wachsende Fähigkeit, Wasserstoff zu occludiren[2]. In einer galvanoplastischen Eisenplatte der Druckerei der österreichisch-ungarischen Bank für Werthpapiere fand Haber durch Verbrennung im Sauerstoff 0,01 bis 0,02 % Wasserstoff, während mit höherer Stromdichte von ihm aus Eisenmagnesiumsulfatlösung (je $^1/_2$ Moleculargewicht in 1 l) niedergeschlagenes Eisen 0,1 % aufwies. Ein

---

[1]) Meidinger's Bericht über die Pariser Weltausstellung (Bad. Gewerbe-Zeitung, Beilage zu Nr. 12 vom 31. XII. 1867) erwähnt solche von Feuquières gefertigte und ausgestellte Platten. Meidinger will in diesem Eisen Ammonium nachgewiesen haben. Nähere Angaben darüber und Belege fehlen.

[2]) Ueber die Gaseinschlüsse galvanischer Eisenplatten, die von Klein in der russischen Expedition für Werthpapiere aus Eisenmagnesiumsulfatlösung gewonnen waren, berichtet ausführlich Lenz, (fünfter Ergänzungsband zu Poggend. Ann. 1871, S. 242).

merklicher Wasserstoffeinschluss macht das Eisen ungemein hart (es ritzt Apathit), aber äusserst spröde und unfest. Papierdünne Blättchen brechen bei der geringsten Biegung. In die Flamme gebracht geben sie den occludirten Wasserstoff unter eigenthümlichem Funkensprühen momentan ab und sind dann wesentlich biegsamer. Bei der Niederschlagung zeigt das wasserstoffhaltige Eisen eine auch bei anderen Metallen beobachtete Erscheinung in besonders ausgeprägtem Maasse. Es contrahirt sich. Schlägt man es auf einem einseitig lackirten ebenen Kupferblech nieder, so krümmt sich das Blech, sodass die Niederschlagsfläche gegen die Anode hin sich höhlt. Bei der geringen Festigkeit des Niederschlages tritt durch die Wirkung dieser Zusammenziehung an unnachgiebigen Kathoden ein Zerreissen der Niederschlagsschicht in kleine Metallfetzen ein. Jeder einzelne Fetzen haftet mit seiner Mitte noch an der Niederschlagsfläche und ist in einem gegen die Anode offenen Bogen gekrümmt. Diese Erscheinungen machen die Erzeugung eines dicken gleichmässigen Eisenniederschlages schwierig. Es sei angemerkt, dass nach Classen's Methode (25 g Mohr'sches Salz, 80 g Ammonoxalat, 1200 ccm Wasser, warm, D_K = 1,2 Amp.) niedergeschlagenes Eisen von der Neigung sich abzurollen frei ist. Die galvanischen Eisenabdrücke werden meist nur in mässiger Stärke erzeugt, dann im cyankalischen Bade auf der Hinterseite dünn verkupfert und im sauren Kupferbade mit weiteren Kupfermengen bedeckt. Man erzielt so eine kupferne Druckplatte, welche auf der Stirnfläche sehr stark »verstählt« ist. Sie hält viel zahlreichere Abzüge aus als eine galvanostegisch dünn mit Eisen bedeckte Kupferplatte, die häufigere Neuverstählung bedarf. Eine gleich starke Eisenschicht auf die Stirnfläche der fertigen Kupferplatte aufzubringen verbietet sich durch die Vergröberung der Zeichnung, welche die Bedeckung mit mehr als hauchdünnen galvanostegischen Niederschlägen mit sich bringt.

In gleicher Weise, wie schwache Vernickelung kupferner Druckplatten neben der Verstählung betrieben wird, wird auch die zuletzt mitgetheilte Erzeugungsweise stark verstählter Druckplatten in Nickel nachgeahmt. Das Nickel wird dabei in der Stärke eines Schreibpapierblattes aus einem der früher beschriebenen Nickelbäder erzeugt und danach im Kupferbade mit Kupfer auf der Rückseite verdickt.

In seltenen Fällen werden galvanoplastische Abbildungen in Gold oder Silber ausgeführt. Cyankalische Bäder mit 5% Silber als Cyanid bez. 3% Gold in der gleichen Verbindungsform eignen sich zu ihrer Herstellung.

Während bei der Galvanoplastik, soweit sie bisher beschrieben wurde, die Präcision und Feinheit in der Wiedergabe der reproducirten Objecte jede Concurrenz seitens der Technik der mechanischen Metallbearbeitung ausschliesst, ist dies nicht mehr der Fall bei einer Gruppe von Verfahren, welche die früher durch Ziehen und Hämmern erzeugten Objecte aus Kupfer durch galvanische Fällung zu ersetzen streben. Nach Elmore's Patent[1]) werden nahtlose Kupferröhren aus schwefelsaurer Kupfersulfatlösung erzeugt, indem als Kathode ein kupferner, in Glaslagern umlaufender Dorn benutzt wird, längs dessen ein Achat mit Druck gegen diese Kathode sich hin und her bewegt. Das Kupfer wird auf diese Weise unablässig, während der Niederschlag sich bildet, geglättet. Dadurch wird jene Vergröberung der Structur, welche Kupferplatten bei der fortschreitenden Niederschlagung sonst erleiden, verhindert. Die Bewegung des Achates und die Stromdichte werden so regulirt, dass je nach $^1/_{300}$ mm Kupferauflage die Wirkung des Steines wieder an derselben Stelle zur Bethätigung kommt. Die Stromdichten können bei diesem Verfahren bis 6 Amp. pro qdm an der Kathode erreichen. Als Anodenmaterial wird angeblich granulirtes Rohkupfer von 94—96% Reinheit verwendet, welches in 20 cm hoher Schicht auf dem Boden des elektrolytischen Bades aufgehäuft wird. Es wird also neben der Gewinnung eines nahtlosen Rohres die Raffination des Anodenkupfers beabsichtigt, dessen Edelmetallgehalt als Schlamm an der Anode zurückbleibt.

Wie im nächsten Capitel näher erläutert wird, ist die Raffination eines Kupfers mit nur 94—96% nicht thunlich, selbst wenn bei geringeren Stromdichten die kathodische Abscheidung reinen Metalls in Platten angestrebt wird. Die durch ein erheblich unreines Anodenkupfer bedingte Verunreinigung des Elektro-

---

[1]) Ausführliche Angaben bei Atmer, Z. deutsch. Ing. 1894, S. 79, und Preschlin, Elektrochem. Z. 1894, S. 18 und 37.

lyten überträgt sich auf das abgeschiedene Kupfer. Da bei dem Elmore-Verfahren eine besondere Reinheit der Laugen nach Angabe der Fabrik erforderlich ist, dürfte das Anodenmaterial den angegebenen Kupfergehalt nicht besitzen, sondern von reinem Kupfer nicht erheblich verschieden sein. Dafür spricht ein neues Patent von Elmore[1]), wonach die Anode aus einer halbcylindrischen Kupferplatte besteht, welche die Kathode in einigem Abstande in ihrer unteren Hälfte umgibt und an dem gleichgeformten Gefässtrog anliegt. Der Elektrolyt wird in raschem Strome durch die muldenförmige Zelle zwischen Anode und Kathode in der Längsrichtung hindurchgetrieben.

Bei der Fällung lässt man, wenn die Niederschlagschicht noch dünn ist, statt des Polirstückes vorübergehend eine Achatrolle mit mässigem elastischen Druck in dessen Längsrichtung laufen und lockert sie dadurch so weit am Dorn, dass sie später leicht abgezogen werden kann. Für die Erzeugung von Walzen welche eine dicke Kupferbelegung auf schmiedeeisernem Innentheil aufweisen (Walzen für Kattundruckmaschinen), ist das Verfahren ohne Weiteres auch anwendbar. In diesem Falle unterbleibt nur jede Operation, welche während der Niederschlagung ein späteres — hier unerwünschtes — Loslösen von der eisernen als Dorn dienenden Innenwalze vorbereitet. Den gleichen Zweck, welchen Elmore durch den Polirachat anstrebt, will die Société des cuivres de France[2]) dadurch erreichen, dass sie die Kathodencylinder während der Rotation gegen einander drückt. Um nicht an die Rohrform gebunden zu sein, sondern beliebig profilirte Objecte zu erzeugen, soll nach Elmore der Dorn aus einer leicht schmelzbaren Metallegirung gefertigt werden, die nach dem Aufbringen des Kupfers mit gespanntem Dampf zum Schmelzen und Ausfliessen gebracht wird. So einfach dieses Verfahren rücksichtlich der Erzeugung geeigneter Kathoden ist, so wenig ist einzusehen, wie bei profilirten Objecten die Bewegung des polirenden Achates in einfacher Weise bewerkstelligt werden soll. Diese Schwierigkeit, welche Elmore's Verfahren auf die Herstellung glatter Rohre beschränkt, entfällt bei dem Verfahren von Klein[3]), welches den gleichen Zweck

[1]) E. P. von 1895 Nr. 21283.

[2]) D. R. P. 81648.

[3]) Langbein, Z. f. Elektrochem. 1, S. 161.

verfolgt, aber statt die Glättung mit dem Achat zu bewirken sie durch Hin- und Herrollen der Kathode auf einer Platte von Porcellan oder ähnlichem Material erreicht. Die Figuren (61 und 62) veranschaulichen eine der Anordnungen, in denen dieses originelle Princip zur Verwendung kommt. In dem Verticalschnitt (61) sieht man in dem Trog *A*, welcher das Bad aufnimmt, die Walkplatten *h*, längs denen die mit dem Kupferniederschlag zu

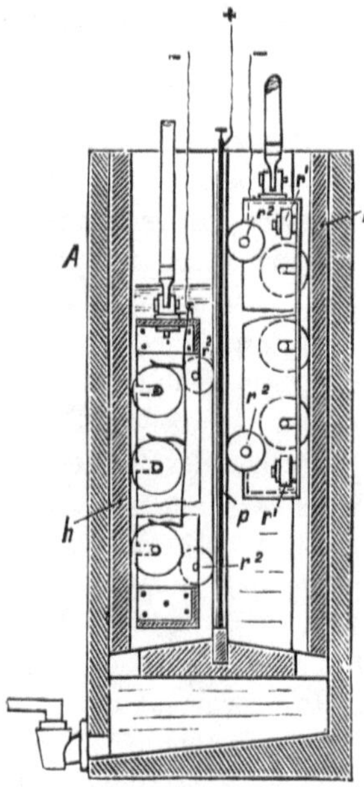

Fig. 61.

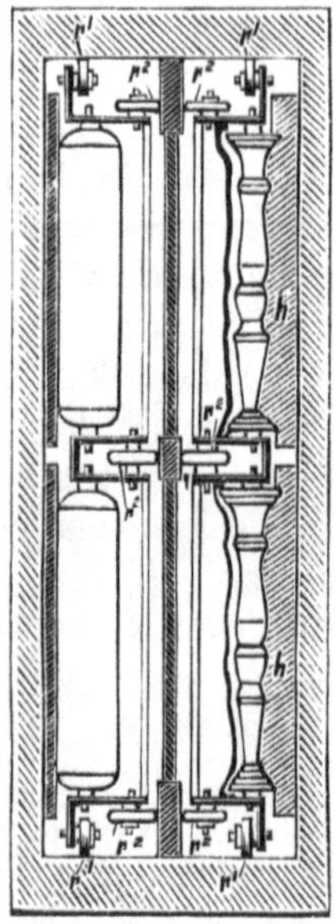

Fig. 62.

bedeckenden Dorne sich abrollen. Die Dorne sind gruppenweise in Schlitzen eines Rahmens drehbar gelagert, welcher durch die Gleitrollen r_1 seine Gradführung beim Auf- und Niedergang erhält. Die Rollen r_2 pressen den Rahmen sammt den daran befestigten umlaufenden Dornen gegen die Walkplatten. Fig. 62 zeigt denselben Apparat im Horizontalschnitt. Die Walkplatte links, welche für einen ebenen Dorn bestimmt ist, ist glatt, während die Walkplatte rechts für die profilirte Säule so ausgekehlt ist, dass die Säule, wenn sie sich längs ihr abrollt, überall die Auskehlungen ausfüllt. Die Anode ist der gleichmässigen Stromdichte wegen ebenfalls annähernd in der Weise, wie es dem Säulenprofil entspricht, geformt. Neben diesen Verfahren sind seit einer Reihe von Jahren in grosser Zahl allerhand galvanische Verfahren für Specialzwecke theils in Vorschlag gebracht, theils angewendet worden, von denen nur einzelne ihres principiellen Interesses wegen, oder weil ihre Producte im Handel angetroffen werden, hier erwähnt werden sollen. Endruweit[1]) erzeugt Metallpapiere, indem er auf einer mit Schwefelalkali und Aetzalkali vorbehandelten Messingplatte als Kathode eine dünne Metallhaut niederschlägt, die mit Papier hinterklebt und mit diesem von der Niederschlagsfläche abgenommen wird. Die Société des cuivres de France[2]) erzeugt auf rotirenden Kernen Niederschläge aus Kupfer von ungleicher Stärke, indem sie die Anoden so formt, dass sie einzelnen Partien der Kathode näher liegen als anderen. Der Niederschlag bildet sich naturgemäss da am stärksten, wo der Abstand von Anode und Kathode am kleinsten und die Stromdichte deshalb am höchsten ist. Nach Hall und Thornton[3]) wird der Angriff, den die Metalle als Anoden erleiden, benützt, um von Objecten welche verjüngt werden sollen, einen Theil des Metalls wegzulösen. Der elektrische Strom besorgt hier die sonst dem Schleifstein zufallende Arbeit. Rieder[4]) hat in sinnreicher Weise den anodischen Angriff des Stahls für ein Verfahren zur Herstellung von Prägestempeln und Stahlclichés benützt. Er formt das Object in Gyps so ab, dass eine mehrere Centimeter lange Gypssäule entsteht, die an einer Endfläche die Gestaltung des Objectnegativs besitzt. Diese Säule wird, mit einer Hartgummihülse umgeben, in eine Chlorammon-Eisenchloridlösung so weit eingesenkt, dass die Negativfläche herausragt. In die Chloridlösung senkt man eine Drahtspirale als Kathode, auf die Negativfläche legt man das Stahlstück als Anode, welches bearbeitet werden soll. Die Gypssäule saugt sich mit dem Elektrolyten voll und vermittelt die Leitung. Das Stahlstück wird angegriffen, wo es auf den erhabenen Stellen des Negativs aufruht. Es bildet sich deshalb an den entsprechenden Stahlstellen eine vertiefte Einätzung. Das Stahlstück sinkt durch seine Schwere

---

[1]) D. R. P. 82664.

[2]) E. P. 23679 von 1894.

[3]) D. R. P. 87845.

[4]) Langbein, Z. f. Elektrochem. 4, S. 139.

nach und passt sich dem Negativ schliesslich völlig an. Bei 10—15 Volt Spannung und 0,2—0,5 Amp. pro qcm Arbeitsfläche ist ein Stück vom Charakter eines Zwanzigmarkstückes in 3 Stunden fertiggestellt. Um die Nebenbestandtheile des Stahls, die nicht mit gelöst werden, vornehmlich den Kohlenstoff zu entfernen, hebt ein Präcisionsmechanismus das Stahlstück alle 5—10 Secunden ab, überbürstet es und legt es so gereinigt auf die Gypsfläche wieder auf. Die Herstellung von Hohlspiegeln[1]) von besonderer Präcision und Schönheit wird durch ein Verfahren angestrebt, bei welchem auf einer genau gearbeiteten Form von Glas, Wachs oder Metall galvanisch zunächst Silber, dann Palladium in dünner Haut niedergeschlagen und diese Metallhaut schliesslich im Kupferbade durch Kupferfällung verstärkt wird. Nach dem Abheben von der Form und Ablösen des Silbers mit Cyankali hat man einen Palladiumspiegel vor sich, dem ein besonderer Werth nachgerühmt wird. Schliesslich ist der Verfahren zu gedenken, welche galvanische poröse oder krystallinische Metallabscheidungen anstreben. Letztere sollen am besten aus Elektrolyten erhalten werden, welche das abzuscheidende Metall gleichzeitig in der Oxydul- und Oxydstufe enthalten, so wird für Kupfer eine chloridhaltige Chlorürlösung empfohlen[2]). Die zerkleinerten krystallinischen Niederschläge sollen als Broncepulver verwendet werden. Um poröse Metallniederschläge zu erzeugen, wird die Eigenthümlichkeit der Metalle benützt, über eine gewisse Stromdichte hinaus pulvrig zu fallen[3]). Indem man die Stromdichten variirt und abwechselnd pulvriges und cohärentes Metall in aufeinanderfolgenden Zeiträumen niederschlägt, wird eine zusammenhängende aber doch lockere und poröse Metalldecke auf der Kathode hervorgerufen. Die Variation der Stromdichte beim Niederschlagen der Metalle bildet überhaupt ein beliebtes Feld für allerhand Versuche. Da die Structur und die Eigenschaften eines Niederschlages mit der Stromdichte wie beim Kupfer besonders erläutert wurde, variiren, so ist erklärlich, dass man mit pulsirendem Strome allerhand Veränderungen des Niederschlages erreichen kann. Dass indessen Resultate von Erheblichkeit auf diesem Wege gewonnen wären, kann man nicht behaupten.[4])

[1]) D. R. P. 89249.

[2]) D. R. P. 88273.

[3]) D. R. P. 87430, 89289, 91848.

[4]) Siehe auch Coehn, Z. f. Elektrochem. 2, S. 215.

9. Capitel.

Elektrometallurgie.

Litteratur: BORCHERS: Elektrometallurgie Braunschweig 1896.

Die Gewinnung von Metallen aus Erzen oder Halbproducten der Erzverhüttung mittelst des elektrischen Stromes umfasst zwei Gruppen von Processen; bei der einen wird in wässeriger Lösung, bei der anderen in feuerflüssigem Zustand elektrolysirt. Die

Elektrolyse mit gelöstem Elektrolyten,

welche zunächst besprochen werden soll, ist wichtig für die Metallurgie des Kupfers, des Zinks, Nickels, Antimons, Zinns und der Edelmetalle Silber, Gold, Platin. Für die Elektrometallurgie von Blei und Wismuth mit gelösten Elektrolyten sind Vorschläge gemacht worden, bezüglich deren auf Borchers' Elektrometallurgie und auf die Zeitschriften-Litteratur verwiesen sei[1]). Kadmium und Quecksilber kommen für die Elektrometallurgie nicht ernstlich in Frage.

Kupfer wird in sehr grossem Umfange aus 98—99,3 %igem Metall elektrolytisch zu reinem Metall raffinirt. Man schätzt, dass von der amerikanischen Kupferausfuhr, welche 1896 125000 tons erreichte (Weltproduction an Kupfer 1896: 370000 tons), $^7/_{10}$ elektrolytisch in dieser Weise raffinirt sind. Nach Ulke[2]) wird sogar

---

[1]) Die Zeitschrift für Elektrochemie und das Jahrbuch der Elektrochemie bringen darüber Referate von Borchers.

[2]) Ulke, Z. f. Elektrochem. 3, S. 425.

die gesammte Production raffinirt. Aus ärmeren Zwischenproducten der Kupfermetallurgie oder direct aus Erzen durch ein elektrolytisches Verfahren reines Kupfer zu gewinnen, ist ein vielfach versuchtes, aber bislang nirgends mit dauerndem Erfolg gelöstes Problem. Der wirthschaftliche Nutzen der elektrolytischen Kupferraffination liegt wesentlich darin, dass die geringen Mengen an Edelmetall, welche das Kupfer enthält und die auf metallurgischem Wege nicht wohl isolirbar sind, gewonnen werden. Das gleiche Kupfergewicht wird in Gestalt 96 %igen Rohmetalls nur um einen geringen Betrag niedriger bezahlt als in Form des fast absolut reinen Elektrolytkupfers. Der Handelswerth des reinen Kupfers betrug 1897 auf dem Weltmarkt im Durchschnitt 101 Mark pro 100 kg[1]).

Die Verhüttung der Kupfererze auf Kupfer gliedert sich in eine Reihe von Processen. Die sulfidischen Erze werden zunächst durch Abrösten theilweise entschwefelt und dann mit sauren Zuschlägen zu einem Kupferstein verschmolzen, welcher in Folge der hohen Affinität von Kupfer zu Schwefel fast alles Kupfer als Schwefelverbindung neben einer verminderten Menge fremder Metallsulfide enthält. Der »Kupferstein«, welcher auf diese Weise erhalten wird, wird erneut derselben Behandlung unterworfen, dadurch an Kupfer angereichert und schliesslich entweder durch Abrösten des Schwefels und Niederschmelzen mit Kohle oder durch partielle Oxydation des Schwefels und Umsetzung in der Schmelzhitze nach der Gleichung

$$Cu_2S + 2\,Cu_2O = 6\,Cu + SO_2$$

in Schwarzkupfer übergeführt. Das Schwarzkupfer mit etwa 94 % Kupfer wird zur weiteren Reinigung von Fremdmetallen oxydirend geschmolzen und schliesslich durch »Polen« (Durchrühren) mit Holzstangen von einem Sauerstoffgehalt, den es dabei aufnimmt, befreit. Es resultirt jetzt etwa 98—99 %iges Metall. Von einem 40—50 % Kupfer haltigen Kupferstein gelangt man in einer Operation zu diesem 98—99 %igen Metall, indem man nach Art der Flusseisenbereitung den Stein in der zu diesem Zweck etwas modificirten Bessemerbirne verbläst. (Manhès' Ver-

[1]) Kupferstatistik von Hirsch & Sohn in Halberstadt und Statistische Zusammenstellungen über Blei, Kupfer, Zink, Zinn, Silber, Nickel und Aluminium von der Metallgesellschaft in Frankfurt a. M.

fahren.) Oxydische Erze sind einfacher in der Behandlung. Sie werden mit passenden Zuschlägen reducirend auf Rohkupfer verschmolzen. Vielfach werden Kupfererze, insbesondere kupferarme, durch Auslaugung ihres Kupfergehaltes beraubt und aus der Lauge das Kupfer als Cementkupfer mit Eisen gefällt. Das ziemlich unreine Cementkupfer wird dann zunächst auf feuerflüssigem Wege gereinigt.

In diesen Gang hat man mit der Elektrolyse an einer ziemlich frühen Stelle einzugreifen versucht[1]), indem man Kupferstein mit ca. 30 % Kupfer, 30 % Schwefel und 40 % Eisen als Hauptbestandtheilen, ja noch ärmere Producte (15—16 % Kupfer, 14 % Blei, 41—42 % Eisen, 25 % Schwefel, 0,05 % Silber) zu Anodenplatten goss und eine schwefelsaure Lösung der Sulfate von Kupfer und Eisen als Elektrolyt benützte. Der Elektrolyt wurde durch Auslaugung eines concentrirten Kupfersteins von 50 % Kupfergehalt mit Schwefelsäure gewonnen und enthielt im Liter ca. 27—28 g Cu und ca. 15 g Fe. Als Kathoden dienten dünne Kupferbleche. Als Bäder wurden mit Blei ausgekleidete Holzgefässe verwendet. Die Anoden waren quadratische Platten von 80 : 80 cm Fläche und 4 mm Dicke, die ihre Stromzufuhr durch Kupferstreifen von einer Hauptleitung erhielten, welche längs der einen Badseite lag, während die Kathoden an Holzleisten hingen, die quer über das Bad lagen und durch Kupferstreifen ihre Stromzuführung von der längs der anderen Badseite laufenden negativen Hauptleitung erhielten. Jedes Bad hatte bei 2,2 m Länge : 1 m Breite : 1 m Tiefe 15 parallel geschaltete Anoden und 16 parallel geschaltete Kathoden, die abwechselnd in Abständen von je 5 cm hinter einander hingen. Der Elektrolyt circulirte durch die Bäder, welche terrassenförmig standen, durch Ueberlaufröhren. Die Erfahrung lehrte, dass mit dieser Anlage eine rationelle Arbeit nicht möglich war, weil die Kupfersteinanoden fortdauernd Störungen hervorriefen. Durch Herauslösen der Metalle Eisen und Kupfer verloren sie ihren inneren Halt, zerbrachen, und die abfallenden Stücke riefen Kurzschlüsse hervor. An den Anoden blieb der Schwefel bei der Lösung der Metalle haften und erzeugte hohe Uebergangswiderstände; die für die Elektrolyse erforderliche

[1]) Cohen, Z. f. Elektrochem. 1, S. 51.

elektromotorische Kraft stieg aus dieser Ursache unter Mitwirkung von Polarisationserscheinungen an der Kathode auf eine wirthschaftlich unzulässige Höhe, und überdem erwies sich das abgeschiedene Kupfer nicht rein, sondern enthielt Wismuth, Blei, Eisen, Zink und Schwefel. Das Ergebniss steht nicht allein. Allgemein hat sich die Unmöglichkeit ergeben, durch Elektrolyse ein Metall, das mit unlöslichen Substanzen stark verunreinigt die Anode bildet, aus dieser herauszulösen und in reinem Zustand auf der Kathode zu fällen. Die Anoden müssen stets bis auf einen geringen Rückstand bei Stromdurchgang gelöst werden. Anderenfalls bleiben Störungen nicht aus, welche den bei den Kupfersteinanoden beobachteten gleichen. Durch Granulation des Anodenmetalls und Ausbreitung auf dem Zellboden, welcher als Zuleitung dient, lässt sich zwar das Auftreten von Kurzschlüssen durch abfallende Massen vermeiden. Das Herauslösen des Metalls geschieht aber dann noch unvollkommener, und die Elektrolyse liefert einen Rückstand, welcher nur zu einem Bruchtheil im gewünschten Sinne extrahirt ist. Mit der Anforderung, dass die Anode bis auf geringe Mengen löslich sein soll, verbindet sich die zweite, dass der Elektrolyt seine Reinheit annähernd bewahrt. Die Stromdichten, welche die Elektrometallurgie benützt, sind in der Regel Bruchtheile eines Ampère pro qdm Kathodenfläche. Bei guter Circulation der Lauge wird die Lösung an der Kathode unter dem Einflusse der die Zuwanderung überwiegenden Abscheidung deshalb nicht leicht verarmen und der Potentialsprung an der Kathode nicht wesentlich über den des Ruhezustandes wachsen. Gegenwart einer kleinen Menge von Metallen, welche in der Spannungsreihe höher stehen, wird deshalb nicht stören. Diese Metalle werden bei der Abscheidung des tiefer stehenden Metalls nicht in den Niederschlag mit übergehen. Wenn sich aber allerhand Fremdmetalle im Elektrolyten stark anreichern, ändern sich die Verhältnisse in nicht zu übersehender Weise. Man ist deshalb im Allgemeinen darauf verwiesen, entweder ein fast reines Metall als Anode zu benützen und die Elektrolyse nur als letzte Raffinationsarbeit vorzunehmen oder auf chemischem Wege eine Lösung des Metalls von annähernder Reinheit herzustellen und aus dieser mit einer unlöslichen Anode die Niederschlagung mit dem Strom auszuführen.

Für die Metallurgie des Kupfers ist, wie schon einleitend erwähnt wurde, die Raffination hochprocentigen Kupfers zu ganz reinem Metall der derzeit wesentlich wichtige Process.

Die Zusammensetzung eines in Oker[1]) als Anode benützten Kupfers ist:

Cu	98,868 %
Ag	0,109 »
Au	0,0007 »
Pb	0,076 »
Bi	0,099 »
As	0,392 »
Sb	0,345 »
Fe	0,052 »
Ni	0,016 »
Unlösliches .	0,039 »

Das elektrolytisch niedergeschlagene Kupfer enthält:

Cu . . .	99,9937 %
Ag . . .	0,0040 »
Sb . . .	0,0008 »
O . . .	0,0020 »

Das Verhalten der einzelnen Nebenbestandtheile des Kupfers an der Anode ist in älteren Untersuchungen Kiliani's festgestellt. Bei einer Stromdichte von 0,2 Amp. pro qdm und einer Lösung von 150 g Kupfervitriol und 50 g Schwefelsäure in 1 l als Elektrolyt fand er, dass Kupferoxydul vom Anodenprocess unberührt in den Schlamm geht, welcher die Anode als Haut bei Stromdurchgang überkleidet und an ihr herabsinkt. Secundär löst es sich allmälig, wenn es längere Zeit mit der sauren Lösung in Berührung bleibt. Halbschwefelkupfer, wenn es in kleiner Menge vorhanden ist, geht gleichfalls in den Schlamm, während es bei Kupfersteinanoden, welche daran sehr reich sind, unter Schwefelabspaltung gelöst wird. Auch die geringen Mengen Silber, Gold und eventuell Platin gehen in die saure Lösung nicht über, sondern als Metalle in den Anodenschlamm, ebenso Blei als Sulfat. Wismuth bildet zum Theil basisches unlösliches Oxyd an der Anode, zum anderen Theil geht es zunächst in Lösung, um in der gleichen Verbindungsform allmählich sich daraus abzuscheiden. Zinn und Arsen lösen sich, Arsen als arsenige Säure, Zinn als Sulfat. Arsenige Säure bleibt in Lösung, Zinn fällt beim Stehen als basisches Salz zum grössten Theile wieder heraus. Antimon verhält sich wie Zinn, ein Theil

[1]) Communion-Hütten-Werk. Privatmittheilung.

bleibt aber von vornherein als basisches Sulfat auf der Anode. Eisen, Zink, Nickel und Cobalt gehen vollständig in den Elektrolyten über. Die Bildung unlöslicher Sulfate, welche nach Vorstehendem mit der Gegenwart mancher Anodenverunreinigungen verknüpft ist, macht die Lauge an Schwefelsäure verarmen und die Lösung anderer verkleinert den Betrag des Kupfervitriols, da die Stromarbeit an der Anode zu einem Bruchtheil der Ueberführung der Verunreinigungen in den Ionenzustand dient, während an der Kathode nur Kupfer gefällt wird. Indessen corrigirt sich die zweite genannte Veränderung bei kleinen Stromdichten dadurch, dass sowohl an der Anode bei der Lösung, als an der Kathode bei der Entladung etwas Kuprosulfat entsteht, welches durch Einwirkung der Luft in Kuprisulfat übergeht. Die Anode wird deshalb etwas stärker angegriffen, der Niederschlag an der Kathode ist etwas geringer, als der durchgehenden Stromquantität bei ausschliesslicher Bildung und Entladung zweiwerthiger $\overset{++}{Cu}$-Ionen entsprechen würde. Von Fremdmetallen werden sich im Elektrolyten Eisen, Cobalt, Nickel einerseits, Arsen, Antimon, Wismuth und Zinn andererseits anreichern können. Die drei ersten Metalle sind ihrer hohen Haftintensität wegen für die Reinheit des Niederschlags nicht wesentlich bedenklich, Zinn pflegt in der Anodensubstanz zu fehlen, wird aber nach amerikanischen Berichten absichtlich in kleiner Menge zugesetzt, einmal weil, wie Kiliani fand, ein kleiner Zinngehalt im Bade die Qualität des ausfallenden Kupfers begünstigt, obgleich eine nachweisbare Zinnmenge nicht mitfällt, andererseits, weil, wie neuerdings mitgetheilt wird, die Bildung einer Verbindung aus Zinnsäure und Arsentrioxyd die Abscheidung des Arsens aus der Elektrolyt-Lauge begünstigt[1]).

Die Anreicherung von Arsen, Antimon und Wismuth in der Lauge ist für die Reinheit des Niederschlages gefährlich. Auch geht Silber bei höherer Stromdichte nicht vollständig in den Schlamm und fällt, soweit es in den Elektrolyten gelangt, infolge seiner geringen Haftintensität mit dem Kupfer an der Kathode. Wenn der Gehalt des Elektrolyten an Arsen, Antimon oder

---

[1]) Hier wie im Folgenden mehrfach ist die vortreffliche Darstellung der amerikanischen Kupferraffination von Barnett in Peters Modern copper smelting, New-York und London 1897 S. 576 als Quelle benutzt.

Wismuth eine Bedenken erregende Höhe erreicht, so wird die Lauge abgezogen und mit Kupferoxyd neutralisirt. Durch Erwärmen unterstützt, vollzieht sich dann die Abscheidung der arsenigen Säure als Kupfer- bezw. Eisensalz, die des Eisens als Hydroxyd oder basisches Sulfat. Wismuth fällt als basisches Salz und Antimon als Oxyd.

Ist mit dem Kupferwerke auch eine Anlage zur Kupfervitriolgewinnung verbunden, so übergibt man die verunreinigte Lauge gern diesem Betriebe. Infolge ihres Gehaltes an freier Schwefelsäure ist sie zum Auslaugen der Kupfergranalien (92 % Cu) mit verwendbar. Zur Elektrolyse wird dann eine frische Lösung von reinem Kupfervitriol mit Schwefelsäure angesetzt.

Ein dritter Weg, der öfters beschritten wird, besteht darin, das Kupfer aus der unreinen Lauge durch Cementation mit Eisen oder elektrolytisch in einer besonderen Zelle in unreinem Zustand zu gewinnen und in den Hüttenprocess zurückzugeben, der es nach Reinigung und Umschmelzung in Form gegossener Anoden der elektrolytischen Raffination wieder zuführt.

Die Anfangszusammensetzung des Elektrolyten wird innerhalb enger Grenzen ungeändert erhalten. Man benutzt meist eine Lösung von 150 bis 200 g krystallisirtem Kupfervitriol und 50 g freier Schwefelsäure im Liter; beim Arbeiten mit besonders hohen Stromdichten empfiehlt sich, die Lösung sowohl an Kupfer wie an freier Säure reicher zu wählen. In jeder Beziehung wünschenswerth ist es, während der Elektrolyse zu erwärmen. Das Kupfer fällt bei 40° schöner als bei niederer Temperatur, ohne dass die Stromausbeute leidet.[1] Die Erwärmung über Zimmertemperatur ist indessen nur in einigen Raffinerien bislang eingeführt. Die Temperatur wird dort bei ca. 35° C. gehalten. Erfahrungsgemäss wird ferner durch eine rationelle Lufteinführung in den Elektrolyten die Reinhaltung der Laugen und des abgeschiedenen Kupfers begünstigt. Die Luftzuführung wirkt besonders günstig auf die Abscheidung von Wismuth und Antimon während des Betriebes.

Für die Anordnung und den Betrieb gibt es zwei Systeme. Das anscheinend bewährtere ist das Multiplensystem, bei welchem die Anoden und Kathoden jedes Bades unter sich

[1]) Foerster und Seidel, Z. f. anorg. Chem. 14, S. 114.

parallel, die Bäder hinter einander geschaltet werden. Nach amerikanischen Erfahrungen, die Barnett eingehend mittheilt, empfehlen sich für dieses System Holzbottiche von 211 cm Länge, 112 ccm Tiefe und 76 cm Breite, die mit Bleiblech ausgekleidet sind. Sie enthalten 17 Kathoden und zwischen ihnen 16 Anoden je in 5 cm Abstand. Die Anoden sind 2 cm stark, die Kathoden 1 mm. Länge und Breite der Platten sowie die Art ihrer Aufhängung zeigen die Figuren 63 und 64. Die Stromzuführungen laufen auf den Längsoberkanten des Bades entlang. Die Anoden werden mittels angegossener Fahnen, unter Zwischenschiebung eines Isolirschuhs auf der einen Seite, auf diese Stromzuführungen

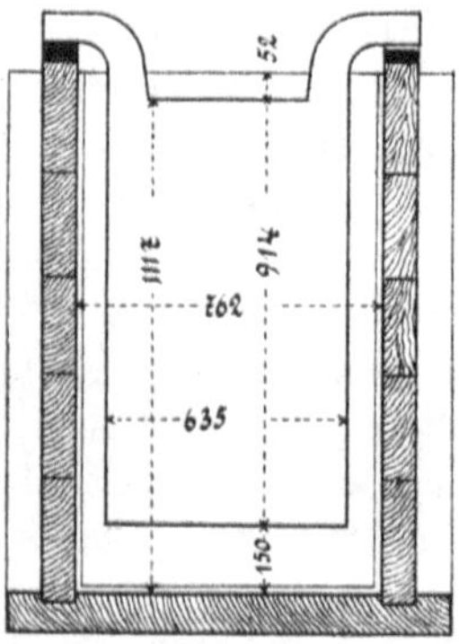

Fig. 63.
Anodenplatte.
Maasse in Millimetern.

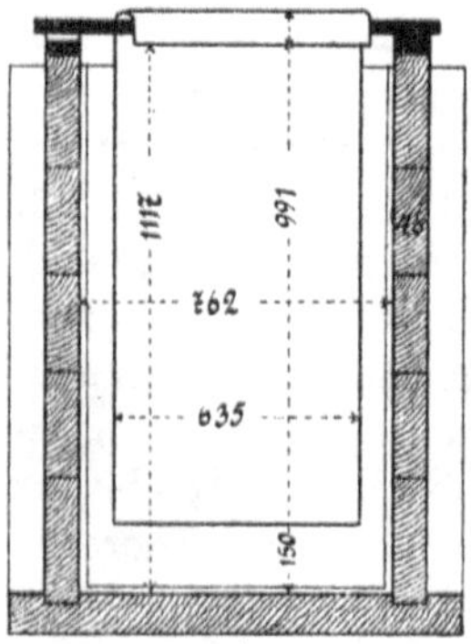

Fig. 64.
Kathodenplatte.
Maasse in Millimetern.

direct aufgelegt. Die Kathoden hängen an 12 mm starken Kupferstäben, welche quer über das Bad gelegt sind und von der positiven Stromzuführung durch eine Isolirschicht getrennt werden. Die Kathodenfläche in einem solchen Bade beträgt 18,6 qm, die Anoden haben je nahe an 0,58 qm einseitige Oberfläche. Die Stromdichte richtet sich nach dem Gehalt an Silber einerseits, an Arsen, Antimon und Wismuth andererseits, da vermieden werden muss, dass Silber sich löst und dass die drei anderen Metalle kathodisch mit abgeschieden werden. Danach schwanken die Stromdichten von 0,3 bis 2 Amp. pro qdm Kathodenfläche, die üblichen Beträge liegen zwischen 0,78 und 1,1 Amp. Die Stromausbeute beträgt 95 %, bei sehr guten Anlagen 96 % im Mittel.

In einzelnen kurzen Betriebsperioden sind bis 98,08 % erreicht worden. In den amerikanischen Berichten wird die Stromdichte, aus dem Kupferausbringen pro Zeiteinheit getheilt durch die Kathodenfläche mal dem elektrochemischen Aequivalent des Kupfers berechnet angegeben. Da das Ausbringen nur etwa 95 % der Theorie beträgt, sind die so berechneten Stromdichten um etwa 5 % ihres Werthes zu niedrig. Der Elektrolyt besteht aus einer schwefelsauren Kupfervitriollösung vom spec. Gew. 1,12 bis 1,15 und wird aus 75 Theilen Wasser, 15—20 Kupfervitriol, und 5—6 conc. Schwefelsäure zusammengemischt. Der Widerstand jeder Zelle beträgt bei 24° C. 0,000396 Ohm. Der Spannungsverbrauch schwankt von $^1/_5$ Volt aufwärts. Barnett rechnet 0,7 Volt im Mittel einschliesslich der Spannungsverluste in den Leitungen und kommt so für eine Anlage von 300 Zellen auf 215 Volt, welche die Maschine liefern muss[1]). Bei 1632 Amp. liefert die Anlage dann täglich 13 608 kg Kupfer und auf jede aufgewandte mechanische PS.-Stunde kommen 1,09 kg Kupferausbringen. Von den 300 Zellen werden 30 in besonderer Weise betrieben. In ihnen werden die 1 mm starken Kathodenbleche auf eingefetteten dünnen, an den Rändern mit Asphaltlack bestrichenen Walzkupferblechen niedergeschlagen. Diese galvanisch erzeugten Kathoden werden nach Ablösung von den Mutterblechen in die 270 anderen Zellen übergehängt. Sie verwachsen dort mit dem neu darauf niedergeschlagenen Kupfer und werden sammt diesem nach je 20 Tagen herausgenommen und um-

---

[1]) Becker, Manuel d'Electrochimie, Paris 1898, S. 221 ff., gibt folgende Daten über Stromdichten und Spannungsverbrauch in verschiedenen Kupferraffinerien:

Stromdichte der	Hamburger	Raffinerie	0,91 Amp. pro qdm
» »	Marseiller	»	0,101 » » »
» »	Biacher	»	0,212 » » »
» »	Pembreyer	»	1,19 » » »
» »	Anaconda	»	0,5 bis 0,6 Amp. pro qdm.

Spannungsverbrauch pro Bad (umgerechnet aus den bei Becker angeführten Zahlen für Kupferausbringen und Wattverbrauch unter Annahme von 95 % Stromausbeute):

Hamburger Raffinerie	0,26 Volt
Raffinerie in Oker	0,37 »
» » Bridgeport	0,46 »

geschmolzen. Die Anoden der ganzen Anlage wechselt man monatlich. Die Anoden sind dann grossentheils aber nicht völlig aufgezehrt. Sie lassen sich nicht wie Walzkupferplatten bis auf eine dünne Haut auflösen, sondern werden etwas unregelmässig angefressen und müssen deshalb, wenn etwa $^2/_3$ des Materials gelöst ist, entfernt und wieder umgeschmolzen werden.

Die beschriebene Anordnung der Bäder und Elektroden ist bei den einzelnen Ausführungsformen des Multiplenprincips, welche allgemeiner bekannt geworden sind, eine recht ähnliche. Die Fig. 65 und 66 zeigen die von Borchers[1]) beschriebene Siemens & Halske'sche Construction nach Borchers' Zeichnungen, Fig. 67 die Thofehrn'sche[2]) in denjenigen Theilen, in denen sie von der vorangeschickten Beschreibung abweichende Details bieten. Bei der Construction von Siemens & Halske sind die Bäder aus pitch-pine Holz (*H*) mit Bleiauskleidung. Die Stromzuführungen laufen auf einem durch Imprägnation mit Oel oder ähnlichen Substanzen wasserundurchlässig gemachten Rahmen *r*. Der Schlammteller *s*, der auf dem Holzklotz *t* steht, nimmt den Anodenabfall auf. *a* und *k* in Fig. 66 sind die Anoden und Kathoden. Bei Thofehrn's Construction ist das Hauptmerkmal die grössere Breite der Zelle ($1^1/_2$ m) und die Aufhängung mehrerer Kupferplatten neben einander mittels Kupferhalter an Eisentraversen. Bei der Siemens & Halske'schen Anordnung hängen die Kathoden (*K* Fig. 65) an Holzleisten. Wichtiger als diese kleinen constructiven Abweichungen ist der Unterschied in der Art und Weise, in welcher die Circulation der Lauge bewerkstelligt wird. Eine Laugen-

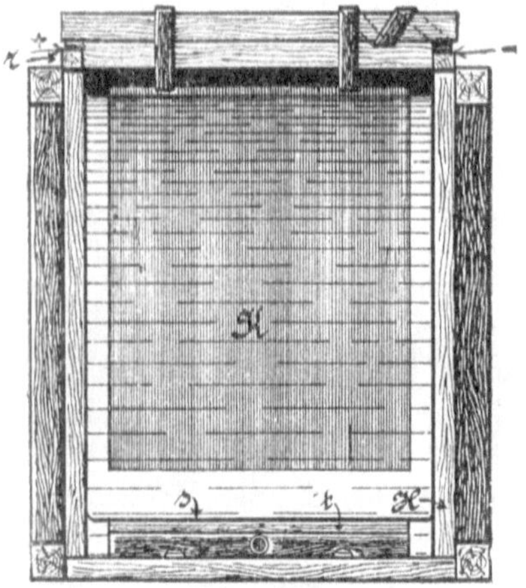

Fig. 65.

[1]) Borchers, Elektrometallurgie S. 181.

[2]) Hering, Berg- und Hüttenmänn.-Z. 52, S. 53 und Electrician 38, S 144.

bewegung ist für die Elektrolyse unbedingt nöthig, wenn locale Verarmungen und Entmischungen vermieden und gutes Kupfer erhalten werden soll. Einführung von Luft in den Elektrolyten ist ferner, wie erwähnt, von Vortheil für die Reinhaltung. Ueber die Art, wie beides zweckmässig zu vereinigen ist, aber gehen die Anschauungen auseinander. Borchers sieht einen grossen Vortheil in der Luftcirculationseinrichtung, welche Fig. 66 zeigt und deren Autorschaft zwischen den Firmen Gebr. Borchers und

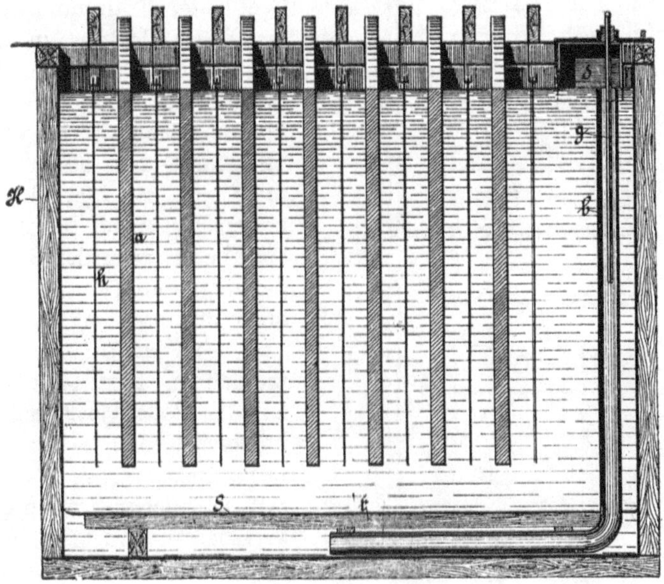

Fig. 66.

Siemens & Halske strittig ist. Durch das Glasrohr *g* wird Luft eingeblasen. Dieselbe entweicht durch eine feine Oeffnung unten aus dem Rohr, steigt in dem weiteren Bleirohr *b* in feinen Blasen auf und vermindert dabei das Gewicht der Flüssigkeitssäule, welche von den Gasbläschen erfüllt ist. Dadurch entsteht in dem communicirenden System, welches von dem Hauptvolumen des Elektrolyten einerseits, der Flüssigkeit im Bleirohr, das unter dem Schlammteller offen endet, andererseits gebildet wird, eine Flüssigkeitsbewegung. Die gasdurchsetzte leichtere

Längsschnitt.

Querschnitt.

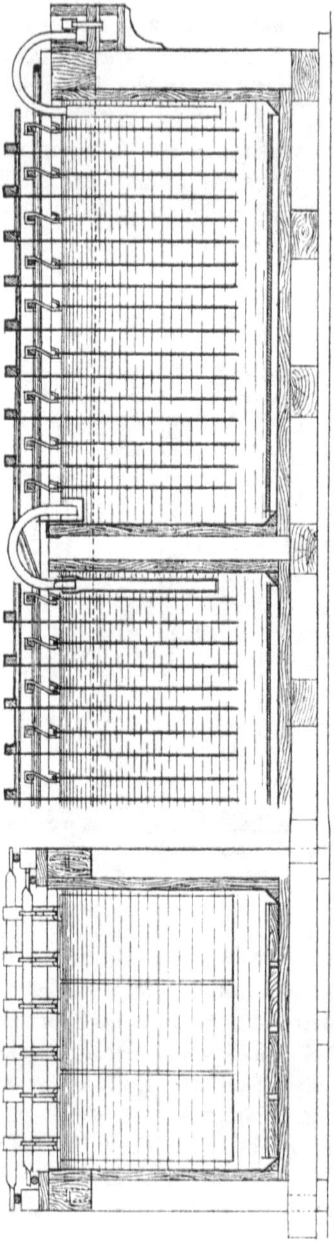

Fig. 67.

Lösung in *b* steigt und läuft bei *d* über, während der Elektrolyt von unten in das Rohr *g* nachströmt. Noch wirksamer wird die Luftcirculation, wenn sie in etwas anderer Weise angeordnet wird. Man kann nämlich eine dünne Holzwand in einigen Centimeter Entfernung von der Bleiauskleidung in den Elektrolyten parallel zu den Längswänden einsetzen. Die Wände reichen nicht völlig bis zum Boden hinab und nicht ganz bis zum Flüssigkeitsspiegel hinauf, sodass die abgetheilten schmalen Seitenkammern durch einen Schlitz oben und unten mit der Flüssigkeit im Hauptraum communiciren. Legt man nun auf den Boden jeder Seitenkammer der Länge nach ein horizontales Rohr, welches mit zahlreichen Oeffnungen versehen ist und bläst durch ein aus dem Bade herausragendes verticales Ansatzrohr Luft in das horizontale Stück, so steigt diese in den Seitenkammern in feinen Bläschen auf und erzeugt dieselbe Gewichtserleichterung und Circulation, welche die früher beschriebene Vorrichtung zwischen dem Bleirohr und dem Bade veranlasste, in viel ausgedehnterem Maasse zwischen den Seitenkammern und dem Hauptraum. Siemens & Halske beschreiben das zweite Verfahren etwas modificirt bei Gelegenheit eines Patentes zur Zinkgewinnung.[1]) Dass in der Kupferraffinerie dies Luftcirculationsprincip einen breiten Boden gewonnen hätte, lässt sich nicht sagen. In den europäischen Raffinerien ist es dem Vernehmen nach wenig in Aufnahme gekommen und in den amerikanischen anscheinend noch weniger. Das gebräuchliche ist die Laugencirculation. Eine solche zeigen Thofehrn's Anlagen. Die Bäder stehen terrassenförmig mit je 2 cm Höhenabstand. Ein Heber nimmt die Lösung jeweils unten aus dem einen Bade ab und übergibt sie einem Ueberlaufkasten am Eingang des nächsten Bades, in welchen gleichzeitig Dampf und Luft zur Erwärmung auf 35° und Oxydation eingeblasen werden. Barnett beschreibt eine noch einfachere Anordnung, bei welcher die Zellen in 5 cm Höhenabstand stehen und der Elektrolyt jeweils an einer Schmalseite oben zuläuft, während er an der gegenüberliegenden durch einen bis in den Zelluntertheil hinabreichenden Heber abgesogen und dem nächsten Bade übergeben wird. Ein mit Luft betriebener Montejus hebt die Lauge, die von Zelle zu Zelle langsam herabsinkt, schliesslich immer wieder zur Einlaufstelle des ersten Bades hinauf.

Das Kupferausbringen pro P. S.-Stunde wird verschieden angegeben. Während Barnett als erfahrungsgemässen Werth 1,09 kg für die mechanische P. S.-Stunde nennt, geben Siemens & Halske 1,66 kg und Thofehrn 2,22 kg an. Der Unterschied ist wesentlich in dem Spannungsverbrauch am Bade begründet, für welchen der Barnett'sche Werth von 0,72 Volt sehr hoch erscheint. Man kann jedenfalls mit der Hälfte auslangen. (Siehe Anm. S. 311.)

Die unter sich parallelen Anoden und Kathoden bringen den einen Uebelstand mit sich, dass die Stromdichten nicht sicher überall gleich sind. Kleine Störungen an den Contacten erzeugen bei den geringen Spannungen, die benützt werden, alsbald erhebliche Ungleichheiten in der Vertheilung des Stromes und rufen übergrosse Stromdichten an einzelnen Kathoden hervor. Bei den Seriensystemen fällt das weg. Die

[1]) E. P. von 1895, Nr. 13434.

Verfahren von Stalmann, Smith und Hayden, von denen das dritte das benütztestе ist, verwenden die Hintereinanderschaltung. Man setzt nach Fig. 68 an die Enden des Bades links eine Anoden- *a* rechts eine Kathodenplatte *k* und hängt in Abständen von einigen Centimetern die Doppelplatten *m* ein, welche (Fig. 69) aus einer Anodenplatte *a* mit darauf geschraubter Kathodenplatte *k* bestehen, sodass der Endanode eine Kathode und der Endkathode eine Anode gegenübersteht. Das ist die Anordnung von Stalmann.[1]) Diese Plattenpaare *ak* wirken als »Mittelleiter«. Unter Mittelleitern versteht man in einem stromdurchflossenen Elektrolyten isolirt angebrachte Metalltheile. Sind dieselben so eingesetzt, dass sie als Scheidewand den Elektrolyten in zwei vollständig getrennte Theile sondern, so dass der gesammte Strom durch den Mittelleiter hindurchgehen muss, so werden an der Fläche, welche der positive Strom trifft, Kationen entladen, an der Gegenfläche je nach Umständen Kationen gebildet oder Anionen entladen.

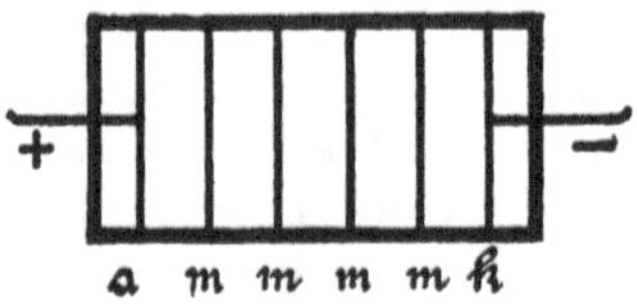

Fig. 68.

An einer Kupferplatte als Trennungsschicht zwischen zwei sauren Kupfervitriollösungen wächst auf der einen Seite Kupfer an, während auf der anderen solches gelöst wird, auf einer Platinplatte zwischen zwei Schwefelsäurelösungen wird auf der einen Seite Sauerstoff, auf der anderen Wasserstoff entwickelt. Zwischen den einzelnen Punkten des Mittelleiters unter einander besteht keine Potentialdifferenz (wenn wir den Spannungsverbrauch des Mittelleiters, d. h. das Product der in ihm herrschenden Stromstärke mal seinem Widerstand, in Rücksicht auf die Kleinheit dieses Widerstandes, gleich Null setzen). Die Flüssigkeiten auf beiden Seiten besitzen aber je nach Umständen wechselnde Potentialdifferenzen gegen den Mittelleiter. Wenn ein Mittelleiter aus Kupfer z. B. auf der einen Seite in $^1/_1$ normale Kupfersulfatlösung, auf der anderen in eine Lösung des gleichen Salzes von zehnmal kleinerer Ionenconcentration taucht, wird die $^1/_1$ normale Lösung um — 0,515, die andere

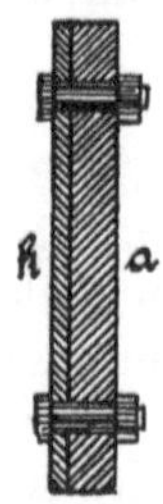

Fig. 69.

[1]) U. S. A. P. 467350; 467484.

um — 0,486 gegen ihn negativ sein. Beide Flüssigkeiten haben also die ihrem Concentrationsunterschied entsprechende Spannungsdifferenz von 0,029 Volt. Bei einem Mittelleiter aus blankem Platin, der in Schwefelsäure sich befindet und an welchem gerade Gasentwicklung stattfindet, werden die beiden begrenzenden Säuren 1,7 Volt gegen einander zeigen. Im ersten Fall wird also, wenn die Concentration auf beiden Seiten aufrecht erhalten wird, die elektromotorische Gegenkraft von 0,029, im zweiten die von 1,7 Volt bei Stromdurchgang zu überwinden sein. Wenn der Mittelleiter entfernt wird, so ändert sich im ersten Falle[1]) nichts, im zweiten verschwindet die Gegenkraft vollständig, welche die Gaspolarisation am Mittelleiter hervorrief. Ein Mittelleiter, welcher zwischen zwei Lösungen eingeschoben wird, die zuvor sich berührten, vermehrt also den Spannungsverbrauch bei gleichbleibender Stromstärke nicht, wenn er sich nicht polarisirt. Trennt der Mittelleiter die Lösungen nicht vollständig, sondern füllt er den Flüssigkeitsdurchschnitt nur zum Theil aus, so wird, wenn er unpolarisirt bleibt, wie Kupfer in Kupfervitriol, der Stromdurchgang sich auf ihn concentriren, weil das Metall grössere specifische Leitfähigkeit als die Lösung besitzt, welche dasselbe umspült; polarisirt er sich aber wie Platin in Schwefelsäure, so wird der Strom um den Mittelleiter herum laufen, weil der Durchgang durch den Mittelleiter mit einem Spannungsaufwand, im gedachten Beispiel von 1,7 Volt, verbunden ist. Wenn das Product aus dem Widerstand des Stromweges um die Elektroden mal der Stromstärke jene 1,7 Volt übersteigt, wird unter regelmässiger Gasentwicklung der Strom nach einem bestimmten Vertheilungsverhältniss seinen Weg theils durch, theils um den Mittelleiter herum nehmen.[2])

---

[1]) mit Vernachlässigung des Potentialsprungs, welcher sich durch die Verschiedenheit der Ueberführungszahlen ergibt, die sich hier wie 7 : 3 verhalten. Nur bei Gleichheit der Ueberführungszahlen ist die Aenderung präcise Null.

[2]) Wenn statt einer Gasentwicklung an dem Mittelleiter Abscheidung verschiedenartiger fester Producte, etwa Blei und Bleisuperoxyd durch Anwendung einer passenden Bleilösung ermöglicht wird, so entstehen Figuren auf ihm aus diesen Beschlägen, welche nach Gestalt und Lage des Mittelleiters und der Elektroden verschiedene Formen haben. Die Erklärung ist in jedem Fall eine einfache, wenn man

Die Betrachtung ist bestimmt, zu erläutern, dass bei der Stalmann'schen Schaltung auch bei nicht ganz flüssigkeitsdichtem Abschluss der Platten gegen die Wände, der in Praxis nicht wohl möglich ist, der Strom durch die Platten geht, solange diese sich nicht polarisiren. Eine solche Polarisation bleibt aber nicht aus und dann treten Verluste an Stromausbeute ein. Hayden's Verfahren[1]) ist eine Vereinfachung des Stalmannschen. Die Kathodenbleche fehlen und die Rückseite der Anode ist Niederschlagsfläche für das Kathodenkupfer, das vor dem massiven Zusammenwachsen mit der Anodenplatte durch einen Fetthauch bewahrt wird. Diese vereinfachte Form ist die gebräuchlichere. Der Elektrolyt wird für dieses Verfahren aus 16 % Kupfervitriol und 5 % Schwefelsäure zusammengesetzt. Die Stromdichte ist meist klein, 0,32 Amp. pro qdm, selten wird 1 Amp. und darüber benutzt. Das liegt aber nach dem früher Gesagten jedenfalls nicht am Verfahren, sondern an dem Arsen- und Silbergehalt der Anoden, welche dort, wo es in Gebrauch steht, zu verarbeiten sind. Da die Kupfervitriolconcentration an der Anode in Folge der combinirten Wirkung von Bildung und Wegwanderung der $\overset{++}{Cu}$-Ionen wächst, die an der Kathode fällt und demgemäss das specifische Gewicht des Elektrolyt dort zu- und hier abnimmt, so liegt es nahe, diesen Gewichtsunterschied für die Erzeugung einer Circulation zu verwenden, indem man Hayden's Anordnung um einen rechten Winkel dreht. Die Platten liegen dann sämmtlich vertical über einander, werden an der Unterseite Anode, an der Oberseite Kathode. Dies ist Smith' System. Da aber jetzt der Anodenschlamm herunter auf die Kathode fällt, so bedarf es zwischen den Platten horizontal gespannter Baumwollsäcke, welche ihn im Herabsinken aufhalten, bevor er auf die Kathode

---

sich vergegenwärtigt, dass zwei Potentialgefällscurven die Strombewegung in der Flüssigkeit bestimmen. Die eine entspricht der Elektricitätsbewegung von der einen Elektrode durch die Flüssigkeit zur andern, die andere der von den Bleisuperoxydpartikeln zu den Bleipartikeln auf dem Mittelleiter. Die Flüssigkeitstheilchen, welche dem Blei und Bleisuperoxyd anliegen, haben gegen einander die Spannungsdifferenz von 2 Volt. (Näheres siehe Kauffmann, Z f Elektrochem. 3, S. 237).

[1]) Engineer. and Mining J. 54, S. 126.

kommt. Um diese Complication zu vermeiden, hat Randolph[1]) die umgekehrte Anordnung angerathen, so dass die Plattenoberseite Anode, die Unterseite Kathode wird. Damit sind aber ersichtlich schwere Nachtheile verbunden; der Elektrolyt wird zur Entmischung durch diese Plattenstellung geradezu prädestinirt, und der Schlamm häuft sich störend auf der Anode. Das Verfahren scheint auch ohne Anklang geblieben zu sein. Smith' Anordnung hat gegen die Stalmann'sche die Schwierigkeit, dass der Apparat ganz geschlossen gebaut werden muss und weniger leicht in seinen Theilen zugänglich ist. Generell wird bei der Hintereinanderschaltung an Stromstärke gespart, an Spannung ein Mehraufwand erfordert. In allen Fällen wird bei der Serienschaltung die Bleiauskleidung der Elektrolytzellen, die einen Kurzschluss durch die ganze Zelle bedingt, durch eine Theerimprägnation der Holzwände ersetzt. Ein dauernder Schutz gegen das Eindringen des Elektrolyten in's Holz ist damit nicht gegeben. Nach 4 Jahren müssen solche Zellen erneuert werden, und schon vorher geben sie merkliche Energieverluste durch Nebenleitung, indem der Strom durch das mit dem Elektrolyten imprägnirte Holz seinen Weg theilweise um die Elektroden herum nimmt.

Die Praxis scheint die Seriensysteme wieder zu verlassen. Barnett erläutert dies durch folgende Momente. Es ist erstlich der Nutzeffect der Seriensysteme kleiner als der der Multiplensysteme, er erreicht nur 90 % und sinkt bei alten Bädern auf 85 %. Es ist zweitens die Kupfermenge, welche als zinsloses Kapital in den Zellen steckt, bei dem Seriensysteme grösser, da die Anoden nur einseitig als Lösungselektrode wirken. Damit dieser Unterschied nicht zu sehr empfindlich wird, kann man die Anoden dünner machen, muss sie aber dann sorgfältiger herstellen, damit sie möglichst gleichmässig anodisch gelöst werden. Dies als Drittes und dazu die Nothwendigkeit, den

---

[1]) U. S. A. P. 514275. Mit Verkennung der Functionen eines Mittelleiters wird in der Patentschrift eine Apparatanordnung solcher Art beschrieben, dass das ganze System von vertical über einander liegenden Platten (Endanode, Mittelleiterplatten, Endkathode) in einem weiten Bottich (mit langsam strömender) Kupfervitriollösung sich befindet. Damit ist ein vollständig unregelmässiges Lösen und Niederschlagen des Kupfers unvermeidlich.

kathodischen Niederschlag von den unveränderten Resttheilen abzuziehen, was mühsam und kostspielig ist, überwiegen die Vortheile.

Barnett rechnet pro 1 ton englisch = 1016 kg Raffinadkupfer wie folgt für eine Anlage, die täglich 13608 kg Raffinadkupfer erzeugt:

	Multiplen-	Serien-System
Herstellung der Anoden (mit Aufarbeitung der Rückstände)	\$ 3.40	\$ 5.57
Kohle zu 4 \$ per ton (bei der Elektrolyse verbraucht)	» 3.66	» 1.73
Energieverlust in den Leitungen	» 0.26	» 0.02
Ausgabe, verursacht durch den unter 100% zurückbleibenden Stromwirkungsgrad	» 0.18	» 0.54
Verarbeitung der Schlämme	» 0.90	» 0.90
Arbeit (einschliesslich technische Leitung)	» 3.68	» 4.14
Zinsen von \$ 82000 bezw. \$ 62000 zu 5%	» 0.74	» 0.55
Zinsen des im Process todtliegenden Kupfers	» 1.41	» 2.60
Unterhaltung der Anlage	» 0.76	» 0.97
Schmieröl, Abnützung, Beleuchtung etc.	» 0.17	» 0.12
Gesammte Raffinationskosten ausser Versicherung und Generalkosten	\$ 15.16	\$ 17.14

Das Product, durch welches die Kupferraffinerie, wie schon früher erwähnt, sich wesentlich bezahlt macht, sind die Schlämme, welche von den Anoden während des Betriebes hinabfallen. Der Elektrolyt wird etwa monatlich abgelassen, die Schlämme ausgeschöpft und von Kupferbrocken, die unveränderte Stücke der Anode sind, abgesiebt. Die Elektroden werden dann abgerieben, die Zelle ausgespült und neu beschickt. Die Menge des Kupfers in den Anodenschlämmen, das zum Theil in Brocken, zum Theil in Pulverform darin vorliegt, ist grösser, wenn in der Kälte als wenn in der Wärme gearbeitet wird. Von den Anodenbrocken abgesiebt beträgt das Schlammquantum nach Ulke[1]) 4% vom Anodengewicht, während Barnett angibt, dass eine Zelle mit 16 Anoden von je 90,6 kg Gewicht monatlich 9 kg liefert.[2]) Der

[1]) Ulke, Engineer. and Mining J. 52, S. 512.

[2]) Keller (J. Americ. Chem. Soc. 1897, S. 778) gibt folgende Daten für die mittlere Zusammensetzung von Schlämmen, welche bei Be-

Schlamm kann Gold, Silber, Platin, Kupfer, Eisen, Arsen, Antimon, Zinn, Wismuth, Blei, Selen, Tellur und Schwefel aufweisen. Seine Hauptbestandtheile sind 15—20 % Kupfer, 40—50 % Silber und ½ % (und darüber) Gold. Für seine Verarbeitung bestehen die verschiedensten Methoden. Er wird entweder alsbald auf feuerflüssigem Wege auf goldhaltiges Silber verarbeitet oder zuvor erst mit Schwefelsäure bei Gegenwart von Luft seiner nichtmetallischen Bestandtheile und des Kupfers nach Möglichkeit beraubt. Die Endform der in jedem Fall erforderlichen feuerflüssigen Behandlung ist ein goldhaltiges Silber, das nach dem bei der Elektrometallurgie des Silbers geschilderten Verfahren weiter elektrolytisch raffinirt werden kann oder auf rein chemischem Wege geschieden wird.

Die Ueberführung von Kupfer auf chemischem Wege aus seinen Erzen in die Form einer elektrolysirbaren Lösung und die Abscheidung aus dieser ist von Siemens & Halske in der Weise versucht worden, dass sie durch partielle Röstung das

nutzung eines Elektrolyten mit 3 % Cu als Sulfat und 6 % freie Schwefelsäure erhalten wurden. *b* = % der Kupferanode, *a* = % des Anodenschlamms, *c* = % der in der Anode enthaltenen Menge, welche in Lösung gingen (100 — *c* also % der in der Anode enthaltenen Menge, welche in den Schlamm gingen).

	Kupferanode vom Flammofen			Kupferanode vom Converter (Manhès' Verfahren)		
	a	b	c	a	b	c
Ag . . .	53,894	0,3433	—	55,150	0.3446	—
Au . . .	0,296	—	—	0,198	—	—
Cu . . .	11,010	99,3	99,93	13,820	—	99,914
Pb . . .	0,910	0,0093	—	2,070	—	—
Bi . . .	3,930	0,0320	21,78	0,340	0,0035	39,29
Sb . . .	6,250	0,0651	38,86	2,440	0,0510	70,10
As . . .	2,107	0,0586	77,10	1,090	0,0180	62,16
Se . . .	0,394	} 0,0098	—	0,718	—	—
Te . . .	1,174		—	0,892	—	—
SO_4 . .	5,268	—	—	10,680	—	—
H_2O . .	2,365	—	—	2,604	—	—
Fe . . .	—	—	—	0,800	—	—

Kupfer des Erzes in die Form des Halbschwefelkupfers überführten, das Röstproduct mit Eisenoxydsulfat und Schwefelsäure extrahirten, die entstehende Lösung mit Kohleanode und Kupferkathode elektrolysirten und dann wieder zur Auslaugung benützten. Dadurch ist ein Kreisprocess gegeben, den folgende Gleichungen veranschaulichen:

1) Auslaugung: $Cu_2S + 2\,Fe_2(SO_4)_3 = 2\,CuSO_4 + 4\,FeSO_4 + S$,

2) Elektrolyse: $2\,CuSO_4 + 4\,FeSO_4 = 2\,Cu + 2\,Fe_2(SO_4)_3$; folgt wieder 1).

Die Schwefelsäure geht unverändert mit durch diesen Kreislauf; ist Kupferoxyd im gerösteten Erz zugegen, so wird dies

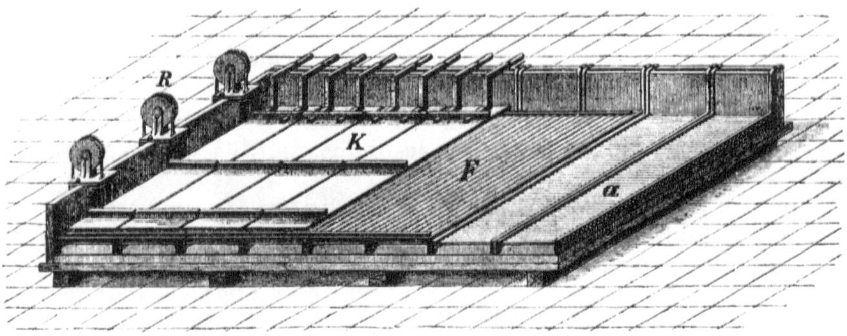

Fig. 70.

von der Schwefelsäure als Sulfat gelöst, daneben wird von dem Eisenoxyd des gerösteten Products durch die Schwefelsäure ein Theil aufgenommen. Bei der Elektrolyse[1]) bedient man sich ganz flacher Holzkästen als Zellen, auf deren Boden (Fig. 70) die Kohlenanode *a* in Gestalt eines Kohlenstabgitters angeordnet ist. Sie wird in schwach schüttelnder Bewegung gehalten. Darüber ist eine Leinwand gespannt und über dieser die Kupferkathode *F* in Gestalt eines Blechbeschlages auf der Unterseite der Holzbretterdecke *K* angeordnet. Die Leinwand dient dazu, die Lösung an der Kathode und an der Anode einigermaassen aus einander zu

[1]) Broschüre des Grusonwerks (Magdeburg). Das Siemens'sche Kupfergewinnungsverfahren aus Erzen. Juli 1891.

halten. Es kommt nämlich auf zweierlei an. An der Kathode darf die Lösung nicht zu reich an Eisenoxydsulfat sein, sonst treten die Störungen auf, welche bei der Eisenkupfertrennung im Kapitel Elektroanalyse erwähnt wurden, an der Anode andererseits muss stets Eisenvitriol zugegen sein, damit nicht Sauerstoff entwickelt wird, was mit einer Steigerung des Spannungsverbrauches am Bade verbunden ist. Man führt deshalb den Elektrolyten nach der Auslaugung in den Kathodenraum, wo er sein Kupfer abgibt, und dann durch den Anodenraum hindurch, wo das Eisenoxydulsulfat zu Oxydsulfat wird, zur Auslaugung zurück. Der Process wird für Erze, die an Arsen, Antimon und Wismuth merkliche Gehalte aufweisen, nicht Anwendung finden können, weil die Verunreinigung des Elektrolyten bei der Auslaugung durch diese Bestandtheile ihn bald unbrauchbar macht. Für Kupfererze, denen diese Bestandtheile fehlen, dürfte seine Realisirung im Grossen vielleicht noch gelingen.[1]) Die Wirkung des Eisenoxydulsulfats als anodischer Depolarisator in dem in der Pfeilrichtung vom positiven Strom durchflossenen System

$$\text{Kohle} \;\Big/\; \begin{matrix}\text{Eisenoxydulsulfat,} & \text{Kupfersulfat} \\ \text{Eisenoxydsulfat,} & \text{Eisenoxydulsulfat}\end{matrix} \;\Big/\; \text{Kupfer,} \qquad \rightarrow$$

welches der Elektrolyse unterliegt, lässt mit einer ziemlich niedrigen Badspannung auskommen; 0,7 Volt werden angegeben.

Eine Zeit lang galt der Versuch für aussichtsvoll, mit Kupferchlorür in Kochsalz oder Chlorkaliumlösung als Elektrolyt zu arbeiten. Die Chlorürlösung sollte gleich der Eisenvitriol-Kupfervitriollauge nach Höpfner's Vorschlägen erst durch die Kathoden-, dann durch die Anodenabtheilung der Zelle gehen, so dass das System

$$\text{Kohle} \;\Bigg/\; \begin{matrix}\text{Kupferchlorid,} \\ \text{Kupferchlorür,} \\ \text{Chlornatrium,}\end{matrix} \; \begin{matrix}\text{Kupferchlorür} \\ \text{Chlornatrium}\end{matrix} \;\Bigg/\; \text{Kupfer} \qquad \rightarrow$$

in der Pfeilrichtung vom positiven Strome durchflossen wurde. In der Kathodenabtheilung sollte ein Theil des Kupfers aus der Chlorürlösung gefällt werden, die verbleibende Lösung sollte nach

[1]) Derzeit ist das Verfahren in Spanien und in Südtirol im Versuchsstadium.

Uebertritt in den Anodenraum dort mit ihrem Restgehalte an Chlorür als Depolarisator wirken und so in eine Chloridlösung übergehen. Durch Auslaugung von Schwefelkupfer konnte dann nach der Gleichung

$$CuCl_2 + CuS = S + Cu_2Cl_2$$

Regeneration unter Aufnahme des Kupfers aus dem Erz erwartet werden. Das Verfahren scheiterte an Schwierigkeiten, die in der Auslaugung und der Reinhaltung des Elektrolyten begründet waren. Der principielle Vortheil, welcher in der Fällung des Kupfers aus der Chlorürlösung liegt, aus der eine Ampèrestunde das doppelte Kupfergewicht wie aus Chloridlösung abscheidet, liess sich praktisch nicht in ökonomischer Weise ausnützen. Auch ein Vorschlag von Coehn und Lenz,[1]) das lästige Diaphragma zu ersparen, hat zu keiner lebensfähigen Gestaltung des Verfahrens geführt. Coehn und Lenz wollten die Anode und Kathode von ungleicher Länge nehmen. Kupferchlorid, das an der Anode entsteht, ist specifisch schwerer als der aus Kupferchlorür-Chlornatrium bestehende Elektrolyt, sinkt längs der Anode hinab und sammelt sich im unteren Zellraum als eine specifisch schwere Schicht, in welche die kürzere Kathode nicht hinabreicht. Mittels eines Hebers sollte die Chloridlauge vom Zellboden weggenommen und den Auslaugegefässen wieder zugeführt werden.

Ein intensives Interesse ist seit längerer Zeit der Zinkdarstellung auf elektrolytischem Wege zugewandt worden. Die Verhältnisse liegen beim Zink schwieriger als beim Kupfer. Zink in der üblichen handelsgängigen Qualität mit 98%—99% ist gegenüber Kupfer ein billiges Metall. Sein stark schwankender Preis beträgt ca. M. 35 pro 100 kg auf dem Weltmarkt. Feinzink mit 99,6 bis 99,9% Zink erzielt Preise von M. 46—47, hat aber nur einen beschränkten Absatz für Zwecke des Kunstgusses, für getriebene Zinkarbeiten und für Herstellung einiger besonders reiner Legirungen, die an manchen Stellen verwendet werden. Eine elektrochemische Production in grossem Massstabe würde diesen Ueberpreis rasch herabdrücken. Auf der anderen Seite ist die elektrolytische Zinkdarstellung aus wässrigen Lösungen

---

[1]) Z. f. Elektrochem. 2, S. 25.

mit hohen Kosten verknüpft. So kommt es, dass der hüttenmännischen Zinkdarstellung, obwohl dieselbe ein Process mit sehr schlechtem Nutzeffect ist, durch die Elektrolyse das Feld bislang nicht ernstlich bestritten wird. In einer Anzahl Specialfälle ist indessen Zinkgewinnung durch Elektrolyse mit Erfolg ausgeführt worden, und zwar Zinkraffination mit löslichen Anoden beim Rössler-Edelmann'schen Zinkschaum und Zinkauslaugung und Elektrolyse der Lösung mit unlöslicher Anode bei zinkhaltigen Kiesabbränden, welche nach der Entzinkung ein im Hochofen verwendbares Eisenoxyd zurücklassen Anscheinend werden nach letzterem Modus auch zinkische Abfälle des Hüttenbetriebes und vielleicht einzelne Erze verarbeitet. Auch werden mit löslicher Anode Zinkabfälle (Regenrinnen u. ä.) elektrolytisch zu Feinzink raffinirt.

Die Zinkelektrolyse bietet besondere Schwierigkeiten. Das Zink scheidet sich an der Kathode überaus gern in schwammigem Zustande ab. Dieser Schwamm ist metallisches Zink in sehr oxydablem Zustande. Mylius und Fromm fanden ihn von Haus aus etwas oxydhaltig.[1]) Seine Bildung wird durch Gegenwart oxydirender Substanz (Nitrate) und was für die Elektrolyse besonders wichtig ist, durch geringe Verunreinigungen des Elektrolyten mit Metallen von kleinerem Lösungsdruck sehr begünstigt. Eine 10%ige Zinksulfatlösung liefert statt glatten Zinks schon nach einer Minute Zinkschwamm, wenn ihr 0,004% As einverleibt werden. Dass die Schwammbildung mit einer geringen Oxydation des Zinks zusammenhängt, wird auch durch den Umstand bestätigt, dass bei höheren Stromdichten also wachsender Wasserstoff-Polarisation der Niederschlagselektrode das Zink schwerer den schwammigen Zustand annimmt.

Indessen ist, wenn man den Zusammenhang von Oxyd- und Schwammbildung als erwiesen gelten lässt, doch der Grund nicht einzusehen, weshalb eine geringe Oxydation die Abscheidung grosser Quantitäten des Zinks in dem lockeren Schwammzustand nach sich zieht und die Bedingungen, eine schwammfreie Fällung zu erhalten oder zu vermeiden, sind deshalb bislang nicht allgemein definirbar.

Elektrolysirt man Zinksulfat in concentrirter schwach schwefelsaurer Lösung (0,01% freie Säure) bei Stromdichten über 1 A.

[1]) Mylius u. Fromm, Z. f. anorg. Chem. 9, S. 144.

pro qdm, so erhält man compactes Zink an der Kathode, solange nicht durch vorwachsende Zinkabsätze oder durch anhängende Wasserstoffbläschen capillare Räume an der Kathode entstehen, in denen verdünnte Zinksulfatlösung, der Stromwirkung wesentlich entzogen, stagnirt. Der Zinkschwamm ist für die präparative Gewinnung reinen Zinks nicht bedenklich. Mylius und Fromm fanden, dass das Zink, welches sie aus basischer Sulfatlösung mit 0,2—0,5 Amp. pro qdm niederschlugen, zwar schwammig aber von fremden Metallen hervorragend frei war. Für die Technik der Elektrometallurgie aber ist solches Zink unbrauchbar, weil das Umschmelzen des leicht oxydablen Schwammes mit einer Oxydbildung verknüpft ist, deren Umfang das gewinnbare Quantum handelsfähigen Metalls erheblich einschränkt. Man hat daran gedacht, eine dem Elmore'schen Kupferverfahren analoge Einrichtung zu treffen, um den Schwamm im Entstehen durch Pressung zu festem Metall zu verdichten. Der Vorschlag ist aber ökonomisch nicht durchführbar.[1])

Mylius und Fromm bezweckten chemisch reines Zink herzustellen und benützten lösliche Zinkanoden, die bereits 99,9 % Zn enthielten. Ein Elektrolytzink des Handels, welches sie als Anode verwandten, enthielt 0,058 % Pb, 0,039 % Cd und 0,019 % Fe.

Bei so reinem Anodenmaterial ging, solange die Stromdichte nicht zu hoch war, nur das Zink als Metall von höchstem Lösungsdruck in den Ionenzustand über, während die Nebenbestandtheile in der Hauptmenge in Zink eingebettet an der Anode blieben und beim Herauslösen der reinen Zinkkrystalle in den Anodenschlamm fielen.

Beim technischen Betrieb liegen die Bedingungen ungünstiger, die Fremdmetalle gelangen in den Elektrolyten und müssen aus diesem durch besondere Reinigungsverfahren entfernt werden.

Bei der Zinkraffination aus dem Zinkschaum, der bei der Rössler-Edelmann'schen Werkbleientsilberung[2]) fällt, handelt es sich um die Verwendung von Anoden folgender Zusammensetzung:

---

[1]) siehe darüber Höpfner, D. R. P. 91513

[2]) Hasse, Z. f. Berg-, Hütten- und Salinenwesen im preuss. Staate 1897. S. 322. Der Verfasser hat das Verfahren auf der kgl. Friedrichshütte O/S. im Betriebe gesehen.

	I.	II.
Zink	81,28	78,64
Kupfer	8,58	6,16
Silber	6,30	11,32
Blei	1,96	3,13
Nickel und Cobalt	0,98	0,51
Aluminium	0,56	—
Eisen	0,24	0,24
Kadmium	0,10	—
Arsen, Antimon, Wismuth	Spur	Spur

Das erzeugte Zink hat die Zusammensetzung:

Zink	99,9741
Blei	0,012
Silber	0,0039
Eisen	0,010

Ein Reingehalt von 99,95% wird beim Verkauf garantirt.

Die Anoden werden auf folgendem Wege erhalten. In das von Arsen und Kupfer nach Möglichkeit auf hüttenmännischem Wege befreite silberhaltige Werkblei wird in grossen Kesseln Zink möglichst rasch eingerührt, dem ein wenig Aluminium (1/2%) beigefügt ist, um das Zink vor Oxydation zu schützen. Es bildet sich auf der Bleifläche eine Decke von silberhaltigem Zinkblei, die abgeschöpft, durch Saigerung möglichst entbleit und dann in Anodenplatten von 1 cm Stärke, 50 cm Länge, 50 cm Breite und 20—30 kg Gewicht gegossen wird. Zur Aufhängung haben sie wie die Anoden der Kupferraffinerie angegossene Fahnen. Diese Platten werden zu je sechs in verbleiten Holzzellen, welche denen des Multiplensystems der Kupferraffination in jeder Weise ähneln, fünf in Holz gefassten Zinkblechen als Kathoden in je 5 cm Abstand gegenübergestellt. Als Elektrolyt dient eine neutrale Zinksulfatlösung vom spec. Gewichte 1,14 bis 1,16, welche durch die terrassenförmig gestellten Bäder in der Weise circulirt, dass sie am Badausgang in eine Vorkammer überläuft, welche in der nächsten elektrolytischen Zelle durch eine zu den Platten parallele Holzwand abgetheilt ist. Die Holzwand reicht nicht ganz auf den Boden, so dass der Elektrolyt unten in den Zersetzungsraum der Zelle eintritt. Bei der Elektrolyse nimmt die Lauge von den Anoden wesentlich Zink neben einer geringen Menge der anderen Metalle auf. Sie wird von diesen, nachdem sie einige Zellen passirt hat, gereinigt, indem sie über eine Treppe hinabsickert, deren Stufen mit Zinkabfällen und Zinkoxyd bedeckt sind. Eisen wird dabei zu Oxyd durch die Einwirkung der Luft und fällt aus, während Zinkoxyd sich löst; die anderen Fremdmetalle werden theils durch das metallische Zink, theils durch Zinkoxyd als Metalle bezw. als Oxyde oder basische Salze gefällt. Die so gereinigte Lauge geht durch Filterpressen und kehrt wieder zu den Zellen zurück. An den Anoden geht, begünstigt durch die mässige Stromdichte von 0,8 bis 0,9 Amp. pro qdm, die Hauptmenge der Fremdmetalle, die ausser dem Aluminium sämmtlich kleineren Lösungsdruck als Zink haben, in den Schlamm. Zink, welches mit hinabfällt, bildet eine weitere Sicherung gegen Verunreinigung des Elektrolyten, weil es sich unter Abscheidung von Fremdmetallen aus der Lauge secundär löst, sobald die mit ihm in Berührung kommenden Antheile des Elektrolyten durch Zink fällbare Metalle von niederem Lösungsdruck enthalten. Die Anoden hängen 4 bis 5 Tage, die Kathoden 3—4 Tage in den Bädern, dann werden sie entfernt. Die von den Anodenplatten verbleibenden Reste werden wieder eingeschmolzen und zu neuen Anoden gegossen. Der Schlamm wird alle 8 bis 14 Tage aus den Zellen entfernt. Er enthält ca. 40% Ag, 50% Cu, 5—6% Pb. Zur Aufarbeitung auf Silber wird der Schlamm unter Zugabe von Schwefelsäure erhitzt, wobei Silber in Sulfat übergeht, das ausgelaugt und chemisch (mit Kupfer) gefällt wird. Das Kupfer wird danach durch Fällung der Lauge mit Eisen wiedergewonnen.[1])

Der elektrolytische Process vollzieht sich bei gewöhnlicher Temperatur. Die Badspannung beträgt, da beide Elektroden sich stark polarisiren, 1,25 bis 1,5 Volt. Das kathodische Zink lässt sich von den Mutterblechen leicht abheben und mit nur 5% Verlust in Barren umschmelzen.

Von der Raffinationsweise, mit welcher in Halberstadt[2]) Zinkabfälle elektrolytisch aufgearbeitet werden, ist nichts bekannt.

---

[1]) Siehe dazu D. R. P. 91899.

[2]) Hirsch & Sohn, Halberstadt.

Für die Elektrolyse von Zinklaugen, welche durch Extraction von Kiesabbränden (auch von zinkischen Abfällen der Hüttentechnik oder armen Erzen) gewonnen und mit unlöslichen Anoden elektrolysirt werden, sind eine ungemein grosse Anzahl von Vorschlägen gemacht worden. Es hat den Anschein, als ob andere Lösungen als schwefelsaure oder salzsaure nicht mehr ernstlich für die Technik in Frage kommen. Schwefelsaure Lösungen sind einfacher in der Behandlung, liefern aber an der Anode kein verwendbares Nebenproduct, salzsaure gestatten Gewinnung von Chlor an der Anode, das zu Chlorkalk verwendbar ist, verlangen aber einen abgeschlossenen Anodenraum, der vom Kathodenraum durch ein Diaphragma getrennt ist und sind auch sonst delicater in der elektrolytischen Verwendung. Wenn sich trotzdem die Technik sichtlich den salzsauren Lösungen zuwendet, so ist der wirthschaftliche Vortheil, der in der Nebengewinnung des Chlorkalks liegt, maassgeblich. Für die Gewinnung des Elektrolyten wird beispielsweise angegeben: zinkhaltige Kiesabbrände chlorirend mit Kochsalz zu rösten, auszulaugen und die erhaltene Lösung von Zinkchlorid und Natriumsulfat mit Chlorcalcium von der Schwefelsäure zu befreien.[1]) Durch Eindampfen gewinnt man das Kochsalz zurück, das mit etwas anhaftender Zink- und Chlorcalciumlauge wieder zur Röstung zurückgeht, und auf der anderen Seite die Chlorzinkkalklösung für die Elektrolyse. Einer andern Patentangabe[2]) zufolge empfiehlt sich Zinkoxyd, soweit es im Material, welches behandelt wird, nicht schon vorliegt, zu erzeugen und daraus nach den Gleichungen

$$ZnO + CO_2 = ZnCO_3$$
$$ZnCO_3 + CaCl_2 \text{ (unter Druck)} = ZnCl_2 + CaCO_3$$

Chlorzinklösung für die Elektrolyse zu gewinnen, der Chlorcalcium oder ein anderes Chlorid mit nicht fällbarem Kation beigegeben werden kann. Zur Gewinnung einer elektrolysirbaren Sulfatlösung benutzen Siemens & Halske Auslaugung von zinkoxydhaltiger Substanz mit Aluminiumsulfatlösung, welche 0,8—1,2 % Al enthält.[3]) Die Lösung nimmt das Zinkoxyd in

[1]) D. R. P. 84579.
[2]) D. R. P. 85812, 86153, 87398.
[3]) D. R. P. 88202.

der Wärme beim Durchrühren mit dem gemahlenen Erz als Sulfat auf und wird dabei basisch.

In jedem Falle bedürfen die Laugen einer Reinigung von Fremdmetallen, die bei dem regelmässigen Wechsel von Laugerei und elektrolytischer Zinkfällung, welchem sie unterzogen werden, unvermeidlich in ihnen zu einem Betrage anwachsen, der eine Gewinnung reinen Zinks an der Kathode ausschliesst. Der allgemeine Weg der Reinigung ist vorgezeichnet. Er ist derselbe, der bei der Reinigung der Laugen in der Zinkschaumraffination benützt wird. Die Metalle, welche in der Spannungsreihe unter dem Blei stehen (s. Tabelle S. 107), fällt man mit metallischem Zink oder mit Eisen, das man alsdann mit dem ursprünglichen Eisengehalt des Elektrolyten zusammen wieder entfernt, indem man mit Zinkoxyd, basischem Zinksalz oder Calciumcarbonat in Gegenwart eines Oxydationsmittels — Luft oder Chlorkalk — behandelt. Eisen fällt dann als Oxydhydrat, Mangan durch den Chlorkalk als Superoxyd. Auch Cobalt und Nickel sollen so entfernt werden.

Für die Ausführung der Elektrolyse in Chloridlösung wird eine Kohleanode und Zinkkathode empfohlen. Höpfner legt Werth darauf, letztere[1]) scheibenförmig auszubilden und auf eine rotirende Welle zu setzen, welche über der Lösung liegt, so dass die Kathode stets nur zu einem Bruchtheil in die Lösung taucht. Diese Complication ist indessen jedenfalls nicht nothwendig. Das in Duisburg wirklich geübte Verfahren aber wird geheim gehalten.

Threlfall[2]) beschreibt ein von Ashcroft herrührendes Verfahren der Chlorzinkelektrolyse, welches im Probebetriebe sich bewährt hat. Das Rohmaterial bildet ein sulfidisches Erz mit 30 % Blei und eben so viel Zink, welches auf Oxyd und basisches Sulfat geröstet und sodann mit einer Lösung von 72 g Natriumsulfat und 10 g Eisen als Chlorid im Liter ausgelaugt wird. Es vollzieht sich folgender Vorgang:

$$3\,ZnO + Fe_2Cl_6 + 3\,H_2O = 3\,ZnCl_2 + 2\,Fe(OH)_3.$$

Die bis zu einem Zinkgehalt von 3 % angereicherte Lösung wird nun mit Chlorkalk und Zinkoxyd in der Hitze vom über-

[1]) D. R. P. 91513.

[2]) Elektrochem. Z. 4, S. 192

schüssigen gelösten Eisen und sonstigen störenden Fremdmetallen befreit und elektrolysirt. Die Zersetzungszellen sind durch Segeltuch in Anoden- und Kathodenabtheilungen zerlegt. Die gereinigte basische Zinkchlorid-Natriumsulfatlösung passirt in raschem Strome zuerst die Kathodenräume, um dann durch die Anodenräume zur Auslaugung zurückzukehren. In den Kathodenräumen vermindert sich ihr Zinkgehalt auf 1,2 %. Die Kathoden bestehen aus 1 mm starkem Zink. Die Anoden und ihre Wirksamkeit sind das Charakteristische des Processes. Der von der Kathodenseite zur Anodenseite hinübergeführte Elektrolyt, welcher seinen Zinkgehalt zum grossen Theil abgegeben hat, findet nämlich in der ersten Gruppe von Anodenräumen, die er durchströmt, Eisenanoden vor, welche unter Bildung von Eisenchlorür sich lösen. In einer zweiten Gruppe von Anodenräumen befinden sich Kohleanoden, und das zuvor gebildete Eisenchlorür verwandelt sich an diesen in das für die Auslaugung erforderliche Chlorid. Bei diesem Processe wird also kein Chlor gasförmig entbunden, sondern die ganze Anodenarbeit wird auf die Ueberführung von Eisen in Eisenchlorid verwendet. Das entstehende Eisenchlorid wird bei der Erzauslaugung unter Abscheidung von Hydroxyd wieder zerlegt, und die Zusammenfassung des Vorgangs lautet dahin, dass Eisenmetall in Hydroxyd verwandelt wird, während eine äquivalente Menge Zinkoxyd in Metall überführt wird und das gebundene Chlor in ungeänderter Menge einen Kreislauf vollführt.

Was das Verfahren von Siemens & Halske anlangt, so ist bei der Elektrolyse in Aluminiumsulfatlösung eine Stromdichte von 0,3 Amp. pro qdm bei 3½ Volt Badspannung und Anordnung der Elektroden nach dem Multiplensystem zu empfehlen. Der Zinkgehalt wird dabei von 1,4 auf 1,2 % erniedrigt, die Lösung dann wieder durch Erzauslaugung in der Wärme angereichert. Wichtig ist für dieses Verfahren eine äusserst intensive Circulation des Elektrolyten, welche durch Einblasen von Luft in Seitenkammern, ähnlich dem bei der Luftcirculation zu zweit beschriebenen Verfahren (S. 314) erreicht wird. Hier wie bei der Raffination des Zinks mit löslicher Anode aus dem Zinkschaum ist eine Trübung der Lauge durch ausgeschiedenes Eisenhydroxyd nicht von Nachtheil. Die Kathoden können aus Eisen, die Anoden aus Hartblei gefertigt werden. Das Aluminiumsulfatverfahren hat vor der Benützung einer reinen Zinksulfatlösung den Vortheil, dass die Acidität bei der Zinkfällung nur langsam sich ändert. Aus stark saurer Lösung ist Zink, wie früher erläutert, nicht mehr abscheidbar. Da bei der Fällung am einen Pol Zink, am anderen Sauerstoff fortgeht, in Summa also Zinkoxyd aus dem Elektrolyten verschwindet, so wird bei constantem Gehalt an Säure der Gehalt an Basis immer kleiner. Der Verminderung des Gehaltes an Basis entspricht aber nicht nothwendig eine äquivalente Steigerung der Acidität. Acidität bedeutet Vorhandensein einer gewissen H-Ionenconcentration. Diese Concentration nun wird in ihrem Werth in einer Lösung eines Neutralsalzes durch Hinzufügung von Säure stärker geändert als in der eines hydrolytisch gespaltenen Salzes bei sonst gleichen Verhältnissen. Nach früheren Darlegungen enthält die Lösung eines solchen Salzes einen Theil der Basis in undissociirtem Zustand, weil — um beim Beispiel des Aluminiumsulfates zu bleiben — $Al \times (OH)^3 = k \cdot Al\,(OH)_3$ undissociirt und k einen kleinen Werth hat. Die Concentration der OH-Ionen ist aber regulirt durch die der H-Ionen, da $H \times OH =$ const. Wenn durch Hinzufügung oder Entziehung von Säure die Concentration der H-Ionen hinauf- oder hinabgedrückt wird, so ändert sich auch die der OH-Ionen und damit die der Al-Ionen. Wird so viel Säure zu der Lösung gesetzt, dass in Abwesenheit des hydrolytisch gespaltenen Salzes a Säureionen und a Wasserstoffionen in derselben neu auftreten würden, so entstehen in Gegenwart des hydrolytisch gespaltenen Salzes a Säureionen, $a - m$ Wasserstoffionen und m Metallionen (Aluminiumionen), indem die hydrolytische Spaltung zurückgeht. Die Anzahl der für die Acidität maassgeblichen H-Ionen wächst also in Gegenwart des hydrolytisch gespaltenen Salzes beim gleichen Säurezusatz um einen geringeren Betrag als es sonst der Fall sein würde.

Von Bedeutung beginnt die Darstellung von Elektrolytnickel zu werden. Nickel und Cobalt sind leicht elektrolytisch abscheidbare Metalle. Der Einfachheit ihrer analytischen Bestimmung durch Elektrolyse ist früher gedacht worden. Beide werden im Gegensatz zum Zink leicht völlig metallisch erhalten. Winkler[1]) hat sie aus ihren Sulfatlösungen in Gegenwart von

[1]) Winkler, Z. f. anorg. Chem. 8, S. 1.

Ammoniak und Ammonsulfat zu Atomgewichtsbestimmungen gefällt und das Nickel völlig rein, das Cobalt schwach sauerstoffhaltig gefunden. Sie besitzen aber eine für die Elektrometallurgie störende Eigenschaft, sie blättern ab, und zwar Nickel noch leichter als Cobalt. Foerster[1]) hat dargethan, dass diese Schwierigkeit entfällt und Schichten von beliebiger Dicke niedergeschlagen werden können, wenn man bei 50—90^0 elektrolysirt. Eine neutrale Nickelsulfatlösung mit 3,0 % Nickel gibt bei dieser Temperatur bei kathodischen Stromdichten von 0,5—2,5 Amp. pro qdm gut cohärente schöne Nickelbleche. Die Uebertragung des Nickels von einer Nickelplatte auf eine andere, wie sie einer Nickelraffination entspricht, verlangte bei Foerster's Versuchen bei 60^0 und 4 cm Plattenabstand bei 1,5 Amp. pro qdm 1 Volt bei 2 Amp. pro qdm 1,3 Volt. Nickel so zu raffiniren, dass ein Gehalt an Cobalt und Eisen, den die Anode aufweist, nicht an die Kathode übergeht, erscheint aus der Sulfatlösung ausgeschlossen. Der Unterschied der Lösungstensionen der drei Metalle ist ein zu geringer. Die Elektrolyse von Chloridlösungen ist mit dem gleichen Erfolge bez. des Niederschlages möglich, aber delicater in der Durchführung. Im technischen Maassstabe wird derzeit Elektrolytnickel in Amerika[2]) (unbedeutend in Deutschland) dargestellt.

Als Ausgangsmaterial für die hüttenmännische Erzeugung von Nickel-Kupfer und von Nickel dient in Amerika nickelhaltiger Magnetkupferkies, der geröstet, dann zu einem Rohstein von 20 bis 25 % Cu, 18—23 % Ni, 25—35 % Fe, 20—30 % S verschmolzen wird. Dieser Rohstein wird nach dem Bessemerverfahren verblasen und liefert ein Product von z. B. 43,36 Cu, 39,96 Ni, 0,3 Fe, 13,76 S, 0,02 % Ag, 0,0003 bis 0,0006 % Au, 0,0015 % Pt. Dieser Bessemerstein wird durch Rösten seines Schwefels beraubt und auf die sogenannte 50—50 Legirung verschmolzen, welche aus etwa 51 % Kupfer, 48 % Nickel und geringen Mengen Eisen, Silicium, Kohle und edlen Metallen besteht. Zur Erzeugung von Reinnickel benützt man den gleichen Rohstein, indem man ihn mit Natriumsulfat und Coks wiederholt im Kupolofen schmilzt

---

[1]) Foerster, Z. f. Elektrochem. 4, S. 160.

[2]) Ulke, Z. f. Elektrochem. 3, S. 521. Berg- und Hüttenm.-Z. 1897, S. 305.

und saigert. Dabei scheidet sich das entstehende Schwefelnatrium mit Schwefelkupfer und Schwefeleisen als leichteres Doppelsalz oben, das schwerere Schwefelnickel unten ab. Das Schwefelnickel wird mit Kochsalz so geröstet, dass es möglichst vollständig sich oxydirt, während Kupfer und die Edelmetalle, welche mit ihm vereinigt sind, Chloride und Sulfate bilden. Diese Salze werden dann ausgelaugt und die Edelmetalle und Kupfer aus der Lauge gesondert chemisch gefällt. Das rückständige Nickeloxyd wird reducirend auf Metall verschmolzen.

Das Nickelmetall, welches nach dem letztgenannten Verfahren erzielt wird, raffinirt man elektrolytisch. Es wird zu Anoden gegossen, die 95—96 % Ni, 0,2—0,6 % Cu, 0,75 % Fe, 0,25 % Si, 0,45 % C, 3 % S und 0,0015 % Pt enthalten. Diese Anoden liefern bei der elektrolytischen Raffination, deren Details geheim gehalten werden, ein Product von 99,5—99,7 % Ni, 0,1—0,2 % Cu, 0,03 % As, 0,02 % S, 0,1 % Fe und Spuren Platin. Als Elektrolyt wird nach Ulke[2]) eine cyankalische oder ammoniakalische Nickellösung benützt. Die Cyankalibäder lösen etwas Platin, das in den Kathodenniederschlag übergeht. Der Anodenabfall soll sehr gross sein und selbst bei sehr reichen Nickelanoden bis 40 % vom Anodengewicht betragen. Foerster vermuthet, dass Sulfatlösung als Elektrolyt dient und die von ihm gefundene Möglichkeit aus dieser Lösung nicht abblätterndes Nickel zu gewinnen, in der amerikanischen Praxis bereits realisirt ist.

In Europa wird Nickel aus einem anderen amerikanischen Nickelerz, dem Garnierit (Nickel-Magnesium-Silicat mit 7 % Ni) erzeugt. Das Erz wird unter Zuschlag von Gyps oder Schwefelcalcium (von der Sodafabrication) im Schachtofen zu einem Rohstein mit 50 % Ni verschmolzen. Dieser wird im Converter unter Zusatz von Sand durch Verblasen oder im Flammofen in einen raffinirten Nickelstein mit ca. 78 % Ni, 0,05 % Fe und Spuren Kupfer umgewandelt, dann todtgeröstet und zu Nickelmetall reducirt. Eine elektrolytische Raffination dieses Nickelmetalls findet anscheinend nicht statt.

Der geschilderte Gang der Nickelerzverarbeitung bietet indes der Elektrolyse, von der Raffination des Rohmetalls abgesehen, noch andere Anwendungsgebiete. Die elektrolytische Verarbeitung der amerikanischen 50—50 Legirung in der Weise, dass Anoden aus ihr in saurer Kupfervitriollösung benützt werden, erscheint möglich. Nickel und Kupfer lösen sich bei Stromdurchgang, und zwar Nickel entsprechend seiner hohen Lösungstension stärker, als seinem Verhältniss zu Kupfer in der Anodenlegirung entspricht. Neumann[1]) hat die zweckmässigen Bedingungen für die Elektrolyse untersucht. Er beobachtete, dass sie Anfangs glattes, gutes Kupfer gibt. Wenn aber im Fortgang der Elektrolyse die Lösung an Nickel sich anreichert und an Kupfer verarmt, so tritt statt der compacten eine lockere und pulverige Abscheidung ein. Der Restgehalt an Kupfer ist deshalb zweckmässig chemisch zu entfernen, und aus der verbleibenden Lauge kann dann nach der Neutralisation Nickel elektrolytisch gefällt werden Die elektrolytische Verarbeitung des Vorproductes der 50—50 Legirung, des verblasenen Steins, ist nach Ulke im Versuchsstadium. In diesem Falle nöthigt die Zusammensetzung des Rohmaterials zur Arbeit mit unlöslichen Anoden. Der granulirte Stein soll mit Schwefelsäure gelöst werden. Durch Zusatz von etwas Salzsäure wird die Entfernung des Silbers bewirkt, durch Gegenwart von $^1/_2$ % $(NH_4)_2SO_4$ im Elektrolyten die kathodische Abscheidung des Arsens verhütet (?). Aus dem Elektrolyten, dessen Acidität einem Gehalt von 8 % freier Schwefelsäure entspricht, fällt nur Kupfer, während Nickel sich anreichert. Nach einiger Zeit wird der Elektrolyt abgezogen, mit Schwefelnatrium oder Schwefelnickel entkupfert, neutralisirt, mit Nickeloxyd vom Eisenoxyd befreit und mit einer Blei- oder Kohleanode und einer Nickelkathode zerlegt. Statt einer unlöslichen Anode kann auch eine lösliche Anode aus Nickel dienen, die entkupferte und vom Eisen befreite Lösung also als Elektrolyt für den Nickelraffinationsprocess benützt werden. Was in Deutschland an Elektrolytnickel gemacht wird, ist dem Vernehmen nach durch Auslaugung eines ähnlichen Nickelkupfersteins mit 40 % Ni und 30 % Cu und Elektrolyse der Lauge erzeugt.[2]) Das erzeugte Product ist nicht ganz so schön wie das amerikanische und etwas bleihaltig (0,12 %). Fontaine[3])

[1]) Neumann, Berg- u. Hüttenm.-Z. 1897, S. 287 u. 334.

[2]) Borchers (Jahrb. f. Elektrochem. 1896 S. 236) nimmt an, dass dabei nach einem Verfahren von Höpfner (E. P. von 1894 Nr. 11307) gearbeitet wird.

[3]) siehe bei Ulke, Berg- und Hüttenm.-Z. 1897, S. 306.

berechnet pro 1 kg Nickel aus Nickelammonsulfat einen Energiebedarf von 2,33 Pferdekraftstunden.

Die vollständige Neuheit der in Frage stehenden elektrolytischen Processe verhindert einen Ueberblick über ihre wirthschaftliche Zukunft. Auf der einen Seite wird hervorgehoben, dass Nickel auf hüttenmännischem Wege gut auf 99,2 bis 99,5 % Reinheit gebracht wird und dass die Elektrolyse ein reineres Product auch nicht liefert, auf der anderen Seite scheint der Umstand, dass die Nickelplatten, welche elektrolytisch als Kathoden erzeugt sind, bereits in merklicher Menge auf den Markt gelangen, ein günstiges Zeichen für die wirthschaftliche Basis dieser Herstellungsweise.

Die Darstellung von Antimon aus Grauspiessglanz auf elektrochemischem Wege ist eine nur aus Mangel an Absatz für Antimon unausgeübte Technik. Das Antimon wird wesentlich in Gestalt seiner Bleilegirung gebraucht und als solche leicht hüttenmännisch gewonnen. Borchers hat über die Antimonabscheidung einige Versuche gemacht, bei denen eine alkalisch gemachte Lösung von Schlippe'schem Salz ($Na_3SbS_4 + 9H_2O + NaOH$) und eine solche von Schwefelantimon in Schwefelnatrium ($Sb_2S_3 + 3Na_2S$) beide mit 2—3% Chlornatrium versetzt und auf 10—12° B. specifisch Gewicht gestellt, als Elektrolyte dienten, Er fand, dass eine annähernd quantitative Antimonfällung bei gleichzeitiger Bildung von Natriumhyposulfit, Natriumpolysulfid und Natriumsulfhydrat erzielbar war und empfahl die elektrolytische Antimonabscheidung aus solchen Sulfidlösungen. Er beobachtete, dass das Antimon in seinen Sulfosalzlösungen stets dreiwerthig aufzutreten scheint und ermittelte für die Elektrolyse aus Natriumsulfidlösung als günstigstes Verhältniss von Natrium und Schwefel im Elektrolyten das von 1 Na : 1 S.

Siemens & Halske[1]) haben in einer ungarischen Anlage die Darstellung des Antimons betrieben, das sie aus einer Lösung von Schwefelantimon in Calciumsulfhydrat in ca. 4 mm starken cohärenten Platten kathodisch abschieden. Das erzeugte Elektrolytantimon enthielt S 0,288 %, Fe 0,008 %, Na 0,014 %, Sb 99,69, Pb und Cu in Spuren; nach dem Umschmelzen war Na

[1]) Privatmittheilung.

und S so vermindert, dass 99,9869 % Sb in dem Produkte sich fanden. Sie benützten einen reichen Grauspiessglanz mit 55 % Sb (reines Sb_2S_3 enthält 71,8 % Sb), der selbst bei grober Mahlung sich leicht mit Calciumsulfhydrat auslaugte. Der chemische Vorgang der Laugung wird im Wesentlichen durch die Gleichung

$$3\,Ca(SH)_2 + Sb_2S_3 = Sb_2S_6Ca_3 + 3\,SH_2$$

gedeckt; indessen ist die entweichende Schwefelwasserstoffmenge geringer als der Gleichung entspricht. Natriumsulfhydrat zeigt diese Differenz noch erheblicher. Es scheint, dass bis zu einem gewissen Umfang die Sulfhydrate an das Schwefelantimon sich einfach addiren.

Die Elektrolyse erforderte bei 0,6 A. pro qdm 3,5 Volt und ergab ein Ausbringen von 80 % bezogen auf die aufgewandte Stromquantität. Gelegentlich wurden auch 90 % erreicht. Die hohe Spannung liess sich auf 1,7 bis 2,0 Volt herabdrücken; es war aber dann ein Diaphragma und eine differente Anodenlauge erforderlich, was den Vortheil der niedrigen Spannung reichlich paralysirte. Der Elektrolyt wurde nach Entfernung des meisten Antimons wieder zur Auslaugung benützt. In diesem Kreislauf änderte er allmählig im Sinne der Borchers'schen Ergebnisse seine Zusammensetzung und wurde nach 15maliger Auslaugung abgesetzt.

Von Interesse ist schliesslich die Entzinnung des Weissblechs auf elektrolytischem Wege, welche zwar keine umfangreiche, aber eine an mehreren Stellen ausgeführte elektrolytische Scheideweise darstellt. Die Entzinnung macht das zurückbleibende Eisen wieder hüttenmännisch als Schmiedeeisenabfall verwerthbar, während das gewonnene Zinn anderen Verwendungen zugeführt werden kann. Zinn besitzt einen Werth von etwa 120 M. per 100 kg.

Die Entzinnung ist in schwefelsaurer oder salzsaurer Lösung möglich, aber nicht empfehlenswerth, weil an der Anode nicht nur der etwa 5 % ausmachende Zinnbelag des Weissblechs, sondern auch das Grundmetall Eisen erheblich gelöst wird. In der entstehenden Eisenlösung geht ein guter Theil der Stromarbeit durch abwechselnde Oxydation der Eisenlösung an der Anode und Reduction an der Kathode nutzlos verloren. Elektrolyse mit alkalischen Laugen, in denen Zinn leicht anodisch gelöst und kathodisch gefällt, Eisen aber nur oberflächlich oxydirt wird, ist geeigneter.

Die praktische Benützung der Weissblechschnitzel als Anode haben Siemens & Halske so ausgeführt, dass sie flache Holzgitterkörbe von 1,2 m Länge, 0,3 mm Breite und 0,85 mm Tiefe mit denselben vollpackten und Weissblechstreifen als Zuleitungen hineinsteckten. Ihnen gegenüber standen verzinnte Kupferbleche als Kathoden.

Borchers hat die Entzinnung näher studirt, und berichtet, dass eine mit Aetznatron versetzte Kochsalzlösung einen geeigneten Elektrolyten abgibt. In der Lauge reichert sich zinnsaures Natron allmählig während der Elektrolyse an und macht weitere Zugabe freien Alkalis erforderlich. Man kommt Anfangs mit einer sehr geringen Badspannung aus, da sich Zinn namentlich in der Wärme fast von selbst[1]) in der Lauge löst; je zinnleerer die Oberfläche, um so mehr steigt der Spannungsbedarf. Bei einer kathodischen Anfangsstromdichte von höchstens 1,5 Amp. pro qdm, die nach Entfernung der Hauptmenge des Zinns von der Anode auf die Hälfte gemindert wird, reicht man durchschnittlich mit 1,5—2,0 Volt. Das Zinn fällt schlammig an der Kathode, ist aber im Gegensatz zu schwammigem Zink gut zusammenschmelzbar.

Die Einwirkung der Luftkohlensäure auf die Lauge und die allmählige Anreicherung an zinnsaurem Natron machen nach einiger Zeit eine Erneuerung des Elektrolyten nöthig. Der aufgebrauchte kann durch Eindampfen in das technische Präparirsalz, d. i. ein kochsalz- und sodahaltiges zinnsaures Natron,

[1]) Die theoretische Seite der Entzinnung in Alkali ist nicht ganz durchsichtig. Man kann vermuthen, dass Zinn als zweiwerthiges Ion in Lösung geht, als vierwerthiges aber abgeschieden wird. Die Verwandlung aus dem zweiwerthigen Zustand in den vierwerthigen wird zum Theil der anodischen Stromarbeit zufallen, zum Theil aber der atmosphärischen Luft. Die gleiche Elektricitätsmenge wird] danach mehr Zinn an der Anode lösen, als an der Kathode fällen. Damit lässt sich die Anreicherung an Zinn im Elektrolyten erklären. Dass die zwei- und vierwerthigen Zinnkationen nur secundäre, in verschwindender Zahl vorhandene Spaltstücke der complexen Anionen SnO_2 und SnO_3 sind, macht keinen Unterschied für die Betrachtung. Borchers führt die Anreicherung des Elektrolyten an Zinn auf die Localaction zurück, welche Natronlauge auf metallisches Zinn übt.

verwandelt werden. Wenn er aber durch Lack und Fett, die mit den Schnitzeln in die Lauge gelangt sind, stark dunkel gefärbt und verunreinigt ist, wird die Abscheidung der Zinnsäure mit Kohlensäure oder mit Kalk und die Verarbeitung des ausfallenden Niederschlages auf hüttenmännischem Wege empfohlen.[1])

Edelmetalle.

Zu den wichtigsten elektrometallurgischen Operationen, welche mit wässrigen Elektrolyten ausgeführt werden, gehören die Scheidung des Silbers vom Gold, des Goldes vom Platin und Palladium und die Fällung des Goldes aus den Cyanidlaugen, welche zur Extraction der Goldreste aus den Amalgamationsrückständen (tailings) des südafrikanischen Goldbergbaus dienen.

Die Scheidung des Silbers vom Gold umfasst zwei gesonderte Fälle, je nachdem das zu verarbeitende Metall ein goldhaltiges Silber mit geringem Gehalt an fremden Metallen oder armes güldisches Silber mit hohem (50 % und darüber) Gehalt an Kupfer ist.

Die Scheidung güldischen Silbers, welches neben 95 % Silber noch Gold, Platin und Kupfer enthält, wird in einer salpetersauren Lösung von Silbernitrat bewirkt. Gold und Platin bleiben an der Anode, Silber fällt an der Kathode. Der für die Ausführung des Processes in der Deutschen Gold- und Silberscheideanstalt benutzte Apparat, dessen Construction von Moebius herrührt, ist von Borchers eingehend beschrieben worden. Die Figuren 71, 72, 73 geben nach Borchers' Zeichnungen die wichtigsten Theile wieder. Fig. 71 zeigt theils im Schnitt, theils in der Ansicht einen Kathodenraum, Fig. 72 einen Grundriss und Fig. 73 einen Verticalschnitt längs der in Fig. 72 eingezeichneten gebrochenen Linie *ABCDE*. Die 6—10 mm starken Anodenplatten anhängen an Haken *h* (Fig. 71, 73), zu mehreren einander schwach übergreifend, in einem schmalen Holzgestell *G*, welches mit dichtem Filtertuch *B* bekleidet ist. Das Holzgestell wie die Anoden sind gemeinsam an einem Metallrahmen *R* befestigt, der quer über die hölzerne Zelle *H* läuft und mit der einen der auf den

[1]) D R. P. 84 776.

Längswänden geführten Stromzuleitungen *P* Contact hat. Genau wie beim Thofehrn'schen Kupferraffinationsverfahren erhalten

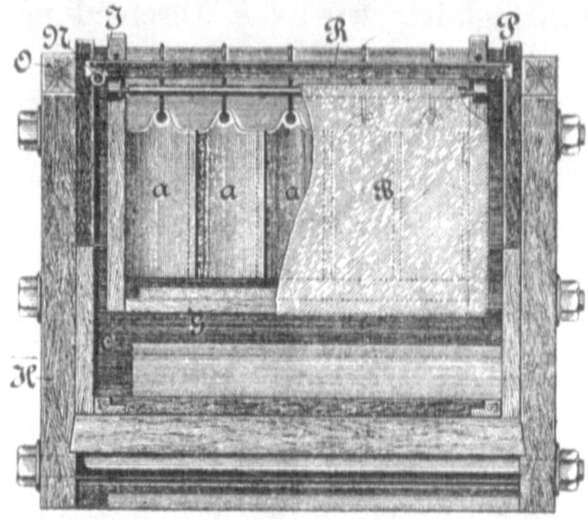

Fig. 71

die Anoden auf diese Weise einseitig den Strom zugeführt, während sie von der anderen Leitung durch die Isolir-

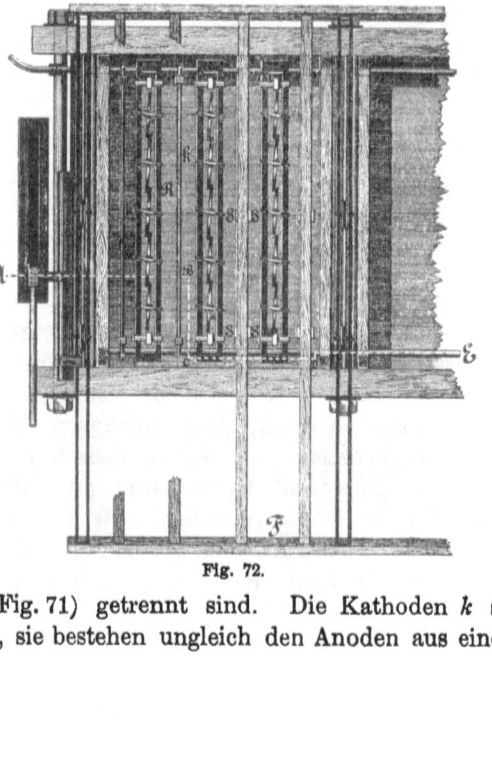

Fig. 72.

schicht *J* (Fig. 71) getrennt sind. Die Kathoden *k* sind Feinsilberbleche, sie bestehen ungleich den Anoden aus einem Stück.

Das Silber fällt aus salpetersaurer Lösung bei den erheblichen Stromdichten des Processes in Krystallen. Damit diese nicht an der Kathode unregelmässig und störend aufwachsen, werden die hölzernen Abstreichstäbe *S* durch einen Excenter an beiden Kathodenseiten hin- und hergeführt. Sie bewegen sich an dem Rahmen *F*, der sie hält und auf den Schienen *n* läuft. Die Silberkrystalle, welche die Abstreichmesser herabwerfen, fallen auf einen mit Segeltuch bedeckten Holzrost, der das Bodenstück eines Einsatzkastens *c* ist. Sämmtliche erwähnten Theile, auch der Einsatzkasten *c*, sind mit dem Rahmen *O* (Fig. 71, 73) so befestigt, dass sie sammt ihm hochgehoben werden

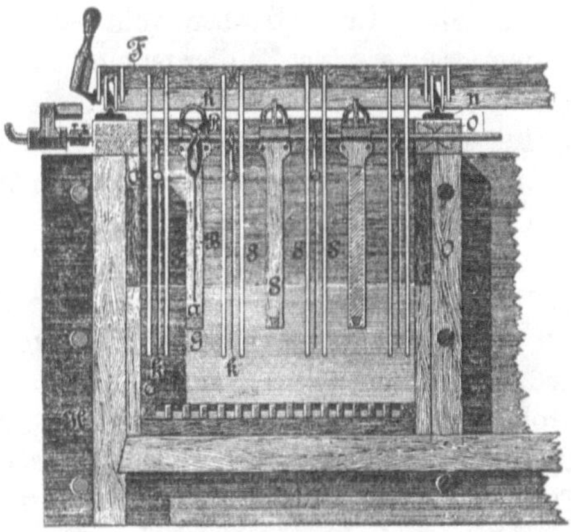

Fig. 73.

können. Dies geschieht alle 24 Stunden. Der Elektrolyt bleibt dabei in der Zelle, da das Segeltuch des Einsatzkastens ihn hindurchlässt, wenn dieser in die Höhe geht. Der segeltuchbedeckte Boden, welcher leicht aus- und einzusetzen ist, wird dann herausgeschlagen und lässt die Silberkrystalle in einen untergesetzten Sammelbehälter fallen. Die flachen Filtertuchkästen um die Anoden, welche den Anodenschlamm enthalten, werden ein- bis zweimal wöchentlich entleert.

Beim Betrieb lösen sich, wie erwähnt, Silber und Kupfer, während Gold und Platin und etwas Bleisuperoxyd zurückbleiben und den Anodenschlamm bilden; derselbe enthält regelmässig auch eine gewisse Menge Silber. Der Process gestattet bei einem Silbergehalt des Elektrolyten von 0,5 % und 0,1—1 % freie Salpetersäure Stromdichten von 3 Amp. pro qdm bei 1,4 bis 1,5 Volt Badspannung. Die gute Durchmischung der Lauge, welche die Abstreicher bei ihrer Thätigkeit mit besorgen und die dementsprechend geringe Polarisation der Kathode und der grosse Abstand zwischen den Haftintensitäten des Kupfers und Silbers, der nach Nernst (S. 142) für Lösungen mit gleicher Ionenconcentration 0,44 Volt beträgt, sichern fast vollständig gegen Mitfallen von Kupfer; indessen sind kleine Mengen davon in dem Kathodenmetall, das eine Reinheit von 99,95 % aufweist (99,9 Ag garantirt), nachweisbar. Der Elektrolyt reichert sich an Kupfer allmälig an. 4 % Cu sind noch kein sehr hoher Gehalt. Es ist nöthig, dem wachsenden Kupfergehalte durch steigenden Salpetersäuregehalt und Verminderung der Stromdichte auf 2 Amp. pro qdm Rechnung zu tragen. Nach einiger Zeit muss die Lauge naturgemäss entfernt und durch frische ersetzt werden. Aus dem Anodenschlamm wird mit Schwefelsäure das Silber ausgekocht, der Rückstand von Gold, Platin und Bleisuperoxyd bezw. Bleisulfat wird so eingeschmolzen, dass Blei in die Schlacke geht und ein König aus Gold und Platin zurückbleibt. Beide können elektrolytisch geschieden werden. Auch benutzt man den rein chemischen Weg, Gold und Platin mit Königswasser unter Zurücklassung des Silbers und Bleis als Chlorid zu lösen, fällt dann Gold durch Ferrosulfat oder besser Ferrochlorür und Platin aus der entgoldeten Lösung als Platinsalmiak oder besser durch Eintragen von Eisen in die Platinchlorid-Eisenchloridlösung, welche von der Goldfällung mit Eisenchlorür resultirt. Man regenerirt so das Eisenchlorid und fällt mit dem Ueberschuss an Eisen das Platin aus der Lösung heraus.

Die Scheidung des Goldes von den Platinmetallen mit Salzsäure oder ihren Alkalisalzen als Elektrolyt ist von theoretischem und praktischem Interesse.

Die Platinmetalle gelten im Allgemeinen als Anoden in Chloridlösungen für unangreifbar. Eine Tabelle von Haber und Grinberg gibt des Näheren über die Bedingungen des Angriffs Aufschluss.

	Elektrolyt	Temperatur	Anodische Stromdichte in Amp. pro qcm	Stromquantität in Amp.-Stunden	Gewichtsverlust der Anode in mgr	%
Platin	a) 30 % HCl	16,5 – 18,3 °	2	2,36	Null	Null
	b) 36 % »	10 – 12 °	1	1,15	6,3	0,30
	c) 8 % »	100 °	1	1,01	Null	Null
	d) 11 % »	90—95 °	1	1,40	2,6	0,10
	e) 16 % »	94—97 °	1	0,99	86,0	4,74
	f) 25 % «	48,1—52,3 °	2	2,22	2,5	0,06
	g) 25 % »	57—60 °	1	1,15	37,4	1,8
	h) 32 % »	48—52 °	1	1,14	86,0	4,16
	i) 32 % »	60—70 °	1	1,40	132,0	5,2
	k) 20 % » ClNa	99—105 °	1	0,5	Null	Null
	l) gesättigt ClNa	105—106 °	1	3,45	höchstens Spur	Null
	m) » »	fast siedend	2	3,6	3,0	0,05
Platin + 10 % Iridium	n) 37 % HCl	16,8 – 17,5 °	1	3,00	höchstens Spur	Null
	o) 32 % »	48—52,5 °	1	1,05	10,2	0,5
	p) 32 % »	68—70 °	1	1,01	16,3	0,9
	q) 25 % »	68 – 70 °	1	1,01	Null	Null
Platin + 25 % Iridium	r) 37 % »	16,5—17,2 °	1	2,04	Null	Null
	s) 32 % »	52—53 °	1	1,09	Null	Null
	t) 32 % »	68—75 °	1	1,01	Unwägbar geringer Verlust	Null

Unter % in der letzten Columne ist das Verhältniss der gelösten Menge zu derjenigen eingetragen, welche hätte in Lösung gehen müssen, wenn der Elektricitätsübergang von der Anode zur Flüssigkeit ausschliesslich durch Uebertritt von Pt-Ionen und nicht auch durch Austritt von Chlorionen bewerkstelligt worden wäre. 1,814 g Pt entsprechen 1 Amp.-Stunde.

Man ersieht aus der Tabelle dreierlei:

1. dass Platiniridium schwerer angegriffen wird als Platin, und zwar 25 % Iridium haltendes wieder schwerer als solches mit 10 % Iridium;
2. dass die Steigerung der Temperatur die Angreifbarkeit äusserst begünstigt, wie die Nebeneinanderstellung der Versuche *a*, *b* und *e*; *f* und *g*; *h* und *i* darthut;

3. dass Chlornatriumlösung von gleichem Gehalt an Chlor bei gleicher Temperatur und Stromdichte viel unwirksamer ist als Salzsäure. Die gesättigte Kochsalzlösung greift die Platinanode viel weniger bei der Elektrolyse an als die 16%ige Salzsäure, welche gleich viel Chlor enthält.

Vom theoretischen Standpunkte pflegt man Platin als nicht umkehrbare Elektrode in Salzsäure zu betrachten. Es ist aber anscheinend ein Gewinn für das Verständniss, wenn man es auf Grund folgender Erwägungen als umkehrbar behandelt.

Platin bildet in Salzsäure die Platinchlorwasserstoffsäure, welche nahezu complex ist und neben der Spaltung in $PtCl_6$ — H, H nur sehr untergeordnet Pt- und Cl-Ionen liefert. Die Anzahl der Pt-Ionen ist deshalb stets klein in Salzsäure. Da die Pt-Ionen der secundären Dissociation des Anions $PtCl_6$ entstammen, so ist das Product $Pt \times (Cl)^6 = PtCl_6 \cdot \text{const.}$ oder da $PtCl_6$ als wesentlich unveränderlich angesehen werden kann, weil seine Menge gegenüber der seiner Spaltstücke sehr gross ist, $Pt \times (Cl)^6 =$ constant.

Die Menge der Pt-Ionen ändert sich demzufolge mit der sechsten Potenz der Chlorionenconcentrationen im Elektrolyten. Wenn also durch Zufügung von Salzsäure die Chlorionen ein wenig vermehrt werden, wird der osmotische Druck der Platinionen schon erheblich zurückgehen. Der Lösungsdruck des Platins ist überaus klein, so klein, dass seine Ueberführung in den Ionenzustand auch dann Arbeitsaufwand verlangt, wenn der osmotische Druck der Platinionen in der Salzsäure äusserst gering ist. Die Grösse der nöthigen Arbeit wechselt sehr mit der Säureconcentration, weil mit ihr auch die Concentration der Platinionen sehr stark sich ändert, sie ist sehr viel grösser in verdünnter als in concentrirter Salzsäure. Wenn der Strom durch die Grenzschicht zwischen Anode und Salzsäure tritt, die ein wenig Platinchlorid enthält, so hat er die Wahl Platinionen in die Lösung hinein oder Chlorionen hinaus zu treiben. Beides verlangt Arbeitsaufwand. In verdünnter Salzsäure ist die Arbeitsleistung, Platin in Lösung zu drücken, die viel grössere und es wird keine analytisch wahrnehmbare Menge gelöst. In concentrirter Salzsäure ist zwar die Entladungsarbeit für Chlor geringer als in verdünnter, aber nicht um einen wesentlichen Betrag, denn der Unterschied entspricht nur der ersten Potenz des Unterschiedes der osmotischen Chlordrücke. Die Arbeit, welche benöthigt wird, um Platin hineinzudrücken, ist hingegen sehr stark verkleinert, entsprechend der sechsten Potenz der Aenderung des Chlorionendrucks. Deshalb geht in concentrirter Säure merklich Platin in Lösung. In Chlornatriumlösung ist danach anzunehmen, dass der osmotische Platindruck grösser ist als in Salzsäure von gleichem Chlorgehalt. In der Hitze nimmt der osmotische Platindruck in allen Fällen ab, sei es, weil die Dissociation der Salzsäure mit der Temperatur zunimmt, sei es, weil bei ungeändertem osmotischen Chlordruck die Dissociation des Anions $PtCl_6$ mit der Temperatur zurückgeht.

Diese Betrachtungen lassen sich auf Gold und Iridium übertragen. Benützen wir eine conc. Salzsäure als Elektrolyt, Gold, Platin oder Iridium als Anode, so werden alle drei Metalle, sofern die Salzsäure absolut frei von den Edelmetallen ist, sich zunächst lösen. Wir fügen jetzt Goldchlorid bezw. Platinchlorid oder Iridiumchlorid zum Elektrolyten. Nach Hinzufügung einer gewissen Menge wird die Lösung der Anode aufhören. Bei gleicher Concentration der Salzsäure ist die erforderliche Goldmenge im Elektrolyten grösser, die Iridiummenge viel kleiner als die Platinmenge. Die Iridiummenge liegt unter der Schwelle des analytischen Nachweises. Eine fassbare Menge Iridium wird in keinem Falle gelöst, weil die Grenzconcentration der Iridiumionen, bis zu welcher die Arbeit Iridium aus dem metallischen Zustand in Lösung zu treiben kleiner ist als die Arbeit, Chlorionen zu entladen, bereits bei verschwindenden Spuren gelösten Iridiums überschritten wird. Beim Gold sind die Concentrationen, bei denen Gold noch leichter gelöst als Chlor entladen wird, im Gegensatz dazu ziemlich gross und man kann Gold leicht in erheblicher Weise anodisch angreifen.

Beim Golde gelingt es mit heisser Salzsäure als Elektrolyten die Chlorentbindung ganz auszuschliessen. In der Platin-Goldscheidung wird ein Elektrolyt, bestehend aus 25—30 g Gold und 20—50 ccm Salzsäure vom spec. Gew. 1,19 im Liter bei 60 bis 70° C. benützt.[1]) Dieser löst noch bei 10 Amp. pro qdm Anode

[1]) D. R. P. 90276. In dem Zusatzpatent 90511 wird ausgeführt, dass statt der salzsauren Goldlösung auch eine Chlorgoldalkalilösung verwendet werden kann.

Gold ohne Chlorentwicklung. Neutrale Goldchloridlösung gibt hingegen auch in der Wärme Chlor, ohne das anodische Gold anzugreifen. Mit dem Golde geht Platin und Palladium in Lösung, während Iridium an der Anode zurückbleibt und in den Schlamm geht. In diesem findet sich auch stets ca. 10 % des Anodengoldes, ähnlich wie bei der Gold-Silberscheidung stets etwas Silber und bei der Kupferraffination Kupfer im Anodenschlamm auftritt. Silber in der zu raffinirenden Platingoldlegirung bleibt als Chlorsilber an der Anode und kann, wenn es reichlich vorhanden ist, ein Abschaben derselben nöthig machen, damit nicht eine schlecht leitende Haut dieses Salzes entsteht. Wismuth bleibt als Oxychlorid an der Anode, sofern das Bad nicht zu sauer ist. Blei im Anodenmaterial erfordert Gegenwart einer kleinen Menge Schwefelsäure im Elektrolyten, um es sicher als Sulfat vollständig in den Anodenschlamm zu führen.

An der Kathode scheidet sich bis zu Stromdichten von 5 Amp. pro qdm nur Gold, aber kein Platin und Palladium ab. Dabei darf indessen die Menge des Palladiums nicht über 5 g im Liter wachsen, sonst fällt es mit. Platin hingegen kann bis auf den doppelten Betrag des Goldes in der Lösung sich anreichern, ohne mit ausgeschieden zu werden.

Der Elektrolyt verarmt dauernd an Gold, wenn an der Anode Gold, Platin und Palladium gelöst, an der Kathode nur Gold abgeschieden wird. Es wird deshalb Goldchlorid regelmässig nachgesetzt.

Die Anoden werden bis auf $^1/_{10}$ ihres Gewichtes aufgezehrt und dann umgeschmolzen. $^1/_{10}$ des Anodengewichts bilden den Anodenschlamm, der von den Metallen ausser Gold und Iridium chemisch befreit und dann von Neuem zu Anoden geschmolzen wird.

Die Kathodenbleche aus dünnem Feingold stehen den Anoden in 3 cm Abstand gegenüber. Die Ausscheidung auf ihnen erfolgt so compact, dass dieser geringe Abstand genügt. Diese compacte Abscheidung wird wesentlich durch den Umstand begünstigt, dass die Lösung durch Platin und Palladium verunreinigt ist, was an den Einfluss der Zinnverunreinigung des Elektrolyten auf die Schönheit der Kupferfällung bei der Kupferraffinerie erinnert.

Die Gefässe für die Elektrolyse sind Steinzeug, Porcellan u. ä. Das verdampfende Wasser wird durch die Flüssigkeit ersetzt, welche beim Auswaschen des Anodenschlamms erhalten wird und die schwach goldhaltig ist. Eine automatische Regulirung hält das Niveau des Elektrolyten durch Zuspeisung dieser dünnen Lauge constant.

Die Scheidung armen güldischen Silbers geschieht nach Dietzel's Verfahren.[1]) Es gelangen Abfälle der Bijouteriefabrikation mit 5—7 % Au und 22—50 % Ag, die in Anodenplatten gegossen werden, zur Verwendung. Ausser den genannten Bestandtheilen ist Kupfer in grossem Betrage, Zink, Eisen, Nickel, Zinn, Blei und Kadmium in wechselnden kleinen Mengen in diesen Anoden

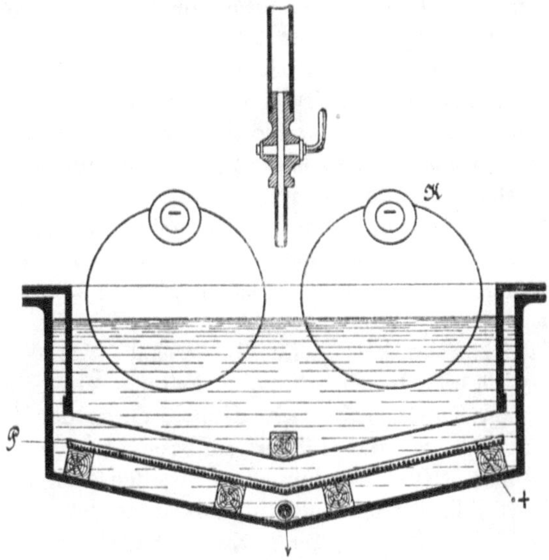

Fig. 74.

vertreten. Je mehr die anderen Bestandtheile neben Kupfer und Silber und Gold zurücktreten, um so erfreulicher verläuft die Elektrolyse. Sie wird vorgenommen in grossen Holzbottichen, welchen der Elektrolyt (Fig. 74) continuirlich oben zuläuft, während er am Boden abgezogen wird. Die Kathoden *K* sind Kupfercylinder, welche durch die rotirenden Kupferwalzen, die zugleich als Zuführung des negativen Stromes dienen, mitgenommen und in Drehung gesetzt werden. Sie sind mit

[1]) Nach Privatmittheilungen hier geschildert.

Graphit und Vaselin eingerieben. Den Kathodenraum trennt ein Diaphragma von doppeltem Baumwollstoff vom Anodenraum. Dies Diaphragma bildet den Boden eines hölzernen Einsatzkastens, für dessen bequeme Entfernung aus der Zelle besondere in der Figur weggelassene Vorkehrungen getroffen sind. In dem Anodenraum unter dem Diaphragma liegen auf Klötzen Unterlagplatten, z. B. aus Glas, welche mit Platindraht P überzogen sind. Auf diesem Platingitter, welches mit der positiven Stromleitung Contact hat, ruhen die Anodenplatten. Der Elektrolyt ist eine concentrirte, schwach salpetersaure Kupfernitratlösung. Die Elektrolyse geschieht in der Kälte. Die abfliessende Lauge gelangt in eine Reihe terrassenförmig angeordneter Kessel, in welchen sie bei gewöhnlicher Temperatur mit Kupfer in Berührung gebracht wird. Beim Ueberlauf von Kessel zu Kessel kommt sie reichlich mit Luft in Berührung und wird dann mit etwas frischer Salpetersäure versetzt der Elektrolyse neu zugeführt. Bei diesem Kreislauf scheidet die nur 0,1—0,2 % freie Salpetersäure haltende Lauge an den Kathoden ein brüchiges oxydulhaltiges Kupfer ab, das mit Holzkohle leicht in handelsfähiges Metall umgeschmolzen werden kann. Das Kupfer ist schwach silberhaltig, im Uebrigen von Fremdmetallen rein. Bei der derzeitigen Betriebsweise beträgt der Silbergehalt etwa $^1/_{30}$ % doch dürfte eine merklich silberärmere Fällung erreichbar sein. Kleine Mengen Kupfer, die sich dendritisch an den Kathoden absetzen, fallen ab und bilden auf dem Diaphragma eine Schlammschicht. Die Anodenplatten werden langsam aufgezehrt. Etwas Silber bleibt als Superoxyd zurück, ebenso ein kleiner Theil des Kupfers; Zink, Eisen, Nickel und Kadmium gehen mit der Hauptmenge des Silbers und Kupfers in Lösung, Blei bleibt theils als Superoxyd zurück, theils löst es sich, Zinn bleibt als basisches Salz oder als Zinnsäure zurück. In den Kesseln wird die an anodischen Bestandtheilen angereicherte Lösung durch Kupfer entsilbert. Damit wird die doppelte Wirkung erzielt: ein reines Silber abzuscheiden und dem Elektrolyten so viel Kupfer zuzuführen, als dem Silber äquivalent ist. Da an der Kathode die gesammte Stromarbeit der Kupferfällung dient, würde anderenfalls die Kupferconcentration der kreisenden Lauge sehr rasch zurückgehen. Der Ueberverbrauch an Kupfer, welchen die freie Salpetersäure hervorruft, ist gering, so lange die Acidität den Maximalbetrag von 0,2% freie Säure nicht übersteigt, weil Kupfer von solch verdünnter Salpetersäure nur wenig angegriffen wird. Die Berührung mit Luft beim Ueberlauf von einem Kessel zum anderen bewirkt, dass das Eisen sich als basisches Oxydsalz abscheidet. Der darauf folgende Zusatz von Salpetersäure dient dazu, die Acidität wieder auf 0,1—0,2% zu bringen. Die Salpetersäureverluste, welche gedeckt werden müssen, stammen aus verschiedenen Quellen. Ein kleiner Betrag wird kathodisch zu salpetriger Säure verwandelt und gibt dann mit dem Bleisuperoxyd an der Anode Bleinitrat. Ein anderer kleiner Betrag greift Kupfer beim Cementiren des Silbers in den Kesseln an, ein dritter geht als basisches Eisenoxydsalz aus der Lauge. Der Betrieb ist auf allwöchentliche Unterbrechung, Entfernung der alsdann in Schlamm verwandelten Anoden und Erneuerung derselben eingerichtet. Die Spannung ist namentlich gegen Ende, wo die anodische Polarisation sehr steigt und der Schlamm sich als Uebergangswiderstand vor die Anode legt, hoch. Bis 5 Volt werden angegeben. Diese hohen Werthe sind durch die vollständige Aufzehrung der Anodenplatten erklärlich, welche den anodischen Stromübergang auf die kleine Fläche der Platindrähte beschränkt und sehr hohe Stromdichten bedingt. Es erscheint nicht nöthig, diese völlige Aufzehrung vor der Betriebsunterbrechung abzuwarten. $2^1/_2$—3 Volt Badspannung bei 1 Amp. pro qdm anodische Stromdichte gelten als Mittel. Die Platindrähte an der Anode werden nicht merklich abgenutzt. Im Elektrolyten reichern sich die Metalle der Schwefelammongruppe als Nitrate an, unter ihnen ist Zink vornehmlich vorhanden und deshalb wichtig. Die Bildung des Zinknitrats bedeutet die Erzeugung eines todten Kapitals an gebundener Salpetersäure, welches nutzlos durch den Kreislauf geschleppt und nicht wieder gewonnen wird. Bemerkenswerth ist, dass keine wahrnehmbare Menge Ammoniak im Elektrolyten beim Versetzen mit Alkali entdeckt wird, selbst wenn an der Kathode erhebliche Gasentwickelung stattfindet.

Es erübrigt, die Goldgewinnung aus den »tailings«, den Rückständen der Amalgamation im Goldbergbau, zu besprechen. Die goldarmen Erzschlämme, denen durch Quecksilber ihr geringer Restgehalt von etwa 8 g Gold pro 1000 kg nicht mehr entzogen werden kann, werden mit Cyankaliumlösung ausgelaugt.

Man bedient sich dazu grosser Bottiche, in welchen der Schlamm aufgehäuft und von Cyankalilösung durchsickert wird. Auch Durchrühren in Pfannen und Kesseln ist gebräuchlich. Im einen wie anderen Falle gewinnt man eine schwach goldhaltige Cyankalilösung, die durch Mitwirkung des Luftsauerstoffs nach der Gleichung

$$2\,Au + 4\,KCN + O + H_2O = 2\,KCN, AuCN + 2\,KOH$$

Gold aufgenommen hat. Da die Reaction sehr träge verläuft, hat man zur Beschleunigung zahlreiche sauerstoffabgebende Substanzen vorgeschlagen, welche, ohne das Cyankalium anzugreifen, seine Einwirkung auf Gold durch Abgabe ihres Sauerstoffs unterstützen. Unter diesen Substanzen sind Persulfate[1]), über deren Darstellung später berichtet wird, Kaliumcyanat[2]), das anodisch durch Elektrolyse von Cyankalium erzeugt werden kann, und die billigen organischen Nitro- und Nitrosoverbindungen[3]), wie Nitrobenzolsulfosäure und die Nitrosulfosäuren des Naphtalins und höherer Kohlenwasserstoffe, am besten empfohlen. Die Anwendung des Persulfats soll durch Gegenwart einer kleinen Menge Kochsalz und ähnlicher Chloride sehr unterstützt werden.[4]) Der Cyankaliumgehalt der Laugen ist etwa 0,06 %. Sie werden in Behälter geleitet, welche Eisenanoden in Säcken und daneben und darüber geschüttet Bleispähne als Kathode enthalten.[5]) Die Bleispähne haben die früher verwendeten Bleiplatten verdrängt. Das Gold wird auf den Bleispähnen mit äusserst geringer Stromdichte gefällt. An der Anode entsteht etwas Berlinerblau. Die Bleispähne werden monatlich entfernt und erneut. Das mit Gold bedeckte Blei wird eingeschmolzen und abgetrieben. Ein

---

1) D. R. P. 85239.

2) E. P. von 1894 Nr. 25016.

3) D. R. P. 85244.

4) D. R. P. 88201.

5) Details siehe Butters, Berg- u. Hüttenmänn.-Z. 1897 S. 304.

gewisser Verlust an Cyankalium ist bei dem Verfahren durch Einwirkung der Luft und anodische Oxydation unvermeidlich; er wird auf 0,113 kg pro Tonne verarbeiteten Erzschlamm (mit 8 g Gold) angegeben.[1])

Mit dem Zink schliesst nach oben hin die Reihe der Metalle ab, deren Lösungsdruck niedrig genug ist, um in wirthschaftlich brauchbarer Weise ihre Abscheidung aus wässrigen Lösungen zu bewirken. Doch kann man Mangan und Chrom bei exceptionellen Bedingungen noch abscheiden. Der Möglichkeit, Mangan zu fällen, ist bereits bei der Elektroanalyse gedacht worden. Schon Bunsen[2]) beobachtete, dass es aus concentrirter Chlorürlösung bei hoher Stromdichte an der Kathode erscheint. Aus einer recht concentrirten chloridhaltigen Chromchlorürlösung erhielt Bunsen an einer Platinkathode mit 67 Amp. pro qdm auch Chrom in reichlicher Ausbeute. Borchers hat den Versuch widerholt, indem er die Kathode in eine Chromchlorid- oder Chromfluoridpaste einsenkte und Kohle in Natriumsulfit als Anode benutzte.[3]) Bunsen beobachtete bei niederer Stromdichte oder geringerer Concentration der Lösung das Auftreten des schwarzen Chromoxyduloxyds $3\,CrO, Cr_2O_3$. Aus Manganchlorür fällt unter analogen Bedingungen das Oxydul MnO. Aber nicht nur Chrom und Mangan, auch die Metalle der Alkali- und Erdalkaligruppe sind aus wässrigen Lösungen in kleinen Mengen darstellbar. Bunsen konnte aus ganz concentrirter Chlorcalcium- wie Chlorbariumlösung, die ganz wenig mit Salzsäure angesäuert waren, in der Siedhitze an einem amalgamirten Platindraht bei über 100 Amp. pro qcm die Amalgame dieser Metalle gewinnen, Bariumamalgam sogar in Mengen von je 1 g. Die Bindung als Amalgam an Quecksilber erscheint indessen nicht einmal nothwendig. Es

---

1) Siehe auch Creasdale, Berg- u. Hüttenm.-Z. 1897, S. 151.

2) Bunsen, Pogg. Ann. 91, S. 619.

3) Borchers gibt an, dass er in Uebereinstimmung mit Bunsen die Abscheidung bei 700 Amp. pro qm (d. h. 7 Amp. pro qdm) erzielte. Hier liegt eine Unklarheit vor, da die bei Bunsen in Gauss-Weberschem Maass zu 0,067 Einheiten pro qmm gegebene Stromdichte nicht 6,7, sondern 67 Amp. pro qdm entspricht.

gelingt wenigstens bei den Alkalimetallen auch ohnedem, Spuren Metall aus den concentrirten Chloridlösungen an Kathodenspitzen zu erzeugen. Die hohe Stromdichte aber bringt bei diesen Bedingungen eine hohe Temperatur mit sich. Die abgeschiedenen Alkalimetalle verbrennen und verdampfen und merkliche Mengen sind deshalb nicht isolirbar.

Für die brauchbare Darstellung der Alkali- und Erdalkalimetalle ist man deshalb auf die

feuerflüssige Elektrolyse

verwiesen. Diese bildet ferner den Weg, Aluminium in beliebigen Mengen darzustellen und ist für dieses Metall technisch am wichtigsten. Das principiell nächst gelegene Ausgangsmaterial für die feuerflüssige Zerlegung sind die Halogenide der Metalle. Sie sind leicht zugänglich und bieten die geringste Möglichkeit zu Ausbeuteverlusten durch secundäre Einwirkungen von abgeschiedenem Metall auf den Elektrolyten, sie sind ferner bei den Alkali- und Erdalkalimetallen gut schmelzbare und im Schmelzfluss gut stromleitende Verbindungen. Ihrer Benutzung stellen sich dort Schwierigkeiten entgegen, wo der Siedepunkt des Metalls dem Schmelzpunkt des Elektrolyten sehr nahe kommt. Das ist z. B. beim Natrium der Fall, das bei 900^0 verdampft und dessen Chlorid bei dieser Temperatur gerade gut fliesst. In diesem Falle muss man den Schmelzpunkt des Elektrolyten herabdrücken durch Erzeugung eines leichtflüssigen Doppelchlorides. Die Doppelchloride der Alkalien und Erdalkalien zeigen hinsichtlich der Metalle, welche der Strom im feuerflüssigen Zustande aus ihnen fällt, ein eigenthümliches Verhalten. Aus Chlormagnesium - Chloralkali fällt Magnesium, aus Chloralkali, das mit Chlorcalcium, Chlorstrontium oder Chlorbarium zusammen den Elektrolyten bildet das Alkalimetall, aus Chlorkalium-Chlornatrium wird Natrium abgeschieden, aus Chlorcalcium-Chlorstrontium Calcium. So ergibt sich die Reihe Mg, Na, K, Ca, Sr, Ba, wenn man nach zunehmender Schwierigkeit der Abscheidung ordnet. Lithium ist wahrscheinlich zwischen Magnesium und Natrium einzureihen; Aluminium wohl noch vor dem Magnesium. Die Differenz zwischen den Stromdichten, welche für die Abscheidung der einzelnen Metalle nöthig ist, ist nicht genau ermittelt, aber sie ist jedenfalls so gross, dass aus $1\,Cl_2\,Ca + 2\,Cl\,Na$ und aus $1\,Ca\,Cl_2 + 1\,ClK$

leicht ein Alkalimetall erhalten wird, das nur Spuren Calcium enthält und dass das Doppelsalz Cl K, Mg Cl_2 ein reines Magnesium liefert. Indessen ist es natürlich, dass bei übertriebenen Stromdichten oder geringem Gehalt des Elektrolyten an dem leichter zersetzlichen Salze eine Legirung abgeschieden werden kann. Die Reihenfolge der Metalle ist insofern auffällig, als ihrer chemischen Activität nach die Erdalkalimetalle hinter dem Kalium zurückstehen. Die erforderlichen Stromdichten sind für Magnesium etwa 10, für Natrium 50, für die Erdalkalimetalle 500 bis 1000 Amp. pro qdm.

Eine besondere Schwierigkeit liegt oft darin, bei der Elektrolyse das entstehende Metall in einer brauchbaren Form zu erhalten. Sie ist besonders empfindlich bei Calcium, Strontium und Barium. Diese drei Metalle sind deshalb ausschliesslich in kleinem präparativen Massstab darstellbar. Die Schwierigkeit besteht wesentlich darin, dass die Metalle in Flittern entstehen, die nicht zusammenschmelzen. Taucht man einen Eisendraht als Anode in ein geschmolzenes Erdalkalichlorid oder ein Gemisch solcher (z. B. 2 Ca Cl_2 + 1 Sr Cl_2 für Ca-Gewinnung) so bildet sich an dem Draht Calcium, löst sich aber alsbald ab, steigt auf und verbrennt an der Oberfläche, bevor es an der Kathode zu grösseren Kugeln sich vereinigt hat. Lässt man die Oberfläche einfrieren, so findet man, von der erstarrten Decke conservirt, nach Beendigung des Versuches und Abkühlung ein Agglomerat von kleinen Flittern, aber keine grösseren Metallbrocken. Die Schmelze sieht wegen der gelben Farbe, welche dem Calcium, Barium und Strontium eigen ist, wie vergoldet aus. Ein Bunsen'scher Kunstgriff besteht darin, mit einer Berührungskathode zu arbeiten. Man senkt die Kathode nur gerade mit der Spitze ein, es bildet sich dann ein Metallkügelchen daran, das in lebhaft erzitternder Bewegung sich befindet, durch Adhäsion an der Spitze haftet und erst wegschwimmt, wenn es eine gewisse Grösse erreicht hat. Die Temperatur muss dabei so niedrig sein, dass ein schützender Firniss halberstarrter Schmelze sich über das Kügelchen zieht und es vor dem Verbrennen behütet. Matthiesen[1]) hat auf diese Weise Calciumkügelchen erhalten. Mit einem ganz feinen, einige Millimeter tief eingesenkten kurzen

[1]) Ann. Chem. Pharm. 93, S. 277.

Eisendraht, der an einen dickeren angesetzt war, erzielte er dasselbe Ergebniss, wenn die Oberfläche der Schmelze erstarrt war. Er hob den Draht sammt der Kruste alle drei Minuten heraus, um die Kügelchen nach Zerdrücken der Salzkruste unter dem Pistill auszulesen. Um das anodische Chlor vom Kathodenraum fern zu halten, bediente Bunsen und nach ihm Matthiesen sich einer kleinen Thonzelle als Diaphragma. Soweit das abgeschiedene Erdakalienmetall mit der Zelle in Berührung kommt, bildet es allerdings unter Reduction von Kieselsäure zu Silicium Oxyd. Doch lässt sich, wenn die Oberfläche der Schmelze in der Thonzelle mit einer Kruste bedeckt ist, das Metall unter dieser ohne Berührung mit den Zellwänden in einiger Menge erhalten. Aus Chlorstrontium bekam Matthiesen mit einer solchen kleinen Thonzelle $^1/_2$ g schwere Strontiumkugeln. Dabei diente ein pferdehaarstarker Eisendraht, der nur wenig in die Schmelze tauchte und an einem dickeren Drahte befestigt war, als Kathode. Da das mangelhafte Zusammenschmelzen der Metallpartikeln die Hauptschwierigkeit ist, so liegt es nahe, bei sehr hoher Temperatur zu elektrolysiren, wobei immerhin die Oberfläche der Schmelze leicht bis zur beginnenden Erstarrung abgekühlt werden kann. Dann tritt aber eine neue Strömung auf, indem die abgeschiedenen Metalle, wie es scheint unter Bildung von Subchlorüren, von der Schmelze rückwärts gelöst werden. Das Magnesium gehört nach seinem Verhalten bei der feuerflüssigen Elektrolyse nicht zu den Erdalkalimetallen. Seine Abscheidbarkeit mit relativ kleinen Stromdichten und seine grössere Neigung, an der Kathode zusammenzuschmelzen, machen es zu einem elektrochemisch gut zugänglichen Körper. Indessen bewahrt es von der Erdalkalinatur soviel, dass die Darstellung grösserer Stücke noch immer heikel ist und sowohl der Laboratoriumstechnik als dem Fabrikbetrieb Schwierigkeiten bereitet, welche bei der Darstellung der Alkalimetalle auf elektrochemischem Weg nicht auftreten.

Minder delicat als die Darstellung der Erdmetalle selbst ist die ihrer Legirungen. Mit einer Platinkathode oder mit einer solchen aus geschmolzenem Zinn sind nach Matthiesen's und Bunsen's Beobachtungen Legirungen der Erdalkalimetalle darstellbar. Calcium macht immer die meisten Schwierigkeiten, weil es besonders leicht an der Kathode eine Haut von isolirendem Kalkoxyd entstehen lässt.

Von den Alkalimetallen ist das Lithium besonders leicht darstellbar. In einem starken Porcellantiegel wird aus geschmolzenem Chlorlithium nach einer Jahrzehnte lang in Bunsen's Institut ausgeübten präparativen Bereitungsweise leicht das Metall hergestellt, wenn man einen Kohlestab als Anode einsenkt und möglichst entfernt davon eine Stricknadelspitze als Berührungselektrode benützt. Die Metallkugel, welche an dieser sich unter der Wirkung eines kräftigen Stromes bildet, erreicht leicht 7—8 mm Durchmesser. Führt man einen heissen Löffel aus Eisenblech in den Elektrolyten, hebt mit diesem die Kathode sammt der anhängenden Kugel heraus und schnellt die letztere

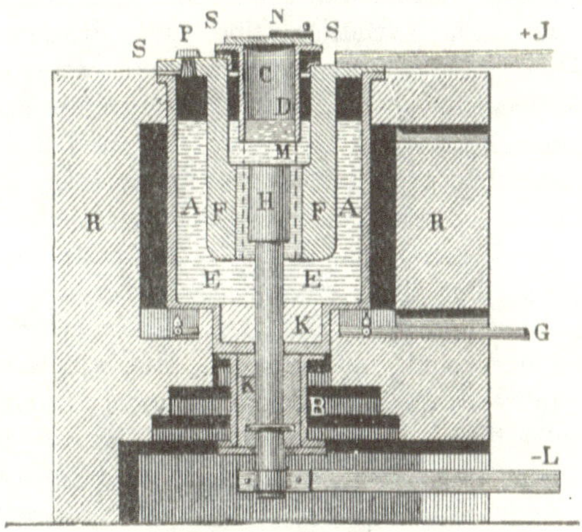

Fig 75.

mit einer kurzen Bewegung in eine Schale mit Steinöl, so kann man in Kürze mehrere Gramm Lithium erzeugen.

Technisch von Bedeutung ist nur die Darstellung des Natriums. Sie gelingt in industriellem, regelmässigem Betrieb indessen bislang nur aus Aetznatron, während die Elektrolyse des Chlornatriums im Fabrikbetriebe an Apparatschwierigkeiten scheiterte. Der in Fig. 75 dargestellte Castner'sche Apparat zur Aetznatronelektrolyse besteht aus dem eisernen in das Mauerwerk *R* eingebauten Schmelzgefäss *A*, das mit Aetzalkali *K* erfüllt ist. Der untere verengte Theil des Schmelzgefässes bleibt so kalt, dass das Aetzalkali darin sammt der hindurchgehenden Kathode *H* einen festen, dicht schliessenden Block bildet, in der oberen Hälfte bleibt das Aetzalkali durch eine Gasfeuerung *G* geschmolzen. Durch die Asbestplatten *S*, mittels deren überall am Apparat die nöthigen Isolationen bewirckt sind, vom Tiegel getrennt findet die Anode *F* ihren Contact mit der positiven Leitung *J*. Zwischen Kathode und Anode liegt ein Drahtgewebe, um den Wasserstoff und das Natriummetall, welche an *H* sich abscheiden und in das Rohr *C* hinaufsteigen, von dem Sauerstoff zu sondern, der an *F* entsteht, aufsteigt und durch *P* entweicht. *N* ist ein Deckel, der lose genug aufliegt, um Wasserstoff entweichen zu lassen. Das abgeschiedene obenschwimmende Metall bei *D* schöpft man mit Sieblöffeln aus. Das Verfahren gibt 40 % Stromausbeute an Natrium. Auch diese gilt nur als erreichbar, wenn die Temperatur in dem engen Intervall von 20^0 oberhalb der Schmelztemperatur des Elektrolyten zwischen 310^0 und 330^0 gehalten wird. Es lässt sich auch mit Erfolg im Grossen, ähnlich der alten Bunsen'schen Methode der Lithiumdarstellung arbeiten, indem man den Elektrolyten, in den eine Anode von oben eingesenkt ist, mit dem Ende einer Kathode berührt, an welcher alsdann eine Natriumkugel anwächst. Diese wird mit einer Schöpfkelle herausgeholt, nachdem sie eine gewisse Grösse erreicht hat, während die bewegliche Kathode für einen Augenblick abgehoben wird. Als Gefässmaterial ist bei diesem Verfahren in jedem Falle Eisen verwendbar, aus demselben Material wählt man Anode und Kathode. In dieser Möglichkeit, das bequeme Eisen als Gefässmaterial zu benützen, und in der niedrigen Temperatur von 310—330^0 beruht der grosse Vortheil der Aetznatronelektrolyse für die Technik. Der Nachtheil des theuren Rohmaterials tritt dagegen vollständig zurück. Die Elektrolyse des Chlornatriums oder vielmehr des Doppelsalzes Chlornatrium-Chlorkalium — denn Chlornatrium ist so schwer schmelzbar, dass das Natriummetall bereits verdampft, wenn der Elektrolyt gut fliesst — nöthigt nicht nur zu einer Temperatur, die 200^0 höher liegt, sondern bedingt einen complicirten und zerbrechlichen Apparat, weil Natriummetall nicht mit Thon und Porcellan, und Chlor nicht mit Metallen bei Rothgluth zusammentreffen darf, ohne sie zu zerstören. Um dieser difficilen Bedingung zu genügen, construirte Borchers ein Zersetzungsgefäss

(Fig. 76), das einem U-Rohr ähnelt, dessen einer Schenkel *A* aus Chamotte, dessen anderer *K* aus Eisen ist. Um diese heterogenen Hälften zu vereinigen, werden sie von beiden Seiten gegen einen wasserdurchflossenen Metallring *R* mit den Zwingen *Z* gepresst. Die Chamottehälfte ist von der directen Berührung mit dem kalten Theil *R* durch die Zwischenlage *J* von Asbest geschützt. Wird dieser Apparat mit Chloralkali beschickt und geheizt, so bleibt eine erstarrte Kruste an dem Ring *R* haften, während der Gefässinhalt schmilzt, und diese Kruste dichtet die Gefässhälften gegen einander. Als Anode dient die Kohle *a*, als Kathode der Eisenschenkel des Gefässes. Die Stromanschlüsse sind mit *V* bezeichnet. Das Chlorgas entweicht durch *C* und das feste Salz wird bei *S* nachgefüllt. Bei dieser Anordnung kommt Natrium nur mit Eisen, Chlor nur mit Chamotte und Kohle in Berührung. Grabau strebt denselben Zweck an, indem er in das Schmelzgefäss aus Thon wählt, eine Kohleanode nahe dem Rande, eine Eisenkathode in der Mitte einsetzt und zwischen Anoden- und Kathodenraum eine gekühlte Glocke einschiebt. Die Fig. 77 stellt den Apparat in seinen Hauptheilen[1]) dar. Man sieht die bewegliche Kathode *a* in der Mitte der Glocke und die Röhren *F* und *Z*, durch welche Wasser zu- und abfliesst. Sie sind in Wärmeschutzmasse so eingehüllt, dass ihre erkaltende Wirkung gerade zureicht, um die Glockenwände mit einer dünnen Haut erstarrten Kochsalzes zu bedecken. *k* ist die Kohle, *A* der Elektrolyt, bei *g* sammelt sich das erzeugte Natriummetall unter Erdöl. Die Salzhaut, welche die Glocke überzieht, sichert sowohl gegen den Angriff des Chlors als gegen den des Natriums. Die mit festem Salz überzogene Glocke stellt also eine unangreifbare

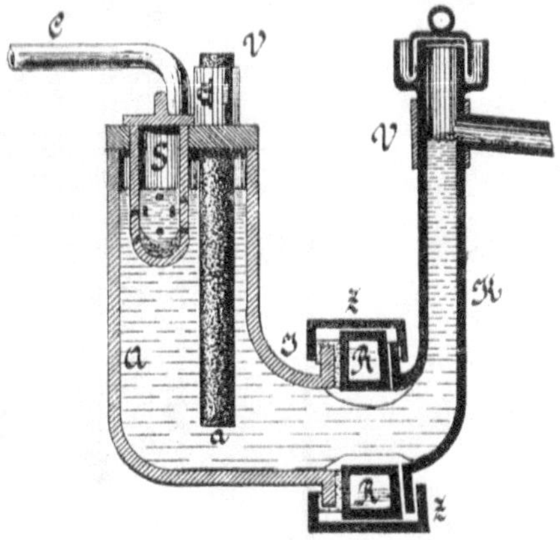

Fig. 76.

[1]) U. S. A. P. 465369; siehe auch D. R. P. 45012.

Scheidewand dar, welche die Zelle in zwei nur unten communicirende Abtheilungen sondert und das aussen entwickelte Chlorgas von dem innen aufsteigenden Natriummetall abhält. Beide Apparate, so sinnreich sie sind, entbehren jener robusten Widerstandsfähigkeit, welche der Fabrikbetrieb verlangt. Der in ihnen zur Verwendung gelangende Gedanke, ein Gefäss, sei es zur Dichtung, sei es zum Schutze gegen Angriff durch elektrolytisch abgeschiedene Substanz, stellenweise mit erstarrter Schmelze

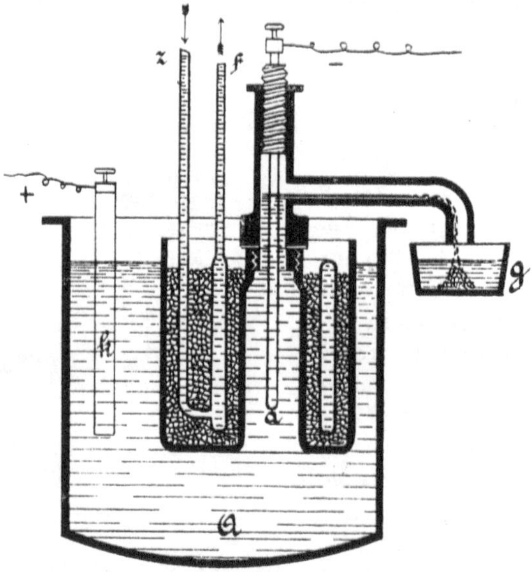

Fig 77

bedeckt zu halten, ist von sehr allgemeinem Werth. Auch Castner's Apparat macht für die Eindichtung der Kathode von ihm Gebrauch, und in den verschiedensten Variationen kehrt er bei später zu erläuternden Processen wieder.[1])

Wie beim Chlorcalcium, so auch beim Chlornatrium ist es sehr viel leichter, die Elektrolyse unter Erzeugung einer Legirung an der Kathode durchzuführen. Wenn man Zinn oder Blei in

[1]) Es ist noch anzumerken, dass das aus Aetznatron erzeugte Natrium frei von Kalium ist. Das aus dem Doppelchlorid dargestellte enthält hingegen leicht ein wenig Kaliummetall und ist dann in der organischen Fabriktechnik minder verwendbar

geschmolzenem Zustande als Kathoden benutzt, so nehmen sie Natrium auf und geben damit Legirungen, welche die organische Technik anstatt des Natriumamalgams zu Reductionen verwenden kann. Der Apparat für die Darstellung wird viel einfacher in seiner Gestaltung, weil nicht mehr, wie bei der Natriummetallgewinnung, Chlor und Natrium im Elektrolyten neben einander in die Höhe steigen, sondern die schwere Legirung am Gefässboden bleibt, während das Chlorgas aufsteigt und entweicht. Die difficile Auseinanderhaltung des kathodischen und anodischen Productes vollzieht sich somit ohne besondere Hülfsmittel von selbst. Borchers[1]) hat der Herstellung des Blei- und Zinnnatriums seine Aufmerksamkeit gewidmet und verschiedene Apparate angegeben, bei welchen langsam an der Wand eines von aussen geheizten Eisengefässes herabrinnendes Blei als Kathode dient und eine Kohle als Anode benützt wird. Ueber 10 % Natrium dem Blei bezw. Zinn einzuverleiben, ist nich üblich. Hält man den Gehalt innerhalb dieser Grenze, so genügen bei 50 Amp. pro qdm Kathodenfläche 8 Volt Badspannung bei der Borchers'schen Anordnung. Die Benützung bewegten Bleis als Kathode im Borchers'schen Apparat ist für den Erfolg der Elektrolyse sehr wichtig. Eine ruhende Bleikathode sättigt sich an der Oberfläche, wo der geschmolzene Elektrolyt sie berührt, rasch soweit mit Natrium, dass weitere Antheile dieses Metalls schwer oder gar nicht aufgenommen werden. Es entstehen dann an der Oberfläche der Kathode bei weiterem Stromdurchgang Natriumkügelchen, die sich ablösen, aufsteigen und theils an der Oberfläche der Schmelze verbrennen, theils an der Anode unter heftiger Reaction mit dem entstehenden Chlor Kochsalz zurückbilden. Die auf diese Weise eintretenden Störungen werden eingehend von Hulin[2]) beschrieben.

---

[1]) Borchers, Elektrometallurgie. 2 Aufl. S. 69.

[2]) Hulin, Elektrochem. Z. 4, S. 75. Hulin erwartet für Bleinatrium eine wesentliche Verwendung in der Fabrikation von Aetzalkali und in der der Accumulatoren. Für ersteren Zweck soll das Bleinatrium mit Wasser zerlegt, die entstehende Aetznatronlauge eingedampft, das zurückbleibende Blei der Bleinatriumfabrikation wieder zugeführt werden. Für die zweite Verwendungsweise will Hulin das Bleinatrium benutzen, indem er es in die Maschen von Bleigittern eingiesst, das Natrium auslaugt und das poröse Blei, welches zurück bleibt, formirt Ein technischer Erfolg dürfte diesen Hulin'schen Vorschlägen kaum beschieden sein.

Die Ueberwindung der Schwierigkeit gelingt nach Hulin mit ruhender Kathode dann, wenn eine Bleichlorid enthaltende Kochsalzschmelze als Elektrolyt benützt wird. Aus dieser scheidet sich das Natrium zusammen mit Blei in Gestalt einer schweren Legirung ab. Um beständig etwas Chlorblei in der Schmelze zu haben, benutzt Hulin ausser der Kohleanode eine Nebenanode von geschmolzenem Blei. Sein Apparat besteht in einem Eisengefäss, dessen Innenwände mit einem Thonerde-Magnesia-Futter bekleidet sind. Den Boden des Gefässes bedeckt als Kathode dienendes Blei. Im oberen Theil des Gefässes ist die Kohleanode und ein Behälter aus feuerfestem Stein, in welchem Blei sich befindet, angeordnet. Die Bleifüllung dieses Behälters ist mit der Kohleanode zusammen an den positiven Pol der Stromquelle angeschlossen. Der Elektrolyt ist Kochsalz. Die Schmelzwärme wird nicht durch äussere Erhitzung, sondern durch den Strom selbst geliefert. Bei dieser Anordnung theilt sich die anodische Stromarbeit in Chlorentladung an der Kohleanode und in Lösung von Blei an der Bleianode, während die kathodische Stromarbeit in der Fällung der Bleinatriumlegirung besteht. Das Detail der Arbeitsweise ist nicht näher geschildert. Es wird nur angegeben, dass der Antheil des Stromes, welcher für Lösung und Fällung von Blei verbraucht wird, für die Gewinnung von Chlor und Natrium also verloren geht, 12% beträgt. Die Badspannung wird bei 75 Amp. pro qdm auf 7 Volt, der Natriumgehalt der erzeugten Legirung auf durchschnittlich 24% (bis 30%) beziffert. Die gleiche Arbeitsweise wird für Gewinnung von Zinnnatrium empfohlen. Vergleicht man das Borchers'sche Princip (bewegtes Blei als Kathode) mit dem Hulin'schen, so erscheint ersteres einfacher und zweckmässiger.

Die Darstellung des Kaliums ist nach derselben Weise wie die des Natriums aus dem Doppelchlorid des Chlorkaliums mit Chlorstrontium möglich, aber ohne Bedeutung.

Von technischem Werth hingegen ist die Darstellung des Magnesiums, welche fabrikmässig betrieben wird. Auch die Magnesiumdarstellung durch Elektrolyse ist von Bunsen aufgefunden worden. Er benützte geschmolzenes Chlormagnesium als Elektrolyt und als Gefäss einen Tiegel aus Porcellan, welcher durch eine nicht bis auf den Boden reichende Porcellanscheibe, die aus einem Tiegeldeckel mit einem Schlüsselbart gebrochen war, in einen Anoden- und Kathodenraum getheilt war. Die Elektroden bestanden aus Retortengraphit, die Kathode war sägeartig gezähnt, so dass das Metall unter den Zacken sich sammeln und vereinigen konnte und nur zum kleinen Theil an die Oberfläche aufstieg, wo Luft und die wasserdampfhaltigen Feuergase es rasch verzehrten. Nach der Elektrolyse fand sich das abgeschiedene Metall theils an der Kathode, theils in Körnern im Elektrolyten eingebettet, daneben war auch etwas pulveriges Metall gebildet worden, das zum Theil während der Elektrolyse aufgestiegen und verbrannt war. Die Körner sammt dem Regulus an der Kathode entsprachen einer Stromausbeute von 60 %.

Da das Chlormagnesium schwer wasserfrei zu erhalten ist, ist es besser, von dem Doppelsalz Chlorkalium-Chlormagnesium auszugehen, das man bei Schmelzhitze leicht entwässern kann. Oettel[1]) hat darauf aufmerksam gemacht, dass die Beseitigung eines kleinen Gehaltes an Magnesiumsulfat für die spätere Erzeugung grösserer Brocken compacten Metalls sehr erheblich ist. Sie gelingt leicht, wenn man mit einem Kohlestab in die entwässerte schmelzflüssige Masse eine kleine Menge feines Sägemehl oder ähnliche organische Substanz einrührt. Nach der Gleichung $Mg\,SO_4 + C = Mg\,O + CO + SO_2$ wird das Sulfat zerlegt, das gebildete Oxyd setzt sich beim Stehen ab und die klare Schmelze kann in das Zersetzungsgefäss übergeführt und mit einer Eisenkathode und Kohleanode elektrolysirt werden. Man benutzt dazu den Bunsen'schen Tiegel mit Scheidewand und hält die Temperatur bei schwacher Rothglut. Ein wenig Flussspat im Kathodenraume begünstigt das Anwachsen grösserer Metallkugeln an der Kathode. Nach einiger Zeit giesst man auf ein Eisenblech aus und liest die Metallkugeln aus der erstarrten Schmelze aus. Man kann auch die Kugeln nach Entfernung der Elektroden und erneutem Zusatz von Flussspath bei gesteigerter Temperatur zusammenschmelzen. Es macht das aber regelmässig einige Schwierigkeiten. Oettel erhielt bei 6—8 Volt Spannung am Bade Stromausbeuten von 90—95 %. Kalium wird, wie früher erwähnt, schwerer abgeschieden als Magnesium. Wenn man die Stromdichte nicht zu hoch treibt und wenn die Schmelze an Magnesium nicht durch überlange Elektrolyse zu sehr verarmt,

---

[1]) Oettel, Z. f. Elektrochem. 2, S. 394.

so ist das Metall kaliumfrei. Bunsen beobachtete, dass es etwas Aluminium und Silicium enthält, die aus einem Angriff des Tiegelmaterials stammen. Um die wasserdampfführenden Verbrennungsgase von der Schmelze während der Elektrolyse abzuschliessen, setzt Oettel auf den Tiegel einen kurzen Schornstein. Borchers hat für eine Darstellung des Magnesiums in etwas grösserem Um-

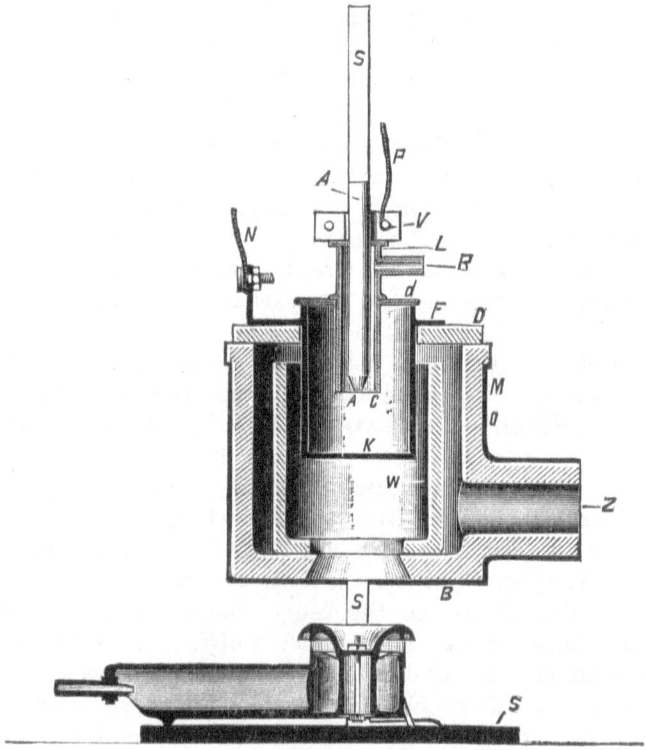

Fig. 78.

fange den folgenden Apparat (Fig. 78) empfohlen. Ein Gasbrenner, dessen Flammen durch die Bodenplatte *B* und den Chamotte-Einsatz *W* emporsteigen, den Schmelztiegel umspülen und durch *O* und *Z* abziehen, dient zur Heizung. Der Eisentiegel *K* ist Kathode. Das Porcellanrohr *C*, durch dessen Deckel *L* die Kohleanode *A* läuft, nimmt das Chlorgas auf und gibt es durch das Rohr *R* ab. *D* ist der Tiegeldeckel aus Porcellan, *F* ein Flansch, an den die negative Leitung *N*, *V* eine Klemme, an die die positive Leitung *P* befestigt ist. Das Stativ *S* trägt den Apparat. Bei ca. 700° und mindestens 10 Amp. pro 1 qdm scheidet Magnesium sich an den Tiegelwänden ab. Man reicht mit 7—8 Volt. Die Magnesiumdarstellung gelingt mit diesem Apparat sehr leicht. Giesst man die Schmelze nach einiger Zeit aus, so findet man sie von kleinen Kugeln und Flittern des Metalls dicht durchsetzt. Das Erzeugen grösserer Kugeln aber ist entschieden mit der Bunsen-Oettel'schen Anordnung leichter. Wenn man Karnallit in einem dicken Nickeltiegel als Kathode elektrolysirt, so verwandelt sich die ganze Tiegelinnenseite in eine Nickel-Magnesiumlegirung.

Die elektrochemische Darstellung des Aluminiums ist von Bunsen[1]) und von Deville[2]) unabhängig aus Chloraluminium-Chlornatrium zuerst ausgeführt worden. Aus wässrigen Lösungen ist Aluminium entgegen zahlreichen Angaben nicht darstellbar. Aus dem bei 185° schmelzenden Chlornatriumdoppelsalze fällt Aluminium, wenn die Elektrolyse wenig über 200° ausgeführt wird, naturgemäss als Pulver. Um dieses Pulver zusammenzuschmelzen, erhitzte Bunsen unter beständigem Zusatz von Kochsalz bis zur Silberschmelzhitze. Für einen Dauerbetrieb eignet sich das Aluminiumchloriddoppelsalz nicht, weil die Leichtflüchtigkeit des Chloraluminiums durch die Gegenwart des Kochsalzes zwar erheblich aber doch nicht genügend zurückgedrängt wird, um über der Schmelztemperatur des Aluminiums arbeiten zu können und direct compactes Metall zu erzeugen. Ueberdem ist die Darstellung des Doppelchlorides zu kostspielig. Sehr verwendbar ist hingegen das Fluordoppelsalz $Na_3 Fl_6 Al$. Alle in der Praxis geübten Verfahren der Aluminiumherstellung bedienen sich dieser Verbindung als Elektrolyt, und die Unterschiede der einzelnen Fabricationsmethoden beschränken sich auf die Zusätze, welche eventuell dem Doppelfluorid beigegeben werden. Diese bestehen entweder in Fluoraluminium oder in einem Gemenge von Flussspat und Fluoraluminium oder endlich in Kochsalz. Gemeinsam ferner ist allen Arbeitsweisen, dass dem Bade während

[1]) Bunsen, Pogg. Ann. 92, S. 648.

[2]) Deville, Ann. Chim. Phys. [3] 43, S. 27.

des Betriebes in dem Maasse Aluminiumoxyd zugefügt wird, als Aluminium kathodisch sich abscheidet. Das chemische Ergebniss der Elektrolyse besteht also im Wesentlichen darin, dass Aluminiumoxyd zerlegt wird, indem Aluminium einerseits entsteht, während die aus Kohle bestehende Anode andererseits zu Kohlenoxyd verbrannt wird. Die Elektrolyse hat mit der Schwierigkeit zu kämpfen, dass Aluminiumhaloidsalze und Aluminiummetall Silicate wie Metalle angreifen. Die Lebensdauer der Elektrolyseure und die Reinheit des Erzeugnisses werden dadurch in gleicher Weise geschädigt. Man überwindet diese Schwierigkeit leichter im grossen als im Laboratorium, indem man die Schmelze bei einer Temperatur von nur 800—900° elektrolysirt, bei welcher die benutzten Salzgemische in gutem Flusse sind. Für den Schutz der Tiegelwände ist es von besonderer Wichtigkeit, wie diese Temperatur erzeugt und aufrecht erhalten wird. Man verwendet in der Technik Kohlengefässe, welche aussen mit einer Eisenverschalung versehen sind, und heizt ausschliesslich mit der Stromwärme. Dadurch bleibt die Schmelze an den Tiegelwänden kälter als in der Mitte, und da der Ofen an seiner Aussenwand keine Wärmezufuhr erfährt, so saugt sich die Schmelze nicht durch ihn hindurch, sondern verkrustet sich mit der Kohlenwand, ohne das Metall der Verschalung anzugreifen. Als Kathode nimmt man, wenn Aluminium rein gewonnen werden soll, am besten Eisen. Aluminium legirt sich mit Eisen erst so weit über seiner Schmelztemperatur, dass es in eisernen Formen gegossen werden kann. Es ist aber in der Technik auch möglich, mit Kohlekathoden zu operiren, die im kleinen nicht gut anwendbar sind. Die Gefahr, ein erheblich kohlenstoffhaltiges Metall zu erhalten, wird gleich der, ein eisenhaltiges zu erzeugen, vermieden, wenn man die Temperatur nicht zu hoch hält. In Uebereinstimmung damit sind die Angaben, dass man in Graphittiegeln Aluminium wie in Eisentiegeln ohne Schaden einschmelzen kann, wenn man nicht unnöthig überhitzt.[1]) Die Figur (79) stellt einen Aluminiumofen mit Eisenverschalung, Kohlefutter, Eisenkathode und Kohleanode dar.[2]) Für die Dar-

[1]) Berg- u. Hüttenmänn.-Z. 1897, S. 150. Ausführliche Angaben über Details der Aluminiumfabrikation in Creil und St. Michel de Maurienne bringt Becker, Manuel d'Electrochimie, Paris 1898, S. 175 ff.

[2]) E. T. Z. 1890, S. 381.

stellung von Aluminiumlegirungen geeignet, ist die in Fig. 80 dargestellte Anordnung, bei der der Kohletiegel *a* eingebettet in Kohlepulver *g* auf der Metallplatte *p* ruht, während die Anode *d* aus Kohle durch den Tiegeldeckel *b* mit Spielraum eingeführt ist. *m* ist die gemauerte Ofenhülle. Unter der weissen Schmelze, die für die Fabrication von Aluminiumlegirungen ausschliesslich aus Thonerde besteht, sieht man als dunkle Schicht das geschmolzene Kathodenmetall z. B. Kupfer, dessen Aluminiumlegirung erzeugt werden soll.[1]) Mit dem zweiten Apparat arbeitet

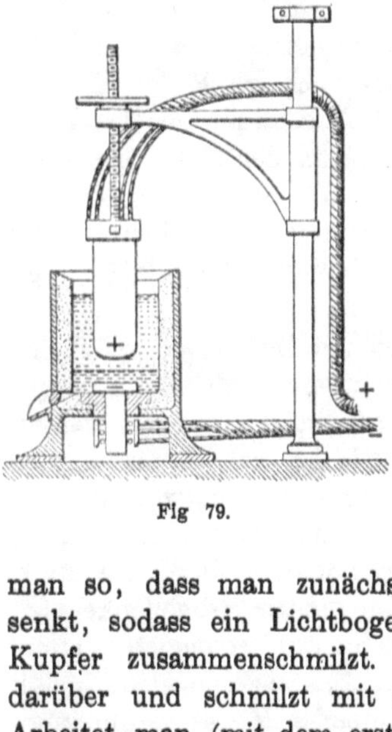

Fig 79.

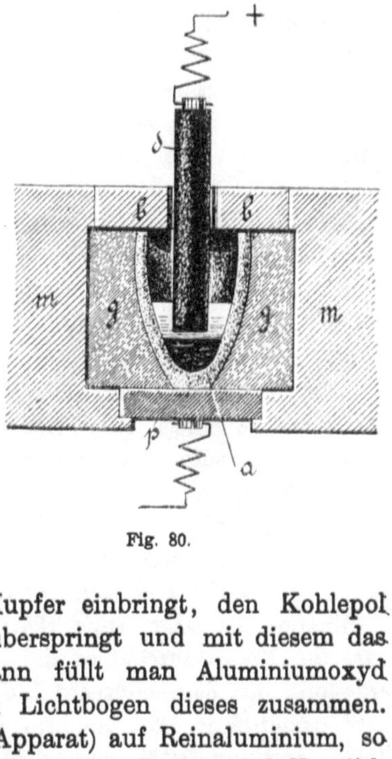

Fig. 80.

man so, dass man zunächst Kupfer einbringt, den Kohlepol senkt, sodass ein Lichtbogen überspringt und mit diesem das Kupfer zusammenschmilzt. Dann füllt man Aluminiumoxyd darüber und schmilzt mit dem Lichtbogen dieses zusammen. Arbeitet man (mit dem ersten Apparat) auf Reinaluminium, so fällt das Einschmelzen des Kupfers weg. Dafür wird Kryolith sammt den Zusätzen von Fluoraluminium, Flussspath, Kochsalz, die eventuell gemacht werden, zunächst mit dem Lichtbogen in Fluss gebracht und sodann Aluminiumoxyd zugeführt. Die

[1]) Construction von Hérault D. R. P. 47165. U. S. A. P. 387876. E. P. 7426 von 1887.

Schmelze ist in diesem Falle viel leichtflüssiger, als wenn nur Thonerde verwendet wird. Aus kryolithfreiem Bade von Aluminiumoxyd ist die Darstellung von Aluminiummetall der hohen Temperatur wegen nicht durchführbar. Sobald die Schmelze klar fliesst, senkt man bei dem einen wie bei dem anderen Apparat die Anode in die Schmelze hinein, sodass der Lichtbogen verschwindet und Elektrolyse beginnt. Es scheidet sich jetzt das Aluminium ab, während die Anode unter Bildung von Kohlenoxyd verzehrt wird. Während des Ganges der Elektrolyse wird regelmässig Aluminiumoxyd in dem Maasse nachgesetzt, als es verbraucht wird und die Kohleanode, die, soweit sie ins Bad taucht, aufgezehrt wird, wird allmälig nachgesenkt. Je reicher an Aluminiumoxyd, um so strengflüssiger ist der Elektrolyt. Die Bemessung des Thonerdegehaltes ist Sache der Fabrikpraxis. Das Aluminium scheidet sich am Boden ab, weil es in geschmolzenem Zustand specifisch schwerer als der Elektrolyt ist. Während das erstarrte Metall in der Kälte 2,66 spec. Gewicht zeigt, ist es in der Wärme vom spec. Gew. 2,54. Der Elektrolyt wiegt im Schmelzfluss pro ccm je nach seinem Gehalt an Kryolith, Aluminiumfluorid und Thonerde 1,97—2,35 g, erstarrt 2,90—2,98.[1])

Es ist wichtig, dass alle verwendeten Materialien möglichst rein sind, da eine nachträgliche Raffination des Metalls nicht gut angeht und sofort ein handelsfähiges Product erzeugt werden muss. Etwas Kohlenstoff (bis 0,4 %) findet sich regelmässig im Handelsaluminium. Er stammt aus dem Gefäss- bezw. Kathodenmaterial. Eisen kommt bis zu 1 % im Aluminium vor. Häufig ferner enthält das Metall etwas Stickstoffaluminium, die Stickstoffmenge ist aber sehr klein. Von grosser Erheblichkeit ist, dass der Kieselsäuregehalt der zur Schmelze verwendeten Thonerde und der Anoden recht klein ist. Das abgeschiedene Metall wird andernfalls mit Silicium in störender Weise verunreinigt. Man kann bis 0,8 % von diesem störenden Nebenbestandtheil im Handelsaluminium finden. Für die benützte Thonerde wird neuerdings ein Maximalgehalt von 0,12 % Kieselsäure und 0,04 % Eisen seitens der Neuhausener Aluminium-Industrie-Actiengesellschaft vorgeschrieben. Der Retortengraphit enthält

---

[1]) Richards, Berg- u. Hüttenm.-Z. 1895, S. 124.

häufig aus Flugasche stammende Kieselgehalte von erheblicher (fast 2 %) Höhe. Anoden aus solchem Material sind nicht benützbar. Ausser dem Retortengraphit kommen Petroleumcoke, Gasölcoke, die von Haus aus aschefrei sind, und durch Auslaugeverfahren von Asche befreite Kohle (siehe Anm. 2 S. 186) für die Anodenfabrication zur Verwendung. Das Aluminium wird leicht schwach natriumhaltig. Dieser Natriumgehalt ist für die spätere Verwendung des Metalls störend, weil er seine Angreifbarkeit sehr erhöht. Man findet bis 0,4 % davon in dem Metall des Handels; Moissan[1]) fand in Aluminium von der Pittsburg Reduction Company Al 98,82; Fe 0,27; Si 0,15; Cu 0,35; Na 0,10; C 0,41; N und Ti Spur; S nichts. Neben dem von Bunsen und Deville benutzten Aluminiumnatriumchlorid und dem Fluornatriumdoppelsalz, welches die Technik heute verwendet, ist noch das Natriumaluminiumdoppelsulfid als Elektrolyt möglich. Seine Anwendung würde sogar von dem grössten Vortheile sein, weil dann das Kohlefutter und die Anoden besser ausdauern, leichter reines Metall zu erzielen und ein geringerer Aufwand von Strom erforderlich sein würde. Es fehlt aber an einem ökonomisch möglichen Darstellungsverfahren für Schwefelaluminium.[2])

Der in der Aluminiumindustrie für 1 kg Aluminium aufgewandte Kraftbedarf ist nach Messungen Bucherer's 44,5, nach Angabe Becker's 41 elektrische Pferdekraftstunden pro 1 kg. Davon dienen etwa $^4/_5$ zur Wärmeleistung, $^1/_5$ zur elektrolytischen Arbeit.[3])

---

[1]) Moissan, Der elektrische Ofen. Berlin 1897. S. 244 ff.

[2]) D.R.P. 63995, 68909, siehe dazu D.R.P. 83638, 86523, 87898, 88840, 89143.

[3]) Auf die Angaben von Richards (Berg- und Hüttenmänn. Z. 1897, S. 204), wonach das Ausbringen an Aluminium pro 1 F das elektrochemische Aequivalent übersteigt und seine Deutung, der zufolge neben der elektrochemischen eine thermische Reduction von Aluminiumoxyd durch Kohle einherläuft, kann hier um so weniger eingegangen werden, als Richards' rechnerische Darlegungen in der Behauptung gipfeln, dass Aluminium mit Kohle aus seinem Oxyd bei 1940° reducirbar sein müsse, während Moissan's Beobachtungen mit Schärfe zeigen, dass erst verdampfender Kohlenstoff mit verdampfender Thonerde reagirt, d. h. dass Richards' Zahl um ca. 1600° zu niedrig ist.

Für die Erzeugung des Ferroaluminiums ist eine wesentlich andere Darstellungsweise mit Erfolg in der Technik benützt worden, von der man längere Zeit irrthümlich glaubte, dass sie auch für Reinaluminium oder Aluminium-Kupfer anwendbar bezw. angewendet wäre. Ein Gemenge aus Eisenoxyd und Thonerde — der in der Natur vorkommende Bauxit eignet sich dafür — wird in Mischung mit Kohle in einer Mauergrube (Fig. 81) aufgehäuft, in welche seitlich zwei Kohlenbündel *E* eingeführt werden. Die Kohlen sitzen in Metallköpfen, sind durch die Schraube *S* im Rohr *R* beweglich und erhalten durch *K*, *Z*, *L* Strom zugeführt. *F* ist eine eiserne Führung. Man stösst die Kohlenstäbe an einander und schliesst den Strom.

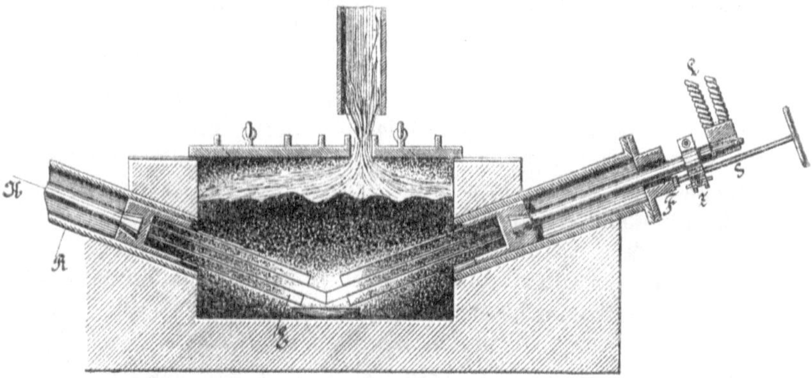

Fig. 81

Die Berührungsstelle der Kohlen geräth in intensive Weissgluth, welche dem benachbarten Material sich mittheilt. Es entsteht unter Kohlenoxydentwicklung Ferroaluminium, welches schmilzt. Man zieht nun die Elektroden auseinander und macht die reagirende Masse zu einem Theil des Stromkreises. Dadurch verbreitet sich die Erhitzung, durch Nachsinken werden immer neue Theile der Beschickung in Mitleidenschaft gezogen. Die ablaufende Reaction ist von der grössten Heftigkeit. Das entstehende Ferroaluminium sammelt sich geschmolzen auf dem Boden, von wo es nach beendeter Operation und Abkühlung des Ofens entfernt wird. Ein continuirlicher Betrieb, wie er bei Aluminium selbst üblich ist, besteht nach diesem Verfahren für die

Eisenlegirung nicht. Die Stromwirkung ist hier eine rein thermische. Es findet keinerlei Elektrolyse statt. Es ist vielmehr ausschliesslich die plötzliche hohe Erhitzung, welche den Reactionsablauf bedingt.

Das Aluminium hat seit seiner elektrochemischen Erzeugung eine erhebliche Bedeutung gewonnen. Es wird zur Hauptmenge verwendet für Legirungen und für die Stahlindustrie. Etwa $^1/_4$ der Production wird als Reinmetall zu Gegenständen verarbeitet, die ein besonders geringes Gewicht besitzen und dabei aus Metall bestehen sollen. Die Stahlindustrie benützt das Aluminium, um es in kleinen Beträgen (0,02 %) in die Coquillen zu geben, in welche das von den Bessemer- und Thomas-Birnen kommende Metall vor dem Auswalzen eingegossen wird. Das leicht oxydable Aluminium nimmt allen Sauerstoff auf sich, der sonst das Eisen afficiren und in seinen Eigenschaften beeinträchtigen würde. In der Legirungstechnik hat das Aluminium die weiteste Verbreitung gefunden und wird in Verbindung mit mannigfaltigen Metallen und in sehr wechselnden Mengenverhältnissen benützt.[1]) Eine besonders elegante Herstellungsweise für Legirungen von Aluminium mit sehr schwer schmelzbaren Substanzen, wie Nickel, Molybdän, Wolfram, Uran und Titan hat Moissan aufgefunden.[2]) Sie besteht darin, das Oxyd des zu reducirenden, schwer schmelzbaren Metalls mit Aluminiumfeile gemengt auf geschmolzenes Aluminium zu werfen. Dabei entzünden sich die Feilspähne und brennen unter Reduction des Oxydes zu Metall und Erzeugung intensivster Weissglut ab. Diese enorme Hitze verflüssigt die entstehenden streng flüssigen Metalle, so dass sie in geschmolzenem Zustand in das Aluminiumbad übergehen, auf dem sie schwimmen. Die Aluminiumlegirungen, welche man auf diese Weise erhält, können nun ihrerseits metallurgisch weiter verwendet werden, um die streng flüssigen Metalle mit anderen zu vereinigen. Man kann z. B. Chrommetall nur bis zu $^1/_2$ % in geschmolzenem Kupfer anreichern, wenn man beide direct zusammen bringt. Aluminium-Chrom, das nach dem vorgesagten leicht darstellbar ist, mischt sich hingegen in allen Verhältnissen mit Kupfer. Setzt man dann zu der geschmolzenen

---

[1]) Details siehe Berg- und Hüttenmänn. Z 1897, S. 247.

[2]) Moissan, Compt. Rend. 122, S. 1302.

Kupfer-Chrom-Aluminiumlegirung Kupferoxyd, so wird das Aluminium oxydirt, und man behält die gewünschte Kupfer-Chromlegirung.

Für die Metalle, welche auch aus wässrigen Elektrolyten gewonnen werden, ist die feuerflüssige Elektrolyse in einigen Fällen in Vorschlag gebracht worden. Lorenz[1]) hat die Elektrolyse geschmolzenen Blei-, Zink- (Kadmium-, Kupfer-) und Silberchlorids studirt. Insbesondere hat sich die Elektrolyse gemischter Halogenide von Zink und Blei wohl durchführbar erwiesen. Chlorzink schmilzt bei 250 °, siedet bei 730 ° und hat ein spec. Gewicht von 2,7. Zink schmilzt bei 419 ° und wiegt geschmolzen pro ccm 6,48 g. Für Blei sind die entsprechenden Daten: Schmelzpunkt des Chlorids ca. 500 °, Siedepunkt ca. 900 °, spec. Gewicht 5,8, Schmelzpunkt des Metalls 330 °, spec. Gewicht 11,3—11,5, Siedepunkt weit über 1000 °. Beide Metalle werden also bei passend geregelter Temperatur sich aus ihren geschmolzenen Chloriden in flüssiger Form am Boden abscheiden, ohne dass der Elektrolyt verdampft. Chlorzink ist sehr heikel zu entwässern. Das längere Zeit durchgeschmolzene Salz ist nicht wasserfrei. Bei der Elektrolyse erhält man zunächst Wasserstoff an der Kathode, erst nach längerer Zeit verschwindet dieser und Zink tritt statt dessen auf. Dann erst ist die Schmelze wasserfrei. Aus den gemischten Chloriden scheidet sich zunächst fast zinkfreies Blei, dann ein Gemenge von Blei und Zink und schliesslich chemisch reines Zink ab. Dieser Darstellungsweg ist von den Schwierigkeiten vollkommen frei, welche der Elektrolyse wässriger Lösungen durch die Tendenz des Zinks sich schwammig abzuscheiden, bereitet werden. Wenn neben Blei und Zink auch Silber als Chlorid in der Schmelze ist, so fällt zuerst Silber, das seines hohen Schmelzpunkts wegen sich nicht verflüssigt, mit Chlorsilber und wenig Blei und Zink, später, nachdem das Silber in der Hauptsache entfernt ist, ein fast reines Blei. Bei weiterem Stromdurchgang scheidet sich ein Bleizinkgemenge und schliesslich wieder reines Zink ab. Die Versuche von Lorenz lehren, dass die Gegenwart von Kupfer und Kadmium im Elektrolyten die schliessliche Gewinnung eines

---

[1]) Lorenz, Z. f. Elektrochem. 2, S. 318. Z. f. anorg. Chem. 10, S. 78, 12, S. 272.

reinen Zinks nicht beeinträchtigt, da auch sie vor dem Zink abgeschieden werden. Die Elektrolyse erfordert eine relativ geringe Zersetzungsspannung (1,5 Volt). Lorenz erzielte Zinkabscheidung in einer Ausbeute, welche 98 % der aufgewandten Stromquantität entsprach. Die Lorenz'schen Versuche sind von erheblicher Wichtigkeit. Für eine technische Zinkgewinnung sind sie indessen bislang nicht nutzbar gemacht worden.

Die Aufgabe, Wismuth von Blei auf dem Wege schmelzflüssiger Elektrolyse zu scheiden, hat durch Borchers Bearbeitung gefunden. Er hat eine Anordnung beschrieben, bei der wismuthhaltiges Blei als Anode, Chloralkalien event. mit Chlorerdalkali gemengt in geschmolzenem Zustand den Elektrolyten und Reinblei die Kathode bildet. Es wird an der Anode Blei gelöst, während Wismuth bei passender Stromdichte zurückbleibt und auf 90—95 % sich anreichert. Die Stromdichte kann, solange das Anodenblei wismutharm ist, bis 10 A pro qdm gehen und wird mit zunehmender Anreicherung an Wismuth verkleinert. Pro 4,5 kg Blei wird nach Borchers nur 1 Pferdekraftstunde bei $^1/_2$ Volt Spannung am Bade verbraucht.

Nicht von eigentlich elektrochemischem Interesse, aber doch zur Elektrometallurgie zu zählen, sind die Einrichtungen Erze auf elektromagnetischem Wege zu scheiden. Bis vor kurzem handelte es sich dabei ausschliesslich darum, magnetisches Eisenoxyduloxyd, das mit nicht magnetischen Substanzen gemengt war, aus dem gemahlenen Gute mit dem Magneten abzusondern. Diese Absonderung gelingt mit den verschiedensten Apparaten. Constructionsprincip ist, dem Erzpulver eine Bewegung zu erteilen, welche die unmagnetischen Bestandteile durch ihre Trägheit auch festhalten, wenn sie in ein magnetisches Feld gelangen, während das Eisenoxyduloxyd durch das Hinzutreten der magnetischen Attraction sie ändert. Auf diese Weise werden z. B. Gemenge von Zinkblende und Spateisenstein, welche sonst weder auf Zink noch auf Eisen mit Nutzen zu verarbeiten sind, nachdem der Spateisenstein durch reducirendes Rösten in Eisenoxyduloxyd verwandelt ist, von einander geschieden. In jüngster Zeit ist es möglich geworden, das beschränkte Anwendungsgebiet, welches die elektromagnetische Scheidung bislang darum hatte, weil sie nur Eisenoxyduloxyd absondern konnte, zu erweitern. Durch Benützung eines sehr intensiven magnetischen Feldes nämlich gelingt es, auch im gewöhnlichen Sprachgebrauch unmagnetisch genannte Substanzen aus ihrer Bewegungsrichtung abzulenken.

Nach ihrem Verhalten im magnetischen Felde pflegt man dia- und paramagnetische Körper zu scheiden. Jene bieten dem Durchgang der Kraftlinien einen grösseren, diese einen kleineren Widerstand als der leere Raum. Da die Luft und der leere Raum in ihrer Permeabilität sich sehr nahe stehen, so kann man den Dia- und Paramagnetismus auch als grössere oder kleinere magnetische Leitfähigkeit gegenüber der Luft betrachten. Die

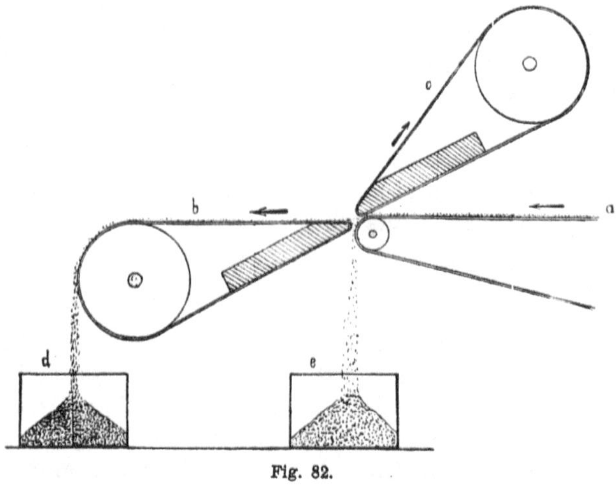

Fig. 82.

paramagnetischen Körper werden vom Magneten angezogen: sie concentriren die Kraftlinien auf sich und wandern längs ihnen dem dichtesten Felde zu, die diamagnetischen werden vom Magneten abgestossen, indem die Luft, welche im Vergleich zu ihnen paramagnetisch ist, das Feld zu erfüllen strebt. Je nach der Feldstärke werden noch merkliche Anziehungswirkungen auf mehr oder minder schwach paramagnetische Körper geübt. Wetherill's Scheider[1]) erlaubt noch solche, deren Permeabilität nur $^1/_{5000}$ von der des Stahls beträgt, von minder paramagnetischen und dia-

[1]) Z. f. Elektrochem. 3, S. 377. Berg- u. Hüttenm.-Z. 1897, S. 129.

magnetischen abzusondern. Er wird in verschiedenen Formen gebaut, deren wichtigste in der Figur 82 wiedergegeben ist. Das gemahlene Erz, dessen Korngrösse zwischen Staubfeinheit und 10 mm je nach Umständen variirt, wird durch das 300 mm breite Transportband *a* aus Gummi herangeführt. Die stärker paramagnetischen Antheile werden so weit gehoben, dass sie über die Lücke hinwegfliegen und auf *b* nach *d* weiterlaufen, während das schwächer paramagnetische und diamagnetische Material nach *e* fällt. Längs des steilen Aufstieges des Gummibandes *c* reicht die magnetische Kraft nicht aus, Erztheile hinaufzuheben. Die Feldstärke kann, begünstigt durch die schneidenförmige Zuspitzung der Elektromagnete, deren Polschuhe in 10—15 mm Abstand sich gegenüberstehen, sehr hoch getrieben werden. Der wesentliche Unterschied gegen die früheren Scheider liegt in dieser ausserordentlich vermehrten Feldstärke, die durch Regulirung des Stromes, welcher die Elektromagnete umkreist, variirt werden kann.

Anhangsweise sei schliesslich der Verfahren gedacht, bei welchen in der mechanisch-technischen Verarbeitung des Eisens die Elektricität ihre Stelle findet. Es handelt sich aus ökonomischen Gründen beim Eisen niemals um eine Erzeugung auf elektrochemischem Wege, sondern nur um die Benützung der Wärmewirkungen des Stromes für das Erweichen, Schmelzen und Schweissen geformter Eisengegenstände.[1]) Diese Arbeiten können mittels des Stromes auch an Objecten aus anderem Material verrichtet werden, aber sie sind nur beim Eisen bezw. beim Stahl von Bedeutung. Die hier beschriebenen Verfahren leiten zu den eigentlichen elektrothermischen Verfahren über, die im nächsten Capitel behandelt werden.

Wenn man einen schlechten Contact in einem Starkstromkreise erzeugt, wenn man z. B. zwei mit den Polen einer Dynamomaschine verbundene Metallstäbe mit unbearbeiteter, zugespitzter oder gewölbter Endfläche an einander stösst, so wird der Stromdurchgang an der Berührungsstelle auf eine geringe Fläche sich concentriren und einem erheblichen Widerstande begegnen. Die

[1]) de Fodor, Elektrische Schweissung und Löthung. Wien, Pest, Leipzig 1892.

dadurch bedingte Erhitzung der Berührungsstelle reicht bei hoher Stromstärke aus, um Eisenstäbe zum Verschweissen zu bringen. Dieses Thomson'sche Schweissverfahren[1]) hat indessen allgemeinen Anklang nicht gefunden. Dagegen ist eine andere Form, die Erhitzung eines Widerstandes zu benützen, eingeführt. Um nämlich durch oberflächliche Cementation mit Kohle und nachfolgendes Abschrecken nach Harvey gehärtete Panzerplatten an Stellen zu enthärten, wo Nietlöcher gebohrt werden sollen, presst man in 25 mm Abstand zwei kühlbare Kupferpole von 5 qcm Querschnitt gegen die Platte und sendet einen Wechselstrom von solcher Stärke hindurch, dass in dem Zwischenraum schwache Rothgluth eintritt.[2]) Dann bewirkt man durch langsame Verkleinerung der Stromdichte allmälige Erkaltung.

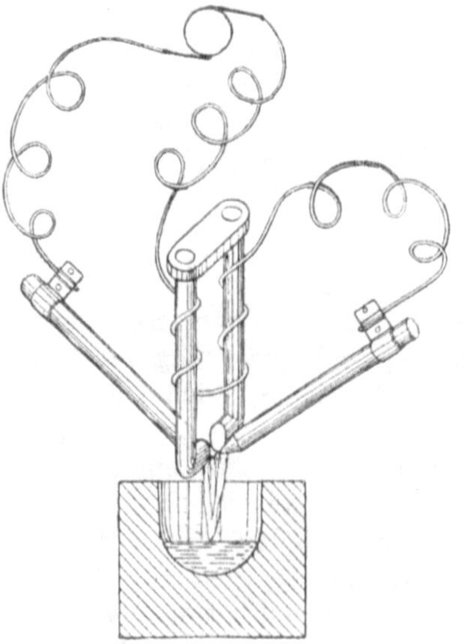

Fig. 83.

In mannigfacher Modification ausgeübt ist das Erhitzen und Löthen des Eisens mit dem Lichtbogen. Nach Zerener's Verfahren[3]) benützt man zwei Kohlen (Fig. 83), die sehr nahe zusammengeschoben sind und in einem starken magnetischen Felde sich befinden, als Lichtbogenpole. Der Lichtbogen ist ein beweglicher Leiter und wird als solcher von einem Magneten abgelenkt. Denkt man zwei Kohlestäbe, zwischen denen ein Lichtbogen überspringt, in eine gerade Linie angeordnet und eine magnetische Strömung senkrecht dazu durch die Lücke zwischen den Stabenden gehend, in welcher der Lichtbogen

[1]) U. S. A. P. 375 022.

[2]) U. S. A. P. 531 197. Stahl und Eisen 1895, S. 789; 1897, S. 323.

[3]) D. P. P. 68938; siehe auch Jahrb. f. Elektrochem. 2, S. 113.

sich bildet, so wölbt sich der Lichtbogen zur Seite. Zum genauen Verständniss sei an die Ampère'sche Schwimmerregel erinnert. Ein in einem Strome schwimmender Mensch sieht den Nordpol eines Magneten, welcher senkrecht zur Stromebene in der Nähe sich befindet, stets nach links hin abweichen. Denkt man nun hier den Schwimmer durch die Lücke zwischen den Kohlespitzen schwimmend mit dem Gesicht nach dem Nordpol des Magneten, von dem die magnetische Strömung durch die Lücke strömt, so wird er selbst mit sammt dem Strome nach rechts ausweichen, da der Magnet hier fest und der Leiter, das ist der Lichtbogen, beweglich ist. Bei Zerener's Gruppirung der Kohlespitzen und Magnetpole bildet der Lichtbogen diesen Grundsätzen entsprechend eine abwärts gekehrte Spitze und bewirkt eine eng localisirte ausserordentliche Erhitzung der Stellen, die er trifft. Man benützt dies, um die Ränder neben einander gelegter Eisenplatten schweissweich zu machen, sodass sie mit dem Hammer dann leicht zu vereinigen sind. Das Verfahren ist mechanisch-technisch sehr bequem, aber in seiner Anwendung dadurch begrenzt, dass das Eisen Kohlenstoff aus dem Lichtbogen aufnimmt und ein höher carburirtes hartes Material an der Nahtstelle ergibt. Der Nachtheil ist um so fühlbarer, je dicker die Bleche und länger die Erhitzung dauert. Ueber 8 mm dicke Bleche sind deshalb für diese Behandlungsweise nicht mehr geeignet. Vielleicht lässt sich durch Gegenwart von Kalk, der den Kohlenstoff des Bogens unter Carbidbildung bindet, etwas bessern. Von dem gleichen Uebelstand des Hartwerdens durch Carburation begleitet ist die Arbeitsweise nach Benardos, bei welcher das Werkstück den einen, ein Kohlepol den anderen Ausgangspunkt des Lichtbogens bildet. Seine Verwendung beschränkt sich, wie es scheint, darauf, an Stücken, die nach dem gleich zu erläuternden weit überlegenen Verfahren von Slavianoff[3]) hergestellt sind, vorgewucherte Eisenwülste wegzuschmelzen. Nach Slavianoff benützt man das Werkstück als einen Pol, eine Eisenstange als anderen. Gusseisen-, Schmiedeisen- und Stahlstücke, welche gebrochen, mangelhaft geschweisst, abgenützt, irrthümlich an falscher Stelle durchlocht oder sonst beschädigt sind, können nach diesem Verfahren in brauchbarer Weise reparirt werden. Als Beispiel

[3]) Lohmann, E. T. Z. 1895, S. 325.

sei angeführt, dass ein Locomotivrad von 2 m Durchmesser, dessen Nabe und Radreifen durchgebrochen sind, leicht wieder herstellbar ist. Wie bei Benardos und Zerener wird ein Gleichstromlichtbogen benüzt; den positiven Pol, an welchem die Erhitzung doppelt so gross wie am negativen ist, legt man an das Werkstück, wenn Schmiedeisen oder Stahl zu repariren sind, weil diese schwer schmelzen; an den abtropfenden Stab bei Gusseisenbearbeitung, weil dies leicht schmilzt und als positiver Pol durch Verlust an Kohlenstoff ein weisses hartes Eisen gibt. Der abtropfende Stab wird mit der Hand, deren Unsicherheit eine elektromagnetische Regulirvorrichtung corrigirt, in dem Maasse, wie er abtropft, nachgeschoben. Er besteht für Gusseisenarbeit aus Gusseisen (100 Theile) und Ferrosilicium (13 Theile) und enthält C % 3,6, Si % 3,0. Das Silicium verbrennt wesentlich bei der Operation. Die Stäbe sind bis 1,5 m lang, ihre Enden, die für den Regulirmechanismus zu kurz werden, zerschlägt man und wirft sie in das Metallbad, welches an der Wirkungsstelle des Bogens sich bildet. Die zu bearbeitende Stelle des Werkstückes wird in eine Form aus Sand eingebettet und das Gussstück in der Nähe der schadhaften Stelle sammt der Form vor Beginn der Lichtbogenarbeit fast auf Dunkelrothgluth vorgewärmt. Bei der Schmiedeeisen- und Stahlbearbeitung werden Rundeisen- oder Rundstahlstäbe zum Abtropfen verwandt. Die Oxydbildung, welche der Luftsauerstoff am Bade bewirkt, wird einmal dadurch bekämpft, dass durch aufgeworfenes Glaspulver eine Glasschlacke erzeugt wird, durch die der Bogen hindurchschlägt, andererseits aber dadurch, dass Ferromangan und Ferrochrom in kleinen Stücken in das Bad geworfen werden. Das Mangan, langsamer das Chrom, nehmen den Sauerstoff, der sonst Eisenoxyd bildet, auf sich und bilden damit aufschwimmende Schlacke. Das Verfahren liefert, wie erklärlich, bei der Ausfüllung der Fehlstellen über den Rand vorwucherndes Material. Um dieses nicht durchweg wegschleifen oder wegfeilen zu müssen, macht man das erkaltete, aus der Form gehobene Werkstück zum positiven Pol und führt einen Kohlepol, von dem ein Lichtbogen ausgeht, so daran entlang, dass die Wucherungen schmelzen und ablaufen. Die Nachbearbeitung mit Werkzeugen ist dann wesentlich erleichtert. Slavianoff's Verfahren ist auch zum Verschmelzen anderer Metalle als Eisen, bezw. zur Vereinigung des Eisens mit solchen, anwendbar.

Schliesslich sei des Verfahrens von Lagrange und Hoho gedacht[1]), welches an einigen Stellen in Benützung ist und dazu dient, eiserne Objecte an ihren Enden rasch und plötzlich und ohne jede Oxydation auf hohe Temperatur zu bringen. Man benützt (Fig. 84) ein Holzfass, das mit Metall innen ausgekleidet ist und macht diese Auskleidung zur Anode; das Fass wird mit Sodalösung gefüllt und als Kathode das zu erhitzende Ende des Werkstückes eingesenkt. Bei hoher Badspannung (110 Volt und

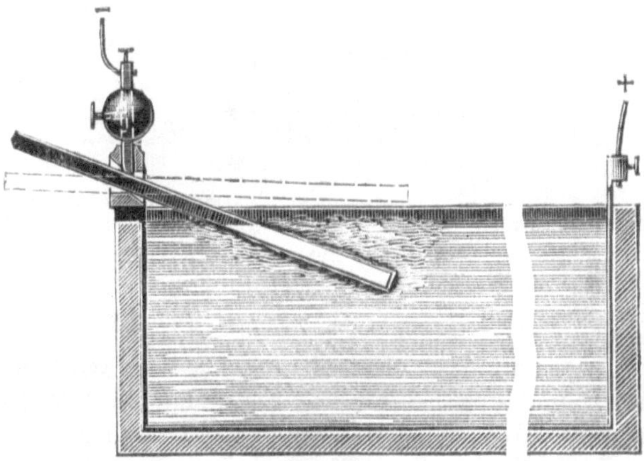

Fig. 84.

darüber) ist die Wasserstoffentwicklung an der Kathode so enorm, dass sie den unmittelbaren Contact zwischen Kathode und Lösung unterbricht. Der Stromübergang geschieht dann durch einen Lichtbogen zwischen Kathode und Elektrolyt, welcher in Wasserstoff brennt, das Werkstück also in einer sauerstofffreien Atmosphäre erglühen macht.

Das Verfahren wird als geeignet bezeichnet, um Nieten und ähnliche kleine Gegenstände zum Glühen zu bringen. Für das Härten von Beilen und Messern steht es dem Vernehmen nach in Gebrauch. Die Arbeit nach diesem Verfahren hat den Nachtheil der Kostspieligkeit, der die Anwendung sehr einschränkt.

[1]) U. S. A. P. 537004, 537006, 537008, 537011, 537402, 537405; Peukert, Elektrochem. Z. 1894, S. 77 und ebenda S. 84, sowie Elektrochem. Z. 1896, S. 133.

10. Capitel.

Elektrothermische Processe.

Litteratur: MOISSAN: Der elektrische Ofen, deutsch von ZETTEL. Berlin 1897. — BORCHERS: Elektrische Oefen. Halle 1897. — PELLISIER: Handbuch der Acetylenbeleuchtung, deutsch von LUDWIG, Berlin 1898.

Die Benutzung des elektrischen Stromes zur Erzeugung von Wärme hat eine grosse Bedeutung gewonnen, weil sie den einzigen gangbaren Weg darstellt, Temperaturen bis zu 3500° bei chemischen Reactionen in Anwendung zu bringen. Verbrennungsprocesse führen um der Dissociation der Verbrennungsproducte willen, welche bei hohen Temperaturen den Ablauf der Verbrennungsreactionen beschränkt, nicht wesentlich über 2000° hinaus. Der von Victor Meyer betretene Weg, Graphit im Sauerstoffgebläse zu verbrennen[1]), macht um der Stabilität des Kohlenoxyds willen anscheinend eine Ausnahme, kann aber nach Einfachheit und Handlichkeit den Vergleich mit der elektrischen Hitzung nicht aushalten.

Beim Durchgang des Stromes durch einen Leiter wird elektrische in thermische Energie verwandelt. Bedeutet w den Widerstand desselben, i die Stromstärke, e die Spannungsdifferenz an den Enden des Leiters, so ist die verschwindende elektrische

[1]) Victor Meyer, Ber. d. deutschen chem. Ges. 1897, S. 1928.

Energie und die auftretende Wärme $ei = wi^2$. Durch Multiplication mit 0,236 erhält man den Werth in Gramm-Calorien.

Man benutzt als Widerstand entweder einen festen Körper oder einen Lichtbogen und unterscheidet danach Widerstands- (Kurzschluss-)öfen und Lichtbogenöfen. Jede dieser beiden Gruppen lässt sich weiter untertheilen. Bei den Widerstandsöfen kann der zu erhitzende feste Körper selbst als Widerstand dienen oder um einen anderen herumgelegt werden, der erhitzt wird und seine Wärme an ihn abgibt. Bei den Lichtbogenöfen wird die zu erhitzende Substanz entweder in den Lichtbogen eingebracht, indem etwa der eine Pol als Krater ausgebildet und die zu schmelzende Substanz hineingeschüttet wird, oder sie wird nur der Strahlung des Lichtbogens ausgesetzt, der in einem engen umschlossenen Raum in der Nähe der Substanz brennt.

Als Typus eines Widerstandsofens, mit dem Schmelzgut als Widerstand, kann der Ofen (Fig. 81) angesehen werden, der bei der Ferroaluminiumherstellung benützt wird. Für Kurzschlussöfen, welche die zu erhitzende Substanz in Berührung mit einem glühenden Widerstand bringen, ist die folgende Borchers'sche Construction typisch (Fig. 85). Man setzt einen dünnen Kohlestab *k*

Fig. 85.

zwischen die dicken Kohlezuleitungen *K*, welche in die passend ausgehöhlten Chamotteklötze *ABCD* eingelegt sind. Die Chamotteunterlage *FF* und seitliche Steine *S* grenzen um den Stab *k* herum einen Hohlraum ab, in welchen die Masse eingebettet wird, die erhitzt werden soll. Die Kabel *L* und die Klemmen *V* besorgen die Stromzufuhr. Zweckmässig kann man für die Stäbe *K* ungefüllte Dochtkohlen nehmen, d. h. dickwandige Lichtbogenkohlen, welche in der Längsrichtung durchbohrt sind, und den Kohlestab *k*, welcher dem Lumen der Dochtkohlen genau angepasst ist, in beide einige Centimeter weit einschieben. Für den Kohlestab *k* lässt sich ein anderes Material nicht substituiren, wenn

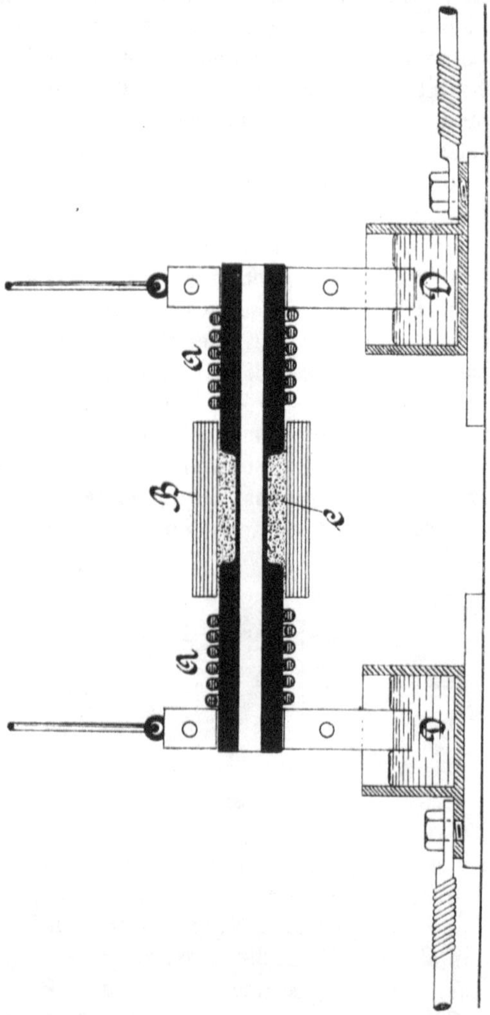

Fig. 86.

man die Temperatur recht hoch treiben will. Kohle ist ganz unschmelzbar und verdampft erst über 3000° in merklicher Weise. Für Reactionen, welche die heftigste Erhitzung verlangen, wird die Stromstärke bis zu 10 Amp. pro qmm Querschnitt des Stabes *k* getrieben. Um die Einwirkung der Substanz des erhitzten Stabes auf das Schmelzgut zu beseitigen, hat Haber[1]) eine Abänderung der Borchers'schen Anordnung angegeben, welche in Fig. 86 dargestellt ist. Ein Kohlerohr ist auf eine Länge von 5 cm zu einer Wandstärke von 4 mm abgedreht, während die Enden $12^1/_2$ mm Wandstärke besitzen. Es besitzt eine durchgehende Bohrung von 14 mm Weite. Der verjüngte Mitteltheil wird in Magnesia *C*, welche durch Kohle chemisch nicht verändert wird, eingebettet und durch Asbestpapier *B* umhüllt. Dadurch wird die Abstrahlung verkleinert und das Verbrennen des Rohres durch den Luftsauerstoff sehr verlangsamt. *A* ist ein wasserdurchströmtes Bleirohr zur Kühlung, *K* die Stromzuführung (Quecksilber). Die Substanzen werden in einem Magnesiaschiffchen in das Rohr eingeschoben.

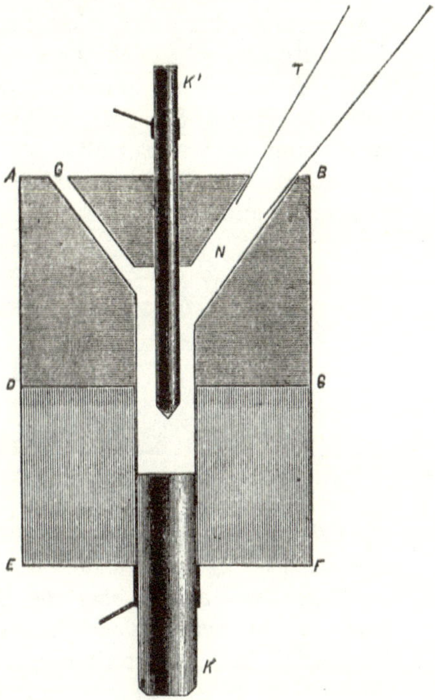

Fig. 87.

Der Widerstandsofen ist äusserst zweckmässig, wo es mehr darauf ankommt, die Temperatur steigern und mässigen zu können, als die äussersten erreichbaren Hitzegrade anzuwenden. Im umgekehrten Fall ist der Lichtbogenofen vorzuziehen. Der Aluminiumofen (Fig. 79) stellt in seiner ersten Arbeitsperiode vor Beginn der Elektrolyse, wenn Kryolith und Thonerde mit dem Bogen zu einem flüssigen Bade zusammen-

[1]) Haber, Experimentaluntersuchungen über Zersetzung und Verbrennung von Kohlenwasserstoffen. München 1896 S. 44.

geschmolzen werden, das Beispiel einer Anordnung dar, bei welcher die Substanz im Bogen selbst sich befindet. Für den Laboratoriumsgebrauch oft sehr vortrefflich ist eine von Küster und Dolezalek herrührende Anordnung nach dem gleichen Princip (Fig. 87)[1]), welche aus zwei Kalkblöcken *ABCD* und *CDEF* besteht, deren Grundflächen 15 bis 20 cm Seitenlänge (Länge *EF*) haben. Durch mit dem Bohrer ausgearbeitete Oeffnungen führt man die Kohlestäbe *K* und K_1. Auf *K* kann ein kleiner Kohletiegel gestellt werden. *G* dient zur Abführung von Gasen, *N* mit dem eisernen Trichter *T* zum Nachfüllen von Material. Damit der Ofen nicht springt, werden Eisenblechwinkel um die Verticalkanten gelegt und mit Eisendraht festgeschnürt. Der Ofen nimmt einen Bogen von 40 Volt und 60 Ampère auf.

Fig 88.

Um die Substanz der Einwirkung des Elektrodenmaterials zu entziehen, dient die andere Form der Lichtbogenöfen, bei der der Bogen am besten über der Substanz brennt. Sie ist von Moissan für verschiedene Dimensionen bis zu der Grenze, die der Betrieb im Laboratoriumsmaassstab zieht, zu grosser Vollkommenheit ausgebildet worden. Für Benützung mit Bögen von 50—60 Volt und 100—125 Ampère dient der Ofen Figur 88. Man arbeitet in einem Kalkblock von 16—18 cm Länge, 15 cm Breite und 8 cm Höhe, eine kleine Oeffnung zur Aufnahme der Substanz aus, legt einen Block von gleicher Fläche und 5—6 cm Höhe als Deckel darüber, nachdem man eine kleine gewölbeartige Höhlung in ihm ausgebohrt hat, und führt in Rillen zwei Kohleelektroden ein. Diese haben bei 40 cm Länge 16 bis 18 mm Durchmesser. Die Substanz, welche

[1]) Küster u Dolezalek, Z. f. Elektrochem 3, S. 329.

erhitzt werden soll, kommt entweder direct in die ausgebohrte Höhlung oder sie wird in einen Tiegel von Kohle geschüttet und mit diesem in den Heizraum gebracht. Der Kohletiegel ist so klein zu nehmen, dass er die Wände nicht berührt, und auf eine Schicht Magnesia zu stellen, da Kalk und Kohle in der Hitze des Ofens zu Carbid und Kohlenoxyd sich umsetzen. Man kann auch direct einen Tiegel aus Magnesia benützen. Das Material des Kohletiegels kann bei dieser Anordnung von einer Mitwirkung an der Umsetzung ferngehalten werden, da die Hitze des Bogens wesentlich von oben auf die Tiegelfüllung wirkt und bei rascher Arbeit diese geschmolzen und umgesetzt ist, ehe die Schichten an der Tiegelwand in rechten Schmelzfluss gerathen. Dieser Ofen kann durch Vergrösserung seiner Dimensionen um einige Centimeter für Ströme bis 75 Volt und 150 Ampère brauchbar hergerichtet werden. Die Elektrodenkohlen sind dann um die Hälfte dicker (27 mm Durchmesser) zu wählen. An Stelle des Kalks, der in rissfreien, grossen Blöcken namentlich im Winter oft schwer zu beschaffen ist, kann Kalkstein als Ofenmaterial dienen. Die Dissociation, welche dieser kohlensaure Kalk immer unter der Wirkung des Lichtbogens erleidet, bedingt dann natürlich eine sehr lebhafte Gasentwicklung. Für intensive Lichtbögen kleidet Moissan deshab in diesen Oefen die ausgebohrte Vertiefung, welche den Tiegel mit der Substanz aufnimmt, mit 1 cm starken Magnesia- und Kohleplatten aus, so dass an jeder Kalksteinwand eine Magnesiaplatte anliegt, auf diese nach dem Ofeninnern eine Kohleplatte, dann wieder eine Magnesia- und schliesslich eine Kohleplatte folgt. Diese Anordnung entzieht den Kalkstein des Ofens der intensiven Erhitzung und erlaubt, den Ofen mehrere Stunden im Betrieb zu erhalten. Eine Auskleidung der Deckelhöhlung ist nicht nöthig.

Bei diesen Ofenformen kommt noch Wasserstoff und Kohlenoxyd mit der Substanz in Berührung. Der Wasserstoff entstammt dabei der Zersetzung einer kleinen Menge Feuchtigkeit, die schwer zu beseitigen ist, das Kohlenoxyd der Oxydation der Elektroden durch die Luft, die im Ofen sich befindet. Man kann dem dadurch begegnen, dass man durch den Lichtbogenraum statt einen Tiegel hineinzustellen ein Kohlerohr (5—40 mm Durchmesser) 1 cm unter dem Lichtbogen, 1 cm über dem Boden der Vertiefung hindurchführt und in dieses die ubstanzen, welche erhitzt werden sollen, einschiebt. Das Kohlerohr kann aussen oder innen mit Magnesia belegt werden, die in der heissesten Zone freilich allmälig verdampft. Von der Kalksteinwand des Ofens ist es jedenfalls durch etwas Magnesia zu trennen. Völlig gasdichten Abschluss des Rohres gegen den Ofenraum kann man nicht bewerkstelligen. In solchen Rohröfen benutzte Moissan Lichtbögen von 60—70 Volt und 300—1000 A. mehreren Stunden ununterbrochen. Durch Neigung des Kohlerohres gegen die Verticale lässt sich der Rohrofen für continuirlichen Betrieb einrichten. Man speist alsdann oben in das geneigte Rohr Substanz nach, die unten geschmolzen abläuft.

Eine besondere Aufmerksamkeit verlangen die Kohlen und die Magnesia, welche in den Lichtbogenöfen verwendet werden sollen. Zur Herstellung der Kohlen dient Retortengraphit, der gepulvert und mit Salzsäure und Flusssäure vom Eisen und von der Kieselsäure, die als Flugasche ihm anhaften, befreit wird. Nach dieser Behandlung wird er gewaschen und geglüht, dann mit Theer angerührt und die Masse unter hohem Druck in Formen gepresst. Durch erneutes Glühen bei der höchst möglichen Temperatur wird dann eine gute Lichtbogenkohle erhalten. Ihr Aschengehalt darf über 1 % nicht hinausgehen. Auch darf bei der Herstellung ein Zusatz von Borsäure, der die Fabrikation erleichtert, nicht gemacht werden. Während reiner Kohlenstoff nämlich bei keiner Temperatur zusammenbackt, entstehen aus aschenhaltiger Kohle durch die enorme Erhitzung schmelzflüssige Verbindungen der Aschenbestandtheile mit dem Kohlenstoff, welche, wenn ihre Menge einigermassen erheblich ist, den Eindruck erwecken, dass die ganze Kohle sich verflüssigt. Die im Ofen benutzte Magnesia muss sehr rein sein, da die Verunreinigungen ihren Schmelzpunkt sehr drücken. Man gewinnt ein gutes Material durch Glühen von basischem Carbonat im Perrot'schen Ofen, Digestion der geglühten und pulverisirten Masse mit verdünntem Ammoncarbonat und nochmaliges Ausglühen des gut gewaschenen Pulvers bei der höchsten Temperatur eines guten Windofens. Diese Masse kann mit Wasser angemacht, dann geformt und gebrannt werden.

Bei den früher als erste Unterklasse beschriebenen Lichtbogenöfen, bei denen die Substanz auf einer Elektrode im Bogen sich befindet, ist es von Belang, diese Elektrode zur positiven zu machen, da die Wärmeentwicklung am positiven Pol viel grösser als am negativen ist. Beim Widerstandsofen und bei der Moissan'schen Construction ist naturgemäss eine ähnliche Rücksicht nicht vorhanden und man kann beliebig schalten und auch statt Gleichstrom Wechselstrom mit ungeändertem Erfolge benützen.

Die Temperatur des Lichtbogens wird gewöhnlich zu 3500° gesetzt und damit ist dann zugleich die Temperaturgrenze definirt, welche im Lichtbogenofen erreicht werden kann. Moissan nimmt indessen an, dass mit zunehmender Intensität des Bogens seine Temperatur wächst. Er stützt diese Anschauung auf den Umstand, dass einzelne Reactionen nur mit besonders intensiven Bögen zu erreichen sind. So lässt sich Vanadinsäure mit Kohle durch einen Bogen von 70 Volt und 1000 Amp. reduciren, während dies mit einem Bogen von 70 Volt aber nur 400 Amp. nicht erreichbar ist. Titansäure liefert mit Kohle unter der Wirkung

von	50	Volt und	50	Amp.	Titanmonoxyd
	50	» »	350	»	Stickstofftitan
	70	» »	1000	»	Titanmetall.

Nach Moissan's Anschauung wird die Verdampfung des Kohlenstoffs bei Benützung immer stärkerer Bögen zwar beschleunigt; der Zustand, welchen das Wasser beim Sieden zeigt, dass jede weitere Wärmezufuhr nur dampfbildend aber nicht temperatursteigernd wirkt, ist aber, wenn überhaupt, dann nur in den allerstärksten Lichtbögen, die man benützt, verwirklicht.

Das Studium der chemischen Vorgänge bei den enormen Hitzegraden, welche mit den beschriebenen Laboratoriumsöfen verwirklicht werden, ist gelegentlich schon in früheren Decennien aufgenommen worden. Insbesondere hat Borchers in seinem Kurzschlussofen das Verhalten der Metalloxyde beim Erhitzen mit Kohle zum Gegenstand von Versuchen gemacht. Da er indessen von diesen Versuchen nur das eine berichtet hat, dass ihm die Reduction sämmtlicher Metalloxyde gelungen sei[1]), kann die wissenschaftliche Erschliessung der chemischen Vorgänge, die bei 3000° und darüber ablaufen, erst von Moissan's Untersuchungen ab datirt werden, der seit Beginn dieses Decenniums

[1]) Borchers, Elektrometallurgie, 2. Aufl. S. 84.

in zahlreichen Mittheilungen die mit seinen Lichtbogenöfen verwirklichten Processe genau beschrieben hat.[1])

Den Umsetzungen von Substanzgemischen, welche das Hauptinteresse beanspruchen, seien zur Illustration der ausserordentlichen Wirksamkeit der Lichtbogenhitze einige Moissan'sche Versuche über die Veränderungen vorangeschickt, welche die Körper für sich in Lichtbogenöfen erleiden.

Die Erdalkalimetallcarbonate dissociiren sämmtlich spielend in Metalloxyd und Kohlensäure. Die entstehenden Metalloxyde schmelzen und verdampfen, und zwar mit abnehmendem Moleculargewicht vom Baryt über Strontian und Kalk zur Magnesia zunehmend schwerer. Die Magnesia polymerisirt sich beim Erhitzen unter Vermehrung ihrer Dichte von 3,19 auf 3,65. Da die Polymerisation allgemein den Siedepunkt und Schmelzpunkt der Substanzen hinaufdrängt, so ist die grosse Hitzebeständigkeit des Magnesiumoxydes aus dieser Ursache zu erklären. Die Verflüchtigung der Magnesia gelingt indessen mit kräftigen Lichtbögen noch recht wohl. Ebenso wie diese basischen Körper können die unschmelzbar genannten Säuren, Kieselsäure, Titansäure, Borsäure im Lichtbogenofen verdampft werden. Durch Schmelzen und Erstarrenlassen sind die Oxyde des Kalks, Eisens und Chroms, die Oxydule von Cobalt, Nickel und Mangan und andere in Krystallen darstellbar. Manche davon überraschen durch ihre Eigenschaften. Die Krystalle des Aetzkalks z. B. sind nur ausserordentlich langsam von Wasser angreifbar, so dass sie sich einen Tag lang unverändert darin halten. Bringt man in den Lichtbogenofen ein Rohr, durch welches ein intensiver Wasserstrom geht, der es kalt hält, so schlagen die an anderen Stellen des Ofenraumes vergasten Substanzen sich an dieser kalten Fläche wieder nieder. In dieser Weise gelingt die Destillation der Metalle Eisen, Uran, Gold, Aluminium, Platin, Silber, Zinn. Silicium und Bor verdampfen ebenfalls, Bor ohne zuvor zu schmelzen. Eine besondere Beachtung verdient das Verhalten der Kohle. Ihrer Unschmelzbarkeit ist bereits gedacht worden, ebenso des Umstandes, der allein die Lichtbogenversuche ermöglicht, dass sie im Bogen nur langsam verdampft. Ueber-

---

[1]) Zusammenfassende Darstellung der Versuche: Moissan, Der elektrische Ofen. Berlin 1897.

dem zeigt sie die bemerkenswerthe Eigenheit, in welcher Form sie auch der Erhitzung unterworfen werde, ob als Kohle oder Diamant, in Graphit überzugehen. Der Graphit ist eine krystallisirte Kohlemodification von 2,0 bis 2,25 spec. Gewicht, die chemisch dadurch ausgezeichnet ist, dass sie beim Behandeln mit Kaliumchlorat und Salpetersäure eine eigenthümliche, leicht kenntliche Verbindung, das Graphitoxyd, liefert. Man unterscheidet aufquellbare und nicht aufquellbare Graphite. Diese Unterscheidung gründet sich darauf, dass manche Graphite mit Salpetersäure befeuchtet und dann geglüht, in Folge einer plötzlichen geringen Gasbildung wurmartig sich aufblähen. Der in der Lichtbogenhitze aus Kohle entstehende Graphit zählt zu den nicht aufquellbaren Varietäten. Eine aufquellbare wird hingegen beispielsweise erhalten, wenn man im Lichtbogenofen Kohle in siedendem Platin löst und die Masse dann erkalten lässt. Dabei krystallisirt der Kohlenstoff aus dem Platin in der aufquellbaren Graphitvarietät aus. Es sei angemerkt, dass es Moissan mit dem Lichtbogenofen möglich war, kleine künstliche Diamanten zu erzeugen, indem er Eisen in demselben mit Kohle sättigte und dann äusserst schnell abkühlte. Roheisen vergrössert beim Erstarren sein Volumen. Ist die Erstarrung einer äussersten unnachgiebigen Metallzone beendet, ehe das Innere fest wird, so entstehen enorme Drucke im Material bei fortschreitender Erstarrung, und unter deren Wirkung nimmt der auskrystallisirende Kohlenstoff zum Theil die Form kleiner Diamanten an.

Von den Umsetzungen der Körper unter einander, welche bei Lichtbogentemperatur entweder überhaupt erst erreichbar sind oder doch wesentlich erleichtert und beschleunigt werden, sind zwei Gruppen besonders erheblich:

1. Die Herstellung der sehr schwer schmelzbaren Metalle und Metalloide: Chrom, Mangan, Wolfram, Molybdän, Uran, Vanadin und Titan in grossen geschmolzenen Stücken.
2. Die Herstellung der Kohlenstoffverbindungen der meisten Elemente, der Carbide.

Der zweiten Gruppe gliedern sich einige Silicide und Boride an.[1])

[1]) Die Untersuchungen sind fast sämmtlich aus dem Moissanschen Laboratorium hervorgegangen.

Darstellung der Metalle in geschmolzenen Massen:

Chrom: Durch Reduction von Chromoxyd mit Kohle wird bei der Hitze des Lichtbogenofens ein kohlenstoffhaltiges Rohmetall von ca. 90 % Metallgehalt erzeugt. Umschmelzen unter Kalk reducirt den Kohlenstoffgehalt auf $1^1/_2$ bis 2 %. Zur völligen Entkohlung ist es nöthig, das Rohmetall mit der Doppelverbindung von Chromoxyd und Kalk umzuschmelzen, welche aus ihren beiden Componenten im Lichtbogenofen leicht krystallisirt erhalten wird. So gewinnt man das reine Chrom als eine Substanz von der Dichte 6,92, die im Sauerstoffgebläse nicht schmilzt und unmagnetisch ist. Während kohlenstoffhaltiges Chrom so hart ist, dass es nur mit dem Diamanten bearbeitet werden kann, lässt sich das reine Metall mit der Feile leicht angreifen. Ueberhaupt erinnern die Unterschiede zwischen Chrom mit $1^1/_2$ bis 3 % Kohlenstoffgehalt und reinem Metall in vielem an die Verschiedenheiten von reinem Eisen und Stahl. Das reine Chrom ist luftbeständig. Im Sauerstoff verbrennt es bei 2000° mit intensivem Glanz. Es verbindet sich bei 700° mit Schwefel und lässt sich im Schmiedefeuer wie Eisen, ohne zu schmelzen, mit Kohlenstoff vereinigen (cementiren). Es wird von Salzsäure und Schwefelsäure in der Kälte schwer angegriffen, in der Hitze leichter. In rauchender Salpetersäure und Königswasser ist es beständig, in verdünnter Salpetersäure langsam löslich.

Charakteristisch für die Schwierigkeit kohlenstoffhaltiges Chrom zu affiniren, ist der Umstand, dass das reine Metall mit Kohlenoxyd bei 1200° unter Bildung von Oxyd und Carbid sich vereinigt.

In gleicher Weise wie dem Rohchrom die Hauptmenge seines Kohlenstoffs durch Umschmelzen unter flüssigem Kalk entzogen werden kann, kann auch dem technischen Ferrochrom mit ca. 60 % Fe, 30 % Cr und 7 %—8 % Kohlenstoff sein Kohlenstoffgehalt leicht bis auf 0,7 % entzogen werden.

Mangan: Rohmangan mit 95—96 % Metall und 4—5 % Kohlenstoff ist aus Manganoxydul und Kohle im Lichtbogenofen leicht zu erschmelzen. Aus reinstem Braunstein lässt sich mit 96 % Ausbeute ein 90 %iges Rohmetall unmittelbar gewinnen.

Das Rohmetall kann in flüssigem Zustand durch Einwirkung seines Oxydes gut affinirt werden. Das Operiren mit Mangan im Lichtbogenofen erfordert einige Vorsicht, da das Metall zu leicht flüchtig ist, als dass es die volle Ofenhitze ohne intensive Verflüchtigung vertrüge.

Molybdän erschmilzt man aus dem Dioxyd, welches beim Glühen von molybdänsaurem Ammon im Perrot'schen Ofen erhalten wird oder — was technisch ungleich wichtiger ist — aus Molybdänglanz (MoS_2) mit Kohle. Im letzterem Falle resultirt ein Rohmolybdän, dessen Zusammensetzung Moissan in einem Falle zu 91,8% Mo, 2,1% Fe, 6,6% Kohlenstoff fand Das Rohmetall lässt sich leicht vollständig entkohlen, wenn man es mit seinem Oxyd gemengt im Lichtbogenofen zum beginnenden Schmelzen bringt. Das reine Metall hat die Dichte 9,01, ist wie Eisen dehnbar, schmiedbar und politurfähig. An der Luft und in Wasser ist es ziemlich beständig. Wie Chrom und Eisen lässt es sich mit Kohlenstoff unter seiner Schmelztemperatur (bei 1500°) cementiren. Es kann dann wie Stahl gehärtet werden und ritzt nach dem Härten Bergkrystall. Moissan erwartet Verwendung des Molybdäns beim Flusseisenprocesse an Stelle von Mangan und Aluminium, die derzeit zur Entfernung des Sauerstoffs aus dem Eisenflusse benutzt werden, weil Molybdän ein flüchtiges Oxydationsproduct, die Molybdansäure, nicht wie Aluminium und Mangan ein festes Oxyd bildet und dabei im Ueberschusse angewendet, Schmiedbarkeit und Härtbarkeit des Eisens nicht beeinträchtigen dürfte.

Wolfram konnte Moissan in grösseren Portionen aus Wolframsäure (800 g) und Zuckerkohle (80 g) in einer Operation von 10 Minuten sofort rein erhalten. Bedingung für die Reingewinnung ist dabei, dass das Metall nicht völlig in Fluss kommt. Anderenfalls löst sich der Kohlenstoff des Kohletiegels in dem Schmelzfluss und verbreitet sich darin, indem er mit dem Metall Carbid bildet. Uebrigens lässt sich kohlenstoffhaltiges Metall durch Schmelzen mit Wolframsäure leicht affiniren. Auch Wolfram lässt sich feilen und schweissen. Wie Eisen und Chrom kann es ohne zu schmelzen mit Kohlenstoff cementirt werden und ritzt dann Rubin. Der Schmelzpunkt des reinen Metalls liegt wesentlich höher als der des Chroms und des Molybdäns.

Auch **Uran** kann aus seinem Oxyd U_3O_8 mit Kohle in einer Operation rein oder fast rein erschmolzen werden. Es ist bläulich-weiss, dem Eisen in seinem chemischen Verhalten ähnlich aber reactionsfähiger. Es kann, wie die früher genannten Metalle cementirt und dann gehärtet werden. In der Lichtbogenhitze ist es leichter als Eisen zu verflüchtigen. Mit Vanadin und Titan theilt es die Besonderheit, mit Stickstoff sich in der Hitze leicht zu verbinden. Schon bei 1000° bedeckt es sich im Stickstoffstrome mit einer Schicht des gelben Nitrids. Diese Stickstoffverbindung ist gegen die Hitze soweit resistent, dass es nicht leicht gelingt, ein stickstofffreies Metall zu erschmelzen.[1]).

Vanadin und **Titan** haben im Lichtbogenofen bislang völlig rein nicht dargestellt werden können. Beim Vanadin ist der Umstand hinderlich, dass die Vanadinsäure verhältnissmässig sehr leicht schmilzt und mit Kohle spielend das Carbid (V C) liefert, während das Metall ungemein strengflüssig ist. Man erhält deshalb in den Kohletiegeln, welche allein anwendbar sind, stets kohlenstoffhaltiges Metall. Die Schwierigkeit wird vermehrt durch den Umstand, dass das Metall Stickstoff aufnimmt, wenn man nicht bei der intensivsten möglichen Hitze operirt, bei der das Nitrid nicht beständig ist. Vanadinmetall mit 4—5 % Kohlenstoff bildet deshalb die Grenze des Erreichten. In Pulverform kann Vanadin bekanntlich auf einem schwierigen chemischen Wege durch Reduction des Dichlorids mit Natrium im Wasserstoffstrom kohlenstofffrei gewonnen werden. Das kohlenstoffhaltige Material aus dem Lichtbogenofen gleicht in chemischer Beziehung dem aus dem Chlorid erhaltenen kohlenstofffreien Metall in allen wesentlichen Stücken.

---

[1]) Aus dem geschmolzenen Doppelchlorid, welches UCl_4 mit Kochsalz bildet, hat Moissan das Uran bei niedriger Temperatur auch elektrolytisch abgeschieden. Er arbeitete in einem Porzellancylinder in einer Wasserstoffatmosphäre mit 2 Kohleelektroden bei 8—10 Volt Spannung und einer Stromstärke von 50 Amp. Das Bad blieb durch die Wärmewirkung des Stromes ohne äussere Heizquelle flüssig. Das Uran vermag bei dieser Darstellungsweise, da sein Schmelzpunkt nicht entfernt erreicht wird, sich nicht zu grösseren Stücken zu vereinigen. Man erhält kleine Metallkrystalle an der Kathode. Dieses fein vertheilte Metall ist naturgemäss oxydabler als das massive. Es zersetzt Wasser bei gewöhnlicher Temperatur langsam, beim Sieden rascher. Massives Metall bedeckt sich im Wasser mit einer Oxydhaut.

Beim Titan liegt das Haupthinderniss für die Darstellung in seiner von keinem anderen Metall erreichten Strengflüssigkeit. Moissan operirte mit einem Bogen von 60 Volt und 2200 A. und vermochte mit diesem ungemeinen Aufwand an Energie die 300—400 g betragende Beschickung eines mit Titansäure und Kohle gefüllten Tiegels nicht vollständig zu schmelzen. Dazu tritt die beim Titan besonders ausgeprägte Neigung mit Stickstoff sich zu verbinden; pulvriges Titan verbrennt im Stickstoffstrome bei 800° unter Temperatursteigerung zu Nitrid. Da dieses Nitrid nicht völlig hitzebeständig ist, so gelingt es, aus dem Rohtitan, das aus Titansäure und Kohle erzielt wird, durch Affiniren mit Titansäure mit einem Bogen von der erwähnten ungemeinen Stärke ein stickstofffreies Metall zu erschmelzen. Man muss dabei aber die Masse dem Bogen so nahe rücken, dass der Kohlenstoff im Lichtbogen carburirend auf das Metall wirkt. Die gänzliche Entkohlung ist darum nicht durchführbar und 2% Kohlenstoff bleiben im Metall.

Das Titan ritzt Bergkrystall, ist aber so spröde, dass es gepulvert werden kann. Seine Dichte ist 4,87. Es legirt sich mit Eisen, Blei, Kupfer, Zinn und Chrom. Durch Zusammenschmelzen mit Silicium und mit Bor im elektrischen Ofen entstehen Verbindungen, die die Härte des Diamants[1]) haben.

Eine Reihe anderer Elemente, wie Si, Zr, Al sind im elektrischen Ofen durch Reduction mit Kohle darstellbar. Bei ihnen sind aber die Ausbeuten sehr schlecht, weil die entstehenden Substanzen sich sofort verflüchtigen.

Chemie der Carbide.

Leichter als die reinen Elemente lassen sich die Kohlenstoffverbindungen herstellen. Carbide sind zum Theil lange bekannt. Die beiden Carbide des Sauerstoffs, das Kohlenoxyd und die Kohlensäure, das Carbid des Stickstoffs, Cyan, das des Chlors, CCl_4, die analogen Verbindungen des Broms und Jods, CJ_4 und CBr_4, gehören zum überlieferten Bestande der Chemie. Von den Halogenen sind neben den genannten noch zahlreiche andere

[1]) Die Eigenschaft diamantgleicher Härte besitzen Borcarbid, Borsilicium, Titansilicium, Bortitan.

Carbide, die in der organischen Chemie als Perhalogenderivate bezeichnet werden (z. B. Perchloräthan, Perbromäthan, Perchlorpropan, Perchlormesol, Perbrombenzol etc. bekannt). Das Carbid des Fluors, das Kohlenstofftetrafluorid, erhält man aus Fluor und Kohle. Neben diesen, die mehr durch die Nomenclatur als durch ihren chemischen Charakter in die Gruppe der Carbide hineingelangen und dem Eisencarbid, das im technischen Eisen (siehe Anmerkung 6 unter der Tabelle S. 393) sich findet und seit langer Zeit Gegenstand chemischer Untersuchung ist, sind die Carbide des Kaliums, Natriums, Baryums, Calciums, Mangans, Siliciums schon früher in unreiner Form durch chemische Reactionen erhalten worden. Die ganze Verbindungsgruppe hat aber erst durch die elektrothermische Darstellung Bedeutung erreicht. In der folgenden Tabelle (S. 393) sind die Carbide nach dem Mendelejeff'schen System geordnet. Metalle, welche keinen Kohlenstoff in der Hitze lösen (Gold, Wismuth, Blei, Zinn) oder solchen zwar im Schmelzfluss aufnehmen, beim Erkalten aber wieder ganz abgeben (Silber, Platinmetalle), sind in eckige Klammern eingesetzt. Das Kupfer, obwohl es eine Spur Kohle festhält, gehört wesentlich zur selben Gruppe. Die Metalle, bei denen ein Carbid nicht bekannt ist, stehen in runden Klammern. Von den übrigen ist das einfachste Carbid, sofern mehrere vorhanden sind, eingetragen, auf die anderen in Anmerkungen Bezug genommen.

Die Darstellung der Carbide geschieht generell durch Erhitzen der Oxyde mit Kohle. Dabei kann der Kurzschlussofen wie der Lichtbogenofen dienen. Um reine Präparate zu erhalten, sind im einzelnen Kautelen nothwendig, die Moissan ausführlich beschrieben hat. Für die Classification der Carbide ist die interessanteste Reaction, welche sie geben, die mit Wasser massgeblich. Die Carbide der Metalloide sind wasserbeständig, die der Metalle nicht. Diese Scheidung ist freilich ebenso wenig eine strenge, wie die der Elemente in Metalle und Metalloide selbst. Zu den typischen wasserzersetzlichen Metallcarbiden zählen die der Alkali- und Erdalkalimetalle, ferner die Carbide von Al, Ce, La, Y, Th, Mn und U, zu den typischen nicht wasserzersetzlichen Metalloidcarbiden die des Sauerstoffs und Schwefels, der Halogene und von den Carbiden, welche im Lichtbogen gewonnen werden, die des Siliciums und Bors. Die Carbide des

Li_2C_2 .	Be_2C[1]) .	B_6C .	C .	NC .	OC[3]) .	F_4C	
. Na_2C_2	. (Mg)	. Al_4C_3	. SiC	. (P)	. S_2C	. Cl_4C[5])	
K_2C_2 .	CaC_2 .	(Sc) .	TiC .	VC .	Cr_2C_3[4]) .	Mn_3C .	Fe_3C[6]) (Co) (Ni) [Cu]
. [Cu]	. (Zn)	. (Ga)	. (Ge)	. (As)	. (Se)	. Br_4C[5]	
(Rb) .	SrC_2 .	YC_2 .	ZrC[2]) .	NbC_x?[7]) .	Mo_2C .	— .	[Ru Rh Pd Ag]
. [Ag]	. (Cd)	. (Jn)	. [Sn]	. (Sb)	. (Te)	. J_4C[5])	
(Cs) .	BaC_2 .	LaC_2 .	CeC_2 .	(Di) .	— .	— .	
. —	. —	. —	. —	. —	. —	. —	
— .	— .	(Yb) .	— .	(Ta) .	W_2C . .	— .	[Os Jr Pt Au]
. [Au]	. (Hg)	. (Tl)	. [Pb]	. [Bi]	. —	. —	
—	— .	— .	ThC_2 .	— .	U_2C_3 .	— .	

[1]) Da das Berylliumcarbid mit dem Aluminiumcarbid besondere Aehnlichkeit hat, wird es unter Benutzung des Atomgewichts 13,5 statt 9,0 auch Be_4C_3 geschrieben Es ist aber jedenfalls unbegründet, die nach langer Discussion allgemein angenommene Einordnung des Berylliums mit dem Atomgewicht 9 in die Erdalkalimetallgruppe wieder umzustossen. — [2]) Vom Zirkon ist auch das Carbid ZrC_2 bekannt. — [3]) Die Kohlensäure CO_2 ist die zweite Carbidform. — [4]) Cr_4C ist gleichfalls von Moissan dargestellt worden. — [5]) Wegen der Perhalogenderivate siehe oben. — [6]) Dies Eisencarbid, der Cementit, ist im geglühten Stahl vorhanden und aus demselben z. B. mit Essigsäure, die es nicht zerstört, isolirbar. Ob und welche anderen Eisencarbide noch existiren, ist strittig. (Mylius, Foerster u. Schöne, Ber. d. deutschen chem. Ges. 1896, S. 2991. — [7]) Nähere Mittheilungen über dieses Carbid fehlen. (Larsson, Z. f. anorg. Chem. 12, S. 253.)

Wolframs, Vanadins, Chroms, Molybdäns und Eisens stehen in der Mitte, das Eisencarbid Fe_3C und das Chromcarbid Cr_2C_3, die schon von verdünnter Salzsäure zersetzt werden, gehören am nächsten zu den wasserzersetzlichen. Wolfram- und Vanadincarbid, die nur mit Salpetersäure leicht angegriffen werden können, nähern sich dem Silicium- und Borcarbid, die durch eine hohe Resistenz gegen chemische Angriffe ausgezeichnet sind. Die wasserzersetzlichen Carbide zerfallen in drei Untergruppen. Die erste setzt sich zusammen aus den Carbiden der Alkali- und Erdalkalimetalle, welche mit Wasser Metalloxydhydrat und Acetylen liefern.

$$CaC_2 + 2\,H_2O = Ca(OH)_2 + C_2H_2.$$

Zur zweiten zählen Berylliumcarbid und Aluminiumcarbid, welche glatt in Methan und Metallhydroxyd zerlegt werden.

$$Al_4C_3 + 12\,H_2O = 4\,Al(OH)_3 + 3\,CH_4$$

$$Be_2C + 4\,H_2O = 2\,Be(OH)_2 + CH_4.$$

Zur dritten gehören die Carbide, die mit Wasser in complicirter Weise sich umsetzen. Es sind das, soweit die Untersuchungen reichen, Mangancarbid, Cercarbid, Lanthancarbid, Yttriumcarbid, Thorcarbid und Urancarbid. Das Mangancarbid zeigt unter diesen das relativ einfachste Verhalten, indem es nahezu zu gleichen Theilen Wasserstoff und Methan entwickelt. Cercarbid gibt Methan, Acetylen und Aethylen, und zwar macht Acetylen mit etwa 75—76 Volumprocent den Hauptantheil der Gase aus, von Methan enthält das Gasgemenge ca. 20—21, von Aethylen 3—4 %, ebenso Lanthancarbid. Die Zusammensetzung der Gase schwankt beim Mangan- wie beim Cercarbid in quantitativer Hinsicht mit der Temperatur, bei der das Wasser einwirkt, ein wenig. Yttriumcarbid liefert Methan, Aethylen, Acetylen und Wasserstoff. Wie beim Cercarbid sind Acetylen (72 %) und Methan (19 %) die Hauptbestandtheile. Aethylen (4—5 %) und Wasserstoff (4—5 %) sind mehr untergeordnet. Beim Thorcarbid begegnet man neben denselben Gasen (C_2H_2 47—48 %, Methan 27—31 %, Wasserstoff 16—18 %, Aethylen $5^1/_2$—6 %) bereits einer kleinen Menge fester und flüssiger Kohlenwasserstoffe und beim Urancarbid machen diese den Hauptheil der Umsetzungsproducte aus, die mit Wasser entstehen. Die flüssigen Substanzen, welche Urancarbid liefern, sind ein complicirtes Gemenge von Verbindungen, das zwischen 70° und 200° siedet und ammoniakalische Silberlösung reducirt. Seine nähere

Durchforschung steht noch aus, ebenso die der festen Antheile. Die gleichzeitig bei der Einwirkung des Wassers entbundenen Gase sind wie folgt zusammengesetzt: Acetylen $^1/_2$%, Aethylen 5—7 %, Methan 78—80 %, Wasserstoff $13^1/_2$—15 %. Das Eisencarbid, der Cementit, ist dieser Gruppe von Carbiden anzuschliessen, da es mit Salzsäure wesentlich flüssige Kohlenwasserstoffe neben Wasserstoff liefert.

Die Reaction der ersten Untergruppe mit Wasser ist von grossem Interesse für die Technik zur Erzeugung von Acetylen, das früher nicht in erheblicher Menge dargestellt werden konnte. Auch die zweite Untergruppe ist um der Möglichkeit willen, Methan in grösserer Menge aus Aluminiumcarbid zu gewinnen, nicht ganz ohne technische Bedeutung. Die eigenartige Reaction der dritten Untergruppe aber ist für die Geologie von Erheblichkeit. Schon bei der Auffindung des Acetylens wollte Berthelot die Petroleumbildung in der Erde mit der Entstehung und Umsetzung dieses Kohlenwasserstoffs in Zusammenhang bringen. Dieser Anschauung widerspricht die Thatsache, dass der durch Polymerisation des Acetylens in der Wärme enthaltene Theer stets einen durchgreifend abweichenden Charakter vom Petroleum zeigt. Er ist im Gegensatz zu diesem wesentlich aus aromatischen und olefinischen Kohlenwasserstoffen zusammengesetzt. Die Carbide der dritten Untergruppe, die feste und flüssige Kohlenwasserstoffe liefern, können hingegen mit einem gewissen Anschein von Berechtigung als Petroleumgeneratoren angesprochen werden. Unverkennbar wird es sich freilich dabei nicht um eine generelle Erklärung der Petroleumbildung handeln können, denn es ist nach Engler's ausgedehnten Forschungen für die wichtigsten Petroleumlager die Bildung aus animalischer Substanz als gesichert anzusehen. Wohl möglich aber ist, dass an einzelnen Stellen der Erde die Petroleumbildung aus Carbiden eine Rolle gespielt hat. Zum Beweise dafür bedürfte es allerdings der bislang fehlenden geologischen Beobachtung, dass irgendwo Petroleum in Schichten vulkanischen Ursprunges sich findet.

Zur Charakteristik der Reihe der wasserzersetzlichen Carbide sei das Lithiumcarbid, Calciumcarbid und Aluminiumcarbid näher besprochen.

Lithiumcarbid aus Lithiumcarbonat und Kohle in einem elektrisch geheizten, einseitig geschlossenen Kohlerohr dargestellt, bildet eine krystallinische durchsichtige Masse, dem Fluor- und Chloralkali ähnlich. Mit dem Mikroscop findet man darin glänzende Krystalle, die an feuchter Luft sich rasch verändern. Seine Dichte ist 1,69 bei 18° C., seine Härte unter der des Glases. In den Halogenen verbrennt es, in Chlor und Fluor bereits in der Kälte, in Brom und Jod nach gelindem Erhitzen. In Sauerstoff, Schwefel, Selen entzündet es sich unter Rothgluth. Auch mit Phosphordampf und Arsendampf setzt es sich um. Kaliumnitrat, -chorat und -hydroxyd reagiren in der Schmelzhitze sehr lebhaft, die beiden ersten unter Feuererscheinung. Concentrirte Säuren wirken unähnlich dem Wasser nur sehr langsam ein. Bei seiner Darstellung mit dem Lichtbogen ist zu beachten, dass es bei dessen Temperatur ziemlich flüchtig ist. Zu lang ausgedehnte Erhitzung veranlasst also, dass seiner Bildung seine Verdampfung folgt und keine Ausbeute erhalten wird.

Calciumcarbid wird aus Kalk und Kohle rein nur dann erhalten, wenn die Mengenverhältnisse der Gleichung

$$CaO + 3\,C = CaC_2 + CO$$

entsprechen, die auf 112 Theile Kalk 72 Theile Kohlenstoff verlangt. Arbeitet man in einem Kohletiegel, dessen Substanz an der Reaction mit theilnimmt, so ist ein mässiger Kalküberschuss von Haus aus zur Beschickung zuzufügen. Moissan wendet 10% Ueberschuss an. Ein Mangel an Kohlenstoff macht sich dadurch geltend, das neben dem Carbid Metall nach

$$CaO + 2\,C = Ca + 2\,CO$$

entsteht, welches im Carbid sich löst. Ein Ueberschuss an Kohle erschwert das Zusammenschmelzen und verunreinigt das Endproduct. Enthält der angewandte Kalk Sulfat oder Phosphat, so ist das Carbid mit Sulfid und Phosphid verunreinigt und lässt ein schwefel- oder phosphorwasserstoffhaltiges Acetylen bei Einwirkung von Wasser entstehen. Durch anhaltende Erhitzung im Bogen lassen sich allerdings diese nicht lichtbogenbeständigen Nebenbestandtheile verflüchtigen. Ein magnesiahaltiger Kalk ist für die Carbiderschmelzung sehr ungeeignet, weil Magnesia kein Carbid bildet und als todte, äusserst schwer schmelzbare Masse den Vorgang behindert.

Das Carbid bildet meist eine graue krystallinische Masse. Reine Krystalle sind goldglänzend, wie das Calciummetall selbst, und besitzen die Dichte 2,22 bei 18°. Mit Fluor liefert Calciumcarbid in der Kälte unter Feuererscheinung Fluorcalcium und Fluorkohlenstoff. Mit Chlor entsteht bei 245° Chlorcalcium neben Kohle. Brom reagirt bei 350°, Jod bei 305°. In Sauerstoff entsteht bei Dunkelrothgluth Calciumcarbonat, in Schwefel bei 500° Calciumsulfid und Schwefelkohlenstoff. Stickstoff ist selbst bei 1200° wirkungslos, Phosphor und Arsen geben bei Rothgluth Phosphor- und Arsencalcium. Silicium und Bor sind bei Weissgluth ohne Wirkung. Mit den Metallen reagirt das Carbid nicht oder schwer. Nur mit Eisen wird bei hoher Temperatur die Bildung eines kohlenstoffhaltigen Eisencalciums, mit Antimon schon bei Rothgluth die einer entsprechenden Legirung beobachtet. Schmelzendes Calciumcarbid reducirt Oxyde.[1]) Vermag das Metall oder Metalloid des Oxydes sich zu carburiren, so entsteht sein Carbid, während Calciumcarbid in Aetzkalk übergeht. Auf diese Weise lassen sich Aluminium-, Mangan-, Molybdän-, Wolfram-, Silicium-, Titancarbid aus Calciumcarbid und den betreffenden Oxyden erzeugen. Lässt sich das Metall oder Metalloid des Oxydes nicht carburiren, so wird es in Freiheit gesetzt. Dies ist z. B. der Fall beim Blei-, Wismuth-, Zinkoxyd.

Wasser, das in der Kälte das Carbid sehr lebhaft angreift, wirkt in Dampfform bei Rothgluth viel langsamer. Es entsteht im letzteren Fall wasserstoffhaltiges Acetylen, während das Carbid sich mit Kohle und Kalkcarbonat bedeckt. Verdünnte Säuren zersetzen das Carbid wie Wasser. Rauchende Schwefelsäure reagirt langsam, rauchende Salpetersäure in der Kälte gar nicht. In trockenem Chlorwasserstoff tritt bei Rothgluth unter Feuererscheinung Umsetzung ein, wobei ein wasserstoffreiches Gas entweicht.

Mit wasserfreiem Alkohol gibt das Carbid bei 180° im Einschlussrohr die Reaction

$$2\,C_2H_5OH + CaC_2 = C_2H_2 + Ca(C_2H_5O)_2.$$

Das Aluminiumcarbid wird aus Kaolin und Kohle als Schmelze von krystallinischem Bruch und hellgelber Farbe gewonnen. Die einzelnen hexagonalen Krystalle sind gelb, durchsichtig und besitzen die Dichte 2,36. Sie halten die volle Lichtbogenhitze nicht unzersetzt aus.

---

[1]) Moissan, Compt. Rend. 125, S. 839.

Rauchende Salpetersäure wirkt gar nicht, wohl aber wasserhaltige auf dieses Carbid. Concentrirte Salzsäure greift das Carbid nur sehr langsam an, verdünnte löst es in einigen Stunden. Concentrirte kochende Schwefelsäure wird zu schwefliger Säure reducirt, verdünnte reagirt besonders bei 100°. Chlor gibt bei Dunkelrothgluth Aluminiumchlorid und amorphe Kohle. Brom reagirt bei 700°. Jod wirkt bei lebhafter Rothgluth noch nicht. Sauerstoff wirkt bei Dunkelrothgluth nur wenig, weil sich rasch eine schützende Schicht von Thonerde über das Carbid zieht, Schwefel dagegen gibt bei gleicher Temperatur in lebhafter Reaction Aluminiumsulfid. Stickstoff und Phosphor sind bei Dunkelrothgluth ohne Einwirkung. Mit trockenem Kaliumpermanganat zusammen erhitzt, gibt das Carbid unter Feuererscheinung Kohlensäure und Thonerde. Die Entwicklung des Methans mit Wasser geschieht in der Kälte langsam, in der Wärme stürmisch.

Von Metalloidcarbiden ist das von Acheson zuerst dargestellte Siliciumcarbid, technisch unter dem Namen Carborund bekannt, das wichtigste. Seine Bedeutung besteht in seiner ausserordentlichen Härte, die die des Korunds erheblich übertrifft und der des Diamanten soweit nahe kommt, dass es gelingt, den Diamanten mit Siliciumcarbid zu poliren. Das Borcarbid, mit welchem der Diamant direct geschliffen werden kann, ist noch etwas härter. Als typische Vertreter der im Lichtbogen erhältlichen Metalloidcarbide zeigen beide eine ungemeine Resistenz gegen chemische Angriffe. Das Siliciumcarbid leistet in der Kälte gegen alle Regentien Widerstand. Selbst das Gemisch von Flusssäure und Salpetersäuremonohydrat, welches Silicium leicht angreift, ist ohne Wirkung. Es oxydirt sich äusserst schwer. Moissan fand es bei 1000° im Sauerstoffstrom unveränderlich. Mühlhaeuser[1]), der es im Platintiegel stundenlang auf das Heftigste unter Luftzutritt erhitzte, beobachtete eine ganz langsame Oxydation, die pro Stunde ein viertel Procent der Masse in Kieselsäure und Kohlensäure verwandelte. Er constatirte auch im Verbrennungsrohr (abweichend von Moissan) eine ganz langsame Oxydation durch Sauerstoff. Chlor ist nach Moissan bei 600° noch fast unwirksam, geschmolzener Salpeter und geschmolzenes Kaliumchlorat wirken gar nicht ein. Nur

[1]) Mühlhaeuser, Z. f. angew. Chem. 1893 S. 643.

schmelzende Alkalien, Alkalicarbonate und Bleichromat schliessen die Verbindung auf. Das Carbid wird im Lichtbogen aus Kieselsäure und Kohle leicht erschmolzen, entsteht aber auch schon bei niedrigeren Temperaturen, wenn man bei 1200—1400° Silicium in einem Kohletiegel schmilzt. Von besonderem Interesse als Nachweis des Kohlenstoffdampfes ist die Bildung des Siliciumcarbides, wenn Silicium in demselben Raume mit Kohlenstoff verdampft wird. Wo sich die Dämpfe begegnen, spannt sich ein Netz von Carbidkrystallen. Die Dichte des Carbides ist 3,22 bei 15° C.

Das Borcarbid bildet glänzendschwarze Krystalle von der Dichte 2,51 und ist ebenso wie Siliciumcarbid von Reagentien in der Kälte nicht angreifbar, während in der Schmelzhitze Kalinatroncarbonat und Aetzkali es aufschliessen. Es ist ebenfalls sehr schwer oxydabel und verbrennt bei 500° im Sauerstoff nicht, bei 1000° langsam.

Die Darstellung des Borcarbids ist nicht so einfach wie die des Siliciumcarbids. Man geht von reinem Bor aus und erhitzt dies entweder in einem bedeckten Kohletiegel im elektrischen Ofen oder man löst Bor und Kohle im Lichtbogenfeuer in Kupfer und behandelt nach dem Erkalten mit Salpetersäure, um das Kupfer wegzulösen.

An die Carbide schliessen sich als Körper von wissenschaftlichem Interesse die neuerdings von Moissan und seinen Schülern im elektrischen Ofen erzeugten Silicide und Boride. Die Alkalimetalle geben mit Silicium keine Verbindung, sondern verdampfen. Zink, Aluminium, Blei, Zinn, Antimon, Wismuth, Silber, Gold lösen Silicium im Schmelzfluss, scheiden es aber beim Erstarren wieder ab. Dagegen sind die Silicide von Eisen (Fe_2Si), Chrom (Cr_2Si), Nickel (Ni_2Si), Cobalt (Co_2Si), Mangan (Mn_2Si), Kupfer (Cu_2Si) und Platin (Pt_2Si) bekannt[1]). Wie man sieht, sind diese Verbindungen durchweg gleichmässig zusammengesetzt. Sie besitzen sämmtlich eine grosse Härte, zum Theil eine grössere als das Siliciumcarbid. Bemerkenswerth ist, dass sie ohne Hülfe der elektrischen Hitzung im Porcellanrohr aus Metall und Silicium bei etwa 1200° im Wasserstoffstrom ent-

[1]) Vigoureux, Compt. Rend. 121, S. 771; 123, S. 115; 122, S. 318. Siehe dazu de Chalmot, Elektrochem. Z. 1897, S. 25 und S. 27.

stehen. Man erhält auf diese Weise aus Chrom und Silicium, obwohl beide sich nicht bei 1200° verflüssigen, die geschmolzene Verbindung, da Silicium bei der genannten Temperatur bereits merklich verdampft und als Dampf auf das Metall einwirkt. Der Schmelzpunkt der Silicide liegt unter dem der Metalle. Im elektrischen Ofen geht man entweder von Silicium und Metall aus und schmilzt beide zusammen oder man reducirt im gleichen Apparat, wie dies Vigoureux z. B. beim Mangansilicid ausgeführt hat, Kieselsäure mit dem Metalloxyd zusammen durch Kohle. Die Eigenschaften der Silicide sind einander ziemlich gleich. Flusssäure und Königswasser wirken zerstörend, gegen die gewöhnlichen Säuren sind sie ziemlich resistent. Chlor wirkt bei Rothgluth ein. Manche Silicide lösen überschüssiges Silicium. Siliciumeisen ist um seiner chemischen Widerstandsfähigkeit willen für die technische Elektrolyse als unangreifbare Elektrode in Vorschlag gebracht worden.

Die Boride BFe, BNi und BCo sind im Lichtbogenofen und nach dem bei den Siliciumverbindungen erwähnten Verfahren auch bei geringerer Hitze im Wasserstoffstrom darstellbar. Sie sind chemisch angreifbarer und minder hart als die Silicide. Des noch wenig bekannten Bortitans und Borsiliciums und ihrer bemerkenswerthesten Eigenschaft, ihrer diamantgleichen Härte, ist schon beim Titan kurz gedacht worden.

Die in jüngster Zeit[1]) dargestellten Boride der Erdalkalimetalle zeigen in ihrer Zusammensetzung dasselbe Atomverhältniss wie das Borcarbid. Calciumborid CaB_6, Strontiumborid SrB_6, Baryumborid BaB_6 sind schwarze krystallisirte Körper, die Rubin ritzen, von Wasser nicht zersetzt werden und chemisch grosse Beständigkeit zeigen. Oxydirende Substanzen schliessen sie auf. Man erhält Calciumborid aus Calciumborat (1000 g), das mit fein gepulverter Zuckerkohle (200 g) innig gemischt, mit Aluminiumfeile (630 g) versetzt und im Lichtbogenofen (7 Min., 900 Amp., 45 Volt) erhitzt wird.

Generell ist noch hervorzuheben, dass Silicium und Bor den Kohlenstoff in der Glühhitze verdrängen, was für die Darstellung der Silicide und Boride eine Erleichterung, für die der Carbide eine Schwierigkeit bildet.

---

[1]) Moissan u. Williams, Compt. Rend. 125, S. 629.

Technologie der Carbide.

Für die industrielle Technik der elektrothermischen Operationen kommt nur Calciumcarbid und Siliciumcarbid derzeit in Frage. Aluminiumcarbid wird gelegentlich erzeugt, besitzt aber kein eigentliches Anwendungsgebiet, da ein Bedarf an reinem Methan nur für Versuchszwecke vorhanden ist. Das Methan ist für Leuchtzwecke nämlich nicht brauchbar, da es mit fast lichtloser Flamme brennt. Es gibt bei einem Stundenconsum von 5 Cubikfuss = 141 Liter im Sugg-Argand-Brenner nur wenige Kerzen. Zur Erzeugung besonders heisser Flammen, wie sie zum Bleilöthen und ähnlichen Aufgaben nothwendig sind, eignet es sich trotz seines hohen Heizwerthes, der bei Verbrennung zu dampfförmigem Wasser 8572 Cal. pro Cubikmeter beträgt, nicht. Wasserstoff gibt eine viel kleinere und heissere Flamme, obwohl sein Heizwerth pro Cubikmeter nur 30 % = 2580 Cal. bei Verbrennung zu dampfförmigem Wasser erreicht. Für Gaskraftmaschinen aber steht der Verwendung des Methans neben ökonomischen Bedenken die Schwierigkeit im Wege, es in Mischung mit Luft bei Abwesenheit von Wasserstoff prompt zu zünden. Es ist wahrscheinlich, dass die Kohlenwasserstoffe in Mischung mit Luft überhaupt nicht direct explodiren, sondern dass sie zunächst pyrogene Zersetzung erleiden müssen und dass erst die Spaltstücke im Entstehungsmoment verbrennen. Beim Methan, das durch Hitze von allen Kohlenwasserstoffen am schwersten zu zerlegen ist, tritt deshalb die Explosion mit Luft durch einen Funken oder eine Flamme oder einen anderen glühenden Körper am schwierigsten ein.

Siliciumcarbid wird in mässigem Umfange technisch erzeugt. Sein Werth als Schleifmetall hat bislang noch nicht volle Geltung gefunden. Seine Hauptanwendung besitzt es für kleine Schleifwerkzeuge, wie z. B. die zahnärztliche Technik sie verlangt, während in der Metallbearbeitung die Schmirgelschleifräder noch nicht merklich durch solche aus Carborundum verdrängt worden sind.[1]

[1]) Vorschläge für die Verwendung von Siliciumcarbid in der Stahlindustrie zwecks Einführung von 0,15 bis 0,2 % Silicium in den Stahl macht Lürmann, Z. f. Elektrochem. 3, S. 113. Derzeit dient für

Calciumcarbid wird in dauernd rasch steigender Menge für die Acetylenerzeugung hergestellt. Erhebliche Anwendung zu anderen Zwecken findet nicht statt. Versuche, das Carbid zur Vertilgung der Reblaus zu benützen, scheinen bislang von problematischer Bedeutung. Eine Anwendung in der Eisenhüttentechnik zur Rückkohlung des in der Birne verblasenen Materials, wobei das Calcium des Carbides gleichzeitig den Sauerstoff der Schmelze auf sich nehmen sollte, hat sich nicht bewährt. Ebenso ist ein Vorschlag zur Cyaniddarstellung aus Calciumcarbid und Stickstoff nicht durchführbar.[1]) Die von Moissan constatirte Widerstandsfähigkeit des Carbids gegen Stickstoff bei 1200° schliesst seine Verwirklichung aus.

Die technische Erzeugung des Carborundums ist von Mühlhaeuser[2]) beschrieben worden. Sie wird in Amerika wie in Oesterreich-Ungarn nach dem gleichen Verfahren betrieben. Sie geschieht

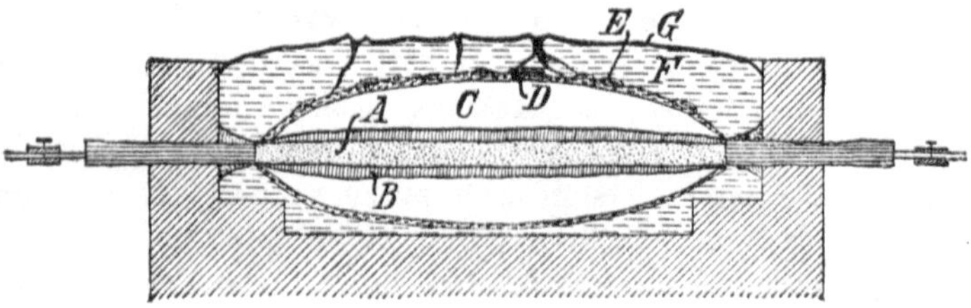

Fig. 89.

mit einem Kurzschlussofen nach Borchers' Princip. Als Ofen dient ein flacher Trog, der aus feuerfestem Backstein gemauert ist. Durch die Schmalwände laufen Kohlestäbe, welche den Strom zuführen. Zwischen diesen stellt ein Cokekern *A* (Fig. 89) die leitende Verbindung her. Dieser Cokekern besteht aus einzelnen

diesen Zweck Ferrosilicium. Nach Mittheilung eines grossen südwestdeutschen Stahlwerks veranlasst ein Zusatz von Ferrosilicium zu den Ingots, dass der Stahl sein fünffaches Volumen an Wasserstoff in legirtem Zustand zurückhält, während andernfalls der Wasserstoff als Gas entweicht. Galvanisch dargestellte Eisenplatten weisen nach Lenz und Haber (siehe Seite 296) etwa den dreifachen Wasserstoffgehalt auf.

[1]) D. R. P. 88 363.

[2]) Mühlhaeuser, Z. f. angew. Chem. 1893, S. 485 u. 637; siehe dazu D. R. P. 85 197 und Jahrbuch für Elektrochem. 2, S. 208; 3, S. 258.

kleinen Cokekörnern. Für eine Kernlänge von $2^1/_2$ m und 100 Kilowatt Energieverbrauch im Ofen sind z. B. 4—5 mm grosse Körner geeignet. Um die stromzuführenden Kohlestäbe wird Cokepulver mit etwas geringerer Korngrösse aufgespeichert, so dass der Kern nach den Schmalseiten des Troges zu conisch sich verbreitert und die Kohlestäbe in das Material des Kerns eingebettet liegen. An Stelle eines einzelnen Stabes an jeder Seite wird eventuell ein Bündel schwächerer Kohlestäbe benutzt. Diese Stäbe werden mit einer unschmelzbaren Umwicklung von Asbest versehen, soweit sie in der Ofenwand selbst ruhen. Man hat sich vorzustellen, dass der Cokekern sammt seinen fein pulverigen Endparthien vermöge des Aschengehaltes unter dem Einfluss der elektrischen Erhitzung zu einem continuirlichen, festen Leiter zusammensintert. Um diesen Kern wird eine Mischung von Sand (100 Theile), gemahlenem Coke (100 Theile) und Kochsalz (25 Theile) herumgehäuft. Da die Coke selber etwas Kieselsäure enthält, so ist das Verhältniss $C : SiO_2$ bei der Beschickung etwa 90 : 105, die Kohlenstoffmenge also um die Hälfte grösser als die theoretisch erforderliche Menge, welche nach $SiO_2 + 3C = SiC + 2CO$ auf 105 Theile Kieselsäure 63 Theile Kohlenstoff ausmacht. Der Salzzusatz erschwert das Abbrennen der Kohle an der Oberfläche und bewirkt, dass die Antheile der Sandkohlenmischung, welche nicht zur Reaction kommen, weil sie von der Erhitzung nicht genügend erreicht werden, beim Erkalten zu einem Klumpen zusammenbacken, der leicht von dem chemisch umgesetzten Material mechanisch getrennt werden kann. Nach neueren Mittheilungen wird ein Gemenge von 20 Theilen Coke und 29 Theilen Sand mit 5 Theilen Salz und 2 Theilen Sägemehl oder Kork als Beschickung verwendet. Durch einen Strom von grosser Stärke bringt man den Cokekern, welcher als Widerstand im Stromkreis liegt, zur intensivsten Gluth. Da nur elektrothermische und nicht elektrochemische Arbeit zu leisten ist, so wird Wechselstrom verwendet, der zur Vermeidung dicker Leitungen mit hoher Spannung und geringer Stromstärke bis dicht zum Ofen geführt und dort durch Transformatoren auf niedere Spannung und grosse Stromstärke umgeformt wird. Die Masse geräth bei Stromdurchgang allmählich in intensive Gluth, eine von Kochsalzdampf gelb gefärbte Kohlenoxydflamme von grosser Mächtigkeit tritt auf, das Kochsalz verdampft im

Innern der Beschickung und sammelt sich an der Oberfläche der Schmelze als flüssige Schicht, durch die die Gase mit grosser Heftigkeit hindurchbrechen. Die vulkanartige Eruption geht nach einiger Zeit zurück und hört schliesslich auf. Es wird dann der Strom unterbrochen und die Masse der Erkaltung überlassen. Man findet dann zu oberst eine Kruste *G* (Fig. 89) von fast reinem Kochsalz, unter dieser liegt, von den Rissen durchfurcht, welche die Gasausbrüche hervorrufen, unverändertes, zusammengebackenes Sandkohlengemisch *F*, darauf folgt eine ganz kleine Menge einer faserigen asbest- oder schimmelpilzartigen Masse, in der Mühlhaeuser ein Aluminiumsiliciumcarbid ($Al Si_2 C_7$) vermuthet, dessen Aluminiumgehalt der Cokeasche entstammt. Daran schliesst sich die Zone *D* von graugrünem bis weissem Aussehen, die aus Körnchen von amorphem Siliciumcarbid besteht. Diese Körnchen sind sehr spröde und zerfallen, mit dem Messer gedrückt, leicht zu Pulver. Die folgende Zone *C* besteht aus krystallisirtem Siliciumcarbid. Sie stellt eine mächtige ellipsoidische Krystalldruse rings um den Cokekern dar, deren einzelne Krystalle Plättchen- oder Tafelform haben, von mikroskopischer Kleinheit bis zu mehreren Millimetern Länge wechseln und zu Agglomeraten verwachsen sind, die ihre Längsachse nach dem Cokekern zu richten. Dieses Gitterwerk von Krystallmassen reicht bis an den Kern heran. In der unmittelbar am Cokekern angrenzenden heissesten Zone *B* aber scheint das Siliciumcarbid bei der andauernden Erhitzung nicht beständig zu sein, sondern das Silicium scheint mit Hinterlassung seines Kohlenstoffs, der die Form des ursprünglichen Carbidkrystalls beibehält, zu verdampfen. So wenigstens ist die Beobachtung am besten zu deuten, dass diejenigen Theile der Krystallmasse, welche an *A* unmittelbar angrenzen, in der Schicht *B*, obwohl sie die Anordnung und Form der Carbidkrystalle bewahren, aus Graphit bestehen. Der Cokekern erscheint also mit einem dichten Stachelkranz von Krystallstrahlen besetzt, die in seiner unmittelbaren Nähe aus Graphit, darüber hinaus aus krystallisirtem Carbid gebildet und bei *D* zu einer Kruste verwachsen sind. Diese Kruste wird nach dem Wegräumen der oberen Schichten zerschlagen, die einzelnen Stücke werden vom Graphit innen, vom amorphen Carborundum und von Resten unveränderten Ausgangsmaterials aussen mechanisch getrennt und dann mit Säure gewaschen, um sie von kleinen

Mengen der Sulfide, Phosphide und Carbide des Kalks, des Eisens und der Thonerde zu befreien, die aus den Aschenbestandtheilen der Coke und Verunreinigungen der Kieselsäure des Sandes sich herschreiben. Dem Waschen mit Säuren folgt ein Waschen mit Wasser, dann ein Zerstampfen der spröden Krystalle zu Mehl und ein Schlemmen zur Scheidung nach dem Feinheitsgrade des Mehles. Um Schleifrädchen herzustellen, wird Mehl von passendem Feinheitsgrade in ein Bindemittel, etwa Porzellanmasse, eingemischt, mit diesem unter hohem Druck gepresst und im Flammofen bis zur beginnenden Schmelzung des Bindemittels gebrannt. Die über der Decke *D* gelegenen unveränderten Antheile der Beschickung werden einer neuen Schmelze wieder zugefügt.

Die Leistungsfähigkeit des Carborundums als Schleifmittel ist etwa die dreifache von der des Schmirgels.

Wesentlich regere Bearbeitung als die Siliciumcarbiddarstellung hat die wichtigere Frage nach der technischen Erzeugung des Calciumcarbides gefunden. Es gibt keine Reaction, welche mit dem Lichtbogen so leicht und einfach zu bewerkstelligen ist, als die Erzeugung dieser Verbindung aus Kalk und Kohle, und es ist deshalb nicht wunderbar, dass zahlreiche Ofenformen beschrieben worden sind. Ein gemauerter Behälter, dessen Kohleauskleidung als Zuführung für den positiven Strom dient, eine mächtige Kohlestange als negativer Pol, die in den Tiegelraum taucht, sind die typischen Bestandtheile des Apparates. Statt den Tiegel zur Elektrode zu machen, werden auch woh zwei Kohlestäbe, die winkelig zu einander von oben eingesenkt sind, vorgeschlagen. Das Gefäss wird von dem einen Erfinder flacher, vom anderen tiefer gebaut, ist bald mit einer Abstichöffnung seitlich unten, bald mit einer beweglichen Seitenwand oder einem beweglichen Bodenstück ausgerüstet, um das Carbid nach dem Schmelzen herauszulassen. Auch die Widerstandsöfen sind unter den vorgeschlagenen Modificationen vertreten; unter ihnen auch die principiell einfachste Anordnung, die überhaupt möglich erscheint: ein Haufen des Gemisches von Kalk und Kohle, durch den in lothrechter Richtung ein in der Mitte verjüngter Kohleleiter geht.

Es ist kein Zweifel, dass man mit allen diesen Vorrichtungen Carbid machen kann. Eine ganz andere Frage aber ist die, welche Ofenformen einen ökonomischen Dauerbetrieb ermöglichen. In dieser Rücksicht kommt es darauf an, dass der Ofen auf regelmässige ununterbrochene Zuführung von Kalk und Kohle bei continuirlichem Ablauf von Carbid eingerichtet ist, dass die Elektroden soweit als möglich vor Abbrand geschützt und die noch ausserhalb der Reactionszone befindlichen Antheile der Beschickung nicht von der mächtigen Kohlenoxydflamme weggeblasen werden, die aus dem Reactionsraum hervorbricht. Einem continuirlichen Betrieb stellt sich wesentlich die Schwierigkeit entgegen, dass das geschmolzene Carbid in der Ausflussöffnung erstarrt, so dass diese zufriert. Oeffnungen von $^1/_4$ m Durchmesser verstopfen sich auf diese Weise leicht. Die Ueberwindung dieses Missstandes ist in jüngster Zeit geglückt, indem man Lichtbogenerhitzung und dabei sehr starke Ströme benützte. Ein Lichtbogen von 3000 Amp. erlaubt, in dem Schmelzgut soviel Wärme aufzuspeichern, dass es die Abstichöffnung passirt, ohne darin fest zu werden. Dem Abbrennen der Elektrode und Wegblasen der Beschickung wird in glücklicher Weise z. B. durch eine Anordnung von Rathenau[1]) begegnet, die in Fig. 90

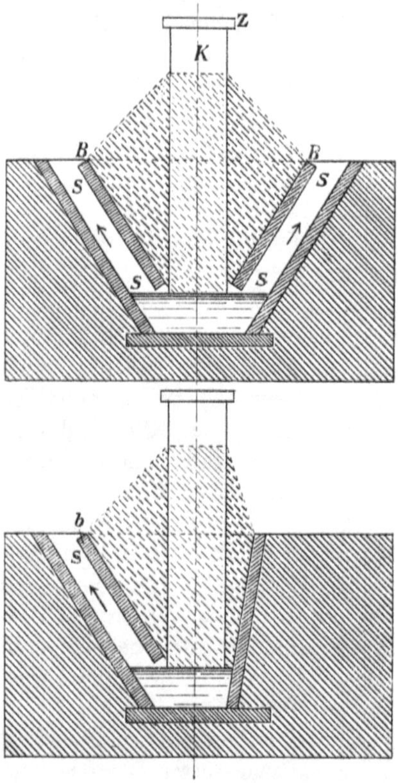

Fig. 90

[1]) D. R. P. 86226.

in zwei Ausführungsformen dargestellt ist. Die Beschickung von Kalk und Kohle sinkt hier durch eine Oeffnung zwischen der Kohleelektrode *K* und zwei Kohleplatten *B*, welche in den Ofen eingebaut sind, ihrer Schwere folgend in den Heizraum. Die Gase finden ihren Weg durch die Seitenschlitze *S*, welche zwischen diesen Platten und dem Kohlefutter des Ofens sich öffnen. Ihre Hitze kommt dabei dem nachsinkenden Schmelzgut noch als Vorwärmung zu statten. Wahrscheinlich wird bei der praktischen Benützung der Rathenau'schen Anordnung das Nachsinken der Masse in den Schmelzraum durch passende Nachhilfen unterstützt werden müssen.

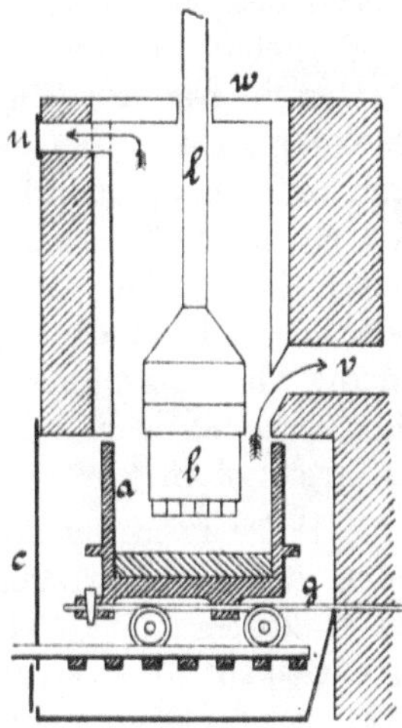

Fig. 91.

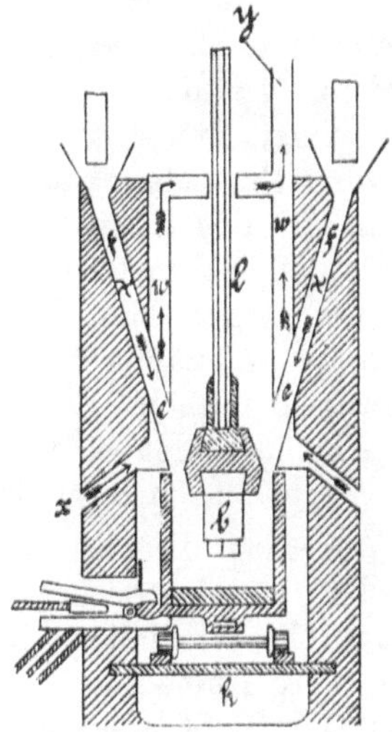

Fig. 92.

Die Constructionseinzelheiten der neueren Oefen mit continuirlichem Betrieb werden geheim gehalten. Von älteren Oefen mit discontinuirlichem Betrieb sei der von King beschrieben,[1]) welcher in den Niagarafallwerken mit Erfolg benützt worden ist. Er ist in Fig. 91 und 92 dargestellt. Das innige Gemenge von Kalk und Kohle, welches in feinkörnigem Zustand durch den Lichtbogen erhitzt werden soll, fällt durch die Kanäle *f e*, in

[1]) Wesentlich identisch damit ist der Ofen von Tenner, D. R. P. 88 364.

denen Schaufelräder gehen, auf den Herd *a*. Dieser besteht in einem eisernen Wagen, der auf der Schienenbahn *h* beweglich ist. Der Boden des Wagens ist innen mit einer Kohleplatte belegt, welche als Unterlage für die Beschickung und zugleich als Elektrode dient. Die andere Elektrode besteht in einem Kohlebündel, welches in das eiserne Gehäuse *b* eingespannt ist und durch die kupferne, aussen mit Eisen bekleidete Zuleitung *l* Strom erhält. Der obere Ofentheil wird durch einen kalten Luftstrom *x*, *w*, *y* nach Möglichkeit abgekühlt. Die in den ersten Betriebsmomenten entweichende Mischung von Luft und Kohlenoxyd lässt man durch *u* abziehen. Sobald die Luft ausgetrieben ist und reines Kohlenoxyd kommt, schliesst man diese Oeffnung und führt das Gas durch *v* nach dem Schornstein ab. Die Stange *g* ermöglicht, während des Betriebes die vom Lichtbogen erhitzte Masse durch Hin- und Herschieben des Wagens durchzurütteln. Man häuft die Beschickung in dem Wagen so an, dass der Bogen mitten darin brennt, und regulirt den Lichtbogen durch Heben oder Senken von *l*, *b*, sobald die Spannung fällt oder steigt. Man benützt 65 bis 100 Volt bei 1700 bis 2000 Amp. Allmählig füllt sich der den Herd bildende Wagen mit fertigem Carbid. Es wird alsdann die Thür *c* geöffnet, der Wagen hinausgeschoben und an der Luft erkaltet, während eine neue Portion in einem zweiten Wagen erschmolzen wird.

Wiederholt discutirt worden ist die Frage nach dem Minimalbedarf an elektrischer Energie, den die Carbiddarstellung verlangt. Die Technik rechnet derzeit praktisch mit 8000 P. S.-Stunden pro Tonne Carbid. Doch soll mit einem Kraftverbrauch von 6000 P. S.-Stunden das gleiche Quantum nach amerikanischen Angaben erzeugbar sein.

Theoretisch ist ein Kraftbedarf mit keinerlei Sicherheit zu berechnen. Als Anhalt sei ein von Haber corrigirter Ansatz Bredel's gegeben.[1]) Es sei angenommen, dass die gesammte, vom Strom gelieferte Wärme bis auf 15 %, die durch Wärmestrahlung und Leitung verloren gehen, dem chemischen Process zu gute kommt und dass Kalk und Kohle mit Zimmertemperatur dem Ofen zugeführt werden, während das Carbid ihn

[1]) Dingler's polyt. J. 1895. 296, S. 118.

2000°, das Kohlenoxyd ihn 2500° heisser verlässt. Die Bildungswärme des Carbids, welche Forcrand[1]) zu

$$C_2 \text{ (amorph)} + Ca \text{ (fest)} = C_2Ca \text{ (fest)} - 0{,}65 \text{ Cal.}$$

fand, sei als Null betrachtet, ebenso die Schmelzwärme des Carbids. Dann ergibt sich der Wärmeverbrauch pro Grammmolecül Carbid, indem man zunächst das Product aus dem erhitzten Kohlenstoffgewicht (24 g), der Temperatursteigerung (2000°) und der specifischen Wärme des Kohlenstoffs (0,46) bildet und dazu das Product aus dem erhitzten Calciumgewicht (40 g), der Temperatursteigerung (2000°) und der spec. Wärme des Calciums (0,17) addirt. Zu diesem Werthe fügt man die Bildungswärme eines Grammmolecüls Kalk hinzu und vermindert die Gesammtsumme um den Betrag, um welchen die Bildungswärme eines Grammmolecüls Kohlenoxyd den Wärmeaufwand übersteigt, den die Erhitzung dieser Kohlenoxydmenge auf 2500° erfordert. Rechnet man alle Werthe in grossen Calorien, so ist:

a) Erhitzung von 2 C auf 2000° : 24 × 2000 × 0,00046	= + 22,08 Cal.,
Erhitzung von 1 Ca auf 2000° : 40 × 0,00017 × 2000	= + 13,60 „
Bildungswärme von 1 CaO aus Ca und O	= + 132,00 „
	167,68 Cal.,
b) Bildungswärme von CO aus C und O, minus dem Wärmeverbrauch für Erhitzung des Kohlenoxydes von 0° auf 2500° : 29 — 2500 × 0,00686 .	— 11,85 Cal.
	+ 155,83 Cal.
15 % Verlust durch Wärmestrahlung und Leitung	+ 23,37 Cal.
Wärmeverbrauch . .	179,20 Cal.

1 Pferdekraft-Stunde = 736 · 3600 Watt = 625 Cal.,

1 g-Molecül Carbid = 64 g = 179,2 Cal. = 0,287 P. S.-Stunden,

1 kg Carbid = 2800 Cal. = 4,48 P. S.-Stunden,

1 ton Carbid = 4480 P. S.-Stunden.

---

[1]) Forcrand, Compt. Rend. 120, S. 682.

Bei dieser Rechenweise, welche übersichtlicher als andere erscheint, kommt die Reactionstemperatur nicht in Betracht, weil das Plus an Wärmezufuhr, das erfordert wird, um die Rohstoffe Kalk und Kohle über 2000° bezw. 2500° hinaus bis zur Umsetzung zu erwärmen, im Ofen verbleibt und den nachgefüllten Antheilen des Reactionsgemisches zu gute kommt. Die Annahme der specifischen Wärmen für Kohlenstoff = 0,46, für Calcium = 0,17, der Molecularwärme für Kohlenoxyd = 6,86 cal. ist Angesichts unserer Unkenntniss vom Werth dieser Grössen bei den Temperaturen von Weissgluth aufwärts eine willkürliche. Der Wärmeverlust durch Verdampfen eines Theils der Beschickung und eine Reihe kleinerer Punkte sind vernachlässigt. Eine Bedeutung kann dieser Rechnung also nur insofern zukommen, als sie darthut, dass der praktisch beobachtete Energieverbrauch von derselben Grössenordnung und dem Zahlenwerthe nach nur $1^1/_2$ bis 2 Mal grösser ist als der durch Ueberschlagsrechnung ermittelte Minimalwerth.

Das technische Carbid ist mit sehr wechselnder Reinheit im Handel. Man findet Partien von 95% Reinheit in schönen Stücken von durchweg krystallinischem Bruch und grauer Farbe. Andere Producte enthalten kaum 50% Carbid neben unverändertem Kalk und Kohle. Die Cokeasche und die Nebenbestandtheile des Kalks liefern in das Product eine Reihe untergeordneter Verunreinigungen. Die Handelsform des Carbids ist die faustgrosser Stücke, welche an der Luft oberflächlich durch Einwirkung des Wasserdampfes sich mit Kalk bedecken, aber nicht leicht bis in die Tiefe hinein zersetzt werden. Das Acetylen, welches bei der Umsetzung mit Wasser entsteht, enthält etwas Schwefelwasserstoff und Phosphorwasserstoff.[1]) Diese entstammen dem Schwefelaluminium, Schwefelcalcium und Phosphorcalcium, die aus den Phosphaten und Sulfaten der Cokeasche beim Process mit erzeugt werden. Ferner findet man darin etwas Kohlenoxyd, das vielleicht von einem kleinen Gehalt von Kohlenoxydkalium sich herschreibt, Spuren Ammoniak,

[1]) Ueber Verunreinigungen des Carbids und des Acetylens siehe Pelissier-Ludwig S. 89, sowie Willgerodt. Ber. d. deutschen chem. Ges. 1895, S. 2107. Lunge u. Cedercreutz, Z. f. angew. Chem. 1897, S. 651. Le Chatelier, Bull. soc. chim. 17, S. 793. Bergé u. Reychler, Bull. soc. chim. 17, S. 218.

Wasserstoff und Stickstoff. Der intensiv unangenehme Geruch des Gases ist diesen Verunreinigungen aber nicht zur Last zu legen. Haber und Oechelhaeuser[1]) erzeugten Acetylen aus reinen Kohlenwasserstoffen der Fettreihe durch Ueberhitzen der Dämpfe in glühenden Porcellanröhren, isolirten das Gas durch seine Silberverbindung und schieden es aus dieser mit demselben unangenehmen Geruch mittelst Salzsäure ab, den das Gas aus Carbid besitzt. Der beim Zersetzen des Carbids mit Wasser bleibende Schlamm gibt mit Salzsäure regelmässig eine lebhafte Schwefelwasserstoffentwicklung.

Für die Entwicklung des Acetylens aus dem Carbid sind eine ungemeine Zahl von Apparaten beschrieben worden.[2]) Sie beruhen in der Mehrzahl auf dem minderwerthigen Princip, Wasser auf Carbid auftropfen zu lassen. Dieses Verfahren ist aus einem doppelten Grund unzweckmässig. Einmal bildet sich ein Schlamm von Kalkhydrat, der die Brocken des Carbids überzieht. Dieser Schlamm gibt nach Abschluss des Wasserzulaufs noch an die Carbidstücke, die er umhüllt, langsam Wasser ab und bewirkt eine länger dauernde Nachentwicklung von Gas. Andererseits veranlasst die hohe Reactionswärme der Umsetzung

$$CaC_2 + 2\,H_2O = Ca(OH)_2 + C_2H_2 + 26^1/_2 \text{ Cal},$$

dass sehr erhebliche Erhitzung an den Carbidstücken dort auftritt, wo das Wasser auftropft. Dadurch ist die Möglichkeit gegeben, dass unter Umständen eine Explosion entsteht. Bei Gegenwart von 35 % Luft und darüber wird der Entflammungspunkt des Acetylens bei 480° schon erreicht. Allerdings werden solche Temperaturen nur in ganz seltenen Fällen auftreten. Die Gasentwicklung ist an jedem Carbidstück nur so lange eine flotte, als dort reichlich Wasser zugegen ist. Steigt die Temperatur durch die Reactionswärme stark an, so verdampft das Wasser in der Nähe der Reactionsstelle, und weitere Temperatursteigerung unterbleibt, einmal weil die Wasserverdampfung viel Wärme verbraucht, andererseits weil die Gasentbindung und damit die Wärmeentwicklung in Folge Wassermangels nachlässt. Der Regel

[1]) Haber, Experimentaluntersuchungen über Zersetzung und Verbrennung von Kohlenwasserstoffen. München 1896.

[2]) Patentzusammenstellung siehe bei Panaotović: Calciumcarbid und Acetylen. Leipzig 1897, S. 104 ff.

nach gehen deshalb die Temperaturerhöhungen nicht wesentlich über 100°. Immerhin wird, wenn bei Beginn des Betriebes in dem frisch beschickten Apparat ein erhebliches Luftvolum enthalten ist, das Auftropfen von Wasser eine gewisse Gefahr in sich schliessen.

Das zweite, richtigere Verfahren ist, Carbid in überschüssiges Wasser einzuwerfen, wobei eine vollkommen sichere Entwicklung erreicht und die Nachentwicklung minder merklich wird.

Ein drittes, sehr elegantes Verfahren hat Bunte angegeben. Wenn man ein mit Wasserdampf beladenes Gas durch einen Thurm mit Carbid treibt, so setzt der Wasserdampf mit dem Carbid sich um und ein acetylenhaltiges, trockenes Gas tritt oben aus. Dabei zerfällt das Carbid in ein trockenes, langsam herabrieselndes Pulver von Kalk. Ordnet man also einen Acetylenbehälter, ein Wassergefäss, den Carbidthurm und eine Circulationspumpe in einen Kreislauf, so nimmt die Wassermenge regelmässig ab, während die Acetylenmenge anwächst. Wenn der Wasserbehälter und die Leitung von ihm zum Carbidthurm warm gehalten wird, so dass das zugeführte Gas reich an Wasserdampf ist, so ist die Entwicklung des Acetylens eine flotte. Der Versuch lässt sich im Kleinen sehr gut demonstriren, wenn man einen gläsernen geraden Vorstoss mit Carbid beschickt und in dessen obere Mündung mit einem Stopfen einen kleinen Oelgasschnittbrenner einsetzt. Führt man Leuchtgas direct hindurch, so brennt es oben aus dem sehr engen Brennerschlitz mit fast lichtloser Flamme. Setzt man aber den Vorstoss auf eine Flasche mit warmem Wasser und lässt das Leuchtgas durch dieses Wasser hindurchgehen, so wird die Flamme durch das leuchtkräftige Acetylen hell und strahlend, während die Carbidstücke zu Pulver zerfallen.

Wenn man im Laboratorium aus Calciumcarbid Acetylen mittelst des Kipp'schen Apparates entwickeln will, so benützt man mässig concentrirte Chlorcalciumlösung oder besser 85 %igen Alkohol als Zersetzungsflüssigkeit. Im letzteren Fall setzt man das Hahnrohr des Kipp'schen Apparates mit einem doppelt durchbohrten Stopfen ein, durch dessen zweite Bohrung das Ablaufrohr eines Tropftrichters geführt ist. Durch diesen Tropftrichter wird in den Reactionsraum Wasser nachgegeben, wenn der Alkohol in Folge der Reaction mit Carbid wasserarm wird.[1])

Zur Beurtheilung des Werthes eines technischen Carbids begnügt man sich meist mit der Bestimmung des Acetylenvolumens, welches das Carbid pro 1 kg entwickelt. Theoretisch liefert 1 kg 348,77 l bei 0° und 760 mm trocken gemessen. Ein technisches Product, welches bei Zimmertemperatur feucht gemessen 300 l gibt, ist als gut zu bezeichnen. Es ist schwer, eine gute Durchschnittsprobe zu nehmen; am besten zerkleinert man eine grössere Partie rasch auf Erbsengrösse und macht von diesem Quantum eine Reihe von Bestimmungen zur Gewinnung eines Mittelwerthes.

Zur Gasentwicklung und Messung der Gasausbeute benutzt man zwei grosse Flaschen, die eine von zehn, die andere von vier Litern Inhalt. Die erste ist mit einem vierfach, die zweite mit einem doppelt durchbohrten Kork versehen. Die Zusammenstellung ist aus Fig. 93 ersichtlich. Man giebt in die Flasche *A* concentrirte Kochsalzlösung und sättigt diese durch ein Stückchen Carbid, das man einwirft, mit Acetylen, hängt die gewogene Probe an den vertikal beweglichen Haken *H* und setzt den Stopfen auf die Flasche *A* auf. Dann ersetzt man den Luftinhalt derselben mittelst eines raschen Wasserstoffstromes durch dieses leichtere Gas, setzt den Stopfen auf die mit Kochsalzlösung gefüllte Flasche *B* und bringt die Carbidprobe mittelst des Hakens in die Lösung am Boden von *A*. Das entbundene Acetylen verdrängt

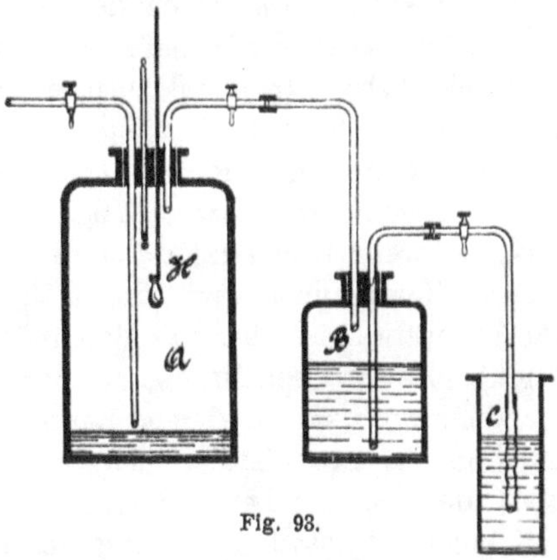

Fig. 93.

[1]) Nach Bunte'schen Angaben im chemisch-technischen Institut der Technischen Hochschule Karlsruhe benütztes Verfahren; siehe dazu Brandstätter, Z. f. phys. u. chem. Unterr. 1897 S. 140, sowie Chem. Z. 1897, S. 914.

den viel leichteren Wasserstoff nach B hinüber, wo ein entsprechendes Flüssigkeitsvolumen abläuft. Nachdem die Entwicklung beendet und die Anfangstemperatur, die durch die Reactionswärme vorübergehend verändert wird, in A wieder hergestellt ist, liest man in dem Maasscylinder C bei Niveaugleichheit in B und C das abgelaufene Volumen ab.

Die Wahl der Kochsalzlösung an Stelle des Wassers ist um der kleineren Löslichkeit des Acetylens willen empfehlenswerth. Wasser löst bei 15° C. sein eigenes Volumen an Acetylen, Kochsalzlösung unter gleichen Verhältnissen den fünften Theil.[1])

Die Benützung des Acetylens geschieht ausschliesslich zu Beleuchtungszwecken. Für die Erzeugung chemischer Produkte hat es trotz mannigfacher Bemühungen sich bislang nicht verwenden lassen. Der Gedanke, es technisch in ein Aethylenderivat und dies in Alkohol zu verwandeln, ist ökonomisch völlig undurchführbar. In der Beleuchtungstechnik besitzt das Acetylen ein specielles Verwendungsfeld. Unter allen gasförmigen Brennstoffen ist ihm die höchste specifische Leuchtkraft eigen. Bei 100 l Consum liefert es in geeigneten Brennern 160 Hefnerlichte (HK), während Leuchtgas unter den günstigsten Verhältnissen im Gasglühlichtbrenner etwa die Hälfte dieser Helligkeit erzeugt, im Schnittbrenner aber nur den fünfzehnten Theil derselben erreicht. Es ist deshalb überall da mit grossem Nutzen zu verwenden, wo in einem kleinen Raume eine möglichst grosse Menge gasförmigen Leuchtstoffes aufgespeichert werden soll. Das ist z. B. der Fall bei Leuchtbojen, die im Wasser schwimmen und mit einer Gasanstalt nicht fest verbunden werden können, bei Eisenbahnwaggons und anderen Vehikeln, die ihren Gasbehälter mit sich führen müssen. Wenn es für diese Verwendungszwecke bislang noch nicht in grösserem Umfange zur Benützung gelangt ist, so liegt das einerseits für die Leuchtbojen an dem Mangel einer russfrei brennenden sturmsicheren Laterne für Acetylen, bei der Eisenbahnbeleuchtung an der Befürchtung eine neue Quelle der Betriebsgefahren durch die Anwendung dieses Gases zu schaffen, das im comprimirten Zustande durch lokale Erhitzung

---

[1]) Müller: Versuche über pyrogene Zersetzung; Dissertation. Basel 1897.

zu heftigem explosiven Zerfall gebracht werden kann. Gerdes[1]) hat gezeigt, dass ein Gemisch von 30% Acetylen und 70% Leuchtgas allen Bedingungen der Betriebssicherheit genügt und eine wachsende Verbreitung solcher Mischgasbeleuchtung im Eisenbahnbetriebe ist vorauszusehen. Es ist indessen nicht anzunehmen, dass die Benutzung solcherweise verdünnten Acetylens die definitive Lösung der Frage nach der zweckmässigen Verwendung dieses Gases darstellt. Unverkennbar ist die Entwicklung am Verbrauchsorte aus Carbid die gegebene Benutzungsweise, deren Verbreitung nur von der Construction und Einführung zweckmässiger Apparate abhängt. 1 kg Calciumcarbid liefert praktisch 300 l Acetylen, 1 l Carbid bei dessen specifischem Gewicht von 2,22 also 666 l Acetylen. Dieses Verhältniss 666 : 1 macht das Carbid zu einem Acetylenreservoir, in welchem das Gas mit einer Dichtigkeit aufgehäuft erscheint, die in solch bequemer, gefahrloser und weitgehender Weise weder durch Compression noch durch Ansammlung in Lösungsmitteln zu erreichen ist. Wenn nicht das Carbid, sondern das Acetylen das primär gegebene wäre, so würde man bemüht sein, es in Carbid zu verwandeln, um in dieser vorzüglich geeigneten Form es für die Wiedererzeugung am Verwendungsorte aufzustapeln.

Um der Einfachheit seiner Erzeugung willen ist das Acetylen zu zweit überall da für die Beleuchtungstechnik von grossem Werthe, wo eine Gasfabrik anzulegen um der Dimensionen des Absatzgebietes willen sich nicht rentirt. Das für solche Kleinbeleuchtung bislang übliche Oelgas findet im Acetylen einen überlegenen Ersatz. Es ist drittens für alle decorativen Zwecke von einer ungemeinen Verwendbarkeit. Es erlaubt Beleuchtungseffecte von einer Intensivität mit bewegten Flammen zu erzeugen, die sonst nur durch die decorativ minder wirksamen stehenden Lichtpunkte elektrischer Lampen zu erreichen sind.

Demgegenüber ist der Gedanke, Acetylencentralen an Stelle der Leuchtgascentralen für ausgedehnte Stadtnetze zu errichten, vorderhand unausführbar. Es scheint, dass das Calciumcarbid von seinem Anfangspreise von 400 M. per ton bis auf die Hälfte langsam herabsinken wird. Derzeit werden 300 M. gefordert. Bei einer

[1]) Gerdes: Glaser's Annalen für Gewerbe und Bauwesen 1897, Nr. 469 u. 475.

Ausbeute von 80% der Theorie an Acetylengas stellt bei dem Preisminimum von 200 M. der Cubikmeter (bei Zimmertemperatur) sich noch immer gegen 65 Pfennige. Mit diesem Preise ist das Leuchtgas, das im Gasglühlichtbrenner günstigenfalls, wie erwähnt, die Hälfte, ungünstigenfalls ein Drittel von dem Leuchtvermögen des Acetylens zeigt, nicht zu verdrängen. Utopische Berechnungen, welche zu gegentheiligen Schlüssen kommen, pflegen den Umstand zu vernachlässsigen, dass die Gasvertheilung ein Rohrnetz von ungemeiner Kostspieligkeit verlangt, welches in dem Leuchtgaspreis unserer Städte sich geltend macht, während der Acetylenpreis ohne Berücksichtigung dieses Factors berechnet wird. Ueberdem erfordert die Acetylenbeleuchtung einen höheren Gasdruck im Leitungsnetz als das Leuchtgas, und die Gasverluste, welche durch Rohrbrüche und Undichtheiten verursacht werden, steigen mit dem Gasdrucke in empfindlicher Progression. Bislang hat das Acetylen nicht einmal als Aufbesserungsmittel für Steinkohlengas mit dem Benzol, welches von Bunte für diesen Zweck eingeführt worden ist, in Wettstreit zu treten vermocht.

Von den chemischen Eigenschaften des Acetylens sei noch eine hervorgehoben, welche für die Beleuchtungstechnik von Bedeutung ist. Acetylen löst sich in sehr hohem Maasse in Aceton.[1]) Bei gewöhnlichem Druck und 15° C. wird das 15fache, bei 12 Atmosphären das 300fache des Flüssigkeitsvolumens an Gas absorbirt. Der explosive Charakter des für sich comprimirten Gases haftet der Lösung in minderem Maasse an. Mittelst einer solchen Lösung lässt sich leicht eine Lampe herstellen. Wenn man in eine Champagnerflasche Aceton und etwas Wasser füllt, Carbid einwirft und die Flasche durch einen Pfropfen verschliesst, durch welchen ein Hahnrohr führt, so entsteht Acetylen in der Flasche, das sich unter Druck löst. Beim Oeffnen des Hahnes entweicht es, indem die Flüssigkeit lebhaft moussirt. Setzt man auf das Hahnrohr einen Brenner, so kann man eine lange Zeit hindurch mit dieser Vorrichtung eine kleine, stark leuchtende Acetylenflamme erzeugen.

---

[1]) Claude u. Hess, Compt. Rend. 124, S. 626.

Von den chemisch-technischen Anwendungen des Lichtbogenofens ist schliesslich noch die Erzeugung und Destillation des Phosphors zu nennen.[1]) Die Darstellung des Phosphors durch Zusammenschmelzen von Kalkphosphat, Sand und Kohle erfordert die hohe Temperatur des Bogens nicht, die Reaction vollzieht sich schon in der Retorte, das entstehende Kalksilicat aber zerfrisst die Gefässwände. Bei der Erzeugung der Hitze durch den Lichtbogen innerhalb der Beschickung entfällt diese Schwierigkeit. Ein Lichtbogenofen, welcher für die Phosphordarstellung sich eignet und auch zu Destillationen der Metalle verwendet werden kann, ist in Fig. 94 wiedergegeben. *a* ist der Kohletiegel, *b* ein Thonmantel, *c* ein Graphitdeckel, *k* und *k'* die Kohleelektroden, *d* das Abführungsrohr für die Destillate, durch *l* und *h* kann ein Gasstrom durch den Ofenraum geleitet werden. Um das Entweichen der Gase längs der oberen Elektrodenkohle zu hindern, ist ein Wasserverschluss *e* mit Wasserzulauf *g* und Wasserablauf *f* an dieser angebracht. Bei der Phosphordarstellung wird Leuchtgas durch den Ofen geleitet. Die Beschickung besteht aus Calciumphosphat und Kohle, denen Sand, wie erwähnt, oder besser Kaolin beigegeben wird.

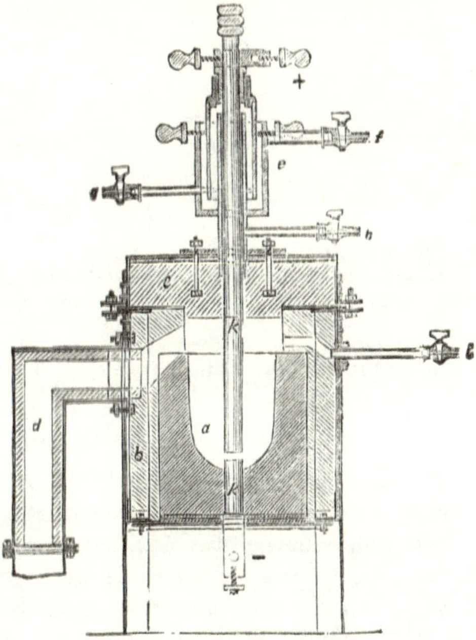

Fig. 94.

[1]) Z. f. Elektrochem. 3, S. 254 und 4, S. 16; siehe auch Z. f. Elektrochem. 3, S. 551.

11. Capitel.

Elektrolyse der Salzsäure und der Chloride.

Litteratur: LUNGE: Soda-Industrie Bd. 3, Buch IV. Braunschweig 1896.

Salzsäure.

Bei der Elektrolyse der Salzsäure entsteht Chlor und Wasserstoff, wenn die Säure sehr concentrirt ist. Bunsen[1]) beobachtete, dass Chlorknallgas das Maximum der Lichtempfindlichkeit immer dann zeigt, wenn es durch Elektrolyse einer Salzsäure mit mehr wie 23 % Chlorwasserstoff hergestellt wird. Die Abnahme der Lichtempfindlichkeit bei Benützung verdünnterer Säuren schreibt sich davon her, dass in zunehmendem Maasse mit der Verdünnung sich Sauerstoff dem Gase beimengt, indem an der Anode neben Chlorionen Hydroxylionen entladen werden. Die Lichtempfindlichkeit des Chlorknallgases ist ein Kriterium von der äussersten Schärfe. Schon ein Billiontel eines Fremdgases beeinflusst sie. Mit den unempfindlicheren Methoden der technischen Gasanalyse gelingt es erst von 10 %iger Salzsäure abwärts einen Sauerstoffgehalt im Anodengase nachzuweisen. Den procentischen Antheil, mit welchem der Sauerstoff sich an der anodischen Entladung bei verschiedenen Stromdichten betheiligt, zeigt die folgende graphische Darstellung (Fig. 95). Die Daten, welche in ihr versinnlicht werden, sind in der Weise berechnet, dass das

---

[1]) Bunsen, Pogg. Ann. 100, S. 66.

Sauerstoffvolumen, welches neben Chlor bei der Elektrolyse der Salzsäure entstand, mit demjenigen Volumen desselben Gases verglichen wurde, das in einem vorgeschalteten Voltameter mit Kalilauge sich entwickelte. Wenn z. B. im Voltameter $33^1/_3$ ccm Sauerstoff, im Anodengas der Zersetzungszelle 10 ccm auftraten,

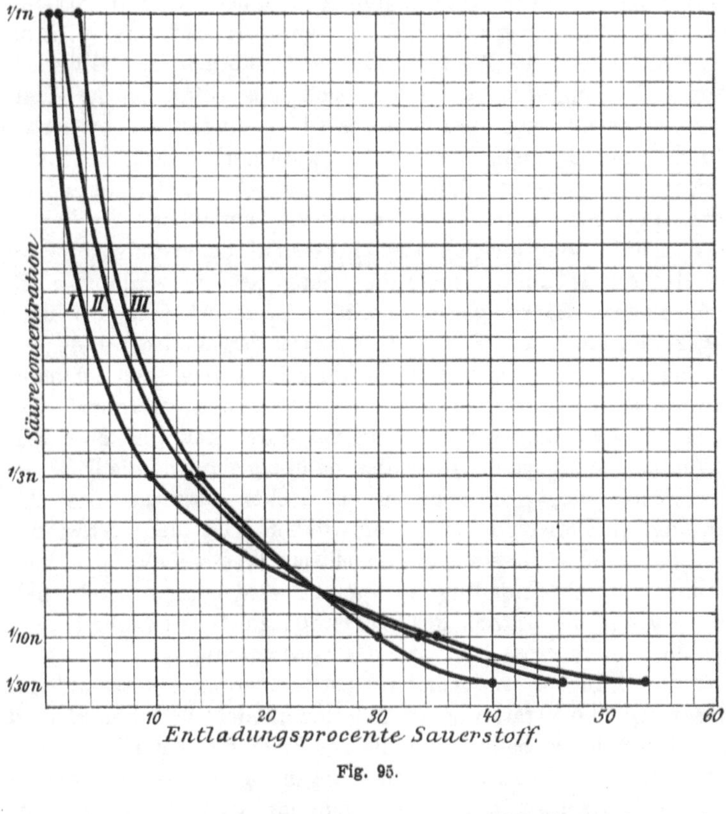

Fig. 95.

so wurden die Entladungsprocente Sauerstoff nach der Proportion

$$33^1/_3 : 10 = 100 : x, \quad x = 30$$

berechnet. Die drei Curven beziehen sich auf drei verschiedene Stromdichten: I = 2 Amp. pro qdm, II = 20 Amp. pro qdm, III = 200 Amp. pro qdm. Die experimentell ermittelten Curvenpunkte sind im Curvengang durch kleine schwarze Kreise hervorgehoben und die zugehörigen Säureconcentrationen auf der

Ordinatenaxe als $^1/_1$ normal, $^1/_3$ normal, $^1/_{10}$ normal und $^1/_{30}$ normal verzeichnet.

Der eigenthümliche Gang der von Haber und Grinberg[1]) ermittelten Curven erklärt sich aus folgenden Erwägungen. An der Anode bieten sich Chlorionen und Hydroxylionen für die Entladung dar. Die Hydroxylionen sind nach Nernst (S. 142) um 0,37 Volt schwerer entladbar, wenn die Salzsäure in Bezug auf Chlor- und auf Wasserstoffionen $^1/_1$ normal ist. Mit wachsender Verdünnung verkleinert sich die Differenz der Haftintensitäten. Indem die Ionen des Chlors in ihrem osmotischen Drucke zurückgehen, werden sie schwerer entladbar; indem gleichzeitig die Wasserstoffionen an Zahl abnehmen, werden die Hydroxylionen zahlreicher und leichter entladbar. So kommt es, dass unter sonst gleichen Verhältnissen die Sauerstoffentbindung an der Anode um so mehr begünstigt ist, je verdünnter die elektrolysirte Säure gewählt wird. Vermehrt man bei einer gegebenen Säure die Stromdichte, so ändert sich der Potentialsprung an der Anode, indem die ihr nächst gelegenen Schichten sowohl an Chlorionen wie an Hydroxylionen verarmen. Die Verarmung an Chlorionen ist bedingt durch den Umstand, dass die entladene Menge die zuwandernde übersteigt und die Diffusion das Deficit nicht rasch genug zu decken vermag. Die Verarmung an Hydroxylionen stammt daher, dass die Geschwindigkeit, mit welcher diese aus undissociirtem Wasser sich nachbilden, wenn sie durch Entladung verbraucht werden, eine beschränkte ist. Solange der Antheil des Sauerstoffs an der Entladung klein, der des Chlors gross ist, wird die Zuwanderung von Chlorionen und die Diffusion von Salzsäure bei Steigerung der Stromdichte eine merkliche Verarmung an Chlorionen nicht verhüten können. Auf der anderen Seite ist in diesem Falle die entladene Sauerstoffmenge noch von einer Grössenordnung, bei welcher die beschränkte Geschwindigkeit der Nachbildung ausreicht, um eine merkliche Verarmung auszuschliessen. In diesem Stadium können wir also mit geringer Ungenauigkeit sagen, dass die Entladungsarbeit pro Grammäquivalent Hydroxylionen bei mässigen Aenderungen der Stromdichte dieselbe bleibt, während die Entladungsarbeit pro Grammäquivalent Chlorionen stark wächst,

---

[1]) Haber u. Grinberg, Z. f. anorg. Chemie 16, S. 198.

wenn die Stromdichte und damit die Verarmung an Chlorionen in der anodischen Grenzschicht des Elektrolyten zunimmt. Desshalb treibt jede Steigerung der Stromdichte den Antheil des Sauerstoffs an der Entladung stark hinauf.

Arbeitet man aber mit ganz verdünnten Säuren, bei denen der Sauerstoffantheil von Haus aus bei der Entladung mit schwachen Strömen schon ansehnlich ist, so ändern sich die Verhältnisse. Die Wanderung wird selbst in $^1/_{30}$ n. Säure und in noch verdünnterer ausschliesslich von den Ionen der Salzsäure besorgt. Denn die Anzahl der Wasserionen ist so klein, dass sie keinen messbaren Strom zu transportiren vermögen. Wird nun an der Anode Sauerstoff in erheblichem Betrage neben Chlor entladen, so vermindert sich das Deficit zwischen zuwandernder und entladener Chlormenge. Wenn schliesslich für 1 *F* $^5/_6$ Grammäquivalente Hydroxylionen und $^1/_6$ Grammäquivalent Chlor entladen wird, so ist der Grenzfall erreicht, bei welchem die zuwandernde Chlormenge der entladenen gleich ist. Dies folgt aus der Thatsache, dass die Wanderungsgeschwindigkeiten von Chlor und Wasserstoff wie 1 : 5 sich verhalten. Nimmt man nun einen Augenblick an, dass der Zustand der Lösung um die Anode in Bezug auf die Hydroxylionen beim Wachsen der Stromdichte sich in diesem Falle nicht ändert, dann ist klar, dass der procentische Antheil des Chlors im Anodengas nicht weiter zurückgehen kann. Denn wenn er es thäte, so würde die zuwandernde Menge der Chlorionen die entladene überwiegen, der osmotische Druck der Chlorionen in der Grenzschicht um die Elektrode würde wachsen und die Chlorentladung erleichtern, bis das Chlor wieder mit $^1/_6$ an der anodischen Entladung sich betheiligte. Es ist indessen deutlich, dass die Concentration der Hydroxylionen um die Anode nicht, wie oben vorausgesetzt, bei wachsender Stromdichte constant bleiben kann, sondern dass sie fallen muss, weil die absolute Menge der pro Zeiteinheit der Lösung entrissenen Hydroxylionen wächst und ihre Bildungsgeschwindigkeit begrenzt ist. Die Sauerstoffentladung wird also mit steigender Stromdichte durch den fallenden osmotischen Druck der Hydroxylionen erschwert und deshalb muss der Antheil der Chlorionen an der Entladung mit der Stromdichte wachsen, der des Sauerstoffes zurückgehen.

Während also im Bereich der mässig verdünnten Säuren ($^1/_1$ n. Säure) die Sauerstoffentladung mit wachsender Stromdichte procentisch gegen die Chlorentladung rasch zunimmt, wird bei verdünnteren Säuren ein Punkt getroffen werden, wo bei wechselnder Stromdichte das Verhältniss $\frac{\text{Chlor}}{\text{Sauerstoff}}$ constant wird. Bei weiterer Verdünnung wird die wachsende Stromdichte umgekehrt die Chlorentladung gegenüber der Sauerstoffentladung begünstigen. Dies scheint der Grund jener eigenthümlichen Ueberschneidung, welche die Curven in Fig. 95 zeigen. Sie trat bei den Versuchen von Haber und Grinberg nur beim Arbeiten mit blanken Platinelektroden auf, während an platinirten Elektroden die Verarmungszustände nicht erreicht wurden, welche für die hoch gesteigerte Hydroxylentladung Bedingung sind.

Es lassen sich diese Verhältnisse dahin zusammenfassen, dass für jede Salzsäure die Curve, welche den Zusammenhang zwischen

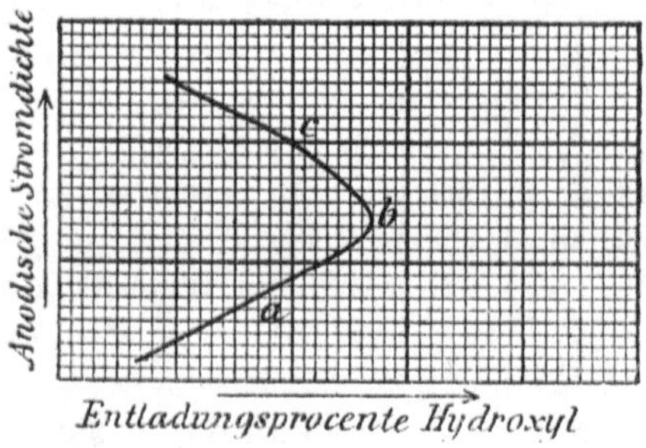

Fig. 96.

dem procentischen Antheil der Hydroxylionen am Entladungsvorgang und den Stromdichten angiebt, im Sinne von Fig. 96 zunächst steigt, dann ein Maximum erreicht und wieder abfällt. Bis zum Maximum verarmt die Grenzschicht mit steigender Stromdichte an Chlor- und Hydroxylionen, darüber hinaus nur noch an Hydroxylionen. Bei concentrirten Säuren bleibt man mit praktischen Stromdichten immer weit unter dem Maximum im ansteigenden Ast *a*. Bei verdünnten erreicht man das Maximum *b* und kommt bis in den abfallenden Ast *c* hinüber.

Die Lage der Ueberschneidungspunkte findet sich in der Figur nicht bei einer Sauerstoffentladung von ca. 80%, wo man sie nach dem Verhältniss der Wanderungsgeschwindigkeiten von Chlor- und Wasserstoffionen erwarten sollte, sondern viel früher.

Diese Thatsache erklärt sich aus einem besonderen Phänomen, welches in der anorganischen Elektrochemie vereinzelt steht, in der organischen aber eine grosse Rolle spielt: durch die Vereinigung differenter Ionen im Entladungsmomente. Es treten nicht nur Cl-Ionen mit Cl-Ionen, OH-Ionen mit OH-Ionen zu Chlor und Sauerstoff zusammen, sondern auch Chlorionen und Hydroxylionen, und zwar

1) $1\,Cl + 1\,OH = Cl\,OH$

2) 1 » $+ 5$ » $= Cl\,(OH)_5 = Cl\,O_3H + 2\,H_2O$

Es entsteht unterchlorige Säure und Chlorsäure. Die Ionen der entstehenden Chlorsäure ferner bilden nach

$$Cl\,O_3 + OH = Cl\,O_4H$$

in gewissem Umfange bei der Entladung Perchlorsäure. Auch die Vereinigung zweier Hydroxylionen zu Wasserstoffsuperoxyd im Entladungsmomente tritt in freilich sehr untergeordneter Weise auf. Die unterchlorige Säure ist in der Salzsäure nicht existenzfähig, sie setzt sich mit ihr zu Chlor und Wasser um und steigert den beobachteten procentischen Gehalt des Chlors gegenüber dem Sauerstoff im Anodengas, indem sie statt eines Volumens Chlor und eines halben Volumens Sauerstoff, aus denen sie bei der Entladung gebildet ist, zwei Volumina Chlorgas neben flüssigem Wasser entstehen lässt. Es gelingt die Bildung der unterchlorigen Säure zu entdecken, wenn man die Gase, welche an der Anode entstehen, durch einen Kohlensäurestrom rasch aus der Zersetzungszelle entfernt und durch Wasser leitet. Ein geringer Bruchtheil der entstehenden unterchlorigen Säure wird nämlich von den Chlor- und Sauerstoffblasen eingeschlossen mit an die Oberfläche gerissen und so der Einwirkung der Salzsäure entrückt. Sehr viel leichter sind Chlorsäure und Ueberchlorsäure in der Lösung nachzuweisen, die als salzsäurebeständige[1]) Körper darin unverändert verbleiben. Ueber ihre relative Menge und Bildung giebt die folgende Tabelle Auskunft.

[1]) Chlorsäure ist gegen Salzsäure, wenn diese verdünnt ist, resistent.

Chlorsäurebildung.

Säureconcentration	Stromdichte in Amp pro qdm	Strom-ausbeute an Chlorsäure %
1/1 normal	200	6,2
	20	7,6
	2	1,0
1/3 normal	200	15,8
	20	21,8
	2	5,4
1/10 normal	200	15,9
	20	32,1
	2	34,6
1/30 normal	200	9,3
	20	17,8
	2	26,5

Perchlorsäurebildung.

Bei der Elektrolyse von 100 ccm Salzsäure der unter *a* genannten Concentration mit der unter *b* verzeichneten Stromdichte pro qdm und der unter *c* aufgeführten Stromquantität in Ampèrestunden wurden die unter *d* namhaft gemachten procentischen Ausbeuten an Perchlorsäure erhalten.

a	b	c	d
1/10 normal . . .	200	0,56	3,0
» » . . .	200	3,26	8,3
» » . . .	20	1,43	12 7
» » . . .	20	2,06	16,1
» » . . .	20	2,46	26,7
1/3 normal	200	3,55	14,1
» »	20	1,38	3,6
» »	20	2,02	17,4

Es ist klar, dass die Bildung dieser Säuren veranlasst, dass weniger Sauerstoff im Gase erscheint, als ohnedem auftreten würde. Nun sind die Werthe in Fig. 95 so bestimmt, dass alle

Anodenarbeit, welche nicht zur Bildung gasförmigen Sauerstoffs verwendet wird, als Chlorentwicklung betrachtet ist. Ist aber die anodische Entladung von Hydroxylionen grösser als die Sauerstoffmenge, welche durch die Reaction

$$2\,\bar{OH} = H_2O + O$$

zu stande kommt, so sind auch die Curven für Hydroxylentladung andere als für Sauerstoffentladung. Bei gleichen Verdünnungen und Stromdichten liegen alle Curvenpunkte für Hydroxylentladung bei höheren Abscissenwerthen, und der Ueberschneidungspunkt rückt seiner theoretischen Stellung näher. Die ausführliche Untersuchung dieser Verhältnisse hat die theoretischen Schlüsse im Allgemeinen bestätigt. Die Schwierigkeit, welche darin besteht, dass nicht alle Umsetzungsprodukte chemisch gefasst werden können, weil sie durch secundäre Reactionen sich weiter verändern, lässt eine genaue Uebereinstimmung von Theorie und Experiment nicht erhoffen.

Ersetzt man in der Salzsäure einen Theil des Säurewasserstoffs durch Metalle, so sollte der Antheil des Sauerstoffs im Anodengase procentisch ein wenig grösser werden. Mit dem Rückgang der H-Ionen geht nämlich die Concentration der OH-Ionen hinauf und ihre Haftintensität wird vermindert. Diese bei ausschliesslicher Chlor- und Sauerstoffbildung nothwendige Consequenz wird durch die Erfahrung nicht ganz bestätigt, weil die Chlorsäure- und Perchlorsäurebildung sich bei der partiellen Absättigung der Säure anscheinend procentisch nicht ganz gleich bleiben und man findet in mit Natronlauge oder Magnesia partiell abgesättigter Salzsäure je nach Verdünnung und Stromdichte die Sauerstoffbildung bald ein wenig grösser, bald etwas kleiner, bald gleich der in reiner Säure.

Aus den vorstehenden Darlegungen ergibt sich eine Bedingung für die zweckmässige technische Ausführung der Elektrolyse von Salzsäure und sauren Chloriden, die übrigens derzeit eine nennenswerthe praktische Wichtigkeit nicht besitzt. Man wird nämlich, da es für die Praxis darauf ankommt, Chlor und Wasserstoff mit möglichst kleinem Wattverbrauch zu erzeugen, einen Elektrolyten von erheblicher Chlorionenconcentration wählen. Dadurch wird einerseits eine kleine Entladungsarbeit für Chlor und somit eine niedrige Badspannung erreicht, andererseits wird die Entstehung von Sauerstoff und Chlorsauerstoffverbindungen an der Anode vermieden. Da die Beweglichkeit des Wasserstoffions die der Metallionen weit übertrifft, wird der Widerstand des Elektrolyten in einer metallfreien Salzsäure niedriger sein als in einer salzsauren Chloridlösung. Erstere ist also vortheilhafter. Dazu kommen für die Praxis noch zwei weitere Momente. Zunächst muss man Vorsorge treffen, das Chlor und den Wasserstoff gesondert aufzufangen. Die gemischten Gase sind zwar der Verwendung in der Chlorkalkkammer fähig, die Gefahr aber, welche durch die Explosibilität des Gemenges bedingt ist, bildet für die Praxis einen zwingenden Grund, davon abzusehen. Solvay's[1]) Vorschlag, durch überschüssigen Wasserstoff die Explosionsfähigkeit hinabzudrücken, wird man nur als eine Laboratoriumsmethode ansehen dürfen. Zu zweit ist zu berücksichtigen, dass das entstehende Chlorgas an der Anode sich theilweise im Elektrolyten löst. Dieser Umstand bedürfte keiner Berücksichtigung, da die Lösung sehr bald sich sättigt, wenn nicht das gelöste Chlor an der Kathode wieder reducirt würde. Die Verluste aus dieser Ursache wachsen mit abnehmender Stromdichte. Die folgende Tabelle gibt nach Haber und Grinberg die Mengen Wasserstoff, welche bei Elektrolyse von Salzsäure mit wechselnden Stromdichten aus gelöstem Chlor Salzsäure zurückbildeten, bezogen auf die Wasserstoffmenge, welche aus chlorfreiem Elektrolyten entweichen würde, gleich 100.

Säure-concentration	Stromdichte in Amp. pro qdm	Wasserstoff-verbrauch
$^3/_1$ normal . . .	20	18,4 — 19,0
	2	68,6 — 69,5
$^1/_1$ normal . . .	20	17,0 — 18,0
	2	54,2 — 57,6
$^1/_3$ normal . . .	20	18,2 — 20,6
	2	56,4 — 57,3
$^1/_{10}$ normal . . .	20	12,8 — 13,0
	2	30,5 — 34,9
$^1/_{30}$ normal . . .	20	14,5
	2	48,7

[1]) D. R. P. 80663.

Diese Zahlen[1]) geben eine ungefähre Information über die Stromverluste durch Salzsäurerückbildung.

Oettel[2]) hat zur Vermeidung dieses Verlustes an Stromarbeit den zweckmässigen Vorschlag gemacht, statt Salzsäure ein Gemisch von Chlornatrium und Schwefelsäure (160 g NaCl, 140 g H_2SO_4 in 1 l) zu elektrolysiren, welches nur sehr wenig Chlor löst und danach einer Reduction des gelösten Chlors keine günstigen Vorbedingungen bietet. Als Anode für die Salzsäureelektrolyse kommt wesentlich Kohle in Betracht. Verdünnte Säuren können heiss und kalt mit Platinelektrode elektrolysirt werden. Bei concentrirten wird Platin namentlich in der Wärme stark angegriffen. Ein Zusatz von Iridium bessert die Resistenz und reines Iridium ist unangreifbar. Auch die Legierung von 25% Iridium mit 75% Platin ist sehr widerstandsfähig. Detaillirte Angaben sind in der Tabelle S. 343 gegeben.

Hypochlorit und Chlorat.

Von grösserer praktischer Wichtigkeit als die Elektrolyse von Salzsäure und sauren Chloridlösungen ist die Zerlegung neutraler und alkalischer Chloridlösungen. Den elektrochemischen Kern des Vorgangs bildet auch hier vornehmlich der Anoden-

---

[1]) Da die Abhandlung, welche diese Zahlen und andere analoge Ermittlungen ausführlich wiedergibt, erst in einiger Zeit erscheinen kann, so sei hier darauf hingewiesen, dass diese Daten bei denselben Versuchen bestimmt wurden, die Haber und Grinberg (Z. f. anorg. Chem. 16, S. 210) zur Ermittlung der Sauerstoffentwicklung aus kalter, verdünnter Salzsäure mit Platinelektroden benutzten. Wurden im vorgeschalteten Knallgasvoltameter z. B. 30 ccm Sauerstoff und 60 ccm Wasserstoff erhalten, während die Salzsäure 2 ccm Sauerstoff und 40 ccm Wasserstoff lieferte, so waren die Entladungsprocente Sauerstoff = 6,67 und die Reduction gelösten Chlors machte 1/3 des kathodischen Entladungsvorgangs aus, während 2/3 in der Entbindung gasförmigen Wasserstoffs bestanden. [Eine Reduction von anodischer gebildeter Chlorsäure findet dabei an der Kathode nicht statt, da Chlorsäure, wie Haber und Grinberg in ihrer zweiten Abhandlung zeigen, in der Kälte bei solchen Verdünnungen, wie sie bei den Versuchen vorlagen, nicht reducirt wird.

[2]) Oettel, Z. f. Elektrochem. 2, S. 57.

vorgang, der seinem Wesen nach derselbe wie in saurer Lösung ist, im Einzelnen aber leicht verständliche Abweichungen zeigt. Geht man nämlich von salzsaurer zu neutraler und alkalischer Kochsalzlösung über, so ändert sich die relative Leichtigkeit der Entladung für Chlor- und Hydroxylionen. In einer Lösung, die in Bezug auf $\overline{\text{Cl}}$- und $\overline{\text{H}}$-Ionen $^1/_1$ normal ist, ist nach Nernst die Haftintensität der Chlorionen 1,55, die der Hydroxylionen 1,92 Volt. In einer alkalischen Kochsalzlösung, die in Bezug auf Chlor- und Hydroxylionen $^1/_1$ normal ist, wird die Entladung der letzteren um jene 0,8 Volt erleichtert sein, welche der Kette $\text{H} \Big/ \underset{\text{in Kalilauge}}{\text{H-Ionen}} \;\; \underset{\text{in Schwefelsäure}}{\text{H-Ionen}} \Big/ \text{H}$ entsprechen, denn nach einer früher entwickelten Betrachtungsweise (S. 110) kann man eine solche Concentrationskette als elektrochemisches Aequivalent für die Zustandsänderung an der Elektrode betrachten, wenn man von einer an Wasserstoffionen $^1/_1$ normalen Lösung zu einer an Hydroxylionen $^1/_1$ normalen übergeht. Dadurch ergiebt sich, dass in der alkalischen Kochsalzlösung bei dem erwähnten Gehalt an Chlor und Hydroxyl letzteres um 1,55 — 1,12 Volt = 0,43 Volt leichter entladbar ist. Die Hinzufügung wachsender Mengen von Natronlauge zu Salzsäure wird also die Bedeutung einer successiven Begünstigung der Hydroxylentladung unter im übrigen gleichen Bedingungen der Elektrolyse besitzen. Unter diesen Umständen erscheint es naturgemäss, dass, wenn der Neutralisationspunkt nur wenig überschritten wird, schon bei kleinen Stromdichten die Entladung von Hydroxylionen und die Vereinigung von Chlorionen und Hydroxylionen, die im Entladungsmomente zu Hypochlorit zusammentreten, den Hauptvorgang bildet. Mit wachsender Alkalilität erreicht man schliesslich bald einen Punkt, wo die entladene Hydroxylmenge relativ zur Chlormenge so gross wird, dass der Zusammentritt von $1\,\overline{\text{Cl}} + 5\,\overline{\text{OH}}$ zu Chlorsäure durch das Vertheilungsverhältniss beider sehr begünstigt ist.

Ueber das einfache elektrolytische Schema der Anodenvorgänge deckt sich in alkalischer, wie in saurer Lösung ein Nebenvorgang. In letzterer ist es der Zerfall der unterchlorigen Säure nach der chemischen Gleichung

$$\text{ClOH} + \text{HCl} = \text{H}_2\text{O} + 2 \cdot \text{Cl},$$

in dieser die Bildung von Hypochlorit und eventuell von Chlorat aus entladenem Chlor und Natronlauge entsprechend

$$Cl_2 + 2\,NaOH = NaCl + NaOCl + H_2O$$
$$3\,Cl_2 + 6\,NaOH + 5\,NaCl + NaO_3Cl + 3\,H_2O$$ [1])

---

[1]) Diesen secundären Vorgang kann man im Sinne der Betrachtungen, welche im Eingang des analytischen Capitels sich finden, gleichfalls elektrochemisch deuten. Gelöstes elementares Chlor muss, um Chlorionen zu liefern, dissociiren. Bei dieser Dissociation entstehen positiv und negativ geladene Chlorionen. Die positiv geladenen Chlorionen sind aber einer Existenz in Lösungen schlechterdings nicht fähig und die Dissociation vermag nur dort stattzufinden, wo diese Ionen im Augenblicke der Dissociation mit Hydroxylionen zu einem complexen Anion zusammentreten. Je nach der Anzahl der verfügbaren Hydroxylionen ist dieses Anion

$$\overset{+}{Cl} + 2\overset{--}{OH} = \overset{-}{ClO} + H_2O \quad \text{oder} \quad \overset{+++++}{Cl} + 6\overset{------}{OH} = \overset{-}{ClO_3} + 3\,H_2O.$$

So wird in verdünnter kalter Natronlauge Hypochlorit, in concentrirter heisser Chlorat beim Einleiten von Chlorgas neben Chlorid gebildet. In saurer Lösung bleibt die Reaction aus, weil die Anzahl der Hydroxylionen ausserordentlich klein ist. Diese complexen Anionen vermögen sich rückwärts unter Abgabe von Hydroxylionen zu spalten, wenn die Bedingungen gegeben sind, dass die positiven existenzunfähigen Chlorionen sofort in undissociirtes Chlor übergehen. Diese Bedingung erfüllt die Gegenwart von Salzsäure. Bei der unterchlorigen Säure geht die Spaltung am leichtesten vor sich. Salzsäure vernichtet die unterchlorige Säure sofort, indem ihre negativen Chlorionen mit den existenzunfähigen positiven, die beim Zerfall der unterchlorigen Säure auftreten, Chlorgas und Wasser liefern. Das Anion der Chlorsäure erleidet dieselbe Spaltung viel schwerer und bedarf der Gegenwart starker Salzsäure, das der Ueberchlorsäure schliesslich ist so resistent, dass es überhaupt nicht mehr durch Salzsäure verändert wird. In Gegenwart von Sauerstoffsäuren, deren Anion mit dem positiv geladenen Chlor im Entstehungsmomente sich nicht zu einem ungeladenen Molecül zu vereinigen vermag, ist schon das instabilste Glied der Kette, die unterchlorige Säure, unvergleichlich beständiger. Der unter Erhaltung des elektrischen Zustandes der Lösung mögliche Uebergang

$$\overset{-}{ClO}\,\Big|\,\overset{+}{H} \longrightarrow \overset{+}{Cl}\,\Big|\,\underset{\substack{\text{bezw.}\\ OH\,OH}}{\overset{--}{O}}\,\Big|\,\overset{+}{H} \longrightarrow \overset{-}{Cl}\,\Big|\,\overset{+}{H} + O \text{ als Gas}$$

verwirklicht sich nur schwer. In alkalischer Lösung ist dieser Vorgang besonders erschwert, weil die Abstossung der Hydroxylionen in Gegen-

Die Erzeugung von Hypochlorit und Chlorat, welche demnach das chemische Resultat der Elektrolyse alkalischer Chloralkalilösung ausmacht, ist wesentlich von Oettel[1]) studirt worden. Seine Versuche, welche auf die technische Gewinnung dieser Substanzen ausgingen, sind mit 20%iger Chlorkaliumlösung als Elektrolyt ohne Diaphragma ausgeführt. Da es ihm vornehmlich von Werth war, die Ausbeuten zu bestimmen, die unter wechselnden Verhältnissen gewonnen werden, so berechnete er seine Versuche in folgender Weise. Wenn in einem Voltameter mit Kalilauge, das mit der Zersetzungszelle im selben Stromkreis steht, 100 ccm Wasserstoff und 50 ccm Sauerstoff entstehen, während aus der Zelle 60 ccm Wasserstoff und 5 ccm Sauerstoff sich entwickeln, so sind 100 — 60 = 40 ccm Wasserstoff verbraucht worden, um Hypochlorit eventuell auch Chlorat zu reduciren. Sonach beträgt die Reduction 40% der Stromarbeit. Die Entbindung von 5 ccm Sauerstoff und dementsprechend die von 10 ccm Wasserstoff kommen für die Ausbeute an Chlorverbindungen nicht in Betracht, es dienen also 10% der Stromarbeit einer nutzlosen Wasserzersetzung. Sonach bleiben 50 ccm Wasserstoff, deren Entladung an der Kathode von einer äquivalenten Bildung von Hypochlorit und Chlorat an der Anode begleitet ist. Diese 50 ccm bedeuten also nützliche anodische Stromarbeit und das Verhältniss des Wasserstoffs im Voltameter zu diesem Volumen wird als Stromausbeute verzeichnet. Bei diesem durchaus correcten Verfahren wird man indessen leicht verführt zu vergessen, dass der Anodenvorgang und der Kathodenvorgang gar nichts miteinander zu thun haben. An der Anode existirt in alkalischer Chlorkaliumlösung nur Sauerstoffentbindung und Bildung von Chloroxydationsstufen. Benützt

---

wart eines hohen osmotischen Hydroxyldrucks erfolgen muss. Hier ist vielmehr eine gewisse Tendenz vorhanden, Hydroxyle aufzunehmen

$$\overset{-}{\mathrm{ClO}} \Big/ \overset{+}{\mathrm{H}} + 4\overset{=}{\mathrm{OH}} \rightarrow \overset{-}{\mathrm{ClO_3}} \Big/ \overset{++}{\mathrm{H}} + 2\mathrm{H_2O}$$

welche zu Chloratbildung führt, wenn man Hydroxylionen zur Disposition stellt. Dies geschieht durch Einleiten von Chlor in eine Hypochloritlösung, wobei gedacht werden kann, dass das Chlor hier als Oxydans wirkt und unter Salzsäurebildung Hydroxyle verfügbar macht.

[1]) Oettel, Z. f. Elektrochem. 1, S. 356 und 474.

man von Haus aus neutrale Chlorkaliumlösung, so entsteht, solange der Elektrolyt wirklich neutral ist, an der Anode Chlor und an der Kathode Wasserstoff. Der Lösung wird auf diese Weise Salzsäure entzogen, sie wird also alkalisch. Sobald diese quantitativ nicht scharf definirte Alkalität in der Lösung sich herausgebildet hat, läuft die Elektrolyse ohne Entweichen gasförmigen Chlors in der für Hypochlorit- und Chloratbildung normalen Weise weiter. Scheidet man den Anoden- vom Kathodenraum durch ein Diaphragma, so tritt an der Kathode nur Wasserstoffentwicklung auf. Fehlt das Diaphragma, so treiben Diffusion und Flüssigkeitsströmungen anodisch gebildetes Hypochlorit auf die Kathodenseite, wo es als Depolarisator wirkt und zerstört wird. Wie viel Hypochlorit man im Elektrolyten findet, ist also ganz wesentlich dadurch mitbedingt, wie weit der Uebergang der Lösung von der Anoden- auf die Kathodenseite des Gefässes durch die im elektrochemischen Sinne ganz zufälligen Flüssigkeitsströmungen erleichtert wird.

Die Reduction von Chlorat ist anscheinend ganz unerheblich. Mit wachsender kathodischer Stromdichte geht die Reduction des Hypochlorits zurück, genau wie die des gelösten Chlors bei Elektrolyse der Salzsäure. Der Grund für diesen Einfluss der Stromdichte wird durch folgende Erwägungen deutlich. Die Wasserstoffionen besitzen einen bestimmten osmotischen Druck in der Lösung. Um sie von diesem, der vorderhand als unveränderlich bei wechselnder Stromdichte betrachtet sei, in den Gaszustand überzuführen, so dass sie in Blasen entweichen, ist eine bestimmte elektrische Arbeit pro Grammäquivalent erforderlich $= \pi F$. Die elektromotorische Kraft π in diesem Ausdruck hat die Bedeutung einer Hubhöhe, um welche ein schwerer Gegenstand gehoben werden muss, um von einer gegebenen Anfangslage in eine vorgeschriebene Endlage zu kommen. Der Zusatz eines reducirbaren Körpers, eines Depolarisators, zur Flüssigkeit um die Kathode bedeutet, dass diese Hubhöhe verkleinert wird. Es ist nicht mehr nötig, die Wasserstoffionen, damit sie überhaupt die Lösung verlassen können, so hoch hinauf zu heben, dass sie als Gas entweichen können, sondern sie werden durch eine geringere Erhöhung ihres Energieniveaus fähig, mit dem Depolarisator zu reagiren und somit hinweggeschafft. Die Differenz beider Hubhöhen sei $\pi - \pi_1$, sie stellt eine von Fall zu Fall wechselnde, von der Natur und der Verdünnung des Depolarisators der Grösse nach abhängige Anzahl von Zehntel oder Hundertel Volt dar. Ist nun die Reactionsgeschwindigkeit des Wasserstoffes bei π_1 gegenüber dem Depolarisator unbeschränkt gross, so wird mit steigender Stromdichte die Hubarbeit so lange ungeändert bleiben, als der Depolarisator in der Grenzschichte nicht merklich verarmt. Diese Verarmung wird indessen nicht ausbleiben, denn die Zuführung neuer Mengen aus den der Elektrode ferner gelegenen Theilen der Lösung durch Diffusion und Flüssigkeitsströmung erfolgt mit beschränkter Geschwindigkeit. Sobald die Verarmung eintritt, wird die grössere Hubhöhe π_2 erforderlich, um den Wasserstoff gegenüber dem verdünnteren Depolarisator vom Ionenzustand auf das Niveau der Reactionsfähigkeit hinaufzufördern. Die Differenz $\pi - \pi_2$ wird sonach kleiner als $\pi - \pi_1$; denkt man sich die Verarmung weiter und weiter fortschreiten, so wird schliesslich die Differenz $\pi - \pi_n$ Null. Sobald dieser Punkt erreicht ist, tritt neben der Reduction des Depolarisators Wasserstoffentwicklung auf. Die Anfangsdifferenz $\pi - \pi_1$ ist ein Maass für den Betrag, um welchen die Reactionsfähigkeit des Wasserstoffes mit der Stromdichte gesteigert werden kann. Entweicht der Wasserstoff einmal als Gas, so ist er im Maximum seiner Reactionsfähigkeit, und wenn jetzt eine weitere Steigerung der Stromdichte vorgenommen wird, so erzielt man in keiner Weise eine lebhaftere chemische Umsetzung des Depolarisators. Allerdings wächst mit der Stromdichte der Potentialsprung an der Kathode immer weiter, aber dieses Wachsthum beruht auf einer Verarmung der Lösung an Wasserstoffionen. Der Punkt, von welchem aus die Hubarbeit die Ionen hinaufzufördern hat, wird durch diesen Vorgang tiefer gelegt, während die Niveauhöhen, auf welche gehoben werden muss, ungeändert bleiben. Die Arbeitsleistung steigt also um einen Betrag, welcher der Differenz des ursprünglichen und des neuen osmotischen Druckes der Wasserstoffionen entspricht. Durch diese Arbeitsleistung aber wird an Reactionsfähigkeit nichts gewonnen.

Man kann diese Betrachtungen mannigfaltig modificiren.

Betrachtet man einen Depolarisator unter der Annahme, dass die Reactionsgeschwindigkeit eine begrenzte bei π_1 ist, so folgt, dass sie bei steigender Stromdichte wächst, und zwar wiederum, bis der Werth π und damit Wasserstoffentwicklung erreicht ist. Fasst man einen Depolarisator in's Auge, welcher in verschiedener Weise reducirt werden kann, so ist die Möglichkeit nicht ausgeschlossen, je nachdem man durch die Stromdichte die Hubhöhe bis gegen π hinauf treibt oder sie bei π_1 unten hält, chemisch verschiedene Reactionen zu erhalten, wie im Capitel 13 näher erläutert wird. In jedem Falle aber ist man mit dem Beginn der Wasserstoffentwicklung am Ende der möglichen Steigerung der Reactionsfähigkeit angelangt, und wenn man die Stromdichte weiter hinauftreibt, wird die Menge des frei werdenden Wasserstoffs, ausgedrückt in Procenten derjenigen, welche bei Abwesenheit des Depolarisators auftreten würde, immer grösser. Scheinbare Abweichungen von dieser allgemeinen Regel sind darum möglich, weil die starke Durchrührung der Lösung mit kathodisch entwickelten Gasblasen der Verarmung des Depolarisators in der Grenzschicht entgegenwirkende lebhafte Flüssigkeitsströmung erzeugt oder weil bei ungeschiedenem Anoden- und Kathodenraum durch ganz unabhängige Processe an der Anode eine grössere Menge depolarisirender Substanz gebildet wird, die zur Kathode hinübergelangt und dort die Concentration des reducirbaren Agens vergrössert.[1])

Was das Verhältniss der Hypochlorit- und Chloratbildung zur Stromdichte, Alkalinität und Temperatur anlangt, so ist nach der entwickelten Theorie zu erwarten, dass es sich im

[1]) Man sieht leicht ein, dass diese Betrachtungen sich ebensogut anwenden lassen, wenn das Energieniveau, das der Depolarisator von den Wasserstofftheilchen verlangt, um mit ihnen zu reagiren, tiefer als das der Wasserstoffionen, das des Wasserstoffgases höher liegt, oder wenn beide Endniveaus unter dem Ionenniveau liegen. Es gibt in jedem Falle eine Differenz $\pi - \pi_1$, die den Spielraum der Reactionsfähigkeit ausmacht, und bei welcher π einen höheren Werth als π_1 bezeichnet. Nur die Redeweise ist für höher liegendes Energieniveau der Ionen zu ändern, da es dann nicht um Hubleistungen, sondern um Arbeitsgewinn durch Fall sich handelt. Der Fall auf das tiefere Niveau π_1 bedeutet den grösseren Gewinn und wird unter denselben Verhältnissen verwirklicht, unter denen nach obiger Erläuterung die kleinere Hubleistung π_1 auftritt, der Fall auf das minder tiefe Niveau π ist ein entgangener Gewinn und entspricht der geleisteten grösseren Hubarbeit auf π.

Sinne folgenden Schemas ändert, wenn das Verhältniss der gleichzeitig entladenen Chlor- und Hydroxylionen von $1\bar{Cl}:1\bar{OH}$ bis $1\bar{Cl}:5\bar{OH}$ und darüber hinaus modificirt wird:

Gleichzeitige Entladung von

1 Cl und 1 OH ———————— 1 Cl und 5 OH

Hypochlorit ————————————→ fallend.

Chlorat ←———————————— »

Für die Sauerstoffgasbildung sind die Verhältnisse etwas verwickelt. Es ist an sich denkbar, dass die Elektrolyse überhaupt ohne Sauerstoffbildung verliefe, indem alle Hydroxylionen, die entladen werden, sich mit Chlorionen vereinigen. Solange das Verhältniss 1 Cl : 1 OH überschritten, das 1 Cl : 5 OH nicht erreicht ist, liesse sich stets ein Vertheilungsverhältniss von unterchloriger Säure und Chlorsäure angeben, bei welchem sämmtliche Hydroxylionen an Chlor gebunden werden. Nun weist Oettel zunächst nach, dass zwar die Hypochloritbildung ohne wesentliche Sauerstoffentbindung den Anodenvorgang bilden kann, dass die Chloratbildung aber, wenn sie den Hauptvorgang bildet, immer von einer starken Sauerstoffentwicklung begleitet ist. Wenn die Chloratbildung ihr Optimum mit 70% Stromausbeute erreicht, dienen daneben 30% der Entladungsarbeit zur Erzeugung von Sauerstoffgas. Aus diesem Umstande folgt, dass, wenn man im Schema von links nach rechts geht, die Sauerstoffentwicklung zunimmt. Man kann sich dies grobsinnlich in der Weise verdeutlichen, dass man sich vorstellt, wenn je ein Chlorion mit einem Hydroxylion zusammen entladen wird, sind die entladenen Partikeln so durcheinander vertheilt, dass jedes Chlorion leicht sein Hydroxylion findet. Wenn aber ein Chlorion mit fünf Hydroxylionen reagiren soll, so muss man schon etwa 6 oder 7 von letzteren mit dem einen Chlorion zusammen entladen, damit dieses sicher im Augenblicke der Entladung in seiner Umgebung fünf disponible günstig gelegene Hydroxyle zur Vereinigung findet. Nun lassen sich sehr wohl Einflüsse denken, welche die Vereinigung von Hydroxylionen unter einander zu Sauerstoff begünstigen. Einen solchen Einfluss scheint die Temperaturerhöhung zu haben, die aber gleichzeitig das Verhältniss der entladenen Chlorionen zu den entladenen Hydroxylionen verkleinert. Dadurch kommen

Modificationen zu Stande, wie sie folgendes Beispiel erläutert. Bei einer gegebenen Alkalinität und Stromdichte möge an der Anode aus einer 20%igen Chlorkaliumlösung binnen bestimmter Zeit ein Conglomerat entladen werden von

100 Chorionen + 400 Hydroxylionen. Von diesen vereinigen sich
50 » + 50 Hydroxylionen zu $HClO$
50 » + 250 » » $HClO_3$
50 Hydroxylionen + 50 » » $H_2O + O$.

Durch Steigerung der Temperatur unter sonst gleichen Bedingungen möge das Entladungsverhältniss sich so ändern, dass auf 500 entladene Ionen kommen:

80 Chlorionen + 420 Hydroxylionen.

Durch die gleichzeitig eintretende Veränderung in der Vereinigungsfähigkeit entsteht aus

45 Chlorionen + 45 Hydroxylionen $HClO$
35 » + 175 » $HClO_3$
100 Hydroxylionen + 100 » $H_2O + O$.

Dieses willkürlich fingirte Beispiel ist geeignet, Oettel's Ergebnisse zu erläutern. Man versteht danach, dass Oettel gelegentlich Sauerstoffentwicklung bis zu 66% der theoretisch möglichen Menge findet, während die entstehenden Beträge an Hypochlorit und Chlorat darauf hinweisen, dass die entladenen Hydroxyle zu den entladenen Chlorionen etwa in einem Verhältniss stehen, bei welchen ca. 20% Sauerstoffgas auftreten würden, wenn mit niedriger Temperatur gearbeitet würde. Für eine genaue Beschreibung aller Variationen, welche durch diesen Einfluss der Temperatur ermöglicht werden können, fehlen die experimentellen Unterlagen, aber es ist soviel klar, dass, wenn man sich zwischen den Grenzen 1 Cl : 5 OH und 1 Cl : 1 OH an einer Stelle befindet, bei welcher bei niedriger Temperatur sehr wenig Hypochlorit neben viel Chlorat auftritt, bei hoher Temperatur mehr Hypochlorit und weniger Chlorat entstehen kann. Es ist aber andererseits auch deutlich, dass, um der Aenderung des Vertheilungsverhältnisses von Chlor- und Hydroxylionen bei der Entladung willen ein Rückgang von Hypochlorit und eine Zunahme an Chlorat möglich sind. Nur die Vermehrung der Entbindung gasförmigen Sauerstoffs wird in jedem Falle die Temperaturerhöhung begleiten.

Oettel, der diese Verhältnisse nicht berücksichtigt, findet in seinem Versuchsmaterial einzelne Abnormitäten, welche bei dieser Betrachtungsweise verschwinden. Die Untersuchungen von Haber und Grinberg über die Sauerstoffentwicklung aus heisser und kalter Salzsäure sind geeignet, diese Erwägungen nachdrücklich zu stützen.

Bei den Oettel'schen Versuchen wurde die Perchloratbildung nicht näher verfolgt. Wenn sie vorhanden war, so war sie jedenfalls gering. Den qualitativen Nachweis der Perchloratbildung bei der Elektrolyse von Chloralkali hat schon Kolbe[1]) erbracht. Ob dieser Vorgang ein primär elektrochemischer nach dem Schema

$$\bar{Cl} + 7\,\bar{OH} = Cl\,O_4H + 3\,H_2O$$

oder eine secundäre Oxydation der Chlorsäure nach dem Schema

$$Cl\bar{O}_3 + \bar{OH} = Cl\,O_4H$$

ist, steht dahin, doch ist das zweite sehr viel wahrscheinlicher. Die einzelnen Versuche Oettel's lehren in der Hauptsache folgendes.

Einfluss der Alkalinität: Bei gewöhnlicher Temperatur und der anodischen Stromdichte 14,6 Amp. pro qdm betrug das Sauerstoffvolumen, welches pro Zeiteinheit entbunden wurde, ausgedrückt in Procenten desjenigen, welches aus Kalilauge als Elektrolyt mit derselben Stromquantität erhalten wurde, wenn dem Elektrolyten (20%ige KCl-Lösung) 0,0, 1,0, 2,0 oder 4,0% KOH zugefügt waren 2%, 20%, 31%, 35%. Diese Messungen erfolgten 20 Minuten nach dem Beginn der Elektrolyse. Die Hypochloritbildung geht mit wachsender Alkalität stark zurück. Die Bildung von Chlorat ist in ganz schwach alkalischer Lösung klein, mit wachsender Alkalität steigt sie an. Beabsichtigt man aus alkalischer Chlorkaliumlösung Chlorat zu erzeugen, so sind 30% Sauerstoff neben 70% Stromausbeute bezogen auf Chlorat die günstigsten erreichbaren Verhältnisse.

Einfluss der kathodischen Stromdichte: Die Steigerung der kathodischen Stromdichte von 1,46 Amp. bis 14,6 Amp. pro qdm bewirkt, dass die pro 1 Grammäquivalent im Voltameter entladenen Wasserstoffs in der Zelle reducirte Menge Hypochlorit kleiner

---

[1]) Kolbe, Ann. Chem. Pharm. 64, S. 236.

wird. Der zur Reduction verbrauchte Wasserstoff, ausgedrückt in Procenten desjenigen Volumens, welches durch die gleiche Strommenge aus Kalilauge entbunden wurde, betrug bei den kathodischen Stromdichten 1,46, 7,2, 14,6 Amp., 2 Stunden nach Beginn der Elektrolyse 93,12%, 72,1%, 38,61%.

Einfluss der anodischen Stromdichte: Die Sauerstoffentwicklung ist bei hoher anodischer Stromdichte kleiner als bei niederer.

Das Sauerstoffvolumen nach der früheren Weise in Procenten ausgedrückt, erreichte, wenn dem Elektrolyten die verzeichneten Mengen Kalilauge beigefügt waren,

Stromdichte pro qdm Anode	1% KOH	2% KOH
14,6	20—27%	35—41%
1,46	31—36%	37—43%

Das Hydroxyl ist also in dieser schwach alkalischen Lösung schon leichter entladbar als das Chlorion, und die Entladung des letzteren wird deshalb von der wachsenden Stromdichte begünstigt.

Ueber den Einfluss der Temperatur ist schon vorher berichtet worden. Die relativ grösste Bildung von Sauerstoffgas, entsprechend 66% des Sauerstoffvolumens, welches aus Kalilauge mit dem gleichen Strom entstand, wurde bei 85° C. mit 4% KOH im Elektrolyten (20% ClK) und der anodischen Stromdichte von 1,46 Amp. pro qdm erhalten. Eine Zusammenstellung der Oettel-schen Ergebnisse bietet die Tabelle. Die in den einzelnen Rubriken eingetragenen Zahlen besagen, dass der vertikal in derselben Spalte verzeichnete Elektrolyt, elektrolysirt unter den horizontal in derselben Spalte genannten Bedingungen, mit einem Stromverbrauch von 2 Ampèrestunden die fettgedruckte Ausbeute an Hypochlorit und Chlorat, ausgedrückt in Procenten der theoretischen, ergiebt. Das Hypochlorit und Chlorat teilen sich in diese Ausbeute im Verhältniss der beiden durch die Klammer vereinigten Zahlen, von denen sich die obere auf Hypochlorit, die untere auf Chlorat bezieht. Die Zahlen darunter, welche ein Bindestrich verknüpft, bezeichnen den Antheil des Sauerstoffgases an der anodischen Entladung zu Beginn und zu Ende der 2 Ampèrestunden.

		20%ige Lösung von KCl		
		neutral	+ 1% KOH	+ 4% KOH
Stromdichte pro qdm Anode 14,6 Amp. Kathode 14,6 »	kalt	**51,4** { 82,9 17,1 1,47—14,29	**65,5** { 48,6 51,4 19,64—27,49	**61,6** { 4,9 95,1 35,38—40,67
	heiss 70—80°	**46,5** { 58,0 42,0 2,39—13,82	**59,5** { 2,9 97,1 34,55—36,11	**54,4** { 1,8 98,2 42,95—42,90
Stromdichte pro qdm Anode 1,46 Amp. Kathode 14,6 »	kalt	**52,8** { 43,6 56,4 3,32—24,19	**64,1** { 2,9 97,1 31,48—36,29	**58,9** { 1,2 98,8 36,69—42,54
	heiss 70—80°	**53,7** { 27,5 72,5 9,94—25,73	**43,0** { 7,6 92,4 46,87—47,85	**32,7** { 13,2 86,8 61,18—56,52*)
Stromdichte pro qdm Anode 14,6 Amp. Kathode 1,46 »	kalt	**17,4** { 76,9 23,1 3,34—1,78	**35,4** { 17,2 82,8 18,44—17,73	**54,8** { 0,5 99,5 37,06—43,31
	heiss 70—80°	**23,1** { 44,1 55,9 2,02—4,65	**54,2** { 0,6 99,4 33,46—34,54	**52,5** { 0,2 99,8 43,79—46,71

*) Bei einer Steigerung der Temperatur von 70 auf 85° wurde während des Versuches 65,97 beobachtet.

Zum Ueberblick über die effectiven Mengen in Grammen sei darauf hingewiesen, dass

1 Ampèrestunde 1,322 g Chlorgas,
0,661 » Chlor in Form von Hypochlorit,
0,2203 » » » » » Chlorat[1])

liefert.

[1]) Zu den beiden letzten Zahlen gelangt man in gleicher Weise, wenn man sich primär nur Chlor entbunden und dies chemisch auf Alkali unter Entstehung von Hypochlorit oder Chlorat zurückwirkend denkt, oder wenn man nach den hier zu Grunde gelegten Anschauungen die gemeinsame Entladung von Hydroxyl und Chlor in's Auge fasst. Nach der allgemein üblichen Bezeichnungsweise sind 0,661 g Chlor in Form von Hypochlorit gleich dem doppelten Betrage, d. i.

Man sieht aus der Tabelle, dass allgemein beim Fortgang der Elektrolyse eine gesteigerte Sauerstoffentwicklung auftritt, welche nach den früheren Ueberlegungen bei sonst gleichen Verhältnissen (Temperatur, Stromdichte) eine relative Erleichterung der Hydroxylentladung gegenüber der Chlorentladung verräth. Diese Erscheinung ist einerseits mit der Anhäufung der Säureanionen ClO und ClO_3 im Elektrolyten zu erklären. Diese werden an der Anode gebildet, durch Flüssigkeitsströmung im Elektrolyten verteilt, durch Wanderung aber wieder nach der Anode zurückgetrieben. Auf diese Weise nehmen sie an der Stromleitung Antheil und benutzen einen Theil der negativen Elektricität, welche ohnedem nur Chlorionen nach der Anodengrenzschicht fördern würde, zu ihrer Fortbewegung. Durch dies Verhalten vermindern sie die Chlorionenconcentration um die Anode, indem die Zuwanderung an Chlorionen nachlässt und steigern also deren Haftintensität. Wenn die Lösung nur schwach alkalisch, die Anzahl der OH-Ionen relativ zu der der Cl-Ionen also klein ist, wird die analoge Beeinflussung der Hydroxylwanderung unerheblich, und der Effect besteht in einer Erschwerung der Chlorentladung gegenüber der Hydroxylentladung. Dazu kommt andererseits der Umstand, dass unterchlorige Säure eine überaus schwache Säure, etwa von der Acidität der Blausäure ist. In der Lösung des Kaliumhypochlorits findet deshalb hydrolytische Spaltung statt und die Anzahl der OH-Ionen ist wesentlich grösser, als wenn nur Chlorkalium mit gleicher Metallconcentration im Elektrolyten sich fände.

Für die Technik der Chloratdarstellung ist der Oettel'sche Nachweis, dass Chlorat mit guter Ausbeute ohne Diaphragma erhalten wird, von vieler Wichtigkeit. Anscheinend unabhängig haben gleichzeitig die Elektricitätsgesellschaft vorm. Schuckert

---

1,322 g wirksames oder bleichendes Chlor Diese Bezeichnungsweise trägt dem Umstande Rechnung, dass nach der Gleichung $NaOCl + 2HCl = NaCl + H_2O + Cl_2$ beim Ansäuern mit Salzsäure der doppelte Betrag des Hypochloritchlors in Freiheit gesetzt wird. Oettel erweitert den Begriff des wirksamen Chlors auch auf das Chlorat und setzt demgemäss öfters im Text seiner Darlegungen entsprechend der Gleichung

$$NaO_3Cl + 6\,HCl = NaCl + 3\,H_2O + 3\,Cl_2$$

für 0,2203 g effectives Chlor als Chlorat 1,322 g wirksames Chlor

& Co. und Kellner Verfahren zur Chloraterzeugung ohne Diaphragma patentirt.

Oettel nimmt bei Benützung einer alkalischen Chlorkaliumlösung (20 % KCl) im technischen Betriebe eine voraussichtliche Badspannung von $3^1/_3$ Volt und eine Stromausbeute von etwa 52 % an. Das entstehende Chlorat fällt aus und kann auf das Bequemste durch Ausschöpfen entfernt werden, während der Elektrolyt mit Chlorkalium wieder angereichert wird. Die Erzeugung von Natriumchlorat aus alkalischer Kochsalzlösung ist in gleicher Weise möglich. Ein Unterschied für die Technik ist aber durch die Leichtlöslichkeit des Natriumchlorats bedingt, welches nicht ausfällt, sondern durch Eindampfen und fractionirte Krystallisation vom Kochsalz getrennt werden muss. Auch die Darstellung von Calciumchlorat hat Oettel flüchtig gestreift und Stromausbeuten bis 87 % bemerkt.

Es ist ersichtlich für den elektrochemischen Vorgang der Chloratbildung an sich unerheblich, welche Kationen und undissociirten Salze im Elektrolyten sich finden. Die Chloratentstehung hängt nur von dem Vertheilungsverhältniss ab, mit dem Chlor- und Hydroxylionen am Anodenvorgang mitwirken. Dieses Vertheilungsverhältniss ist nun aber in erster Linie abhängig von den relativen Concentrationen der Hydroxyl- und Chlorionen in der Umgebung der Elektrode, und es ist leicht verständlich, dass diese Concentrationen während der Elektrolyse in einem Optimum aufrecht zu erhalten bei Benützung von verschiedenen Chloriden und alkalisch reagirenden Substanzen mehr oder minder leicht sein kann. Ohne dass also am elektrochemischen Vorgang, der ein reiner Anionenprocess ist, etwas verändert würde, ist doch durch Aenderungen der Kationen oder Hinzufügung chemisch verschiedener Anionen eine Begünstigung der Stromausbeute möglich.

In diesem Sinne sind die Patente von der Elektricitätsgesellschaft vorm. Schuckert & Co.[1]) und von Kellner[2]) zu würdigen. Bei Kellner wird kaltgesättigte Chlorkaliumlösung mit 3 % Kalkhydrat versetzt, welches zum grossen Theil ungelöst bleibt und durch Bewegung des Elektrolyten dauernd in Suspension er-

[1]) D. R. P. 83536, 89844.

[2]) D R. P. 90060.

halten wird. Bei der Elektrolyse bleibt, rein chemisch betrachtet, dieses Kalkhydrat vollständig unverändert, während das Kaliumchlorid in Chlorat mit guter Stromausbeute übergeht. Die Rolle des Kalks ist also die, eine constante Hydroxylconcentration zu erhalten. Diese Aufgabe erfüllt er sehr leicht, da das feste Hydrat sofort an der Anode verbrauchte Hydroxyle nachliefert. Nach der älteren chemischen Redeweise würde man den Vorgang dahinlautend beschreiben, dass an der Anode Kalkchlorat und Kaliumchlorat entsteht, an der Kathode Aetzkali gebildet wird, welches mit Kalkchlorat wieder Kalk und chlorsaures Kali liefert und so den Anfangsgehalt an Kalk wieder herstellt. Im Sinne der neueren Anschauungen ausgedrückt, entstehen an der Anode Chlorsäureanionen aus Hydroxyl- und Chloranionen, an der Kathode werden Wasserstoffionen entladen, und die Alkalität hält sich durch Vermittlung des suspendirten Kalks und der Flüssigkeitsbewegung in allen Theilen des Elektrolyten ungeändert. Das schwerlösliche Kaliumchlorat fällt aus, wenn das Löslichkeitsproduct der Chlorsäure- und Kaliumionen überschritten wird. Calciumchlorat ist leichter löslich, Calcium- und Chlorsäureanionen treten also nicht zu festem Salz zusammen. Das Verfahren der Elektricitätsgesellschaft vorm. Schuckert & Co. besteht darin, concentrirte Alkalichloridlösungen bei 40° bis 100° mit Stromdichten von 5 bis 10 Amp. pro qdm in Gegenwart von 1—5 % Alkalibicarbonat zu elektrolysiren. Für Kaliumchloratbildung werden 2—3 % Kaliumbicarbonat zugefügt. Von Zeit zu Zeit wird Kohlensäure eingeleitet. Das Zersetzungsgefäss ist Thon oder Eisen, die Anode Platin oder Kohle. (Ob Kohle wirklich verwendbar ist, scheint fraglich.) Die Ausbeute ist Anfangs am grössten und sinkt allmählig. Von Zeit zu Zeit wird deshalb die Lauge entfernt und der Krystallisation überlassen. Es scheidet sich das Chlorat in der Hauptmenge ab, während die Mutterlauge wieder erwärmt und dem Process nach Ergänzung ihres Gehaltes an Chlorkalium neu zugeführt wird. Dasselbe Verfahren lässt sich, einem Zusatzpatent zu Folge, auf die Erdalkalichloride übertragen. So wird zur Gewinnung von Bariumchlorat eine 30—40 %ige Chlorbariumlösung mit 1—5 % Bariumbicarbonat unter Rühren mit 5—15 Amp. pro qdm zur Umwandlung in Chlorat elektrolysirt. Statt des Bicarbonates soll auch Carbonat mit Hydrat gemischt und durch Rühren in

Suspension erhalten, sich eignen. Die Bicarbonatlösungen der Alkalien und alkalischen Erden sind namentlich in der Wärme Elektrolyte von merklicher Hydroxylconcentration. Als Salze einer schwachen zweibasischen Säure sind sie schlecht dissociirt, namentlich wenn das Chlorid der gleichen Base, also ein Salz mit gleichem Kation und hohem Dissociationsvermögen zugegen ist. Sie sind deshalb principiell geeignet, gleich dem suspendirten Kalkhydrat Kellner's als ein Regulator bei der Elektrolyse zu dienen, welcher eine constante schwache Alkalität an der Anode, wie sie dem Process günstig ist, erhält.

Früher wurde die elektrochemische Chloratdarstellung ausschliesslich mit Diaphragma ausgeführt. Häussermann und Naschold[1]) haben die Verhältnisse dieser Betriebsweise durch einige Versuche illustrirt. Ihre Ergebnisse sind mit den Ergebnissen Habers und Grinbergs und denen Oettels nicht wohl vergleichbar, weil die Arbeitsweise eine sehr abweichende war. Häussermann und Naschold ermittelten zunächst, dass 11%ige Chlorkaliumlösung an einer Platinanode (Kohle wurde rasch angegriffen) gute Ausbeuten an Chlorat besonders dann lieferte, wenn die Lösung dauernd schwach alkalisch gehalten wurde. Zu dem Ende wurde Kalilauge in die Thonzelle, welche den Elektrolyten enthielt, langsam eingetropft. Es ist deutlich, dass bei Scheidung des Anoden- und Kathodenraumes, sofern keine Chlorentwicklung stattfindet, an der Anode der Elektrolyt, wenn er von Haus aus aus Kalilauge und Chlorkalium besteht, neutral wird und zwar gleichviel ob Chlorkalium oder Kalilauge an der Kathode sich befindet. Es überwandern nämlich nach der Kathode Kaliumionen, während die Chlorionen sämmtlich im Anodenraum bleiben und dort zum Theil in die Ionen $\bar{ClO}$ und $\bar{ClO_3}$ übergehen. Zu Beginn der Elektrolyse seien im Anodenraum a Molecüle Chlorkalium und b Molecüle Kalilauge. Nach einer bestimmten Zeit werden b Grammäquivalente Kaliumionen aus dem Anodenraum ausgewandert sein. Ist nun kein Chlor entbunden worden, so stellt sich alsdann ihrem chemischen Zustand nach die Anodenlösung dar, als eine neutrale Lösung von a Molecülen eines Gemenges aus Chlorat, Hypochlorit und Chlorid. Dies gilt zunächst, wenn Kalilauge im Kathodenraum ist und demnach Hydroxylionen der

[1]) Häussermann und Naschold, Chem.-Ztg. 1894, S. 857.

Anode zuwandern. Wird Chlorkalium an die Kathode gebracht und wandern so Chlorionen in den Anodenraum ein, so tritt nur in sofern eine Abweichung ein, als die Neutralität rascher sich herstellt. Ist die Kathodenlösung Kalilauge, so bleibt der Gehalt der Anodenlösung an Kaliummetall gerade dann ungeändert, wenn man seine Alkalität durch Zutropfen von Kalilauge constant hält, ist die Kathodenlösung aber Chlorkalium, so steigt der Metallgehalt der Anodenlösung unter diesen Verhältnissen dauernd an. Da es für die Entladungsvorgänge auf das Verhältnis der Chlorionen zu den Hydroxylionen an der Anode ankommt, so wird bei constanter schwacher Alkalität eine allmähliche Veränderung der Ausbeute mit der Zeit darum zu erwarten sein, weil die Chlorionen je nachdem man Kalilauge oder Chlorkalium im Kathodenraum benützt, langsamer oder schneller ihre Concentration unter Entstehung von Hypochlorit- oder Chloratanionen ändern. Häussermann und Naschold haben nicht mit abgestuften Versuchszeiten gearbeitet. Sie bestimmten nur jeweils nach einiger Zeit das Gesammtergebniss und fanden dieselben Ausbeuten, gleichviel, ob sie den Kathodenraum mit Kalilauge oder Chlorkalium beschickten. Auch die Veränderung der Chlorkaliconcentration von 11 % auf 24 %, die Steigerung der Temperatur von Zimmertemperatur auf 85° und die Aenderung der Stromdichte von 2,4 Amp. pro qdm Anode auf 70 Amp. modificirte nichts an dem Umstande, dass gegen 67 % Stromausbeute an Chlorat erhalten wurden, sobald nur stets schwache Alkalität an der Anode erhalten blieb. Bei Gegenwart von viel Kalilauge erwies sich, wie zu erwarten, die Chloratausbeute als schlechter. Ein detaillirteres Studium dieser Verhältnisse scheint vom wissenschaftlichen Standpunkt erwünscht. Vom technischen Standpunkt ergeben sich aus Häussermann und Naschold's Beobachtungen alle wichtigen Bedingungen. Als Diaphragma eignet sich danach die Pukall'sche Thonmasse[1]) der kgl. Porcellanmanufactur in Berlin, als Anode Platin. In Rücksicht auf die Oekonomie empfiehlt es sich, die gut leitenden heissen und concentrirten Lösungen von Chlorkalium zu benützen, in Hinsicht auf die Anschaffungskosten des Platins hohe Stromdichte an der Anode zu wählen. Die Kathode

[1]) Häussermann und Fein, Z. f. angew. Chem. 1894, S. 9.

ist am einfachsten aus Eisen zu nehmen. In dieser Weise wird auch in der That seit langem Chlorat von Gall & Montlaur[1]) hergestellt, die Platiniridiumbleche als Anoden, 25%ige, stets schwach alkalisch gehaltene Lösung von Chlorkalium bei 45—55° als Elektrolyt benützen und bei einer Badspannung von 5 Volt 50 Amp. pro qdm anodische Stromdichte anwenden.

Während die elektrochemische Chloraterzeugung sich bereits als fertig entwickelter Process eine gesicherte Stellung in der Technologie erworben hat, ist die Darstellung von Hypochloritlösungen erst in geringerem Umfang gebräuchlich geworden. Sie hat Bedeutung für die Cellulose- und Baumwollindustrie, indem sie die schwachen Bleichlaugen, welche von diesen beiden Zweigen der Technik benützt werden, leicht zu erzeugen erlaubt. Zur Desinfection städtischer Kanalisationsanlagen haben diese Laugen nach eingehenden Versuchen keine Aussicht auf Verwendung.

Für ihre praktische Herstellung, welche stets ohne Diaphragma erfolgt, sind von Belang zunächst wieder Ergebnisse Oettel's, die in der früheren tabellarischen Wiedergabe seiner Resultate nicht zur Darstellung gelangten. Er fand, dass die Ausbeute an Hypochlorit mit wachsender Concentration desselben in der Lauge bei der Elektrolyse ohne Diaphragma sich rasch verschlechtert, indem die Reduction an der Kathode immer erheblicher wird. Er beobachtete, dass unter möglichst günstigen Bedingungen lange ausgedehnte Elektrolyse einen Gehalt von 12,7 g bleichendem Chlor pro Liter entstehen lässt, der sich nicht weiter vermehrt.

In diesem Punkte sind die Oettel'schen Angaben unzutreffend. Das Gleichgewicht, welches sich zwischen der Bildung an der Anode und der Reduction an der Kathode bei 12,7 g bleichendem Chlor im Liter herstellt, ist ein rein zufälliges, denn es hängt von zwei vollständig unabhängigen Processen, von der Bildung an der Anode und der Reduction an der Kathode, ab. Die Bildung an der Anode nimmt unter günstigen Verhältnissen dauernd einen ungemein grossen Theil der Stromarbeit in Beschlag. Vernachlässigt man nämlich die insbesondere bei hohen Stromdichten kleine Chloratbildung aus spurenweise alkalischer Lösung

[1]) Ahrens, Handbuch der Elektrochemie S. 359. Lunge S. 625.

(20%ClK), so ergibt sich, dass die Hypochloritbildung bei 14,6 Amp. anodische Stromdichte von $98^1/_2$ auf 86 % langsam zurückgeht und dort constant bleibt. Dies folgt aus Oettel's Angabe, dass die Sauerstoffentwicklung in diesem Falle von $1^1/_2$ bis 14 % langsam hinaufgeht und dort constant bleibt. Die Reduction an der Kathode hingegen geht von Null allmählig auf 86 % hinauf. Der Anstieg wird durch folgende Zahlen Oettel's illustrirt, welche die Momentanwerthe der Reduction in bestimmten Zeitsprüngen angeben:

Minuten nach Beginn der Elektrolyse:

10 20 30 45 60 75 90 105 120,

Reduction bewirkender Antheil des kathodischen Entladevorgangs:

8,45 18,97 24,66 34,18 41,43 51,27 58,67 54,71 55,95.

Für die Technik ergibt sich daraus ein doppelter Schluss. Wenn die Bedingungen für die Reduction günstig sind, darf im Interesse eines sparsamen Betriebes nur auf dünne Bleichlaugen hingearbeitet werden, weil in diesem Fall die Reduction klein bleibt. Wenn starke Bleichlaugen hergestellt werden sollen, ist ein ökonomischer Betrieb nur möglich, wenn die Construction des Apparates die Reduction stark zurückdrängt. Die meisten praktischen Constructionen bieten der Reduction günstige Bedingungen und sind deshalb nur bei Erzeugung schwacher Bleichlaugen bis etwa 4 g wirksames Chlor pro Liter ökonomisch möglich. Der Kellner'sche Elektrolyser, welcher später besprochen wird, ist hingegen so gebaut, dass die Reduction durch eine äusserst hohe kathodische Stromdichte sehr klein gehalten wird und erlaubt, mit gutem Nutzeffect, Lösungen bis 10 g bleichendes Chlor pro Liter herzustellen.

Für die Möglichkeit, durch hohe Stromdichten an der Kathode mit gutem Nutzeffect starke Concentrationen von Hypochlorit zu erhalten, dienen folgende Versuche von Haber und Grinberg als Beleg.

Bei denselben dienten 100 ccm 20%iger Chlorkaliumlösung als Elektrolyt. Die Kathode bestand in einem Platindraht von 0,2 qcm Oberfläche. Die Anode besass 1 qcm einseitige Oberfläche und war von Platin.

Kathoden-Stromdichte in Amp. pro qdm	Ampère-Stunden	Bleichendes Chlor nach der Elektrolyse pro 1 l Elektrolyt g	Stromausbeute an bleichendem Chlor	Temperatur stieg während der Elektrolyse trotz Kühlung von — bis ° C.
500	5,327	22,84	32,4	20 — 24
1000	1,32	13,96	80,0	18 — 30
1000	1,07	18,03	67,0	15 — 30
500	0,594	6,54	83,5	21 — 24
500	1,061	11,24	80,1	18½ — 24
1000	0,700	7,67	82,9	21½ — 35

Schoop[1]) hat sich mit der Herstellung von Bleichlaugen aus Chlorcalciumlösung und Chlornatriumlösung befasst.

Er benutzte eine Chlorcalciumlösung vom spec. Gew. 1,042 (5 % $CaCl_2$), die er durch einen schmalen rechteckigen Trog mit Platinplatten als Längswänden langsam hindurchführte. Die Platten bildeten die Elektroden. Er benutzte Strömungsgeschwindigkeiten und Stromdichten von solcher Grössenordnung, dass die ablaufende Endlauge etwa 0,3 g bleichendes Chlor pro Liter enthielt.

Unter diesen Verhältnissen erwies sich eine niedrige Stromdichte der Ausbeute an Hypochlorit günstig. Diese betrug bei (Anode = Kathode)

0,42 Amp. pro qdm 82 %,
0,70 » » » 72 %,
1,50 » » » 48 %.

Bei der Elektrolyse belegt sich die Kathode mit einer Kalkhaut, die den Widerstand sehr steigert und die Badspannung vermehrt. Dieselbe verschwindet beim Wechsel der Stromrichtung. Es war aber in Rücksicht auf die Stromausbeute nicht rationell, diese Veränderung häufig vorzunehmen. Wenn die Stromrichtung jede Minute gewechselt wurde, war die Hypochloritbildung sehr gering; offenbar wurde das gebildete Hypochlorit, das wesentlich noch in der Nähe der Anode verweilte, sofort wieder reducirt, wenn diese zur Kathode gemacht wurde. Das Material der Kathode erwies sich bei constanter Stromrichtung als unwesentlich, Zink oder Kupfer konnten statt Platin

[1]) Schoop, Z. f. Elektrochem. 2, S. 209 u. 227.

genommen werden, hingegen war als Anode nur Platin bezw. Platiniridium verwendbar. Kohle wurde rasch angegriffen und beeinträchtigte die Hypochloritausbeute, wie nach Bartoli's und Papasogli's Versuchen (S. 179) nicht anders zu erwarten. In Uebereinstimmung mit den früher entwickelten theoretischen Grundlagen erwies sich Kalkzusatz zum Elektrolyten als nicht günstig, während eine Zugabe von gefälltem Magnesiahydrat nur unbedeutend die Hypochloritausbeute verschlechterte. Durch eine Kupferoxydulplatte als Kathode liess sich die Polarisation der Zelle und damit die Badspannung herabsetzen. Sie betrug dann nur noch 2,1—2,7 Volt, während sie ohnedem 0,6—0,7 Volt höher war. Einige mit 3%iger Kochsalzlösung ausgeführte Versuche ergaben, ähnlich wie die Beobachtungen an der Chlorcalciumlösung, dass die Ausbeute an Hypochlorit mit wachsender Stromdichte sich verschlechterte. Während bei (Anode = Kathode) 1/3 Amp. pro qdm 86,2% Stromausbeute erreicht wurden, erhielt Schoop bei 1 Amp. pro qdm nur 66,3%. Der Gehalt an wirksamem Chlor in der Endlauge war im ersten Fall 0,0137, im zweiten 0,0275%. Es liegt ein scheinbarer Widerspruch mit Oettel's Versuchen vor, welcher die Hypochloritausbeute mit wachsender Stromdichte begünstigt fand. Wahrscheinlich hängt die Differenz der Schoop'schen und Oettel'schen Ergebnisse damit zusammen, dass der Elektrolyt bei beiden Forschern ungleiche Alkalität besass. Eine neutrale Kochsalzlösung von 3% ClNa liefert bei mässiger, eine neutrale Chlorkaliumlösung von 20% selbst bei hoher Stromdichte nur Chlor. Bei Schoop's Anordnung (kleine Stromdichte, bewegter Elektrolyt) löst sich dieses Chlor im Elektrolyten und reagirt secundär chemisch mit der Natronlauge unter Bildung von Hypochlorit, welches den Zersetzungsraum mit dem fortströmenden Elektrolyten verlässt. Oettel merkt ausdrücklich an, dass zunächst Chlor entweicht. Damit ist ein erheblicher Unterschied gegeben, denn der Elektrolyt wird alkalisch, wenn Chlor gasförmig fortgeht. Der Umstand, dass die Haftintensität des Chlorions in saurer Lösung grösser, in stark alkalischer kleiner als die des Hydroxylions ist, bringt gerade bei Ueberschreitung des Neutralisationspunktes eine grosse Empfindlichkeit des Reactionsmechanismus gegen einen vermehrten oder verminderten Gehalt an Alkali mit sich, die in dem Verhältniss der Stromdichte zur Ausbeute fühlbar wird.

Es ist nicht anzunehmen, dass eine genauere Durchforschung wirkliche Divergenz zwischen den Schoop'schen und Oettel-schen Angaben constatiren lässt.

Schoop's Versuche waren wesentlich zur Illustration eines Verfahrens von Hermite bestimmt[1]). Nach diesem Verfahren sollen Chloride von Alkalien und Erdalkalien, am einfachsten Meerwasser, in einem Apparate elektrolysirt werden, welcher als Kathode runde, parallele, auf einer Zinkwelle rotirende Zinkscheiben enthält, während die Anoden aus Platingaze in Bleirahmen mit Ebonitfassung dazwischen angeordnet sind. Die rotirenden Scheiben und überdem eine besondere Circulationspumpe, bringen den Elektrolyten in Bewegung. Eine Haut von Erdalkalioxydhydrat kann von den Theilen der Kathode, die bei der Rotation sich ausserhalb der Lauge befinden, durch Bürsten entfernt werden, an denen die Scheiben vorbeigleiten. Der Hermite'sche Apparat fand besonderes Interesse aus Rücksichten der öffentlichen Gesundheitspflege. Die hypochlorithaltige Lauge sollte benutzt werden, um als Spülflüssigkeit die Canalisationsanlagen der Städte zu desinficiren. Sie schien dazu durch die nicht voll aufgeklärte Eigenheit befähigt, intensiver oxydirende Einwirkungen zu üben als eine Chlorkalklösung von gleichem Gehalt an wirksamem Chlor. Schoop fand dies bestätigt, indem er mit einer elektrolysirten Chlorkaliumlösung von 0,015 % wirksamem Chlor Jutegarn gut bleichen konnte, während eine gleichgrädige Chlorkalklösung kaum wirkte. Diesen Unterschied zeigen die elektrolysirten Lösungen nur dann in markanter Weise, wenn sie nur bis zu einem geringen Gehalt an Hypochlorit (1/2 g wirksames Chlor pro Liter) elektrolysirt worden sind. In diesem Falle zeigen sie aber gleichzeitig den Nachtheil einer hohen Unbeständigkeit. Eine Lösung mit 1/2 g Chlor pro Liter verliert in 24 Stunden 90 % ihrer chemischen Wirksamkeit. Es ist nicht anzunehmen, dass es sich, wie vermuthet wurde, etwa um eine neue Hypochloritmodification handelt, die bei der Elektrolyse gebildet wird. Aller Wahrscheinlichkeit nach wird vielmehr eine Substanz von ganz abweichender Beschaffenheit, sei es Ozon, Wasserstoffhyperoxyd oder Chlor für die höhere Bleichkraft und geringere Beständigkeit in Anspruch zu nehmen sein. Die nächtsliegende Ver-

[1]) Details siehe Z. f. Elektrochem. 2, S. 68, 88, 107, 289.

muthung scheint die zu sein, dass Wasserstoffhyperoxyd neben Hypochlorit in kleiner Menge bei der Elektrolyse entsteht, bei der Messung des oxydimetrischen Titors als Hypochlorit mitgefunden wird und bei der grossen Verdünnung nur allmählig die in concentrirten Lösungen sehr rasch verlaufende Umsetzung mit Hypochlorit zu Chlorid, Wasser und Sauerstoff erleidet. Für den Gebrauch zur Desinfection der Fäcalien ist die Unbeständigkeit der dünnen Laugen ein entscheidendes Hinderniss, weil solche Laugen in Reservoiren bis zu einem Tage in Vorrath sich müssen halten lassen. Stärkere Lösungen sind sehr viel dauerhafter. Mit 0,75—1 g wirksamem Chlor pro Liter verliert die Lauge 34 % bezw. 10 % in 24 Stunden, während sie bei $^1/_2$ g 90 % einbüsst. Aber mit diesen Gehalten ist sie ohne wesentliche Einbusse an Stromausbeute nicht mehr im Hermite'schen Apparat herzustellen. Die Erzeugung eines Cubikmeters Lauge mit 0,5 g wirksamem Chlor verlangte bei praktischen Versuchen einen Aufwand von 250 Amp. und 6 Volt $2^1/_2$ Stunden lang, für 0,75 g Chlor waren schon 5 Stunden bei gleicher Spannung und Stromstärke erforderlich. Auch die stärkeren Lösungen sind überdem noch nicht fähig, Fäcalien durchgreifend zu sterilisiren und es bleibt von dem Hermite'schen Vorschlag als fassbares Ergebniss kaum mehr als die Möglichkeit, eine desodorirende Wirkung mit Sicherheit zu erreichen. Unter diesen Verhältnissen ist es vom hygienischen Standpunkte als gescheitert zu betrachten. Für die Bleichereitechnik hat Hermite andere, zum Theil recht unklar gedachte Vorschläge gemacht[1]). Soweit es sich dabei um Verfahren handelt, bei denen Hypochlorit in einem Gefässe erzeugt werden soll, in welchem sich auch das Bleichgut befindet, sind sie von geringem Interesse, denn es ist nicht abzusehen, was diese Verquickung des elektrochemischen und des Bleichprocesses für Vortheile bieten soll, wohl aber wahrscheinlich, dass eine unegale Bleiche eintritt, weil das Hypochlorit nur an der Anode gebildet wird und nicht gleichmässig in der Lauge vertheilt mit dem eingebrachten Bleichgut in Berührung kommt. Für die gesonderte Erzeugung von Bleichlauge aber, die später in Bleichbottiche überführt und dort verbraucht werden soll, sind zweckmässigere Apparate als die Hermite's inzwischen

[1]) D. R. P. 30790, 32103, 35549, (39390), 42217, 42455, 49851, 70275.

bekannt geworden und an einer Reihe von Stellen zur Einführung gelangt. Unter diesen nimmt den ersten Rang Kellner's Apparat[1]) ein. Seine Construction geht aus der Skizze Fig. 96 und 97 hervor. In das grosse Steingutgefäss, welches in beiden Figuren durch dicke Linien verdeutlicht ist, wird von unten mit einer Circulationspumpe Kochsalzlösung eingeführt, welche $^1/_5$ der Apparathöhe vom oberen Rande entfernt durch Schnauzen in eine Rinne zum Sammelbehälter abläuft. Die Längswände sind

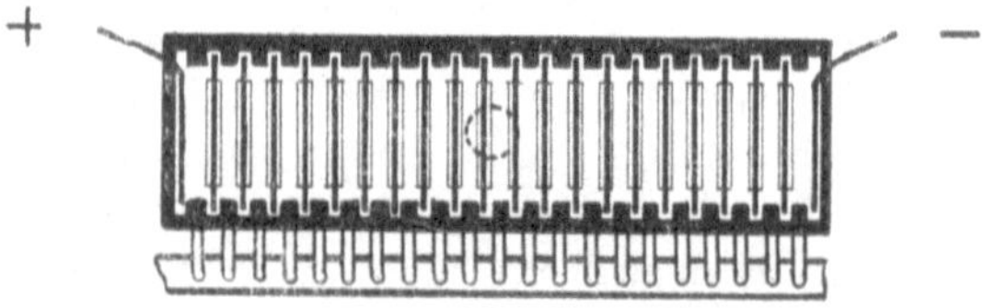

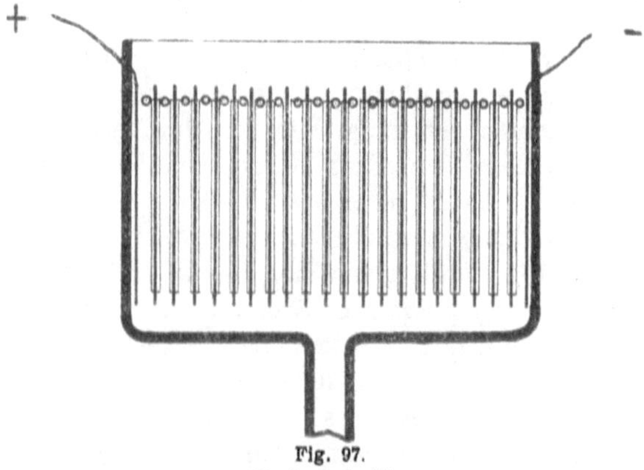

Fig. 97.
Verticalschnitt.

mit Riefen versehen, in denen 19 lange Glasplatten vertikal sitzen und den schmalen Trog in 20 fingerbreite Kammern scheiden. An den Schmalwänden des Troges sind Platiniridiumbleche mit Stromzuführungen aus platinirtem Kupfer eingesetzt. Die Glasplatten sind auf beiden Seiten mit einem ziemlich weitmaschigen Geflecht (Fig. 98a) von 0,1 mm dicken Platindrähten

[1]) Kellner's Patente zur elektrolytischen Bleichlaugenherstellung erläutern Siemens & Halske, Elektrochem. Z. 1897, S. 60 ff.

belegt, welches gehäkelten Spitzen ähnlich ist und in gleicher Weise durch Klöppelarbeit hergestellt wird. Durch eine Anzahl Löcher in den Glasplatten gehen Platindrähte, welche das Platinnetz auf den beiden Seiten der Glasplatten leitend verbinden. Es entstehen auf diese Weise Mittelleiter aus Platin, welche in derselben Weise wirken, als ob eine massive Platinplatte statt der mit Platingaze beidseitig bedeckten Glasplatte benutzt würde. Unter den platinbekleideten Glasplatten befindet sich ein falscher Boden, der in der Figur weggelassen ist, mit Perforationen. Derselbe begünstigt die Laugenvertheiluug und mindert die Stromnebenleitung um die Glasplatten herum durch den unteren Ge-

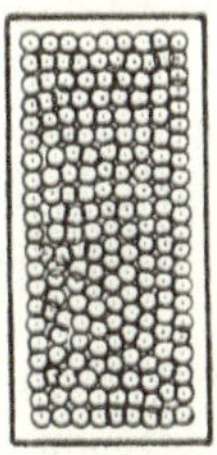

Fig. 98 a.

Fig. 98 b.

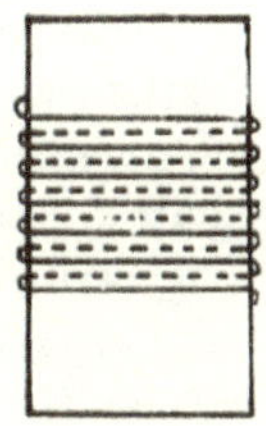

Fig. 98 c.

fässraum. In früheren ähnlichen Constructionen wurden diese Mittelleiter durch Drähte gebildet, welche nach Fig. 98b durch Ebonitplatten geschlagen waren. Auch Umwicklung der isolirenden Platten mit fortlaufendem Platindraht nach Fig. 98c wurde verwendet. Die Concentration der Kochsalzlösung ist meist 10%. Höhere Concentration erleichtert gute Stromausbeuten zu erhalten, niedere erschwert dies. Die Salzkosten machen es indessen wünschenswerth, nicht über 10% hinauszugehen. Die Lauge ist neutral und wird nur spurenweise alkalisch. Um das Entweichen von Chlorgas zu verhüten, wird eventuell spurenweise Alkalität absichtlich der frischen Lauge ertheilt. Wo natürliche Soole, die Erdalkalichloride enthält, zur Verwendung kommt, erreicht man dies gleichzeitig mit der Abscheidung der Erdalkalicarbonate durch einen passenden Zusatz von Soda. Die Lauge erhält bei jedem der Durchgänge durch den Apparat eine mittlere Anreicherung um 0,05 % bleichendes Chlor. Bei wiederholter Circulation erwärmt sie sich durch den Stromdurchgang und muss dann auf ihrem Kreislaufe zwischen Sammelgefäss und Elektrolyser gekühlt werden, da eine Temperatur über 30° der Ausbeute sehr abträglich ist. Der Nutzeffect ist bei den neueren Elektrolysen ein guter. Eine Baumwollbleicherei, welche die ältere Construction mit Spitzen benutzte, verbrauchte noch im Mittel 10450 Watt, um in 60 Arbeitsstunden 6 cbm 10 %ige Kochsalzlösung auf 0,7 % bleichendes Chlor zu bringen. Da eine Ampèrestunde 0,661 g Chlor in Form von Hypochlorit, bezw. 1,322 g »wirksames« oder »bleichendes« Chlor liefert und der Spannungsverbrauch für jede der hintereinander geschaltenen Kammern des Elektrolysers etwa $5^3/_4$ Volt beträgt, so folgt daraus eine Stromausbeute von $28^3/_4$ %. Eine mit neueren Kellner'schen Elektrolysern ausgerüstete Zellstoffbleiche erzeugt hingegen mit 11—$11^1/_2$ %iger Kochsalzlösung bei einem Aufwand von 5000 Kilowattstunden (115 Volt, 1800 Amp., 24 Stunden) 52 cbm einer Bleichlauge mit 1 % wirksamem Chlor, entsprechend einer Stromausbeute von etwas unter 50 %. Noch höhere Stromausbeute (62 bis 70 %) wird häufig erreicht.

Für das Verhalten des Platins als Elektrode ist eine Thatsache wichtig, welche Haber und Grinberg beschrieben. Bei sehr hoher Stromdichte an der Kathode nämlich wird das Platin dort verändert. Wenn man einen Platindraht zur Kathode in Salzsäure macht und 1000 Amp. pro qdm hindurch treibt, so erscheint er in kürzester Zeit mit Platinmoor bedeckt. Er vergrössert also, vielleicht durch intermediäre Wasserstoffaufnahme, seine Oberfläche. Die Stromdichte wird dadurch kleiner und die Stromausbeute um der stärkeren Reduction von Hypochlorit willen schlechter. Auch findet, indem dieses Platinmoor abgerissen wird, ein directer Metallverlust statt. Inwieweit dieser mechanische Verbrauch an Elektrodenmetall, der wohl in analoger Weise auch an der Anode möglich ist, in den Kellner'schen Apparaten zur Geltung kommt, muss dahin gestellt bleiben. Die Platinamortisation, in welcher dieses Moment sich aussprechen müsste, wird sehr verschieden beziffert. Die Firma Fr. Gebauer, welche die Verwerthung der Kellner'schen Construction in der Textilindustrie auf dem Continent in Händen hat, gibt die Amortisation zu 10 % an. Eine grosse Zellstoffbleicherei rechnete hingegen mit 40 %. Der grosse Unterschied kann sehr wohl in der mehr oder minder sorgsamen Behandlung der Apparatur durch die Arbeiter im Betriebe bedingt sein.

In der Baumwollenbleicherei wird die Lauge auf 0,08 % wirksames Chlor verdünnt und dann in die Bleichbottiche geführt, wo sie bis auf 0,01 % bis 0,02 % sich erschöpft und dann mit dem Fabrikwasser abläuft. In der Zellstoffbleicherei wird auf einen Gehalt von 2 % Kochsalz verdünnt und dann im Holländer mit einem Aufwand von 10 cbm unverdünnter Lauge pro $2^1/_2$ ton Zellstoff 20 Stunden bei 30° gebleicht. Eine Discussion der Fabrikationskosten zeigte für diese Zellstoffbleicherei, dass die Kosten der Chlorkalkbleiche mit 25 M. per ton Zellstoff, die der Verwendung elektrochemisch erzeugter Bleichlauge mit 23—24 M. auskamen. Dabei wurden die Kosten der mit Wasserkraft erzeugten Elektrizität mit $1^1/_2$ Pfennig pro Kilowattstunde bewerthet. In der Baumwollenbleicherei stellt sich die Elektrolytlauge ebenfalls nur unwesentlich billiger als die Benutzung von Chlorkalk und dieser geringe Vorzug wird in sein Gegentheil verkehrt, wo die Kraftkosten für die Stromerzeugung irgend erheblich sind. Aber mit Anwendung der elektrolytischen Bleichlauge ist in beiden Bleichereizweigen eine grössere Schonung des behandelten Fasermaterials, in der Baumwollenbleiche überdem die Erzeugung eines schöneren Weiss verbunden. In dieser Technik war der Vorzug der Alkalihypochlorite vor dem Chlorkalk schon vor Einführung elektrolytischer Bleichlaugen so anerkannt, dass vielfach Chlorkalk mit Soda zu Natriumhypochlorit umgesetzt und dieses zum Bleichen benutzt wurde, obwohl der Verbrauch an Soda die Bleichkosten erhöhte und die Fällung des Chlorkalkes mit ihren Nebenoperationen (Filtriren, Klären) den Betrieb complicirte. Die elektrolytischen Bleichlaugen fanden deshalb in der Textilindustrie um der werthvollen Bleicheigenschaften und der sauberen und eleganten Herstellungsweise willen einen leichten Eingang. In der Zellstoffbleiche beherrschte bis vor Kurzem der Chlorkalk das Feld ausschliesslich, obwohl seine Benutzung anerkannter Maassen die Festigkeit der Cellulose schädigte. In dem Maasse wie auf Erhaltung der Festigkeit Wert gelegt wird, gewinnen in diesem Fabrikationszweige die elektrisch erzeugten Alkalihypochloritlaugen an Bedeutung. Als bemerkenswerth vom technischen Standpunkte ist anzuführen, dass bei der Zellstoffbleiche mit Elektrolytlauge eine nicht unerhebliche Bildung klebrigen Harzes im Holländer auftritt, welche indessen durch einen Zusatz von 20 kg Petroleum pro $2^1/_2$ ton Zellstoff im Holländer mit gutem Erfolge bekämpft wird. Die Haltbarkeit der elektrolytischen Bleichflüssigkeit, welche in Kellner's Apparat erzeugt wird, ist eine recht befriedigende. Mit Chlorkalklösung von gleichem Wirkungsgrad verglichen, zeigt eine Lösung von 0,536 % wirksamem Chlor nach Engelhardt[1]) folgendes Verhalten.

nach Tagen	Procentgehalt an wirksamem Chlor			
	Chlorkalklösung im Licht	Elektr Bleichlauge im Licht	Chlorkalklösung im Dunkeln	Elektr Bleichlauge
0	0,536	0,536	0,536	0,536
1	0,438	0,455	0,536	0,532
2	0,351	0,409	0,535	0,520
3	0,264	0,364	0,531	0,508
4	0,216	0,322	0,530	0,483
5	0,186	0,302	0,501	0,479
6	0,158	0,293	0,499	0,475
10	0,063	0,211	0,495	0,442
15	0,037	0,160	0,382	0,418
20	0,012	0,142	0,219	0,398
25	0,011	0,138	0,166	0,386

Nicht als Verbesserung der Kellner'schen Construction ist ein Apparat von Weiss[2]) zu betrachten, welcher Platinsiebe übereinander paarweise so anordnet, dass das obere Kathode, das untere Anode ist und Kochsalzlösung von unten hindurchtreibt. Wenn es überhaupt ein Mittel gibt, eine recht nachdrückliche Reduction an der Kathode zu begünstigen, so ist es in einer Führung des Elektrolyten zu sehen, welche die gesammte Lauge zwingt, durch die Maschen des Kathodengitters hindurchzutreten.

[1]) Z. f. Elektrochem. 2, S. 432.

[2]) D R. P. 87077.

Von anderen Apparaten verdient die Construction von Knöfler und Gebauer Beachtung.[3]) Sie ist der Kellnerschen constructiv insofern ähnlich, als auch hier die Stromarbeit in einer Reihe schmaler durch Platinmittelleiter hintereinandergeschalteter Kammern sich vollzieht. Der ganze Apparat ähnelt sehr einer Filterpresse im äusseren Ansehen. Eine grosse Anzahl von schmalen Trögen, die mit 0,01 mm dicken Platinwänden seitlich abgeschlossen sind, schliessen sich, durch eine Schraubspindel zusammengepresst, nach Fig. 99 aneinander. Der

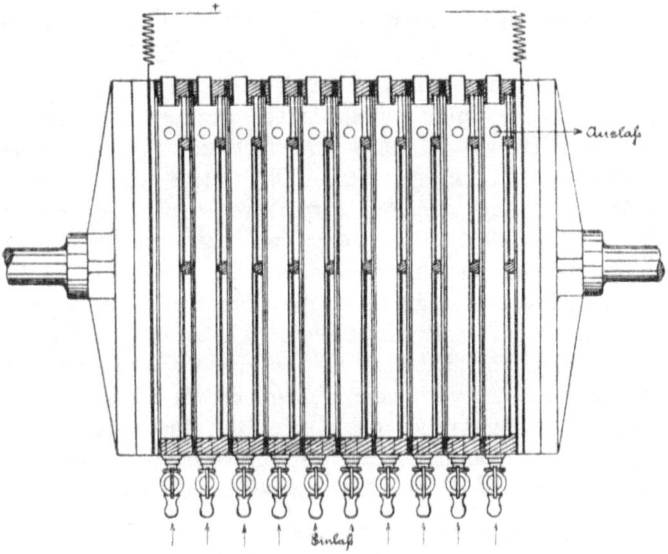

Fig. 99.

Apparat eignet sich wegen der geringen kathodischen Stromdichte, welche die Platinbleche mit sich bringen, nur für niedriggrädige Bleichlaugen. Für solche ist er, nach zahlreichen Angaben aus der Technik, so lange er in gutem Stande ist, wohl verwendbar. Seiner Haltbarkeit wird übereinstimmend ein sehr schlechtes

[1]) D. R. P. 80617. Die Firma Fr. Gebauer hatte die Freundlichkeit, von ihrem Apparat, dessen Herstellung sie übrigens in jüngster Zeit mit dem Vertrieb Kellner'scher Elektrolyser vertauscht hat, dem Verfasser die schematische Darstellung Fig. 99 anzufertigen.

Zeugniss ausgestellt. Die dünnen Platinfolien reissen ungemein leicht und sind nicht gut im Apparat zu befestigen. Sie sind an fensterkreuzförmige Ebonitrahmen gekittet, und diese Kittung lässt sich anscheinend nicht in dauernd haltbarer Weise ausführen. Diese Einwände treffen indessen nicht das Princip eines nach dem System der Filterpresse gebauten Elektrolysers mit niedrigen Stromdichten und grossen Elektrodenflächen, sondern die Ausführungsweise, welche jedenfalls einer Verbesserung fähig ist[1]). Für die Betriebsweise des Apparates gelten folgende Daten aus der Praxis. Eine Lösung von 100 kg Steinsalz in 1,3 cbm Wasser (spec. Gewicht 6—7° B°) wird mit 20 — 22° C. dem Elektrolyser zugeführt und erwärmt sich in diesem auf 40—45° C. In zehnstündiger Betriebszeit werden 2 cbm mit 0,4% wirksamem Chlor mittelst eines Stromes von 70 Amp. und 110 Volt erzeugt. Daraus berechnet sich für das Einheitsquantum von 1,322 kg wirksames Chlor 12,8 Kilowattstunden. Nach Angaben einer anderen Firma werden mit 66 Kilowattstunden 3600 bis 4000 l Bleichlauge von 0,24% wirksamem Chlor gewonnen, woraus sich 9,7 Kilowattstunden pro 1,322 kg Chlor berechnen. Diese Zahlen sind etwa dieselben als die mit Kellner's Apparat, der bei 45% Stromausbeute 12,7, bei 60% 9,6 Kilowattstunden fordert, aber bei Kellner ist der Vortheil einer erheblichen Salzersparniss vorhanden, indem der in nützliches Hypochlorit verwandelte Antheil das Kochsalzes, insbesondere gegenüber der zu zweit geschilderten Betriebsweise des Apparats von Gebauer weit grösser ist. Eine Erwägung der materiellen Ver-

[1]) Es ist beispielsweise wahrscheinlich, dass die Dauerhaftigkeit sehr gewinnt, wenn statt der dünnen Platinplatten stärkere Scheiben von platinplattirtem Kupfer verwendet werden Die Elektricitätsgesellschaft Haas & Stahl hat kürzlich einen in Gemeinschaft mit Oettel construirten Elektrolyser für Bleichlaugenerzeugung [in einer bei Breitkopf & Härtel in Leipzig gedruckten Broschüre] in den Hauptzügen beschrieben, welcher das Knöfler-Gebauer'sche Princip der hinter einander geschalteten Einzelzellen mit geringen Stromdichten an den zur Zellenscheidung verwendeten Elektroden benützt. Diesem Apparat, über den nähere Angaben noch fehlen, wird von einer sächsischen Baumwollbleicherei, die ihn seit längerer Zeit schon verwendet, eine dauernde Haltbarkeit und dabei die Erzeugung einer guten Bleichlauge nachgerühmt. Die Elektroden sollen aus Kohle (?) bestehen.

hältnisse bei den beiden entgegengesetzten Bedingungen: niedrige Kathodenstromdichte und niedriger Gehalt an wirksamem Chlor, hohe kathodische Stromdichte und hoher Gehalt an wirksamem Chlor scheint zu Gunsten des zweiten, Kellner'schen, Principes auszufallen.

Chlor und Alkali.

Die Herstellung von Bleichlaugen ist eine elektrochemische Betriebsgattung, welche zwar einer grossen Verbreitung fähig ist, aber nicht in grossindustriellem Massstab centralisirt werden kann, da diese dünnen Laugen die Kosten des Versandts nicht tragen. Die Herstellung von Chloraten ist durch das enge Verwendungsgebiet, dass diese Verbindungen besitzen, auf eine beschränkte Ausdehnung verwiesen. Als Zweig der chemischen Erzeugung von Massenproducten kommt die Elektrolyse nur insoweit in Betracht, als sie Kathoden- und Anodenproducte sondert und Aetzalkali oder Alkalicarbonat einerseits, Chlor und daraus Chlorkalk andererseits darstellt. Diese Arbeitsweise setzt nun in erster Linie eine Trennung des Anoden- und Kathodenraumes voraus, welche den Stromdurchgang nicht hindert, die Vermischung der Lösungen aber ausschliesst.

Für die Trennung der Anoden- und der Kathodenlösung sind verschiedene Principien vorgeschlagen worden. Die Vermischung erfolgt, wenn besondere Vorkehrungen mangeln, theils durch den molaren Vorgang der Flüssigkeitsströmung, theils durch den molecularen Vorgang der Diffusion. Die Flüssigkeitsströmungen werden theils durch die Gasentwicklung an den Elektroden, theils durch die Aenderung des specifischen Gewichts, welches die Flüssigkeit an den Polen erleidet, theils durch den Zulauf neuer Lösung und den Ablauf zersetzter bedingt. Sie sind von viel erheblicherer und störenderer Bedeutung als die langsam verlaufenden Diffusionen.

Man hat versucht, die bewegten Massen in den Elektrodenräumen durch eine stehende Flüssigkeitsschicht zu trennen. Dieser Absicht entstammt die durch Fig. 100 schematisch wiedergebene Anordnung zweier isolirender Scheidewände, welche den Flüssigkeitsquerschnitt bis auf zwei Streifen *a* und *b* verkleinern. Die Vorkehrung ist aber auf der einen Seite unzulänglich in der

Wirkung, auf der anderen bringt sie eine Verlängerung des Stromweges und eine Verengung desselben bei *a* und *b* mit sich, und steigert so den elektrischen Widerstand in nachtheiliger Weise. Nach einem anderen Vorschlage soll die stehende Flüssigkeitsschicht durch Einsenkung zweier Gitter aus isolirendem Material zwischen dem Anoden- und Kathodenraum erreicht werden. Dieser Vorschlag ist ebenfalls irrationell. Entweder macht man die Gitter so feinmaschig, dass die Oeffnungen in ihnen zu capillaren Poren werden, dann ist ein Einsatzstück ausreichend und die stehende Flüssigkeitsschicht sammt dem zweiten Gitter eine überflüssige Widerstandsvermehrung, oder man macht die Gitter grobmaschig, dann sind sie nicht mehr fähig, die Strömungen in der Lösung zu beseitigen. In diese Klasse von Apparaten zählen die von Bein[1]) (Engl. P. 21838 1894), Marx (D. R. P. 46318, 48757, 57670), Richardson und Holland (Engl. P. 2297, 1890). Nach dem Verfahren der letztgenannten Erfinder wird angeblich in England gearbeitet, und zwar in der Weise, dass eine der Kellner- oder Castner'schen Quecksilberzelle, die später beschrieben wird, sehr ähnliche Zelle mit unporöser, nicht ganz bis auf den Boden reichender Scheidewand ohne Quecksilber benützt wird. Die Angaben über diese Fabrikationsweise klingen wenig glaubhaft.

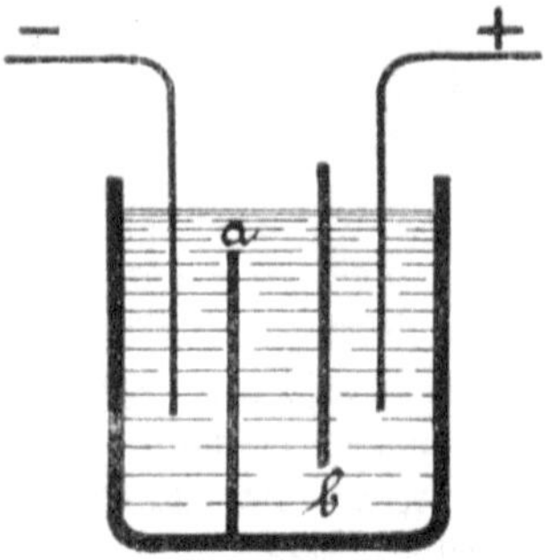

Fig. 100.

Aussichtsreicher erscheint beim ersten Anblick ein anderes Trennungsprincip. Da die an den Elektroden gebildeten Substanzen nicht nach der Mitte gelangen sollen, so kann man die Zuführung frischer Lösung von der Mitte aus vornehmen. Eine solche Anordnung[2]) zeigt Fig. 101. Die Flüssigkeit läuft hier durch die Rohre r_1, r_2, r_3, welche oben links und rechts feine Oeffnungen haben, in den Zersetzungsraum ein, umspült die Elektroden und läuft bei R_1 und R_2 wieder ab. Die Natronlauge, welche am negativen Pol entsteht, die chlorhaltige Kochsalzlösung

[1]) Bein, Z. f. Elektrochem. 2, S. 346.

[2]) D. R. P 73651.

am positiven werden von der nachrückenden Lösung in entgegengesetzter Richtung aus der Zelle herausgetrieben. Die vollkommenste Ausbildung dieses Strömungsprincipes stellen die Hulin'schen Filterelektroden[1]) dar, wie Fig. 102 sie zeigt. Hier sind die Elektroden *b* und *c* in die Zersetzungszelle *a* mit Dichtungen *d* so eingesetzt, dass die Lösung von *x* in die Abtheilungen *y* und *z* nur dadurch gelangen kann, dass sie durch die Elektroden hindurchsickert. Diese sind Platten von poröser Kohle. Bei *e*, *e* läuft die durchgesickerte Lösung nach den Sammel-

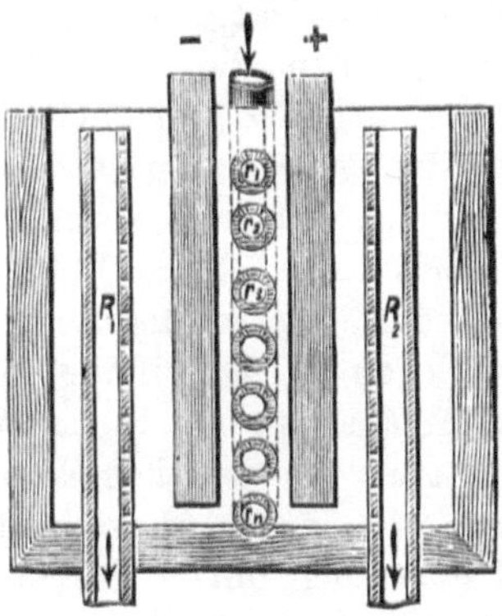

Fig. 101.

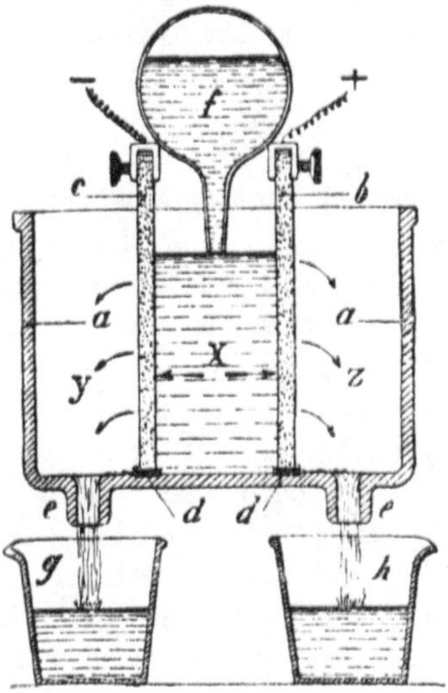

Fig. 102.

gefässen *g* und *h* ab. Der Behälter *F* ist zum Nachspeisen von Lösung bestimmt. Seine Form und Anordnung hat mit dem Princip nichts zu thun. Sie ist jedenfalls minder glücklich als die in Fig. 101 dargestellte Zuführungsweise der Lösung Die Ausbildung der Elektroden als Zwischenwand aber ist principiell sehr günstig für eine wirksame Abführung der Zersetzungsproducte bei kleiner Strömungsgeschwindigkeit, weil die eingespeiste Lösung die zersetzte Schicht in voller Breite vor sich her schiebt, ohne dass diese durch Wirbel, die an Krümmungen des

[1]) D. R. P. 81 893.

Flüssigkeitsweges entstehen, nach der Mitte der Zelle zu gelangen kann. Es mag unerörtert bleiben, inwieweit die Scheidung des gasförmigen Chlors vom gasförmigen Wasserstoff im einen oder anderen Falle besser erreichbar ist und ob die Filterelektroden eine entsprechende Haltbarkeit erwarten lassen, denn es kann der Verwendung des Strömungsprincipes zum Auseinanderhalten von Anoden- und Kathodenlösung bei näherer Betrachtung ein grösserer Werth überhaupt nicht beigemessen werden. Das Strömungsprincip schliesst nämlich die Nothwendigkeit ein, die Lösung beim einmaligen Durchgang durch eine Zelle soweit elektrolytisch zu zersetzen, dass auf der einen Seite eine kochsalzarme Natronlauge, auf der anderen eine stark verdünnte Chlornatriumlösung abläuft. Das bedingt aber eine äusserst langsame Strömung. Eine Vorstellung von der nothwendigen Langsamkeit gewinnt man durch folgende Erwägung. Wenn eine Schicht der Kochsalzlösung, indem sie sich durch die Filterkathode hindurchschiebt, in eine annähernd kochsalzfreie Aetznatronlösung verwandelt werden soll, so darf die Geschwindigkeit ihrer Vorwärtsbewegung nicht viel grösser sein als die Wanderungsgeschwindigkeit der Chlorionen, welche der Flüssigkeitsströmung entgegen von der Kathode weg in die Lösung hineinwandern. Die Chlorionen aber legen in der Stunde nur $2^1/_2$ cm zurück, wenn das Spannungsgefälle pro cm Elektrolyt selbst auf den im technischen Betrieb ganz unthunlichen Werth von 1 Volt getrieben wird. Eine Strömungsgeschwindigkeit von dieser Grössenordnung wird aber nicht ausreichen, um die Producte der Elektrolyse auseinander zu halten, weil die Gase, die an den Elektroden auftreten, die Lösung durchrühren. Ueberdem kann man die schwache Kochsalzlösung, welche an der Anodenseite abläuft, nicht ohne weiteres durch Anreicherung mit festem Salz wieder verwendungsfähig machen, denn sie ist chlorhaltig und darf mit diesem Chlorgehalt nicht an die Kathode kommen, da dort sonst die Entstehung von Aetznatron beeinträchtigt wird. Ist die Strömungsgeschwindigkeit grösser und demgemäss der Durchgang der Lösung durch den Apparat so weit beschleunigt, dass die von der Kathode ablaufende Flüssigkeit nur zu wenigen Procenten Aetzalkali enthält, so kann sie noch nicht mit Nutzen durch Eindampfen weiter auf Aetzalkali verarbeitet werden. Sie kann aber auch nicht von neuem in den Apparat eingeführt werden, weil sie an der Anode ihrer Alkalität wegen die Entbindung von Chlor aufheben würde[1]). Die Scheidung des Elektrolyten in eine Anoden- und eine Kathodenabtheilung ist also unerlässlich. Diese Scheidung mittelst stehender Flüssigkeitsschichten zu erzielen, ist, wie erläutert, nicht angängig. Man könnte daran denken, das Strömungsprincip mit dem der stehenden Schichten zu verbinden, indem man etwa (Fig. 102) die horizontalen Rohre r_1 bis r_n mit zwei verticalen Zuleitungen verbindet, von denen die eine die geraden Rohre mit Anodenlösung, die andere die ungeraden Rohre mit Kathodenlösung speist und die Oeffnungen in beiden Rohrgruppen entgegengesetzt anordnet. Aber ein befriedigendes Auseinanderhalten der Lösungen ist auch dann nicht zu erwarten. So laufen die gangbaren Wege auf zwei hinaus, auf die Scheidung 1. durch einen Nichtleiter, welcher von capillaren Canälen durchsetzt ist (Diaphragma), 2. durch einen porenfreien Leiter, welcher als Mittelleiter dient, auf der einen Seite Natriumionen aufnimmt, die auf die andere Seite hinübergelangen und dort in die Lösung unter Bildung von Natronlauge wieder eintreten. Beide Wege sind von der Technik mit Erfolg beschritten worden.

Als Diaphragmen sind die mannigfaltigsten Substanzen vorgeschlagen worden. Le Sueur will zwei Asbestblätter mit einer Zwischenlage von Pergamentpapier durch Blutalbumin zu einem Diaphragma verkitten[2]), Heargraves und Bird wollen[3]) aus

---

[1]) Zu diesen principiellen Momenten gesellt sich das praktische, dass die Filterelektroden sich mit Partikeln verstopfen, welche in dem durchströmenden Elektrolyten suspendirt sind. Hulin (Elektrochem. Z. 1897, S 75) hilft dem durch ein Mittel ab, das seinem Wesen nach eine empfindliche Betriebsstörung ist; er wäscht die Elektroden nämlich allwöchentlich mit Salzsäure. Im Uebrigen behauptet Hulin einen auffallend günstigen Arbeitserfolg mit seinem Apparat; denn er gibt an, bei 78 — 80 % Stromausbeute eine Aetznatronlösung mit nur 3 — 5 % Kochsalzverunreinigung und 13 % NaOH hinter der Filterkathode zu gewinnen. Die verwendete Stromdichte wird auf 4 Amp. pro qdm, die Badspannung auf 4,3 Volt beziffert. Die hinter der Kathode ablaufende Lauge ist naturgemäss frei von Hypochlorit, da dieser Körper beim Durchgang durch die Filterkathode reducirt wird.

[2]) E. P. von 1891 Nr. 5983, D. R. P. 63116.

[3]) E. P. von 1892 Nr. 18039, von 1893 Nr. 5198 und 14131.

Natronwasserglas oder Natronphosphat und Kalk hergestellte Schichten von Kalksilikat oder Kalkphosphat eventuell mit eingebettetem Asbest benutzen. Andere Vorschläge betreffen mit Bichromat versetzten und mit Asbest gemischten Leim, der durch Belichten oder durch Thiosulfatbehandlung gegerbt und damit unlöslich gemacht wird, ferner Kieselguhr, Sand, Asbest, der mit Kaolin imprägnirt ist, Filz, Leder oder Papier.[1] Kellner[2]) hat Seife in Vorschlag gebracht, die Anciennes salines dominiales de l'est[3]) Kalksteinblöcke oder gepresste Massen aus Kalkstein und Magnesia, Matthes & Weber[4]) Cement, dem lösliche Salze eingemischt werden, die nach dem Abbinden wieder herausgelöst werden. Aus dem Laboratoriumsgebrauch ferner ist der Thon als Diaphragmenmaterial bekannt. Auch hat man daran gedacht, das Kochsalz selbst[5]) zur Herstellung des Diaphragmas zu verwenden, indem man es als Trennungsschicht zwischen Anoden- und Kathodenraum einbettet. Eigenartig ist der Vorschlag, das Diaphragma durch die Elektrolyse selbst zu erzeugen, bezw. zu verstärken, indem man der Anoden- und Kathodenlösung kleine Mengen solcher Salze zusetzt, die bei der Berührung einen Niederschlag geben, indem das Anion des einen mit dem Kation des anderen ein unlösliches Salz bildet.[6]) Dieser Vorgang findet während der Elektrolyse statt und belegt das Diaphragma mit einer Haut, die einerseits porös ist und den Widerstand nicht sehr steigert, andererseits die Haltbarkeit des Diaphragmas sehr vermehrt. So wird z. B. eine Schutzschicht von Calciumoxychlorid auf einem Pergamentpapier erzeugt, wenn man dies als Diaphragma bei der Elektrolyse von Chlorkaliumlösung benutzt und 2% Chlorcalcium der Anodenlösung zufügt.

Von diesen Vorschlägen sind die wenigsten verwendbar. Drei Gesichtspunkte nämlich sind für die grossindustrielle Ver-

---

1) Litteraturzusammenstellung siehe bei Lunge, Soda-Industrie Bd. III S. 635. Neuere Vorschläge: Glimmer D. R. P. 89980; Nitrocellulose D. R. P. 88681; Hartgummifilz D. R. P. 86101.

2) D. R. P. 79258.

3) D. R. P. 82352.

4) D. R. P. 34888.

5) U. S. A. P. 522615 — 522618.

6) D. R. P. 64671.

wendbarkeit eines Diaphragmas massgeblich. Der Widerstand, die Haltbarkeit und die Einfachheit des Betriebes. Am wenigsten schwierig ist es, der Anforderung eines geringen Widerstandes zu genügen. Allen Diaphragmen ist gemeinsam, dass sie den Widerstand bis zu einem gewissen Betrage vermehren. Man kann mit genügender Annäherung annehmen, dass der Widerstand eines Diaphragmas gleich dem der Flüssigkeit in seinen Poren ist, dass es also den Widerstand in dem Maasse vermehrt, als es Flüssigkeit verdrängt.[1]) Hurter hat einige Messungen über Diaphragmenwiderstände angestellt. Er beobachtete für Bretter aus verschiedenen Holzarten von 1 qm Fläche und 3 mm Dicke, die mit Kochsalzlösung durchtränkt waren, 0,0061 bis 0,0376 Ohm je nach der Holzart. Eine Schicht der Kochsalzlösung von gleichem Querschnitt und gleicher Dicke besass 0,00017 Ohm. Für Platten aus Portlandcement von 10 mm Dicke fand er bei sonst gleichen Bedingungen 0,0034 Ohm, für Pergamentpapier 0,00376. Widerstände von der Kleinheit der beiden letztgenannten fallen für die Oekonomie des Betriebes nicht ins Gewicht. Dagegen ist beispielsweise Seife mit einem Widerstand von etwa 0,0275 Ohm pro qm ökonomisch schon bedenklich.[2])

Diaphragmen von genügender Haltbarkeit sind wesentlich schwerer auszuwählen.

Sämmtliche Diaphragmen sind von begrenzter Dauer. Diese schwankt je nach der Diaphragmensubstanz von wenigen Tagen bis zu etwa zwei Jahren. Mit Diaphragmen von geringer Haltbarkeit kann man im Grossen nicht arbeiten. Es ist zwar leicht möglich, Apparatconstructionen anzugeben, bei welchen eine Auswechslung der Diaphragmen in kurzen Zwischenräumen vorgesehen ist.[3]) Aber der Aufwand an Zeit und Arbeit, welcher damit verbunden ist, die Vermehrung der nothwendigen Sorgfalt in der Beaufsichtigung, die häufige Betriebsunterbrechung an den einzelnen Zellen führt zu viel Störungen mit sich.

Die Zerstörung fällt wesentlich dem chemischen Einfluss zur Last, welchen die chlorhaltige Anodenlauge von der einen,

---

[1]) Z. f. Elektrochem. 2, S. 539.

[2]) Sie hat überdem die Neigung, auf der Anodenseite zu verschmieren.

[3]) z. B. D. R. P. 60755 (identisch mit Le Seur, E. P. von 1891 Nr. 5983.

die ätzalkalihaltige Kathodenlauge von der anderen Seite üben. Indessen ist die Möglichkeit nicht ganz auszuschliessen, dass gelegentlich auch elektrochemische Einflüsse mitspielen, indem die Substanz einzelner Diaphragmen zu einem sehr kleinen Bruchtheile an der Leitung theilnimmt und dadurch langsam verändert wird. Dass elektrolytische Leitung bei festen Körpern, die allgemein als Isolatoren gelten, in kleinem Betrage bestehen kann, lehren z. B. Versuche von Warburg und Tegetmeier[1]), sowie von Roberts Austen.[2]) Sie untersuchten Glas zwischen reinem Quecksilber einerseits und Quecksilberamalgamen andererseits bei Temperaturen von 200 bis 300°, und beobachteten, dass Natrium durch Natronkalkglas wie durch einen Elektrolyten hindurchwanderte. Lithium ging durch dasselbe Natronglas und veranlasste dabei, dass es trübe und zerbrechlich wurde.

Welche von den angeführten Substanzen allen Anforderungen an ein technisch brauchbares Diaphragma genügen, ist schwer zu beurtheilen, weil die Werke, welche solche im Grossbetriebe verwenden, die Details in strenges Geheimniss hüllen. Indessen ist bekannt, dass die deutsche elektrochemische Industrie seit Jahren mit Erfolg die Cementdiaphragmen nach Matthes & Weber's Patent zur Chloralkalielektrolyse benützt. Die Patentschrift sagt über die Herstellung dieser Diaphragmen im Wesentlichen Folgendes:

»Um einen auf die Dauer geeigneten porösen Cementkörper »darzustellen, wird der Cement statt mit reinem Wasser mit »concentrirten Salzlösungen und eventuell noch mit solchen »Säuren, wie z. B. Salz- oder Salpetersäure, versetzt, welche »mit einzelnen Bestandteilen des Cementes lösliche Verbin»dungen bilden. Beim Abbinden entzieht der Cement jenen »concentrirten Salzlösungen das Wasser, wodurch die Salze selbst »in fester Form fein zerteilt in dem Cementkörper ausgeschieden »werden. Man erhält also nach dem Abbinden einen Cement»körper, der durch und durch von feinzertheilten löslichen »Bestandtheilen durchsetzt ist. Wird der Cementkörper nun»mehr ausgelaugt, so erhält man einen äusserst fein und

[1]) Wied. Ann. 21, S 622, 41 S. 18; Göttinger Nachrichten 1888 S. 210

[2]) Engineering 59 S. 742; siehe dazu Beiblätter zu Wied. Ann. 19, Seite 250.

»gleichmässig porösen Körper, indem die löslichen Salze ent»fernt werden und die unlöslichen Bestandtheile gewisser»massen das Scelett des Körpers bilden.

»Wir verwenden hauptsächlich Kochsalz- und Chlorkalium»lösungen unter eventuellem Zusatz von Salz- oder Salpeter»säure z. B. auf

1000 Teile Cement
720 » Kochsalzlösung von 24° B.
320 » Salzsäure » 20° ».

»Man rührt den Cement in einem passenden Gefäss mit der »Kochsalzlösung an und setzt dann auch die Salzsäure unter »Umrühren zu. Die so zubereitete dickflüssige Masse wird in »die entsprechenden Formen gegossen, welche man circa »24 Stunden unberührt stehen lässt, um die Cementkörper »dann nach dieser Zeit, welche ungefähr zum Abbinden genügt, »bei einer mässigen Wärme von ca. 70° C. zu troknen.

»Nach dem Abbinden und Festwerden der Cementkörper »können dieselben durch Auslaugen mit Wasser oder durch »die spätere Benützung selbst in den porösen Zustand über»geführt werden.«

Auch die Diaphragmen, welche die Anciennes salines dominiales de l'est verwenden, werden von zuverlässiger Seite als brauchbar gerühmt. Die Patentangaben dieser Firma sind in der Hauptsache die folgenden:

»Diaphragmen aus natürlich vorkommendem Kalkstein »haben sich namentlich zur Elektrolyse von Chloralkalien als ge»eignet gezeigt. Da die bekannte Einwirkung von Chlor auf »kohlensauren Kalk (Lunge, Handbuch der Soda-Industrie II. »S. 706) sich nur auf kohlensauren Kalk in fein gemahlenem »unter Wasser aufgeschlämmtem Zustande bezieht, während »feste Kalksteinstücke nicht angegriffen werden (Jurisch, Fabri»cation von chlorsaurem Kali 1888 S. 88—89) so ist eine Zer»störung des Diaphragmas auf genügende Zeit hin ausge»schlossen.« — »Versuche, die Diaphragmen aus einem an»gefeuchteten Gemisch von gepulvertem Kalkstein und ge»brannter Magnesia unter Druck herzustellen, ergaben gleich»falls brauchbare Resultate und ein genügend widerstandsfähiges »Diaphragma.«

Ueber Thondiaphragmen haben Häussermann und Fein[1]) Versuche angestellt. Diese haben insbesondere für die Pukall'sche Thonmasse der Königl. Porcellanmanufactur in Berlin günstige Eigenschaften für die elektrochemische Benutzung gezeigt. Zellen aus dieser Masse verbanden mit geringem Widerstand eine grosse chemische Resistenz. Viertägiges Digeriren mit Natronlauge bei 90° brachte keine sichtbare Veränderung hervor. Nur Spuren von Thonerde und Kieselsäure gingen bei diesem Angriff in Lösung. Es scheint indessen, dass diese Masse einen Eingang in die grossindustrielle Technik nicht gefunden hat.

Wenn die generelle Anordnung der Diaphragmen die einer festen Scheideschicht zwischen zwei Lösungen ist, so sind doch auch eine Reihe von Variationen möglich. Hierher zählt zunächst Craney's Vorschlag[2]), pulvrige Substanzen zu Diaphragmen zu wählen, indem dieselben auf dem Zellboden ausgebreitet werden. Dieses System versinnlicht schematisch Fig. 103, in welcher durch dichte Schraffirung am Gefässboden das pulverige Material kenntlich gemacht ist. Eine feste Wand ragt so weit in diese Schicht hinab, dass eine Communication der Lösungen im Anoden- und Kathodenraum nur durch die engen Kanäle der etwa aus Sand bestehenden Bodenschicht hindurch möglich ist.

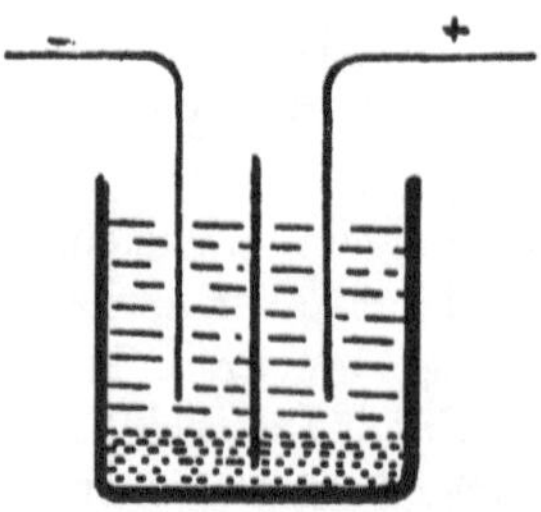

Fig. 103.

Während diese Anordnung, ebenso wie eine von Marx in dessen letztem Patent[3]) vorgeschlagene Variante, auf eine Combination des Princips der stehenden Flüssigkeitsschicht mit dem des Porenleiters hinausläuft und eine erhebliche Bedeutung wohl nicht beansprucht, erscheint der Gedanke, das Diaphragma mit dem Strömungsprincip zu combiniren, ein glücklicher. Wenn in Fig. 101 die Zwischenräume der vertikal übereinanderlaufenden Rohre durch Diaphragmenplatten ausgefüllt werden, so übernehmen die Diaphragmen die Scheidung der Flüssigkeitsräume, für welche die Flüssigkeitsströmung allein nicht ausreicht; diese dient aber dazu,

---

[1]) Häussermann u. Fein, Z. f. angew. Chem. 1894 S. 9.

[2]) D. R. P. 71674, 73637, 75917, 77349, 78539, 79658.

[3]) D. R. P. 57670.

am Diaphragma selbst auf beiden Seiten eine Schicht nicht stark veränderter Lösung aufrecht zu erhalten und wirkt dadurch als ein Schutz des Diaphragmas gegen den chemischen Angriff, welchen die chlorhaltige Anodenlauge, die ätzalkireiche Kathodenlauge anderenfalls üben.

Die Benützung eines porenfreien Leiters, welcher das Natrium in einem Zellentheil aufnimmt, im anderen wieder abgiebt, an Stelle eines porösen Diaphragmas, führt, technisch ausgebildet, zu Arbeitsweisen, welche den Diaphragmaverfahren vielleicht überlegen sind.

Man denke sich eine dünne Quecksilberhaut als stehende Wand zwischen eine Lösung von Natronlauge und eine solche von Kochsalz gebracht. In jene tauche eine Eisenkathode, in diese eine Platinanode. Bei Stromdurchgang wird am Platin Chlor, am Eisen Wasserstoff entwickelt werden. Gleichzeitig werden Natriumionen unter Amalgambildung vom Quecksilber auf der dem Platin zugekehrten Seite aufgenommen werden. Auf der Gegenseite der Haut, welche dem Eisen zugewendet ist, muss entweder Sauerstoff abgeschieden werden oder Natrium in die Lösung hineintreten. Enthält die Membran von Haus aus etwas Natrium als Amalgam gelöst, so wird dies auf der einen Seite angereichert werden, auf der anderen verarmen. Die Diffusion des Natriums im Quecksilber wird bestrebt sein, eine gleichmässige Verteilung des Natriums im Quecksilber herbeizuführen und beim Fortgang der Elektrolyse unablässig Natrium von der Platinseite auf die Eisenseite hinübertreiben. Es ist denkbar, dass bei dünnen Quecksilbermembranen dieser Vorgang so rasch und ausgiebig verläuft, dass die Natriumaufnahme auf der einen Seite genau gleich der Natriumabgabe auf der anderen Seite ist. In diesem Falle wird zur Bildung des Amalgams dieselbe Arbeit aufgewendet, die bei Zerlegung desselben gewonnen wird, und die Membran bewirkt eine Scheidung der Flüssigkeitsräume, ohne den Widerstand zu vermehren. Diese theoretische Möglichkeit[1]) lässt sich in der Praxis kaum realisiren, weil es überaus schwierig

[1]) Siehe dazu Ochs, Z. f. Elektrochem. 2, S. 398, sowie Luggin, Wied. Ann. 56 S. 347 und 57 S. 700; Arons, Wied. Ann. 46 S. 168 und 57 S. 201 und 58 S. 680.

ist, hauchdünne continuirliche Quecksilberhäute zu erzeugen und zu erhalten. Der gleiche Erfolg wird aber erreicht, wenn man eine mechanische Bewegung des Quecksilbers zu Hilfe nimmt und dasselbe in Circulation bringt. Den einfachsten Weg dazu bietet eine aus Schiefer oder ähnlichem Material gebaute zweitheilige Zelle mit schwach geneigtem Boden, welche durch eine feste Wand, wie Fig. 104 zeigt, in zwei Theile zerlegt ist. In *A* befindet sich Kochsalzlösung, in *B* Natronlauge. *E* ist die Eisenkathode, *P* die Anode, das Quecksilber läuft bei *H* durch einen Schlitz ein, tritt durch den kleinen Syphon bei *K* und läuft bei *J* wieder

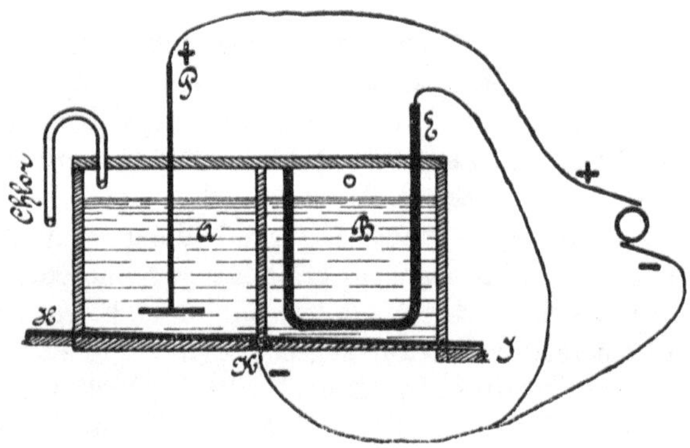

Fig. 104.

durch einen Schlitz ab. Es bedeckt den Boden der Zelle in einer dünnen Schicht vollständig und füllt die beiden Schlitze und den Syphon dergestalt aus, dass ein Austreten der wässrigen Lösungen aus der Zelle oder ein Uebertritt vom einen in den anderen Zelltheil verhindert ist. Denkt man nun *E* mit dem negativen, *P* mit dem positiven Pol einer Dynamomaschine verbunden, so wird das Quecksilber in *A* als Kathode Natrium aufnehmen, damit beladen nach *B* hinübergelangen und es dort als Anode wieder abgeben. Durch eine Pumpe kann das Quecksilber leicht wieder um die kleine Höhendistanz *H J* gehoben und bei *H* wieder eingespeist werden. Bei dieser Benützungsweise arbeitet nun der Apparat nicht befriedigend. Es ist nämlich nicht zu vermeiden, dass im Raum *B* eine schwache Oxydation des Quecksilbers auftritt. Diese hat ihren Grund wesentlich darin, dass in *A* neben Natrium auch eine kleine Menge Wasserstoff entwickelt wird. Dieser Wasserstoff macht nur $^1/_{100}$ Grammäquivalent pro 1 *F* durchgehende Elektrizitätsmenge aus, während $^{99}/_{100}$ Grammäquivalente Natrium an das Quecksilber übergehen. Aber diese kleine Differenz wird in der anderen Zellhälfte sehr fühlbar. Dort wird für jedes durchgehende *F* ein Grammäquivalent Natriumionen erfordert, und wenn das Quecksilber diese Menge nicht herzugeben vermag, tritt eine dem Deficit entsprechende geringe Sauerstoffbildung auf, welche das Quecksilber oberflächlich oxydirt. Diese schwache Oxydbildung ist ungemein störend, indem sie das Quecksilber verschmiert. Deshalb ist eine veränderte Schaltweise Kellner's von der grössten Wichtigkeit geworden, welche darin besteht, dass das Platin mit dem positiven Pol, das Quecksilber mit dem negativen Pol der Dynamomaschine verbunden wird, während das Eisen mit dem Quecksilber durch einen Leitungsdraht kurz geschlossen wird. Für den Vorgang in *A* wird durch diese Anordnung nichts geändert, wohl aber für den Vorgang in *B*. Das mit Natrium beladene Quecksilber stellt in diesem Zelltheil mit dem Eisen ein kurz geschlossenes Element

Natriumamalgam / Natronlauge / Eisen

her. Es geht Natrium in Lösung, während Wasserstoff sich am Eisen entwickelt. Ist das Amalgam auf jenen analytisch nicht mehr nachweisbaren Natriumgehalt verarmt, welcher sein Potential gegenüber der Lösung auf das des Wasserstoffs gegen die Wasserstoffionen der Lösung herabdrückt, so hört der Stromdurchgang in dem System auf. Es ist dann die elektromotorische Kraft in der Kette

Amalgam von verschwindendem Natriumgehalt	Natronlauge: Natrium-ionen, Wasserstoff-ionen	/	Wasserstoff

gleich Null. Eine Sauerstoffentwicklung am Quecksilber ist ausgeschlossen, sie würde das Hinzutreten einer äusseren elektromotorischen Kraft erfordern, die den Strom im selben Sinne wie die kurzgeschlossene Kette weiter hindurchtreibt, wenn diese zu arbeiten aufhört. Die Kellner'sche Schaltweise verhindert also, dass das Quecksilber anodisch polarisirt und dadurch mit Oxyd verunreinigt wird.

Bei dem geschilderten Verfahren strömt das Quecksilber sehr rasch und nimmt jedesmal eine geringe Menge Natrium im Anodenraum auf, die etwa $^1/_{50}$ % beträgt. Amalgame von wesentlich höherem Natriumgehalt entbehren jener Leichtflüssigkeit, welche für eine glatte Circulation Bedingung ist. Es ist auch vorgeschlagen worden, in gerade entgegengesetzter Weise zu arbeiten, und von der Steifheit des stark natriumhaltigen Amalgams Nutzen zu ziehen. Nach Störmer's[1]) Vorschlag dient dazu eine zweitheilige Zelle, ähnlich wie bei Kellner, nur mit horizontalem Boden und einer dickeren Quecksilberschicht am Boden, welche durch einen Rührer zwischen dem Anoden- und Kathodenraum hin und her getrieben wird. Wenn die Bewegung des Rührers, die Stromdichte und die Masse des Quecksilbers richtig gewählt werden, kann erreicht werden, dass eine ruhende Haut von schwer beweglichem Amalgam auf der Metalloberfläche im Anodenraum sich herausbildet, welche aus der Lösung dauernd Natrium aufnimmt und es an das bewegte Quecksilber, auf dem sie aufliegt, durch Diffusion abgiebt. Es ist nicht ersichtlich, dass dieses Verfahren gegenüber dem früher beschriebenen irgend welche Vortheile besässe.[2])

Dem Quecksilber lässt sich, solange man mit gelösten Elektrolyten arbeitet, ein anderes Metall nicht substituiren.[3]) Bei Benützung von geschmolzenem Kochsalz oder Kochsalz plus Chlorkalium kann man dem Blei eine gleichartige Rolle zutheilen. Indessen hat eine solche Modification keinerlei Bedeutung. Man ist genöthigt, bei Rothgluth zu arbeiten, und findet in dem Angriff, den Chlor und Chloralkalien bei dieser Temperatur auf die Gefässmaterialien ausüben, Schwierigkeiten, die diese Arbeitsweise minderwerthig erscheinen lassen.

Die Elektroden für die Chlor- und Alkalierzeugung sind allgemein Kohle als Anode[4]), Eisen als Kathode. Die Kohle hat den

---

[1]) Stoermer, D. R. P. 89902.

[2]) Koch's Verfahren (D. R. P. 90637), einen Amalgamrahm zu erzeugen und abzustreichen, ist jedenfalls ganz aussichtslos.

[3]) Siehe dazu Vautin, J. Soc. Chem. Ind. 1894 S. 448 und Anmerkung 2 S. 359, siehe auch D. R. P. 78001, 81710.

[4]) Ueber die Herstellung von Kohlen für elektrische Zwecke aus Petroleumkoke siehe Z. f. Elektrochem. 2 S. 62, ferner Jahrb. f. Elektrochem. 3 S. 330; über den Zusammenhang, welcher zwischen dem Leitvermögen der Kohle und der Temperatur besteht, auf welche sie zuvor erhitzt war, siehe Brion, Wied. Ann. 59 S. 715.

empfindlichen Uebelstand, der schon früher (S. 178 ff.) erörtert wurde, chemisch angegriffen zu werden. Dadurch entsteht Kohlensäure, die bei der Chlorkalkerzeugung aus dem Anodengas sehr lästig ist und gefärbte organische Substanzen gehen in die Lauge über. Die Resistenz der Kohlen wird durch Ausglühen bei intensiver Weissgluth sehr gesteigert. Nach Castner's Vorschlag[1]) werden sie dazu in Holzkohlenpulver gepackt und zu vier hintereinander als Widerstände in einem Starkstromkreis mit 0,6—0,7 Amp. pro qmm Kohlequerschnitt elektrisch erhitzt. Sie verlieren dabei 3—7 % ihres Gewichtes. Hurter hat[2]) die Dickenabnahme und die Leitfähigkeit von elektrisch erhitzten Kohlenanoden und von solchen, die ohne diese Erhitzung hergestellt waren, verglichen und beobachtet, dass bei einer Stromdichte von 18—27 Amp. pro qdm der Dickenverlust pro 100 Amp.-Stunden 10—50 mm in Aetznatronlösung als Elektrolyt erreichte. Die elektrisch erhitzten Kohlen näherten sich durchgängig der unteren Grenze (12—22 mm) und besassen dabei eine gute Leitfähigkeit, während die anderen Kohlenelektroden durchweg einen viel höheren specifischen Widerstand und dabei zum Theil eine wesentlich grössere Angreifbarkeit zeigten. In neuester Zeit werden von Dr. Lessing in Nürnberg besonders resistente künstliche Kohlen gefertigt.

An Stelle der Kohle sind Phosphorchrom[3]), Ferrosilicium[4]) und Magnetit in Vorschlag gekommen. Von wesentlicher Bedeutung aber dürfte nur Platin bezw. Platiniridium (10 % Ir) sein, dessen Benützung als Anode mit unvergleichlich grösserer Annehmlichkeit im Betriebe verbunden ist. Ueber die anodische Angreifbarkeit dieser Elektroden ist früher (S. 343) berichtet worden.

Für die Kathode ist ausser Eisen gelegentlich eine Kupferoxydplatte[5]) vorgeschlagen worden. Dem Vorschlag liegt die Absicht zu Grunde, bei der Elektrolyse ohne Diaphragma zu arbeiten und die Scheidung der Anoden- und Kathodenlösung durch das specifische Gewicht zu erreichen. Es soll eine Kupferoxydplatte als Kathode am Gefässboden, eine Kohleanode im oberen Gefässraum

[1]) E. P. von 1893 Nr. 19 809.
[2]) Z. f. Elektrochem. 2 S. 539.
[3]) E. P. von 1892 Nr. 6007.
[4]) D. R. P. 68 748 u. 77 881 und Anmerk. 2 S. 159.
[5]) E. P. von 1890 Nr. 2296, von 1891 Nr. 19 704.

untergebracht werden. Dann wird die Natronlauge sich unten ansammeln, währrend das leichte Chlorgas oben entweicht. Damit diese Scheidung aufrecht erhalten bleibt, muss die Entwicklung gasförmigen Wasserstoffs an der Kathode unterdrückt werden. Diesem Zweck soll die Kupferoxydkathode dienen. Es ist nicht zu bezweifeln, dass nach diesem Modus mit einem gewissen Erfolge gearbeitet werden kann, aber eine Bedeutung wird diesem Verfahren für die Technik nicht zuerkannt werden dürfen.

Die in der Praxis benutzten Spannungen liegen zwischen $3^1/_2$ und $5^1/_2$ Volt. Der theoretisch vorauszusehende Minimalwerth ist für die Elektrolyse von Kochsalz mit Diaphragma gleich der elektromotorischen Kraft der Kette

Chlorgas/Kochsalzlösung, Natronlauge/Wasserstoff.

Dafür kann man mit genügender Annäherung $1{,}31 + 0{,}8 = 2{,}11$ Volt setzen. Es ist nämlich nach S. 142 der Wert Chlor/Chlorionen um 1,31 Volt grösser als der Wert Wasserstoff/Wasserstoffionen, wobei die Lösungen in Bezug auf die genannten Ionen $^1/_1$ norm. gedacht sind. Der Wert Wasserstoff/Wasserstoffionen ist aber um 0,8 Volt kleiner, wenn die Lösung deren Wasserstoffionen in Frage kommen nicht in Bezug auf diese, sondern in Bezug auf OH Ionen $^1/_1$ norm. ist. (S. 113).

Der geringere Werth der Kette

Chlorgas/Kochsalz/Wasserstoff

kommt nicht in Betracht, da an der Kathode durch die Entladung von Wasserstoff und die Zuwanderung von Natriumionen die Lösung sofort alkalisch wird.[1])

Die Wärmetönung der Reaction berechnet sich

Na, Cl, aq =	− 96510
H_2, O =	− 68360
Na, O, H, aq =	+ 111810
aufzuwendende Energie:	53060 cal.

---

[1]) Lorenz (Z. f. Elektrochem. 4, S. 248) bedient sich einer verwandten Betrachtungsweise, welche zu einem ähnlichen Ergebniss leitet, das näher erläutert wird.

Dasselbe findet man, wenn man die entstandenen Producte sich rückwärts vereinigt denkt. Es werden bei dieser Vereinigung 53060 cal. frei, ebensoviel sind also für die Zerlegung aufzuwenden:

$$\begin{aligned} \text{H, Cl} &= +\ 22000 \\ \text{H Cl, aq} &= +\ 17320 \\ \text{Na OH, HCl, aq} &= \underline{+\ 13740} \\ \text{Aufzuwendende Energie:} &\ \ 53060 \text{ cal.} \end{aligned}$$

Nach der Thomson'schen Regel entspricht dieser Wärmetönung eine Spannung von 2,32 Volt.

Für Chlorkalium ist die Wärmetönung die gleiche und auch die Betrachtung mittelst der Gaskette führt zum selben Resultat.

Wird Quecksilber benutzt, so ändert sich am theoretischen Spannungsverbrauch nichts, wenn es als Mittelleiter dient, weil in diesem Fall bei idealem Ablauf des Vorganges dieselbe Energie für die Amalgambildung verbraucht wird, die bei der Zersetzung wieder gewonnen wird. Dient es aber nach der praktisch einzig möglichen Kellner'schen Schaltweise als Kathode, so ist eine Kette

Natrium Amalgam / Kochsalz / Chlorgas

durch die äussere elektromorische Kraft, welche am Bade wirkt, zu überwinden. Der Werth für diese Kette dürfte etwa $3^1/_4$ Volt betragen. Zu demselben Ergebniss führt die Berechnung nach Thomson's Näherungsregel aus den thermochemischen Daten

$$\begin{aligned} \text{Na, Hg} &= -\ 18800 \quad \left\{ \begin{array}{l} \text{(Bildung von flüssigem} \\ \text{Amalgam 25 Hg : 1 Na)} \end{array} \right. \\ \text{Na, Cl, aq} &= \underline{+\ 96400} \\ \text{aufzuwendende Energie:} &= 77600 \text{ cal.} = 3{,}4 \text{ Volt.} \end{aligned}$$

$$\begin{aligned} \text{K, Hg} &= -\ 26200 \quad \left\{ \begin{array}{l} \text{(Bildung von flüssigem} \\ \text{Amalgam } 57^1/_2 \text{ Hg : 1 K.)} \end{array} \right. \\ \text{K, Cl, aq} &= \underline{+\ 101200} \\ \text{aufzuwendende Energie} &= 75000 \text{ cal.} = 3{,}3 \text{ Volt.} \end{aligned}$$

Ueber die Betriebsweise sowohl der Diaphragmen- als der Quecksilberzellen im einzelnen sind nur spärliche Nachrichten bekannt geworden. Mit Uebergehung älterer Mittheilungen, die als überwundene Versuchsstadien zu betrachten sind, sei einer Mittheilung von Hargreaves und Bird zunächst gedacht, welche über den Erfolg einer 59tägigen Arbeitsperiode mit Diaphragmenzellen berichtet.[1]) Als Elektrolysirapparat dienten Zellen[2]) nach beistehenden Figuren 105 u. 106. *A* sind starke Kohleanoden, welche an die positive Leitung *H* parallel angeschaltet sind. Sie tauchen in die einzelnen schmalen rechteckigen Tröge *E*, welche die Salzlösung *F* enthalten. Die Tröge sind durch die Zellrahmen e_1, e_2, e_3, e_4 aus Schiefer oder Glas und durch die Diaphragmenplatten B_1 gebildet. Auf den Diaphragmenplatten liegen Metallgitter *B*, welche als Kathoden dienen und mit der negativen Leitung H_1 verbunden sind.

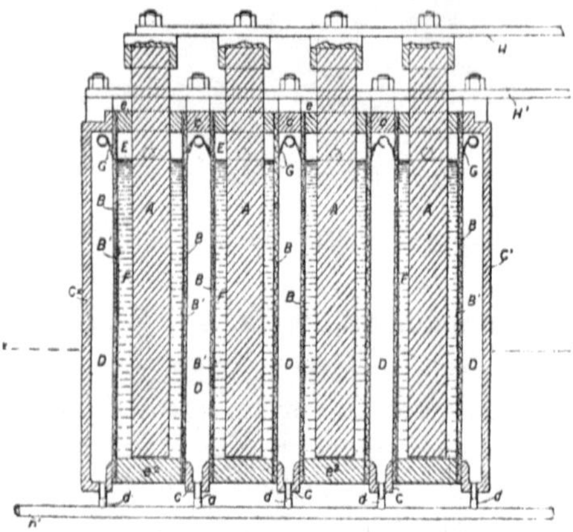

Fig. 105.
Verticalschnitt durch die Zelle.

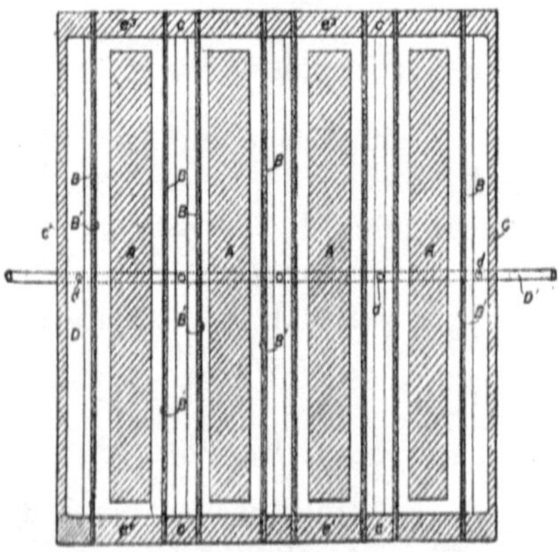

Fig. 106.
Grundriss der Zelle.

Durch die eisernen Endwände c_1, c_x und die Zwischenrahmen *c* werden vier solcher Einzelzellen zu einem Apparate vereinigt. Es

[1]) Jahrbuch f. Elektrochem. 2 S. 224.

[2]) D. R. P. 85154. 83527, 88001.

entstehen dadurch die Luftkammern *D*, welche durch die Rohre *d* mit dem Sammelrohr D^1 in Verbindung stehen. Die Anoden sind in die Flüssigkeitskammern dicht eingesetzt und für das entweichende Chlor ist ein Abgasrohr vorgesehen, welches die Zeichnung nicht enthält. Die Eigenart des Apparates besteht wesentlich in der besonderen Anordnung der Kathoden *B*. Sie sind dadurch hergestellt, dass eine poröse Cementschicht, in welche Asbest eingemischt ist, auf ein Metall (Eisen-)gitter aufgestrichen wird und so erhärtet. Die Kathodenlösung besteht also nur in einer Flüssigkeitshaut, welche an der mit dem Gitter bekleideten Oberfläche des Diaphragmas adhaerirt. Durch Sprühregen, die von *G* aus herabkommen, wird die Natronlauge, die an dem Kathodengitter entsteht, hinabgespült und rieselt durch *d* und D^1 in ein Sammelgefäss. Die Anordnung scheint geeignet, eine Einschränkung zu vermeiden, welche bei der Benützung eines mit Flüssigkeit erfüllten Kathodenraumes aus den Wanderungsverhältnissen der Ionen sich herschreibt. Benützt man nämlich Kochsalzlösung diesseits und jenseits eines Diaphragmas als Elektrolyt, indem man auf der einen Seite eine unangreifbare Anode, auf der anderen eine Kathode einsenkt, so lässt sich die Zersetzung der Soole nicht mit Nutzen über 8—10 % Alkali im Kathodenraum treiben. Von dieser Grenze ab fällt der Wirkungsgrad der Zelle, bezogen auf die durchgesandte Stromquantität, rasch unter 75 % hinab. Die Erscheinung ist in dem Umstande begründet, dass die Anionen aus dem Kathodenraum durch das Diaphragma überwandern. Solange der Kathodenraum wenig Alkali enthält, sind es wesentlich Chlorionen, die hinübergehen und der Zustand der Anodenlösung, aus welcher Chlor entbunden wird und Natrium nach der Kathode überwandert, leidet keine erhebliche Veränderung. Wächst aber die Alkalität im Kathodenraum, so nehmen die Hydroxylionen in steigendem procentischem Betrage, durch ihre hohe Wanderungsgeschwindigkeit begünstigt, an dem Uebertritt theil. Der Elektrolyt im Anodenraum, welcher Chlor abgibt und Hydroxylionen aufnimmt, wird alkalisch, und sobald diese Alkalität einen merklichen Betrag erreicht, tritt die Bildung von Hypochlorit, Chlorat und Sauerstoff neben der Chlorentwicklung an der Anode in störender Weise hervor. Bei der Hargreaves'schen Anordnung treibt der hydrostatische Druck die Lauge durch die Diaphragmenwand den Hydroxylionen entgegen.

Diese vermögen den Anodenraum schwerer zu erreichen, denn indem sie der Anode zuwandern, schiebt die Flüssigkeitsmasse, in der sie fortschreiten, sich in entgegengesetzter Richtung aus dem Anodenraume heraus. Hargreaves hat es zweckmässig gefunden, statt auf Aetznatron auf Soda zu arbeiten, obgleich Soda einen geringeren Verkaufswerth besitzt. Er leitet deshalb in die Kathodenräume Dampf und kohlensäurereiche Rauchgase, welche die Kathodengitter unter Bildung von Sodalösung abspülen. Die latente Dampfwärme dient gleichzeitig dazu, die Anodenlauge und das Diaphragma heiss zu halten und damit die elektrische Leitfähigkeit zu steigern. Auf den Quadratmeter Diaphragmenfläche wurden 201 Amp. benützt. Die Diaphragmenfläche der einzelnen Zelle betrug 0,4645 qm, die Badspannung 3,4 Volt. Der durchschnittliche Wirkungsgrad des Stromes, bezogen auf Ampèrestunden und die erhaltenen Quantitäten Chlor und Soda, war 80,3 %. In der Soda war noch eine merkliche Menge unzersetztes Kochsalz. Das als Chlorid gebundene Natrium im Kathodenproduct verhielt sich zu dem als Carbonat vorhandenen wie 7,7 : 100, doch soll das Verhältniss bei sorgsamer Arbeit auf 3 : 100 und noch weiter sich reduciren lassen. Das anodische Chlorgas enthielt 97,5—98,5 % Chlor und lieferte einen Chlorkalk von 37,5—39 % wirksamen Chlor. Dieser günstigen Ergebnisse ungeachtet ist das Hargreaves' Verfahren bislang über das Versuchsstadium nicht hinausgewachsen. Die Schwierigkeit liegt in der Wasserstoffentwicklung, welche das Metallgitter vom Diaphragma partiell isolirt oder geradezu losreisst.

Eine grossindustrielle Entwicklung hat die Chlor- und Alkalielektrolyse bislang nur in Deutschland erreicht. Der für Chlorkalium und Chlornatrium in gleicher Weise durchführbare Process ist zunächst beim Chlorkalium in Anwendung gekommen, dessen concentrirte Lösungen etwas besser leiten und das um des höheren Aequivalentes des Kaliummetalls willen bei gleichem Stromverbrauch ein höheres Ausbringen an Alkali ermöglicht.

Die deutsche Grossindustrie, so weit sie mit Diaphramen arbeitet, hält ihre Betriebseinzelnheiten sehr geheim. Ueber die benutzten Diaphragmen ist bereits (S. 464) gehandelt worden. Wie die Diaphragmen aber angeordnet werden ist nicht bekannt.[1])

[1]) Ein Patent von Kiliani, Rathenau, Suter und Elektrochemische Werke (E. P. von 1894, 15276 und identisch D. R. P. 78732) sagt über das, worauf es im Betriebe wesentlich ankommt, nichts aus.

Es kommt dem Vernehmen nach viel darauf an, dass dieselben möglichst vor der zersetzten Lauge geschützt werden und man wird vermuthen dürfen, dass dies erreicht wird, indem die frische Lösung am Diaphragma zugeführt wird, so dass das Princip der Diaphragmenscheidung mit dem der strömenden Flüssigkeit verknüpft ist. Der Process wird bei der Fabrik Elektron mit heisser, bei den Elektrochemischen Werken in Bitterfeld mit kalter Chlorkaliumlauge als Elektrolyt in beiden Zellräumen durchgeführt. Die Leitfähigkeit[1]) ist nach Hurter zwar bei gesättigter Chlorkaliumlösung bei 80° doppelt so gross als bei 20°. Die Kosten der Erhitzung aber veranlassen, dass die Ersparniss an elektrischer Kraft durch einen Mehraufwand an Heizmaterial erkauft wird. Die Kathodenlauge wird benützt, bis sie 8—10% Aetzkali enthält, dann concentrirt, das Chlorid ausgesoggt und die verbleibende Lauge auf festes Aetzkali verarbeitet. Die Badspannung beträgt 3—3½ Volt. Der Wirkungsgrad des Stromes, bezogen auf Aetzkali und Chlor, überschreitet im Durchschnitt nicht 80%. Die Diaphragmen dauern etwa 2 Jahre aus, die Kohleanoden sind von geringerer Lebensdauer.

Was die technische Ausgestaltung des Quecksilberverfahrens anlangt[2]), so ist der Figur 104 wenig hinzuzufügen. Der Raum zwischen den Anoden und dem Quecksilber und ebenso der zwischen Eisenkathode und Quecksilber wird möglichst verkleinert, so dass der Widerstand der Lösung sehr gering ausfällt. Die Eisenkathode bildet ein starkes U-Stück, wie die Figur verdeutlicht, die Anodenform wird geheim gehalten. Die einzelnen Zellen werden zu fünf an einander gereiht und parallel geschaltet. Drei solche Gruppen stehen über einander und bilden einen Zellblock. Die Quecksilbercirculation vollzieht sich nur innerhalb der einzelnen Gruppen. Das Quecksilber fällt dabei einige dm und wird durch eine mechanische Vorrichtung um diesen Betrag wieder gehoben und in *A* eingegossen. Die Kochsalzlösung und die Natronlauge circuliren durch den ganzen Zellblock, indem die Kochsalzlösung der Reihe nach durch alle Anodenräume, die Aetznatronlösung durch alle Kathodenräume passirt. Die

---

[1]) Z. f. Elektrochem. 2, S. 538.

[2]) Die folgenden Angaben nach Privatmittheilungen des Herrn Generaldirectors Kellner und Besichtigung des Betriebes in Golling.

gesättigte, reine, kalte Kochsalzlösung verarmt auf diesem Wege durch 15 Anodenräume und wird wieder durch Aufnahme von Salz angereichert, die Natronlauge, die ursprünglich verdünnt eingespeist wird, reichert sich auf 24 % NaOH an und wird dann direct eingedampft. Sie ist nahezu chemisch rein; das Aussoggen von Kochsalz, welches beim Verarbeiten der Kathodenlaugen vom Diaphragmaverfahren nöthig ist, fällt desshalb hier weg. Die drei Gruppen des Zellblocks sind hinter einander geschaltet und nehmen bei 12,3—13,0 Volt 6000 Amp. auf. Die Zellen haben ca. 1/2 m Breite, etwa eben solche Höhe und ca. 1,3 m Länge des Anoden- und 1,1 m Länge des Kathodenraums. Es ist charakteristisch für die rapide Wirkung, welche das kurzgeschlossene Element Natriumamalgam/Natronlauge/Eisen übt, dass die Abtheilung, in der es wirkt, kürzer wie die andere gewählt wird. Die Anodenräume sind mit chlorfestem Materiale ausgekleidet. Der Chlorgehalt des Anodengases beträgt etwa 97 %, der Rest von 3% vertheilt sich auf etwas Sauerstoff, der an der Anode gebildet wird, Wasserstoff, der am Quecksilber entsteht, aufsteigt und mit dem Chlor entweicht, und eine kleine Menge Luft, welche aus den lufthaltigen Lösungen oder kleinen Undichtheiten herstammt. Im Anodenraum wird ein ganz schwacher Minderdruck erhalten. Am einfachsten geschieht dies, indem das Chlor in eine tiefer gelegene Chlorkalkkammer durch sein eigenes Gewicht sich hinabhebert. Kellner, der dieses ebenso elegante wie einfache Verfahren ausgearbeitet hat, hat noch eine Reihe sehr geistreich ersonnener Apparatanordnungen beschrieben, bei denen Quecksilber in analoger Weise benützt wird[1]). Bei diesen wird beispielsweise die Anodenlösung und die Kathodenlösung durch einen massiven Steingutcylinder geschieden, längs dessen Mantelfläche eine Rinne in Form eines flachgängigen Gewindes angeordnet ist. Die Rinne verläuft jeweils ein Stück auf der Innenseite des Cylinders, tritt dann durch ein Loch in der Wand auf die Aussenseite über und nach einem weiteren Stück wieder auf die andere Seite zurück. Die Schaltung ist die nämliche wie in Fig. 104; es wird das Quecksilber mit dem negativen Pol der Maschine verbunden, die Kathode kurz damit geschlossen. Ist der

---

[1]) D. R. P. 85360, 86567, 80212; siehe auch D. R. P. 70007, 73224, 80300, 85041, 85818.

Innenraum mit Anodenlösung gefüllt, so wird das Quecksilber, so weit es innen läuft, mit Natrium beladen, das es nach dem Durchtritt auf die andere Seite dort wieder abgibt. Bei einer anderen Anordnungsweise Kellner's ist das Quecksilber in Ruhe, während die Scheidewand, welche Anoden- und Kathodenraum trennt, hin- und hergeht. Bei einer dritten Construction wird das natriumhaltige Metall aus der Anodenabtheilung in die vollständig getrennten Zersetzungskammern übergeführt, in denen es unter Leistung von elektrischer Arbeit als Anode gegenüber einer Eisenkathode seinen Gehalt an Natrium abgibt.

Diese complicirteren Formen treten an technischer Wichtigkeit gegen das einfache System, welches zuvor erläutert wurde,

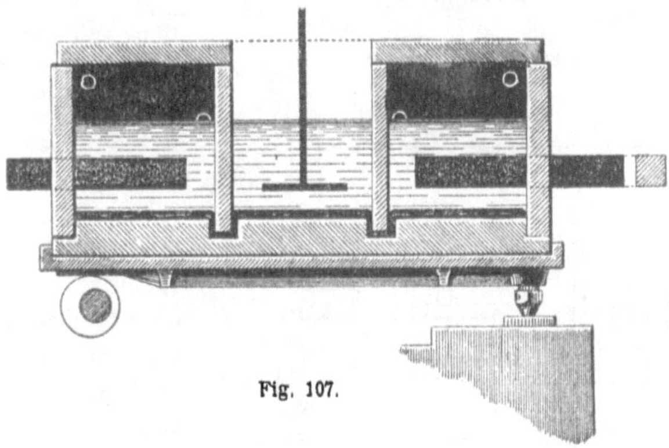

Fig. 107.

zurück. Neben diesem kommt nur noch die Castner'sche Zelle[1]) in Frage. Sie ist in Fig. 107 dargestellt. Im Princip der Kellner'schen Zelle sehr ähnlich, unterscheidet sie sich durch die dreitheilige Anordnung, bei der zwei Anodenräume an den Seiten und ein Kathodenraum in der Mitte vorgesehen sind. Diese Verschiedenheit ist aber unwesentlich, und Castner hat auch zweitheilige Zellen beschrieben. Weiter ist der Boden nicht geneigt, sondern eben, und die Circulation des Quecksilbers wird statt durch seine eigene Schwere durch eine wiegende Bewegung der ganzen Zelle hervorgerufen. Diese Bewegung ertheilt ihr der links angeordnete Excenter. Sie ist so klein, dass sie bei flüchtigem Anblick gar nicht wahrgenommen wird, aber sie

[1]) D. R. P. 73964, 77064, 88230.

genügt, um das bewegliche Metall rasch hin- und herzutreiben. Der ganze Apparat ist aus Schieferplatten gebaut, die mit Nuth und Feder in einander greifen. Die Kohleelektroden sind massive Klötze, welche umgelegt werden können, so dass, wenn eine Seite abgebraucht ist, die Gegenseite in dem Zellraum zur Benützung kommt. Der Abstand der Eisenkathode und Kohleanode gegen das Quecksilber wird so gering bemessen, dass der Widerstand der Zelle nur 0,0015 Ohm erreicht. Das Rohr, welches das Chlor aus dem Anodenraum abführt, taucht in einen hydraulischen Verschluss, der wohl mittels Grenzkohlenwasserstoffen hergestellt ist. Auf diese Weise wird der Uebergang des Gases aus dem ersten Stück der Leitung, das mit der Zelle in schwacher Bewegung befindlich ist, in die weitere, feststehende Leitung vermittelt.

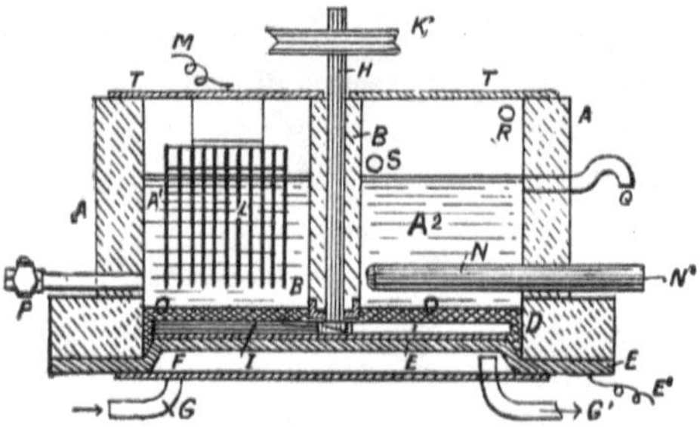

Verticalschnitt.

Fig. 108.

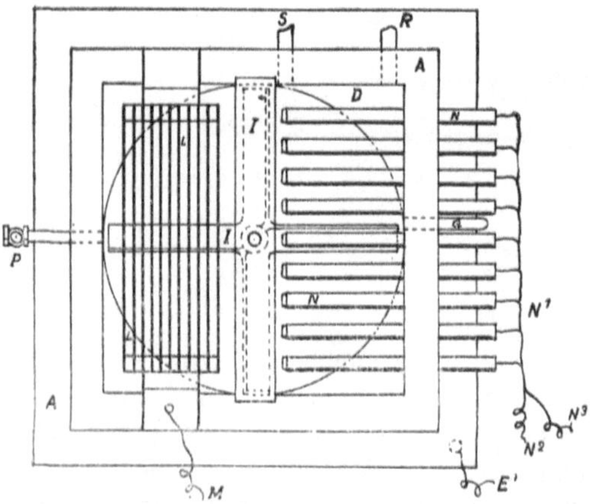

Ansicht von oben.

Fig. 109.

Castner beschreibt (D. R. P. 88230) noch eine Reihe verwandter Formen, bei denen die wiegende Bewegung der Zelle zum Theil durch einen Rührer, in Gestalt einer verticalen Schraubspindel mit radialen Schraubenblättern, zum Theil durch die Arbeit kleiner, langsam wirkender Kolbenpumpen ersetzt ist, die das Metall hin- und hertreiben.

Die Figuren geben nach den Patentzeichnungen die Anordnung dieser Zellen. Fig. 108 und 109 zeigen die viereckige Zelle *A*, durch die Scheidewand *B* in die Kammern A^1, A^2 zer-

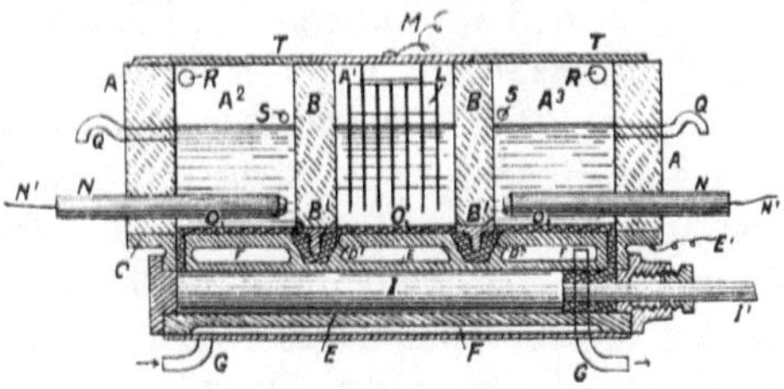

Fig. 110.
Verticalschnitt.

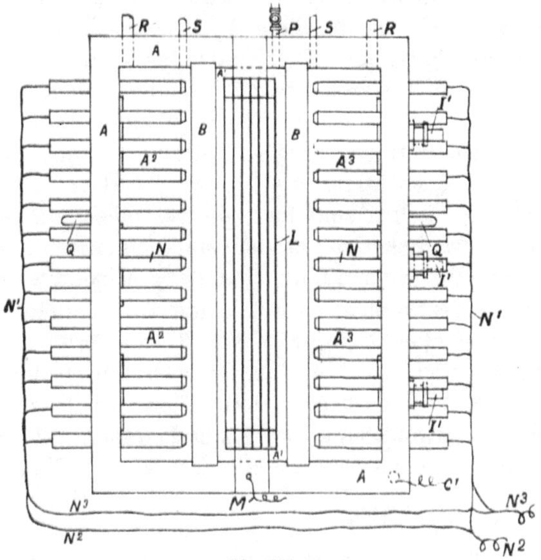

Fig. 111.
Ansicht von oben.

legt. Der untere Theil der Zelle ist bei *D* rund ausgeführt und der Boden durch die Metallplatte *E* geschlossen, unter welcher ein hohler Raum oder Wassermantel *F* liegt. E^1 ist die kathodische Stromzuführung. Das Rührwerk besteht aus

Spindel *H*, Schraubenblättern *J*, Antriebscheibe *K*. *L* ist die Eisenelektrode, die durch *M* (und ein nicht gezeichnetes Stück Leitungsdraht *M E*) mit E_1 kurzgeschlossen ist. *N* sind die Kohleanoden mit positiver Stromzuführung N_1. *O* ist die Quecksilberschicht, *P* und *Q* Auslasse für Flüssigkeit, *R* Chlorabführungsrohr, *S* Solenzufuhrrohr. *T* sind die Abschlussplatten (Glas oder Aehnliches). Fig. 110 und 111 zeigen einen grösseren und ökonomischer arbeitenden Apparat, der nur 3 mm Quecksilberschichthöhe verlangt. Die Buchstaben haben dieselbe Bedeutung wie in Fig. 108 und 109. Der Boden wird durch den mit Kanälen D_1, D_2 versehenen Metallkörper *C* geschlossen. In dem Metallboden *E* sind 3 Cylinder angeordnet, die durch Kolbenstangen I^1 in geeigneter Weise bewegte Kolben J^1 aufnehmen und die Circulation des Quecksilbers bewirken. *G*, G_1 sind Wasserzuführungen für den Kühlmantel *F*. Castner gibt den Natriumgehalt des Quecksilbers für diese Apparate recht hoch, nämlich zu mindestens 0,2 % an. Die Kohlen sind zum Nachschieben eingerichtet, wenn sie vorn abgenützt und zerfallen sind.

Ueber die Arbeit mit sehr flach gebauten Zellen berichtet Castner selbst im Engineering and Mining Journal (1894 S. 270). Die benutzten Zellen waren 1,83 m lang, 0,91 m breit und nur 15 cm tief. Die Zellen sind hier, da sie nicht durch die fliessende Quecksilbermasse verbunden sind, elektrisch unabhängig von einander und können hintereinander geschaltet werden. Das aus ihren Anodenräumen entweichende Gas enthält 95—97 % Chlor. Es wird eine Stromdichte von 7 Amp. pro qdm Anodenfläche benützt und dabei 4 Volt Badspannung benöthigt. Die Stromstärke pro Zelle ist 570 Amp. Man erhält eine zwanzigprocentige Aetznatronlösung im Kathodenraum, die beim Eindampfen ein sehr reines Aetznatron liefert (97,58 % NaOH, 2,37 % CO_3Na_2, 0,05 ClNa).

Die Benützung der Kohleanoden bringt gewisse Schwierigkeiten mit sich, nicht nur wie beim Diaphragmenverfahren durch Bildung von Kohlensäure und durch die Betriebsunterbrechungen, zu welchen das Umdrehen und Auswechseln nöthigt, sondern vornehmlich dadurch, dass Kohlepartikeln auf das Quecksilber hinab fallen. Die davon bedeckten Stellen sind der Stromwirkung entzogen und geben Natrium an die Lösung ab, statt solches durch den Entladevorgang aufzunehmen. Es muss deshalb das Quecksilber von Zeit zu Zeit mit einem Siebe abgeschäumt werden. Diese Missstände lassen die Platiniridiumelektroden, welche davon ganz frei sind, besonders angezeigt erscheinen. Ihre Anwendung wird allerdings mit einem Mehrverbrauch an Spannung erkauft, da die Rücksicht auf die Anschaffungskosten eine kleine anodische Stromdichte ausschliesst. Die Anoden aus Platiniridium sind sehr haltbar und es gelingt nicht, in 100 Liter elektrolysirter Anodenlauge einen Gehalt an Platin qualitativ nachzuweisen.

Was den Betrieb und den Wirkungsgrad der Quecksilberzellen angeht, so scheinen die hygienischen und ökonomischen Bedenken, welche früher sehr allgemein an die Quecksilberverwendung geknüpft wurden, nicht begründet. Man erwartete einmal preismässig erhebliche Verluste an Quecksilber durch Fortschwemmen und andererseits Schädigung der Arbeiter durch fein vertheiltes Quecksilber, welches vom Wasserstoff im Kathodenraume mitgerissen und in die Athemluft des Raumes übergeführt werden sollte. Das hygienische Bedenken entfällt, wenn man berücksichtigt, dass im Kathodenraum der Wasserstoff am Eisen entsteht und entweicht und Quecksilber nur so weit mitreissen kann, als es in der Lösung bereits fein vertheilt sich findet. Die Quecksilbermenge in 100 Litern der Lösung aber ist so gering, dass es gerade eben gelingt, Quecksilber nachzuweisen. Damit ist auch das ökonomische Bedenken beseitigt. Merkliche Verluste treten nur bei Betriebsstockungen auf, wenn Zellen geöffnet und entleert werden und das Quecksilber dabei unsorgfältig behandelt wird. Der praktische Verlust, der im Betriebe aus einer oder der anderen Ursache auftritt, beschränkt sich nach englischen Angaben auf 200 g pro Tonne Verkaufsproduct, macht also ökonomisch nur den Bruchtheil eines Procentes vom Verkaufswerth der erzeugten Produkte (Chlorkalk und Aetzkali) aus.

Der Wirkungsgrad des Stromes in den Quecksilberzellen hängt lediglich vom Vorgang im Anodenraum ab, denn die Natriumabgabe im anderen Zelltheil ist immer bis auf Spuren vollständig. Verluste an Strom sind einmal gegeben durch die Wasserstoffentwicklung am Quecksilber, andererseits durch den Umstand, dass von dem anodisch entbundenen Chlor ein Theil zur Quecksilberoberfläche hinabdiffundirt und dort zu Kochsalz zurückverwandelt wird. Der Nutzeffect, der in praxi erreicht wird, liegt nach verschiedenen Angaben zwischen 87—92 %.

Während beim Diaphragmenprocess die zuvor erläuterten Verhältnisse der Hydroxylwanderung es nothwendig machen (wenn man nicht Hargreaves' Anordnung wählt), Chloralkali in den Kathodenraum zu bringen und es dort bis höchstens 10% Aetzalkaligehalt der Lösung zu elektrolysiren, fällt diese lästige Beschränkung beim Quecksilberverfahren, bei dem Anionen nicht überwandern, weg und man erhält eine reine Alkalilauge. Wenn in derselben ein ganz geringer Kochsalzgehalt (siehe Analyse auf S. 482) sich noch findet, so ist dies auf Rechnung eines geringen Mitgleitens der Kochsalzlösung mit dem Quecksilber zu rechnen. Das Metall nimmt jedenfalls eine verschwindend dünne Flüssigkeitshaut an seiner Oberfläche mit.[1])

Was die wirthschaftliche Seite der Industrie angeht, so ist die elektrolytische Zerlegung der Chloralkalien ein Chlorprocess. Ihre Ausdehnungsfähigkeit wird nicht durch das Verwendungsgebiet der erzeugten Alkalien, sondern durch das des Chlorkalks begrenzt. Wenn zur Zeit nur Aetzalkali im Grossen gemacht wird, so ist doch unzweifelhaft, dass Aetznatron und auch Soda mit Nutzen erzeugt werden können, solange der Chlorkalk Absatz findet. Nur die gleichzeitige Verwerthung des anodischen wie des kathodischen Productes macht den Process rentabel. Da der Weltbedarf an Chlorkalk aber nur einen Bruchtheil dessen an Soda und Aetzalkali erreicht, und andere umfassende Verwendungen für Chlor fehlen, so erscheint der elektrolytische Process der Alkalihydroxyd- und -carbonatdarstellung nicht be-

---

[1]) Begünstigt wird der spurenweise Uebergang von Kochsalzlösung auf die Kathodenseite durch den Umstand, dass die Capillarspannung des Quecksilbers im Anodenraum kleiner als im Kathodenraum ist. Immer aber, wenn in einem communicirenden Rohr mit befeuchteten Wänden Quecksilber eingefüllt und darüber auf beiden Seiten wässrige Lösungen aufgeschüttet werden, kriecht die Lösung, unter welcher Quecksilber die niedere Capillarspannung besitzt, zwischen Wand und Metall auf die andere Seite hinüber. Die tiefe Capillarspannung im Anodenraum, die bei dem Natriumgehalt von 0,02% naturgemäss ist, erkennt man sehr deutlich, wenn in die stromlose Zelle Strom geleitet wird. Das Quecksilber, welches auf dem genarbten Anodenboden zuvor in Rinnsalen sich vertheilte, ohne ihn ganz zu bedecken, überbreitet sich mit einem Ruck als zusammenhängende Schicht über die ganze Fläche.

stimmt, den Ammoniaksodaprocess zu verdrängen, sondern er dürfte ihm nur soweit das Feld streitig machen, als der gleichzeitig gewonnene Chlorkalk untergebracht werden kann. Nun wirkt die elektrochemische Industrie auf dem Felde der Bleichlaugenbereitung dem Chlorkalkabsatz gerade entgegen und es ist nicht zu verkennen, dass, je weiter in der Zellstoff- und Textilbleiche elektrolytisch bereitete Hyprochloritlösungen sich einbürgern, um so empfindlicher das Absatzfeld des festen Chlorkalks verkleinert wird. Für die Le Blanc-Sodaindustrie aber, deren Rentabilität auch vom Chlorkalkabsatz abhängt, erwächst in dem elektrochemischen Verfahren eine, wie es scheint, überwältigende Concurrenz.

Um einen gewissen Anhalt für die elektrochemischen Fabrikationskosten zu geben, sei eine Berechnung von Häussermann mit Anmerkungen von Lunge im Auszuge mitgetheilt, deren Richtigkeit im Einzelnen allerdings von Industriellen, welche den Process ausführen, nicht in allen Punkten anerkannt wird.

Die Rechnung bezieht sich auf eine Tagesproduction von 5000 kg Aetznatron. Dafür sind 8000 kg Steinsalz nöthig, wenn man einen Fabrikationsverlust von 10 % Salz annimmt, und es werden gleichzeitig nach Häussermann 12500, nach Lunge 11000 kg 35 %iger Chlorkalk gewonnen.[1]) Das Aetznatron und der Chlorkalk repräsentiren zusammen einen Verkaufswerth von etwa 2300 Mk. Dem stehen an Ausgaben gegenüber

Steinsalz à Mk. $1^1/_2$ pro 100 kg (zu hoch nach Lunge)	120,— Mk.
Energiebedarf bei 80 % Nutzeffect, 3,4 Volt, 0,8 kg Kohle pro P. S.-Stunde und 1 Mk. pro 100 kg Kohle (Spannung nach Lunge zu nieder, Kohlekosten zu hoch)	230,40 »
Heizung, Bedienung, Schmierung, Reparatur und Amortisation der Maschinen	230,40 »
Eindampfen der Laugen mit 8 % NaOH bei einem Kohlenpreise von Mk. 1 pro 100 kg . .	90,— »
Kalk zur Chlorkalkbereitung à Mk. $1^1/_2$ pro 100 kg	112,50 »
Verpackung	212,50 »

[1]) Häussermann, Z. f. Elektrochem. 1895, S. 21. Lunge Soda-Industrie III. Bd., S. 571.

Arbeitslohn	182,50 Mk.
Reparaturen, einschliesslich Erneuerung von Anoden und Diaphragmen	175,— »
Amortisation der Gebäude und sonstigen Anlagen ausser der der Maschinen, die schon oben veranschlagt	228,58 »
Generalkosten (Gehälter, Bureaukosten, Provision, Krankenkasse, Steuer etc.)	396,12 »
Summa:	1978,— Mk.
= rund:	2000,— Mk.

Lunge betont, dass die Häussermann'schen Angaben in einer Reihe von Punkten entschieden zu hoch gegriffen sind, und dass grosse Anlagen nur dort errichtet werden, wo Salz und Energie sich viel billiger stellen.

12. Capitel.

Andere elektrochemische Umsetzungen anorganischer Körper

mit Benützung wässriger Elektrolyte.

An die Gruppe der Chloridreactionen schliesst sich zunächst die der Bromidreactionen. Pauli[1]) hat diese analog der Oettelschen Arbeitsweise untersucht und gefunden, dass bei Kaliumbromid ähnliche Ergebnisse wie bei Kaliumchlorid erhalten werden. Nur in zwei Punkten zeigte sich eine Differenz. Einmal ist es unmöglich, gleich günstige Ausbeuten an Bromat zu erhalten, da dies in alkalischer Lösung gut reducirbar ist; andererseits gelingt es nicht, die Elektrolyse so zu führen, dass neben Bromat nur verschwindende Mengen Hypobromit auftreten. Dieses Salz entsteht vielmehr auch aus stark alkalischen Elektrolyten in ansehnlicher Menge.

Die Ergebnisse, analog der Tabelle Seite 438 geordnet, waren die folgenden (D_A anodische, D_K kathodische Stromdichte pro qdm).

10⁰/₀ige Bromkalilösung:

	kalt	heiss
$D_A = D_K =$ 6,5 Amp. pro qdm	38,35 { 58,73 / 41,27	37,07 { 53,18 / 46,82
$D_A = D_K =$ 13,0 Amp. pro qdm	37,37 { 51,26 / 48,74	
$D_K =$ 13,0 } $D_A =$ 1,3 } Amp. pro qdm	55,56 { 47,47 / 52,53	

---

[1]) Pauli, Z f. Elektrochem. 3, S. 474.

20%ige neutrale Bromkalilösung:

	kalt	heiss
$D_A = D_K = 6,4$ Amp. pro qdm	33,13 { 71,95 28,05	18,82 { 48,25 51,75
$D_A = D_K = 13,0$ Amp. pro qdm	33,41 { 60,08 39,92	—
$D_K = 13,0$ $D_A = 1,3$ } Amp. pro qdm	52,01 { 51,70 48,30	43,38 { 30,06 69,94
$D_A = 13,0$ $D_K = 1,3$ } Amp. pro qdm	15,12 { 68,36 31,64	8,13 { 46,69 53,31

20%ige alkalische Lösung:

	1%	2%	3%	4% KOH
kalt $D_A = D_K = 13,0$ Amp pro qdm	32,44 { 56,13 43,87			33,7 { 22,63 77,37
heiss	17,32 { 18,34 81,66			15,16 { 15,81 84,19
kalt $D_A = 13,0$ $D_K = 1,3$ } Amp. pro qdm	19,0 { 60,84 39,06			14,8 { 19,48 80,52
heiss	13,75 { 39,80 60,20			1,55 { 10,43 89,57
kalt $D_K = 13,0$ $D_A = 1,3$ } Amp. pro qdm	50,26 { 47,06 52,94	39,39 { 44,56 55,44	38,05 { 44,95 55,05	31,29 { 30,7 69,3
heiss	32,71 { 31,58 68,42			21,28 { 32,76 67,24

20%ige Lösung, gekühlt:

$D_K = 14,0$, $D_A = 1,4$ Amp. pro qdm.

neutral	1%	2%	3%	4% KOH
88,66 { 68,29 31,71	71,79 { 47,76 52,24	71,16 { 34,11 65,89	58,95 { 23,11 76,89	74,29 { 10,42 89,58
t = 2°	t = 10°	t = 9°	t = 14°	t = 5°

Als Elektrodenmaterial diente Platin, Blei und Kohle. Platin hielt sich am besten. Es fand nur geringe Bildung von Bromplatin statt, das an der Kathode wieder unter Abscheidung von Moor zerlegt wurde. Blei erwies sich wegen der Bildung von Superoxyd als Anode nicht brauchbar. Von Kohlen zeigte besonders das Dr. Lessing'sche Fabrikat relativ hohe Resistenz.

Die Versuche wurden auf Fluorkalium übertragen, ohne indessen zur Gewinnung von Fluorsauerstoffsäuren zu führen. Eine lebhafte Ozonbildung aus saurer wie alkalischer Lösung und ein Angriff des Gefässglases wurden beobachtet. Es sei angemerkt, dass Ozon und Flusssäure die Produkte sind, welche bei Einwirkung von Fluor auf Wasser entstehen.

Was die Darstellung der Halogene Brom und Jod und Fluor durch den Strom anlangt, so ist sie für Brom und Jod sehr leicht möglich, aber ohne wesentliches Interesse. Die Haftintensitäten der Brom- und Iodionen sind bei gleichen osmotischen Drucken niedriger als die der Chlorionen, was ihre Abscheidung ohne Mitentladung von Sauerstoff begünstigt. Vielleicht hängt damit zusammen, dass Riche,[1]) welcher den Uebergang von verdünnter Salzsäure in Perchlorsäure entdeckte, aus Jod- und Bromwasserstofflösung nur Bromsäure und Jodsäure als höchste Oxydationsstufe elektrochemisch erhalten konnte. Wissenschaftlich von hervorragendem Werth ist die von Moissan[2]) gefundene elektrochemische Darstellung des Fluors. Sie bietet besondere Schwierigkeiten, weil Fluor heftig mit Wasser reagirt und aus wasserhaltigen Lösungen nicht anodisch entwickelt werden kann. Die wasserfreie Flusssäure ist ein Nichtleiter. Moissan vermochte ihr indessen durch Zusatz von wasserfreiem Kaliumfluorwasserstoff (KHF_2) eine genügende Leitfähigkeit zu erteilen. Als Gefäss dient ein U-Rohr aus Platin, das mit Chlormethyl auf -50^0 gekühlt wurde. Die Oeffnungen des U-Rohres wurden mit Flussspatpfropfen verschlossen, durch welche Gasabführungen aus Platin hindurchgingen. Die Kathode war Platin, die Anode Platin mit 10% Iridium. Beim Stromdurchgang entwich Fluor,

---

[1]) Riche, Compt Rend. 46 S. 351.

[2]) Moissan, Compt. Rend. 104 S. 1543, 105 S. 202 und 256, 109 S. 861, 110 S. 276 u. 951.

während die Anode ziemlich erheblich angegriffen wurde. Das gasförmige Fluor ist gelbgrün gefärbt, ähnlich, aber schwächer als Chlor und von äusserst unangenehmem Geruche. Seine Reactionsfähigkeit ist eine ausserordentliche. Es vereinigt sich in der Kälte unter Feuererscheinung mit krystallisirtem Silicium zu Siliciumtetrafluorid, explodirt mit Wasserstoff im Dunkeln bei der niedrigen Temperatur seiner elektrolytischen Herstellung, zersetzt mit grosser Energie Wasser in Flusssäure und Ozon, und tritt mit Phosphor, Selen, Schwefel, Antimon und Jod, etwas schwieriger mit krystallisirtem Bor unter Erglühen zu Fluoriden zusammen. Selbst mit fein vertheiltem Kohlenstoff (Lampenruss) vermag es in der Kälte sich zu verbinden. Mit compacteren Kohlenstoffformen vereinigt es sich bei höheren Temperaturen, mit Retortengraphit bei Rothgluth; mit dem Diamanten erfolgt bei Rothgluth noch keine Verbindung. Das Hauptproduct der Verbindung von Fluor und Kohlenstoff ist Kohlenstofftetrafluorid. Aus festem Chlorkalium verdrängt Fluor sofort Chlor unter Bildung von Fluorkalium. Mit den Metallen reagirt es darum träger, weil eine Schicht von Metallfluorid die Oberfläche der Metalle überzieht und die weitere Einwirkung hemmt. Quecksilber bindet Fluor quantitativ als Fluorür, Eisen und Mangan verbrennen im Fluor nach gelindem Anwärmen. Durch die chemischen Eigenschaften des Gases ist Platin und Gold von undurchsichtigen, Flussspat von durchsichtigen Substanzen als Material für Gefässe vorgezeichnet, in denen mit Fluor operirt wird.

Von Reactionen der Sauerstoffsäuren sind die Darstellung von Ueberschwefelsäure und Ueberkohlensäure wichtig, ferner die Erzeugung von Permanganat und Bichromat.

Chromsalze oxydiren sich selbst in saurer Lösung an der Anode zu Chromsäure. Die anodische Umwandlung von Chromoxydnatron, also einer alkalischen Chromoxydlösung in chromsaures Natron hat Häussermann[1]) näher studiert. Er fand, dass die Oxydation mit 42% Stromausbeute bei 5 Volt Spannung verlief. Dieses Ergebniss lässt die rein chemische Erzeugung von Chromat aus Chromoxyd, die durch Glühen von Chromeisenstein mit Soda und Kalk unter Luftzutritt in der Technik

[1]) Häussermann, Z f. angew. Chem. 1893 S. 363.

ausgeführt wird, ökonomisch wesentlich vorteilhafter erscheinen. Hingegen kann nach Häussermann die Elektrolyse in Frage kommen für den Process der Verwandlung von Natriumchromat in Natriumbichromat. Bei der rein chemischen Ueberführung wird das Chromat mit so viel Schwefelsäure versetzt, dass die Hälfte des an Chromsäure gebundenen Natrons in Sulfat übergeht. Bei dem niedrigen Handelswerte des Natriumsulfats bedeutet seine Entstehung einen ökonomischen Nachtheil. Dieser wird vermieden, wenn man die Chromatlösung mit einem Diaphragma elektrolysirt. An den Elektroden entsteht Sauerstoff und Wasserstoff, welche für den beabsichtigten Process nicht in Frage kommen, in der Lösung wandern $\overset{-\,-}{\mathrm{CrO_4}}$-Ionen nach der Anode und $\overset{+}{\mathrm{Na}}$-Ionen nach der Kathode. Im Anodenraum steigt der Gehalt an $\overset{-\,-}{\mathrm{CrO_4}}$-Ionen, der von $\overset{+}{\mathrm{Na}}$-Ionen geht zurück. Sobald diese Wanderungsverhältnisse das Verhältniss des Chroms zum Natron im Anodenraum von 1 : 2 auf 1 : 1 vergrössert haben, genügt es, die Anodenlauge einzuengen, um ihren Salzgehalt als Bichromat zur Abscheidung zu bringen, während im Kathodenraum entsprechend der Einwanderung von Natriumionen eine Aetznatronlösung sich hergestellt hat. Diese kann dazu dienen, den mit Kalk und Soda zu Chromat verglühten Chromeisenstein in der Hitze auszulaugen, der nur bei Anwendung einer Alkalilösung als Extractionsflüssigkeit seinen Chromatgehalt hergiebt. Gegenüber dem rein chemischen Verfahren wird an Alkali für die Auslaugung und an Schwefelsäure gespart, und dafür Strom aufgewandt. Häussermann giebt an, dass er mit 2—3,5 Amp. in $8^1/_2$ Stunden eine Anodenlauge erhielt, die nach dem Concentriren eine Krystallisation von über 40 g $Na_2Cr_2O_7 + 2\,H_2O$ entstehen liess. Anwendung in der Praxis hat das Verfahren nicht gefunden.

Während bei der Bichromatbildung ausschliesslich die Ueberwanderung in Frage kommt, ist der Process der Permanganatbildung aus Manganaten, ebenso wie der der Chromatbildung aus Natriumchromit, ein anodischer Oxydationsvorgang. Das grüne Ion der Manganate geht, wie das Ion $\overset{+\,+}{\mathrm{Mn}}$, überaus leicht in das rote Ion der Permanganate an der Anode über. Zum Belege sei daran erinnert, dass bei der Elektroanalyse die Abscheidung von Braunstein an der Anode aus Mangansalzlösungen durch starken Gehalt an Salpetersäure verhütet und eine quantitative Verwandlung in Uebermangansäure anodisch bewirkt wird. Die Chemische Fabrik vorm. Schering[1]) hat schon vor langer Zeit die Ueberführung der Manganate in Permanganate durch Elektrolyse patentirt. Sie schreibt ein mit Diaphragma versehenes Gefäss vor, in welchem das Manganat entweder auf beiden Seiten des Diaphragmas oder nur auf der Anodenseite eingebracht wird. Elektrochemisch betrachtet, besteht der Vorgang in einer Einwanderung von $\overline{\mathrm{Mn}}\,\overline{\mathrm{O}}_4$-Ionen, einer Auswanderung von Metallionen aus dem Anodenraum und einer gleichzeitigen Werthigkeitsänderung der $\overline{\mathrm{Mn}}\,\overline{\mathrm{O}}_4$-Ionen an der Anode, die in $\overline{\mathrm{Mn}}\mathrm{O}_4$-Ionen unter Aufgabe ihrer halben Ladung übergehen. Ob dieser Process wirklich in erheblichem Umfange in Gebrauch steht, ist nicht bekannt.

Einen eigenartigen Weg zur Erzeugung von Natriumbichromat und Permanganat hat Lorenz[2]) angegeben. Wenn man Manganmetall oder Chrommetall als Anode in Alkalilösung einer Kathode gegenüberstellt, die zur Unterdrückung von Reductionserscheinungen durch nascirenden Wasserstoff am besten aus einer Kupferoxydplatte besteht, so entsteht bei Stromdurchgang leicht und glatt in Schlieren von der Anode herablaufendes Bichromat bezw. Permanganat. An einer Mangananode beginnt der Process bei 1,5 Volt Badspannung und wird bei 2 und mehr Volt energisch. An Stelle des Manganmetalls kann die im Hochofen erschmolzene Legierung mit Eisen, das technische Ferromangan verwendet werden. Das Eisen der Anode geht in diesem Falle ausschliesslich in unlösliches Hydroxyd über, ohne durch Entstehung löslichen eisensauren Alkalis die Permanganatlauge zu verunreinigen. Ebenso wie Ferromangan statt Mangan kann das technische Ferrochrom statt des Chrommetalls dienen. Zur Bichromaterzeugung ist bei einer Ferrochromanode eine Badspannung von 2 Volt erforderlich. Der Process verlauft sehr glatt und bei viel höheren Badspannungen wird noch sämmtlicher Sauerstoff zur Oxydation des Anodenmetalls verbraucht, ohne

---

1) D. R. P. 28782.

2) Lorenz, Z. f. anorg. Chem. 12 S. 393.

dass Sauerstoffgas aufträte. Auch hier wird kein eisensaures Salz, sondern nur Eisenhydroxyd nebenher gebildet.

Die Darstellung von eisensaurem Kali scheint einer erneuten Untersuchung bedürftig. Poggendorf[1]) erzielte es, indem er zwei Eisenplatten in Kalilauge gegenüberstellte und Strom hindurchsandte, aber nur dann, wenn die Anode aus gewissen Sorten von Gusseisen bestand. Stahl und Schmiedeeisen und manche Gusseisenproben erwiesen sich unfähig, das Eiseniat zu liefern. Auffallenderweise trat an der Kathode nur eine so geringe Reduction des anodisch gebildeten eisensauren Salzes ein, dass ein Diaphragma entbehrt werden konnte.

Von besonderem Interesse als specifisch elektrochemische Präparate sind Ueberschwefelsäure und Ueberkohlensäure. Von der letzteren ist noch wenig bekannt. Beide verdanken ihre Entstehung demselben Phänomen, welches bei der Elektrolyse der Salzsäure zur Chlorentwicklung Anlass giebt. Wie diese auf dem Umstand beruht, dass zwei Chlorionen zu undissociirtem gasförmigen Chlor bei der Entladung sich vereinigen, so geht die Entstehung der Ueberschwefelsäure und Ueberkohlensäure auf eine Addition zweier entladenen Anionen der Schwefelsäure und der Kohlensäure zurück. Die stufenweise Dissociation der zweibasischen Säuren und ihrer Salze veranlasst, dass die Ionen $\bar{M}CO_3$ und $\bar{M}SO_4$ in concentrirteren Sulfat- und Carbonatlösungen vorhanden sind. Werden diese Ionen zur Entladung gebracht, so treten sie in grösserem oder kleinerem Betrage nach

$$2\,M\bar{CO_3} = MCO_3 - CO_3M$$

$$2\,M\bar{SO_4} = MSO_4 - SO_4M$$

zu Salzen der Ueberkohlen- bezw. Ueberschwefelsäure zusammen. Die Darstellung der überkohlensauren Salze[2]) verlangt sehr kalt gehaltene und dabei concentrirte Lösungen der Carbonate als Elektrolyte. Nur das kohlensaure Kalium und Rubidium haben sich als genügend löslich bei tiefen Temperaturen erwiesen, um für die Percarbonatdarstellung verwendbar zu sein. Eine gesättigte Lösung von kohlensaurem Kali wird bei einer unter — 10° liegenden Temperatur (etwa — 15°) zwischen Platin-

[1]) Poggendorf, Pogg. Ann. 54 S. 371.

[2]) Constam und v. Hansen, Z. f. Elektrochem. 3, S. 137.

elektroden mit einer Thonzelle als Diaphragma elektrolysirt. Die Anodenstromdichte ist in den Grenzen von 1—300 Amp. pro qdm ohne wesentlichen Einfluss. Indessen scheinen die höheren Werthe innerhalb dieser Grenzen für die Ausbeute etwas günstiger. Bei sehr schwacher Sauerstoffentwicklung entsteht allmälig eine erhebliche Ausscheidung himmelblauen Salzes, welches nach dem Absaugen auf Thon gestrichen und über Phosphorpentoxyd getrocknet ein bläulich weisses amorphes Pulver von Kaliumpercarbonat, gemengt mit Carbonat und Bicarbonat, darstellt. Dieses Salz, das rein noch nicht gewonnen werden konnte, ist äusserst hygroscopisch und leicht zersetzlich. Bei gelindem Erwärmen zerfällt es nach

$$K_2C_2O_6 = K_2CO_3 + CO_2 + O.$$

Es löst sich in Eiswasser fast unzersetzt und wird auch von Alkohol aufgenommen. Schon bei Zimmertemperatur aber giebt die wässerige Lösung Sauerstoffgas und Bicarbonat

$$K_2C_2O_6 + H_2O = 2\,KHCO_3 + O.$$

Chemisch wirkt es als starkes Oxydationsmittel, führt Schwefelblei leicht in Sulfat über, macht Jod aus Jodkalium frei, entfärbt Indigolösung und bleicht Faserstoffe. Es vermag aber in manchen Fällen analog anderen oxydirenden Agentien auch reducirend zu wirken. Die Superoxyde von Mangan und Blei werden unter Sauerstoffentwicklung in Carbonate verwandelt.

$$MnO_2 + K_2C_2O_6 = MnCO_3 + K_2CO_3 + O_2.$$

Säuren zersetzen das Percarbonat unter Entstehung von Kohlensäure und Wasserstoffsuperoxyd. Mit verdünnter Kalilauge wird selbst bei -2^0 Kaliumcarbonat und Wasserstoffsuperoxyd gebildet:

$$\mathrm{CO}\begin{array}{l}\diagup\mathrm{O-O}\diagdown\\ \\ \diagdown\mathrm{OK\ KO}\diagup\end{array}\mathrm{OC} + 2\,\mathrm{KOH} = 2\,\mathrm{CO}\begin{array}{l}\diagup\mathrm{OK}\\ \\ \diagdown\mathrm{OK}\end{array} + \mathrm{H_2O_2}.$$

Mit Silberoxyd gibt es Silbercarbonat und Sauerstoff.

Während die Percarbonate nur wissenschaftliches Interesse bieten, sind die Persulfate bereits zu einer technischen Bedeutung gelangt.

Die Ueberschwefelsäure[1]) kann als solche aus Schwefelsäure oder in Form ihrer Salze durch Elektrolyse von Sulfaten gewonnen werden. Der zweite Weg ist der wichtigere.

Die freie Säure entsteht direct, wenn Schwefelsäure vom specifischen Gewicht 1,2 aufwärts der Elektrolyse unterworfen wird. Unterhalb dieser Grenzconcentration beschränkt sich die Bildung auf Spuren. Die günstigste Concentration ist 600 bis 900 g H_2SO_4 im Liter entsprechend 45—60 Gewichtsprocente oder 1,35—1,50 spec. Gewicht. Bei concentrirten Säuren nimmt die Bildung von Ueberschwefelsäure wieder ab. Für die Darstellung ist eine hohe anodische Stromdichte, wie sie im Kleinen durch eine drahtförmige Anode am einfachsten erreicht wird, und niedrige Temperatur von Vortheil. Die Anode ist stets vor Beginn des Versuches frisch auszuglühen. Man arbeitet mit einer Thonplatte als Diaphragma.

Die folgenden Tabellen veranschaulichen nach Versuchen von **Elbs** und **Schönherr** den Einfluss der Concentrationsänderung der Säure, der anodischen Stromdichte und der Temperatur.

I.

Stromstärke 2 Amp. Stromdichte 100 Amp. pro qdm Anode.

Spec. Gewicht der Schwefelsäure	Gewichts-% H_2SO_4	Ueberschwefelsäure in 1 l		Ausbeute in %			
		g nach 1 Stunde	g nach 2 Stund.	nach 1 Stunde	nach 2 Stund.	Durchschnitt	
1,220	30,0	20,1	33,8	27,7	17,9	22,8	100 ccm Säure, Temp. 8—10° C.
1,250	34,5	37,8	76,6	28,6	26,4	27,5	55 ccm Säure, Temp. 5—6° C.
1,295	40,0	61,0	122,0	46,2	42,0	44,1	
1,345	45,5	72,4	153,0	54,9	55,3	55,1	
1,395	50,5	82,2	154,0	62,3	49,4	55,8	
1,450	55,6	91,8	165,4[1])	69,5	40,5	55,0	
1,500	60,0	48,3[2])	—	60,0	—	—	

[1]) nach $2\frac{1}{4}$ Stunden.
[2]) nach 50 Minuten, 75 ccm Säure, Temp. 8—10° C.

---

[1]) **Elbs**, J. f. pract. Chem. 48, 185; Z. f. Elektrochem. 2, S. 162. **Elbs** u. **Schönherr**, Z. f. Elektrochem. 1, S. 417 und 468; 2, S. 245.

II.

Zur Bildung von Ueberschwefelsäure verwendeter Antheil der anodischen Entladungsarbeit berechnet aus dem Sauerstoffdeficit in Procenten:

Spec. Gewicht der Säure	Anodische Stromdichte pro qdm		
	5 Amp.	50 Amp.	100 Amp.
1,15	—	—	7,0
1,20	—	4,4	20,9
1,25	—	29,3	43,5
1,30	1,8	47,2	51,6
1,35	3,9	60,5	71,3
1,40	23,0	67,7	75,7
1,45	32,9	73,1	78,4
1,50	52,0	74,5	71,8
1,55	59,6	66,7	65,3
1,60	60,1	63,8	50,8
1,65	55,8	52,0	—
1,70	40,0	—	—

III.

Stromstärke 2 Amp. Stromdichte pro qdm Anode 28 Amp.

Spec. Gewicht der Säure	Temper. in 0° C.	$H_2S_2O_8$ in Gramm im Liter	Ausbeute in %	
1,38	− 2° C.	61,98	64	75 ccm Säure, Dauer der Elektrolyse 1 Stunde
	27° C,	32,2	33	
	60° C.	0,59	0,9	
1,5	9° C.	46,2	57	75 ccm Säure, Dauer der Elektrolyse 50 Minuten.
	27° C.	34,57	43	60 ccm Säure, Dauer der Elektrolyse 40 Minuten.

Die Tabelle I lehrt, dass die Ausbeute mit der Zeit zurückgeht. Dies erklärt sich aus dem Umstande, dass die Ueberschwefelsäure mit wachsendem Gehalt im Elektrolyten zunehmend an der Entladung sich betheiligt. Dadurch erwächst nicht nur insofern ein Verlust, als der Stromantheil, welcher die Ionen HSO_4 entlädt, kleiner wird, sondern es wird auch Ueberschwefelsäure direct zerstört, da bei der Elektrolyse dieser Säure mehr Sauerstoff auftritt, als der durchgehenden Strommenge nach dem Faraday'schen Gesetze bei ungeänderter Menge der Säure entsprechen würde. Entsprechend diesen Verhältnissen sind die Ausbeuten nach Tabelle II, die jeweils während der ersten Minuten der Elektrolyse ermittelt werden, grösser als die der Dauerversuche in Tabelle I. Der Rückgang der Ausbeuten oberhalb einer gewissen Concentration und Stromdichte, den die Tabellen I und II zeigen, erklärt sich aus der Erwägung, dass die Ueberschwefelsäure in der Nähe der Elektrode sich um so mehr anhäuft, je höher erstens die Stromdichte und damit die Bildung pro Zeiteinheit, je zähflüssiger zweitens die Schwefelsäure, je langsamer also die Verbreitung der Uebelschwefelsäure im ganzen Elektrolyten, und je geringer drittens die Leitfähigkeit der Schwefelsäure, je grösser also der Antheil ist, mit welchem die Ueberschwefelsäure am Stromtransport theilnimmt und zur Anode, von der sie durch Diffusion fortstrebt, durch Ionenwanderung zurückgeführt wird. Die Viscosität der Schwefelsäure wächst und ihre Leitfähigkeit fällt aber, wenn man von mässig concentrirten zu stark concentrirten Säuren übergeht. Der Einfluss der Temperatur, den Tabelle III erläutert, erklärt sich aus dem Umstande, dass in der Wärme überschwefelsäurehaltige Schwefelsäure Sauerstoff entwickelt. Dieser spontane Zerfall ist bei 60° so erheblich, dass die Ausbeute fast gleich Null wird. Bei hohen Stromdichten an der Anode und viscosen concentrirteren Säuren ist eine locale Erhitzung an der Anode nicht zu vermeiden. Darin liegt eine weitere Ursache für die Erscheinung, dass die Ausbeute für jede Concentration der Schwefelsäure bei einem begrenzten Werth der Stromdichte ihr Maximum findet und dass dieses Maximum bei stärkeren Säuren bei einer niedrigeren Stromdichte sich einstellt.

Die Ueberschwefelsäure ist in Gegenwart von Schwefelsäure auch bei gewöhnlicher Temperatur nicht lange haltbar. Eine Lösung in Schwefelsäure vom spec. Gewicht 1,3—1,7 mit 100 bis 160 g Ueberschwefelsäure im Liter verwandelt sich binnen drei Wochen wesentlich unter Sauerstoffentwicklung bis auf einen kleinen Restgehalt von einigen Gramm in Schwefelsäure. Daneben entsteht etwas Wasserstoffsuperoxyd, welches nicht auftritt, wenn die Säure zuvor stark verdünnt war. Eine schwefelsäurefreie Lösung von Ueberschwefelsäure, die durch Ausfällen der elektrolysirten Flüssigkeit mit der berechneten Menge Baryumcarbonat bei 0^0 hergestellt wird, ist wesentlich haltbarer. Bei einer Anfangsconcentration von 438 g $H_2S_2O_8$ im Liter fanden Elbs und Schönherr z. B. nach 13 Tagen noch 423 g der Säure, während 15 g Schwefelsäure durch freiwilligen Zerfall entstanden waren. Nach 56 Tagen enthielt diese Lösung noch 258 g Ueberschwefelsäure neben 182 g H_2SO_4 und 2,2 g Wasserstoffsuperoxyd. Die Ueberschwefelsäurelösungen besitzen in den Grenzen von 75 g bis 438 g im Liter gegenüber Schwefelsäurelösungen vom gleichen Schwefelsäuregewicht pro Liter durchgehends eine etwas kleinere Dichte.

Eingehende Versuche von Elbs und Schönherr haben weiter gezeigt, dass, wenn man den Wasserstoff der elektrolysirten Schwefelsäure durch Nickel, Ammonium, Kalium oder Aluminium theilweise ersetzt, die Bildung von Ueberschwefelsäure stark begünstigt wird, während Natrium, Magnesium, Zink und Kupfer einen solchen Einfluss nur ganz unbedeutend zu üben vermögen. Wenn man eine Schwefelsäure von 400 g H_2SO_4 im Liter als Elektrolyt wählt und von dem Wasserstoff der Säure successive $^1/_5$, $^2/_5$, $^3/_5$, $^4/_5$ und $^5/_5$ durch Ammonium ersetzt, so steigt die Stromausbeute unter sonst gleichen Verhältnissen regelmässig, so z. B. bei Anwendung von 50 ccm Anodenlösung, einer Stromstärke von $2^1/_2$ Amp., einer Stromdichte von 100 Amp. pro qdm Anode und einer Stromdauer von 30 Minuten von 28,5 % in ammoniakfreier Säure auf 48,5 %, 59,6 %, 69,3 %, 79,0 %, 84,9 %. Diese begünstigende Einwirkung kann nicht dem Umstande zugerechnet werden, dass etwa Bildung eines schwerlöslichen Persulfats dessen Concentration im Elektrolyten herabdrückt und es der elektrochemischen Rückzersetzung entzieht, denn Aluminiumpersulfat ist überhaupt nicht in fester Form erhältlich, und doch genügen kleine Mengen Thonerde in der Schwefelsäure, die Bildung von Ueberschwefelsäure sehr zu heben. Auch wird derselbe eigenthümlich begünstigende Einfluss durch eine Spur Salzsäure geübt, welche Ausbeuten von 10 % in solche von 57 % zu verbessern vermag.

Die früher angemerkte Vorschrift, die Anode vor dem Versuch frisch auszuglühen, hängt mit dem Umstande zusammen, dass eine rauhe Oberfläche der Anode die Bildung von Ueberschwefelsäure sehr beeinträchtigt. Wenn man eine Platinoberfläche nur so weit platinirt, dass sie ihren Metallglanz theilweise verliert, ohne noch sichtbare Bedeckung mit Platinmoor zu zeigen, ist die Stromausbeute bereits wesentlich beeinträchtigt.

Für die Darstellung überschwefelsaurer Salze ist das allein praktische Ausgangsmaterial das schwefelsaure Ammoniak. Man benützt im Kleinen gesättigte Lösung von Ammonsulfat in einer Thonzelle von 80—100 ccm Inhalt als Anodenlauge und ein Gemisch aus gleichen Voluminis conc. Schwefelsäure und Wasser als Kathodenlauge in einem die Thonzelle aufnehmenden Becherglas. Eine Platindrahtspirale von 0,5 qcm Oberfläche ist Anode, eine Schlange aus Bleirohr, die von recht kaltem Wasser durchströmt wird, dient als Kathode. Man benützt 2—3 Amp. Man unterbricht je nach 3—4 Stunden, saugt auf Glaswolle das Persulfat ab, sättigt das Filtrat wieder mit Ammonsulfat und fährt fort zu elektrolysiren. Die Acidität im Anodenraum ist mit ammonsulfatgesättigtem Ammoniak möglichst nieder zu halten. Wenn die Kathodenlauge ammoniakalisch wird, gibt man frische Schwefelsäure zu, da die Leitfähigkeit der ammoniakalischen Lösung klein ist und der Widerstand unnöthig wächst.

Das Kaliumpersulfat[1]) löst sich im Wasser bei 0° zu 1,77 %, lässt sich bei raschem Arbeiten aus heissem Wasser umkrystallisiren, während es bei längerem Erhitzen seiner wässerigen Lösung in Sulfat und Sauerstoff zerfällt. Seine Lösung reagirt neutral und gibt keine Fällungen schwerer löslicher anderer Persulfate. Mit Silbernitrat und mit Fehling'scher Lösung entstehen Niederschläge von Silbersuperoxyd und röthlichem Kupferperoxyd. Mangano- und Cobaltosalze geben beim Erhitzen Braunstein und Cobaltsesquioxyd. Eisenvitriol wird in das Oxydsalz verwandelt, Jod aus Jodkaliumlösung langsam in der Kälte, rasch in der Wärme frei gemacht und Alkohol geht allmählig in Aldehyd über. Diese oxydativen Eigenschaften haben dem Persulfat in der organischen Synthese rasch einen Platz geschaffen. Seine Verwendung führt gelegentlich zu Ergebnissen, welche mit anderen Oxydationsmitteln nicht erreichbar sind. Besonders anzuführen ist die

[1]) Andere Persulfate siehe Marshall: Chem. Soc. J. 1891, S. 771.

Möglichkeit, *o*-Nitrophenol mit Kaliumpersulfat direct zu *o*-Nitrohydrochinon

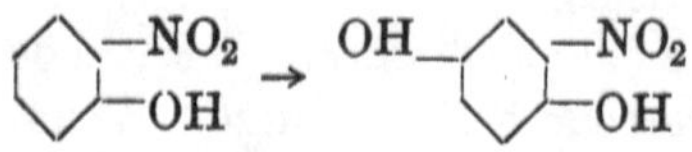

zu oxydiren, was mit anderen Oxydantien nicht gelingt.

In der organischen Technologie ist das Persulfat durch ein Verfahren bekannt geworden, nach welchem es bei dem Blau- und Rothdruck auf Kattun in eigenartiger Weise zu benützen ist.[1]) Dieses Verfahren besteht darin, dass ein mit alkalischer β-Naphtollösung präparirtes Gewebe auf der Druckmaschine mit diazotirtem und verdicktem Paranitranilin bedruckt wird, das mit dem β-Naphtol zu dem Azofarbstoff Paranitranilinroth zusammentritt:

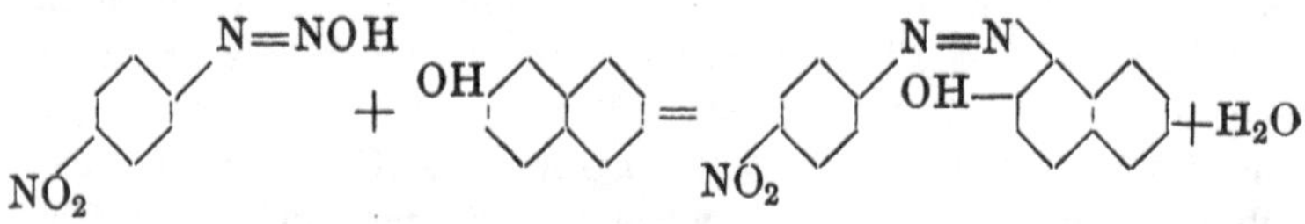

Wird das Gewebe nunmehr durch eine diazotirte Dianisidinlösung genommen, so wird an den nicht bedruckten Stellen durch Kupplung der gelösten Diazoverbindung mit dem β-Naphtolnatrium auf der Faser Dianisidinblau gebildet.

$$\begin{array}{l} CH_3OC_6H_3N = NOH \\ \quad | \\ CH_3OC_6H_3N = NOH \end{array} + 2\,C_{10}H_7OH =$$

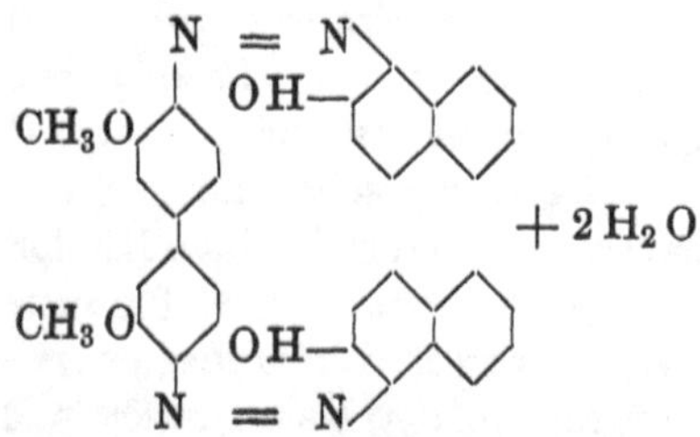

Ist das β-Naphtolnatrium auf dem Gewebe dort, wo *p*-Nitranilin aufgedruckt wurde, nicht völlig durch Bildung des Azokörpers verbraucht, so wird die Dianisidinlösung auch an diesen Stellen angreifen und indem sie mit den Resten des Naphtols sich zu

[1]) D. R. P. 83 964.

Dianisidinblau vereinigt, das Roth trüben. Deshalb wird ein Zusatz von Persulfat zur Druckfarbe empfohlen, welcher das β-Naphtol, soweit es nicht kuppelt, zu Dinaphtol oxydirt, das einer Combination mit Diazoverbindungen unfähig ist. Das Verfahren ist von der Technik des Kattundrucks nicht wesentlich acceptirt worden.

Die technische Darstellung des Persulfats geschieht an mehreren Stellen. Sie scheint von der Praxis der Herstellung im Kleinen nach keiner wesentlichen Hinsicht abzuweichen, es werden Thondiaphragmen und Platinanoden benützt.

Eine besondere Aufmerksamkeit hat die Frage nach der Rolle der Ueberschwefelsäure im Bleiaccumulator auf sich gezogen Elbs und Schönherr[1]) haben überzeugend dargethan, dass sie an den Ladungserscheinungen keinen Antheil nimmt. Einmal vermag sie in der verdünnten Accumulatorensäure bei den Stromdichten, welche im Accumulator herrschen, sich höchstens in Spuren zu bilden, andererseits ist eine Lösung von Ueberschwefelsäure in Schwefelsäure nicht im Stande, Bleisulfat in Bleisuperoxyd zu verwandeln. Diese Reaction findet erst statt, wenn man die saure Lösung nahezu neutralisirt. In überschwefelsäurehaltiger Schwefelsäure geht im Gegentheil Bleisuperoxyd unter Sauerstoffentwicklung in Sulfat über. Indessen kann ein möglicher Antheil spurenweise entstehender Ueberschwefelsäure an der allmählichen Zerstörung des Bleigerüstes nicht geleugnet werden. Ueberschwefelsaures Blei $PbS_2O_8 + 2H_2O$ oder $3H_2O$ ist ein zerfliessliches Salz. Die Auflockerung massiven Bleis als Anode wird aber, wie von der technischen Behandlung der Accumulatorenplatten bei der Formation her bekannt ist, durch Gegenwart kleiner Mengen solcher Säuren im Elektrolyten begünstigt, die mit Blei leicht lösliche Salze geben, wie z. B. Salpetersäure.

Von anderen Reactionen beansprucht die elektrochemische Erzeugung von Metallhydroxyden, -sulfiden und von Bleiweiss Interesse. Lorenz[2]) hat beobachtet, dass man die Hydroxyde der Schwermetalle in sehr reiner Form erhält, wenn man die

[1]) Elbs u. Schönherr, Z. f. Elektrochem. 2, S. 471.

[2]) Z. f anorg. Chem. 12, S. 436.

Metalle als Anode in Sulfat-, Nitrat- oder Chloridlösungen des Kaliums oder Natriums einer Platinkathode gegenüberstellt. An der Anode geht das Anodenmetall in Lösung, während der Elektrolyt an der Kathode alkalisch wird. Die bei ungeschiedenem Anodenraum durch Flüssigkeitsströmungen eventuell unter Zuhilfenahme mechanischen Rührens eintretende Durchmischung der Anoden- und Kathodenlösung bewirkt, dass das neutrale Alkalisalz sich dauernd zurückbildet, während das Hydroxyd des Metalls aus der Lösung ausfällt. Dieses Verfahren ist empfehlenswerth, um die Hydroxyde in reinem Zustande rasch herzustellen. So erhält man mit einer Kupferanode in Chlorkalium Kupferhydroxydul, in Kaliumnitrat Kupferhydroxyd, mit Silber in Kaliumnitrat Silberoxyd, mit Zinn in Chlorkalium die sonst unbequem herzustellende Orthozinnsäure. Analog dazu erhält man die Sulfide, wenn man eine Anode aus dem Metall, dessen Sulfid hergestellt werden soll, und eine Kathode aus Schwefelkupfer in einer Lösung von Alkalichlorid, -nitrat oder -sulfat elektrolysirt. Die Kathode wird mit einem Lappen umhüllt, damit abfallende Theilchen nicht mit dem Niederschlag sich vermengen, der in der Lösung entsteht. An der Kathode wird Schwefelwasserstoff, an der Anode das Schwermetallsalz gebildet, die in der Lösung, wo sie zusammentreffen, Sulfid entsehen lassen. So wird in Lösung von

	KNO_3 oder KCl	KNO_3	KNO_3	KNO_3 oder KCl	KNO_3	KCl	KCl
erhalten	CuS	AgS	CdS	ZnS	PbS	FeS	NiS.

Während diese Verfahren nur eine präparative Wichtigkeit haben, beschreibt ein Patent von Luckow[1]) eine Arbeitsweise, bei welcher ähnliche Metallverbindungen in der technisch wichtigen Form guter Mineralfarben erhalten werden. Die wesentliche Seite des Verfahrens ist die Benutzung einer Anode aus dem Metall, dessen Verbindung hergestellt werden soll, und eines Elektrolyten, welcher eine sehr verdünnte Lösung gemischter Natronsalze darstellt, von denen das Anion des einen ein gut lösliches Salz mit dem Anodenmetall liefert, während das Anion des anderen damit die gewünschte schwer lösliche Verbindung giebt. Die Kathode ist unwesentlich, doch hat es sich zweckmässig gezeigt, sie auch aus

---

[1]) D. R. P. 91707 und Borchers, Z. f. Elektrochem. 3, S. 482

dem Anodenmetall herzustellen und in einen Beutel von Filtertuch einzuhüllen. Die Salzconcentration des Elektrolyten liegt zwischen 0,3%—3,0%, meist bei 1,5% bezogen auf wasserfreie Salze. Der Elektrolyt ist von Haus aus meist neutral oder sehr schwach alkalisch bezw. sauer und ist in dem Anfangszustande während der Elektrolyse zu erhalten. Soweit die angestrebten unlöslichen Verbindungen Salze sind, wird das Mischungsverhältniss der beiden Natronsalze so bemessen, dass 80% der Mischung von dem Salz gebildet werden, dessen Anion mit dem Anodenmetall eine lösliche Verbindung liefert, 20% von dem anderen. Bei der Darstellung von Oxyden wird die weit überwiegende Menge des gelösten Salzes, meist 99,5%, aus einer Natriumverbindung gebildet, deren Anion mit dem Anodenmetall ein schwer lösliches Salz bildet und nur ein kleiner Bruchtheil (0,5%) eines anderen hinzufügt, dessen Anion mit dem Anodenmetall einen leicht löslichen Körper erzielt. Soweit durch Bildung des unlöslichen Productes eine Verarmung des Elektrolyten an einem seiner Bestandtheile eintritt, ist derselbe regelmässig in solchen Mengen zur Lauge zuzuführen, dass seine Concentration nicht zurückgeht.

Als Beispiele sind anzuführen die Bleiweisserzeugung mit einer Anode aus Weichblei und einem Elektrolyten, der $1^1/_2$% eines Gemenges von Natriumchlorat (80 Theile) und Soda (20 Theile) enthält. Die Kathode ist Hartblei, die Badspannung bei der wünschenswerthen Stromdichte von $^1/_2$ Amp. pro qdm Anodenfläche 2 Volt. Dem Elektrolyten sind während des Betriebes Kohlensäure und Wasser zuzuführen, in dem Maasse, in dem sie verbraucht werden. Das gebildete Bleiweiss rollt in Strömen von der Anode ab und sammelt sich in dem unteren Theil des Bades. Bei der im übrigen vollständig gleichartigen Darstellung neutralen Bleichromates ist der auch hier $1^1/_2$%ige Elektrolyt aus einem Gemisch von Natriumchromat (20 Theile) und Natriumchlorat (80 Theile) zusammengesetzt. Die Lösung wird durch Chromsäurezusatz gleichzeitig in ihrem Gehalt an Chromsäureionen constant und neutral erhalten. Durch Zusatz von Wasser wird ferner jene allmählige Concentrationssteigerung ausgeglichen, welche der Elektrolyt durch die Entwicklung von Wasserstoff an der Kathode, den Verbrauch von Sauerstoff an der Anode andernfalls langsam erleidet. Die Badspannung bei der Stromdichte, die auch hier 0,5 Amp. pro qdm Anode zweckmässig beträgt, ist 1,8 Volt. Die Bildung von saurem Bleichromat erfolgt in derselben Weise, wenn der Elektrolyt statt neutral schwach sauer gehalten wird. Die Badspannung ist dann bei sonst gleichen Verhältnissen 0,3 Volt geringer. Mit zwei Kupferelektroden und demselben Elektrolyten, der zur Bleiweisserzeugung benützt wird, entsteht mit gleicher Stromdichte und Spannung wie dort basisches Kupfercarbonat; ersetzt man die Soda durch das gleiche Gewicht Natriumphosphat, so resultirt basisches Kupferphosphat. Als Beispiele der Oxydbildung seien die Darstellung von Kupferoxyd und Bleisuperoxyd genannt. Für Kupferoxyd dient eine 2%ige Lösung von 95 Theilen Borax und 5 Theilen Kochsalz als Elektrolyt. Die Elektroden sind Kupfer, die Badspannung 2 Volt und die Stromdichte 0,5 Amp. Für Bleisuperoxyd wird als Elektrolyt eine 1½%ige Lösung von 99,5 Theilen Natriumsulfat und 0,5 Theil Natriumchlorat benützt. Die Elektroden sind dieselben wie für die Bleiweisserzeugung, die Stromdichte 0,2 Amp. und die Badspannung 2,8 Volt. In den drei letztgenannten Fällen ist ausser Wasser, bezw. Phosphorsäure und Wasser beim basischen Kupferphosphat, auch Luft dem Elektrolyten zuzuführen, weil die Reaction in lufthaltigem Elektrolyten erleichtert ist.

Einer Erzeugungsweise von Eisenfarben sind Haber und Reininger bei der Elektrolyse des Ammonnitrats begegnet. Wenn man die bei 0° gesättigte Lösung dieses Salzes mit einer Thonzelle als Diaphragma, einer Kohleanode und einer Eisenkathode bei kleiner kathodischer Stromdichte (0,02 Amp. pro qdm) elektrolysirt, so löst sich das Eisen der Kathode zu einer goldgelben Flüssigkeit in der rasch ammoniakalisch werdenden Kathodenlauge. Bei fortgesetzter Elektrolyse scheiden sich an den Wänden des Kathodenraumes und auf dem Boden dicke Massen braunen Eisenoxydhydrats ab, während die Lösung ihren Eisengehalt nicht weiter vermehrt. Diese goldgelbe Lösung scheidet beim Erhitzen unter Luftabschluss schwarzes magnetisches Eisenoxyduloxyd als ein unfühlbares, unter dem Microscop absolut amorph erscheinendes Pulver ab. Gleichzeitig entsteht Stickstoff und Stickoxydul. Durch Einleiten von Luft in die Lösung erhält man statt des Oxyduloxydes gelbes, amorphes Eisenoxydhydrat gleichfalls als äusserst feines Pulver. Durch gleichzeitige Anwendung von Luft und Hitze sind zahlreiche braune Niederschlagsnuancen, sämmtlich von gleichartigen Eigenschaften erhältlich, die in ihrer Zusammensetzung zwischen den geschilderten Endproducten liegen. Eisenoxydulsalze lösen sich bekanntlich in Ammoniak bei Gegenwart von viel Ammonsalz. Es wollte aber nicht gelingen, die Abscheidung der Eisenoxydationsstufen aus solchen rein chemisch dargestellten Lösungen mit gleicher Eignung für den lithographischen Feindruck zu erhalten. Der Chemismus des Vorganges ist nicht aufgeklärt. Ersichtlich bildet sich an der Kathode eine Verbindung, welche ein so starkes Oxydans ist, dass sie einmal als kathodischer Depolarisator zu wirken, andererseits das Eisen durch Localaction zu oxydiren und damit in der ammoniakalischen Ammonnitratlösung löslich zu machen vermag. Wählt man eine hohe kathodische Stromdichte, so wird diese Verbindung dergestalt von der reducirenden Thätigkeit des Stromes beschlagnahmt, dass die Bildung der Eisenverbindung sehr zurückgeht. Wählt man eine unangreifbare Kathode (Platin) und führt die Kathodenlösung nach einiger Dauer der Elektrolyse aus der Zelle in ein Gefäss über, wo sie mit Eisen in Berührung kommt, so löst sich dieses unter Bildung der beschriebenen Verbindung noch in vollkommenerem Maasse, als wenn es direct als Kathode dient. Die Elektrolyse anderer Nitrate auf der einen, anderer Ammonsalze auf der anderen Seite giebt zu ähnlichen Phänomenen keinen Anlass. Der Vorgang ist allein an das Ammonnitrat geknüpft. Mischungen von Ammoniak mit Ammonnitrat, mit Ammonnitrit oder mit Hydroxylamin greifen ohne Strom Eisen nicht in dieser Weise an. Ebensowenig scheint die unbeständige Lösung des Ammonhyponitrits, die man aus Silberhyponitrit mit Chlorammon erhält, in Gegenwart von Ammonitrat, Nitrit und Ammoniak zu einem solchen Angriff des Eisens befähigt.

Von Interesse, obwohl bislang ohne industrielle Verwendung, ist das Verfahren von Askenasy[1]), concentrirte rohe Schwefelsäure durch Elektrolyse von ihrem Gehalt an Metallen, Salzsäure, Salpetersäure und organischen färbenden Verunreinigungen zu befreien. Die Absicht des Erfinders ist, eine Reinigung zu erreichen, welche die Säure nach dem Verdünnen für den Betrieb von Accumulatorenfabriken sofort verwendbar macht. Man benützt Elektroden aus Blei ohne Diaphragma und setzt den

[1]) D. R. P. 86977.

Elektrolyten einige Zeit nach Beginn der Elektrolyse durch Rühren in Bewegung. Die Stromdichte ist zweckmässig 1 bis 2 Amp. pro qdm, die nöthige Badspannung in diesem Falle etwa 6 Volt. Es entsteht an der Anode Ozon, an der Kathode Schwefel und Schwefelwasserstoff. Das entstehende Ozon oxydirt die organischen Bestandtheile und verwandelt Salzsäure in Chlor, das entweicht. Dem Schwefel, welcher in sehr fein vertheilter Form im Elektrolyten sich verbreitet, wird die Reduction der Stickstoffoxyde und die Ueberführung der Metalle in Sulfide zugeschrieben. Es ist indessen wohl richtiger, diese Erscheinungen auf Rechnung des Vorganges der kathodischen Entladung zu setzen, die Stickstoffverbindungen zu Stickstoff reducirt und die Metalle, indem sie sie gleichzeitig mit der Entstehung von Schwefel entlädt, in Sulfide übergehen lässt. Die Elektrolyse wird in der Kälte oder bei schwach erhöhter Temperatur vorgenommen. Nach ihrer Beendigung verdünnt man und bringt durch den Schwefelwasserstoff der Lösung, welcher in der concentrirten Säure nicht voll zur Wirkung kommt, Abscheidung der letzten Antheile in saurer Lösung fällbarer Metalle hervor.

Die Concentration der Schwefelsäure statt in den kostspieligen Platinretorten mittelst äusserer Erwärmung durch die Hitzwirkung des elektrischen Stromes zu bewirken, ist vorgeschlagen, aber nicht als zweckmässig befunden worden. Man wollte einen unangreifbaren metallischen Leiter von grossem Widerstand in die Säure einlegen und durch den Strom erhitzen. Es erwies sich, dass die Erhitzung mittels Gleichstrom unthunlich war. Wenn der Widerstand des Leiters hoch, das Spannungsgefälle also längs ihm erheblich ist, so nimmt die Schwefelsäure unter Zersetzung an der Stromleitung theil und es entsteht Schwefel, dessen Bildung bei der beabsichtigten Concentration der reinen Säure störend ist. Mit Wechselstrom ist das Verfahren wohl durchführbar, aber mit einem praktischen Aufwand von 1490 Wattstunden pro kg Säure verknüpft, während Bucherer theoretisch 368 dafür ableitet. Unter diesen Verhältnissen erreichen die Kraftkosten für die Concentration bei einem Preise von nur 2 Pf. pro Pferdekraftstunde den ökonomisch unthunlichen Betrag von 4 Mk. pro 100 kg.

[1]) Häussermann u. Niethammer, Chem. Ztg. 1893, S. 1907.

[2]) Bucherer, Chem. Z. 1893, S. 1597.

Schliesslich ist der Darstellung von Sauerstoffgas und Wasserstoffgas zu gedenken. Die Herstellung des letzteren als gesonderte Betriebsform erscheint unwesentlich, da Wasserstoffgas bei der Fabrikation von Chlor und Aetzalkali als kathodisches Nebenproduct gewonnen werden kann. Durch Compression in Stahlcylindern wird es versandtfähig. Die Abwesenheit von Schwefelwasserstoff macht es für das Bleilöthen und ähnliche Arbeiten aus hygienischen Gründen werthvoll.

Apparate um Sauerstoff und Wasserstoff neben einander zu gewinnen, sind mehrfach[1]) beschrieben worden. Sie bieten kein besonderes Interesse. Als Elektrolyt lässt sich Schwefelsäure mit Bleielektroden, oder besser Natronlauge mit Eisen- oder Nickelelektroden verwenden. In der Lösung ist ein Diaphragma nicht erforderlich. Es genügt, die vertikal eingesetzten Anoden und Kathoden durch ein Gitter, welches isolirt zwischen ihnen ihnen hängt oder ein Stück Filtertuch, welches die Flüssigkeit in zwei Abtheilungen scheidet, so weit zu trennen, dass die Gasblasen beim Aufsteigen in der Flüssigkeit nicht in merklichem Betrage sich durcheinander mischen. Die über der Lösung befindlichen Gassammelräume bedürfen hingegen selbstverständlich einer gasdichten Scheidung, welche am einfachsten dadurch erreicht wird, dass der Gasraum durch eine massive Scheidewand abgeteilt wird, die in den Elektrolyten etwas eintaucht. Für die Gewinnung von Sauerstoff construirt die Elektricitätsgesellschaft vorm. Schuckert & Co. einen Apparat, welcher nach Mittheilung der Platinschmelze von W. C. Heraeus, die denselben verwendet, mit einem Stromverbrauch von 30 Volt und 200 Ampère in 10 Stunden aus verdünnter Natronlauge als Elektrolyt 4 cbm Sauerstoff liefert. Theoretisch liefern 2000 Ampèrestunden 0,598 kg = 0,44 cbm von Zimmertemperatur. In dem Apparat müssen also offenbar mindestens neun Zersetzungskammern hintereinander geschaltet sein. Die in jeder Weise bequeme Hintereinanderschaltung mehrerer Kammern in einem Apparat findet sich auch bei anderen Constructionen. Aus den obigen Zahlen folgt ein Energieverbrauch von 15 Kilowattstunden pro cbm Sauerstoff. Bei diesem Kraftverbrauch muss der Kraftpreis ungemein niedrig sein, damit die elektrochemische Erzeugung von Sauerstoff mit der chemischen concurrenzfähig wird.

[1]) z. B. E. P. von 1893 Nr. 11 973, D. R. P. 51 998, 58 282, 78 146, 83 110.

13. Capitel.
Organische Chemie.

In der organischen Chemie ist der elektrische Strom in verhältnissmässig beschränkten Fällen als Hilfsmittel der Synthese zu verwenden, weil die überwiegende Anzahl der organischen Verbindungen weder leiten, noch in wässerigen oder geschmolzenen Elektrolyten sich lösen. Unter den Reactionen, welche mittelst des Stromes zu bewerkstelligen sind, sind zwei Gruppen aus einander zu halten, die als organisch elektrochemische Reactionen erster Klasse und zweiter Klasse unterschieden werden mögen. Zur ersten Klasse zählen die Reactionen, welche auf Entladung organischer Ionen an den Elektroden beruhen, zur zweiten die zahlreicheren Vorgänge, bei denen Oxydations- und Reductionswirkungen an gelösten organischen Substanzen auftreten, die nicht ionisirt sind.

Reactionen erster Classe.

Organische Kationen bestehen in den wässerigen Lösungen der organischen Basen und ihrer Salze, organische Anionen in denen der Säuren und ihrer Salze. Die Producte, welche bei der Entladung organischer Kationen entstehen, sind nicht studirt, obwohl ihre Untersuchung ein erhebliches Interesse verspricht (z. B. Elektrolyse der quaternären Ammoniumsalze). Die Reactionen bei den Anionen sind hingegen eingehend behandelt worden.

Wird eine Lösung von essigsaurem Kali der Elektrolyse unterworfen[1]), so tritt, wenn sie sehr verdünnt ist, an den Polen ausschliesslich Sauerstoff und Wasserstoff auf. Folgt man aus Zweckmässigkeitsgründen (S. 143) der Theorie der primären Wasserzersetzung, so besagt diese Beobachtung, dass in diesem Falle an der Anode nur Hydroxylionen zur Abscheidung gelangen. Wählt man aber eine concentrirtere Lösung, so erscheinen im Anodengas Aethan und Kohlensäure, welche nach folgender Gleichung gebildet sind:

$$1)\ 2\,CH_3C\bar{O}O = CH_3 - CH_3 + 2\,CO_2.$$

Daneben beobachtet man in sehr untergeordnetem Maasse die Bildung von Essigsäuremethylester, der nach folgendem Schema entsteht:

$$2)\ 2\,CH_3C\bar{O}O = CH_3COOCH_3 + CO_2.$$

Der Procentgehalt an Sauerstoff geht gleichzeitig im Anodengase zurück, aber nicht nur in dem Umfange, in welchem die Vertheilung der Entladungsarbeit auf die Aethan- und Sauerstoffbildung es mit sich bringt, sondern in stärkerem Maasse. Es wird also neben den Reactionen erster Klasse zu einem Bruchtheil eine solche zweiter Klasse verwirklicht, indem ein Oxydationsvorgang hinzutritt, der Essigsäure in Kohlensäure verwandelt. An der Kathode wird ausschliesslich Wasserstoff als Gas entbunden. Der Antheil der Aethanbildung an der Anodenarbeit wird begünstigt durch eine grosse Concentration des Acetats und durch eine hohe Stromdichte an der Anode.[2])

---

[1]) Kolbe, Ann. Chem. Pharm. 69, S. 261.

[2]) Murray (Chem. Soc. J. 1892. S. 10) fand den Maximalwerth für die Entladungsprocente Aethan = 90. Den Zusammenhang zwischen Concentration und Aethanbildung ergibt folgende Zusammenstellung:

% $KCOOCH_3$ in Lösung .	60	11,77	6,7	3,58	1,84	0,97	0,5
Entladungsprocente Aethan	80	73,5	68,4	60,5	50,8	26,4	0,3.

Die Versuche wurden bei 11 — 12° mit einer Stromdichte von — soviel aus Murray's Angaben zu entnehmen ist — 22 Amp. pro qdm Anodenfläche gemacht. Die Elektroden waren ebene Platinbleche, die sich gegenüberstanden. Für die Berechnung der Stromdichte ist nur die Vorderseite berücksichtigt. Den Einfluss der Stromdichte zeigen folgende Zahlen, die Murray bei 20%iger Lösung fand:

Der Vorgang, welchen die Gleichung 1) wiedergibt, vollzieht sich allgemein bei der Elektrolyse der Alkalisalze gesättigter Fettsäuren, aber die Ausbeute, in welcher der Kohlenwasserstoff entsteht, erreicht bei den höheren Gliedern regelmässig nicht den Betrag, der beim Acetat auftritt, und ist in manchen Fällen schon bei den niederen Gliedern sehr klein.[1])

Es entsteht so aus

Propionsaurem	Kali	. . .	Butan,
Isovaleriansaurem	»	. . .	2,5 Dimethylhexan,
Capronsaurem	»	. . .	n. Decan,

Stromdichte in Amp. pro qdm Anode	87	22	10	$4^1/_2$	2	$^3/_4$
Entladungsprocente Aethan	81	74	69	63	51	26.

Der Einfluss der Temperatur auf die Entladungsprocente Aethan ist unerheblich, während aber unter 60° C. in 20%ger Acetatlösung fast alle diejenige Anodenarbeit, welche nicht der Aethanbildung dient, auf Oxydation in der Lösung verwendet wird, tritt von 60° aufwärts in steigender Progression die Sauerstoffentbindung in Gasform neben der Aethanentwicklung hervor. Ein näheres Eingehen auf Murray's Ergebnisse erscheint nicht empfehlenswerth, da wahrscheinlich ein Theil seiner zahlreichen Beobachtungen nicht richtig ist. Murray's Gasanalysen führen zu dem Ergebniss, dass bei unveränderlicher Stromdichte, Temperatur und Salzconcentration die Abmessungen der Anodenplatte auf den Umfang der Aethanbildung von Einfluss sind, was jedenfalls unzutreffend ist.

[1]) Eine von Löb vertretene Meinung, dass bei der Elektrosynthese der Kohlenwasserstoffe zunächst das Anhydrid $\begin{matrix}RCO\\RCO\end{matrix}\!\!>\!O$ entsteht, welches mit Sauerstoff in $R-R+2CO_2$ übergeht, ist schlechterdings nicht zu halten. Die dafür beigebrachten Belege (Z. f. Elektrochem. 3. S. 42) stützen diesen innerlich äusserst unwahrscheinlichen Vorgang in keiner Weise. Schall (Z. f. Elektrochem. 3. S. 83) weist auf die Möglichkeit hin, dass die Kohlenwasserstoffbildung über die Superoxyde gehen könne, d. h. dass $2RCO\bar{O}$ zunächst $\begin{matrix}RCOO\\|\\RCOO\end{matrix}$ ergebe und dann in $2CO_2$ und $R-R$ zerfalle. Diese Annahme findet eine gewisse Stütze darin, dass die im Folgenden besprochenen Thiosäuren Disulfide $RCOS-SOCR$ geben. Da aber die analogen Superoxyde $RCOO-OOCR$ noch nicht beobachtet worden sind, wird man sich vorläufig schwer entschliessen, ihre Zwischenbildung um dieser Analogie willen anzunehmen.

Heptylsaurem Kali . . . n. Dodecan,
Caprylsaurem » . . . n. Tetradecan.[1])

Daneben verläuft ebenfalls in wechselnder, meist geringer Ausbeute der Vorgang nach Gleichung 2), welcher zu den Estern der Ausgangssäure mit dem nächstniederen Alkohol führt. Er tritt in erheblichem Umfang z. B. bei der Elektrolyse des valeriansauren Kalis auf, welches viel Valeriansäurebutylester ergibt. Aus den Estern kann durch Hydrolyse Alkohol und Säure entstehen. Hamonet hat das Auftreten des Alkohols, welcher danach zu erwarten ist, unter den Nebenproducten der Elektrolyse beobachtet.[2])

Dazu tritt ein dritter Vorgang, der bei der Essigsäure zweifelhaft ist, die Bildung ungesättigter Kohlenwasserstoffe nach dem Schema 3):

$$3)\ 2\,CH_3CH_2CH_2C\overline{O}O = CH_3CH : CH_2 + CO_2 + CH_3CH_2CH_2COOH.$$

Diese Reaction wird in manchen Fällen zum Hauptvorgang. So entsteht aus Kaliumbutyrat und -isobutyrat Propylen, aus Kaliumvalerat Isobutylen. Die vorher erwähnte Entstehung eines Alkohols, welcher ein Kohlenstoffatom weniger als die Ausgangssäure enthält, kann auch als Hydratation eines primär entstandenen Olefins aufgefasst werden.

Mischt man die Alkalisalze mehrerer Fettsäuren, so wird, ähnlich wie bei der Darstellung gemischter Ketone aus den gemischten Kalksalzen verschiedener gesättigter Fettsäuren hier ein Zusammentritt der beiden Säurereste beobachtet, welcher, der Natur der Sache nach, der Formel 1) oder 2) gemäss sich vollziehen kann. Der Verlauf nach 1) wiegt vor. So erhält man nach 1) aus isovaleriansaurem und önanthsaurem Kali das 8 Methylnonan. Dabei entsteht als Nebenproduct durch die Verkupplung zweier Reste der Oenanthsäureanionen n. Dodecan.

Die Reactionen sind beschränkt auf die Fettreihe. An aromatische Reste gebundene Carboxyle vermögen nicht unter Vereinigung der Kerne abzuspringen. Die Gleichungen[3])

---

[1]) Kolbe l. c. Würtz, Jahresb. f. Chem. 1855 S. 575. Brazier u. Gossleth, Ann. Chem. Pharm. 75, S. 265

[2]) Die aus buttersaurem und isobuttersaurem Alkali zu erwartenden Hexane konnte Hamonet (Compt. Rend. 123 S. 252) nicht auffinden.

[3]) Bourgoin, Jahresber. 1867 S. 380; 1871 S. 631.

$$\left[\begin{array}{l} 4)\ 2\,C_6H_5CO\bar{O} = C_6H_5 - C_6H_5 + 2\,CO_2 \\ 5)\ 2\,C_6H_5CO\bar{O} = C_6H_5COOC_6H_5 + CO_2 \end{array}\right]$$

lassen sich nicht realisiren.

Wie die Salze der Fettsäuren verhalten sich die estersauren Salze der fetten Dicarbonsäuren. Die veresterte Carboxylgruppe zeigt sich, wie zu erwarten, vollständig inert, während die salzbildende abgespalten wird und der verbleibende Rest mit einem zweiten gleichartigen Reste zu einem Dicarbonsäureester zusammentritt.[1]) So liefert malonestersaures Kali Bernsteinsäurediäthylester.

$$6)\ 2\,CH_2\!\left\langle\begin{array}{l} CO\bar{O} \\ COOC_2H_5 \end{array}\right. = 2\,CO_2 + \begin{array}{l} CH_2 - COOC_2H_5 \\ | \\ CH_2 - COOC_2H_5. \end{array}$$

Aus bernsteinestersaurem Kali entsteht Adipinsäurediester.

$$7)\ 2\begin{array}{l} CH_2 - CO\bar{O} \\ | \\ CH_2 - COOC_2H_5 \end{array} = 2\,CO_2 + \begin{array}{ll} CH_2 & -\ CH_2 \\ | & \ \ | \\ CH_2 & \ \ CH_2 \\ / & \ \ \backslash \\ COOC_2H_5 & \ \ COOC_2H_5. \end{array}$$

Ebenso erhält man aus den äthylestersauren Verbindungen nachstehender Säuren die Diäthylester der beigefügten höheren Dicarbonsäuren:

Glutarsäure	—	Korksäure,
Aethylmalonsäure	—	s. Diäthylbernsteinsäure,
Adipinsäure	—	Sebacinsäure,
Korksäure	—	Dodecandicarbonsäure,
Sebacinsäure	—	Hexadecandicarbonsäure.

Alle diese Säuren entstehen in guter oder mässiger Ausbeute, so dass die Reaction als Aufbaureaction praktisch verwendbar ist.

Aus dem estersauren Salz der Isobernsteinsäure entstehen die meso- und die traubensäurige Form der Dimethylbernsteinsäure neben einander.

Daneben wird regelmässig analog der Umsetzung 3) die Bildung ungesättigter Säuren beobachtet:

$$8)\ 2\,C_2H_5OOC\,CH_2CH_2CO\bar{O} = C_2H_5OOC\,CH : CH_2 + C_2H_5OOC\,CH_2CH_2COOH + CO_2,$$

[1]) Brown u. Walker, Ann. Chem. Pharm. 261 S. 107; 274 S. 41.

so gibt dimethylmalonestersaures Kali Methylacrylsäureester, diäthylmalonestersaures Kali Aethylcrotonsäureester. Durch Anwendung eines Gemisches aus einem estersauren Salze und dem einer gewöhnlichen gesättigten Fettsäure[1]) entstehen Ester höherer Fettsäuren. So liefert Kaliumäthylsuccinat und Kaliumbutyrat den Capronsäureäthylester in guter Ausbeute.

$$9)\quad \begin{array}{c} CH_3CH_2CH_2CO\bar{O} \\ C_2H_5COOCH_2CH_2CO\bar{O} \end{array} = \begin{array}{l} CH_3-CH_2-CH_2 \\ C_2H_5COO-CH_2-CH_2 \end{array} + 2\,CO_2.$$

Analog entstehen aus:

Kaliumäthylsuccinat u. Kaliumacetat			=	Buttersäureäthylester,
»	»	» propionat	=	Valeriansäure » »
»	»	» isobutyrat	=	Isobutylessigsäureäthylester,
Kaliumäthylmalonat	»	» acetat	=	Propionsäureäthylester,
»	»	» propionat	=	Buttersäureäthylester,
»	»	» butyrat	=	Valeriansäure » »
Benzylmalonestersaurem Kali	»	» acetat	=	Methylhydrozimmtsäureester.[2])

Die zuletzt aufgeführte Reaction einer Säure mit einem aromatischen Rest im Molccül steht vorläufig vereinzelt da. Für sich als estersaures Salz elektrolysirt, giebt die Benzylmalonsäure kein Condensationsproduct, sondern verfällt der Oxydation. Ebenso wenig ist die Condensation anderer Anionenreste mit einem aromatischen Radial bislang bekannt. Auch mit Phtalestersäure gelingt es nicht, eine Condensation zu erreichen.

Die Nebenreaction, welche unter 8) angemerkt wurde, tritt bei der Elektrolyse gemischter Salze ebensowohl wie bei der der einzelnen Salze für sich auf. So wird die Entstehung des Methylhydrozimmtsäureesters von dem Auftreten des Zimmtsäure- und Hydrozimmtsäureesters begleitet.

---

[1]) v. Miller u. Hofer, Ber. d. deutschen chem. Ges. 1895, S. 2427 und Z. f. Elektrochem. 4, S. 57.

[2]) v. Miller u. Hofer, Z. f. Elektrochem. 4, S. 56.

$$10)\ 2\,C_6H_5-CH_2-CH\left\langle\begin{matrix}COO\,C_2H_5\\COO\end{matrix}\right.=C_6H_5CH:CH\,COO\,C_2H_5$$
$$+\,C_6H_5\,CH_2\,CH_2\,COO\,C_2H_5+2\,CO_2.$$

Störend fühlbar macht sich ferner oft der Vorgang zweiter Classe, welcher bei der Essigsäure angemerkt wurde, die Oxydation des Salzes in der Lösung. Er ist bei der Malonestersäure erheblicher als bei der Bernsteinestersäure.

Die Benützung des Gemisches des fettsauren und estersauren Salzes schliesst die Möglichkeit ein, dass zum Theil die Anionen des ersten wie des letzteren unter sich reagiren. Einen besonders merkwürdigen Fall dieser Reaction bietet die soeben besprochene Elektrolyse des benzylmalonestersauren Kalis in Mischung mit Kaliumacetat. Hier entsteht durch Vereinigung der Reste der Benzylmalonestersäure unter sich der Dibenzylbernsteinsäurediäthylester neben dem Methylhydrozimmtsäureester, während er in Abwesenheit des Kaliumacetats nicht erhalten werden kann.

Bei Anwesenheit mehrerer veresterter Carboxylgruppen im Molecül neben einer an Alkali gebundenen, verlaufen die Reactionen ganz analog. So giebt tricarballyldiäthylestersaures Kali mit Kaliumacetat Aethylbernsteinsäurediäthylester bei der Elektrolyse[1]:

$$11)\ \begin{matrix}CH_2\,COO\,C_2H_5\\|\\CH_2\,COO\,C_2H_5\\|\\CH_2-CO\bar{O}\\ \\CH_3-CO\bar{O}\end{matrix}\ =2\,CO_2+\ \begin{matrix}CH_2\,COO\,C_2H_5\\|\\CH_2\,COO\,C_2H_5\\|\\CH_2\\|\\CH_3\end{matrix}$$

Die Vorgänge, welche bei den Alkalizalzen der Säuren beobachtet werden, finden ihr Analogon in dem Verhalten der metallsubstituirten Verbindungen vom Typus des Natriumdiäthylmalonsäureesters[2]). Es vereinigen sich zwei Anionen nach folgender Gleichung:

$$12)\ 2\,\begin{matrix}C_2H_5COO\\C_2H_5COO\end{matrix}\Big\rangle\bar{C}H\left(\overset{+}{Na}\right)=\begin{matrix}C_2H_5COO\\C_2H_5COO\end{matrix}\Big\rangle CH-CH\Big\langle\begin{matrix}COO\,C_2H_5\\COO\,C_2H_5\end{matrix}$$

so dass der symmetrische Tetraäthyläthantetracarbonsäureester

---

[1]) v. Miller u. Hofer, Z. f. Elektrochem. 4, S. 56.

[2]) Mulliken, Ber. d. deutschen chem. Ges. 26, S. 884.

entsteht. Bei der Electrolyse der Natriumverbindung des Methantricarbonsäureesters wird in derselben Weise Hexaäthyläthanhexacarbonsäureester gebildet. Natracetessigester giebt Diacetbernsteinsäureester[1]), Kaliumnitroisopropan Dinitrohexan[2]).

Geht man von den besprochenen Verbindungsgruppen auf das Verhalten abweichend constituirter Säuren über, so ist nur noch in einzelnen Fällen eine fassbare Reaction erster Klasse bei der Elektrolyse zu constatiren. Analog den früheren Umsetzungen ist die bei dem bernsteinsauren Natron constatirte Bildung von Aethylen[3])

$$13)\quad \begin{matrix} CH_2\,C\overline{O}O \\ | \\ CH_2\,C\overline{O}O \end{matrix} = 2\,CO_2 + \begin{matrix} CH_2 \\ \| \\ CH_2 \end{matrix},$$

die des Acetylens bei der Elektrolyse des fumarsauren und maleïnsauren Natrons

$$14)\quad \begin{matrix} CH\,C\overline{O}O \\ \| \\ CH\,C\overline{O}O \end{matrix} = 2\,CO_2 + \begin{matrix} CH \\ ||| \\ CH \end{matrix},$$

des symmetrischen und unsymmetrischen Allylens bei der des mesaconsauren und citraconsauren und itaconsauren Kaliums.[4]) Daneben aber treten Oxydationsvorgänge, welche theilweise bis zur Kohlensäure, theilweise nur bis zu Zwischenproducten (Acrylsäure aus mesa- und citraconsaurem Alkali) führen, stark in den Vordergrund. Bei den Oxysäuren sind die Reactionen zweiter Classe fast ausschliesslich thätig, indem sie Aldehyde liefern.[5]) Nur aus Mandelsäure ist es gelungen, in kleiner Menge das Hydro- und Isohydrobenzoin zu gewinnen.[6])

$$15)\quad 2\,C_6\,H_5\,CH\,(OH)\,C\overline{O}O = C_6\,H_5\,CH\,(OH) - CH\,(OH)\cdot C_6\,H_5 + 2\,CO_2.$$

Allerdings kann, wie Elbs[7]) hervorhebt, die Aldehydbildung möglicherweise eine Reaction erster Classe sein, indem sie analog zu 3) wie folgt vor sicht geht

[1]) Weems, Americ. Chem. J. 16, S. 569.
[2]) Zelinsky, Chem. Z. 1895, S. 91.
[3]) Kekulé, Ann. Chem. Pharm. 131, S. 79.
[4]) Aarland, J. f. pract. Chem. 6, S. 256.
[5]) v. Miller u. Hofer, Ber. d. deutschen chem. Ges. 27, S. 461.
[6]) Walker, J. Chem. Soc. 1896, S. 1278.
[7]) Elbs als Referent im Jahrbuch f. Elektrochem. 3, S. 295.

$$16)\ 2\,CH_3\,CH\,(OH)\,\overline{COO} = CH_3\,CH\,(OH)\,CO\,OH + CO_2 + CH_3\,CHO.$$

Durch gemeinsame Entladung der Anionen der Essigsäure und der Glycolsäure können nach dem Schema

$$17)\ \frac{CH_3\,\overline{COO}}{CH_2\,OH\,\overline{COO}} = 2\,CO_2 + CH_3\,CH_2\,OH$$

nur Spuren Alkohol[1]) erhalten werden.

Verwickelte und noch ungeklärte Reactionen treten bei der Entladung der halogenhaltigen Anionen auf. Nur bei der Cyanessigsäure konnte ein Reactionsverlauf erster Classe durch die Entstehung von Bernsteinsäurenitril entdeckt werden.[2])

$$18)\ 2\,CH_2\,(CN)\,\overline{COO} = \begin{matrix} CH_2\,CN \\ | \\ CH_2\,CN \end{matrix} + 2\,CO_2.$$

Die schwefelhaltigen Dithiocarbonsäuren zeigen bei der Elektrolyse ihrer Alkalisalze eine Addition der Anionen ohne Absprengung von Atomgruppen.

Sie reagiren nach dem Schema

$$19)\ 2\,RC\overline{SS} = (RCS)S - S(SCR).$$

So ergiebt Kaliumxanthogenat[3])

$$20)\ 2\,C_2\,H_5\,OC\overline{SS} = (C_2H_5\,OCS)\,S - S\,(C_2\,H_5\,OCS).$$

Die Dithiocarbaminsäure und die dialkylirten Dithiocarbaminsäuren schliessen sich dem an.

Auch thioessigsaures und thiobenzoësaures Kali reagiren nach der analogen Gleichung

$$21)\ 2\,RCO\ddot{S} = 2\,(RCO)\,S - S\,(OCR).$$

Additionen von anorganischen und organischen Ionen bei gemeinsamer Entladung sind mit ganz geringen Ausbeuten verwirklicht worden. Als Beispiele seien die Bildung von Jodäthyl aus Jodkalium und Kaliumpropionat, die von Nitroäthan aus Natriumnitrit und Kaliumpropionat angeführt.[4])

---

[1]) v. Miller u. Hofer, Ber. d. deutschen chem. Ges. 28, S. 2428.

[2]) Moore, Ber. d. deutschen chem. Ges. 4, S. 519.

[3]) Schall, Z. f. Elektrochem. 2, S. 475 und 3, S. 83.

[4]) v. Miller u. Hofer, Ber. d. deutschen chem. Ges. 28, S. 2430.

$$22)\quad \begin{matrix} CH_3\,CH_2\,C\overline{O}O \\ J \end{matrix} = CH_3\,CH_2\,J + CO_2$$

$$23)\quad \begin{matrix} CH_3\,CH_2\,C\overline{O}O \\ NO_2 \end{matrix} = CH_3\,CH_2\,NO_2 + CO_2.$$

Was die Ausführung der Elektrolyse anlangt, so ist die Benützung eines mit Diaphragma versehenen Apparates stets angezeigt. Durch die Wanderung der Kalium- oder Natriumionen zur Kathode wird der Elektrolyt dort alkalisch und damit befähigt, hinüberdiffundirende Antheile des gebildeten Esters zu verseifen. Soweit reducirbare Körper zur Anwendung gelangen, ist ferner an der Kathode ein Verlust an reactionsfähiger Substanz durch Reduction möglich. Beides wird durch das Diaphragma verhindert. In den Kathodenraum bringt man irgend ein Salz, dessen Anion bei der Ueberwanderung in den anderen Zellraum den anodischen Vorgang nicht irritirt. Kohlensaures Kali oder Natron sind geeignet. Salze starker Säuren würden, indem ihr Anion überwandert, die Acidität an der Anode rascher steigern, als es ohnedem der Fall ist. Da die organischen Säuren aber allgemein schlechter dissociirt sind als ihre Salze, so würden sie damit sowohl die Leitfähigkeit als die Concentration der organischen Anionen in unerwünschter Weise verkleinern. Statt der Carbonate sind jedenfalls die Aetzalkalien in gleicher Weise anwendbar. Um bei der Elektrolyse gemischter Salze das eine in dauernd kleiner Concentration an der Anode verfügbar zu haben, benützt v. Miller den geschickten Kunstgriff, es auf die Kathodenseite zu bringen, von wo sein Anion nur in dem Betrage zur Anode hinübergelangt, der durch seine Wanderungsgeschwindigkeit und durch die relative Menge und Beweglichkeit der anderen Anionen im Kathodenraum definirt ist. Um zu vermeiden, dass Reactionsproducte, die im Elektrolyten sich lösen, durch weiteren Angriff complicirtere Veränderungen erleiden, kann man Vorsorge tragen, sie in kurzen Intervallen mit Aether oder einem ähnlichen Lösungsmittel zu extrahiren.

Reactionen zweiter Classe.

Das Capitel der Reactionen zweiter Classe umfasst zahlreiche Beobachtungen. Eine elektrochemische Deutung lässt sich hier nicht geben, da es nicht ionisirte Körper sind, welche durch Oxydation oder Reduction angegriffen werden. Man kann sich zwar vorstellen, dass im Augenblick der Reaction ein Ion abgegeben würde, dass z. B. Alkohol bei der Oxydation zu Aldehyd zwei Wasserstoffionen abstösst, welche mit Hydroxylionen zusammentreten, die der Strom im gleichen Augenblick entlädt. Mit dieser elektrochemischen Umschreibung wird aber der Vorgang in keiner Weise deutlicher.

Von anodischen Processen, bei welchen nicht Sauerstoff, sondern Halogenentladung zur Wirkung kommt, ist die Bildung von Jodoform bei der Elektrolyse einer mit Alkohol versetzten sodaalkalischen Jodkaliumlösung zu nennen. Elbs und Herz[1]) haben die Bedingungen dieser Elektrolyse eingehend studirt und gefunden, dass es vortheilhaft ist, mit einer Lösung von 100 ccm Wasser, 20 ccm Alkohol (96 Volumprocent), 10 g JK und 5 g $CO_3 Na_2$ bei 60° zu arbeiten. Die Anodenstromdichte soll 1 Amp. pro qdm nicht überschreiten. Unter diesen Verhältnissen wird bei continuirlicher Arbeit, wenn das ausgeschiedene Jodoform von Zeit zu Zeit entfernt, Jodkalium, Soda und Alkohol, soweit sie verbraucht sind, neu hinzugefügt werden, $97\,^1/_2\,\%$ der theoretischen Ausbeute an Jodoform gewonnen. Nach der Umsetzungsgleichung

$$CH_3\,CH_2\,OH + 10\,J + H_2\,O = CH\,J_3 + CO_2 + 7\,HJ$$

müssen für 1 Grammmolecül Jodoform 10 Grammionen Jod entladen werden. Daraus folgt, dass 1 g Jodoform 0,683 Ampèrestunden bei quantitativer Ausbeute erheischt. Dass diese bei dem Process nicht vollständig erreicht wird, liegt daran, dass etwas jodsaures und vielleicht auch überjodsaures Kali in der Nebenreaction gebildet wird. Diese wird durch eine Erniedrigung der Temperatur und besonders durch einen übertriebenen Sodagehalt begünstigt. Bei der genannten Ausbeute von $97\,^1/_2\,\%$ ist

---

[1]) Elbs u. Herz, Z. f. Elektrochem. 4, S. 113.

die Elektrolyse unter Benützung eines Diaphragmas gedacht.[1]) Bei ungeschiedenem Anoden- und Kathodenraum ist die Ausbeute nicht ganz so günstig, weil gebildetes aber noch nicht ausgeschiedenes Jodoform von dem Wasserstoff an der Kathode, sofern es dorthin gelangt, reducirt wird. Die Scheidung durch das Diaphragma ist deshalb von Nutzen. In den Kathodenraum giebt man Sodalösung. Die Anode ist Platin.

Aceton lässt sich an Stelle des Alkohols nicht verwenden, ebenso versagt die Reaction, wenn unter Ersatz des Jodkaliums durch Brom- bezw. Chlorkalium auf Bromoform oder Chloroform hingearbeitet wird.

Von anderen Vorgängen zählt in diese Classe noch die technische Erzeugung von Chloral. Dazu dient ein Destillirkessel mit einem eingesetzten Diaphragma, dessen Anodenabtheilung heisse concentrirte Chlorkaliumlösung enthält. Eine bewegliche Kohle ist gleichzeitig Anode und Rührer, die Kathode ist Kupfer. Man führt die Elektrolyse bei 100° und lässt in den Anodenraum dabei Alkohol einlaufen, der mit dem nascirenden Chlor Chloral liefert. 1 Pferdekraftstunde liefert 50 g Chloral.[2])

Von rein oxydativen Vorgängen, die durch Elektrolyse bei Gegenwart von Alkalien, Sauerstoffsäuren oder deren Salzen stattfinden, ist eine ungemein grosse Zahl bekannt. Allerhand

---

[1]) Foerster und Meves beschreiben (Z. f. Elektrochem. 4, S. 268) Versuche, bei denen die Kathode nur mit einer Pergamentpapierumhüllung versehen war, eine Anoden- und Kathodenlösung scheidende Thonzelle, wie sie Elbs und Herz benutzten, aber fehlte. Dadurch wurde eine wesentliche Verminderung der Badspannung (von 4—6 Volt auf 2—2½ Volt) erreicht und gleichzeitig eine veränderte Arbeitsweise nöthig gemacht. Da nämlich nach der im Text angeführten Umsetzungsgleichung aus 10 Jod nur 9 Aequivalente Säure ($7 HJ + 1 CO_2$) an der Anode bei der Entladung und anschliessenden Jodoformbildung resultiren, an der Kathode aber gleichzeitig 10 Aequivalente Aetzalkali auftreten, so würde der Elektrolyt bei der Arbeitsweise von Foerster und Meves ätzalkalisch werden, wenn nicht Kohlensäure eingeleitet würde. Kaustisches Alkali ist aber der Jodoformbildung ebenso abträglich als kohlensaures förderlich. Die unter den Arbeitsbedingungen von Elbs und Herz zwecklose Zuführung von Kohlensäure zum Elektrolyten ist also hier unerlässlich. Die Ausbeuten waren bei Foerster u. Meves etwa dieselben wie bei Elbs und Herz.

[2]) Ahrens, Handbuch der Elektrochem. Stuttgart 1896. S. 480.

Substanzen, die sich mit verdünnter Schwefelsäure oder Natronlauge mischen lassen, sind gelegentlich einmal elektrolysirt worden. In den älteren Mittheilungen, die sich mit solchen Versuchen befassen, fehlen fast regelmässig nähere Angaben über die Stromverhältnisse. Die betreffenden Forscher begnügen sich mit der Ermittlung der Producte, welche in einem willkürlich gewählten Fall bei der Elektrolyse entstehen. Die Ergebnisse lehren, dass der anodische Sauerstoff im Allgemeinen oxydable Producte ganz ähnlich abbaut, wie dies chemische oxydirende Agentien thun. Reactionen von glattem Verlauf, die für die organische Synthese wichtig wären, sind nur recht wenige bekannt. Sehr häufig wird beim elektrochemischen Angriff oxydabler fetter Substanzen Aldehyd beobachtet. So entsteht Formaldehyd aus den Alkalisalzen der Glykolsäure, Methylglykolsäure, Weinsäure; Trioxymethylen bei der Elektrolyse mit Schwefelsäure versetzten Glycerins, Acetaldehyd aus äpfelsaurem und milchsaurem Natron, aus alkoholischer Schwefelsäure. Die reichliche Bildung von Methylal aus methylalkoholischer Schwefelsäure zeigt, dass auch der Holzgeist zunächst nur bis zum Formaldehyd abgebaut wird.[1])

Analog entsteht Benzaldehyd bei der Elektrolyse der mandelsauren, phenylmilchsauren, phenylglycerinsauren Salze, auch aus der Lösung von Toluol in alkoholischer Schwefelsäure. Die durch successive weitere Oxydation der Aldehyde zu erwartenden Säuren (Essigsäure aus Aldehyd, Ameisensäure aus Formaldehyd) werden daneben oft aufgefunden. Auch Acroleïn, Glykolsäure, Aceton und ähnliche Körper sind in den Substanzgemischen constatirt worden, die bei anodischer Oxydation höher molecularer aliphatischer Körper entstehen. Auf aromatischem Gebiet sind die Oxydation von Hydrochinon zu Chinhydron[2]), von Anilin zu Anilinschwarz[3]), von *o* Toluolsulfonamid zu Saccharin[4]), von Hämatein zu Hämatoxylin[5]), von *m* Dioxybenzoesäure, Gallussäure, Tannin und ähnlichen Oxycarbonsäuren und Oxycarbonsäureestern in concentrirter Schwefelsäure zu gelben Beizenfarb-

[1]) Aeltere Litteraturnachweise sind gesammelt bei Ahrens und bei Löb, Z. f. Elektrochem. 2, S. 293.

[2]) Liebmann, Z. f. Elektrochem. 2, S. 497.

[3]) Goppelsroeder, Dingl. polyt. J. 221, S. 75.

[4]) D. R. P. 85 491.

[5]) Z. f. Elektrochem. 2, S. 30.

stoffen[1]), von Brasilëin zu Brasilin[2]) als Beispiele von Vorgängen zu nennen, bei denen der elektrochemische Process zu demselben qualitativen Ergebniss führt, das auf allerhand rein chemischen Wegen erzielt wird.

Von grösserem Interesse ist es, dass Benzol an der Anode in alkoholischer Schwefelsäure in kleiner Ausbeute sich zu Hydrochinon oxydiren lässt.[3]) Ein anderer eigenthümlicher Oxydationsvorgang ist beim α Nitronaphtalin in 10%iger Acetonlösung, die mit Wasser bis zur beginnenden Trübung versetzt war, beobachtet worden. In der sehr schlecht leitenden Lösung wird, wenn man 2—3 Amp. bei einer Elektrodenoberfläche von insgesammt 56 qcm hindurchtreibt, rasch eine Verwandlung in Nitrosostyrol C_8H_7NO erreicht.[4]) Zu dritt ferner[5]) ist die glatte Oxydation von *p* Nitrotoluol zu *p* Nitrobenzylalkohol zu nennen. Aus 15 g *p* Nitrotoluol in Schwefelsäure (15 g $H_2SO_4 + 7$ g H_2O) plus Essigsäure (80 g Eisessig) wird bei 100° an einer Platinanode (71,4 qcm einseitige Fläche) mit 1—2 Amp. in 10—12 Stunden etwa 7 g *p* Nitrobenzylalkohol erzeugt. Es wird nur eine kleine Menge Nebenproducte und etwas unveränderte Ausgangssubstanz neben diesem Körper in der Endflüssigkeit gefunden. Schliesssei die elektrolytische Oxydation des Azobenzols zu Tetraoxyazobenzol in concentrirter Schwefelsäure angeführt.[6])

Die elektrolytischen Reductionen sind in der Fettreihe nicht erheblich verfolgt worden. Ahrens[7]) hat aus fetten Nitrilen mit geringer Ausbeute in saurer Lösung die Amine erhalten. Dagegen sind sie in der aromatischen Reihe in einigen Fällen sehr genau studirt worden. Besonders hat die Reduction der Nitrokörper Bearbeitung gefunden.

Die Reduction des Nitrobenzols selbst ist von Häussermann, Elbs, Gattermann, Noyes und Clement, Voigt,

---

1) D. R. P. 85390.

2) Z. f. Elektrochem. 2, S. 30.

3) Gattermann u. Friedrichs; Ber. d. deutschen chem. Ges. 27, S. 1942.

4) Voigt, Z. f. angew. Chem. 1894, S. 108.

5) Elbs, Z. f. Elektrochem. 2, S. 522.

6) Heilpern u. Deichler, Z. f. Elektrochem. 4, S. 89.

7) Ahrens, Z. f. Elektrochem. 3, S. 99.

Löb und neuerdings von Haber studirt worden.[1]) Eine vollständige Aufklärung des Reactionsmechanismus ist indessen noch nicht erzielt.

Am Durchsichtigsten liegen die Verhältnisse in sehr stark mineralsaurer Lösung, die von Gattermann einerseits, von Noyes und Clement andererseits untersucht wurden.

Wählt man als Lösungsmittel eine ganz wenig verdünnte Schwefelsäure, so entsteht Phenylhydroxylamin, das sich sofort in *p* Amidophenol umgelagert.

$$C_6H_5NO_2 \rightarrow C_6H_5NH\,OH \rightarrow NH_2C_6H_4OH.$$

Bei der Benützung ganz concentrirter Säure als Lösungsmittel findet neben der Reduction Sulfurirung statt, und es wird *p* Amidophenolsulfonsäure gewonnen.

Benützt man statt der Schwefelsäure nach Elbs ein Gemisch von Eisessig und Schwefelsäure, so tritt neben Amidophenol Anilin auf; wählt man mit 10% Wasser versetzten Eisessig als Elektrolyten, so ist nach Voigt Anilin das Hauptproduct der Reduction.

Die Verschiedenheit, welche der theilweise oder vollständige Ersatz der Schwefelsäure durch Eisessig im Gefolge hat, dürfte sich nach Haber in folgender Weise verstehen lassen.

In schwach verdünntem Eisessig ist Phenylhydroxylamin ziemlich beständig. Man kann es in der bei Zimmertemperatur aufbewahrten Lösung noch nach mehreren Tagen durch die von Bamberger[2]) beschriebene Ueberführung in Nitrosobenzol nachweisen. Der elektrochemische Process findet also Zeit, primär entstehendes Phenylhydroxylamin weiter zu Anilin zu reduciren. In concentrirter Säure hingegen wird das Phenylhydroxylamin im Augenblicke der Entstehung zu Amidophenol umgelagert und

---

[1]) Abhandlungen über Reduction von Nitrobenzol und anderen aromatischen Nitrokörpern: Häussermann, Chem. Z. 1893, S. 129 und 209. Elbs, Chem. Z. 1893, S. 209; Z. f. Elektrochem. 2, S. 472. Gattermann, Ber. d. deutschen chem. Ges. 26, S. 1844; 27, S. 1927; 29, S. 3034, 3037, 3040. Gattermann u. Koppert, ebenda 26, S. 2810. Noyes u. Clement, ebenda 26, S. 990. Noyes u. Dorrance, ebenda 28, S. 2349. Voigt, Elektrochem. Z. 1, S. 162. Löb, Z. f. Elektrochem. 2, S. 533 und 3, S. 471.

[2]) Bamberger, Ber. d. deutschen chem. Ges. 27, S. 1548.

dadurch der weiteren Reduction entzogen. In der Elbs'schen Schwefelessigsäure reicht die Umlagerungsgeschwindigkeit nicht mehr hin, um alles Phenylhydroxylamin vor der Reduction zu Anilin in Amidophenol zu verwandeln und man beobachtet Anilin und Amidophenol neben einander.

Wenn man statt der starken Säuren als Elektrolyt ein Gemisch von verdünnter Schwefelsäure und Alkohol wählt, in welchem Nitrobenzol gelöst ist, so ergeben sich minder klare Verhältnisse. Häussermann fand bei Benützung dieses Elektrolyten Benzidin und etwas Azoxybenzol als Producte der Reduction neben einem nicht näher aufgeklärten Körper. Es schien also, als ob die Reduction auch in der sauren Lösung die bekannte Stufenfolge Azoxy-, Azo-, Hydrazobenzol durchliefe und beim Hydrazobenzol angelangt durch Umlagerung dieses Körpers in Benzidin abgeschlossen würde. Indessen fand Haber zwei Momente, welche diese Auffassung ausschliessen. Er constatirte, dass nach der im Folgenden erörterten Methode der Reduction mit abgestuftem Kathodenpotential in alkoholischer Natronlauge gelöstes Nitrobenzol glatt zu Azooxybenzol sich reduciren liess, während dies in alkoholischer Schwefelsäure nicht möglich war. Ferner erkannte er in dem von Häussermann nicht aufgeklärten dritten Reductionsproduct *p*-Amidophenol. Diese in reichlicher Menge entstehende Substanz lässt einsehen, dass ebenso in der alkoholisch-wässerigen als in der concentrirten Säure Phenylhydroxylamin als Zwischenstufe der Reaction auftritt. Man kann vermuthen, dass das Azooxybenzol und das Benzidin gleich dem Amidophenol Umwandlungsformen des intermediär gebildeten Phenyhydroxylamins sind.

Eine Abweichung im Reductionsergebniss constatirte Elbs, als er die von Häussermann verwendete Platinkathode durch eine Zinkkathode ersetzte. In diesem Fall ergab alkoholische, nitrobenzolhaltige Schwefelsäure als Reductionsproduct Anilin.[1]) Elbs nimmt an, dass Zink chemisch in Lösung geht und dabei, wie dies allgemein bekannt ist, mit der Schwefelsäure zusammen Nitrobenzol zu Anilin reducirt, während es gleichzeitig vom Strom entladen und so aus der Lösung wieder heraus

[1]) Voigt (l. c.) findet unter gleichartigen Verhältnissen an einer Kohlekathode mässige, an einer Zinkkathode starke Anilinbildung.

geschafft wird. Diese Erklärung ist aber nicht anwendbar. Der Uebertritt positiv geladener Zinkionen in die Lösung kann nicht unter Verhältnissen erfolgen, unter denen der Strom gleichzeitig Zinkionen an derselben Stelle absetzt. Die Lösung des Zinks in der Säure ist nichts anderes als der Uebergang positiver Elektricität von der Elektrode in die Lösung, und ein solcher Uebergang ist ausgeschlossen, wenn der Strom die gleichen Ionen in entgegengesetztem Sinne aus der Lösung herausfördert.[1]) Entweder also ist die Anilinbildung durch die rein chemische Einwirkung von Zink und Schwefelsäure auf Nitrobenzol bedingt, dann muss eine Zinkmenge, welche der entstehenden Anilinmenge äquivalent ist, in den Elektrolyten übergehen, ohne vom Strom wieder abgeschieden zu werden, oder es ist die Zinkmenge in dem Elektrolyten trotz erheblicher Anilinbildung dauernd eine geringe, dann ist die Entstehung des Anilins einer anderen Ursache zuzuschreiben. Auf diese wird man durch folgende Erwägungen geführt.

Eine Platinelektrode in nitrobenzolhaltiger, verdünnter Schwefelsäure ladet sich positiv. Die Potentialdifferenz der Elektrode gegen die Lösung nennen wir das »natürliche Potential« der Elektrode. Wir machen nunmehr diese Elektrode zur Kathode, indem wir ihr, durch ein Diaphragma geschieden, eine andere Platinelektrode in verdünnter Schwefelsäure gegenüberstellen und Strom in entsprechender Richtung hindurchsenden. Das Potential der Kathode fällt, die Elektrode wird negativer. Durch fortgesetzte Vermehrung der Stromstärke von kleinen Werthen aufwärts erreichen wir schliesslich einen Punkt, an welchem bei stark gesunkenem Kathodenpotential Wasserstoffbläschen an der Kathodenfläche sich entwickeln. Durch hohe Stromdichten kann man der Kathode noch tiefere Potentiale aufzwingen. Diese Möglichkeit scheint indessen an dieser Stelle nicht erheblich.

Dieselben Verhältnisse werden eintreten, wenn man die nitrobenzolhaltige Schwefelsäure mit der Lösung einer anderen

---

[1]) Man kann diese Betrachtungen auch auf unreines technisches Zink ausdehnen. Die Annahme einer gleichzeitigen Lösung und Fällung von Zink als eines fortlaufend thätigen Vorganges stösst immer auf innere Widersprüche.

reducirbaren (depolarisirbaren) Substanz vertauscht. In allen Fällen wird das Potential der Gasblasenbildung um eine grössere oder kleinere Anzahl von Zehntel Volt unter dem natürlichen Potential liegen. Der Abstand des natürlichen Potentials von dem der Wasserstoffentwicklung ist, wie früher (S. 432) erläutert, der Spielraum der Reductionsenergie. Die Intensität, mit welcher der Reductionsvorgang den Depolarisator angreift, ist um so grösser, je näher das jeweils der Kathode aufgezwungene Potential dem der Wasserstoffentwicklung, je ferner es dem natürlichen Potential liegt.[1])

Es ist nun wohl denkbar, dass eine Steigerung der Reactionsenergie des Wasserstoffs erreicht wird, wenn es gelingt, durch einen Kunstgriff das Kathodenpotential abnorm zu erniedrigen. Eine solche Möglichkeit ist dadurch gegeben, dass man die Substanz der Kathode passend wählt. Wenn man in einer alkoholisch-alkalischen Nitrobenzollösung einmal eine platinirte Platinplatte, das andere Mal eine Zinkplatte als Kathode mit 3 Amp. pro qdm benützt, so beobachtet man, dass die Zinkplatte um 0,3 Volt negativer ist als die Platinplatte. Der Wasserstoff, welcher an beiden Elektroden in Bläschen sich entwickelt, entsteht also am Zink bei einem Potential, welches erheblich tiefer liegt und wird deshalb möglicherweise intensivere Reductionswirkungen auf einen Depolarisator üben können. Ob eine solche Steigerung der Reductionskraft zu einer merklichen Verschiedenheit in den Reactionsprodukten führt, wird sich immer nur von Fall zu Fall ermitteln lassen. Findet sich aber, wie bei dem von Elbs mitgetheilten Versuch mit alkoholisch-saurer Nitrobenzollösung beim Ersatz der Platinkathode durch die Zinkkathode eine intensivere Reductionswirkung, so wird man in dem tieferen Kathodenpotential die Ursache vermuthen dürfen. Während bislang kein Fall bekannt ist, welcher in unzweideutiger Weise die Richtigkeit dieser Ableitung bestätigt, hat sich eine andere Consequenz der gleichen Anschauung experimentell realisiren lassen.

Durch Versuche von Häussermann und Elbs ist bekannt, dass alkoholisch-alkalische Nitrobenzollösung bei der elek-

[1]) Diese Betrachtungen gelten in analoger Weise für die Oxydation organischer Substanzen an der Anode.

trolytischen Reduction Azooxy-, Azo- und Hydrazobenzol liefert. Ausserdem findet eine procentisch geringfügige Anilinbildung statt. Ausgehend von der Vermuthung, dass diese verschiedenen Stufen der Reduction sich nacheinander bei allmählich fallendem Kathodenpotential verwirklichten, versuchte Haber durch Innehaltung eines bestimmten Kathodenpotentials die Reduction auf der ersten Stufe beim Azooxybenzol aufzuhalten. Als Kathode diente ein platinirtes Platinblech, welches zugleich als Wand den Kathodenraum abschloss. An die Rückseite des Bleches senkrecht zu seiner Fläche war in der Mitte ein Glasrohr aufgeschmolzen. Das Metall der Elektrode, soweit es der Oeffnung des Glasrohrs vorlag, wurde entfernt und das Ansatzrohr einer mit $^1/_{10}$ norm. Chlorkaliumlösung beschickten Normalelektrode (S. 107) mit dem anderen Ende des Glasröhrchens verbunden. Auf diese Weise entstand zwischen der Platinelektrode und dem Quecksilber der Normalelektrode ein continuirlicher Flüssigkeitsfaden und die Potentialdifferenz der Platinkathode gegen das Quecksilber der Normalelektrode konnte mittelst des Capillarelektrometers nach der Compensationsmethode gemessen werden. Die Stromstärke wurde nun bei der Elektrolyse so gewählt, dass das Kathodenpotential niemals weiter als 0,25 Volt unter den Werth sank, welcher vor Beginn des Stromdurchgangs beobachtet wurde. Dies machte eine beständige Verkleinerung der Stromstärke nöthig, welche anfangs fast 2 Amp. pro qdm betragen durfte. Nach einigen Stunden konnte selbst mit 0,2 Amp. pro qdm das Potential nicht mehr auf der gewünschten Höhe gehalten werden und der Versuch, während dessen ganzer Dauer die Flüssigkeit stark gerührt wurde, wurde abgebrochen. Im Elektrolyten fand sich neben unverändertem Nitrobenzol Azooxybenzol von grosser Reinheit. Nur eine sehr eingehende Prüfung ermöglichte daneben Spuren weiter reducirter Producte bis zum Anilin hin zu erkennen. Das Ergebniss lässt sich also dahin präcisiren, dass die Begrenzung des Kathodenpotentials auf $^1/_4$ Volt unter dem natürlichen Potential die Reactionsgeschwindigkeit aller über das Azoxybenzol hinaus führenden Reductionsvorgänge auf ein Minimum verkleinert, während diese erste Reductionsstufe leicht und glatt gebildet wird. Da das Potential der Wasserstoffgasbildung wesentlich weiter als $^1/_4$ Volt vom natürlichen Potential einer Platinelektrode absteht, die in alkoholisch-alkalische Nitrobenzollösung taucht, so tritt keine Spur Wasserstoff in Gasform an der Kathode auf. In Ergänzung dazu konnte dargethan werden, dass ausser dem Azooxybenzol die Producte weitergehender Reduction in merklicher Menge auftraten, wenn die gleiche Elektricitätsmenge durch die gleiche Lösung unter Aufrechterhaltung der Anfangsstromdichte von 2 Amp. pro qdm geleitet und somit ein tieferes Hinabgehen des Kathodenpotentials ermöglicht wurde.

Man erkennt leicht, dass diese Art Reduction mit abgestuftem Kathodenpotential der Freudenberg'schen Methode der Metalltrennung ähnlich und gleich ihr durch die Inconstanz der Stromdichte charakterisirt ist.

Die bei der Elektrolyse des Nitrobenzols im Einzelnen innegehaltenen Bedingungen mögen kurz referirt werden.

Ueberführung in Hydrazobenzol nach Häussermann: Kathodenlösung: 25 g Nitrobenzol, 40 g Aetznatron, 50 ccm Wasser, 350 ccm Alkohol. Anodenlösung: verdünnte Natronlauge. Kathode: Platin oder Eisen, 84 qcm einseitige Oberfläche. 6 bis 8 Amp.

Ueberführung in Benzidinsulfat nach Häussermann: Kathodenlösung: 25 g Nitrobenzol, 30 g Schwefelsäure, 100 ccm Wasser, 300 ccm Alkohol. Anodenlösung: verdünnte Schwefelsäure. Kathode: Platin, 84 qcm einseitige Oberfläche. 5 Amp.

Ueberführung in Azo- und Azooxybenzol nach Elbs: Kathodenlösung: 20 g Nitrobenzol in 300 ccm 10%iger Kalilauge plus 100 ccm Alkohol. Anodenlösung: Kalilauge. Kathode: Blei oder Quecksilber von 100 qcm Oberfläche. Stromst. 1—2 Amp. Temperatur 30—50°.

Ueberführung in Anilin nach Elbs: Kathodenlösung: 20 g Nitrobenzol, 50 g Schwefelsäurehydrat, 200 ccm Wasser, 200 ccm Alkohol. Kathode: Zink, 20 qcm Oberfläche. Stromstärke: 2 bis 3 Amp. Temperatur 40—60°.

Ueberführung in Amidophenol nach Gattermann: 1 Theil Nitrobenzol (20 g) in 7 1/2 Theilen conc. Schwefelsäure, dazu ganz wenig Wasser bis zur beginnenden Trübung, diese Lösung in einer Thonzelle, im Anodenraum 75—100%ige Schwefelsäure. Anode: Platin, 13 1/2 qcm einseitige Oberfläche. 1 1/2—3 Amp. 80°. 12—14 Stunden.

Ueberführung in Amidophenolsulfonsäure nach Noyes und Clement: 1 Theil Nitrobenzol (50 g) in 4 Theilen concentrirter Schwefelsäure. Anodenlösung: conc. Schwefelsäure in einer Thonzelle. Grosse Platinanode. 3 Amp. 15 Stunden. 80—90°. Ausbeute 40% der Theorie.

Ueberführung in Amidophenol und Anilin nach Elbs: Kathodenlösung: 72 g Eisessig, 45 g conc. H_2SO_4, 36 g Nitrobenzol. Anodenlösung: 3 Vol. Schwefelsäure + 1 Vol. Wasser. Kathode: Platin, 81 qcm einseitige Oberfläche. Temperatur 80°. Stromstärke 2—2,5 Amp. Zeit 9 Stunden. Ausbeute: 3 g Anilin, 4,5 g *p* Amidophenol, 1 g *p* Amidophenolsulfonsäure.

Die beim Nitrobenzol gefundenen Ergebnisse sind mit einigen Variationen bei anderen Nitrokörpern wieder gefunden worden. Häussermann beobachtete, dass bei der Elektrolyse in alkoholischer Schwefelsäure *o* Nitrotoluol analog dem Nitrobenzol sich verhält und wesentlich *o* Tolidin liefert neben einer kleinen Menge *o* Toluidin, beim *p* Nitrotoluol wird *p* Toluidin erhalten. Eine glatte Reduction zum Amin wird bei diesen Körpern niemals beobachtet, wohl aber bei den Nitrosulfosäuren, wenn diese in verdünnter Schwefelsäure elektrolysirt werden. So gibt *m* Nitrobenzolsulfosäure glatt Metanilsäure. Elbs hat die Bildung von Azo- und Azoxykörpern beim *p* Nitrotoluol unter denselben Bedingungen wie beim Nitrobenzol wieder gefunden, während *o* Nitrophenol wesentlich *o* Amidophenol lieferte. Andere Versuche von Elbs, die theils in wässriger 20%iger Schwefelsäure, theils in verdünntem Alkohol, dem eine gleiche Acidität mit Schwefelsäure ertheilt war, unter Benützung einer Platinkathode ausgeführt wurden, ergaben aus *p* Nitrophenol *p* Amidophenol, aus *op* Dinitrophenol, Nitroamidophenol neben Diamidophenol, aus Pikrinsäure Pikraminsäure und Diamidonitrophenol. In verdünnter Natronlauge erhielt Löb die *m* und *p* Azobenzoesäure aus *m* und *p* Nitrobenzoesäure in nahezu quantitativer Ausbeute, während unter gleichen Bedingungen *o* Nitrobenzoesäure in Azoxy- und Hydrazobenzoësäure überging.

Noyes studirte *p* substituirte Nitrobenzole in ganz concentrirter Schwefelsäure und fand, dass bei der 1,4 Nitrobenzoesäure und beim 1,4 Chlornitrobenzol bei der Umlagerung der Hydroxylaminverbindung der paraständige Substituent abgesprengt und durch die Hydroxylgruppe ersetzt wird, so dass *p* Amidophenolsulfonsäure entsteht. Beim 1,4 Nitranilin hingegen entsteht die Sulfonsäure des *p* Diamidobenzols. Gattermann hat Ergebnisse constatirt, die, von der unwesentlichen Differenz abgesehen, dass bei seinem Verfahren die Sulfurirung unterbleibt, sich eng an die von Noyes anschliessen. Die Bildung und Umlagerung der Hydroxylamingruppe aus der Nitrogruppe fand er in unveränderter Weise bei den Derivaten des Nitrobenzols wieder, welche durch Substitution eines Wasserstoffs in *o* oder *m* zur Nitrogruppe durch Alkylreste, Chlor, Brom, Acetyl, Benzoyl, die Carboxyl-, Carboxäthylgruppe, durch den Dimethylamin- und Acrylsäurerest entstehen. Von Interesse ist dabei, dass weder das Carbonyl in Verbindungen vom Typus des Nitroacetophenons, noch die doppelte Bindung in der Nitrozimmtsäure, noch das Halogen im Bromnitrobenzol von dem Reductionsprocess angegriffen wird, sondern dass dieser lediglich an der Nitrogruppe ansetzt. Beim *m*-Dinitrobenzol zeigt sich, dass, obwohl beiden Nitrogruppen freie *p*-Stellungen zukommen, nur die eine die Amidophenolumlagerung erleidet, während die andere bis zur Amidogruppe reducirt wird. Beim *p*-Nitro *o*-Toluidin, das durch eine besetzte Parastellung zur Nitrogruppe gekennzeichnet ist, tritt bei der Umlagerung die Hydroxylgruppe in die *o*-Stellung (2,4 Diamido- 5 Oxytoluol). Diese Umlagerung in die *o*-Stellung findet bei den paranitrirten Anilinen und ihren Homologen allgemein statt und liefert die Körper vom Typus des *p*-Amido *m*-Oxydialkylanilins[1]):

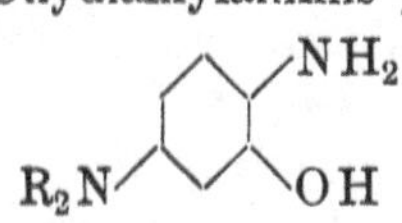

welche mit den Aminen zu Oxazinfarbstoffen sich oxydiren lassen.[2]) Die Verwendung von Nitroso *p*-Dimethylanilin statt Nitro *p*-Dimethylanilin bei der elektrochemischen Reduction führt zu demselben *p*-Amido *m*-Oxydimethylanilin, und ebenso lässt sich ohne Aenderung des Endproductes das Nitroamin in anderen Fällen gegen das Nitrosoamin vertauschen. Beim *p*-Nitrotoluol wandert der Sauerstoff bei der die Reduction begleitenden Umlagerung in die Seitenkette, und es entsteht *p*-Amidobenzylalkohol, der

---

[1]) D R. P. 75260, 77806, 78829, 80978, 81621, 81625.

[2]) D. R. P. 47375.

mit unverändertem *p*-Nitrotoluol unter Wasseraustritt zu einem complexeren Körper sich vereinigt. Für den Reactionsverlauf am charakteristischsten ist das Verhalten der Nitroaldehyde, bei denen die Umlagerung unterbleibt, weil das entstehende Hydroxylaminderivat sofort mit unverändertem Ausgangsmaterial unter Anhydridbildung zusammentritt. Für Nitrobenzaldehyd wird der Vorgang durch folgende Formel versinnlicht:

$$C_6H_4{<}^{COH}_{NO_2} \rightarrow C_6H_4{<}^{COH}_{N-O\,\boxed{H\;\;O\,}\,CHC_6H_4NO_2 \atop \quad\;\;\; H} \rightarrow$$

$$\rightarrow C_6H_4{<}^{COH}_{N-CH-C_6H_4NO_2 \atop \diagdown O \diagup}.$$

Auch hier erstreckt sich der Reductionsvorgang nur auf die Nitrogruppe, die Aldehydgruppe bleibt intact.

Mit Benützung der Condensationsreaction, welche die Aldehyde gegen die Hydroxylamingruppe zeigen, ist es möglich, auch bei den anderen Nitrokörpern die Umlagerung hintanzuhalten, indem in Gegenwart von Benzaldehyd gearbeitet wird. Der primär gebildete Hydroxylaminkörper tritt dann mit dem Benzaldehyd in der eben erläuterten Weise zu einem beständigen Anhydrid zusammen.

Die Gattermann'sche Reduction lässt sich auch auf die Verbindungen der Naphtalin- und Chinolinreihe übertragen:

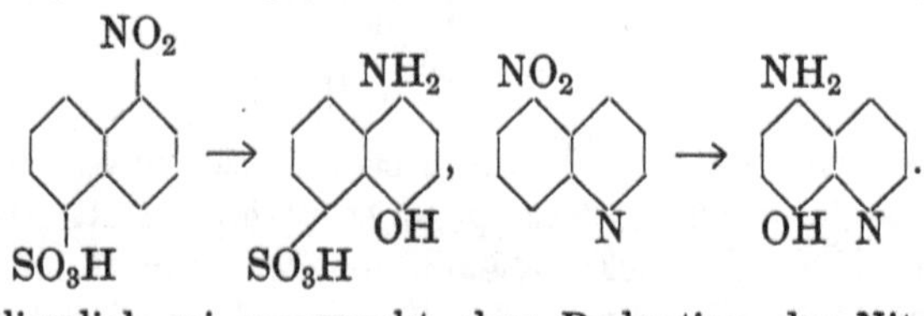

Schliesslich sei angemerkt, dass Reduction des Nitrobenzols in conc. Salzsäure nach Löb entsprechend der Salzsäurewirkung auf Phenylhydroxylamin zum *o*- und *p*-Chloranilin führt.

Ausser den Nitrokörpern sind Pyridinbasen auf ihr Verhalten bei der elektrochemischen Reduction untersucht worden.[1] In

[1] Ahrens, Z. f. Elektrochem. 2, S. 578.

10%iger Schwefelsäure liefert Pyridin an einer Bleikathode bei 12 Amp. pro qdm Stromdichte etwa 95% der theoretischen Ausbeute an Piperidin; in derselben Weise geht Picolin in Hexahydropicolin (Pipecolin) über, Chinolin dagegen liefert neben einem condensirten trimolecularen Dihydrochinolin nur als Nebenproduct das Tetrahydrochinolin. Genau wie Chinolin gibt Chinaldin den trimolecularen Dihydrokörper und Tetrahydrochinaldin. Die am Stickstoff nitrosirten Piperidine erleiden Reduction der Nitrosogruppe zur Amidogruppe:

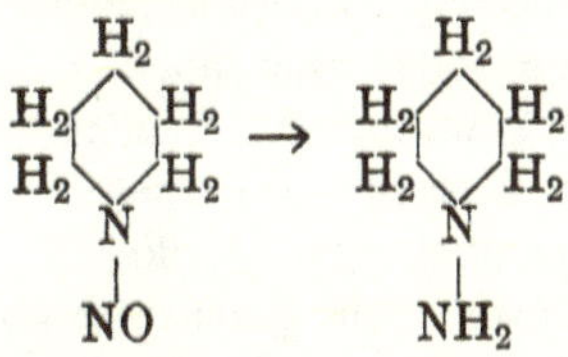

Von anderen Reductionen sei noch die Ueberführung von Benzaldehyd in Bisulfitlösung in Hydrobenzoin erwähnt.[1]) Technische Bedeutung für die Fabrication chemischer Producte scheint bislang keinem der Oxydations- oder Reductionsprocesse zuzukommen, die kleine Gruppe der Halogenproducte (Jodoform) abgerechnet.

Technologie organisch chemischer Gewerbe.

Anwendungen in der Färberei derart, dass während des Färbens der elektrische Strom zur Einwirkung gebracht wird, bestehen in der Praxis dieses Gewerbes nicht. Auch ist nicht abzusehen, welcher Gewinn daraus gezogen werden sollte, auf anderem Wege bequem erreichbare Oxydationen und Reductionen im Färbebade durch den elektrischen Strom hervorzurufen, der die Einfachheit der Anlage und des Betriebes vermindert. Von einem gewissen Interesse erscheint ausschliesslich der von Goppelsröder[2]) schon vor längerer Zeit gelieferte Beweis, dass

[1]) Kauffmann, Z. f. Elektrochem. 2, S. 365.

[2]) Goppelsroeder, Dingler's polyt. J. 221, S. 75; 223, S. 317 und 634; 224, S. 92 und 209 u. 439; 245, S. 225; 251, S. 465; 253, S. 245 u. 381 u. 430; 254, S. 42 u. 83; sowie Farbenelektrochemische Mittheilungen. Mühlhausen i. E. 1889.

elektrochemische Reductionen und Oxydationen dazu dienen können, ein farbiges Muster herzustellen, indem die Kathode oder Anode mit dem feuchten Gewebe, welches mit der Leukoverbindung eines Farbstoffes oder einem ähnlichen Farbstoffbildner getränkt und in seiner ganzen Ausdehnung mit der andern Elektrode in Berührung ist, an einzelnen Stellen in Berührung gebracht wird.

Von besonders eigenartigem Interesse ist die Anwendung des Stromes in der Gerberei. Empirische Versuche haben hier dazu geführt, eine wesentliche Beschleunigung des Gerbevorgangs durch ein elektrochemisches Phänomen zu entdecken, welches im übrigen in der praktischen Elektrochemie höchstens als Störungserscheinung auftritt. Wir haben früher den Begriff einer elektrischen Doppelschicht erläutert, welche beim Eintauchen eines Metalls in Lösungen seiner Salze immer entsteht, wenn Metall und Lösung einen Potentialunterschied haben. Die Doppelschicht ist ein Condensator, dessen Dielektricum moleculare Dicke hat und dessen Belegungen auf der einen Seite durch die Grenzfläche des Metalls, auf der anderen durch die Grenzschicht der Ionen gebildet werden. Die Nothwendigkeit, eine solche Doppelschicht anzunehmen, ist eine Consequenz des Modells, durch das wir nach Nernst den Vorgang an umkehrbaren Metallelektroden versinnlichen. Der Werth, aber auch die Beschränkung der Nernst'schen Theorie liegt nun in dem Umstande, dass das Zustandekommen der Potentialdifferenz mit einem chemisch definirbaren Vorgang, der Bildung der Ionen, in einem untrennbaren Zusammenhang erscheint. Wenn ein Metall positiv gegen seine Salzlösung wird, so liegt dies daran, dass positive Ionen an das Metall übertreten, wenn es negativ wird, an einer spurenweisen Lösung des Metalls in der Flüssigkeit. Diese Betrachtungsweise reicht nun nicht mehr aus, wenn man die Erscheinungen betrachtet, die zwischen festen und flüssigen Nichtleitern auftreten. Auch zwischen Glas und Wasser, zwischen Thon und Alkohol tritt eine Potentialdifferenz auf. Diese Potentialdifferenz kann nicht mehr elektrochemisch, sondern nur noch rein physikalisch betrachtet werden, weil ein chemischer Vorgang, der an ihrem Zustandekommen mitwirkt, nicht erkennbar ist. Notwendig wird ihr Auftreten mit der Bildung einer Doppelschicht verbunden sein, denn da das Wasser und das Glas entgegengesetzt geladen sind, werden die Ladungen sich anziehen und sich einander soweit als möglich nähern. In der Grenzschicht der Flüssigkeit einerseits, auf der Glasoberfläche, welche eintaucht, andererseits werden sich demnach die Elektrizitäten in Gestalt der Doppelschicht aufhäufen. Lässt man nun durch ein weites Glasrohr, welches mit Wasser gefüllt ist, von der einen Seite langsam Wasser hindurchfliessen, so wird die Flüssigkeitsgrenzschicht längs der Wand stehen bleiben, während das Wasser durch die Mitte hindurchströmt. Die Doppelschicht bleibt also ungestört. Benützt man aber ein ungemein enges Glasrohr, dessen Durchmesser 1 mm unterschreitet und presst durch diese Capillare mit einem kräftigen hydrostatischen Druck Wasser hindurch, so werden die geladenen Schichten längs der Glasfläche von der Strömung mitgenommen. Da die Ladung des Wassers gegen das Glas negativ ist, so erteilen die fortgeführten Antheile der Flüssigkeit, die aus der Capillare austritt, negative Ladung. An der Eintrittstelle, wo die geladenen Theilchen der Doppelschicht weggleiten, werden sie gleichzeitig sofort ersetzt, indem das einströmende Wasser eine negative Ladung hergiebt. Dadurch wird es selbst positiv und das Ergebniss ist eine Spannungsdifferenz zwischen dem einlaufenden und dem ablaufenden Wasser, welche einen elektrischen Strom im Sinne des Flüssigkeitsstromes durch das Rohr zu treiben bestrebt ist. Denkt man jeden zufälligen Verlust an Elektrizität durch Nebenleitung von den beiden Wassermassen vor und hinter der Capillare vollständig vermieden, so wird mit Fortgang des Durchströmens die Ladung auf beiden Seiten und mit ihr die Potentialdifferenz wachsen. Nun ist aber klar, dass ein negativ geladenes Theilchen der Doppelschicht von der Capillarenwand in die ausfliessende Lösung um so schwerer übergehen wird, je stärker negativ diese bereits ist, ebenso dass die zulaufende Flüssigkeit, in je höherem Maasse sie positiv ist, um so mehr der Abgabe einer negativen Ladung zum Ersatz der weggleitenden Doppelschicht widerstrebt. Damit wird aber die Doppelschicht, welche nur gleiten kann, wenn am einen Ende Ladungen nachgeliefert, am anderen abgestossen werden, schwerer beweglich und bei einer bestimmten Höhe der Spannungsdifferenz zwischen den beiden Wassermassen unbeweglich. Die elektrostatischen Kräfte compensiren dann gerade die Cohäsionskräfte, welche eine Mitnahme der Doppelschicht anstreben, und die Lösung durchfliesst die Capillare bei stehender Wandschicht ausschliesslich in der Mitte. Steigert man nun mittelst einer äusseren Elektrizitätsquelle die Spannungsdifferenz noch weiter, so beginnt die Doppelschicht im entgegengerichteten Sinne zu gleiten. Dabei hemmt sie die durch die Mitte des Capillarrohres entgegenströmende Flüssigkeit in ihrer Bewegung, und bei einem bestimmten Werth der Spannungsdifferenz treibt diese gerade so viel Wasser längs der Wände als gleitende Doppelschicht im einen Sinne, wie die hydrostatischen Druckkräfte Wasser im ungeladenen Zustande durch die Mitte des Capillarrohres im entgegengesetzten Sinne. In diesem Zustand halten sich also beide Vorgänge das Gleichgewicht. Das Durchströmen hört gänzlich auf. Steigert man die elektrische Spannungsdifferenz noch weiter, so wird durch das Gleiten der Doppelschicht Wasser in der Capillare gegen die hydrostatischen Kräfte wandern. Diese Erscheinungen kann man an allen feinporigen Diaphragmen beobachten, wie Thonplatten, Sand, Asbest, Elfenbein, Thierblase und ähnlichem, wenn man eine nicht merklich ionisirte Lösung auf beide Seiten des Diaphragmas bringt. Wenn man Flüssigkeit hindurchpresst, entsteht auf beiden Seiten eine Spannungsdifferenz, wenn man eine solche durch eine äussere Stromquelle erzeugt, wandert die Lösung durch das Diaphragma, indem sie auf der einen Seite steigt, auf der anderen sinkt.[1])

Die Elektrizitätsbewegung, welche durch Verschiebung der Doppelschicht entsteht, nennt man »convective« Leitung. Bei der Elektrolyse gut leitender Lösungen ist sie auf einen verschwindenden Betrag eingegrenzt; die Ionen scheinen in diesem Falle in den Porencanälen längs der Achse ungestört zu wandern, während die Doppelschicht an den Wänden stehen bleibt. Wenn Lösungen von hohem specifischen Widerstand in Frage kommen. die zwar elektrolytisch, aber sehr schlecht leiten, ist das Ver-

---

[1]) Bei der Betrachtung der Verhältnisse an Kohleanoden (S. 181) ist bereits eines Falles gedacht worden, der in dieselbe Classe von Vorgängen zählt. Wie die Porenwände eines Diaphragmas, so vermögen auch colloidal gelöste Körper sich gegen Wasser zu laden und dann im Wasser zu wandern, wenn elektrostatische Kräfte von zwei eingesenkten Elektroden aus auf die Flüssigkeit wirken.

hältniss der convectiven zur elektrolytischen Leitung noch nicht völlig deutlich.

Für die Gerberei nun hat die convective Leitung darum Bedeutung, weil sie ermöglicht, eine Tanninlösung, die den Gerbstoff in colloidaler nicht dissociirter Form enthält, durch die Poren eines Felles mit einer Geschwindigkeit zu treiben, welche durch hydrostatische Druckkräfte nicht erreichbar ist und die Gerberei wesentlich abkürzt. Roever[1]) hat diesen Vorgang näher studirt. Er benützte 0,2—0,5 %ige Gerbsäurelösungen und trieb dieselben durch eine Blösse von Kuhhaut, die durch Kresotinsäure zuvor entkalkt war. Dabei wanderte die Gerbstofflösung vom positiven zum negativen Pol, und zwar betrug die Menge der Lösung, welche unter der Triebkraft von 1 Volt Spannungsdifferenz pro sec. durch den qm Haut hindurchtrat 0,02048 g. Für eine Spannung von 100 Volt berechnet sich daraus die in der Stunde hindurchgetriebene Flüssigkeitsmasse zu 7,38 kg. Der Widerstand der Kuhhaut war bei Roever's Versuchen circa 1¼ Ohm pro qm. Es ergab sich ferner, dass ein regelmässiger Wechsel der Stromrichtung — etwa jede Minute — die Circulation der Gerbsäurelösung in den Hautporen begünstigte. Bei gleichbleibender Stromrichtung tritt eine Widerstandsvermehrung ein, die Roever auf Verstopfung der Poren zurückführen will.

Ein Verständniss von der Eigenart des Vorganges kommt in den technischen Ausführungsformen dieses elektrischen Gerbeverfahrens nur im bescheidenen Umfange zur Geltung. Der Unterschied von elektrolytischer und convectiver Leitung ist im Allgemeinen verkannt worden. Zusätze gutleitender Verbindungen zum Elektrolyten, welche starke Ströme bei niedriger Spannung hindurchzutreiben gestatten, sind dem Wesen der Sache nach irrationell und schädlich. Die Apparatur ergibt sich von selbst aus der Erwägung, dass es nur darauf ankommt, die Häute als Diaphragma zwischen die Pole zu bringen und für einen Ersatz des verbrauchten Gerbstoffs in der Lösung zu sorgen. Ueber die Güte des elektrisch gegerbten Leders im Vergleich zu dem in gewöhnlicher Weise erzeugten Product müssen die Jahre entscheiden. Derzeit steht die elektrische Gerbung,

[1]) Roever, Wied. Ann. 57, S. 397.

vom technischen Standpunkte betrachtet, noch im Versuchsstadium.[1])

Schliesslich ist der elektrischen Rübensaftreinigung zu gedenken. Der mit warmem Wasser aus den Schnitzeln der Zuckerrübe ausgelaugte Zuckersaft enthält eine grosse Reihe organischer Bestandtheile. Zur Reinigung wird er auf 85 ^{0} erhitzt, wobei die Eiweissstoffe gerinnen und dann mit verdünnter Kalkmilch behandelt. Dabei entsteht in der Lösung Calciumsaccharat, während von den mineralischen Bestandtheilen Eisenoxyd, Magnesia und Phosphorsäure nebst stickstoffhaltigen organischen Bestandtheilen gefällt werden. Der vom Schlamm befreite Saft enthält neben Zucker und Zuckerkalk noch erhebliche Beträge an Verunreinigungen, theils organischer Natur, theils anorganischer, unter letzteren Kalisalze und freies Alkali. Während nun bei der rein chemischen Aufarbeitung die nothwendige weitere Entfernung der organischen Verbindungen durch Sättigung mit Kohlensäure angestrebt wird, tritt bei der elektrochemischen Rübensaftreinigung die Elektrolyse als Zwischenoperation zwischen die Behandlung mit Kalk und die folgende mit Kohlensäure. Die Saturation mit Kohlensäure bewirkt die Entstehung eines Niederschlages von Kreide, der die Nichtzuckerstoffe durch Oberflächenwirkung seiner fein vertheilten Partikeln mit niederreisst. In gleichartiger Weise ist der elektrochemische Vorgang wirksam, der nach verschiedenen aber ähnlichen Verfahren benützt wird. Es kommt im Wesentlichen darauf an, den warmen Zuckersaft, welcher durch seinen Gehalt an Aschesalzen und durch den Kalkzusatz genügend Leitfähigkeit besitzt, mit löslichen Anoden zu elektrolysiren. Nach Schollmeyer und Dammeyer[2]) dient dazu ein System von Zink- und Aluminiumelektroden und ein 10 Minuten lang hindurchgesandter Strom von einer Dichte 0,07—0,14 Amp. pro qdm Elektrodenfläche. Die Elektrolyse geschieht in der Wärme. Das Wesen des Vorganges dürfte in der Hauptsache darin bestehen, dass Zink in der Anode, unter dem Einfluss zuwandernder Hydroxyl- und Säureionen, als Salz sich löst und in der schwach alkalischen

[1]) Details siehe Jahrbuch f. Elektrochem. 2, S. 268.

[2]) D. R. P. 76853. Siehe dazu Schollmeyer, Elektrochem. Z. 4, S. 79 und Jahrbuch f. Elektrochem. 3, S. 322.

Lösung bezw. an der Kathode, wo die Alkalität am stärksten ist, als schlammiges Hydroxyd wieder ausfällt. Indem es dabei gefärbte organische Stoffe mitreisst, bewirkt es eine Entfernung von Nichtzucker, welcher die Krystallisation stört und eine wesentliche Entfärbung. Dass Oxydation an der Anode dabei eine gewisse Rolle spielt, erscheint wahrscheinlich. Nach dem Verfahren von Javaux und Gallois[2]) nämlich wird die Saftreinigung ausschliesslich im Anodenraum eines durch Diaphragma getheilten Gefässes erreicht, wobei Blei als Anode dient. Dabei geht dies zuerst in Lösung und scheidet sich später, vermuthlich durch Oxydation von organischen Säuren, die es anfangs in Lösung halten, wieder ab. Bei diesem Verfahren soll ein kleiner Kochsalzzusatz und eine Bewegung der Anoden das Reinbleiben derselben von einer Schlammschicht, die zum grossen Theil aus Bleioxyd besteht und den Stromdurchgang behindert, ermöglichen. Auch bei diesem Verfahren geschieht die Elektrolyse in der Wärme. Es scheint, dass die elektrochemische Reinigung des Saftes eine technische Zukunft besitzt. Von dem vielfach erörterten ersten Verfahren ohne Diaphragmen wird gerühmt, dass es den Kalkzusatz für die Scheidung wesentlich zu vermindern gestattet, die nachfolgende Saturation erleichtert und beschleunigt und den Reinheitsquotienten, mit welchem der Saft zur Saturation kommt, merklich steigert. Der Reinheitsquotient berechnet sich aus der Trockensubstanz T, welche in 100 Theilen des Saftes enthalten ist und dem Zuckergehalt Z des Saftes nach dem Ansatz $T : Z = 100 : X$, beträgt also für 13 % Zucker und 2 % Nichtzucker im Saft beispielsweise 86,6. Dieser Quotient wird bei der elektrolytischen Reinigung nach Schollmeyer um etwa 2 % gehoben.

Anhang.

Die elektrochemischen Vorgänge, welche die Behandlung von Elektrolyten mit Wechselstrom bedingt, sind ein bislang fast unbearbeitetes Kapital. Die theoretischen Verhältnisse, welche bei solchen Elektrolysen auftreten, sind wesentlich weniger durch-

---

[2]) U. S. A. P. 543249; siehe dazu E. P. von 1895 Nr. 7108.

sichtig als die bei der Anwendung von Gleichstrom. Insbesondere hindert die Deformation, welche Wechselstromcurven beim Eintritt des Stromes in Elektrolyte durch Polarisation erleiden, einfache theoretische Vorstellungen zu gewinnen.

Der bisherige Bestand der praktischen Kenntnisse beschränkt sich in der anorganischen Elektrochemie wesentlich auf die Thatsache, dass Elektroden, die bei Gleichstrom als praktisch unangreifbar in Elektrolyten erscheinen, bei Wechselstrom nicht intact bleiben. Von der Auflockerung zu schwammigem Metall, die Blei an der Oberfläche bei der Wechselstromelektrolyse in alkalischer Lösung erleidet, wird für die Formation von Accumulatorenplatten Gebrauch gemacht. Analoge Bildung von pulverigem Metall tritt an Platin-, Palladium-, Silber-, Gold- und Kupferelektroden auf.

Eingehender sind in der organischen Chemie eine kleine Anzahl von Wechselstromanalysen studirt worden. Eine gesättigte Lösung von doppelt kohlensaurer Magnesia wurde von Drechsel[1]) mit dem gleichen Volumen verdünnter Magnesiumsulfatlösung und mit reiner Carbolsäure bis zu dem Betrage, den sie aufnehmen konnte, versetzt und dann unter Kühlung mit einem Wechselstrom von 60 Wechseln pro Sec. elektrolysirt. Dabei wurden zunächst die Platinelektroden stark angegriffen unter Bildung theils von Platinmoor, theils von organischen platinhaltigen Körpern basischen Charakters. In der Lösung fand sich ein Gemisch zahlreicher Substanzen, unter denen ein Theil in naher Verwandtschaft mit dem Ausgangsmaterial steht (Diphenol, Phenylschwefelsäure, Brenzcatechin, Hydrochinon), ein anderer eine Stufenfolge immer niedriger molecularer Abbauproducte darstellt. Es scheint, dass dieser Abbau mit der Bildung eines Körpers von der Formel

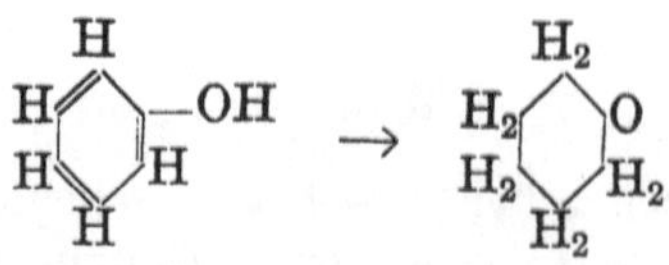

anhebt, der, weiter durch die Capronsäure und Adipinsäure hindurchgehend, zu n. Valeriansäure, n. Buttersäure, Bernstein-

[1]) Drechsel, Journ. f. pract. Chemie 29, S. 229 und 38, S. 65.

säure, Malonsäure, Oxalsäure und Ameisensäure oxydirt wird. Diese Anschauung wird gestützt durch den Umstand, dass capronsaure Magnesia, mit doppeltkohlensaurer gemengt, unter gleichartiger Einwirkung des Wechselstromes einen ganz ähnlichen Abbau zeigt, indem Oxycapronsäure, Valeriansäure, Buttersäure neben Adipinsäure, Glutarsäure, Bernsteinsäure und Oxalsäure sich nachweisen lassen.

Aus carbaminsaurem Ammon erhielt Drechsel durch Wechselstromelektrolyse Harnstoff.

14. Capitel.

Stille elektrische Entladung.

Die Elektrolyse von Gasen ist ein Gebiet, dem es noch sehr an theoretisch durchgebildeten Grundlagen fehlt. Zwar scheinen eine Anzahl Beobachtungen die Anschauung zu begründen, dass geladene Ionen, wie solche in wässrigen Elektrolyten bestehen, auch in Dämpfen auftreten können, den entgegengesetzten Polen je nach ihrem Ladungssinn zuwandern und dort in äquivalenten Beträgen abgeschieden werden.[1]) Aber diese Verhältnisse sind zu wenig aufgeklärt und die Beobachtungen zu isolirt, als dass allgemeine Anschauungen daraus abgeleitet werden könnten.

Diejenigen Processe in Gasen und Dämpfen, welche für den praktischen Elektrochemiker vornehmlich wichtig sind, scheinen rein thermischer Natur zu sein. Man unterscheidet zwischen der Wirkung der stillen elektrischen Entladung und der des Funkens.

Der Funke, welcher als oscillirende Entladung zwischen zwei nahegerückten Punkten von hohem Potentialunterschied eine trennende Gasschicht durchbricht, ruft auf seiner Bahn eine ungemein starke Erhitzung hervor. Die Plötzlichkeit, mit der dieselbe auftritt, verhindert, dass die betroffenen Gastheilchen die Drucksteigerung, die unter der Einwirkung der Erhitzung sich vollzieht, gegen die umgebenden Gasmassen hin ausgleichen. Die Temperatursteigerung verläuft deshalb sehr rasch und unter

[1]) Siehe namentlich Thomson, Z. f. Elektrochem. 2, S. 278 u. 308.

Erreichung sehr hoher Werthe, und chemische Reactionen, welche anders schwer hervorzurufen sind, werden durch die vereinigte Wirkung von hoher Temperatur und starkem Druck in der Funkenbahn bewirkt. Als eine solche Reaction sei die Vereinigung von Sauerstoff mit Stickstoff zu salpetriger und Salpetersäure genannt, mit Hilfe deren es leicht gelingt, das inerte Argon aus dem atmosphärischen Stickstoff zu isoliren.

Die stille elektrische Entladung ist ein Phänomen, bei welchem die Elektricität zwischen geladenen Leitern durch einen trennenden Gasraum continuirlich übergeht. Sie hat vielfach verschiedene Formen. Die Lichterscheinungen, welche sie in verdünnten Gasen begleiten (Geissler'sche Röhren), sind für die Spectralanalyse von besonderer Wichtigkeit, und diese Erscheinungsform der stillen Entladung ist die bekannteste. Er bedarf indessen anscheinend nicht der hohen Spannungen, welche in Geissler-schen Röhren benützt werden, um den für die chemische Synthese wichtigen Vorgang des Elektricitätsdurchganges durch Gasschichten zwischen Leitern zu bewirken. Mit einer constanten Spannungsdifferenz von ca. 8 Volt vermochte Berthelot[1]) im Laufe mehrerer Monate durch einen schmalen Gasraum so viel Elektricität zu treiben, dass eine wahrnehmbare Menge von chemischen Umsetzungsprodukten entstand. Er bediente sich dabei vornehmlich des in Fig. 112 abgebildeten Apparates, welcher mit unwesentlichen Abänderungen die mannigfachste Verwendung bei Versuchen über stille Entladung gefunden hat. *A* ist ein mit verdünnter Schwefelsäure gefülltes Glasrohr aus dünnstem Glase, welches bei *E* mit dem Glasrohr *B* verschmolzen ist, *t* ist die Zuleitung zum Gasraum zwischen *A* und *B*. Ihr entspricht auf der anderen Seite eine Ableitung. Beide werden zugeschmolzen, wenn *B* mit dem gewünschten Gase beschickt ist und die Einwirkung der elektrischen Ladung beginnen soll. Bei *D* bringt man in das zu An-

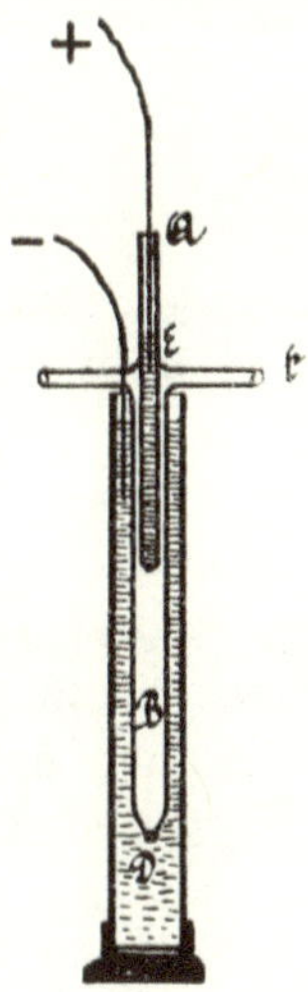

Fig. 112.

[1]) Berthelot, Compt. Rend. 83, S. 677; 85, S. 173; 87, S. 92; Ann. Chim. Phys. [5] 10, S. 55 u. 63 u. 75; 12, S. 463.

fang dort offene Rohr *B* feste oder flüssige Substanzen, deren Verhalten untersucht werden soll, und schmilzt dann dort zu. Den Apparat senkt man in verdünnte Schwefelsäure und legt den einen Pol in den Hohlraum von *A*, den andern in das Gefäss, in welchem *B* eingetaucht ist. Bei diesem Apparat sind

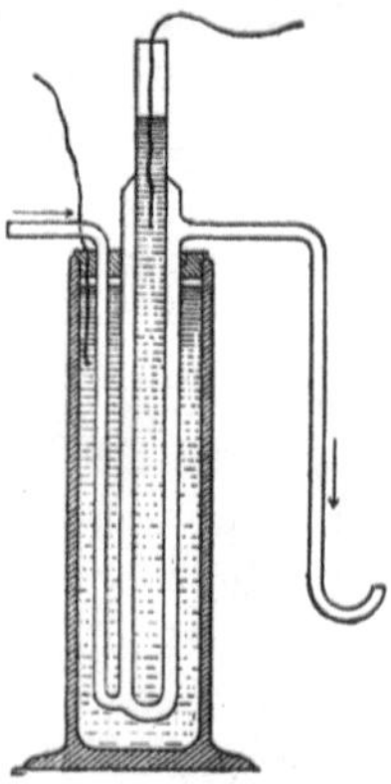

Fig. 113.

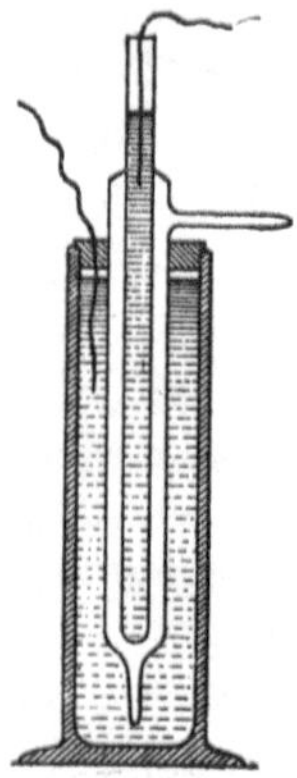

Fig. 114.

die Schwefelsäureschichten, welche *B* von aussen und *A* von innen berühren, die Leiter und der Elektrizitätsübergang vollzieht sich durch die beiden Glasschichten und die Gasschicht zwischen ihnen. In den modificirten Formen Fig. 113 bis 115

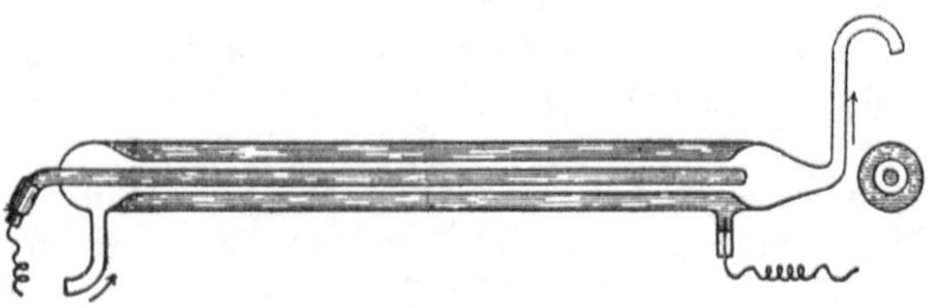

Fig. 115.

erkennt man dasselbe Princip. Andere Constructionen weichen in einer der drei folgenden Weisen von den wiedergegebenen Formen ab.

Entweder wird statt der Säure eine metallische Belegung auf den bezüglichen Flächen von *B* und *A* gewählt, indem diese mit Stanniol bekleidet, versilbert oder ähnlich behandelt werden.

Dadurch wird der Apparat beweglicher, aber zugleich auch undurchsichtig. Zu zweit wird statt den Gasraum zwischen zwei Glaswänden einzuschliessen, für die auch mit Vortheil Glimmer dient, unbedecktes Metall zu einer oder auch zu beiden Elektroden benützt. Zwei Anordnungen mit nur einer als »Diel« (dielektrische Schicht) bezeichneten Glas- oder Glimmerwand und einer unbebeckten Metallelektrode nebst einer Variante dieses Constructionstyps, bei welcher das Mittelrohr als Mittelleiter dient und das Aussenrohr gespalten und in seinen beiden Hälften mit den beiden Polen der Elektricitätsquelle verbunden ist, zeigen Fig. 116a bis 116c im Schnitt. Man kann, wie erwähnt, auch ganz ohne dielektrische Schicht arbeiten und kommt damit auf die einfachste mögliche Form, auf zwei Metallplatten, welche, durch den Gasraum geschieden, sich mit den Flächen gegenüberstehen. Die isolirende Glas- oder Glimmerschicht ist in allen Fällen für die Wirksamkeit der Entladungen ein Nachtheil, und zwar um so mehr, je dicker sie ist. Aber sie ist für die Haltbarkeit des Apparates von grossem Gewinn, sobald hohe Potentialdifferenzen zur Verwendung gelangen, welche für diese Art Experimente die praktisch wichtigen und gebräuchlichen sind. Alle ungeschützten Metallflächen verstäuben nämlich, als Elektroden benützt, an der Oberfläche. Sie erleiden dabei zwar keinen merklichen Metallverlust, aber sie werden rauh, und sobald dieser Zustand eintritt, ist die Gefahr sehr gross, dass statt der gewünschten stillen Entladung von den mikroskopischen Rauhheiten der Oberfläche aus Funkenentladung beginnt. Ueberdem mischen sich überaus kleine, aber doch für den Vorgang im Entladungsraum chemisch nicht gleichgültige Spuren Metall als schwebender Staub in das Gas. Dieser Staub scheint z. B. nach Beill[1]) der Ueberführung des Sauerstoffs in Ozon bei Benützung von nackten Platinelektroden sehr abträglich. Mit Glas oder Glimmer bedeckte Elektroden werden je nach der Glasdicke von einer be-

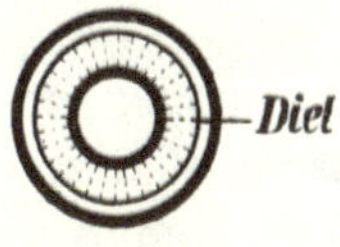

Fig. 116a.

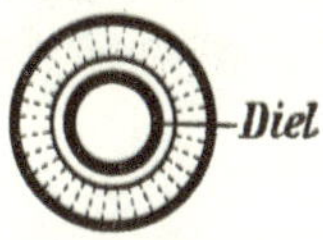

Fig. 116b.

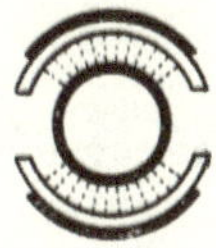

Fig. 116c.

[1]) Beill, Monatsh. f. Chem. 14, S. 80.

stimmten Spannungsdifferenz an leicht zerstört, indem der Funke die Isolirschichten durchbricht. Je höher man mit der Spannung gehen will, um so mehr ist man auf starke Wände verwiesen. Dabei gilt eine Glasdicke von 1 mm bereits als sehr erheblich. Da, wie erwähnt, mit der Dicke des Ueberzugs auf dem Metall die Wirksamkeit des Apparates abnimmt, so ist die Frage, ob und wie starke Elektrodenbekleidung man wählt, lediglich nach den Rücksichten auf Haltbarkeit und Wirksamkeit zu entscheiden, welche einander entgegengesetzt gerichtet sind. Wo unbekleidete Metallflächen benützt werden, ist das Aluminium das vorgezeichnete Metall, weil es besonders zäh und wenig geneigt ist, zu verstäuben. Fröhlich[1]) empfiehlt auch Zinn und Platin. Das dritte Moment, welches in den Apparatconstructionen zur Geltung kommt, ist der Wunsch, die Gasräume möglichst zu verschmälern. Die Wirksamkeit der stillen Entladung nimmt mit der Dicke der Gasschicht, durch welche sie hindurchgehen muss, bei gleicher Spannung erheblich ab. v. Babo hat deshalb eine

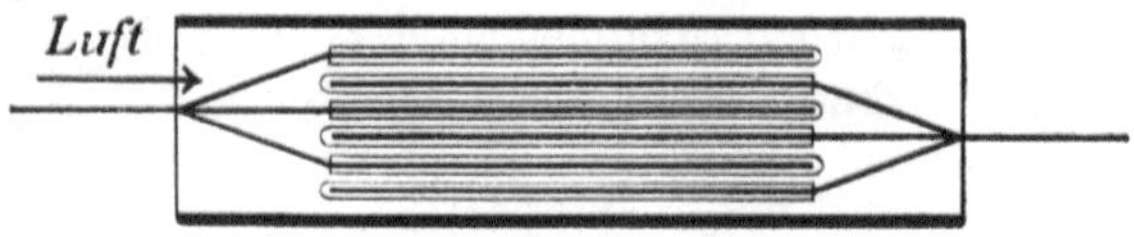

Fig. 117.

Entladungsröhre in der Form hergestellt, welche Fig. 117 zeigt, indem er zahlreiche Metalldrähte in feine dickwandige Glasröhren einzog, die an einem Ende zugeschmolzen waren; die eine Hälfte der Röhren liess den eingeschobenen Draht nach rechts, die andere ihn nach links herausragen. Das ganze Bündel wurde in ein Glasrohr eingeschoben, welches entsprechend weit war und alle vorstehenden Drähte wurden auf der einen Seite mit dem einen auf der anderen mit dem entgegengesetzten Pol der Stromquelle vereinigt. Auf diese Weise verengen sich die Gasräume zu den schmalen Furchen zwischen den aneinanderliegenden Capillaren. Zur Ozonerzeugung lässt man Luft in der Pfeilrichtung durch den Apparat gehen. Wenn den metallischen Belegungen der

[1]) Fröhlich, E. T. Z. 1890, S. 340. Ueber Apparatanordnung siehe ferner Schneller, E. T. Z. 1890, S. 589 und Jahrbuch f. Elektrochem. 1, S. 195; 2, S. 121; 3, S. 203.

Mangel der Durchsichtigung und der Vortheil der Handlichkeit, den nackten oder dünn bekleideten Metallelektroden die geringe Haltbarkeit bei grosser Wirksamkeit zukommt, so haben die Systeme mit sehr engen Gasräumen den Vortheil grossen Nutzeffects und den Nachtheil, dass das Gasvolumen jeweils sehr klein und der Apparat complicirt ist. Da die Abstände der Rohre und auch die Glasdicken leicht etwas differiren, so ist der Durchgang der Elektricität bei dem Babo'schen Apparattypus an verschiedenen Stellen ungleich begünstigt, und es kommt bei hohen Spannungen ziemlich leicht vor, dass ein Funke den Apparat an einer Stelle durchschlägt. Zwischen diesen Vorzügen und Nachtheilen wird man je nach der Absicht der Versuche sich im Einzelfalle entscheiden.

Bei den erwähnten Versuchen Berthelot's wurde feuchtes Papier oder Dextrin in Luft oder Stickstoff der stillen Entladung mehrere Monate ausgesetzt, und beide nahmen dabei atmosphärischen Stickstoff in Gestalt complicirter organischer Verbindungen auf, die mit Natronkalk bei 300° bis 400° Ammoniak abgaben. Stickoxyde oder Ammoniak entstanden bei der Einwirkung der Elektricität nicht. Sauerstoff wurde bei gleichartigen Versuchen ganz schwach ozonisirt. Die verwendete Stromquelle bestand in fünf hintereinander geschalteten Leclanché-Elementen, die auf Grund von elektrochemischen Erwägungen, die heute ohne Erheblichkeit sind, in sehr unwirksamer Weise benützt wurden. Es wurde nämlich der eine Pol mit der einen Belegung der Entladungsröhre vereinigt, die andere Verbindung aber ganz unterlassen, so dass nur mangelhafte Isolation sowohl der Batterie als der Entladungsröhre gegen die Erde und damit gegeneinander das Zustandekommen eines Stromschlusses ermöglichte, der die Vorbedingung einer chemischen Wirksamkeit ist.

Die Versuche sind für die Pflanzenphysiologie sehr merkwürdig, weil sie neben den bekannten Wegen der Stickstoffaufnahme der Pflanze aus dem Boden und aus organischen Stickstoffverbindungen der Luft noch einen weiteren möglich erscheinen lassen, nämlich die Assimilation elementaren Stickstoffs unter dem Einfluss der atmosphärischen Elektricität aus der Luft. Berthelot hat eine Reihe Versuche angestellt, in denen er die elektrischen Spannungsdifferenzen in der atmosphärischen Luft, welche mehrere hundert Volt pro 1 m verticalen Niveauabstand in ruhiger, reiner Luft ausmachen können, in staubhaltiger Luft, bei Regen und atmosphärischen Störungen nach Grösse und Vorzeichen stark wechseln, als Elektricitätsquelle benützte. Er fand, dass Papier wie Dextrin auch in diesem Falle Stickstoff in organischer Bindung aufnahmen. Er stellte fest, dass die Menge des aufgenommenen Stickstoffs, bezogen auf das Gesammtgewicht des Papiers und Dextrins, dem Gehalte des Weizenstrohs an Stickstoff der Grössenordnung nach gleich kommt, wenn man den Durchgang der atmosphärischen Elektricität durch die Entladungsröhre so lange etwa andauert lässt, als der Weizen braucht, um sich vom Keim zur schnittfähigen Pflanze zu entwickeln. Diese Beobachtungen sind physicalisch und chemisch sehr auffallend, weil es nicht ersichtlich ist, wie auf constante niedere Spannung geladene Flächen durch zwei Glaswände und einen Gasraum hindurch sich entladen können und weil der Mechanismus der chemischen Wirksamkeit einer solchen Entladung nicht einzusehen ist.

Diese Versuche stellen eine kleine gesonderte Gruppe von Entladungsexperimenten dar. Bei der grossen Zahl von anderen Experimenten, welche diesem Kapitel angehören, sind Spannungen von wenigstens etwa 4000 Volt benützt. Unter diesen Verhältnissen ist die Entladung von einer sehr geringen Lichterscheinung im elektricitätdurchströmten Gase bei Atmosphärendruck begleitet, welche in der Dunkelheit sichtbar ist, und der chemische Process erscheint direct an deren Auftreten geknüpft. Man kann annehmen, dass Schichten von schroffer Temperaturverschiedenheit sich im Gasraum finden und dass die chemische Wirksamkeit darauf zurückgeht, dass in den heissen Zonen Umsetzungen eintreten, deren Producte conservirt werden, indem sie in die benachbarten Schichten viel niedriger Temperatur unmittelbar nach ihrer Bildung hinübergleiten. Treibt man die Spannung zwischen den beiden Belegungen höher, so verwandelt sich das Aussehen der Entladung. Es tritt eine Büschelentladung ein, bei der die Glasflächen, welche den Gasraum begrenzen, mit leuchtenden Punkten besät erscheinen, von denen wie gesträubte Haare Lichtfäden nach der Gegenwand zu ausgehen. Die französische Bezeichnung »pluie de feu« charakterisirt dieses Phänomen als ein mit der Funkenbildung verwandtes. Die Entladung ist in diesem Zustand nicht mehr eine stille, sondern mit schwachem Geräusch verknüpft und erweckt mit ihrem unruhigen Habitus den Eindruck, als ob überaus zahlreiche und ausserordentlich feine Funken durch den Gasraum unablässig von Belegung zu Belegung hindurchgingen. Die Gestalt des Phänomens wechselt mit der chemischen Natur des durchladenen Gases, sie ist in Wasserstoff und in Fluorsilicum viel brillanter als in Sauerstoff. Sie legt die Deutung nahe, dass hier die Zonen von raschem Temperaturwechsel fadenförmig dicht neben einander sich befinden, indem die Entladungsbahnen selbst sehr heiss, die neben ihnen gelegenen Gastheilchen aber kalt sind. Bei dieser chemisch besonders wirksamen Form der stillen Entladung ist es vornehmlich erforderlich, für eine Kühlung des Apparates Sorge zu tragen, und den Gesichtspunkten, welche für Anordnung von Apparaten entwickelt wurden, gliedert sich als weiterer der an, dass die Apparatform in wirksamer Weise gestatten muss, von den Wandflächen aus dem Gasraum Kälte zuzuführen. In dieser Hinsicht sind Constructionen vom Charakter der Baboschen entschieden benachtheiligt, weil das Gebiet, in welchem die Erhitzung sich vollzieht, in den engen Räumen zwischen den eingeschobenen Glasröhren eingeschnürt der abkühlenden Wirkung von der umschliessenden Wand aus wesentlich entzogen bleibt.

Der Betrieb der Apparate erfolgt entweder mit hochgespanntem Gleichstrom oder mit Wechselstrom. Der continuirliche Gleichstrom, wie ihn etwa eine Influenzmaschine liefert, setzt voraus, dass keine Glaswände, sondern nackte Metallelektroden, durch eine Gasschicht getrennt, einander gegenübergestellt werden. Gleichstromstösse, Inductionsstösse und Wechselstromentladungen gehen auch bei Benützung von Glaswänden durch den Apparat, wobei in der im 4. Capitel (S. 145) geschilderten Weise jede Glaswand wie ein Condensator wirkt. Den Gleichstrom einer Influenzmaschine befähigt man, durch das Entladungsrohr zu gehen, indem man in den Stromkreis vor das Rohr oder parallel dazu eine Funkenstrecke schaltet. Die Funkenentladung ist oscillatorisch, und die Strombewegung wird darum im ganzen Leitungskreise gleichfalls oscillatorisch. Tesla[1]) hat seine in nahe verwandter Weise oscillirenden und dabei gleichzeitig enorm

[1]) U. S. A. P. 568177.

hochgespannten Ströme zur Ozonerzeugung vorgeschlagen. Sie scheinen aber keine Vortheile zu bieten. Bedient man sich eines Inductoriums, so sind die beiden Pole, obwohl das Inductorium Wechselstrom liefert, elektrisch nicht gleichwerthig. Wenn nämlich der Primärstrom, welcher dem Inductorium zugeführt wird, unterbrochen wird, so tritt im secundären Stromkreis ein höher gespannter Stromstoss auf, als wenn der Primärstrom geschlossen wird. Dies gründet sich auf die im 2. Capitel berührten Beziehungen zwischen der elektromotorischen Kraft, welche in einer Drahtspule auftritt, und der Geschwindigkeit, mit welcher die Anzahl der Kraftlinien sich ändert, welche durch die Spule in ihrer Längsrichtung hindurchgehen. Die Stromunterbrechung verläuft unter rascherem Wechsel der Stromstärke im Primärkreis und der Kraftlinienzahl als die Stromschliessung. Da nun einem grossen Widerstand gegenüber, wie ihn die Gasschicht bietet, durch welche hindurch stille Entladung erfolgt, die Grösse der auftretenden elektromotorischen Kraft für den Effect maassgeblich ist, so fällt dieser, physicalisch betrachtet, anders aus, wenn man ein Inductorium als Stromquelle benützt, als wenn ein Wechselstrom angewandt wird, dessen Spannung diesseits und jenseits Null bei jedem Wechsel den gleichen Betrag erreicht. Der Inductionsstrom steht in der Mitte zwischen dem Gleichstrom und dem Wechselstrom, und es lassen sich die Bezeichnungen plus und minus, welche beim Wechselstrom keinen Sinn haben, auf ihn noch anwenden. Zur Auffindung der so bezeichneten Pole hat man sich zu erinnern, dass die Stromrichtung in der secundären Spule beim Stromöffnen dem Primärstrom gleich beim Stromschluss entgegen gerichtet ist. Ein genereller chemischer Unterschied in den Reactionen, welche durch die stille elektrische Entladung bedingt werden, je nachdem man Gleichstromstösse, Wechselstrom oder Inductionsstrom anwendet, ist nicht bekannt, doch ist gelegentlich an speciellen Apparatformen beobachtet worden, dass für die Ozonausbeute von Erheblichkeit ist, welche Belegung zur positiven und welche zur negativen Elektrode gemacht wird. Die Ueberführung einer gegebenen Elektricitätsmenge zwischen den beiden Leitern auf dem Wege der stillen Entladung erfordert, wenn sie unter sichtbarem Leuchten erfolgt, höheren Energieaufwand als mittelst Funken. Aber die Funkenbildung erfolgt erst bei höheren Spannungen, als die stark leuchtenden Formen stiller Entladung bedürfen. Der scheinbare Widerspruch löst sich durch die Erwägung, dass der Funken, sobald er zu Stande gekommen ist, in der Funkenbahn eine glühende Gasstrecke zwischen den Leitern schafft, welche selbst ziemlich gut leitend den weiteren Stromübergang mit wesentlich vermindertem Spannungsaufwand gestattet. Dass beide Entladungsweisen principiell gleichartig wirken und rein elektrothermisch und nicht elektrochemisch aufzufassen sind, wird durch drei Dinge bestätigt.

In erster Linie muss erwartet werden, dass das Faraday-sche Gesetz sich nicht bestätigt findet, und in der That entsprechen die in der Technik pro 1 F erzielten Mengen Ozon aus Sauerstoff, welcher der stillen Entladung ausgesetzt wird, nicht einem Molecül O_3, sondern gehen wesentlich darüber hinaus. Zu zweit ist zu erwarten, dass alle diejenigen Substanzen, welche bei der stillen Entladung entstehen, in der Hitze erfahrungsgemäss aber zerfallen, nur bis zu einer begrenzten Concentration erzeugt werden können, weil sie, soweit sie in die heissen Gasschichten zurückgelangen, wieder zerfallen. Es ist ferner anzunehmen, dass, wenn auf irgend einem anderen Wege höhere Concentrationen hervorgerufen werden und die Gase der Entladung sodann ausgesetzt werden, statt einer Vermehrung eine Verminderung der Concentration auftritt. Auch dies findet sich bestätigt. Die Ozonbildung aus Sauerstoff hat eine obere Grenze und die Mengen von Stickstoff, Wasserstoff und Ammoniak, welche neben einander in einem Raume bestehen können, welcher von der stillen Entladung durchströmt wird, setzen sich in das gleiche Verhältniss, gleichviel, ob von Haus aus ein an Stickstoff und Wasserstoff armes und an Ammoniak reiches Gemisch oder ammoniakfreier Stickstoff neben Wasserstoff vorhanden war. Zu dritt ist vorauszusehen, dass zwischen der Wirkung der stillen Entladung und der des Funkens eine mehr graduelle als qualitative Verschiedenheit auftreten wird, und dass die Erscheinungen, die in der Funkenbahn vor sich gehen, mit denen sich berühren müssen, welche die Durchladung der Gase mit intensiv gesteigerten stillen Entladungen begleiten. Diese Folgerung wird belegt durch Beobachtungen über die Vorgänge in Luft, welche der stillen Entladung ausgesetzt ist. Es entsteht bei Spannungen von einigen Tausend Volt nur Ozon, bei hunderttausend und mehr Volt, wenn starke Büschelentladung stattfindet, viel salpetrige Säure neben Ozon. In der Funkenbahn findet man neben Ozon, salpetrige und Salpetersäure. Dass der graduelle Unterschied gelegentlich als qualitativer erscheinen kann, kann nicht wunder nehmen, da verschieden intensive Erhitzung verschiedenen Ablauf von Reactionen bedingen kann.[1]

Chemische Reactionen im Entladungsraum.

Mit den chemischen Reactionen, welche die stille Entladung bewirkt, haben sich A. u. P. Thenard[2]), Brodie[3]), Berthelot[4]) beschäftigt. In neuerer Zeit ist die Materie von Losanitsch und Jovitschitsch[5]) und von Alexandre de Hemptinne[6]) wieder behandelt worden. Die Ueberführung von Sauerstoff in Ozon ist von Andrews und Tait[7]), v. Babo[8]), Bichat und Guntz[9]), Beill[10]), Shenstone[11]), Hautefeuille und

---

[1]) Bichat und Guntz haben nachgewiesen, dass wenn man das Entladungsrohr in ein Calorimeter stellt, die fühlbare Wärme, welche auftritt zuzüglich der Bildungswärme des Ozons gleich dem calorischen Aequivalent der elektrischen Arbeit ist. Dieses Ergebniss ist für die Deutung des Charakters der Entladungswirkung nicht von Erheblichkeit und wäre auch mit einer anderen Anschauung als der von der thermischen Natur des Processes zu vereinen.

[2]) A. Thenard, Compt. Rend. 74, S. 1280; 75, S. 118 u. 1735; 76, S. 1082. A. und P. Thenard, ebenda 75, S. 458; 76, S. 517 u. 983 und 1048 u. 1508; 78, S. 219.

[3]) Brodie, Moniteur scientif. 1874, S. 7 und 147 u. 787; Phil. Trans. 1874, S. 83.

[4]) Berthelot, Compt. Rend. 82, S. 1283 und 1257 u. 360; 83, S. 933; 86, S. 277; 88, S. 50. Ann. Chim. Phys. [5] 10, S. 51 u. 66 u. 69; 12, S. 440 u. 446; 14, S. 363; 17, S. 142.

[5]) Losanitsch u. Jovitschitsch, Ber. d. deutschen chem. Ges. 1897, S. 135.

[6]) A. de Hemptinne. Z. f. physic. Chem. 22 S. 358; 23, S. 483. Chem. Centralbl. 68, II, S. 1045.

[7]) Andrews u. Tait, Pogg. Ann. 112, S. 249, und 152, S. 311.

[8]) v. Babo, Ann. Chem. Pharm. 1863, II. Suppl. S. 265.

[9]) Bichat u. Guntz, Ann. Chim. Phys. [6] 19, S. 131.

[10]) Beill, Monatsh. f. Chem. 14, S. 71.

[11]) Shenstone u. Cundall, Chem. Soc. J. 51, S. 610 und Shenstone und Priest, Chem. Soc. J. 63, S. 938.

Chappuis[1]) und Anderen umfänglich studirt, von Siemens & Halske für die Praxis ausgebildet worden.

Die Fälle, in denen organische Substanzen entstehen, sind noch sehr wenig durchsichtig. Losanitsch und Jovitschitsch beschreiben zwar eine Reihe eleganter Synthesen, aber bei der Betrachtung der Ergebnisse beider Thenard's und Berthelot's gewinnt man den Eindruck, dass die Reactionsgleichungen der beiden serbischen Forscher nicht den Vorgang vollkommen decken dürften. Beim Erhitzen organischer Verbindungen erhält man in der Rothgluth stets ein complicirtes Gemenge von theerigen Substanzen und Gasen und es ist kein einziger Fall bekannt, wo auf pyrogenem Wege ein organischer Körper sich in glatter Umsetzung verwandelte. Aehnlich scheinen bei den stillen Entladungen sich organische Materien in verwickelter Weise zu verändern. Da die Reactionen sämmtlich langsam verlaufen und an Gasen vorgenommen werden, so erhält man allgemein durch ein mehrstündiges Experiment nur wenige Tropfen eines flüssigen oder festen Productes längs der Wände des Reactionsgefässes ausgebreitet und man muss sich qualitativer Reactionen zur Erforschung seiner Zusammensetzung bedienen, welche den chemischen Charakter der Individuen eines Substanzgemisches selten geeignet sind, deutlich aufzuklären.

Als Beispiele solcher organischer Umsetzungen seien angefügt:

1. Acetylen geht leicht in einen festen, hornigen Kohlenwasserstoff über, der mit dem Acetylen gleich zusammengesetzt ist. Derselbe ist gegen Reagenzien, selbst gegen kalte rauchende Salpetersäure äusserst stabil und gibt beim Erhitzen kein Benzol, wohl aber etwas Styrol neben fester Koke und von Gasen wesentlich Wasserstoff neben Acetylen, Aethylen, Crotonylen und Aethan. Schwerer gelingt es aus Acetylen ein flüssiges Polymeres zu erhalten, über welches nichts Näheres bekannt ist. Wird ein Gemisch von Acetylen mit Wasserstoff ($C_2H_2 + 2H_2$) der stillen Entladung ausgesetzt, so erhält man im Wesentlichen dasselbe feste Condensat, welches Acetylen für sich liefert und nur eine kleine Menge Wasserstoff betheiligt sich an der Condensation. Es entspricht das ganz den Beobachtungen über die

[1]) Hautefeuille und Chappuis, Compt. Rend. 91, S. 228 u. 281 u. 762; 94, S. 646.

pyrogenen Condensationsvorgänge des Acetylens bei Rothgluth, welche in Gegenwart von Wasserstoff wesentlich ebenso verlaufen, wie bei Verdünnung mit einem absolut indifferenten Gas, z. B. Stickstoff.

2. Kohlenoxyd und Wasserstoff 1:1 geben nach Thenard eine organische Säure, welche Fehling'sche Lösung, Sublimat, Silbernitrat und Quecksilberoxyd reducirt und einen Aldehydgeruch besitzt. Berthelot nimmt an, dass eine Substanz vorliegt, die über den Formaldehyd als erstes Product hinweg durch Condensationsvorgänge sich gebildet hat. Von Thenard wird die Möglichkeit hervorgehoben, dass auch Spaltvorgänge in den Reactionsverlauf eingreifen können, da die Essigsäure bei stiller Entladung Kohlenoxyd und Methan neben einem festen braunen Körper von Säurecharakter liefert. Losanitsch und Jovitschitsch entfernen das Condensat bald nach Beginn seiner Bildung und schliessen aus dem charakteristischen Geruch und der Reduction ammoniakalischer Silbernitratlösung auf Formaldehyd. Bei anderen Mengenverhältnissen von Kohlenoxyd zu Wasserstoff (5 : 3) läuft die Reaction abweichend. Es entsteht ein fester Körper, für dessen Bildung Berthelot die Gleichung

$$5\,CO + 3\,H = CO_2 + C_4H_3O_3$$

ableitet. Daneben entsteht etwas Methan oder vielleicht Aethan plus Wasserstoff und eine Spur Acetylen.

3. Kohlensäure und Methan 1 : 1 condensiren sich leicht zu einer gelblichen Flüssigkeit, die eine Säure ist. Sie reducirt Quecksilberoxyd, bildet ein lösliches Kalisalz und wird von Salzsäure aus diesem Salz abgeschieden. Berthelot erhielt als Producte von Kohlensäure und Methan viel Kohlenoxyd, einen festen Körper und Spuren von Acetylen und Buttersäure. Hier ist die von Thenard beobachtete Eigenschaft der Kohlensäure, im Entladungsfeld Kohlenoxyd und Sauerstoff zu geben, von denen der letztere Ozon bildet und dann stark oxydirend wirkt, für die Deutung der Erscheinung als eines complicirten Oxydationsvorgangs wichtig.

4. Die Kohlenwasserstoffe addiren zum Theil Wasserstoff, Benzol gibt ein Harz der Formel C_6H_8, Terebinthenöl nimmt 2,5 Aequivalente Wasserstoff unter Harzbildung auf.

5. Methan bildet einen harzigen Körper, der den Geruch der Terpene besitzt, Aethylen desgleichen. In letzterem Falle besitzt das Condensat nach Berthelot auch sehr nahezu die empirische Zusammensetzung $C_{10}H_{16}$, während Losanitsch und Jovitschitsch $(C_2H_4)_n$ und einen Siedepunkt von ca. 200° angeben. Daneben liefert Aethylen etwas Aethan, während Aethan umgekehrt etwas Acetylen und Aethylen entstehen lässt.

6. Feuchtes Kohlenoxyd condensirt sich zu einer wasserlöslichen, stark sauren Flüssigkeit, die Silberlösung reducirt und von Losanitsch und Jovitschitsch als Ameisensäure angesprochen wird. A. de Hemptinne bestätigt dies. Kohlenoxyd für sich gibt nach Brodie und Berthelot eine braune, feste Kohlenstoffverbindung neben Kohlensäure nach der Gleichung

$$5\,CO = CO_2 + C_4O_3.$$

Die Moleculargrösse der Verbindung (C_4O_3) ist unbekannt. Sie löst sich in Wasser und Alkohol, aber nicht in Aether, ihre Lösung reagirt sauer und fällt Silber- und Bleisalze und Barytwasser unter Entstehung brauner amorpher Niederschläge. Der Körper spaltet beim Erhitzen Kohlenoxyd und Kohlensäure ab, indem er in sauerstoffärmere Körper (z. B. C_8O_3) stufenweise übergeht. Kohlensäure in feuchtem Zustande gibt nach Losanitsch und Jovitschitsch Ameisensäure und Sauerstoff, von denen der letztere auf Wasser unter Bildung von Wasserstoffsuperoxyd einwirkt. Dieser Reactionsverlauf ist indessen nur hypothetisch.

7. Kohlenoxyd und Wasserdampf geben Ameisensäure, wenn der Entladungsraum eng (2—3 mm Wandentfernung) ist. Bei Anwendung eines Ozonisators mit weit entfernten Wänden (7 mm) bleibt die Verdichtung, welche der Reaction

$$CO + H_2O = HCOOH$$

entspricht, fast ganz aus, und Kohlensäure wird neben Ameisensäure bei ziemlich constantem Gasvolumen beobachtet.

8. Aus Kohlenoxyd und Methan entsteht eine Substanz von Aldehydcharakter, von Losanitsch und Jovitschitsch als Acetaldehyd angesprochen. Auch hier ist es vortheilhaft, einen schmalen Gasraum zur elektrischen Durchladung zu wählen.

9. Kohlenoxyd und Aethan geben ein Product von Acetoncharakter neben ziemlich viel Acetaldehyd.

10. Kohlendioxyd und Wasserstoff geben Ameisensäure.

11. Schwefelwasserstoff, Ammoniak und Salzsäure sind von Losanitsch und Jovitschitsch mit Kohlenoxyd im Entladungsrohr zusammengebracht worden. Kohlenoxyd und Schwefelwasserstoff lieferten Schwefel neben übelriechenden, reducirenden Substanzen (? Formaldehyd, Thioformaldehyd). Das Product aus Kohlenoxyd und Salzsäure wurde nicht näher studirt. Kohlenoxyd und Ammoniak scheinen Cyanamid zu erzeugen. Schwefelkohlenstoff und Wasserstoff sollen nach $CS_2 + H_2 = CS + H_2S$ reagiren, während Schwefelkohlenstoff und Kohlenoxyd nach dem Schema $CS_2 + CO = COS + CS$ angeblich sich umsetzen.

Alexander de Hemptinne betont den Einfluss des Wandabstandes in manchen Fällen und hebt allgemein noch die Wichtigkeit der Kühlung des Entladungsrohres hervor.

Von anorganischen Umsetzungen[1]) bei stiller elektrischer Entladung seien angemerkt:

1. Der Zerfall des Schwefelwasserstoffs in Wasser, Schwefel und Verbindungen des Schwefels mit Wasserstoff, welche das Verhältniss $S : H = 1 : < 2$ aufweisen; der Zerfall des Phosphorwasserstoffs, der zunächst Wasserstoff neben flüssigem Phosphorwasserstoff liefert und bei längerer Einwirkung der stillen Entladung festen Phosphorwasserstoff und schliesslich amorphen Phosphor neben Wasserstoffgas entstehen lässt.

2. Die Vereinigung von Stickstoff und Wasserstoff zu Ammoniak und der Zerfall des Ammoniaks in Stickstoff und Wasserstoff je nach Mengenverhältnissen. Es stellt sich stets in einem Gemisch, welches Stickstoff und Wasserstoff in dem Ammoniakverhältniss (1 : 3) aufweist, bei 3 % NH_3 (bezogen auf das Volumen von ammoniakfreiem Stickstoff und Wasserstoff zu Beginn; 6 % bezogen auf wasserstofffreies Ammoniak zu Beginn) ein Gleichgewicht her. Die Ammoniakbildung wird naturgemäss dann sehr befördert, wenn man das entstehende Ammoniak mit Wasser oder besser mit Säure dauernd absorbirt. Es genügt, dazu die Gase über verdünnter Schwefelsäure abgesperrt zu durchladen. Der Wasserdampf, der in diesem Falle im Durchladungsraum sich befindet, ist selbst nicht stabil, sondern spaltet sich theil-

[1]) Siehe dazu ausser der früher citirten Litteratur auch Boillot Compt. Rend. 75 S. 215, 76 S. 628 u. 870, 79 S. 636.

weise in Wasserstoff und Sauerstoff, wobei der letztere zum Theil ozonisirt wird. Stickstoff und Wasserdampf nebeneinander bilden langsam ein wahrscheinlich aus salpetrigsaurem Ammon bestehendes Condensat.

3. Schweflige Säure und Sauerstoff bilden im Entladungsrohr Schwefelsäure, ebenso Schwefeldampf und Sauerstoffdampf, Schwefel und Wasserstoff vereinigen sich zu Schwefelwasserstoff. Wie dieser (siehe 1) seinerseits wieder zerfällt, so spaltet sich schweflige Säure in Schwefel und Sauerstoff zurück.

4. Aus Cyan und Wasserstoff entsteht bei der stillen Entladung Blausäure. Die Stickoxyde zerfallen rückwärts unter Abgabe von Sauerstoff.

Die wichtigste Anwendung der stillen elektrischen Entladung ist die Erzeugung von Ozon. Nur zu diesem Zweck findet die stille Entladung auch technische Verwendung. Ein Patent von Siemens & Halske[1]), Ammoniak, Stickstoff und Sauerstoff trocken gemischt in einem Ozonapparat in Ammonnitrat zu verwandeln, stellt eine interessante Reaction dar, ist aber technisch nicht von Erheblichkeit. Siemens & Halske verwenden Luft, welche 1 bis 2 % Ammoniakgas enthält. Das Ammonnitrat schlägt sich fest an den Gefässwänden nieder.

Ozon.

Die Ozonbildung[2]) in einem Entladungsrohr von einer der früher beschriebenen Formen verläuft verschieden je nach der

---

[1]) D. R. P. 85 103.

[2]) Es sei angemerkt, dass Ozon auch bei der Elektrolyse wässriger Elektrolyte in sehr zahlreichen Fällen auftritt. Es existiren darüber zahlreiche verstreute Notizen in der Litteratur, aus denen indessen ein Bild von den Bedingungen dieser Ozonbildung nicht zu gewinnen ist. Die Ozonbildung aus Schwefelsäure als Elektrolyt ist von Richarz (Wied. Ann. 24 S. 183) und namentlich von Mc. Leod (Chem. Soc. J. 49 S. 591) genauer untersucht wurden. Mc. Leod ermittelte, dass eine sehr hoch gesteigerte Stromdichte an einer Anodenspitze 17,4 % Ozon im Anodengas zu erreichen ermöglichte. Dabei verfällt aber das Metall der Anode (Platin) einer raschen Zerstörung. Aus der Patentlitteratur gehört hierher U. S. A. P. 527 326. Von Interesse ist ferner d'Arsonval's Vorschlag, durch Elektrolyse von flüssigem Sauerstoff mit Wechselströmen Ozon zu gewinnen.

Temperatur, dem Drück, der Spannung und der Natur und Menge gleichzeitig anwesender Fremdgase.

Chemisch reiner Sauerstoff wird ebenso ozonisirt wie Sauerstoff, der mit kleinen Mengen Stickstoff, Wasserdampf oder Wasserstoff verunreinigt ist. Eine kleine Menge Wasserdampf ist von Nutzen, wenn man bei Temperaturen von wenig über Null oder tieferen arbeitet, weil der Sauerstoff in ganz reinem trocknen Zustande in der Kälte die Entladungen zu schwer hindurchlässt. Man arbeitet deshalb bei Zimmertemperatur mit schwefelsäuretrocknem, in der Kälte aber nur mit chlorcalciumtrocknem, also minder vollständig entwässertem Gas. Jede grössere Menge Wasserdampf ist sehr schädlich und verkleinert die Ausbeute, ebenso ein Gehalt an Kohlensäure. Staubhaltiges Gas ist gleichfalls sehr nachtheilig, indem es zu Zersetzungen unter Abscheidung kohliger Ueberzüge auf den Belegungen führt. Die Ozonausbeute ist um so grösser, je niedriger die Temperatur ist, bei der man arbeitet. Folgende Tabelle hat Beill ermittelt.

Volum-% Ozon	10,4	7,8	6,8	5,2	4,1	3,0	1,3	0,8	0,3
Temperatur	— 73°	— 20°	0°	20°	35°	59°	78°	109°	132°

Die Werthe sind nur in ihrem relativen Verhältniss wichtig. Die Glaswände des Beill'schen Apparates waren sehr dick, die Ozonisation nicht so durchgreifend wie bei dünnen Dielektricis oder höheren Spannungen. Unter einander aber sind die sämmtlich mit dem gleichen Apparat in gleicher Weise ausgeführten Versuche gut vergleichbar.

Hautefeuille und Chappuis haben bei verschiedenen Drucken Werthe ermittelt, die in nahezu gleichem Verhältniss wie die Beill'schen zu einander stehen.

Sauerstoff Druck	Gewichtsprocente Ozon bei den Temperaturen			
	— 23°	0°	20°	100°
760	21,4	14,9	10,6	—
380	20,4	15,2	12,5	1,17
300	20,1	15,2	11,2	—
225	19,1	15,3	10,4	1,18
180	18,1	13,7	8,9	—

Man sieht, dass die Werthe bei $^1/_2$ Atm. ein Maximum erreichen. Dies stammt daher, dass die Ozonisation bei Atmosphärendruck ihren Maximalwerth in der Versuchszeit nicht erreichte.

Die Tabelle lehrt gleichzeitig, dass der Einfluss des Druckes bei gleicher Temperatur nicht sehr erheblich ist. Er geht wesentlich auf den Umstand zurück, dass die Durchgängigkeit des Gases für die Entladung in gleichem Sinn mit dem Druck zu- und abnimmt und dass bei derselben Spannung zwischen den Belegungen in verdünntem Sauerstoff die Entladung minder intensiv ist als in comprimirtem.

Fremde Gase neben Sauerstoff verhindern die Ozonisation eventuell gänzlich. So wirkt Chlor. Wenn stark ozonhaltigem Sauerstoff Chlor beigemengt und das Gasgemenge der Entladung unterworfen wird, wird sogar das vorhandene Ozon langsam völlig zerstört. Stickstoff, solange die Spannung nicht so hoch ist, dass Stickoxyde entstehen, vermindert die Sauerstoffausbeute gerade soweit, als er den Sauerstoff verdünnt. Aus der Tabelle von Hautefeuille und Chappuis ist ersichtlich, dass der ozonisirte Antheil des Sauerstoffs mit fallendem absolutem Druck abnimmt. Verdünnt man den Sauerstoff durch Stickstoff bis auf 95% N und 5% O, so bleibt der ozonisirte Bruchtheil des jeweils vorhandenen Sauerstoffgewichts derselbe, weil in diesem Falle der Stickstoff dafür sorgt, dass die Entladung ungeändert leicht durch das Gas hindurchgehen kann. Verdünnt man mit Wasserstoff und arbeitet man wieder unterhalb der Spannungen, bei denen Wasser sich in merklichem Betrage bildet, so geht der ozonisirte Antheil an Sauerstoff sogar hinauf. Noch mehr gilt dies beim Fluorsiliciumdampf. Mit diesem verdünnt, ozonisirt sich Sauerstoff bis zu 40% seines Gewichtes. Diese Erscheinungen hängen damit zusammen, dass in den beiden genannten Gasen die Entladung ausserordentlich leicht vor sich geht. Besonders im Fluorsiliciumdampf ist die Büschelentladung sehr leicht in besonderer Schönheit zu erhalten.

Was den Einfluss der Spannung anlangt, so finden Bichat und Guntz, dass dieselbe an den Belegungen eines Ozonapparates gross genug sein muss, um ein sichtbares Leuchten bei der Entladung zu bewirken, wie dies in neuerer Zeit Alexander de Hemptinne für chemische Wirkungen der stillen Entladung überhaupt als Norm aufgestellt hat. Bei kleineren Spannungen treten höchstens Spuren von Ozon auf. Sie fanden weiter, dass bei einer Steigerung der Spannung die Ozonbildung rascher als die Spannungsdifferenz wächst, was unmöglich wäre, wenn das Faraday'sche Gesetz für die Ozonbildung gälte und diese auf einem elektrolytischen Vorgang beruhte. Sie ermittelten auch, dass die elektrische Energie der von den Belegungen ausgehenden Entladung bei besonderen Versuchsbedingungen vollkommen zur Ozonbildung verbraucht wird. Zu dem Ende stellten sie für die Ozonröhre wie für einen Condensator die Capacität fest, schalteten die Ozonröhre in einen Stromkreis mit einer Funkenstrecke von bekannter Funkenzahl pro min. und Funkenschlagweite, und berechneten die Energiemengen, welche nöthig waren, um den als Condensator betrachteten Ozonapparat so häufig, als Funken pro Minute übergingen, auf das Potential der Funkenschlagweite zu laden. Diese Energie, in calorische umgerechnet, war nur um weniges grösser als die Bildungswärme des entstandenen Ozons, wenn Sauerstoff in raschem Strome bei — 20° durch das Entladungsrohr getrieben wurde. Für die Bildungswärme des Ozons[1]) ist dabei der Berthelot'sche Werth — 29600 cal. pro 1 g Molecül (48 g) gesetzt. Wählt man den besser fundirten Werth van der Meulen's, der — 36200 cal. beträgt, so erscheint der Nutzeffect der Ladungsenergie etwas kleiner Unter diesen Bedingungen ist nun aber eine Ozonisation praktisch nicht werthvoll. Die Ozonconcentration in dem rapiden Sauerstoffstrom bleibt minimal und die hohe Ausbeute wird nur dadurch möglich, dass die entstehenden Mengen sofort aus dem Apparat entführt werden, ehe sie wieder in heissen Gasschichten rückwärts in Sauerstoff zerfallen.

Die Frage, wie die Spannung mit dem erreichbaren Maximalbetrage der Ozonconcentration bei gegebenem Drucke und gegebener Temperatur zusammenhängt, ist von Shenstone und Priest untersucht worden. Ihre Versuche sind sämmtlich bei 0° ausgeführt. Sie fanden den Gleichstrom einer Influenzmaschine und den Inductionsstrom eines Ruhmkorff bei 9600 Volt nicht ganz gleich wirksam. Jener führte in Sauerstoff zu 11,8, dieser zu 13,5% Ozon. Bei Variation der elektromotorischen Kraft

---

[1]) Ostwald, Allgemeine Chemie Bd. II Th. I S. 94. Leipzig 1893.

der Influenzmaschine in den Grenzen von 6000 bis 54000 Volt ergab sich, dass die niedrigen Spannungen zwar ausserordentlich viel langsamer ozonisirten als die hohen, dass aber die erreichbaren Schlussconcentrationen, wenn man lange genug ozonisirte, bei den niedrigen Spannungen höher waren. Mit 6000 Volt wurden $14^3/_4$%, mit 20760 Volt nur 12,39 % erreicht. In einem anderen Falle wurden mit 6000 Volt 16,81 %, mit 9900 Volt nur 16,14 % erhalten.[1]) Diese Ergebnisse treffen für sehr enge Gasräume zu. Bei weiterem Abstand der Wände erscheint zwischen 9900 und 20700 Volt das Ozonmaximum von der Spannung unabhängig. Während im ersten Fall sehr hohe Procentgehalte an Ozon, die mit schwächeren Spannungen erzeugt sind, beim Uebergang zu höheren Spannungen direct sich vermindern, tritt dies im zweiten Falle nicht ein. Diese Beobachtungen werden am einfachsten rein thermisch verstanden. Je enger der Entladungsraum, um so schwieriger ist es, die Gastemperatur von 0° aufrecht zu erhalten. Diese Schwierigkeit wird besonders empfindlich, wenn die Spannung sehr hoch und damit die Energiebeträge, welche pro Zeiteinheit im Entladungsraum geäussert werden, erheblich sind. Genau im gleichen Sinne erweist sich bei gegebenem Potential der Belegungen eine vermehrte Häufigkeit der Entladungen pro Zeiteinheit für die Erreichung hoher Concentrationen schädlich. Ein Inductionsapparat mit 16 Unterbrechungen pro Secunde lieferte höhere Endconcentrationen als ein solcher mit 100 Unterbrechungen in der gleichen Zeit. Auch hier ist offenbar die Kühlung des Gasraumes nicht mehr genügend durchführbar, wenn die Entladungen einander zu rasch folgen. Mit der Geschwindigkeit der Ozonisation verhält es sich naturgemäss anders. Sie wird durch hohe Spannungsdifferenzen zwischen den Elektroden stets begünstigt. Da wo strömende Gase ozonisirt werden, nimmt deshalb die Ozonisation mit dem Potentialunterschied der Belegungen zu, weil bei hohem Potentialunterschied der Sauerstoff in kurzer Zeit bis nahe zum Gleichgewichtsbetrage in Ozon ver-

[1]) Eine kurze Versuchsreihe von Wiedemann u. Schmidt Wied. Ann. 53, S. 924) befasst sich mit der Frage, ob regelmässige elektrische Schwingungen, welche durch den Entladungsraum gehen, wirksamer als unregelmässige sind. Die Frage wird bejaht. Zur Erzeugung dieser regelmässigen Schwingungen dient die bekannte Lecher'sche Drahtcombination. Auch A. de Hemptinne bedient sich derselben bei seinen Versuchen

wandelt, bei niedrigem, obgleich der Gleichgewichtsbetrag höher ist, wegen der Langsamkeit des Vorganges nur eine kleine Ozonconcentration erreicht wird.

Zur bequemen Erreichung hoher Ozonconcentration empfiehlt Shenstone demnach einen möglichst gut gekühlten Ozonisationsapparat mit Glaswänden vom dünnstmöglichen Glase und einen Inductionsapparat von mässiger Stärke und nicht über 16 Unterbrechungen pro Secunde.

Technologie des Ozons.

Die technische Herstellung von Ozon aus Luft geschieht in Deutschland ausschliesslich mittelst der Apparate von Siemens & Halske, welche in Fig. 118 u. 119 nach Zeichnungen der Firma wiedergegeben sind. Man erkennt in Fig 118 ein mittleres Metallrohr *i*, welches von Wasser *w w* durchströmt und dadurch gekühlt ist. Concentrisch dazu ist das Glimmerrohr *a* angeordnet. Zwischen beiden Röhren bleibt ein enger, ringförmiger Kanal für den Durchgang der Luft, welche bei *e e* aus- und eintritt. Das Glimmerrohr sitzt in Hartgummifassungen *h* und ist mit dem Kupferband *c* umwickelt. Diese Kupferbewicklung einerseits, das innere Metallrohr *i* andererseits stellen die Belegungen dar, welchen der Strom zugeführt wird. Auf das Metallrohr *i* kann eine hauchdünne Schutzschicht von Glimmer aufgebracht werden. In Fig. 119 sieht man ein System solcher Ozonröhren zu einem Rohrgitter vereinigt. Die Belegungen sind parallel geschaltet, der Luftstrom passirt die Apparate nach einander.

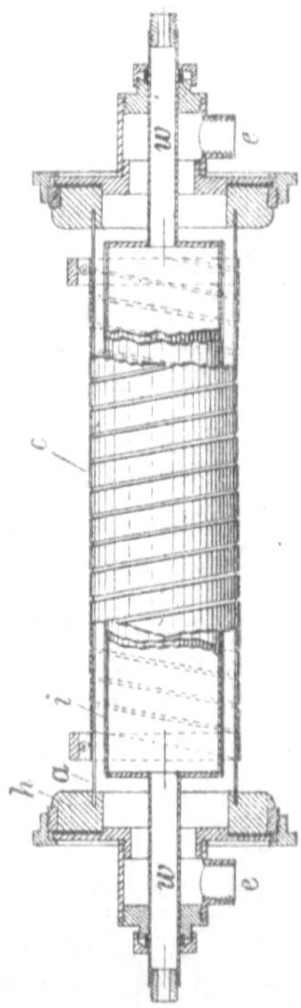

Fig. 118.

Wenn es nach Shenstone in Rücksicht auf zwecksame Kühlung bei ruhendem Gas gut ist,.dem Ruhmkorff, welcher die Ozonröhre betreibt, nicht über 16 Unterbrechungen pro Secunde zu geben, empfiehlt Fröhlich, offenbar um strömendes Gas rasch zu ozonisiren, 600 Unterbrechungen

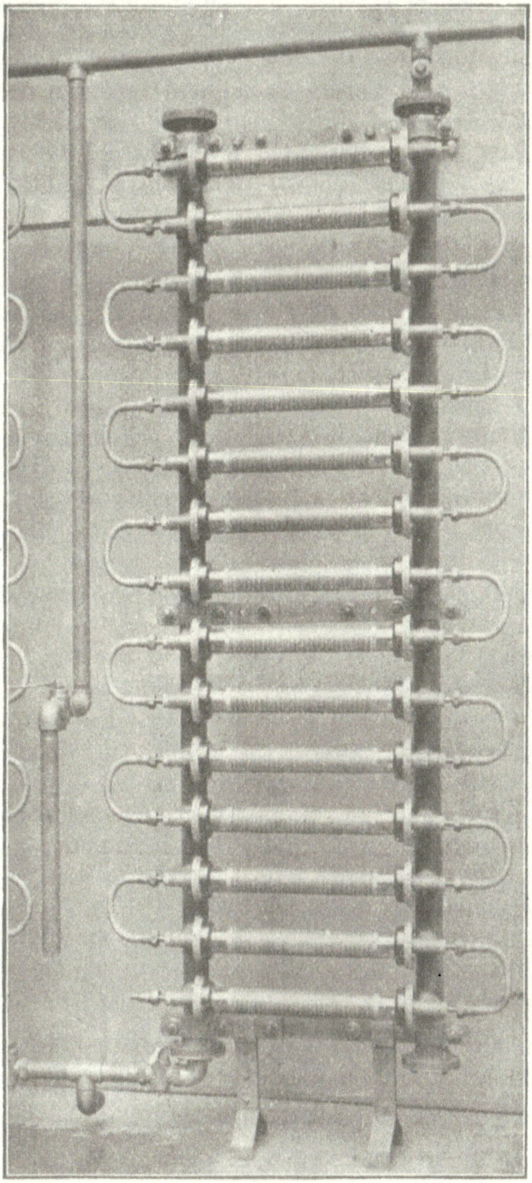

Fig. 119.

pro Secunde. Diese hohe Anzahl wird durch einen rotirenden Unterbrecher erreicht, der elektromagnetisch betrieben wird und wie der Commutator einer Gleichstrommaschine gebaut ist. Wenn man nur eine oder einige wenige Ozonröhren mit dem Inductionsapparat betreibt, so ist die Ozonausbeute wesentlich günstiger, als wenn man hochtransformirten Wechselstrom von 50 bis 100 Wechseln pro Secunde benützt. Dieses Verhältniss kehrt sich indessen um, wenn eine grössere Anzahl parallel geschalteter Ozonröhren, wie Fig. 119 sie zeigt, betrieben werden. Als Condensatoren betrachtet, haben diese Rohren, zu zehn vereinigt, die zehnfache Capacität einer einzelnen. Der unterbrochene Gleichstrom, welcher im Inductionsapparat als Primärstrom dient, liefert bei geringer Capacität der Röhren im Unterbrechungsmomente eine rasch ansteigende elektromotorische Kraft, bei grosser Capacität verflacht sich dieser Anstieg. Wechselstrom von annähernder Sinusform als Primärstrom zeigt bei wechselnder Capacität im Secundärkreise keine so erhebliche Verflachung der Spannungscurve. Die Ozonausbeute scheint mit der Steilheit der Spannungscurve zuzunehmen.

Der Betrieb[1]) solcher Siemens & Halske'scher Ozongitter geschieht deshalb in praxi mit Wechselstrom von 65 Volt, welcher auf 6 500 Volt transformirt wird. Die Ausbeute beträgt bei gutem Betriebsgang pro elektrische Pferdekraftstunde 18 g Ozon. Die zu den Ozonisationsapparaten tretende Luft ist staubfrei und durch Waschen mit Schwefelsäure getrocknet. Der Verbrauch an calorischer Energie (Bildungswärme) ist für 18 g Ozon nach van der Meulen 13575 cal. (36 200 pro Grammmolecül), eine Pferdekraftstunde entspricht 625 000 cal. Von der geäusserten elektrischen Gesammtenergie dienen also 2,2 % der Ozonbildung. Die Elektricitätsmenge, welche bei 6 500 Volt pro 1 P.-S.-Stunde höchstens durch die Apparate gehen kann, ist 407,6 Coulomb (407,6 6 500 = 736 · 3 600). Ginge die Ozonbildung nach dem Faraday'schen Gesetz elektrolytisch vor sich, so würden für 48 g Ozon 1 F und für 18 g $\frac{3}{8}$ F = 36 200 Coulomb nothwendig sein. Die effective Ausbeute ist also 9mal grösser als nach dem Faraday'schen Gesetz möglich wäre.

[1]) Nach Mittheilungen der Greiffenberger Bleich- und Appreturanstalt O. Keferstein

Von anderen Ozonapparaten sei noch der Seguy'sche[1]) erwähnt, welcher aus drei nach einander vom Gasstrom passirten Röhren besteht, welche mit Rohrbündeln je aus 7 Röhren gefüllt sind. Diese Glasrohrbündel sind eigenartig angeordnet. In jedem Rohr liegt eine Aluminiumspirale und um das Rohr ringelt sich eine nackte Aluminiumspirale. Die letzteren bilden zusammen die eine, die in den Glasröhren liegenden Spiralen die andere Elektrode. Der Apparat liefert, wenn 1 l Luft bei 4 bis 5^0 in vier Minuten hindurchgeführt wird, bei einem Primärstrom im Inductorium von 6 Volt und 8 Amp. und einer Transformation auf 30000 Volt 17 mg Ozon, was etwa $^1/_2{}^0/_0$ der Energie nach der eben erläuterten Rechnung entspricht. Das Stundenmittel stellt sich mit 170 mg Ozon noch etwas ungünstiger. Für die mechanische Pferdekraftstunde leitet sich aus analogen Versuchen mit kleineren Primärstromstärken beim Betrieb im Grossen 1,3—2 g Ozon ab. Diese Werthe sind entschieden wesentlich ungünstiger als die mit dem Apparat von Siemens & Halske erreichten, die selbst dann höher als die Seguy'schen bleiben, wenn durch unzureichende Kühlung, feuchtes staubhaltiges Gas oder andere Betriebsfehler die Ausbeute hinter dem Werthe von 18 g Ozon pro Pferdekraftstunde gelegentlich stark zurückbleibt. Mit Sauerstoff erreicht Seguy, wie nach den Mittheilungen von Hautefeuille und Chappuis nicht anders zu erwarten, günstigere Ergebnisse und kommt auf $1^1/_2$fach höhere Ozonbeträge pro Betriebsstunde.

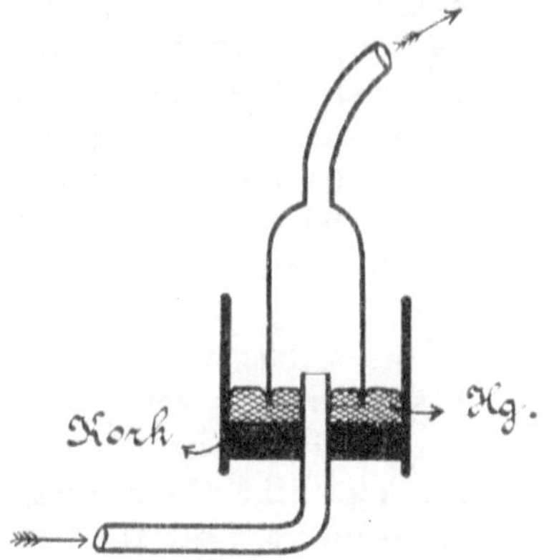

Fig 120

Bei allen Apparaten zur Erzeugung und Leitung ozonhaltiger Gase sind Kork und Kautschuktheile unzulässig, weil sie unter Verbrauch an Ozon zerstört werden. Man formt die Verbindungsstücke entweder aus Metall oder man benützt für kleinere Di-

[1]) Compt. Rend. 122, S. 1120

mensionen Quecksilberhauben nach Fig. 120. Quecksilber ist gegen Ozon chemisch in sofern nicht wirksam, als es dadurch nicht oxydirt wird. Das an sich unbeständige Gas, welches auch in geschlossenen Glasflaschen bei Zimmertemperatur langsam[1]) in Sauerstoff übergeht, wird aber in seinem Zerfall durch Gegenwart von Quecksilber beschleunigt.

Die wichtigste technische Anwendung des Ozons ist die in der Bleicherei des Leinens. Für die Bleicherei der Baumwolle kommt Ozon aus preismässigen Gründen nicht in Frage, obwohl abgekochte (gebäuchte) Baumwolle sehr leicht damit anstatt mittelst Hypochloritlösungen hochweiss gebleicht werden kann. In der Bleicherei des Flachses aber ersetzt die Ozonisirung die Rasenbleiche, welche heute, wenn auch in abgekürzter Form, für schönes Weiss noch unentbehrlich ist. Im Betriebe einer der grössten schlesischen Leinenbleichereien wird die Waare mit Sodalösung bei schwachem Druck abgekocht, dann mit Chlorkalklösung behandelt, durch Säure genommen, gespült und auf dem Rasen ausgelegt, darauf wird das Chloren und Absäuern wiederholt. Bei dieser Operation, bei welcher das Auslegen 5 Tage beansprucht, während deren die Waare einmal gewendet wird, erzielt man eine $^3/_4$ Bleiche. Für Vollbleiche folgt dem zweiten Chloren und Absäuern ein erneutes Auslegen und diesem ein drittes Chloren und Absäuern. Die Operation des Auslegens lässt sich durch künstliche Ozonisirung ersetzen. Die Wirkung des Auslegens beruht auf der langsamen Bildung von Ozon und Wasserstoffsuperoxyd durch Licht und Luft und die Behandlung mit schwach ozonhaltiger Luft stellt eine Operation dar, welche nach ihrem chemischen Wesen und ihrer Wirkung der Rasenbleiche auf das innigste verwandt ist. Ihr Vortheil besteht in der Ersparniss an Grund und Boden, an Zeit und in der Unabhängigkeit von der Witterung.

Es wird von Gegnern behauptet, dass die künstliche Ozonisirung den Faden mehr angreift und ihn rauh macht. Indessen ist wohl anzunehmen, dass dies nur eine Folge ungeeigneter Ozonconcentration ist und nicht eine Eigenheit der Ozonisirung überhaupt ist.

---

[1]) Daten bei Berthelot, Compt. Rend. 86, S. 76.

Bei der praktischen Ausführung werden Bleichposten von 11 Centnern 6—8 Stunden in einem Raum aufgehängt, dem mit der Frischluft pro Secunde etwa 20 mg Ozon zugeführt werden. Auf diese Weise wird eine $^3/_4$-Bleiche auf abgekochtem und mit Chlorkalk vorgebleichtem Garn unter Verbrauch von rund 0,1 Gewichtsprocent Ozon, bezogen auf das Leinengewicht gleich 100, erzielt. Es ist zweckmässig,[1]) wenn das Leinen vor der Ozonisirung mit 15 % einer Salzsäure, bezogen auf das Leinengewicht, von 25 % HCl imprägnirt worden ist, die vor dem nachfolgenden Behandeln mit Chlorkalk wieder herausgewaschen wird. Wiederholte Ozonisation gibt ein Vollweiss, ist aber anscheinend nicht praktisch im Gebrauch.

Von ähnlichen Verwendungen ist noch das Bleichen von werthvollen Federn, Spitzen und ähnlichen feinen Objekten zu nennen, welche bei Behandlung mit dem gasförmigen Ozon mehr geschont werden, als bei Anwendung von Bleichbädern mit Flüssigkeiten. Wieweit das Ozon in diese Specialtechnik dauernden Eingang gefunden hat, ist nicht bekannt.

Auf anderen Gebieten[2]) hat Ozon keine wesentliche Wichtigkeit. Die zerstörende Wirkung, welche es auf organische Substanzen ausübt, hat man gehofft, zur Abtödtung pathogener Keime in inficirten Räumen verwenden zu können. Es hat sich aber ergeben, dass diese Keime dem Ozon erst unterliegen, wenn seine Concentration so gross ist, dass der Mensch in diesen Räumen auch nicht vorübergehend mehr verweilen kann. Auch die sterilisirende Wirkung wässeriger Ozonlösungen scheint nicht von wesentlicher Bedeutung, obwohl frisch bereitetes Ozonwasser in dieser Hinsicht sehr wirksam ist.[3]) Sehr verdünnte ozonhaltige Luft mit 0,11 mg Ozon pro Liter zu Inhalationen zu benützen, um Affectionen der Athmungsorgane zu bessern, ist in einigen Fällen von Nutzen gefunden worden.

---

[1]) D. R. P. 78839

[2]) Fröhlich, E. T. Z. 1894, S. 572 und 1895, S. 67.

[3]) Siemens & Halske haben gelegentlich eine ebenso wirksame wie elegante Form der häuslichen Trinkwassersterilisation ausgeführt, indem sie einen kleinen Ozonapparat nebst Zubehör eingerichtet zum Anschluss an die städtische Lichtleitung in der Behausung des Consumenten aufstellten. In das von der Wasserleitung entnommene

Noch in drei Zweigen der organisch chemischen Technologie ist die Anwendung von Ozon versucht worden. Bei der Herstellung hellfarbiger Dextrine aus Stärke ist es eine Zeit lang mit Nutzen als Bleichmittel verwendet, aber seiner hohen Kosten wegen wieder verlassen worden. Es empfahl sich für diesen Zweck durch die werthvolle Eigenschaft keine Verunreinigungen in das Product hineinzutragen, die später mit Schwierigkeiten wieder entfernt werden müssen. In der Zuckerfabrikation ferner ist das Ozon zur Entfärbung der Melassen angewendet worden und man hat geglaubt, die Ausbeute an Krystallzucker durch diese Bleichoperation zu erhöhen, ohne indessen anscheinend genügende Erfolge zu erzielen. In der Gährungsindustrie schliesslich hat es einmal zur Entfuselung des Alkohols, andererseits um das Altern der Weine künstlich zu beschleunigen, Anwendung gefunden. Vornehmlich für den zweiten Zweck würden bei einer befriedigenden Wirkung preismässige Bedenken nicht in Frage kommen. Die Versuche auf diesem delicaten Gebiet sind indessen bislang nicht zu einem Abschluss gekommen.

Neuerdings hat sich die Aufmerksamkeit auf die Verwendung von Ozonlösungen gerichtet. Ozon ist in Wasser sehr stark löslich. Unter 0,76 m Druck löst Wasser bei 0° $^2/_3$, bei 12° die Hälfte seines Volumens an Ozon, also etwa das fünfzehnfache der Sauerstoffmenge, welche es aufnehmen kann.[1]) Diese Lösungen sind aber sehr unhaltbar und werden durch die zur Verbesserung der Haltbarkeit angewandten Zusätze[2]) von etwas Kochsalz und Salzsäure nicht haltbarer. Die Lösung behält zwar alsdann die Fähigkeit der Jodabscheidung, aber nicht um des noch vorhandenen Ozons willen, sondern weil Chlor durch Einwirkung von Ozon auf die Salzsäure entsteht. Die Fette und Oele lösen, anscheinend unter Bildung eines losen Additionsproductes, Ozon in erheblicher Weise; so nimmt Oliven-

---

Trinkwasser wird eine kurze Zeit ein ozonhaltiger Luftstrom geblasen, ehe es zum Verbrauche gelangt. Dadurch wird eine vollständige Sterilisation erreicht, während der Geschmack des Wassers eher verbessert als verschlechtert wird.

[1]) Mailfert Compt. Rend 119 S. 951.

[2]) siehe Thoms, Pharm. Centr. H. 31 S. 51

öl sein eigenes, Leberthran sein doppeltes Volumen an Ozon auf. Vaseline und Mineralöle lösen kein Ozon. Die Kampfer nehmen Ozon auf und geben längere Zeit gut haltbare Lösungen, die anscheinend Substanzen vom Typus $(C_{10}H_{16}O_2)O$ darstellen. Eine solche Ozontinktur verlor bei einer Prüfung durch Stelzer[1]) in 15 Monaten nur sehr wenig Ozon. Diese Ozonlösungen sollen in der therapeutischen Praxis Verwendung haben.

---

[1]) Pharm. Centr. H. 38 S. 453.

Alphabetisches Sachregister.

R. Oldenbourg, München.

www.ingramcontent.com/pod-product-compliance
Lightning Source LLC
LaVergne TN
LVHW092148300926
849161LV00002B/218